JN431356

※ 물질 상수들은 온도나 순도 등에 의해 변한다.

비유전율 ε_r

Air	1.006
Amber	2.8
Glass	4.0 – 10
Oil (olive)	3.1
Paper	3 – 3.5
Plexiglas	3.1
Polyester	3.2 – 4.3
Polyethylene	2.26
Polypropylene	2.2 – 2.3
Polystyrene	2.55
Polyvinyl chloride (pvc)	4.5
Quartz (fused)	3.8
Rubber	2.5 – 6.6
Silicon	11.8
Silicon dioxide	3.8
Teflon	2.1
Titanium dioxide (rutile)	114
Vacuum	1.0
Water (ice)	99
Water (liquid, 0 – 100°C)	87.9 – 55.5

※ 대부분의 금속들은 $\varepsilon_r \sim 1$

비투자율 μ_r

Diamagnetic	
Bismuth	0.99983
Silver	0.99998
Lead	0.99998
Copper	0.99999
Water	0.99999
Nonmagnetic	
Vacuum	1
Paramagnetic	
Air	1.0000004
Aluminum	1.000021
Tungsten	1.00008
Ferromagnetic	
Cobalt	250
Nickel	600

※ 강자성체를 제외하고
모든 유전체와 도체는 $\mu_r \sim 1$

전기 전도도 σ

Insulators	
Quartz	$\sim 1 \times 10^{-17}$
Polystyrene	$\sim 1 \times 10^{-16}$
Glass	$\sim 1 \times 10^{-12}$
Water (distilled)	$\sim 1 \times 10^{-4}$
Semiconductors	
Silicon	4.4×10^{-4}
Germanium	2.2
Conductors	
Water (sea)	4
Lead	5×10^{6}
Stainless steel	0.1×10^{7}
Iron	1×10^{7}
Nickel	1.4×10^{7}
Brass	1.5×10^{7}
Tungsten	1.8×10^{7}
Aluminum	3.8×10^{7}
Gold	4.1×10^{7}
Copper	5.8×10^{7}
Silver	6.2×10^{7}

전자의 전하량 $q = e = -1.60 \times 10^{-19}\ [C]$

자유공간의 유전율 $\varepsilon_0 = 8.854 \times 10^{-12} = \dfrac{10^{-9}}{36\pi}\ \left[\dfrac{F}{m}\right]$

자유공간의 투자율 $\mu_0 = 4\pi \times 10^{-7}\ \left[\dfrac{H}{m}\right]$

빛의 속도 $c = 3.0 \times 10^{8}\ \left[\dfrac{m}{s}\right]$

\PMNS\전기자기학

Designed by T. Jung & H. Kim

Ver. 1.2

D.B.Info

$\theta, J,$ H, W+, P, P, V, P, E

Ctrl + C, V, Z

차례

부록 차례

1장 전하가 정지하여 있을 때: 정전계

PET 병과 양말 서로 문질러서 대전(electrification , 帶電)시킬 수 있다.

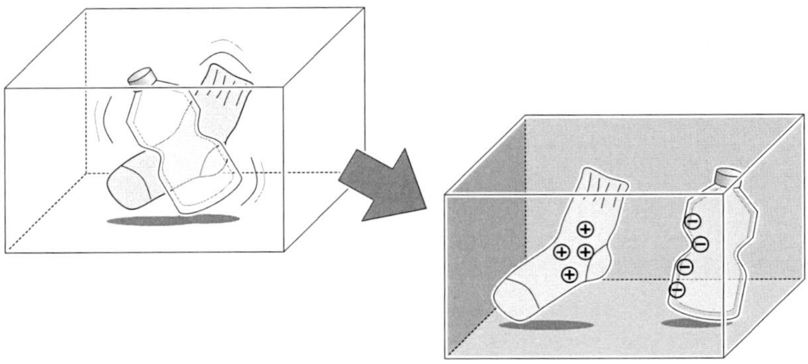

전하가 정지해 있을 때 공간이 **정전계**가 되는 것과 그 안에서 여러 현상들을 학습한다.

- 靜電界 (靜: 고요할 정)
- Electrostatic field (static: 변화 또는 움직임이 없이 고정된 , 정지 상태의)

- 같은 극성의 전하들은 밀어내고, 다른 극성의 전하들은 서로 끌어당긴다.
- 전하량(전하의 개수)의 단위는 쿨롱 C이다.
- 전자 1개의 전하량은 $1.60 \times 10^{-19}\ C$이다
- 6.25×10^{18} 개의 전자가 모여 $-1\ C$을 만든다.

cf.

- 무게의 단위는 g이다.
- 물병 1개의 무게는 $2.5 \times 10^2\ g$이다
- 4 개의 물병이 모여 $1\ kg$을 만든다.

Appendix 0의 내용을 점검할 것.

1.1 전하가 발생하는 힘

1.2 전계와전계강도

1.3 전속과 전속밀도

- 1.3.1 전속밀도와 전계강도와의 관계
- 1.3.2 전계에 가우스 법칙을 적용
- 1.3.3 가우스 법칙의 미분형과 발산
- 1.3.4 발산정리

1.4 전위

- 1.4.1 전위차
- 1.4.2 전위와 전계강도의 관계: 경도
- 1.4.3 전위와 전하의 관계: 푸아송 방정식

1.5 전계에 반응하는 물질들

- 1.5.1 물질들 사이의 경계조건
- 1.5.2 커패시턴스

1.6 전계에 저장되는 에너지

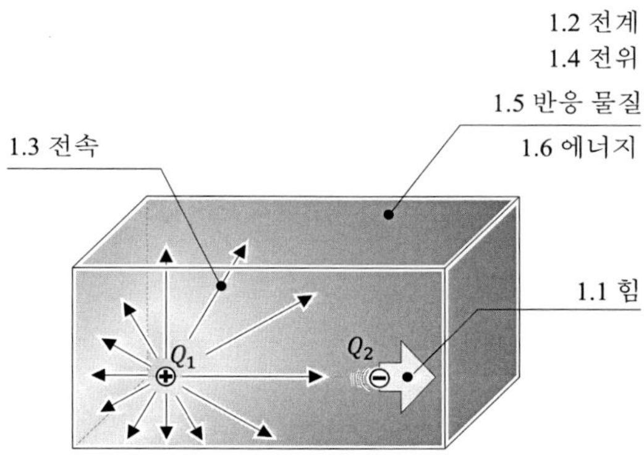

1.1 전하가 발생하는 힘: 쿨롱의 법칙 Coulomb's Law

공간 A 안에 금속 공과 풍선이 대전되어 있다.

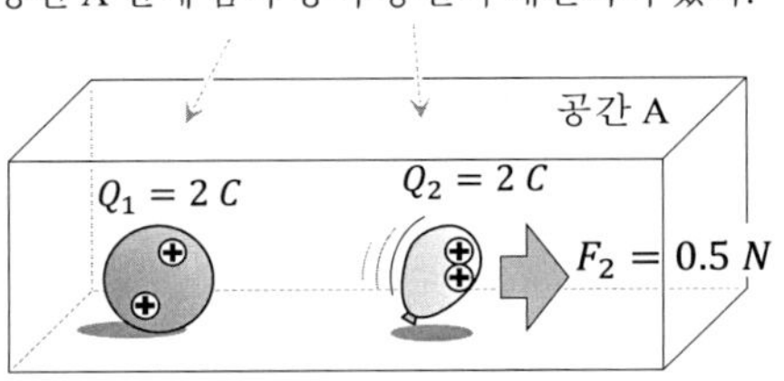

- 양전하끼리는 밀어내는 힘(척력)이 작용하므로, 가벼운 풍선에 F_2의 힘이 작용하여 움직인다.
- 금속 공에도 반발력이 작용하지만, 금속 공은 무거워서 움직이지 않는다고 가정한다.

풍선에 작용하는 힘 $\vec{F}_2$을 수식으로 만들자.

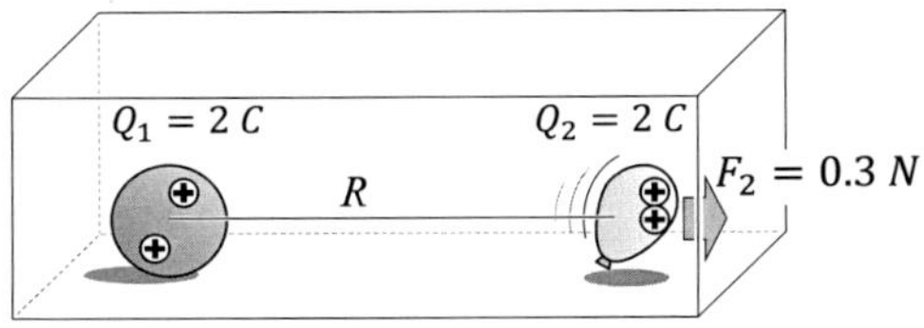

관찰❶ 거리가 멀어지면 힘이 작아진다.

- 힘은 거리에 반비례한다.
- 실제로 R^2에 반비례하는 것을 관측한다
- 이를 식으로 만들면 : $F_2 \propto \dfrac{1}{R^2}$

관찰❷ 전하량 Q의 크기가 변하면 힘도 변한다.

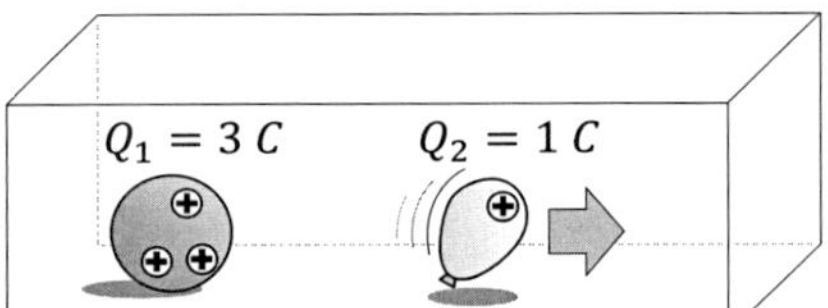

$$F_2 = 0.5 \cdot \frac{3}{2} \cdot \frac{1}{2}\ N$$

- 힘은 Q_1과 Q_2에 비례한다: $F_2 \propto \dfrac{Q_1 Q_2}{R^2}$

관찰❸ 힘은 벡터 $\vec{R}$ 와 같은 방향이다.

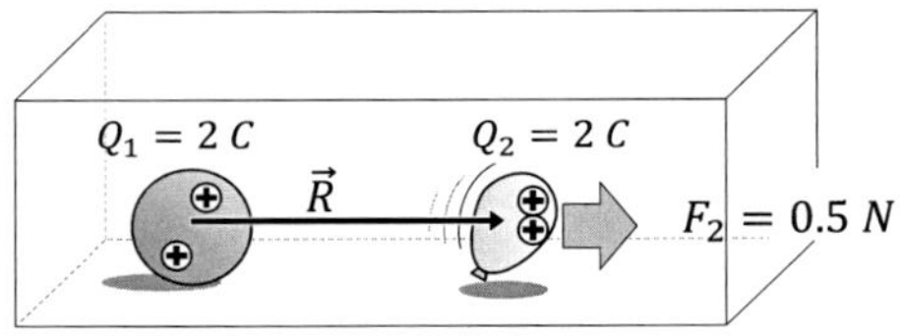

$\vec{R}$의 방향벡터 $\hat{R}$: →
$\vec{F}$의 방향: ⇨
} 방향이 같다.

- 힘은 벡터이다: $\vec{F}_2 \propto \dfrac{Q_1 Q_2}{R^2}\hat{\boldsymbol{R}}$

(두 물체의 크기가 R에 비해서 매우 작아야 정확한 계산이 된다. 즉, 두 물체는 "**점**" 이어야 한다.)

❹ 쿨롱이 비례상수를 넣어 수식의 모양을 완성하였다.

Coulomb's law $\quad \vec{F} = \dfrac{1}{\varepsilon} \cdot \dfrac{Q_1 Q_2}{4\pi R^2}\hat{R}$

단위 $\quad [N] = \left[\dfrac{Nm^2}{C^2}\right]\left[\dfrac{C \cdot C}{m^2}\right]$

$\quad = \left[\dfrac{m}{F}\right]\left[\dfrac{C \cdot C}{m^2}\right]$

(비례상수는 " = " 를 성립시켜준다.)

여기서 **유전율 (permittivity)**은 공간 A의 의 특성이며 다음과 같이 표현된다:

$$\varepsilon = \varepsilon_r \cdot \varepsilon_0$$

- 비유전율 ε_r: 공간의 특성에 따라 변한다.
- 자유공간의 유전율 $\varepsilon_0 = 8.854 \times 10^{-12} \cong \dfrac{10^{-9}}{36\pi}\left[\dfrac{F}{m}\right]$

자유공간은 진공과 같이 아무 것도 없는 공간이며 $\varepsilon_r = 1$ 이 된다.
(유전율에 대해서는 1.5절에서 다룬다.)
$4\pi R^2$은 다음 절에 설명된다.

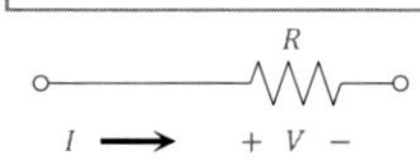

관찰 ① 저항의 양단에 인가되는 전압은 전류에 비례한다: $V \propto I$
관찰 ② 저항의 전기적 특성 R을 넣어 수식을 완성한다: $V = R \cdot I$

Drill 1.1-1

점 전하들이 대기 중에 있다.
Q_2가 받는 쿨롱의 힘은?

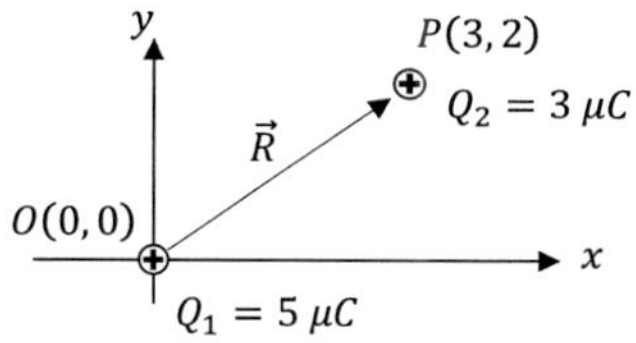

Solution

$\vec{F} = \frac{1}{\varepsilon} \cdot \frac{Q_1 Q_2}{4\pi R^2} \cdot \hat{R}$ 에서 ε 과 $\vec{R}$을 알아야 한다.

❶ (ε) ❷ (R^2, $\hat{R}$)

❶ 공간이 대기이므로, $\varepsilon_r = 1.0006$이다.
$\rightarrow \varepsilon = \varepsilon_r \varepsilon_0 = 1.0 \times 8.854 \cdot 10^{-12}$

❷ $\vec{R} = (3, 2) - (0, 0) = (3, 2)$ → $|R| = \sqrt{3^2 + 2^2} = \sqrt{13}$, $\hat{R} = \frac{\vec{R}}{|R|} = \frac{1}{\sqrt{13}}(3, 2)$

Unit vector 구하는 법은 중요하다!

$$\therefore \vec{F} = \frac{1}{\varepsilon} \cdot \frac{Q_1 Q_2}{4\pi R^2} \cdot \hat{R} = \frac{1}{1 \cdot 8.854 \cdot 10^{-12}} \cdot \frac{5 \cdot 10^{-6} \times 3 \cdot 10^{-6}}{4\pi \cdot 13} \cdot \frac{(3, 2)}{\sqrt{13}}$$

$= (8.6, 5.8)\ mN$

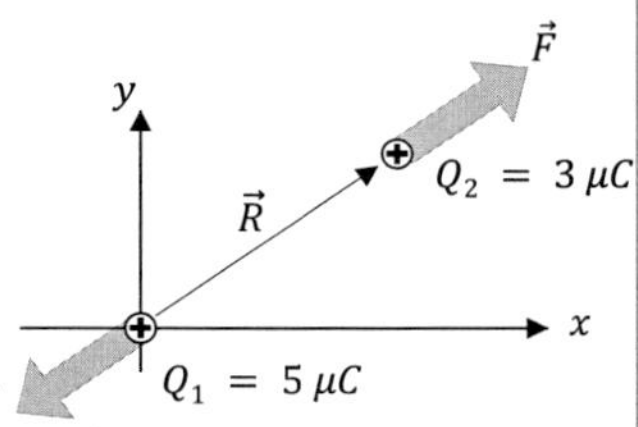

Q_1에는 반대의 힘이 작용한다. $-\vec{F}$

만약 $Q_2 = -3\ \mu C$ 이면 인력이 작용하며, 힘의 방향은 저절로 계산된다:

$$\vec{F} = \frac{1}{\varepsilon} \cdot \frac{Q_1 Q_2}{4\pi R^2} \cdot \hat{R} = \frac{1}{1 \cdot 8.854 \cdot 10^{-12}} \cdot \frac{5 \cdot 10^{-6} \times (-3 \cdot 10^{-6})}{4\pi \cdot 13} \cdot \frac{(3, 2)}{\sqrt{13}}$$

$= (-8.6, -5.8)\ mN$

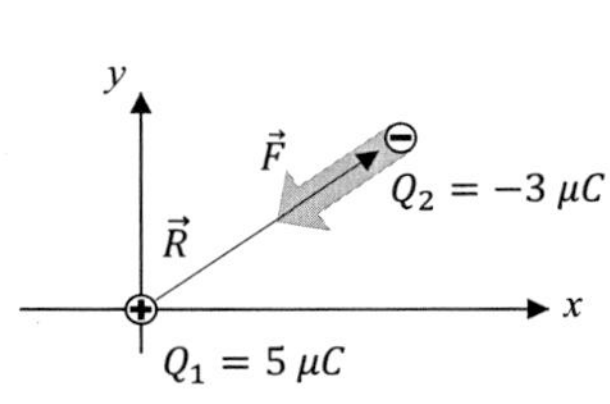

1.2 전계와 전계강도 Electric Field and Intensity

방 안에서 전구를 켜고 끄는 상황을 분석해 보자.

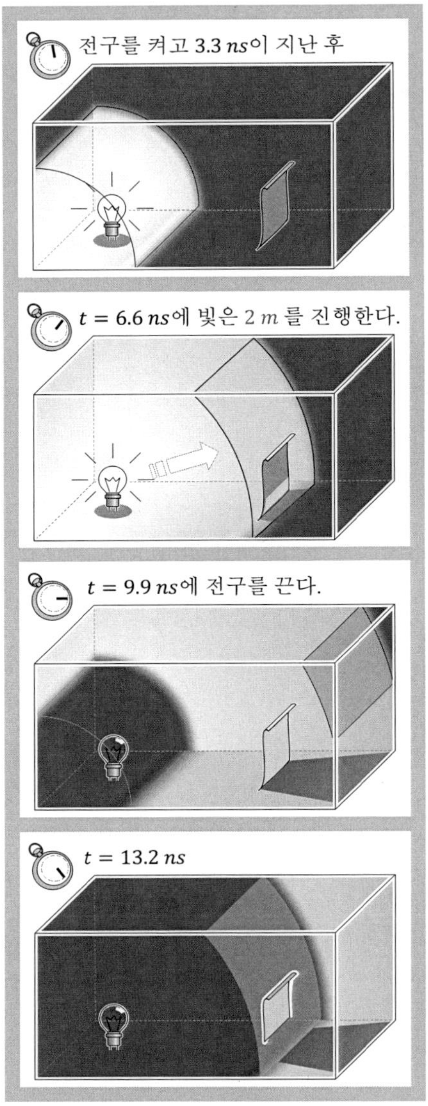

빛의 속도 ~ $3 \times 10^8\,m/s$

빛이 1 m를 진행하는데 걸리는 시간: $\dfrac{1}{3 \cdot 10^8}\dfrac{s}{m} \times 1\,m \approx 3.3 \cdot 10^{-9} s = 3.3\,ns$

전구로부터 2 m정도 떨어진 지점에 종이가 있다.

종이의 일부에 빛이 도달한다. 그림자가 생긴다.

종이의 입장에서 누가 종이를 밝게 했는가?

즉, 빛 에너지는 어디에 존재하는가?

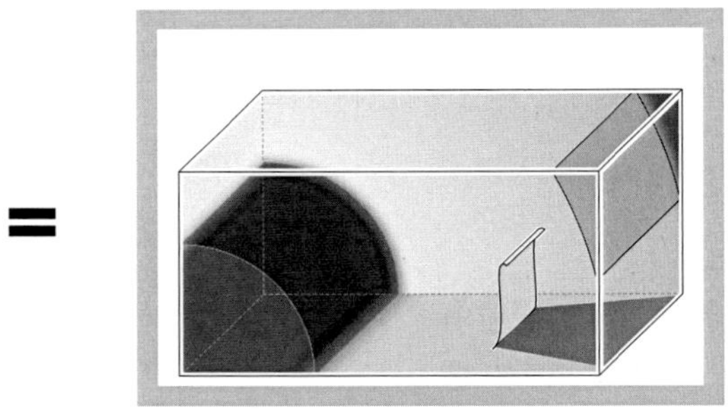

종이의 입장에서는 전구가 아니라 **빛이 채워진 공간**이 자신의 밝기를 결정하는 것으로 보인다.

전구에 의해 생성된 계

즉, 계에 의해 종이의 밝기가 결정된다고 생각해도 된다.
전구(원천, source)와 계를 분리해서 생각하는 방식이다.

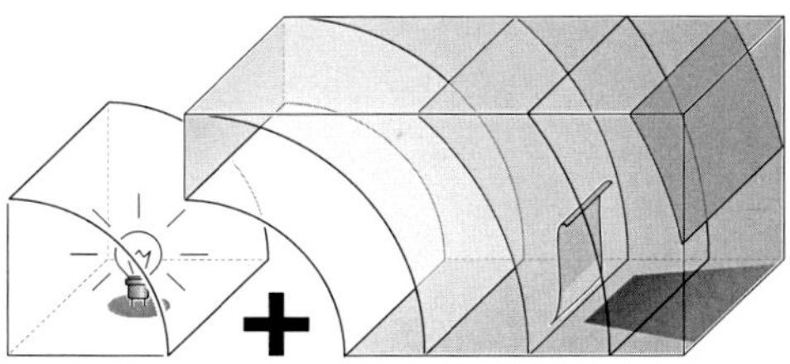

Step ❶ 전구가 공간을 밝게 한다. Step ❷ 밝혀진 공간이 종이를 밝게 한다.

쿨롱의 힘이 작용하는 과정도 다음과 같이 2 단계로 생각할 수 있다.

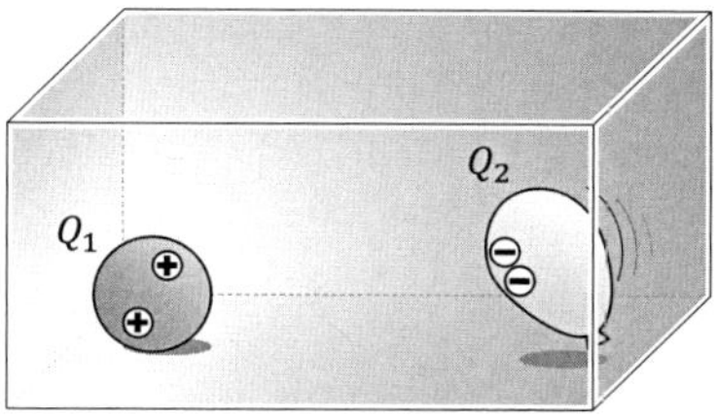

$$\vec{F} = \frac{1}{\varepsilon}\cdot\frac{Q_1 Q_2}{4\pi R^2}\cdot\hat{R}$$

=

Step ❶: 전하 Q_1을 가져오면 공간에 전하의 영향력이 채워진다.[1] 이 공간을 **전계 (electric field)**라고 한다.

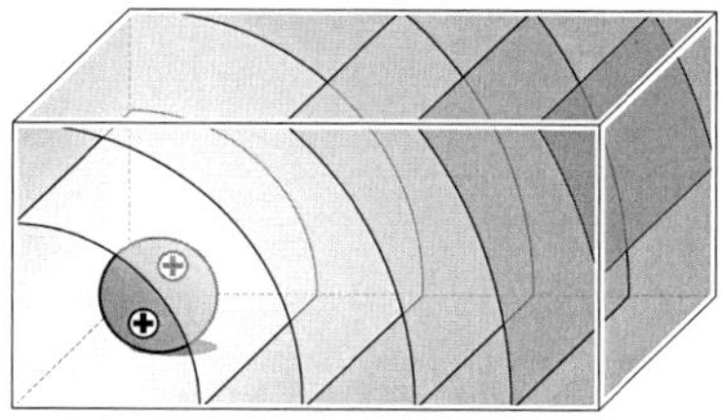

공간의 전기적 특성[2] $\varepsilon = \varepsilon_r \cdot \varepsilon_0$

Step ❷: 전하 Q_2는 전계에 의해 힘을 받는다.[3]

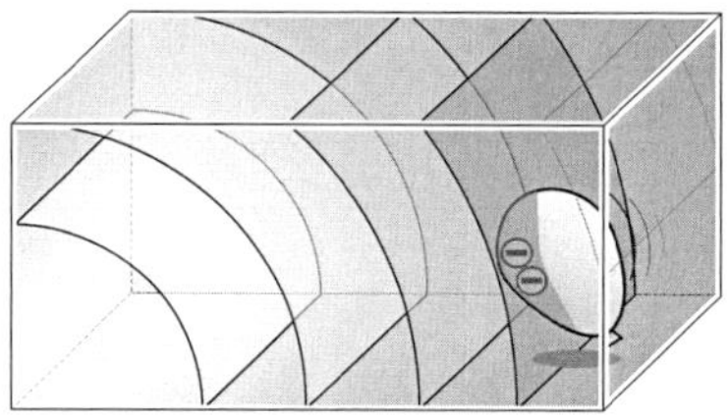

전계를 알면 그 안에서 벌어지는 현상을 알 수 있다. (이 개념은 4장에 주로 사용된다.)

$$\vec{F} = \frac{1}{\varepsilon}\cdot\frac{Q_1}{4\pi R^2}\cdot\hat{R} \times Q_2$$

전계의 강도 $\vec{E}$

힘이 전달되려면 매질(매개체)의 역할이 필요하다.

뉴턴이 만든 만유인력의 법칙은 힘이 공간을 뛰어 넘어 물체에 즉각 작용한다고 믿었다. (원격작용설, action at a distance)

$$\vec{F} = G\frac{m_1 \cdot m_2}{R^2}\hat{R}$$

(쿨롱의 힘과 유사하다.)

패러데이는 힘이 작용하기 위해서는 **공간이 매개체의 역할**을 해야 하는 근접작용설 (action through medium)을 제안하였다.

Action through medium

① 스폰지를 손으로 누르면,

③ 스폰지에 닿은 공에 영향력이 전달된다.

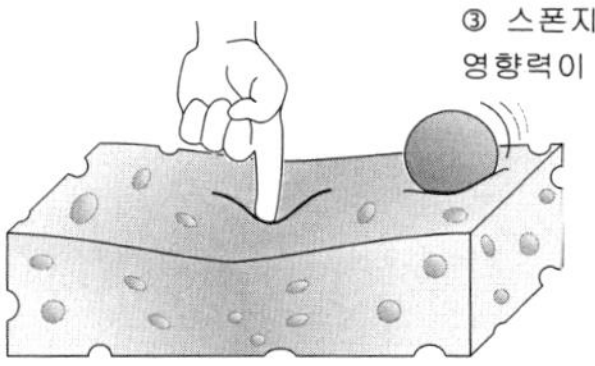

② 손에 닿은 매질인 스폰지가 영향을 받고

연결되어 있어야 힘이 전달된다.
"action by continuous contact"

---

[1] 매질 전체에 영향력이 퍼지려면 시간이 필요하다. 이 책의 후반부에 다룬다.

[2] 도체의 전기적 특성 $R = \frac{V}{I}$

[3] 실제로 전하 Q_2도 공간에 영향을 주어 전계를 형성한다. 여기서는 문제를 간략히 하기 위해 Q_2의 영향력은 무시한다.

전**계** (electric field)에서 "계"는 무엇인가?

계: 시간과 공간 영역 안의 한 지점에서 물리량을 갖는 것

❶ 스칼라 계: 각 위치에 크기 값만 있는 영역

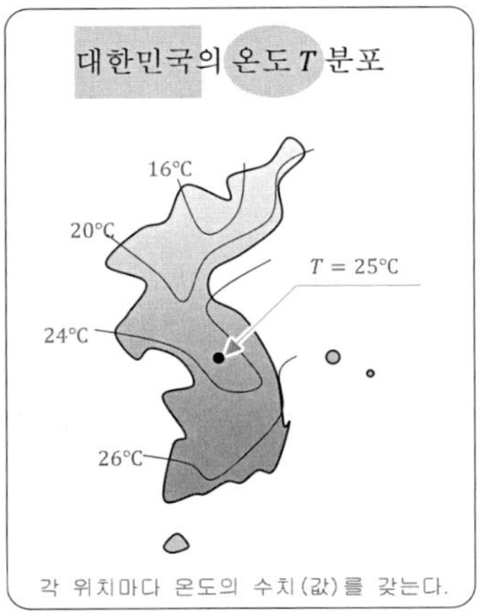

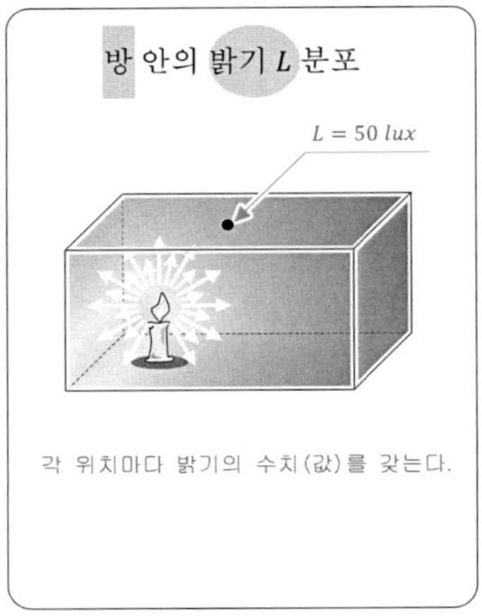

❷ 벡터 계: 각 위치에 크기와 방향이 있는 영역

실제 흐름이 있는 벡터 계

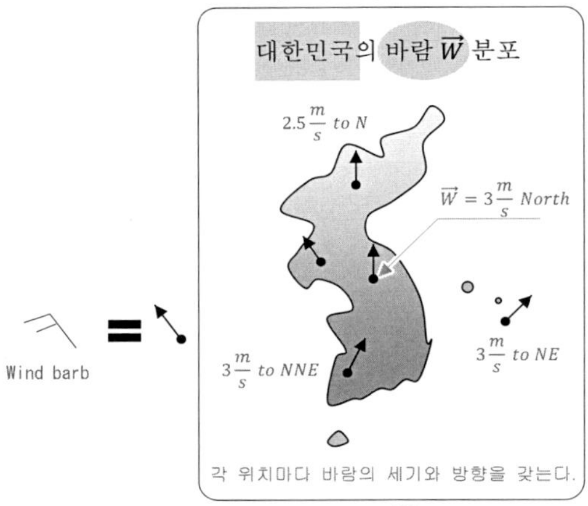

실제 흐름이 없는 벡터 계

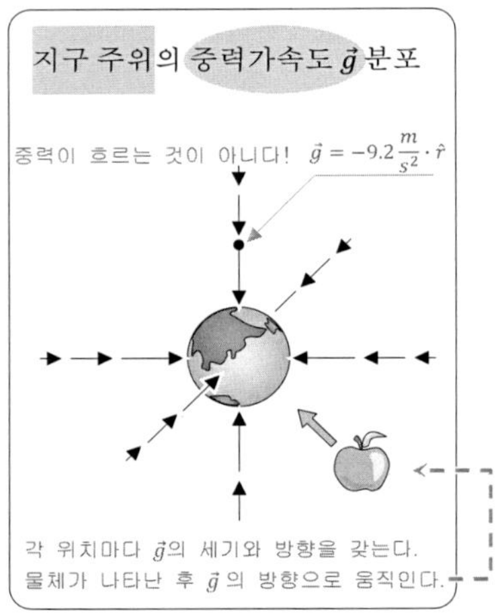

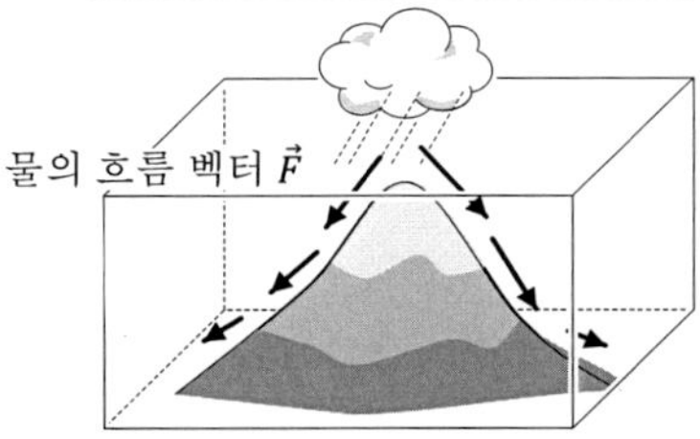

빗물이 흐르는 빠르기와 방향을 나타낸다.
구름이 모두 빗물로 바뀌면 구름이 **없어진다.**

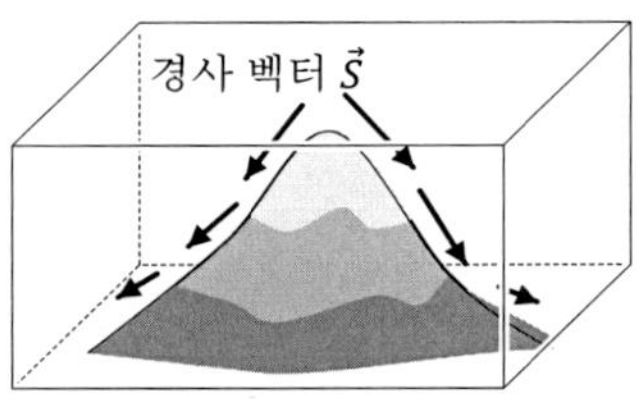

공을 놓아야 경사의 방향으로 흐른다.
즉, 공을 놓기 전에는 흐르는 물체는 없다.
흐르지 않으므로 **없어지는 것은 없다.**

마이클 패러데이(Michael Faraday)는 계를 가시화하기 위해 **"전기력선"**이란 개념을 도입하였다.

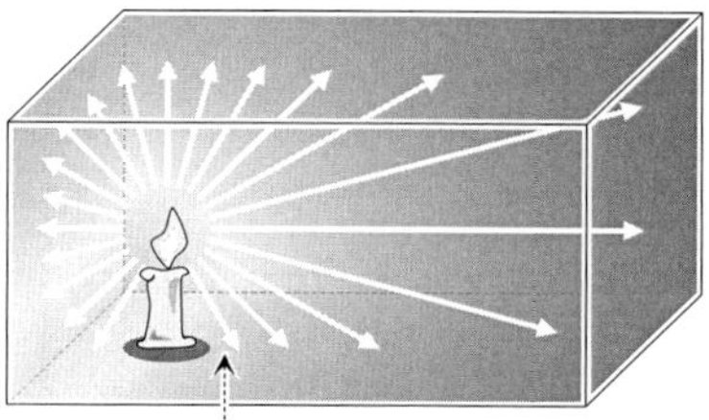

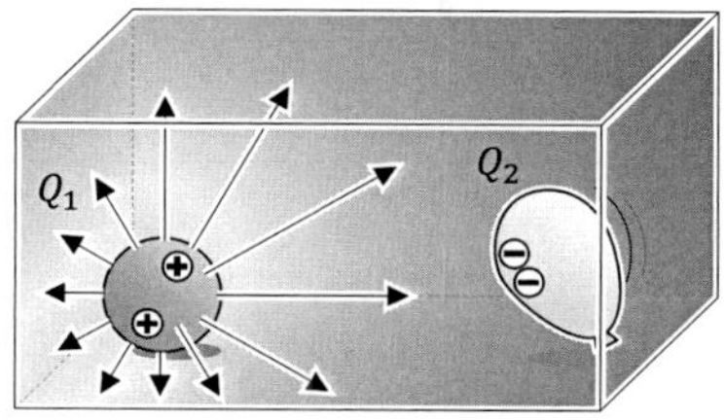

계를 만든 원인(촛불과 전하)에 의한 영향력이 강한 곳에는 선이 촘촘해진다.

주의할 점! 초가 타면서 빛이 채운 계를 만든다. 초가 모두 소비되면 계는 사라진다. 전하의 경우 전계를 만들어도 전하가 소비되지 않는다. (왼쪽의 "실제 흐름이 없는 벡터 계"를 참조)

$\vec{F} = \frac{1}{\varepsilon} \cdot \frac{Q_1 Q_2}{4\pi R^2}\hat{R}$

전계강도를 쿨롱의 힘의 밀도처럼 생각해도 된다.

Appx 1 밀도

전계가 형성되는 것을 알았으므로 이제 전계의 크기인 **전계강도 $\vec{E}$**를 정의해 보자.

① 전계는 전하 Q_1 이 만든 전기력선이 채워진 공간이며, 그 전계의 특성은 유전율 ε으로 표시한다.

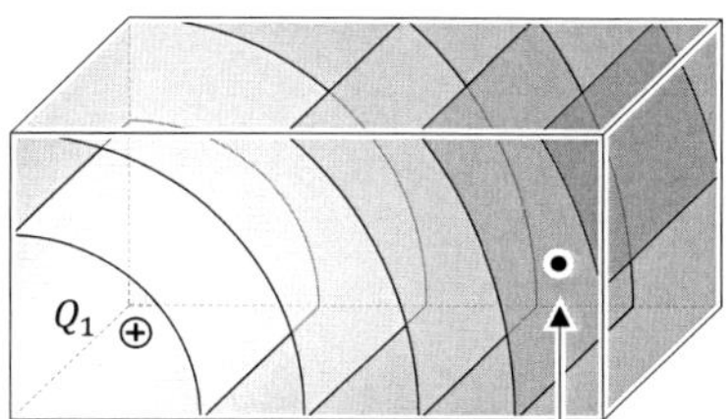

② 소스 전하 Q_1 으로부터 멀어질 수록 전계의 강도는 작아진다. 전계강도는 쿨롱의 힘과 마찬가지로 거리에 의해 결정된다:

$$\vec{E} = \vec{E}(x, y, z) \quad \left[\frac{V}{m}\right]$$

전계강도의 단위에 대해서는 1.4절에 설명한다.

③ 여기에 전하 Q_2 를 놓으면 쿨롱의 힘 $\vec{F}$을 받는다.
따라서 쿨롱의 힘과 전계와의 관계는 다음과 같다: $\vec{F} = Q_2 \cdot \vec{E} = \frac{1}{\varepsilon} \cdot \frac{Q_1 Q_2}{4\pi R^2}\hat{R}$

④ 따라서 전계를 측정하는 방법은 다음과 같다:
시험전하 Q_t에 작용하는 쿨롱의 힘을 측정하여 시험전하의 전하량으로 나눈다: $\vec{E} = \frac{\vec{F}}{Q_t} = \frac{1}{\varepsilon} \cdot \frac{Q_1}{4\pi R^2}\hat{R}$

단, $|Q_t| \ll |Q_1|$ 인 시험전하를 사용하여 Q_1의 전계를 망가뜨리지 않도록 한다.

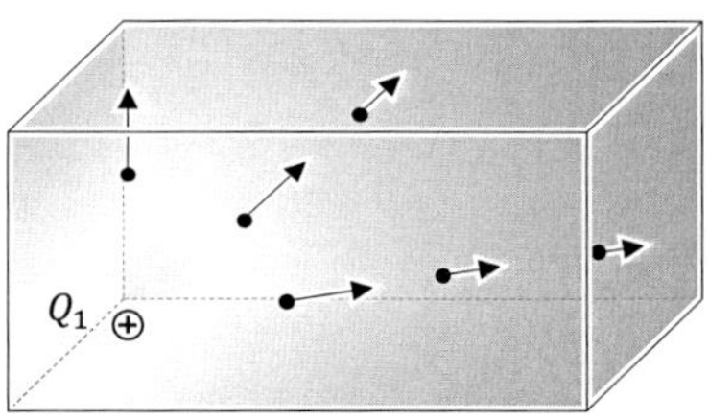

각 위치에서의 전계 $\vec{E}(x, y, z)$ 를 표시하였다.
전계는 벡터이므로 크기와 방향 성분을 갖는다.

전기자기학의 문제는 3단계로 푼다.

Drill 1.2-1

자유공간 안에 Q_1이 원점에 존재한다. 점 P에서의 전계강도를 구해보자.

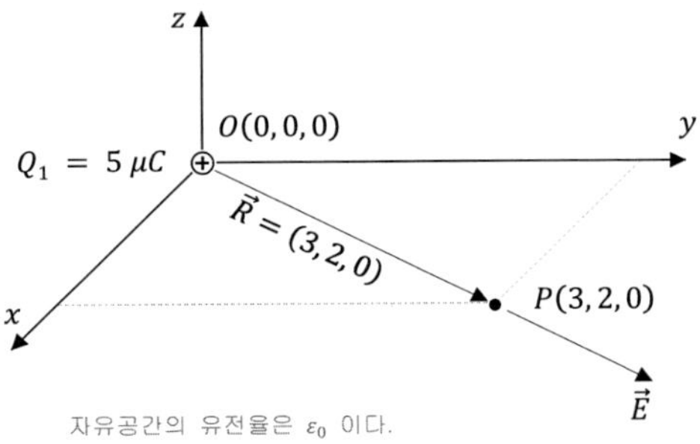

자유공간의 유전율은 ε_0 이다.

Step ❶ 사용할 공식을 찾는다.

$$\vec{E} = \frac{\vec{F}}{Q_t} = \frac{1}{\varepsilon}\cdot\frac{Q_1}{4\pi\boldsymbol{R}^2}\widehat{\boldsymbol{R}}$$ 를 사용한다.

($\vec{R}$ 이외의 값들은 알고 있다.)

Step ❷ 기하학적 정보를 사용한다.

$$\begin{cases} R = \sqrt{3^2 + 2^2 + 0} = \sqrt{13} \\ \hat{R} = \dfrac{\vec{R}}{|\vec{R}|} = \dfrac{(3,2,0)}{\sqrt{13}} \end{cases}$$

Step ❸ 수학 계산을 하여 답을 구한다:

$$\vec{E} = \frac{1}{\varepsilon_0}\cdot\frac{5\cdot 10^{-6}}{4\pi\cdot 13}\cdot\frac{(3,2,0)}{\sqrt{13}}$$

Appx 4 좌표계

구좌표계에 대해 읽고 오시오. 실제로 $\vec{E} = \frac{\vec{F}}{Q_t} = \frac{1}{\varepsilon}\cdot\frac{Q_1}{4\pi R^2}\hat{R}$ 는 **구좌표계에서의 표기법**이다.

구좌표계에서 위의 문제를 다시 풀어보자.

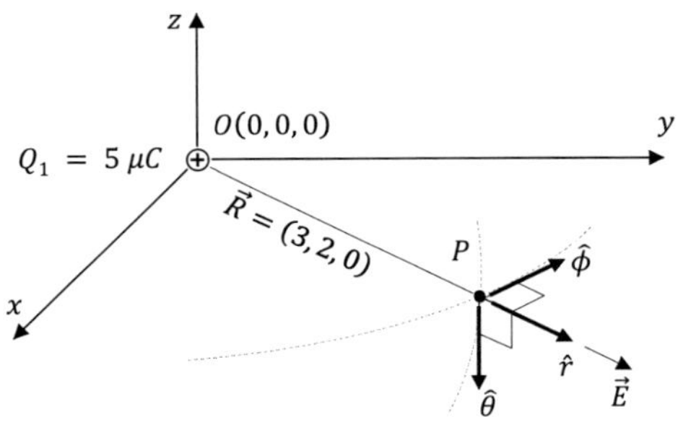

Step ❶ 사용할 공식을 찾는다.

$$\vec{E} = \frac{\vec{F}}{Q_t} = \frac{1}{\varepsilon}\cdot\frac{Q_1}{4\pi\boldsymbol{R}^2}\widehat{\boldsymbol{R}}$$ 를 사용한다.

Step ❷ 기하학적 정보를 사용한다.

$$R = r = \sqrt{3^2 + 2^2 + 0} = \sqrt{13}$$

Step ❸ 수학 계산을 하여 답을 구한다:

$$\vec{E} = \frac{1}{\varepsilon_0}\cdot\frac{5\cdot 10^{-6}}{4\pi\cdot 13}\cdot\hat{r}$$

위의 문제를 2차원인 xy 평면으로 전환하였을 때의 전계강도 분포

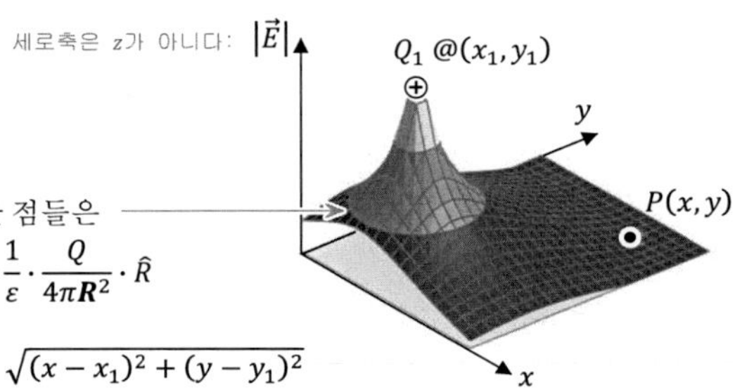

Q_1으로부터 동일한 거리에 위치한 점들은 동일한 전계강도를 갖는다: $\vec{E} = \frac{1}{\varepsilon}\cdot\frac{Q}{4\pi\boldsymbol{R}^2}\cdot\hat{R}$

여기서 $R = \sqrt{(x - x_1)^2 + (y - y_1)^2}$

중첩(superposition)의 원리

Drill 1.2-2

대기 중에서 점 P에서의 전계를 구해보자.

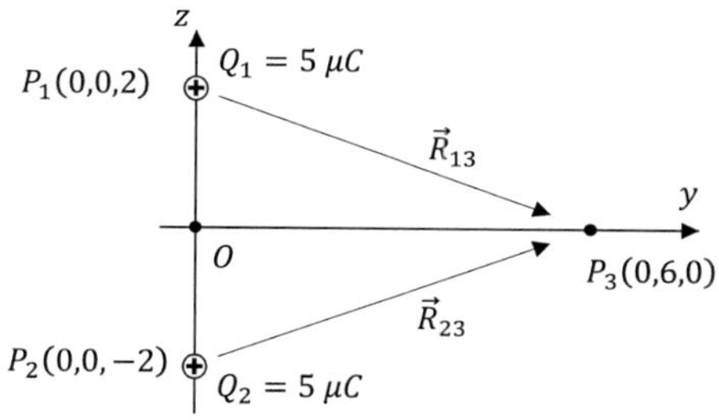

중첩(superposition)의 원리를 이용하여 계산한다.

$$\vec{E} = \vec{E}_1 + \vec{E}_2 + \cdots + \vec{E}_n = \sum_{i=2}^{n} \vec{E}_i$$

불 빛이 중첩되듯이 각 전하로 부터 발생하는 전계는 **중첩**된다. 효과적인 전계는 모든 전계를 더하면 된다.

중첩의 원리는 쿨롱의 힘에도 적용된다.

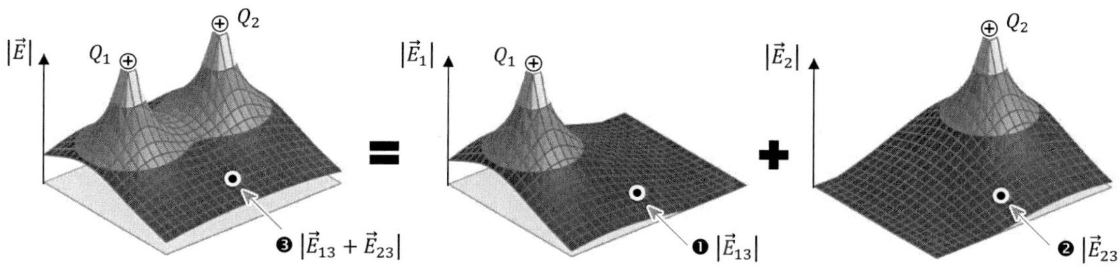

Solution

$\hat{R} = \frac{\vec{R}}{|\vec{R}|}$

❶ $\vec{E}_{13} = \frac{1}{\varepsilon_0} \cdot \frac{Q_1}{4\pi R^2} \cdot \frac{\vec{R}}{|\vec{R}|} = \frac{1}{8.854 \cdot 10^{-12}} \cdot \frac{5 \cdot 10^{-6}}{4\pi \cdot 40} \cdot \frac{(0,6,-2)}{\sqrt{40}} = (0,1.1,-0.36) \cdot 10^3\ \frac{V}{m}$

❷ $\vec{E}_{23} = \frac{1}{8.854 \cdot 10^{-12}} \cdot \frac{5 \cdot 10^{-6}}{4\pi \cdot 40} \cdot \frac{(0,6,2)}{\sqrt{40}} = (0,1.1,0.36) \cdot 10^3\ \frac{V}{m}$

❸ 중첩의 원리를 사용하여:

$\therefore \vec{E}_3 = \vec{E}_{13} + \vec{E}_{23} = (0,1.1,\mathbf{-0.36}) \cdot 10^3 + (0,1.1,\mathbf{0.36}) \cdot 10^3$

$= (0,2.2,0) \cdot 10^3\ \frac{V}{m}$

상하 **대칭**으로 상쇄되어 없어진다.

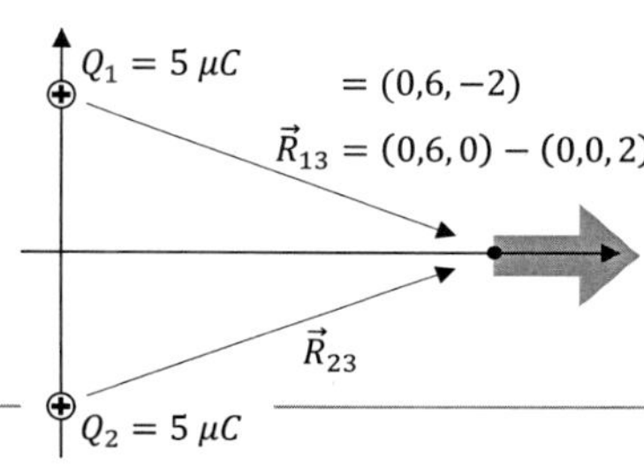

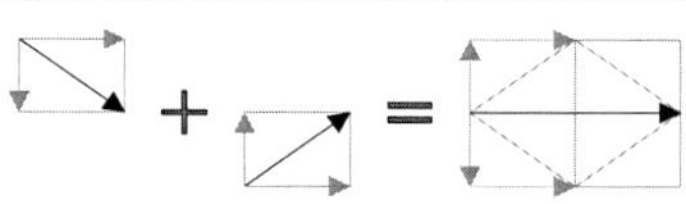

중첩의 원리 응용: $\vec{E}$를 구하기 - ❶ 선전하 line charge

Drill 1.2-3 전선에 분포된 전하는 선전하로 생각할 수 있다. 직선 선전하가 발생하는 전계를 구해보자.

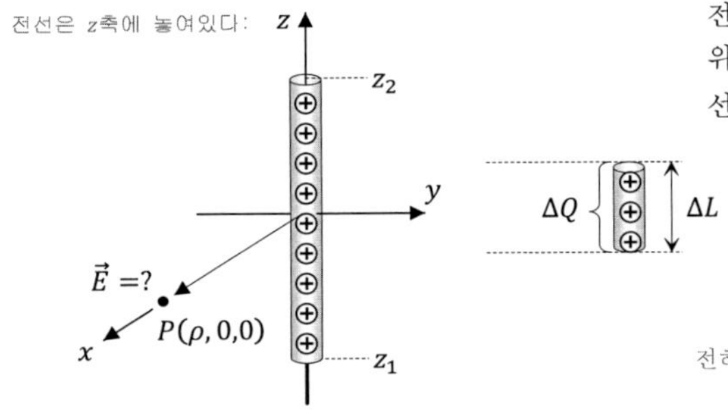

전선에 존재하는 전하량을 나타내기 위해 선전하밀도를 사용한다.
선전하밀도 = 단위 길이 당 전하

$$\rho_\ell = \frac{\Delta Q}{\Delta L}\left[\frac{C}{m}\right]$$

전하가 관심대상이며, 공간 $L\,[m]$에 정의되어 있다.
분자 분모

Appx 1 밀도

Appx 5 좌표계 & Appx 6 $d\ell$ 원통좌표계와 미소길이를 읽고 오시오.

Solution Step ① 사용할 공식을 결정한다:

☝ 중첩의 원리를 사용한다. 즉, 전선을 매우 짧은 전선 $d\ell$로 분리한다.
그리고 각각의 짧은 전선이 만든 전계강도 $d\vec{E}$를 구하여 더한다: $\vec{E} = \int d\vec{E}$

✌ 미소전선은 점으로 간주한다. 따라서 점전하에 의한 전계강도 공식을 사용한다:

$$d\vec{E} = \frac{1}{\varepsilon}\cdot\frac{\boldsymbol{dQ}}{4\pi \boldsymbol{R}^2}\cdot\boldsymbol{\hat{R}}$$

(dQ와 $\vec{R}$이 이미 값을 알고 있다.)

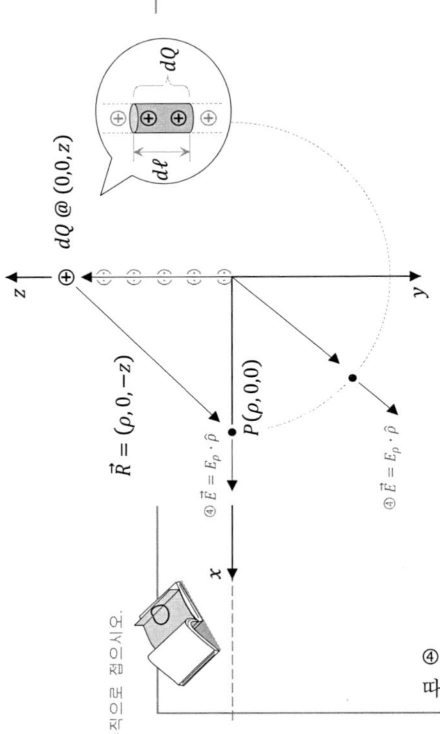

Step ② 기하학적 정보를 사용한다.

미소전선 $d\ell$ 안에 있는 전하량은 $dQ = \rho_\ell \cdot d\ell = \rho_\ell \cdot dz$

$[C] = \left[\frac{C}{m}\right]\cdot[m]$

또한 전하로부터의 거리벡터 $\vec{R}$에 대해서

$$|\vec{R}| = \sqrt{\rho^2 + z^2}$$

$$\hat{R} = \frac{\vec{R}}{|\vec{R}|} = \frac{(\rho,0,-z)}{\sqrt{\rho^2+z^2}}$$

Step ③ 수학 계산을 하여 답을 구한다: 중첩의 원리를 사용한다.

$$\vec{E} = \int d\vec{E} = \int \frac{1}{\varepsilon}\cdot\frac{dQ}{4\pi R^2}\cdot\hat{R} = \int_{z_1}^{z_2}\frac{1}{\varepsilon}\cdot\frac{\rho_\ell\cdot dz}{4\pi(\rho^2+z^2)}\cdot\frac{(\rho,0,-z)}{\sqrt{\rho^2+z^2}}$$

만약 이 전선이 **무한히 길면** $z_2 = \infty$이고 $z_1 = -\infty$ 이다.

$$\vec{E} = \int_{-\infty}^{+\infty}\frac{1}{\varepsilon}\cdot\frac{\rho_\ell\cdot dz}{4\pi(\rho^2+z^2)}\cdot\frac{(\rho,0,z)}{\sqrt{\rho^2+z^2}} = \frac{1}{\varepsilon}\cdot\frac{\rho_\ell}{2\pi\rho}\cdot\hat{\rho}$$

④ 무한히 긴 선전하에서 z 성분은 상하 대칭으로 사라진다. (이전 예제 참조)
따라서 전계강도에서 ρ 성분만 존재한다.

풀이과정은 생략. 일단 결과만 주목한다. 다음 절에 쉽게 계산하는 방법이 나온다.

종이를 수직으로 접으시오.

Drill 1.2-4 자유공간에 두 개의 무한 선전하가 놓여있다. 점 P에서의 전계강도는?

자유공간의 유전율 ε_0

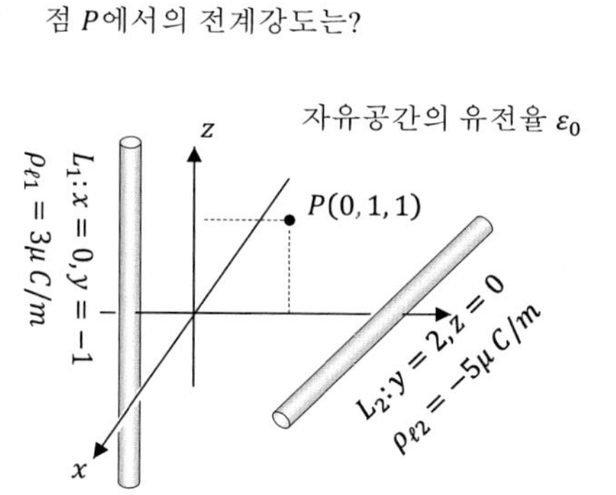

Solution

Step ① 사용할 개념과 공식: ☝중첩의 원리

$$✌ \vec{E} = \frac{1}{\varepsilon} \cdot \frac{\rho_\ell}{2\pi\rho} \cdot \hat{\rho}$$

Step ② 기하학적 정보를 사용한다: 오른쪽 그림

Step ③ 수학 계산을 하여 답을 구한다.

$$\therefore ☝ \vec{E} = \vec{E}_1 + \vec{E}_2 = \frac{10^{-6}}{4\pi\varepsilon_0} \cdot (0,8,-5)\ \frac{V}{m}$$

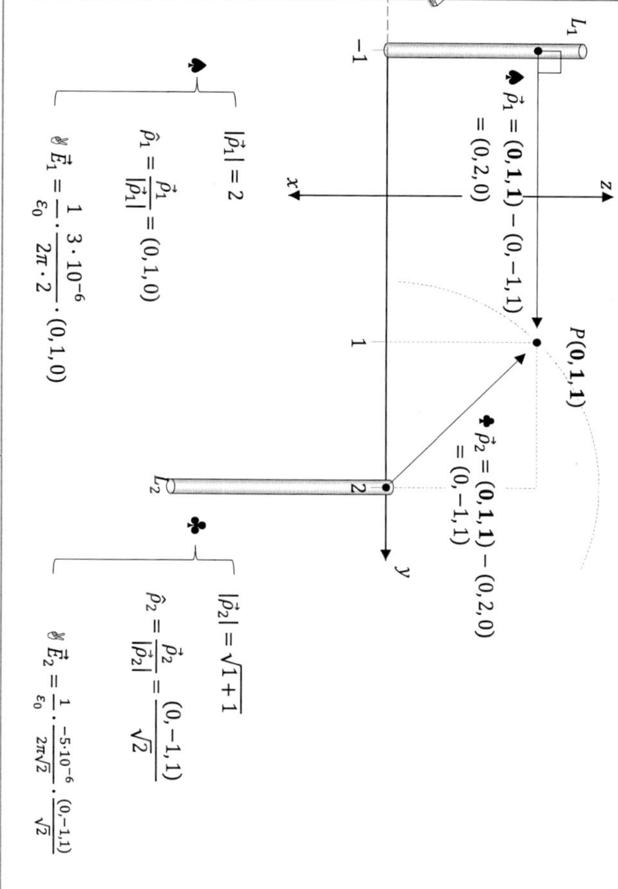

Drill 1.2-5 동일한 무한 선전하가 다음과 같을 때 점 P에서 전계강도는?

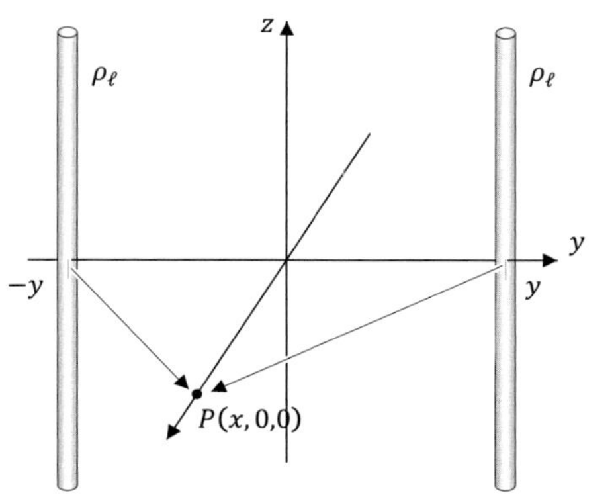

대칭으로 y성분은 상쇄되는 것을 알게 된다.

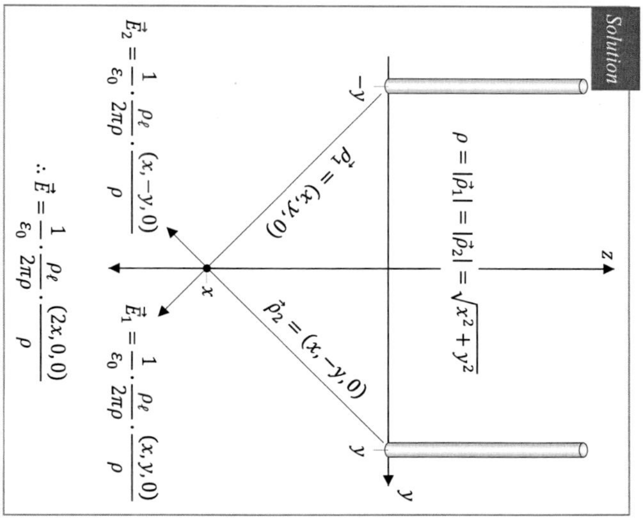

중첩의 원리 응용: $\vec{E}$를 구하기 - ❷ 면전하 sheet charge

Drill 1.2-6 판에 분포된 전하는 면전하로 생각할 수 있다. 평평한 면전하가 발생하는 전계를 구해보자.

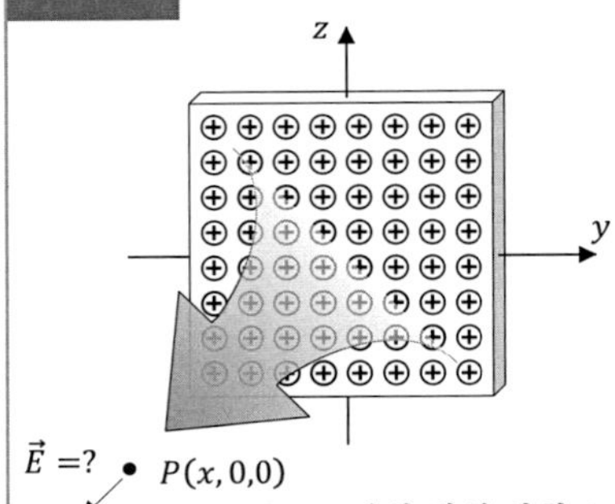

면의 법선 방향 $\hat{n} = \hat{x}$

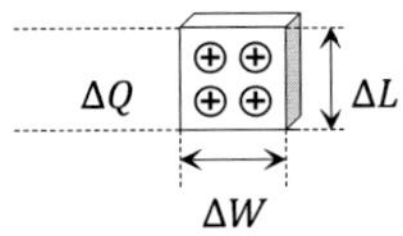

$\Delta S = \Delta W \cdot \Delta L$

면에 존재하는 전하량을 나타내기 위해 면전하밀도를 사용한다.

면전하밀도 = 단위 면적 당 전하

$$\rho_s = \frac{\Delta Q}{\Delta S} = \frac{\Delta Q}{\Delta W \cdot \Delta L} \left[\frac{C}{m^2}\right]$$

Solution Step ① 사용할 공식을 결정한다:

☝ 중첩의 원리를 사용한다. 즉, 면을 매우 작은 면 dS로 분리한다.
그리고 각각의 작은 면이 만든 전계강도 $d\vec{E}$를 구하여 더한다: $\vec{E} = \int d\vec{E}$

✌ 미소면적은 점으로 간주한다. 따라서 점전하에 의한 전계강도 공식을 사용한다:

$$d\vec{E} = \frac{1}{\varepsilon} \cdot \frac{\boldsymbol{dQ}}{4\pi \boldsymbol{R}^2} \cdot \widehat{\boldsymbol{R}}$$

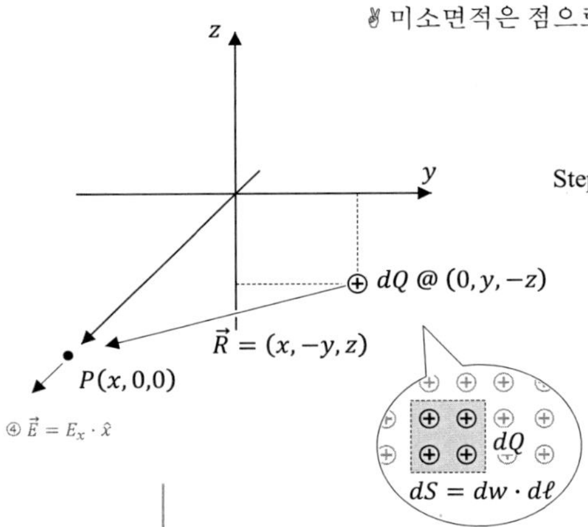

Step ② 기하학적 정보를 사용한다.

미소면적 dS 안에 있는 전하량은 $dQ = \rho_s \cdot dS = \rho_s \cdot dy \cdot dz$

$[C] = \left[\frac{C}{m^2}\right] \cdot [m] \cdot [m]$

또한 전하로부터의 거리벡터 $\vec{R}$에 대해서

$$\left|\vec{R}\right| = \sqrt{x^2 + y^2 + z^2}$$

$$\hat{R} = \frac{\vec{R}}{\left|\vec{R}\right|} = \frac{(x, -y, z)}{\sqrt{x^2 + y^2 + z^2}}$$

Step ③ 수학 계산을 하여 답을 구한다: 중첩의 원리를 사용한다.

$$\vec{E} = \int d\vec{E} = \int \frac{1}{\varepsilon} \cdot \frac{dQ}{4\pi R^2} \cdot \hat{R} = \int_{z_1}^{z_2} \int_{y_1}^{y_2} \frac{1}{\varepsilon} \cdot \frac{\rho_s \cdot dy \cdot dz}{4\pi(x^2 + y^2 + z^2)} \cdot \frac{(x, -y, z)}{\sqrt{x^2 + y^2 + z^2}}$$

만약 이 면이 **무한히 크면** $z_2 = y_2 = \infty$이고 $z_1 = y_1 = -\infty$ 이다.

$$\vec{E} = \int_{-\infty}^{\infty} \int_{-\infty}^{\infty} \frac{1}{\varepsilon} \cdot \frac{\rho_s \cdot dy \cdot dz}{4\pi(x^2 + y^2 + z^2)} \cdot \frac{(x, -y, z)}{\sqrt{x^2 + y^2 + z^2}} = \boxed{\frac{1}{\varepsilon} \cdot \frac{\rho_s}{2} \cdot \hat{n}}$$

④ 무한히 큰 면전하에서 법선 성분 $\hat{n}$ (여기서는 $\hat{x}$)을 제외한 성분은 대칭으로 사라진다.

풀이과정은 생략. 일단 결과만 주목한다. 다음 절에 쉽게 계산하는 방법이 나온다.

Drill 1.2-7 다음과 같이 평행한 두 개의 (무한) 면전하들이 있으며, 각각 양과 음의 전하로 대전되어 있다. 두 (무한) 면전하가 만드는 전계를 계산하자.

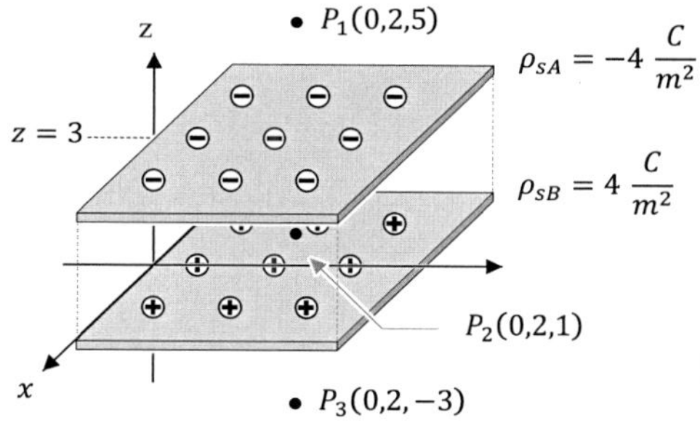

Solution

Step ❶ 사용할 공식을 찾는다: ☝ 중첩의 원리: $\vec{E} = \vec{E}_A + \vec{E}_B$

$$✌\ \vec{E} = \frac{1}{\varepsilon}\cdot\frac{\rho_s}{2}\cdot\hat{n}$$

Step ❷ 기하학적 정보를 사용한다: 법선 벡터 $\hat{n}$들을 구한다.

$P_1(0,2,5)$

$\vec{n}_{A1} = (0,2,5) - (0,2,3) = (0,0,2) = 2\cdot\hat{z}$ (거리벡터 = 도착지-출발지)

$\therefore\ \hat{n}_{A1} = \hat{z}$

Step ❸ 수학 계산을 하여 답을 구한다.

① $\vec{E}_{A1} = \frac{1}{\varepsilon}\cdot\frac{\rho_{sA}}{2}\cdot\hat{n}_{A1} = \frac{1}{\varepsilon}\cdot\frac{\rho_{sA}}{2}\cdot\hat{z}$

(0,2,3)

② $\vec{E}_{A2} = \frac{1}{\varepsilon}\cdot\frac{\rho_{sA}}{2}\cdot(-\hat{z})$

③ $\vec{E}_{B1} = \frac{1}{\varepsilon}\cdot\frac{\rho_{sB}}{2}\cdot\hat{z}$

④ $\vec{E}_{B2} = \frac{1}{\varepsilon}\cdot\frac{\rho_{sB}}{2}\cdot(-\hat{z})$

z, 3, y = 0, y

중첩의 원리를 적용한다.

P_1 → ⑤ $\vec{E}_1 = \overset{①}{\vec{E}_{A1}} + \overset{③}{\vec{E}_{B1}} = \frac{1}{\varepsilon}\cdot\frac{-4\cdot10^{-6}}{2}\hat{z} + \frac{1}{\varepsilon}\cdot\frac{4\cdot10^{-6}}{2}\hat{z} = 0$

P_2 → ⑥ $\vec{E}_2 = \vec{E}_{A2} + \vec{E}_{B1} = \frac{1}{\varepsilon}\cdot\frac{-4\cdot10^{-6}}{2}(-\hat{z}) + \frac{1}{\varepsilon}\cdot\frac{4\cdot10^{-6}}{2}\hat{z}$

$$= \frac{1}{\varepsilon}\cdot4\cdot10^{-6}\cdot\hat{z}\ \frac{C}{m^2}$$

P_3 → ⑦ $\vec{E}_3 = \vec{E}_{A2} + \vec{E}_{B2} = \frac{1}{\varepsilon}\cdot\frac{-4\cdot10^{-6}}{2}(-\hat{z}) + \frac{1}{\varepsilon}\cdot\frac{4\cdot10^{-6}}{2}(-\hat{z}) = 0$

결과적으로 면전하 사이 ⑥에만 전계가 존재하게 된다. 두 금속판으로 면전하들을 만든 소자를 커패시터 (capacitor)라고 한다. p. 75

Drill 1.2-8

다음과 같이 x-y 평면에 반경 r인 링 형태의 전하가 있다.
점 P에서의 전계강도를 구하시오.

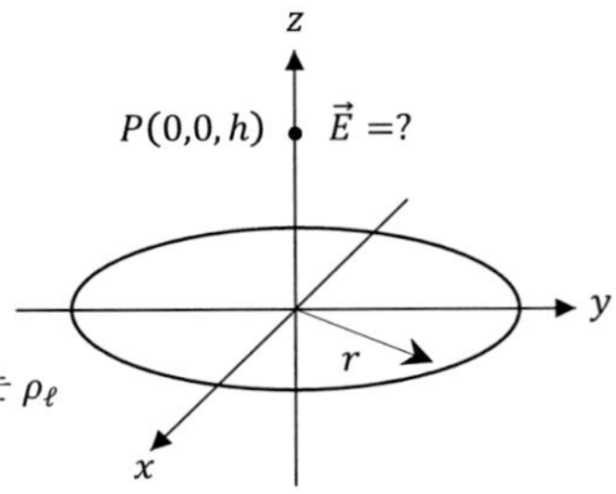

선전하 밀도는 ρ_ℓ

Solution

Step ❶ 사용할 공식을 찾는다: 전계와 전하의 관계를 묻는 문제이므로 쿨롱의 법칙에서 유도된

$$d\vec{E} = \frac{1}{\varepsilon} \cdot \frac{dQ}{4\pi R^2} \cdot \hat{R}$$ 를 사용하여

$$\vec{E} = \int d\vec{E} = \int \frac{1}{\varepsilon} \cdot \frac{dQ}{4\pi R^2} \cdot \hat{R}$$ 를 계산하면 된다.

Step ❷ 기하학적 정보를 사용하여 식을 완성한다: ①과 ③이 기하학적 정보이다.

①에서 링 모양은 원 모양의 선이므로 $d\ell = r \cdot d\phi$ 이고 ② $dQ = \rho_\ell \cdot d\ell = \rho_\ell \cdot r d\phi$ 이다.

③은 왼쪽 그림에서 찾는다:

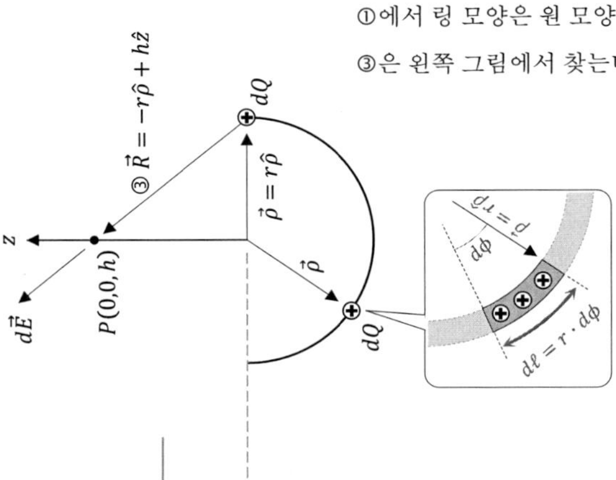

전계강도는

$$\vec{E} = \int \frac{1}{\varepsilon} \cdot \frac{dQ}{4\pi R^2} \cdot \hat{R}$$

③

$$= \int_0^{2\pi} \frac{1}{\varepsilon} \cdot \frac{\rho_\ell \cdot r d\phi}{4\pi(r^2 + h^2)} \cdot \frac{(-r\hat{\rho} + h\hat{z})}{\sqrt{r^2 + h^2}}$$

① $d\phi$ 와 연결되어 있으므로 ϕ 의 적분구간이다.

Step ❸ 수학 계산을 하여 답을 구한다:

$$\vec{E} = \frac{1}{\varepsilon} \cdot \frac{h \cdot 2\pi r \rho_\ell}{4\pi(r^2 + h^2)^{3/2}} \cdot \hat{z} = \frac{1}{\varepsilon} \cdot \frac{Q}{\frac{4\pi(r^2 + h^2)^{3/2}}{h}} \cdot \hat{z}$$

← 여기서 전체의 전하는 $Q = 2\pi r \cdot \rho_\ell$

$$= 매질 \cdot \frac{원인}{기하학적\ 특성}$$

← 뒤에 가우스의 법칙에서 자세히 설명

※ 수학 계산은 DIY. 대칭 때문에 z 성분만 계산하면 편하다.

Drill 1.2-9

원판 형태의 면전하에 의한 전계를 구하시오.

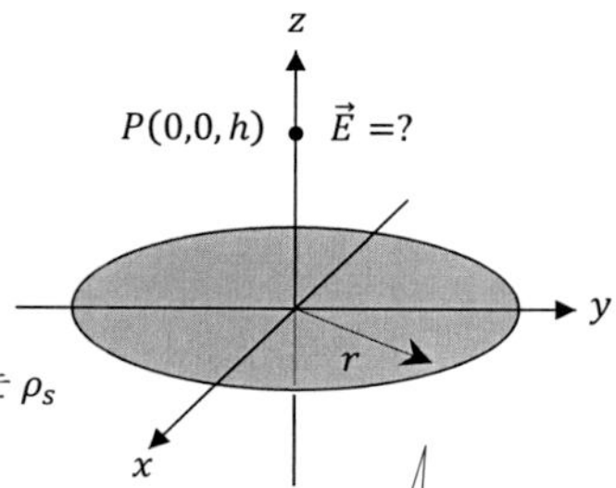

면전하 밀도는 ρ_s

Solution

Step ❶ 사용할 공식을 찾는다:

원판은 링으로 구성되므로, 링 전하에 의한 전계를 사용한다.

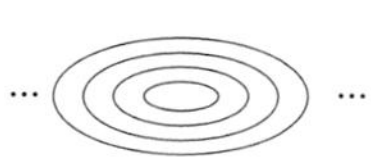

$$d\vec{E} = \frac{1}{\varepsilon}\cdot\frac{\boldsymbol{dQ}}{\frac{4\pi(r^2+h^2)^{3/2}}{h}}\cdot\hat{z}$$

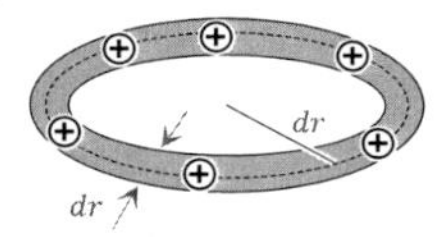

$dQ = \rho_s\cdot ds = \rho_s\cdot 2\pi r\cdot dr$

그리고 중첩의 원리를 사용하여 총 전계를 계산한다.

Step ❷ 기하학적 정보를 사용하여 식을 완성한다.

$$d\vec{E} = \frac{1}{\varepsilon}\cdot\frac{dQ}{\frac{4\pi(r^2+h^2)^{3/2}}{h}}\cdot\hat{z} = \frac{1}{\varepsilon}\cdot\frac{\rho_s\cdot 2\pi r\cdot dr}{\frac{4\pi(r^2+h^2)^{3/2}}{h}}\cdot\hat{z}$$

Step ❸ 수학 계산을 하여 답을 구한다:

$$\vec{E} = \int d\vec{E} = \int_0^r \frac{1}{\varepsilon}\cdot\frac{\rho_s\cdot 2\pi r\cdot dr}{\frac{4\pi(r^2+h^2)^{3/2}}{h}}\cdot\hat{z} = \frac{1}{\varepsilon}\cdot\frac{\rho_s}{2}\left[1-\frac{h}{\sqrt{r^2+h^2}}\right]\cdot\hat{z}$$

※ $r=\infty$이면 무한 면전하가 되므로, $\vec{E} = \frac{1}{\varepsilon}\cdot\frac{\rho_s}{2}\left[1-\frac{h}{\sqrt{\infty^2+h^2}}\right]\cdot\hat{z} = \frac{1}{\varepsilon}\cdot\frac{\rho_s}{2}\hat{z}$

Summary

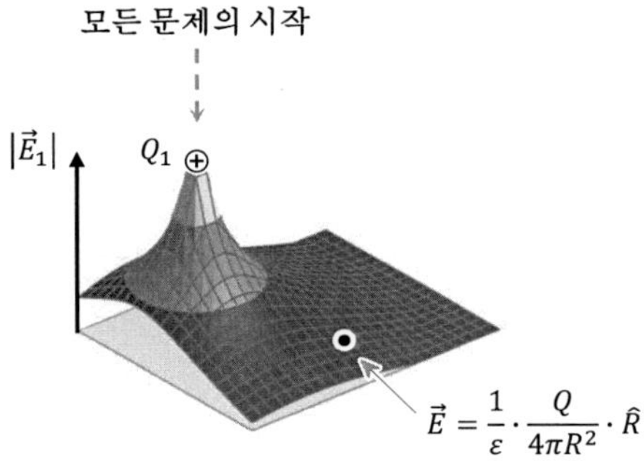

점전하	무한 선전하	무한 면전하
$Q\ [C]$	$\rho_\ell = \frac{Q}{L}\ \left[\frac{C}{m}\right]$	$\rho_s = \frac{Q}{S}\ \left[\frac{C}{m^2}\right]$
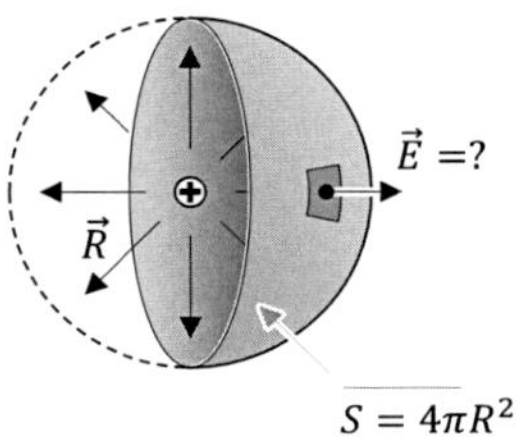	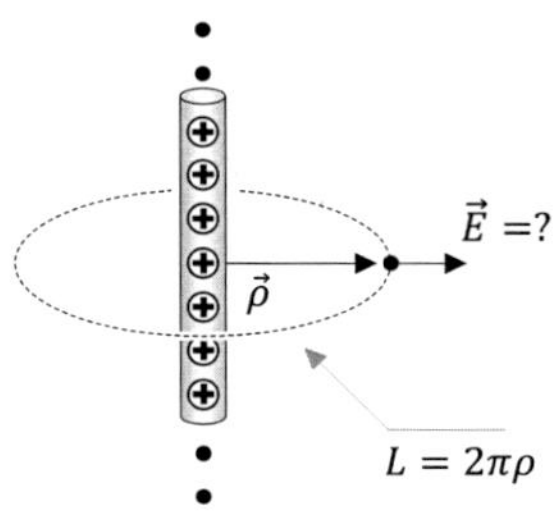	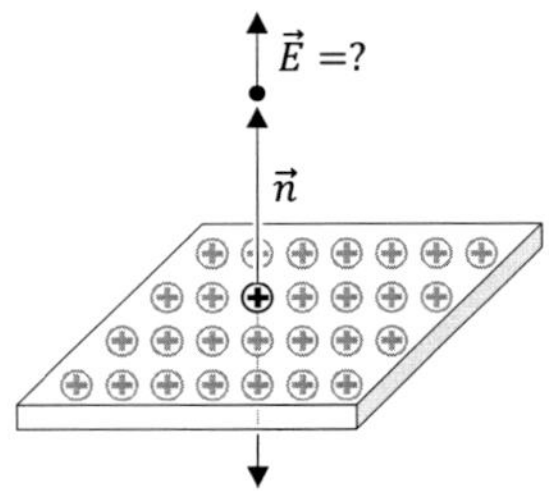
$\vec{E} = \frac{1}{\varepsilon} \cdot \frac{Q}{4\pi R^2} \cdot \hat{R}$	Superposition $\vec{E} = \frac{1}{\varepsilon} \cdot \frac{\rho_\ell}{2\pi\rho} \cdot \hat{\rho}$	Superposition $\vec{E} = \frac{1}{\varepsilon} \cdot \frac{\rho_s}{2} \cdot \hat{n}$
$\vec{F} = \vec{E} \cdot Q_2 = \frac{1}{4\pi\varepsilon} \frac{Q_1 Q_2}{R^2} \hat{R}$	$\vec{F} = \vec{E} \cdot Q_2$	$\vec{F} = \vec{E} \cdot Q_2$

$$\begin{cases} \varepsilon = \varepsilon_r \varepsilon_0 \\ \varepsilon_0 = 8.854 \times 10^{-12} \cong \dfrac{10^{-9}}{36\pi}\ \left[\dfrac{F}{m}\right] \end{cases}$$

The EM map

개념들 사이의 관계에 대한 지도를 보여준다.

단위

$\left[\frac{V}{m}\right]$ $\vec{E}$ ⑥ 페러데이에 의해 전계의 개념이 도입되었다.

⑦ 전계강도와 쿨롱의 힘과의 관계식 $\vec{E} = \frac{\vec{F}}{Q_2}$

⑧ 쿨롱의 힘에서 전계강도를 계산할 수 있다: $\vec{E} = \frac{\vec{F}}{Q_2}$

⑨ 전계강도에서 쿨롱의 힘을 계산할 수 있다: $\vec{F} = \vec{E} \cdot Q_2$

$[N]$ $\vec{F}$ ② 쿨롱이 전하들 사이에 힘이 작용하는 것을 수식화하였다.

③ 쿨롱의 힘과 전하와의 관계식 $\vec{F} = \frac{1}{\varepsilon}\frac{Q_1 Q_2}{4\pi R^2}\hat{R}$

④ 화살표↑의 의미:
전하들을 알면 쿨롱의 힘을 계산할 수 있다: $\vec{F} = \frac{1}{\varepsilon}\frac{Q_1 Q_2}{4\pi R^2}\hat{R}$

⑤ 화살표↓의 의미:
쿨롱의 힘에서 Q_2를 추출할 수 있다: $Q_2 = F \cdot \varepsilon \frac{4\pi R^2}{Q_1}$

Q ⊕ ⊖

① 모든 문제의 원인: 전하

1.3 전속과 전속밀도

상자 안에 전등이 있는 상황을 분석하자.

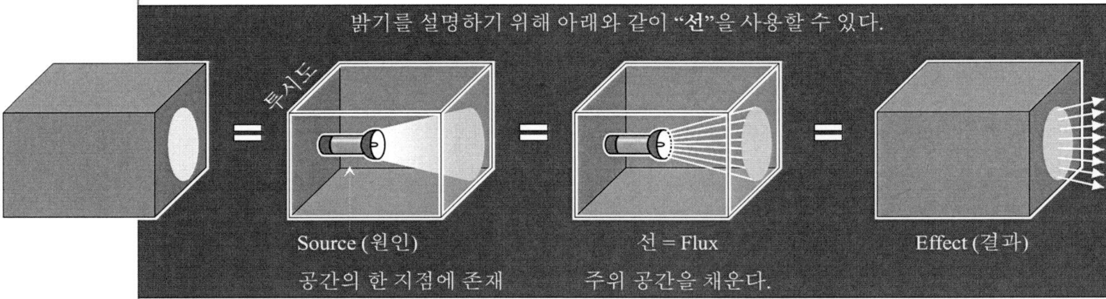

우리는 전하에 의한 현상을 다루고 있으므로 전하가 소스이며 "전속"을 사용하자.

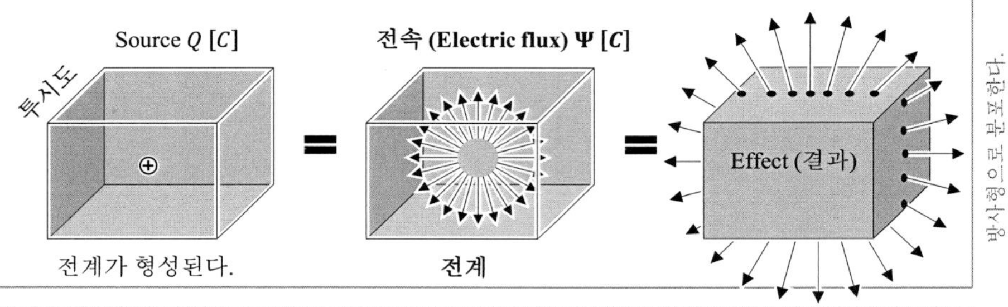

마이클 패러데이(Michael Faraday)의 실험과 전속

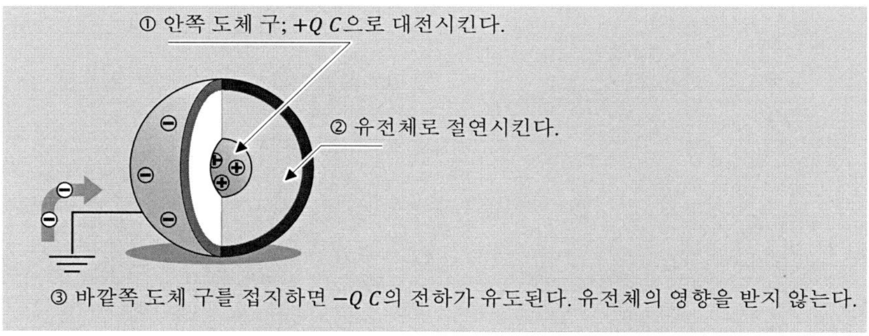

양전하와 음전하 사이의 공간에 무엇인가가 존재(작용)하는 것을 알 수 있다.

이 것을 **전속(electric flux) Ψ** 이라 한다.

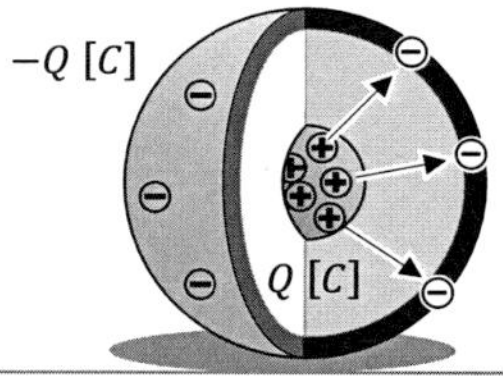

전속의 특징:

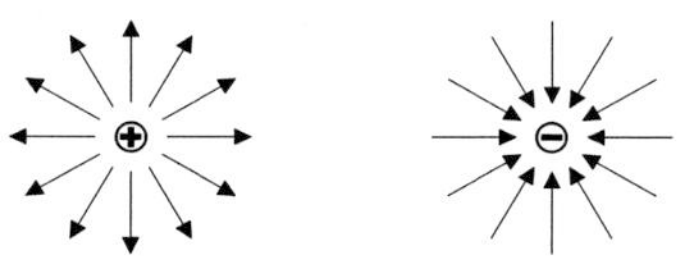

전속은 ⊕가 발생하고, ⊖가 소멸 시킨다.

왼쪽의 "effect (결과)"를 보면 flux은 공간에 존재하는 면을 통과한다. 따라서 $\text{전속의 밀도 } \boldsymbol{D} = \frac{\text{선의 개수}}{\text{면적}}$ 를 정의하자.
그런데...

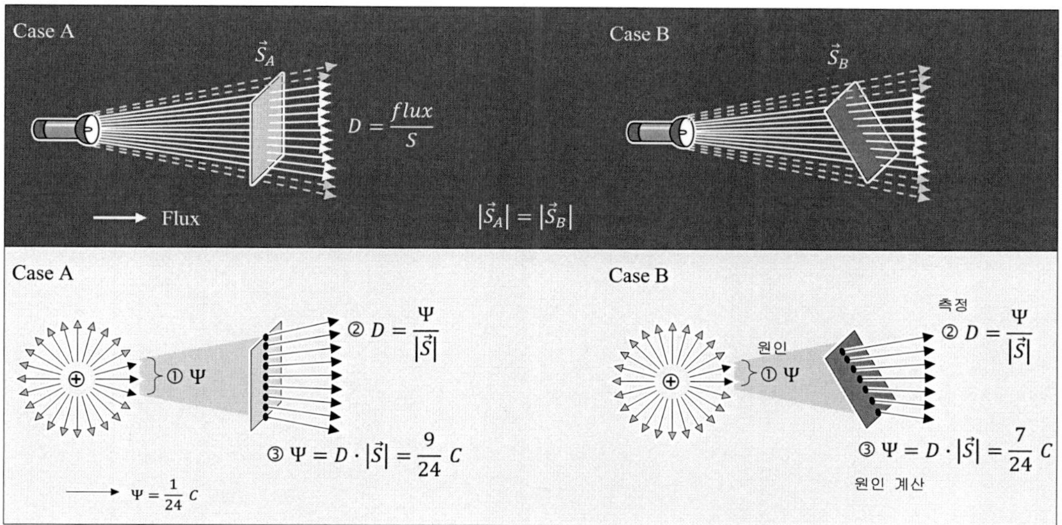

소스로부터 같은 거리에 동일한 크기의 면적이 있더라도 전속과 면적의 **방향**에 따라 통과하는 전속의 양이 다르다.

면적 $\vec{S}$이 벡터이므로 **전속밀도도 벡터**이어야 사용이 편리하다: $\vec{D} = \frac{\Psi}{S} \cdot \hat{R}\ \left[\frac{C}{m^2}\right]$ & $Q = \Psi = \vec{D} \bullet \vec{S} = \int_S \vec{D} \bullet d\vec{s}$

$\hat{R}$은 전하에서 멀어지는 방향

Appx 10 면적분

이제 표면에서 $\vec{D}$와 $\vec{S}$를 관측하여 원인 Q을 계산할 수 있게 된다:

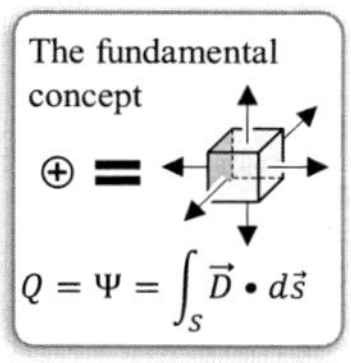

Drill 1.3-1

면적 $\vec{S}$ 를 통과하는 전속을 계산하시오.

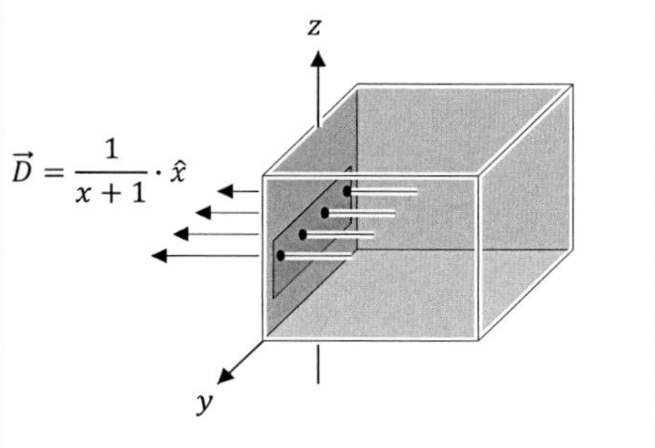

$\vec{S}$: $x = 0\ m, \quad -2 \le y \le 2\ m, \quad -1 \le z \le 1\ m$

Solution

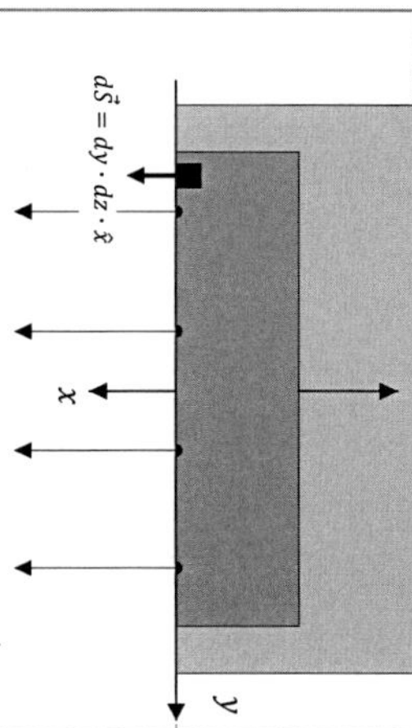

$$\Psi = \int_S \vec{D} \bullet d\vec{s} = \int_{-1}^{1}\int_{-2}^{2}\left(\frac{1}{x+1} \cdot \hat{x}\right) \bullet (dy \cdot dz \cdot \hat{x})$$

$$= \frac{2 \cdot 4}{x+1}\ [C]$$

따라서 $x = 0\ m$ 에서는

$$= 8\ [C]$$

1.3.1 전속밀도와 전계강도와의 관계 $\vec{D} = \varepsilon \cdot \vec{E}$

이해를 돕기 위해 비유를 사용하여 설명한다. 정확한 내용은 전문서적을 참조할 것.

❶ 다른 특성을 갖는 매질 안에서 손전등을 켰다.

매질 A = 공기

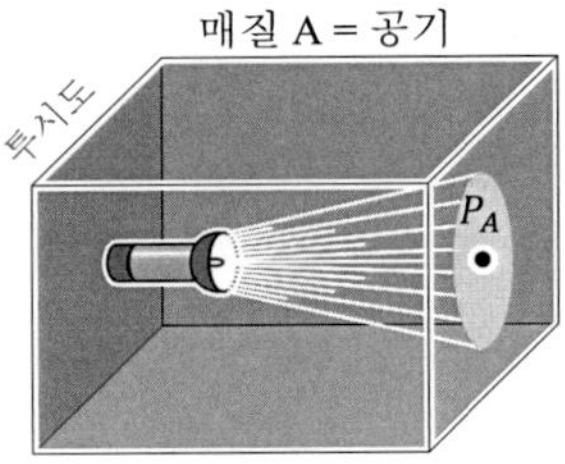

점 P에서 측정되는 빛의 밝기: $P_A > P_B$

매질 B = 공기 + 연기

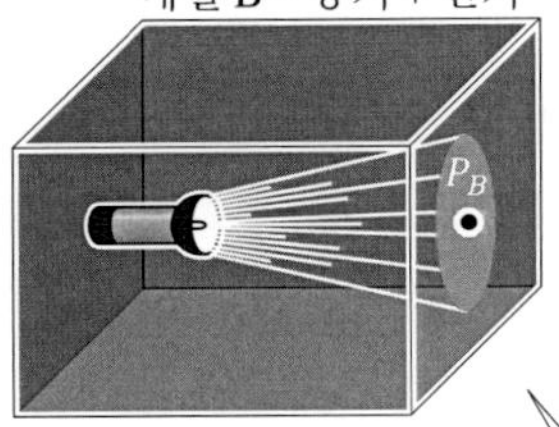

매질이 빛에 반응(흡수)을 더 하면 P_B 에 도달하는 빛의 양은 줄어든다:

$$P_B \text{ 에서 빛의 강도(양)} \propto \frac{\text{촛불의 강도}}{\text{매질이 빛에 반응하는 정도} \times \text{거리}}$$

반응이 없는 공간을 설명하기 위해 "공기"를 사용하였다. 실제로는 "진공"이 아무 반응도 없는 공간이다.

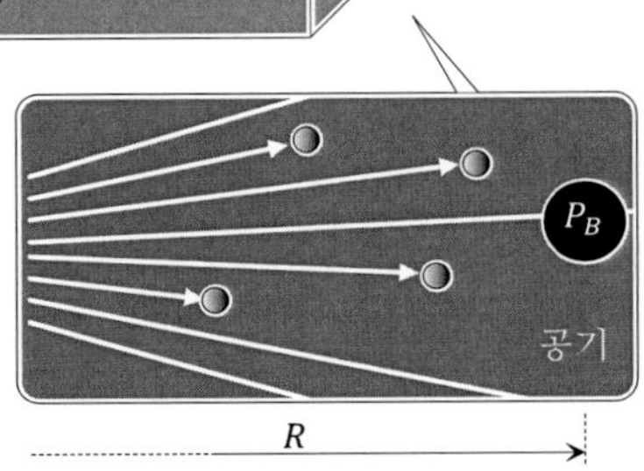

극히 작은 연기 알갱이 ●가 매우 많이 그리고 균일하게 분포되어 있다.

❸ 쌍극자로 구성된 유전체 매질이 전계에 반응한다.

유전체는 전기적으로 중성이며 반응 정도는 **유전율 ε** 로 표시한다.

유전체의 쌍극자들은 전속을 흡수하고 발생시킨다.

이 때문에 시험전하를 P_B 에 놓고 전계강도를 측정할 때, 시험전하에 도달하는 전속의 수가 작아진다:

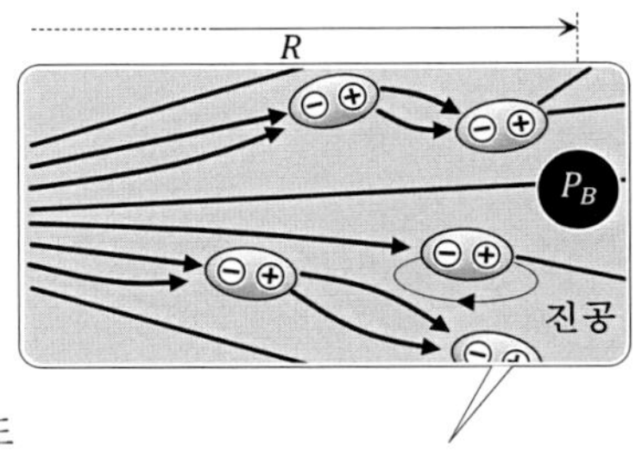

측정 지점에서 전계강도는 $E \propto \begin{cases} D & \text{: 전속밀도} \\ \dfrac{1}{\varepsilon} & \text{: 매질이 전속에 반응하는 정도} \end{cases}$

따라서 $E = \dfrac{1}{\varepsilon} \cdot D$ 를 얻는다. 여기서 $\varepsilon = \varepsilon_0 \varepsilon_r$ $\begin{cases} \text{진공의 유전율은 } \varepsilon_0 \\ \text{"}\sum\text{쌍극자"의 비유전율은 } \varepsilon_r \end{cases}$

cf. 쿨롱의 힘 $F = \dfrac{1}{\varepsilon} \cdot \dfrac{Q_1}{4\pi R^2} \cdot Q_2$

매질 A = 진공

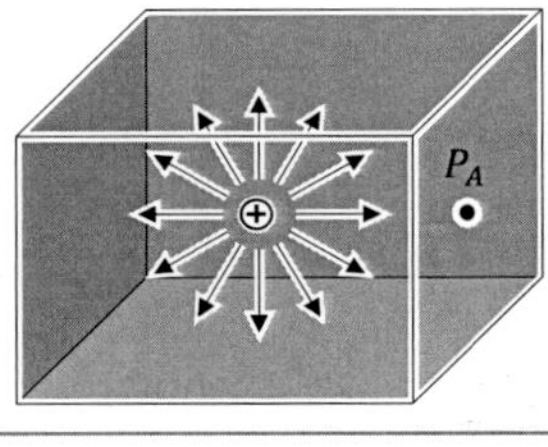

점 P에서 시험전하를 사용하여 측정하는 전계강도: $E_A > E_B$

매질 B = 진공 + 수증기

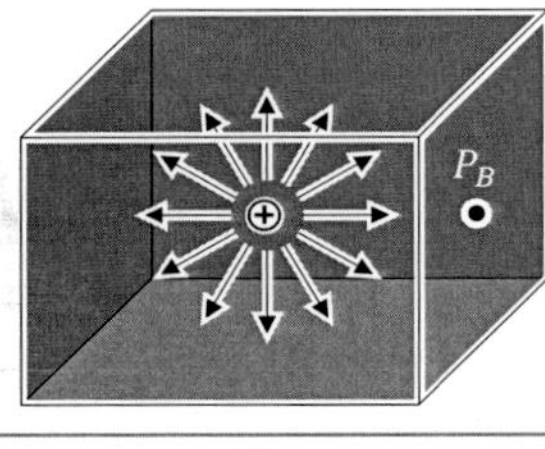

❷ 전속은 ⊕ 가 발생하고, ⊖ 가 소멸 시킨다.

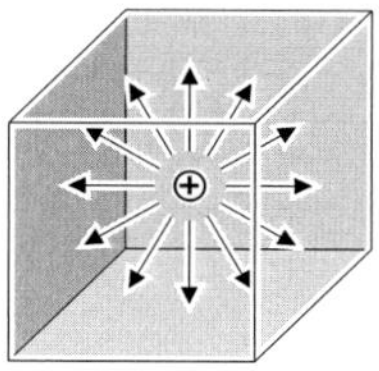

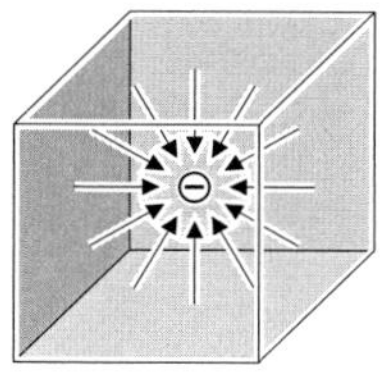

and

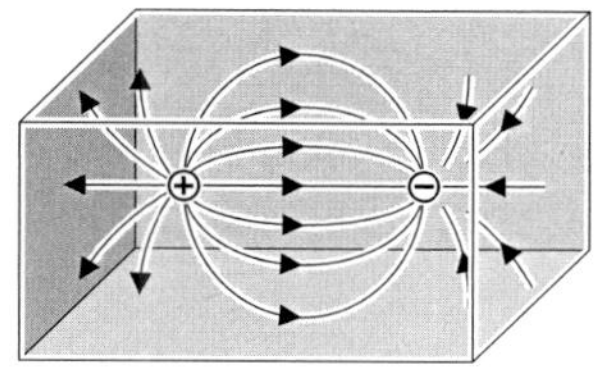

쌍극자는 크기가 같고 부호가 반대인 두 점전하가 미소거리만큼 떨어져 있는 것이다.

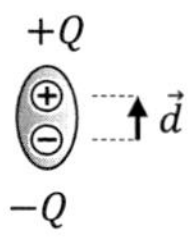

유전체는 자유공간에 쌍극자가 (균일하게) 분포된 것으로 생각할 수 있다.

이 쌍극자들은 이동할 수 없기 때문에 전류를 만들 수는 없지만, 외부 전계에 대하여 정렬될 수 있다. p. 66

① 쌍극자가 혼자 있을 경우:

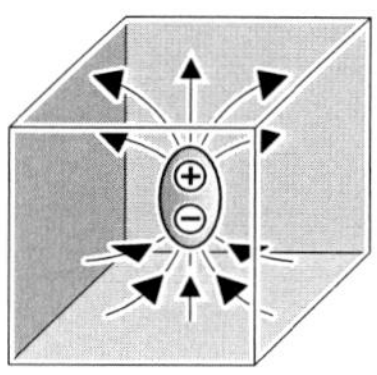

⊕ 에서 나온 전속은 모두 ⊖ 로 들어간다.

② 쌍극자가 외부 전계의 영향을 받을 경우:

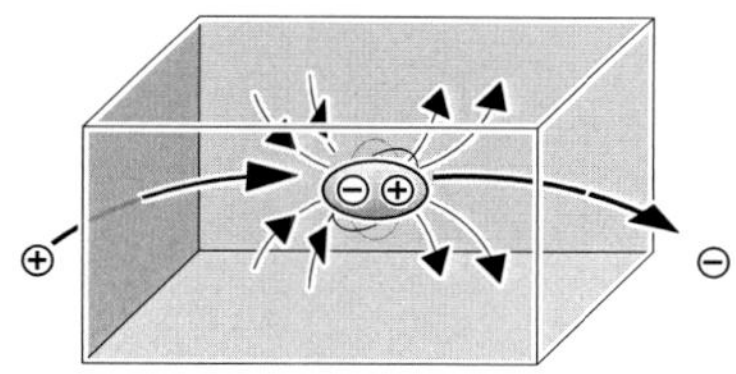

쌍극자는 정렬되고 전속을 **전달**해준다.
(소멸 & 발생)

❹ 전속밀도와 전계강도를 정리하면 다음과 같다: $\vec{D} = \varepsilon \cdot \vec{E}$

	점 전하	무한 선전하	무한 면전하
	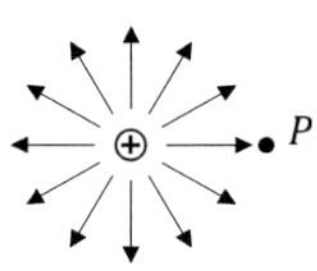	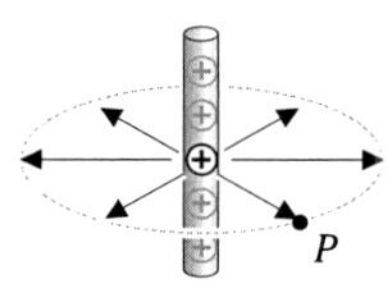	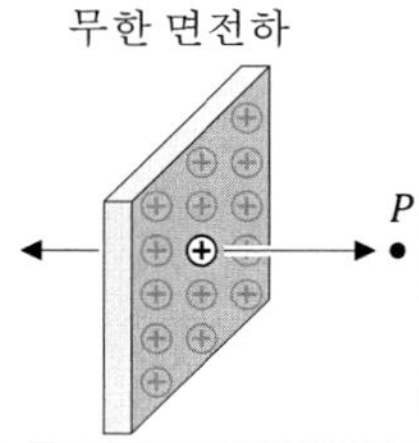
$\vec{D}$	$\vec{D}(r,\theta,\phi) = \dfrac{Q}{4\pi r^2}\hat{r}$	$\vec{D}(\rho,\phi,z) = \dfrac{\rho_\ell}{2\pi\rho}\hat{\rho}$	$\vec{D} = \dfrac{\rho_s}{2}\hat{n}$
$\vec{E} = \dfrac{1}{\varepsilon}\cdot\vec{D}$	$\vec{E}(r,\theta,\phi) = \dfrac{1}{\varepsilon}\cdot\dfrac{Q}{4\pi r^2}\hat{r}$	$\vec{E}(\rho,\phi,z) = \dfrac{1}{\varepsilon}\cdot\dfrac{\rho_\ell}{2\pi\rho}\hat{\rho}$	$\vec{E} = \dfrac{1}{\varepsilon}\cdot\dfrac{\rho_s}{2}\hat{n}$
$\vec{F} = Q_t \cdot \vec{E}$			

시험 전하 Q_t를 사용하여 $\vec{F}$를 측정하면 $\vec{D}$를 계산할 수 있게 된다.

Case ❶

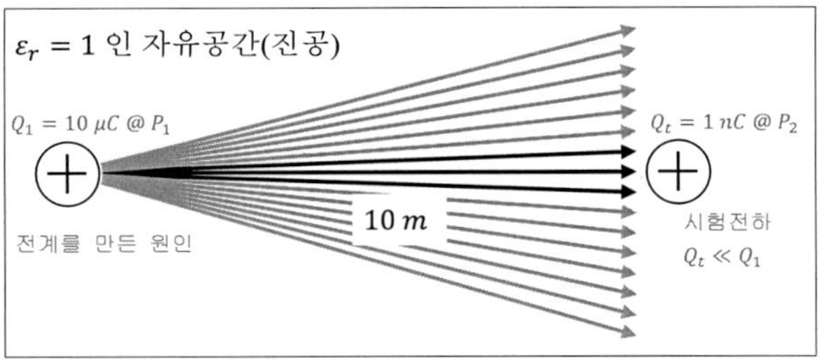

① 시험전하에 가해지는 힘을 측정하여 $F = 9 \cdot 10^{-7}\ N$을 얻었다면,

② P_2 에서의 전계강도는 $E = \dfrac{F}{1 \cdot 10^{-9}} = 9 \cdot 10^2\ \dfrac{V}{m}$ 이다.

③ 이를 기반으로 전속밀도를 계산하면

$$D = \varepsilon E = \varepsilon_r \varepsilon_0 E = 1 \cdot \frac{10^{-9}}{36\pi} \cdot E = 8 \cdot 10^{-9}\ \frac{C}{m^2}$$

④ 전계를 만든 것이 점전하라는 것을 알면 구의 면적을 곱하여 원인이 되는 점전하의 전하량을 추정할 수 있다:
(다음 절의 가우스 법칙에서 다룬다.)

$$Q_{guess} = D \cdot S = D \cdot (4\pi R^2) = 10\ \mu C$$

Case ❷

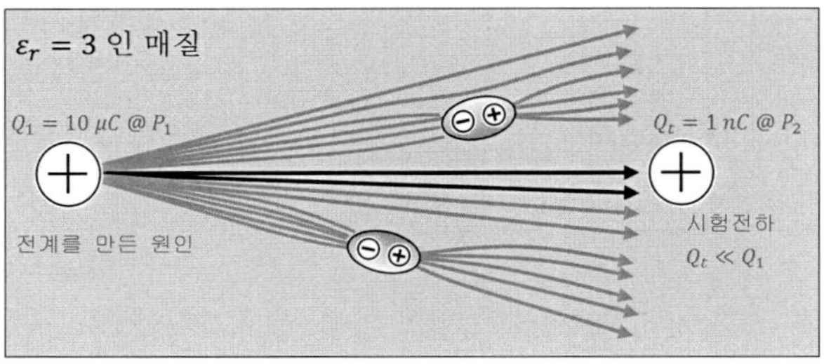

①′ 시험전하에 가해지는 힘을 측정하여 $F = 3 \cdot 10^{-7}\ N$을 얻었다면,

②′ P_2 에서의 전계강도는 $E = \dfrac{F}{1 \cdot 10^{-9}} = 3 \cdot 10^2\ \dfrac{V}{m}$ 이다.

③′ 이를 기반으로 전속밀도를 계산하면

$$D = \varepsilon E = \varepsilon_r \varepsilon_0 E = 3 \cdot \frac{10^{-9}}{36\pi} \cdot E = 8 \cdot 10^{-9}\ \frac{C}{m^2}$$

④′ 전계를 만든 것이 점전하라는 것을 알면 구의 면적을 곱하여 원인이 되는 점전하의 전하량을 추정할 수 있다:

$$Q_{guess} = D \cdot S = D \cdot (4\pi R^2) = 10\ \mu C$$

②와 비교하였을 때 ②′ 에서 측정된 전계강도가 작아진다.

이는 매질의 쌍극자들이 반응하고 남은 전속에 시험전하가 반응하기 때문이다.

③′ 에서 전계강도는 작아졌지만 매질이 방해한 효과를 계산에 포함하면 전속의 원천인 Q_1을 계산할 수 있게 된다.

$$\vec{D} = \varepsilon \vec{E} = \varepsilon_r \cdot \varepsilon_0 \cdot \vec{E}$$

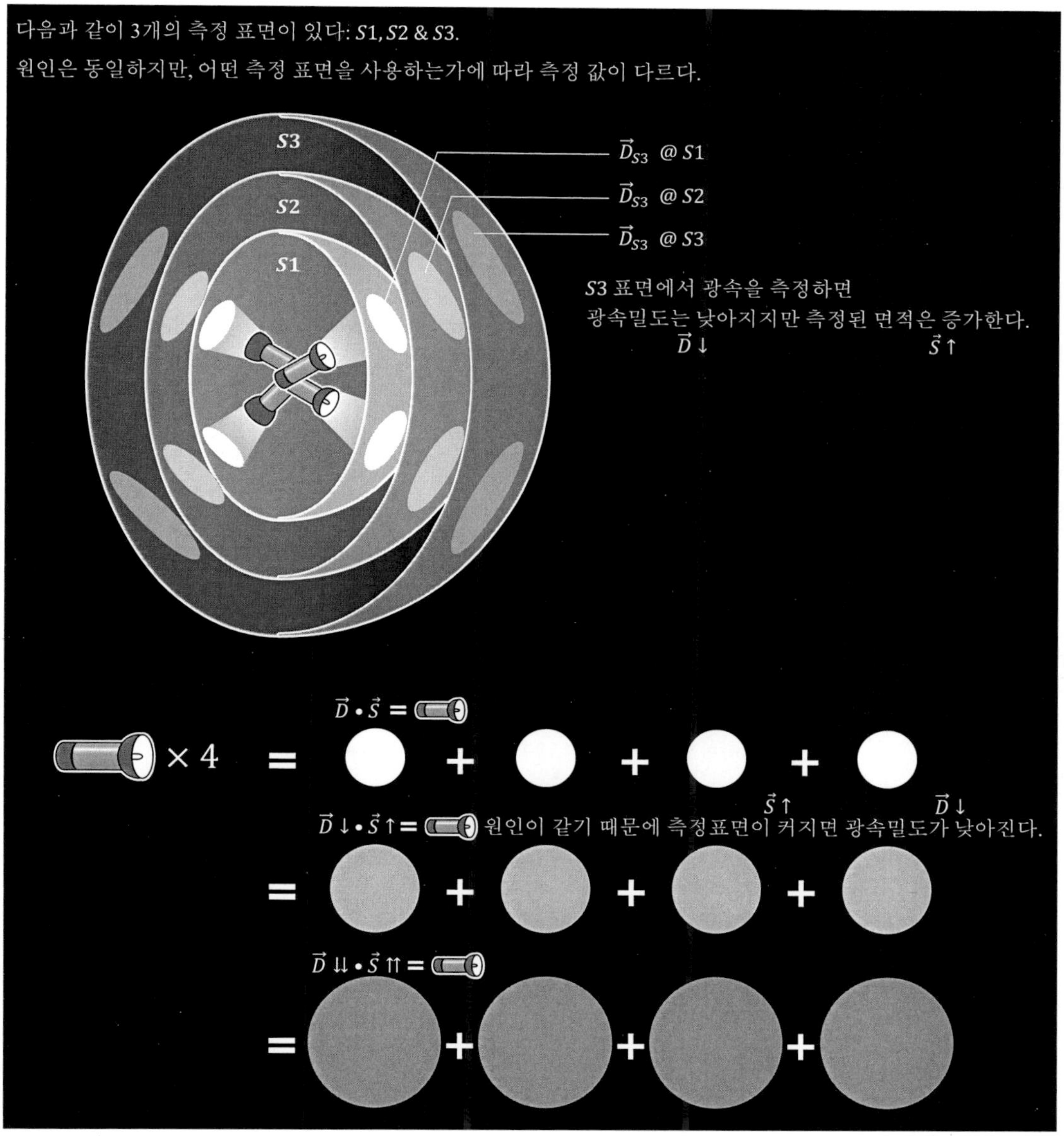
다음과 같이 3개의 측정 표면이 있다: $S1, S2$ & $S3$.
원인은 동일하지만, 어떤 측정 표면을 사용하는가에 따라 측정 값이 다르다.
S3
S2
S1
$\vec{D}_{S3}$ @ $S1$
$\vec{D}_{S3}$ @ $S2$
$\vec{D}_{S3}$ @ $S3$
$S3$ 표면에서 광속을 측정하면
광속밀도는 낮아지지만 측정된 면적은 증가한다.
$\vec{D}\downarrow$
$\vec{S}\uparrow$
$\times 4$
$\vec{D} \bullet \vec{S} =$
$\vec{S}\uparrow$
$\vec{D}\downarrow$
$\vec{D}\downarrow \bullet \vec{S}\uparrow =$ 원인이 같기 때문에 측정표면이 커지면 광속밀도가 낮아진다.
$\vec{D}\downdownarrows \bullet \vec{S}\upuparrows =$

1.3.2 가우스 법칙

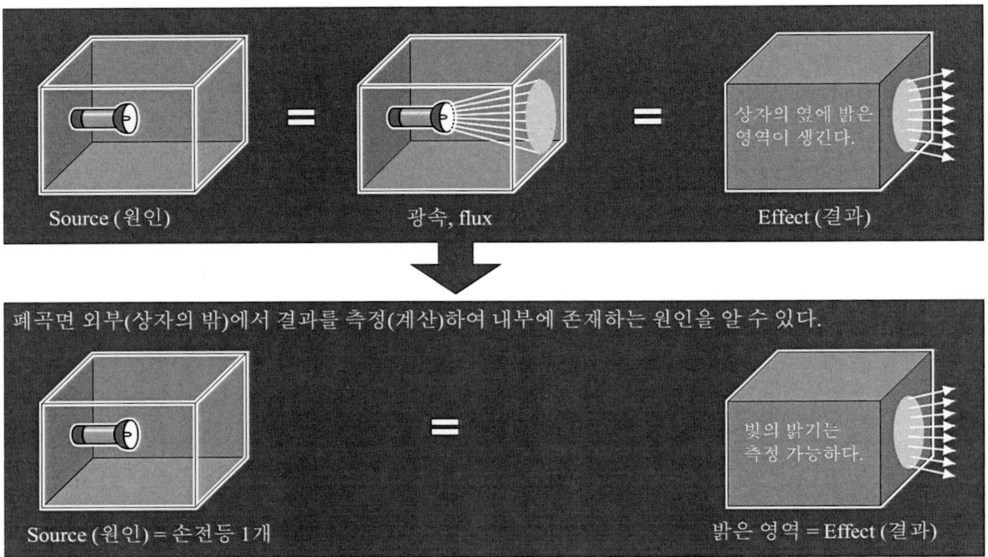

폐곡면 내의 손전등의 개수는 폐곡면을 통과하는 광속과 같다.

가우스 법칙 $$Q_{enclosed} = \oint_S \vec{D} \bullet d\vec{s}$$

폐곡면 내의 전하량은 폐곡면을 통과하는 전속과 같다.

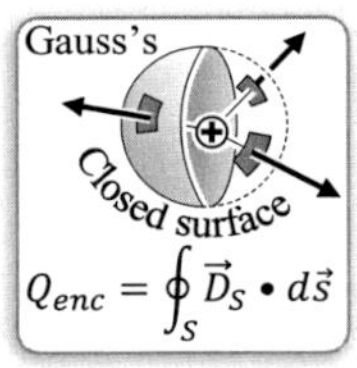

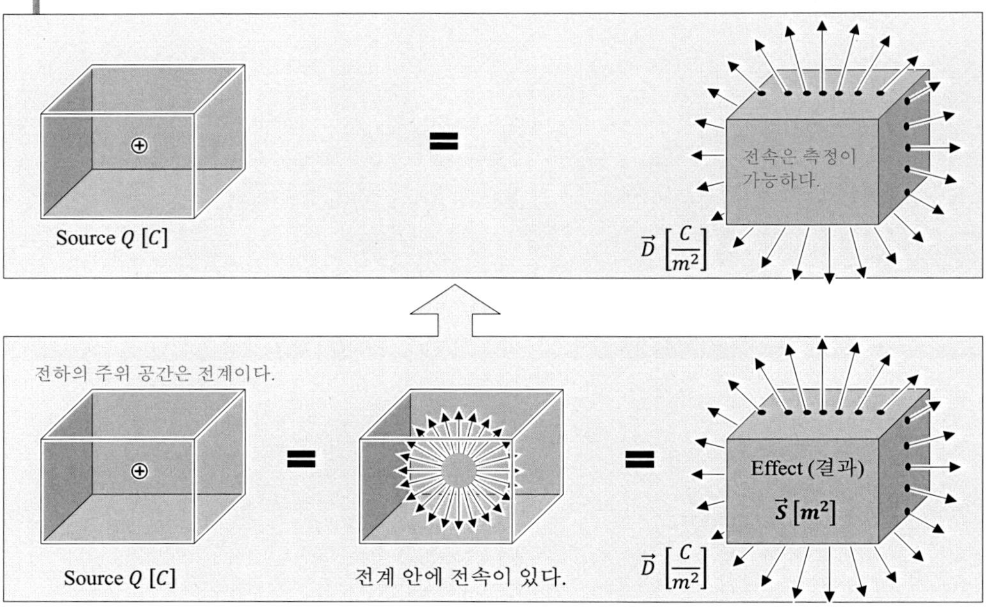

방사형으로 분포한다.

전속의 측정은 1.3.4 전속밀도와 전계강도의 관계 참조 p. 22

면 S에 대한 적분 $= \int_S d\vec{S}$

폐곡면 S에 대한 적분 $= \oint_S d\vec{S}$

가우스 법칙에서 **폐곡면**을 사용하는 이유를 살펴보자.

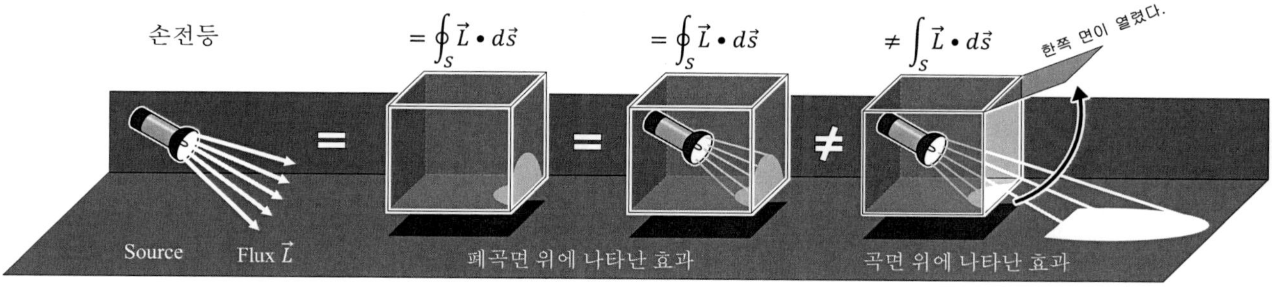

따라서 가우스 표면이 **폐곡면**이어야 하는 이유는 다음과 같다:

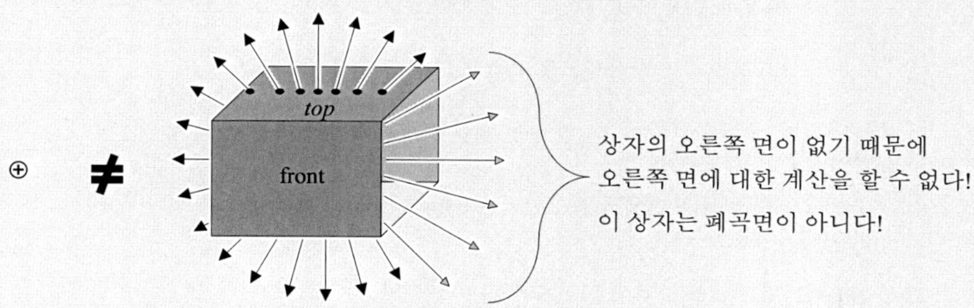

$$Q_{enclosed} = \oint_S \vec{D} \bullet d\vec{s} \neq \int_{top} \vec{D} \bullet d\vec{S} + \int_{bottom} \vec{D} \bullet d\vec{S} + \int_{front} \vec{D} \bullet d\vec{S} + \int_{back} \vec{D} \bullet d\vec{S} + \int_{left} \vec{D} \bullet d\vec{S} + \int_{right} \vec{D} \bullet d\vec{S}$$

계산 불가

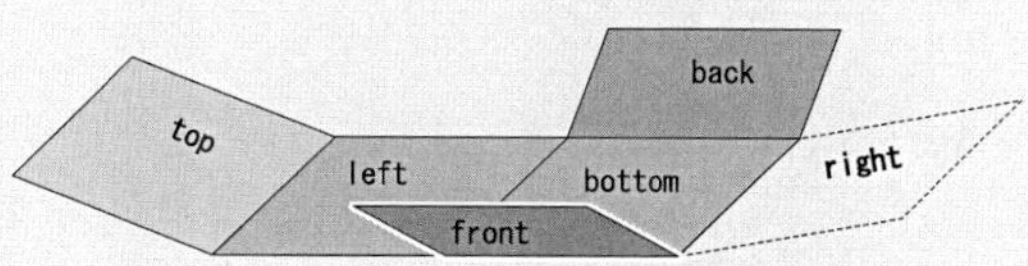

가우스 법칙에서 "폐곡면 밖의 전하"를 언급하지 않는 이유는?

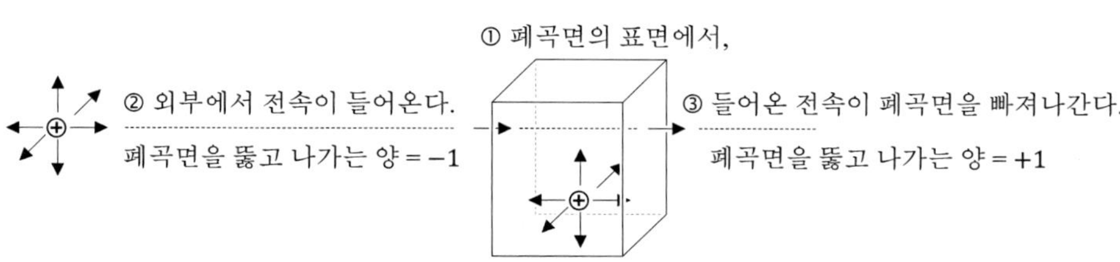

④ 외부 전하에 의한 전속의 총 합은 0 이다: $0 = (-1) + (+1)$
따라서 가우스의 법칙을 적용할 때 계산에 포함할 수가 없다.

가우스 법칙의 응용 – ❶ 점전하가 발생하는 전속밀도

원점에 Q C 의 전하가 있으며, 원점을 중심으로 한 반경 r 인 구가 있다.
구의 표면에 위치하는 점 P 에서 전속밀도를 계산해보자.

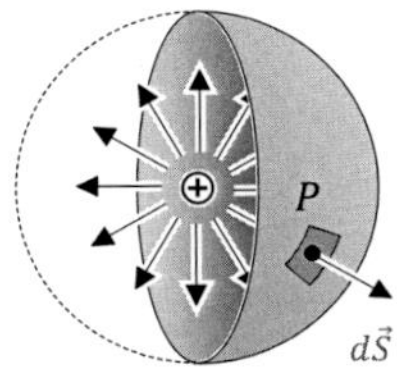

$d\vec{S} = r^2 \sin\theta \cdot d\theta \cdot d\phi \cdot \hat{r}$

Step ① 사용할 공식을 찾는다: $Q_{enclosed} = \oint_S \vec{D} \bullet d\vec{s}$

(i) (ii) (iii)

Step ② 기하학적 정보를 사용하여 식을 완성한다:

(i) 구의 내부에 존재하는 총 전하는 Q C 이다.

(ii) 점전하는 **방사형으로** 전속을 균일하게 발생시킨다.

> $\hat{R}$ 방향 성분만 있게 된다: $\vec{D} = D_r \cdot \hat{r} + D_\theta \cdot \hat{\theta} + D_\phi \cdot \hat{\phi}$ (the $D_\theta \cdot \hat{\theta}$ and $D_\phi \cdot \hat{\phi}$ terms are struck through)

(iii) 구의 표면에서 미소면적은 $d\vec{S} = r^2 \sin\theta \cdot d\theta \cdot d\phi \cdot \hat{r}$

Step ③ 수학 계산을 하여 답을 구한다:

$$Q_{enclosed} = \oint_S \vec{D} \bullet d\vec{s}$$

$$Q = \int_0^{2\pi} \int_0^{\pi} (D_r \cdot \hat{r}) \bullet (r^2 \sin\theta \cdot d\theta \cdot d\phi \cdot \hat{r}) = D_r \cdot r^2 \cdot 2 \cdot 2\pi$$

이를 D_r에 대해서 정리하면

$$D_r = \frac{Q}{4\pi r^2}$$

따라서 점전하가 발생시키는 전속밀도는 $\vec{D} = \frac{Q}{4\pi r^2} \cdot \hat{r}$ $= \frac{\text{원인}}{\text{기하학적 특징}}$

여기서 기하학적 특징이란 점전하가 구의 표면에 균일하게 전속을 발생시킨 것이다.

따라서 표면 위의 한 점은 $\frac{1}{\text{전체 표면적}}$ 만큼의 전속을 갖게 된다.

$$\vec{D} = \frac{Q}{4\pi r^2}\cdot\hat{r} = \frac{Q_{enclosed}}{4\pi r^2}\cdot\hat{r}$$

Drill 1.3-2

원점을 중심에 둔 반경 a인 속이 빈 구의 표면에 균일한 면전하밀도 $\rho_s\ C/m^2$가 존재한다.
전속밀도 $\vec{D}$를 구해보자.

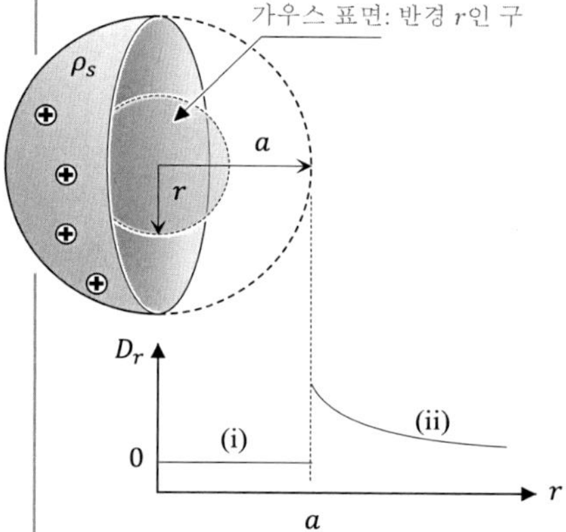

Step ① 사용할 공식을 찾는다: $\vec{D} = \frac{Q_{enc}}{4\pi r^2}\cdot\hat{r}$

	(i) $r < a$일 때	(ii) $r > a$일 때
Step ② 기하학 정보	가우스 표면의 안쪽에는 전하가 없다. $Q_{enc} = 0$	모든 전하가 가우스 표면 안쪽으로 들어온다. $Q_{enc} = 4\pi a^2\cdot\rho_s$
Step ③	$\vec{D} = \frac{Q_{enc}}{4\pi r^2}\hat{r} = 0$	$\vec{D} = \frac{Q_{enc}}{4\pi r^2}\hat{r} = \frac{4\pi a^2\cdot\rho_s}{4\pi r^2}\hat{r} = \frac{a^2\cdot\rho_s}{r^2}\hat{r}$

Drill 1.3-3

반경 a인 구의 체적에 균일한 체적전하밀도 $\rho_v\ C/m^3$ 가 존재한다.
전속밀도 $\vec{D}$를 구해보자.

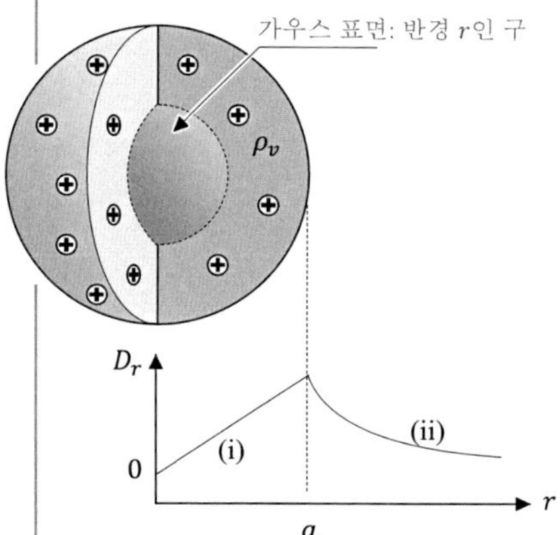

Step ① 사용할 공식을 찾는다: $\vec{D} = \frac{Q_{enc}}{4\pi r^2}\cdot\hat{r}$

	(i) $r < a$일 때	(ii) $r > a$일 때
Step ② 기하학 정보	가우스 표면의 안쪽에 존재하는 전하량은 $Q_{enc} = \frac{4}{3}\pi r^3\cdot\rho_v$	모든 전하가 가우스 표면 안쪽으로 들어온다. $Q_{enc} = \frac{4}{3}\pi a^3\cdot\rho_v$
Step ③	$\vec{D} = \frac{\frac{4}{3}\pi r^3\cdot\rho_v}{4\pi r^2}\hat{r} = \frac{r\cdot\rho_v}{3}\hat{r}$	$\vec{D} = \frac{\frac{4}{3}\pi a^3\cdot\rho_v}{4\pi r^2}\hat{r} = \frac{a^3\cdot\rho_v}{3r^2}\hat{r}$

가우스 법칙의 응용 – ❷ 선전하가 발생하는 전속밀도

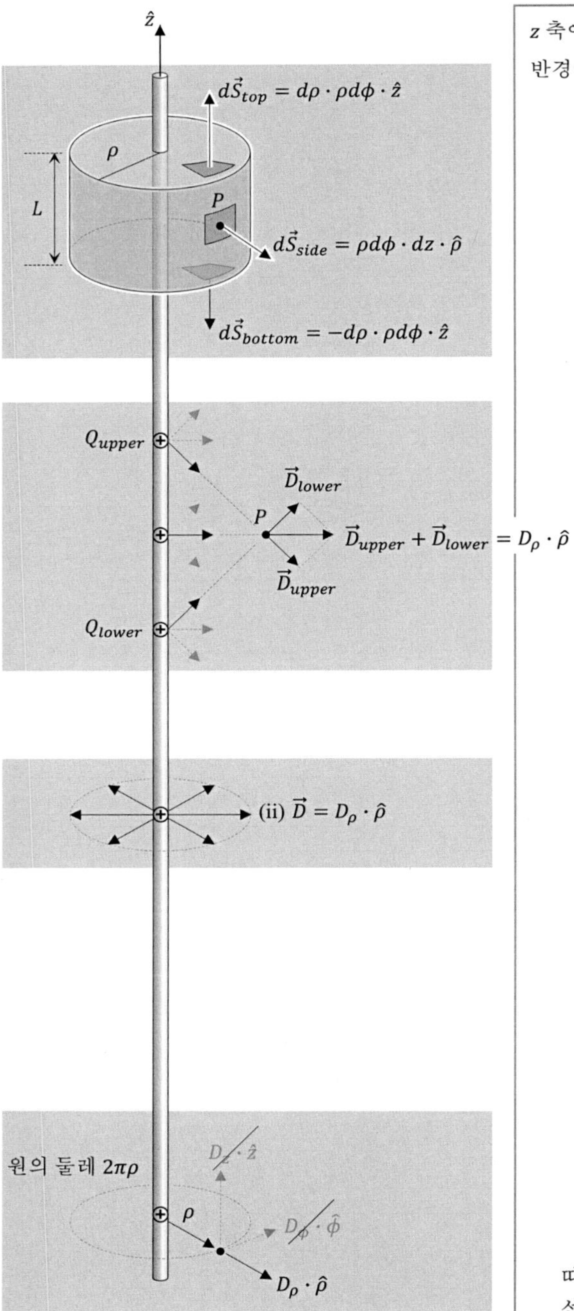

z 축에 무한한 길이의 선전하가 있다고 하자. 선전하밀도는 $\rho_\ell\ C/m$ 이다. 반경이 ρ인 원통의 옆면 위의 점 P 에서 전속밀도를 계산해보자.

Step ① 사용할 공식을 찾는다: $Q_{enclosed} = \oint_S \vec{D} \bullet d\vec{s}$

(i) (ii) (iii)

Step ② 기하학적 정보를 사용하여 식을 완성한다:

(i) 원통의 내부에 존재하는 총 전하는 $\rho_\ell \cdot L\ [C]$ 이다.

(ii) 선전하는 **원형으로** 전속을 균일하게 발생시킨다.

∵ 임의의 점 P를 대칭으로 위와 아래에 동일한 전하가 존재하므로 점 P에서 D_z 성분을 상쇄되고 D_ρ 성분만 남게 된다.

$$\vec{D} = D_\rho \cdot \hat{\rho} + D_\phi \cdot \hat{\phi} + D_z \cdot \hat{z}$$

(iii) 원통의 표면에서 미소면적은 그림 참조.

Step ③ 수학 계산을 하여 답을 구한다:

$$Q_{enclosed} = \rho_\ell \cdot L = \oint_S \vec{D} \bullet d\vec{s} = \left(\int_{top} + \int_{bottom} + \int_{side} \right) \vec{D}_S \bullet d\vec{S}$$

여기서

$$\int_{top} \vec{D}_S \bullet d\vec{S} = \iint [D_\rho \cdot \hat{\rho}] \bullet [\rho \cdot d\rho \cdot d\phi \cdot \hat{z}] = 0$$

$$\int_{bottom} \vec{D}_S \bullet d\vec{S} = 0 \qquad (\hat{\rho} \bullet \hat{z} = 0)$$

$$\int_{side} \vec{D}_S \bullet d\vec{S} = \int_{z=0}^{L} \int_{\phi=0}^{2\pi} [D_\rho \cdot \hat{\rho}] \bullet [\rho \cdot d\phi \cdot dz \cdot \hat{\rho}]$$

$$= D_\rho \cdot \rho \int_{z=0}^{L} \int_{\phi=0}^{2\pi} d\phi \cdot dz = D_\rho \cdot 2\pi a L$$

이를 정리하면 $\rho_\ell \cdot L = D_\rho \cdot 2\pi\rho L$

따라서 무한한 길이의 선전하가 발생시키는 전속밀도는 $\vec{D} = \dfrac{\rho_\ell}{2\pi\rho}\hat{\rho}$ $= \dfrac{\text{원인}}{\text{기하학적 특징}}$

Drill 1.3-4

케이블 TV 등 가정에서 흔히 사용하는 동축케이블은 RG-6 타입이다.

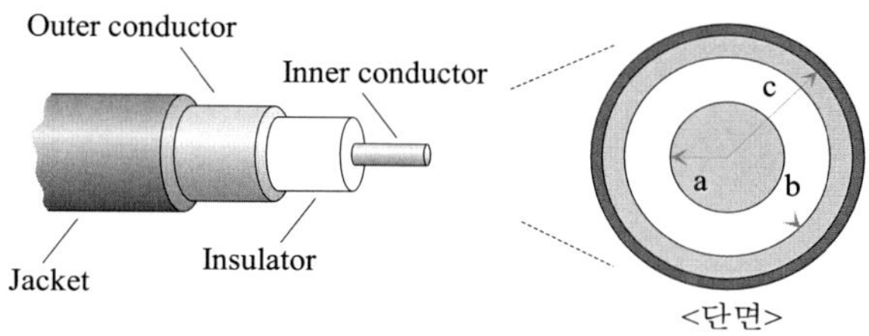

안쪽 도체: 구리, 반경 a = 0.5 *mm*

절연체: 폴리에틸렌, 반경 b = 2.35 *mm*,

바깥 도체: 구리, 반경 c = 3.43 *mm*

RG-6 타입의 동축케이블 안쪽 도체에 선전하밀도 $\rho_\ell \; C/m$가 있고, 바깥쪽 도체에 $-\rho_\ell \; C/m$가 있다. 이 동축케이블에 가우스의 법칙을 적용해 보자.

Step ① 무한 선전하에 적용하여 얻는 결과를 사용한다: $\vec{D} = \dfrac{\rho_\ell}{2\pi\rho}\hat{\rho}$

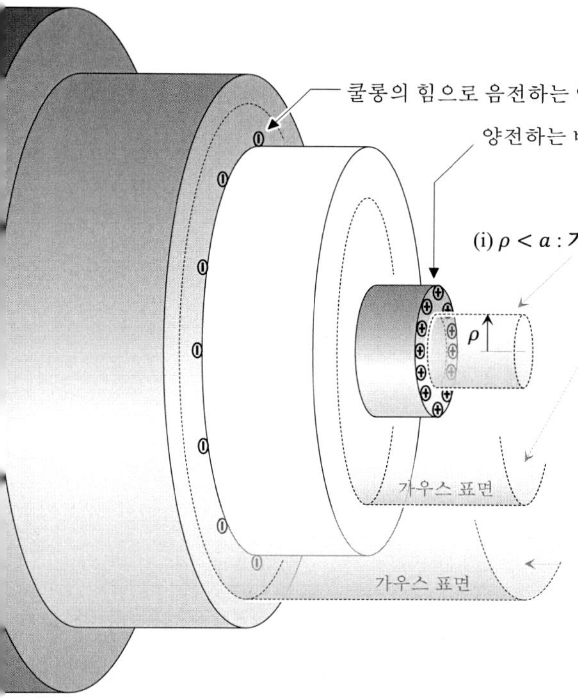

Step ② & ③

(i) $\rho < a$: **가우스 표면** 안쪽에 전하는 없게 된다. $\rho_{\ell,enclosed} = 0 \rightarrow D_\rho = 0$

(ii) $a < \rho < b$: 안쪽 도체는 가우스 표면 안에 포함된다.

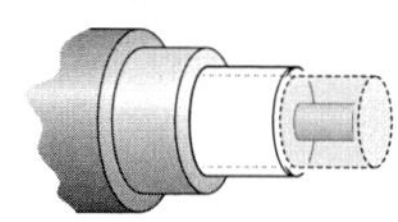

$\rho_{\ell,enclosed} = \rho_\ell \rightarrow D_\rho = \dfrac{\rho_\ell}{2\pi\rho}$

(iii) $b < \rho$: 두 도체가 가우스 표면 안에 포함된다.

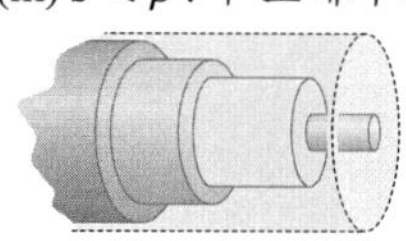

$\rho_{\ell,enclosed} = \rho_\ell + (-\rho_\ell) = 0 \rightarrow D_\rho = 0$

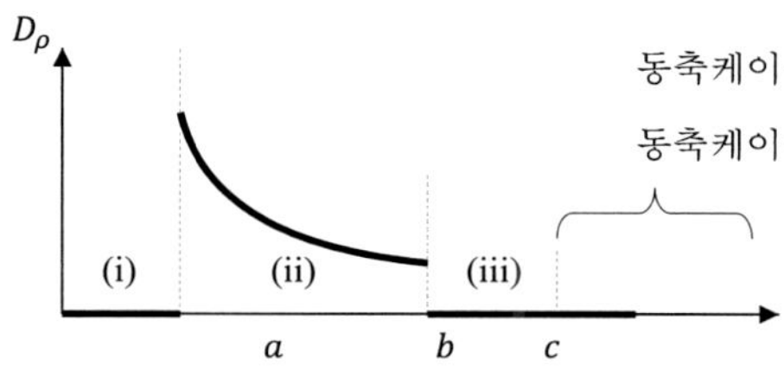

동축케이블의 장점:

동축케이블의 외부로 전속이 나가지 않는다.

(신호의 손실이 없다)

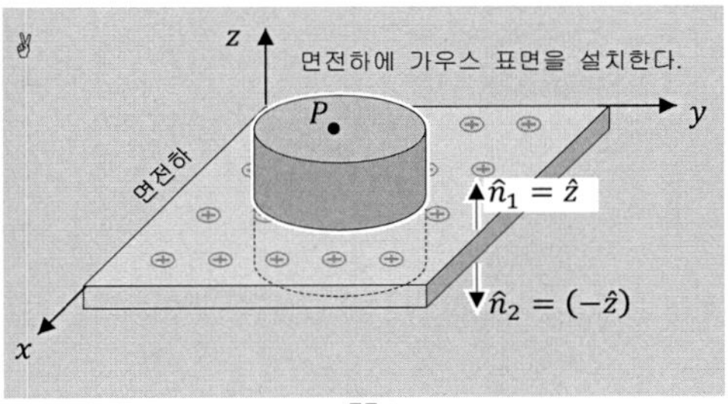

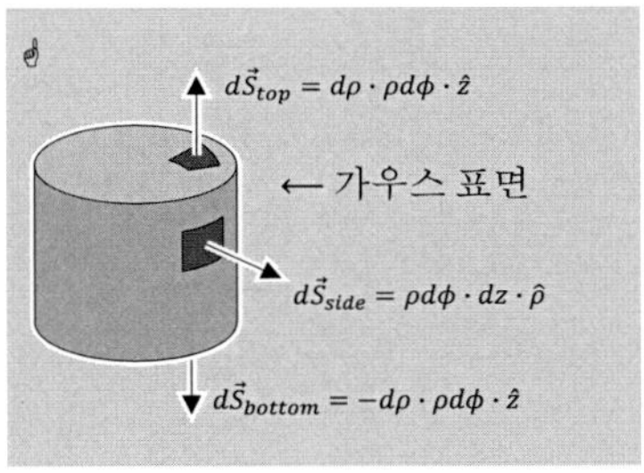

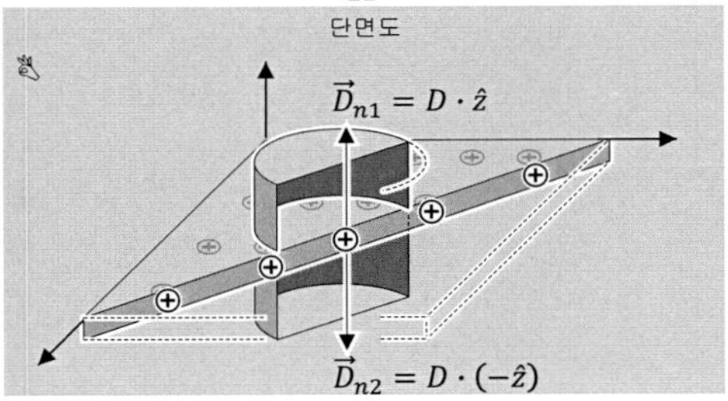

(ii) 면에 존재하는
전하는 위 와 아래로 전속을 발생시킨다.

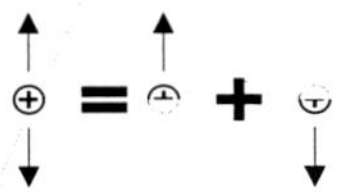

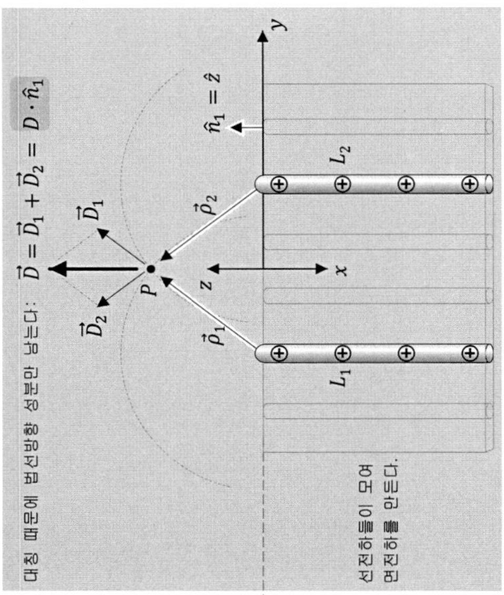

가우스 법칙의 응용 – ❸ 면전하가 발생하는 전속밀도

xy 평면에 무한한 크기의 면전하가 있다고 하자. 면전하밀도는 $\rho_s\ C/m^2$ 이다. 반경이 ρ인 원통의 윗면에 위치한 점 P 에서 전속밀도를 계산해보자.

Step ① 사용할 공식을 찾는다: $Q_{enclosed} = \oint_S \vec{D} \bullet d\vec{s}$

(i) (ii) (iii)

Step ② 기하학적 정보를 사용하여 식을 완성한다:

(i) ✌에서 가우스의 원통 내부에 존재하는 총 전하는 $\rho_s \cdot \pi\rho^2\ [C]$ 이다.

(ii) 면전하는 **면의 법선방향으로** 전속을 균일하게 발생시킨다.

$$\vec{D} = \cancel{D_\rho \cdot \hat{\rho}} + \cancel{D_\phi \cdot \hat{\phi}} + D_z \cdot \hat{z}$$

(iii) 원통의 표면에서 미소면적은 그림 ☝ 참조.

Step ③ 수학 계산을 하여 답을 구한다:

$$Q_{enclosed} = \rho_s \cdot \pi\rho^2 = \oint_S \vec{D} \bullet d\vec{s} = \left(\int_{top} + \int_{bottom} + \int_{side}\right)\vec{D}_S \bullet d\vec{S}$$

여기서

$$\int_{top} \vec{D}_S \bullet d\vec{S} = \iint [D \cdot \hat{z}] \bullet [\rho \cdot d\rho \cdot d\phi \cdot \hat{z}] = \pi\rho^2 D$$

$$\int_{bot.} \vec{D}_S \bullet d\vec{S} = \iint [D \cdot (-\hat{z})] \bullet [\rho \cdot d\rho \cdot d\phi \cdot (-\hat{z})] = \pi\rho^2 D$$

$$\int_{side} \vec{D}_S \bullet d\vec{S} = \iint [D \cdot \hat{z}] \bullet [\rho \cdot d\phi \cdot dz \cdot \hat{\rho}] = 0$$

이를 정리하면 $\rho_s \cdot \pi\rho^2 = \pi\rho^2 D + \pi\rho^2 D$

따라서 무한한 면적의
면전하가 발생시키는 전속밀도는 $\vec{D} = \frac{\rho_s}{2}\hat{n}$ $= \frac{\text{원인}}{\text{기하학적 특징}}$

정전계에서 전하는 금속의 표면에만 존재한다. p. 71

또한 금속 내부에는 전계가 없게 된다. 따라서 왼쪽의 Step ③의 계산 결과가 다음과 같이 변한다.

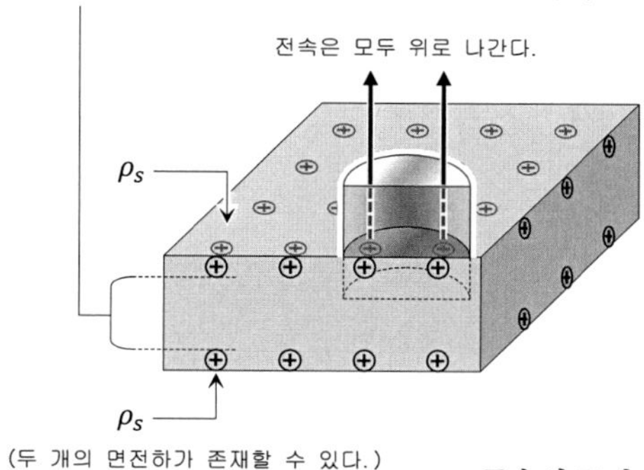

$$Q_{enclosed} = \oint_S \vec{D}\bullet d\vec{s} = \left(\int_{top} + \int_{bottom} + \int_{side}\right)\vec{D}_S \bullet d\vec{S}$$

이를 정리하면,

$$\rho_s \cdot \pi\rho^2 = \pi\rho^2 D$$

따라서 **금속의 경우** 다음의 관계식을 얻는다: $\vec{D} = \rho_s \hat{n}$

금속의 표면에서 전속밀도와 면전하 밀도의 크기는 같다: $D = \rho_s \left[\frac{C}{m^2}\right]$

두 면전하들 사이의 전계강도는 p. 15

Drill 1.3-5 다음과 같이 평행한 두 개의 (무한한 크기의) 금속판이 있으며, 각각 양과 음의 전하로 대전되어 있다.

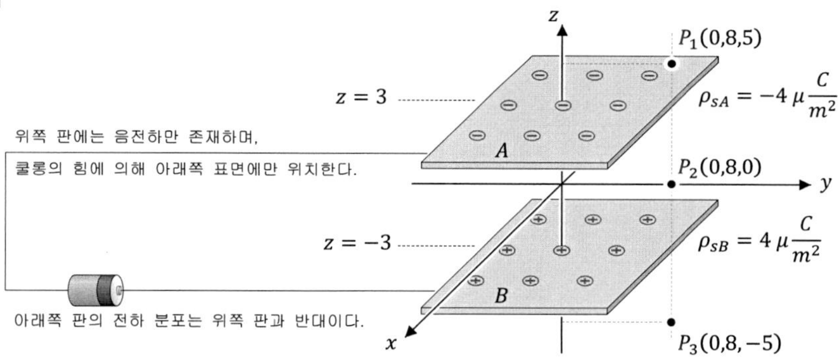

Solution

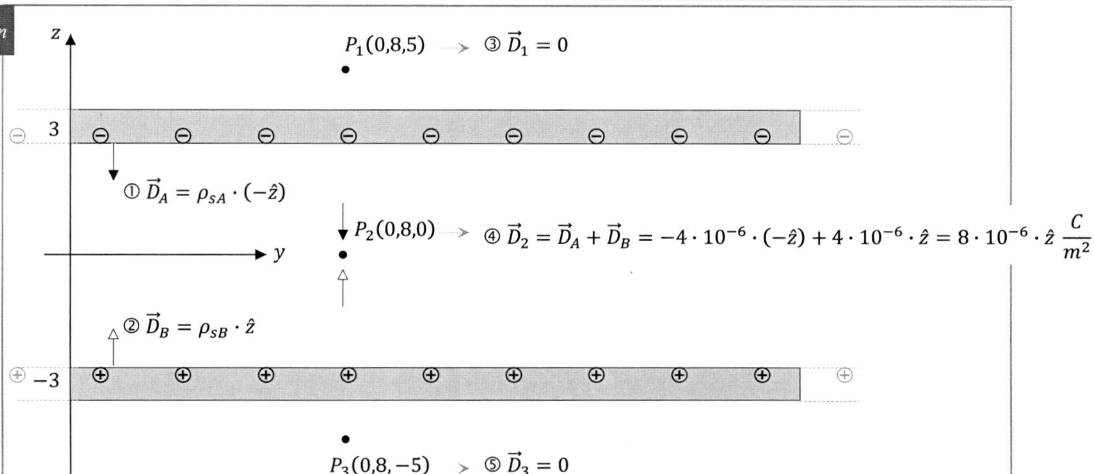

두 금속판을 평행하게 만든 소자를 커패시터(capacitor)라고 한다. p. 75

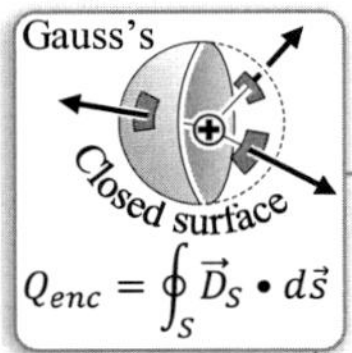

1.3.3 가우스 법칙의 미분형과 발산

가우스 법칙은 (일반적인) 폐곡면에 적용이 가능하다. 즉, 폐곡면의 모양에는 특별한 조건이 없다.

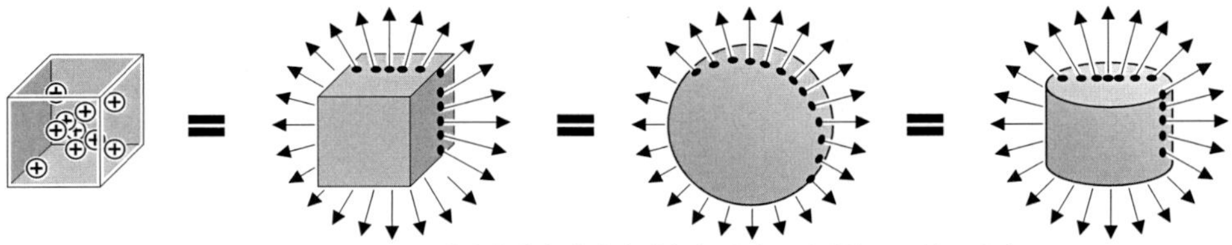

점전하에서 발생된 전속은 실제로 방사형으로 분포한다.

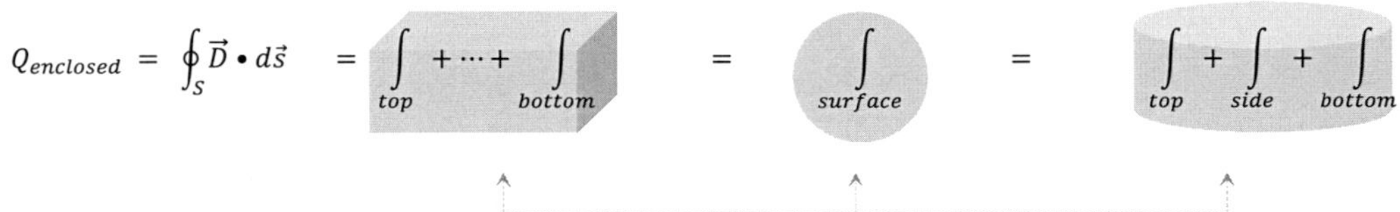

폐곡면의 모양에 따라 계산 과정이 다르므로 계산을 쉽게 할 수 있도록 **적절한 폐곡면을 선택**하면 된다.

만약 폐곡면의 부피를 매우 작게 만들면...

원래의 체적들은 미소체적이 되며 세 개가 모두 같은 모양이라고 생각해도 된다. 즉 부피 dv와 표면적 ds이 같다.

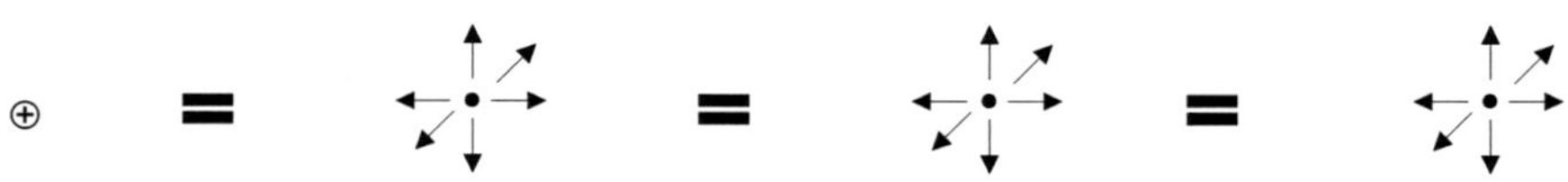

가우스 법칙은 여전히 유효하며,미소체적(~점)에서 전속이 나가는 모양을 **"발산"**이라 부른다.

이제 원래의 공간과 전하는 미소체적과 그 안의 미소전속들로 복원해 낼 수 있게 된다.

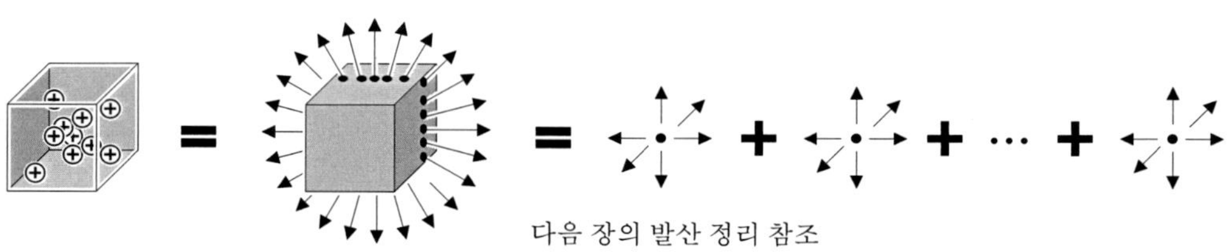

다음 장의 발산 정리 참조

$$\frac{Q}{v} = \rho_v \quad \left[\frac{C}{m^3}\right]$$

이제 이 **미소체적에서 전속이 나가는** 상황에 가우스 법칙을 적용하여 **발산을 정의**한다.

$$\text{발산} = \frac{\overset{①}{Q_{enclosed}} = \overset{②}{\oint_S \vec{D} \bullet d\vec{s}}}{\Delta v} \Rightarrow \lim_{\Delta v \to 0} \frac{\overset{①}{Q_{enclosed}}}{\Delta v} = \lim_{\Delta v \to 0} \frac{\overset{②}{\oint_S \vec{D} \bullet d\vec{s}}}{\Delta v} \Rightarrow \overset{①}{\rho_v} = \lim_{\Delta v \to 0} \frac{\overset{②}{\oint_S \vec{D} \bullet d\vec{s}}}{\Delta v}$$

수학에서 임의의 벡터 $\vec{D}$의 발산은 다음과 같이 정의한다:

②

$$\vec{D}\text{의 발산} = \text{div}\,\vec{D} = \nabla \bullet \vec{D} = \lim_{\Delta v \to 0} \frac{\oint_S \vec{D} \bullet d\vec{s}}{\Delta v}$$

(수학적 계산방법)

$$\nabla \bullet \vec{D} = \frac{\partial D_x}{\partial x} + \frac{\partial D_y}{\partial y} + \frac{\partial D_z}{\partial z}$$

$$\nabla \bullet \vec{D} = \frac{1}{\rho}\frac{\partial(\rho \cdot D_\rho)}{\partial \rho} + \frac{1}{\rho}\frac{\partial D_\phi}{\partial \phi} + \frac{\partial D_z}{\partial z}$$

$$\nabla \bullet \vec{D} = \frac{1}{r^2}\frac{\partial(r^2 \cdot D_r)}{\partial r} + \frac{1}{r\sin\theta}\frac{\partial(\sin\theta \cdot D_\theta)}{\partial \theta} + \frac{1}{r\sin\theta}\frac{\partial D_\phi}{\partial \phi}$$

Appx 11 발산

우리는 $\vec{D}$ 를 전속밀도로 사용하고 있으며, 위에서 유도한 결과는 $\overset{① = ②}{\rho_v = \nabla \bullet \vec{D}}$ 이다.
이 결과는 맥스웰 방정식 중 하나이다.

Maxwell's eq.

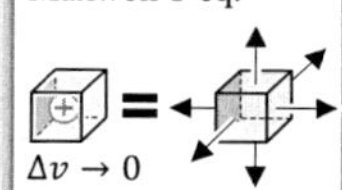

$\rho_v = \nabla \bullet \vec{D}$

원인 (전하) = 결과 (전속이 체적을 나간다)

$$Q_{enc} = \oint_S \vec{D} \bullet d\vec{s} \quad (\leftarrow \text{임의의 체적})$$

$$\rho_v = \nabla \bullet \vec{D} \quad (\leftarrow \text{미소체적})$$

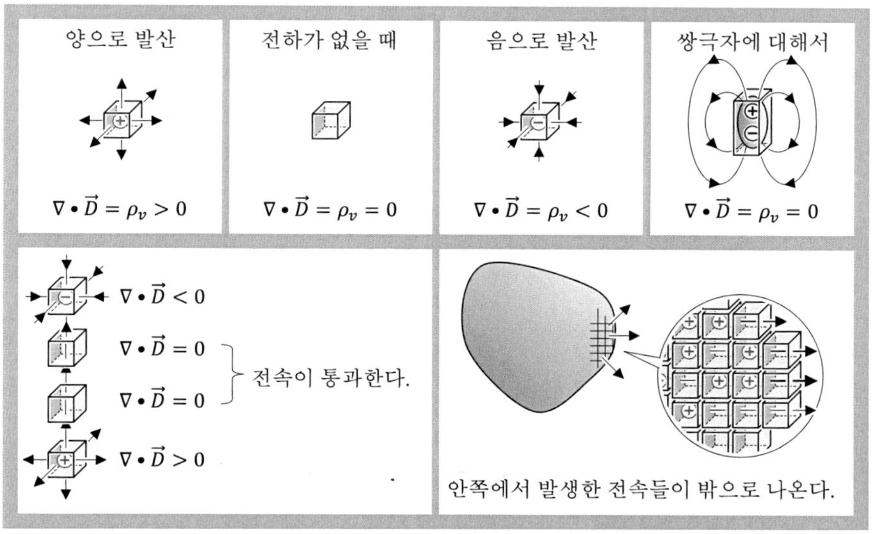

발산의 예

중력벡터 $\vec{G}$가 이 공간에서 음으로 발산한다.

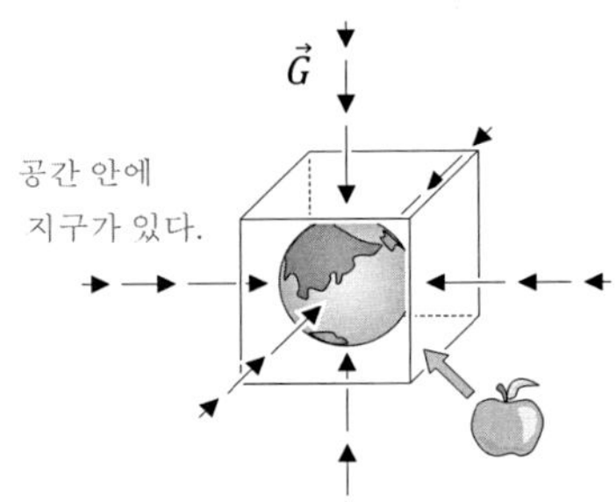

음으로 발산하므로,
사과를 놓으면 공간 안으로 들어간다.

"발산" 이라고 해서 반드시 물질이 흘러야 하는 것은 아니다.
벡터(크기와 방향)가 흐름과 같은 의미를 부여한다.

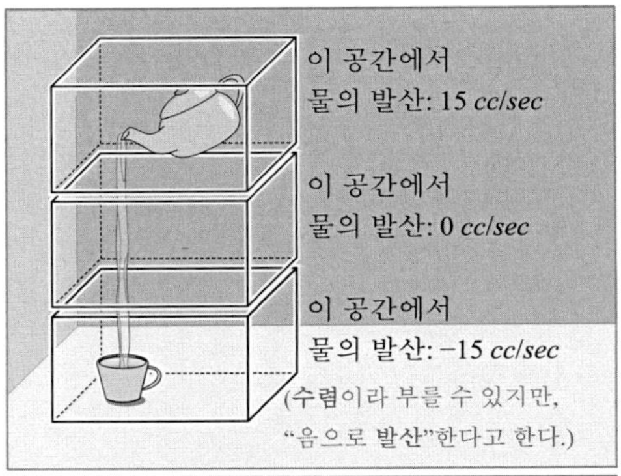

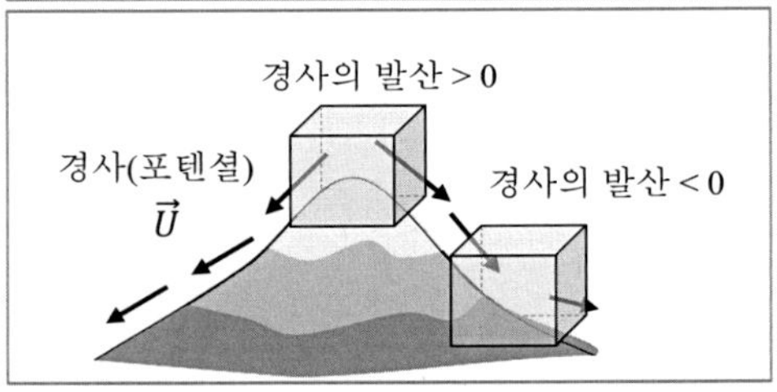

Drill 1.3-6

$\vec{D} = (x^2y, z, y^2)$ 일 때 오른쪽 부피 내의 전하량을 계산하시오.

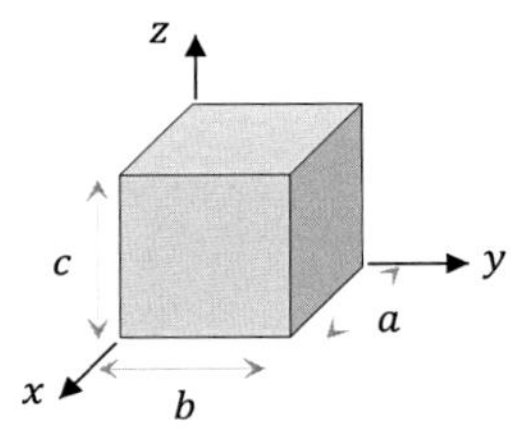

Solution

Step ❶ 사용할 공식을 찾는다: ① $\rho_v = \nabla \bullet \vec{D}$

$$② \ Q = \rho_v \cdot volumn = \int_{vol} \rho_v \, dv = \int_{vol} (\nabla \bullet \vec{D}) dv$$

Step ❷ 기하학적 정보를 사용하여 식을 완성한다: 체적 $dv = dx\,dy\,dz$ 과 적분 범위를 정한다.

$$② \int_v \nabla \bullet \vec{D} \, dv = \int_{z=0}^{c} \int_{y=0}^{b} \int_{x=0}^{a} (2xy) \cdot (dx\,dy\,dz) = \frac{a^2b^2c}{2} \quad [C]$$

Step ❸ 수학 계산을 하여 답을 구한다:

$$① \ \nabla \bullet \vec{D} = \frac{\partial D_x}{\partial x} + \frac{\partial D_y}{\partial y} + \frac{\partial D_z}{\partial z} = \frac{\partial (x^2y)}{\partial x} + \frac{\partial (z)}{\partial y} + \frac{\partial (y^2)}{\partial z} = 2xy + 0 + 0$$

p. 29 참조

Drill 1.3-7

전속밀도가 다음과 같을 때, 임의의 위치 P에서 체적전하밀도를 계산하시오.

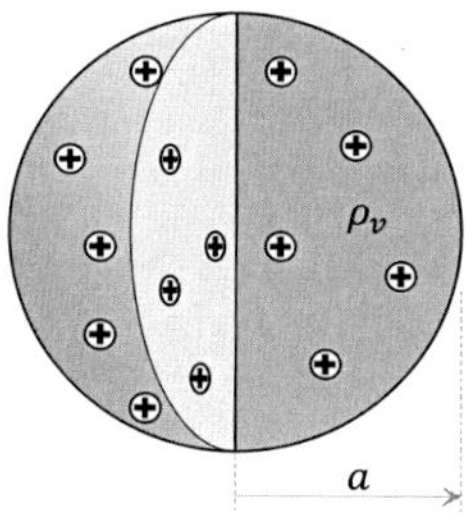

(i) $r < a$일 때	(ii) $r > a$일 때
$\vec{D} = \dfrac{\frac{4}{3}\pi r^3 \cdot \rho_v}{4\pi r^2}\hat{r} = \dfrac{r \cdot \rho_v}{3}\hat{r}$	$\vec{D} = \dfrac{\frac{4}{3}\pi a^3 \cdot \rho_v}{4\pi r^2}\hat{r} = \dfrac{a^3 \cdot \rho_v}{3r^2}\hat{r}$

Solution

(ii) $r > a$일 때

$$\nabla \bullet \vec{D} = \frac{1}{r^2}\frac{\partial(r^2 \cdot D_r)}{\partial r} + \frac{1}{r\sin\theta}\frac{\partial(\sin\theta \cdot D_\theta)}{\partial\theta} + \frac{1}{r\sin\theta}\frac{\partial D_\phi}{\partial\phi}$$

$$= \frac{1}{r^2}\frac{\partial\left(r^2 \cdot \frac{a^3 \cdot \rho_v}{3r^2}\right)}{\partial r} + \frac{1}{r\sin\theta}\frac{\partial(\sin\theta \cdot 0)}{\partial\theta} + \frac{1}{r\sin\theta}\frac{\partial 0}{\partial\phi}$$

$$= 0 \quad \left[\frac{C}{m^3}\right]$$ 즉, 구의 외부에는 전하가 없다.

(i) $r < a$일 때

$$\nabla \bullet \vec{D} = \frac{1}{r^2}\frac{\partial\left(r^2 \cdot \frac{r \cdot \rho_v}{3}\right)}{\partial r} + \frac{1}{r\sin\theta}\frac{\partial(\sin\theta \cdot 0)}{\partial\theta} + \frac{1}{r\sin\theta}\frac{\partial 0}{\partial\phi}$$

$$= \rho_v \quad \left[\frac{C}{m^3}\right]$$

$dv = dr \cdot (r \cdot d\theta) \cdot (r \cdot \sin\theta \cdot d\phi)$

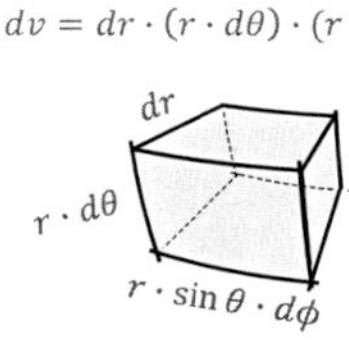

전체 체적 안에 있는 전하량을 추가로 계산해보자.

$$\int_v \nabla \bullet \vec{D}\, dv = \int_0^{2\pi}\int_0^{\pi}\int_0^{a} (\rho_v) \cdot (r^2 \sin\theta\, dr\, d\theta\, d\phi) = \frac{4}{3}\pi a^3 \cdot \rho_v \quad [C]$$

1.3.4 발산정리

현재까지 배운 내용을 정리해보면 특별한 관계식을 얻어낼 수 있다.

Faraday의 발견

The fundamental concept

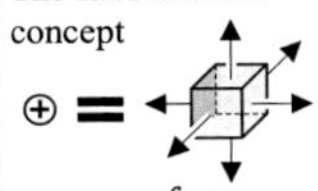

$Q = \Psi = \int_S \vec{D} \bullet d\vec{s}$

전하 (원인) = 전속(결과)

가우스의 법칙을 미소체적에 적용한 결과:

$$\lim_{\Delta v \to 0} \frac{\oint_S \vec{D} \bullet d\vec{S}}{\Delta v} = \nabla \bullet \vec{D} = \rho_v = \frac{Q}{dv}$$

① 가우스의 법칙

전체표면에서 $\vec{D} \bullet d\vec{S}$ 를 계산

Gauss's

$Q_{enc} = \oint_S \vec{D}_S \bullet d\vec{s}$

=

② 맥스웰 방정식

미소체적에서 $\nabla \bullet \vec{D}$ 를 계산

$\int_v \nabla \bullet \vec{D}\, dv = \int_v \rho_v dv = Q_{enc}$

Maxwell's eq.

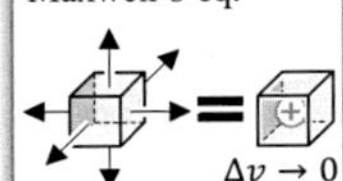

$\nabla \bullet \vec{D} = \rho_v$

①과 ②는 Q_{enc}을 계산한 것이므로
이 관계에서 **발산정리**를 얻게 된다:

$$\oint_S \vec{D} \bullet d\vec{S} = \int_v \nabla \bullet \vec{D}\, dv$$

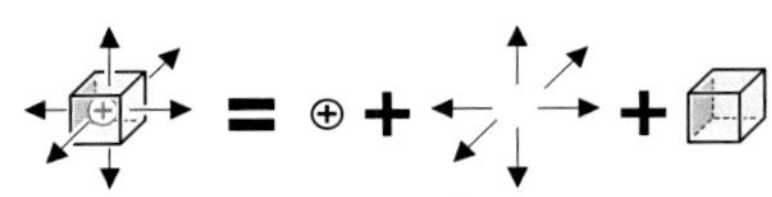

Div. theorem

$\oint_S \vec{D} \bullet d\vec{s}$ ρ_v

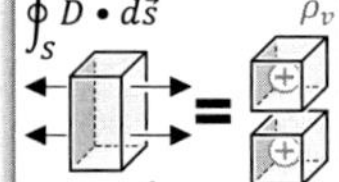

$= \int_v (\nabla \bullet \vec{D})\, dv$

즉, 원인 Q_{enc}을 계산하는 데에는
2가지 방법이 있다.

발산정리를 사용하여 폐곡면 내부의 전하를 2가지 방법으로 계산할 수 있다.

(예제)

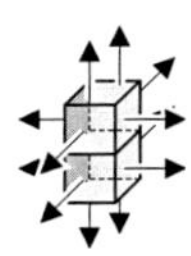

$\rightarrow \times 12 = 2\,C = Q_{enc}$

전체표면에서 계산을 한다.

전체를 한번에 세는 방법

=

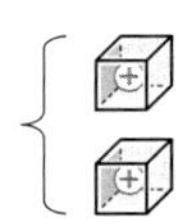

 $\times 2\,nm^3 = 2\,C = Q_{enc}$

미소체적에서 계산을 한다.

미소 양으로 나누어 세고, 합치는 방법

p. 102

2장에 나오는 스토크스의
정리도 이와 같은 개념이다.

Drill 1.3-8

자유공간에 전하들이 분포되어 있으며, 전속밀도는 다음과 같다:

$$\vec{D} = \left(\frac{1}{\rho}\cos\phi\,, \rho\cos\phi\,, z^2\right)$$

오른쪽 그림에 표시된 원통 내부의 총 전하량은?

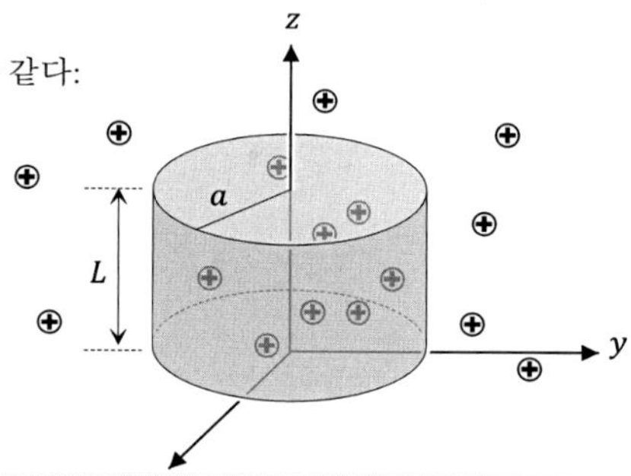

- 전하들은 균일하게 분포되어 있다고 가정.
- 원통 외부의 전하는 가우스 법칙에 영향을 주지 않는다.

Solution 발산정리를 사용하여 2가지 방법으로 계산할 수 있다.

$$Q_{enc} = \oint_S \vec{D} \bullet d\vec{S} = \int_v \nabla \bullet \vec{D}\, dv$$

계산방법 ❶

$$Q_{enc} = \oint_S \vec{D}_S \bullet d\vec{S}$$

$$= \underbrace{\int_{top} \vec{D}_S \bullet d\vec{S}}_{①} + \underbrace{\int_{side} \vec{D}_S \bullet d\vec{S}}_{②} + \underbrace{\int_{bot.} \vec{D}_S \bullet d\vec{S}}_{③}$$

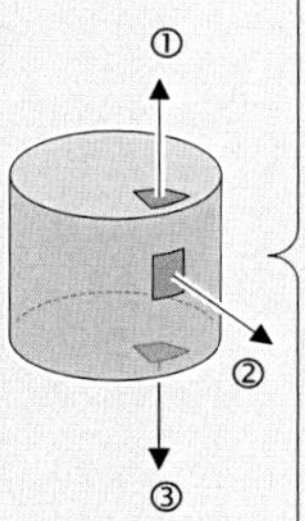

$$① = \int_{\phi=0}^{2\pi}\int_{\rho=0}^{a} (z^2)\cdot(\rho\cdot d\rho\cdot d\phi)\Bigg|_{z=L}$$

$$= a^2L^2\pi$$

$$② = \int_{z=0}^{L}\int_{\phi=0}^{2\pi} \left(\frac{1}{\rho}\cos\phi\right)\cdot(\rho\cdot d\phi\cdot dz)\Bigg|_{\rho=a}$$

$$= 0$$

$$③ = \int_{\phi=0}^{2\pi}\int_{\rho=0}^{a} (z^2)\cdot(-\rho\cdot d\rho\cdot d\phi)\Bigg|_{z=0}$$

$$= 0$$

계산방법 ❷

$\vec{D}$의 발산을 계산한다:

$$\nabla\bullet\vec{D} = \frac{1}{\rho}\cdot\frac{\partial}{\partial\rho}(\rho\cdot D_\rho) + \frac{1}{\rho}\cdot\frac{\partial}{\partial\phi}(D_\phi) + \frac{\partial}{\partial z}(D_z)$$

$$= \frac{1}{\rho}\cdot\frac{\partial}{\partial\rho}\left(\rho\cdot\frac{1}{\rho}\cos\phi\right) + \frac{1}{\rho}\cdot\frac{\partial}{\partial\phi}(\rho\cos\phi) + \frac{\partial}{\partial z}(z^2)$$

$$= 0 - \sin\phi + 2z$$

이제 $\vec{D}$의 발산을 전체 체적으로 적분한다:

$$\int_v \nabla\bullet\vec{D}\, dv = \int_{z=0}^{L}\int_{\phi=0}^{2\pi}\int_{\rho=0}^{a} (-\sin\phi + 2z)\cdot(\rho\cdot d\rho\cdot d\phi\cdot dz)$$

$$= a^2L^2\pi$$

따라서 다음을 얻는다: $Q_{enc} = a^2L^2\pi\ \ [C]$

2가지 방법 중에서 계산이 쉬운 것을 사용하자.

Summary

Faraday의 발견

The fundamental concept

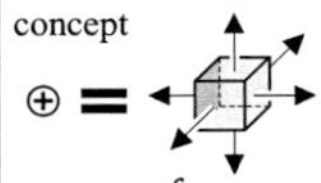

$$Q = \Psi = \int_S \vec{D} \bullet d\vec{s}$$

가우스의 법칙을 미소체적에 적용한 결과:

$$\lim_{\Delta v \to 0} \frac{\oint_S \vec{D} \bullet d\vec{S}}{\Delta v} = \nabla \bullet \vec{D} = \rho_v = \frac{Q}{dv}$$

가우스의 법칙

전체표면에서 $\vec{D} \bullet d\vec{S}$ 를 계산

Gauss's

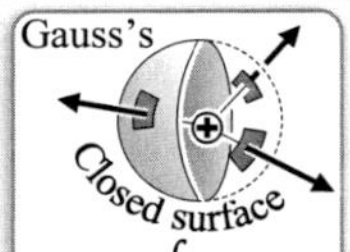

$$Q_{enc} = \oint_S \vec{D}_S \bullet d\vec{s}$$

=

Div. theorem

$$\oint_S \vec{D} \bullet d\vec{s}$$

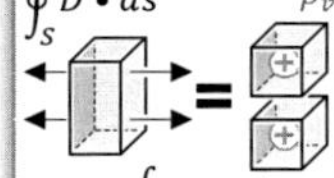

$$= \int_v (\nabla \bullet \vec{D})\, dv$$

맥스웰 방정식

미소체적에서 $\nabla \bullet \vec{D}$ 를 계산

$$\int_v \nabla \bullet \vec{D}\, dv = \int_v \rho_v dv = Q_{enc}$$

Maxwell's eq.

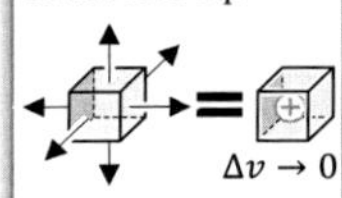

$$\nabla \bullet \vec{D} = \rho_v$$

가우스 법칙을 사용하여 다양한 전하들에 대한 전속밀도를 계산하였다.

	점 전하	무한 선전하	무한 면전하
	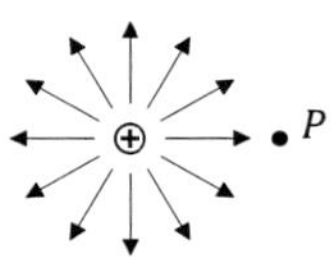	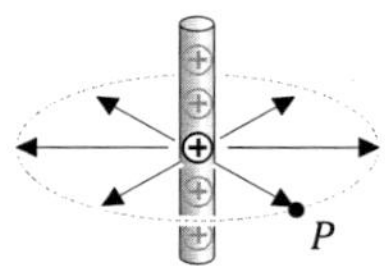	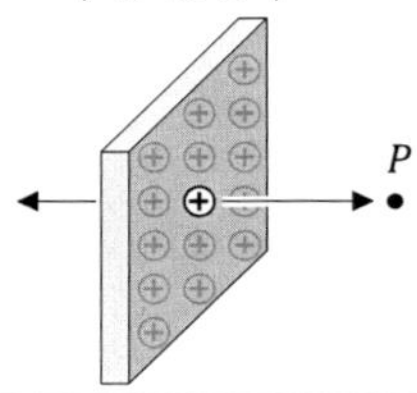
$\vec{D}$	$\vec{D}(r,\theta,\phi) = \frac{Q}{4\pi r^2}\hat{r}$	$\vec{D}(\rho,\phi,z) = \frac{\rho_\ell}{2\pi\rho}\hat{\rho}$	$\vec{D} = \frac{\rho_s}{2}\hat{n}$
$\vec{E} = \frac{1}{\varepsilon} \cdot \vec{D}$	$\vec{E}(r,\theta,\phi) = \frac{1}{\varepsilon} \cdot \frac{Q}{4\pi r^2}\hat{r}$	$\vec{E}(\rho,\phi,z) = \frac{1}{\varepsilon} \cdot \frac{\rho_\ell}{2\pi\rho}\hat{\rho}$	$\vec{E} = \frac{1}{\varepsilon} \cdot \frac{\rho_s}{2}\hat{n}$

전속(밀도)와 전계강도의 관계를 학습하였다.

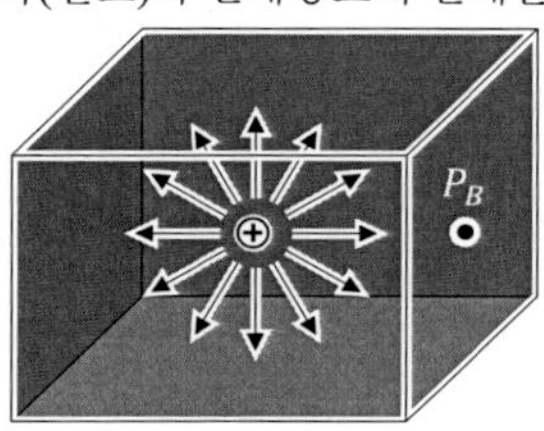

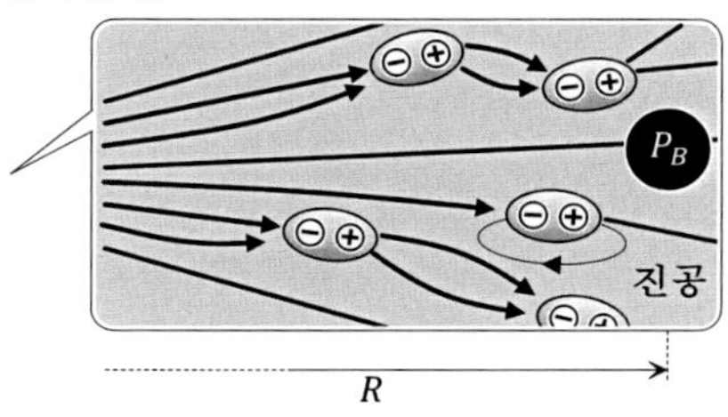

The EM map

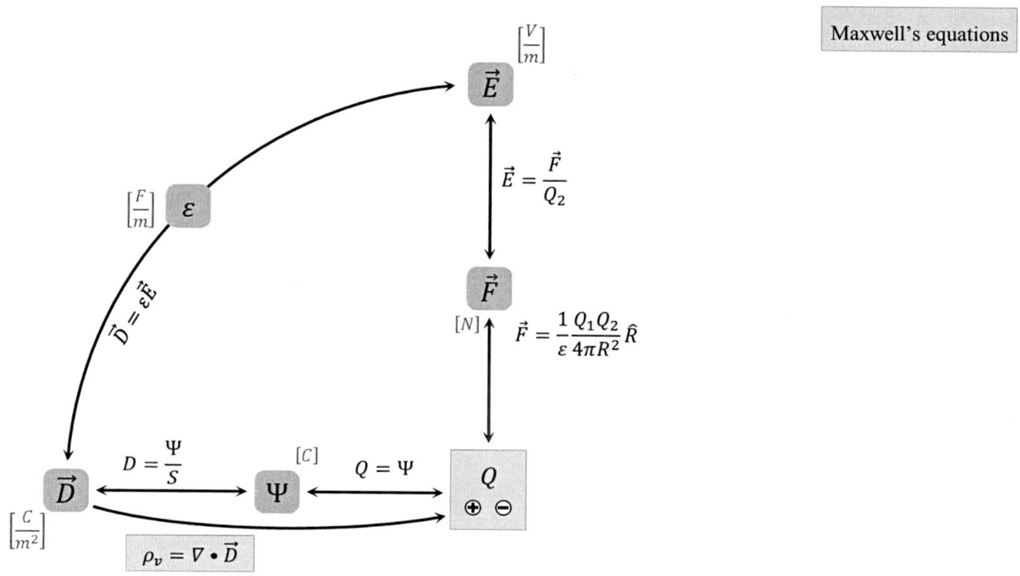

Maxwell's equations
$\left[\frac{V}{m}\right]$
$\vec{E}$
$\vec{E} = \frac{\vec{F}}{Q_2}$
$\left[\frac{F}{m}\right]$
ε
$\vec{D} = \varepsilon\vec{E}$
$\vec{F}$
$[N]$
$\vec{F} = \frac{1}{\varepsilon}\frac{Q_1 Q_2}{4\pi R^2}\hat{R}$
$D = \frac{\Psi}{S}$
$[C]$
$Q = \Psi$
$\vec{D}$
Ψ
Q
$\left[\frac{C}{m^2}\right]$
$\rho_v = \nabla \bullet \vec{D}$

1.4 전위 : 전하를 움직이는데 필요한 에너지를 알아본다.

Case ❶ xy평면 위에 전하 Q_1이 있을 때, 전하 Q_2가 움직이는 상황을 살펴보자.

③ Q_1에 의한 쿨롱의 힘이 Q_2를 밀어낸다.

① 전하 Q_1가 전계를 형성한다.

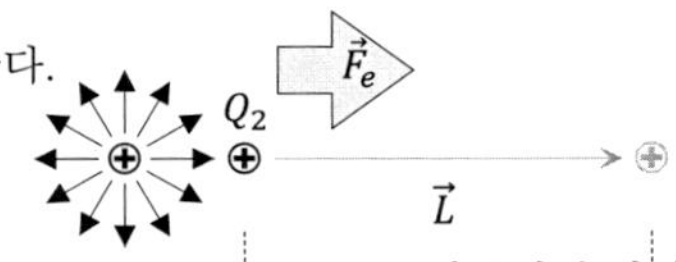

④ Q_2를 이동시킨 거리만큼 그에 상응하는 **에너지**가 소비된다.

$$W_e = \int_A^B \vec{F_e} \bullet d\vec{\ell} = Q_2 \int_A^B \vec{E} \bullet d\vec{\ell} \quad [J]$$

② 전계 $\vec{E}$의 크기를 z축에 표시하여 그림으로 그릴 수 있다:

$$|\vec{F}| \ or \ |\vec{E}| \propto \frac{1}{\varepsilon} \cdot \frac{Q_1}{4\pi R^2}$$

Q_2은 전계가 자신을 밀었다고 생각한다. 따라서 에너지는 Q_1이 아니라 전계에 존재 한다. 전계(electric field)의 "e"를 첨자로 사용하자. p. 7 p. 78

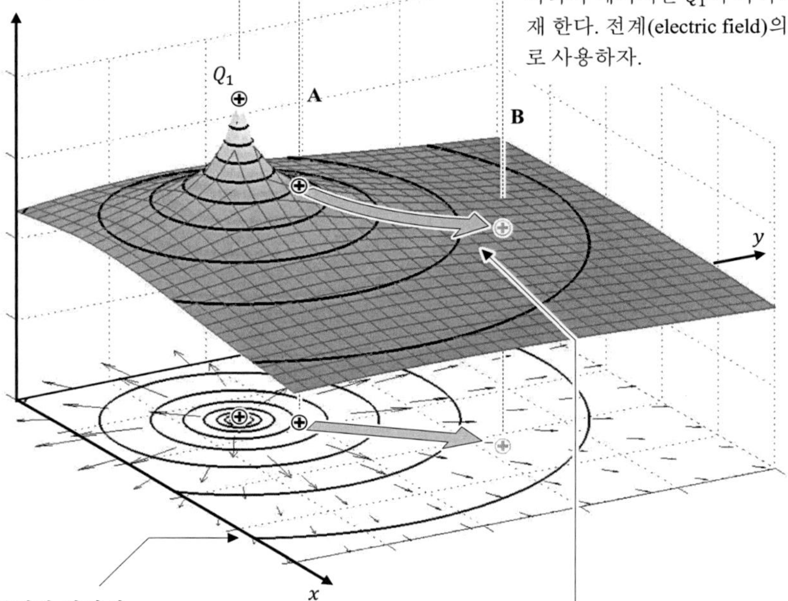

각 위치에서의 $\vec{E}$를 화살표들로 표시하였다.

②′ Q_1으로부터 동일한 거리에 위치한 지점들은 동일한 전계 강도를 갖는다.

$$\vec{E} = \frac{1}{\varepsilon} \cdot \frac{Q}{4\pi \boldsymbol{R}^2} \cdot \hat{R}$$

④′ Q_2 의 이동은 높이가 낮은 곳으로 굴러가는 것과 유사한 개념이다.

일 (work): 물체에 가해지는 힘 $\vec{F}$과 거리 $\vec{L}$를 움직이는 것에 대한 **행동**

일의 양: 힘과 그 힘의 방향으로 움직인 물체의 거리의 **곱**. $\vec{F} \bullet \vec{L}$ [J]

에너지 (energy): 일을 할 수 있는 능력

일률 (power): 일을 하는 비율 또는 에너지를 쓰는 비율, 단위 시간 당 사용하는 에너지 양

Case ❷ xy평면 위에 전하 Q_1이 있을 때, **외부에서 힘**을 가하여 전하 Q_2를 움직이는 상황을 살펴보자.

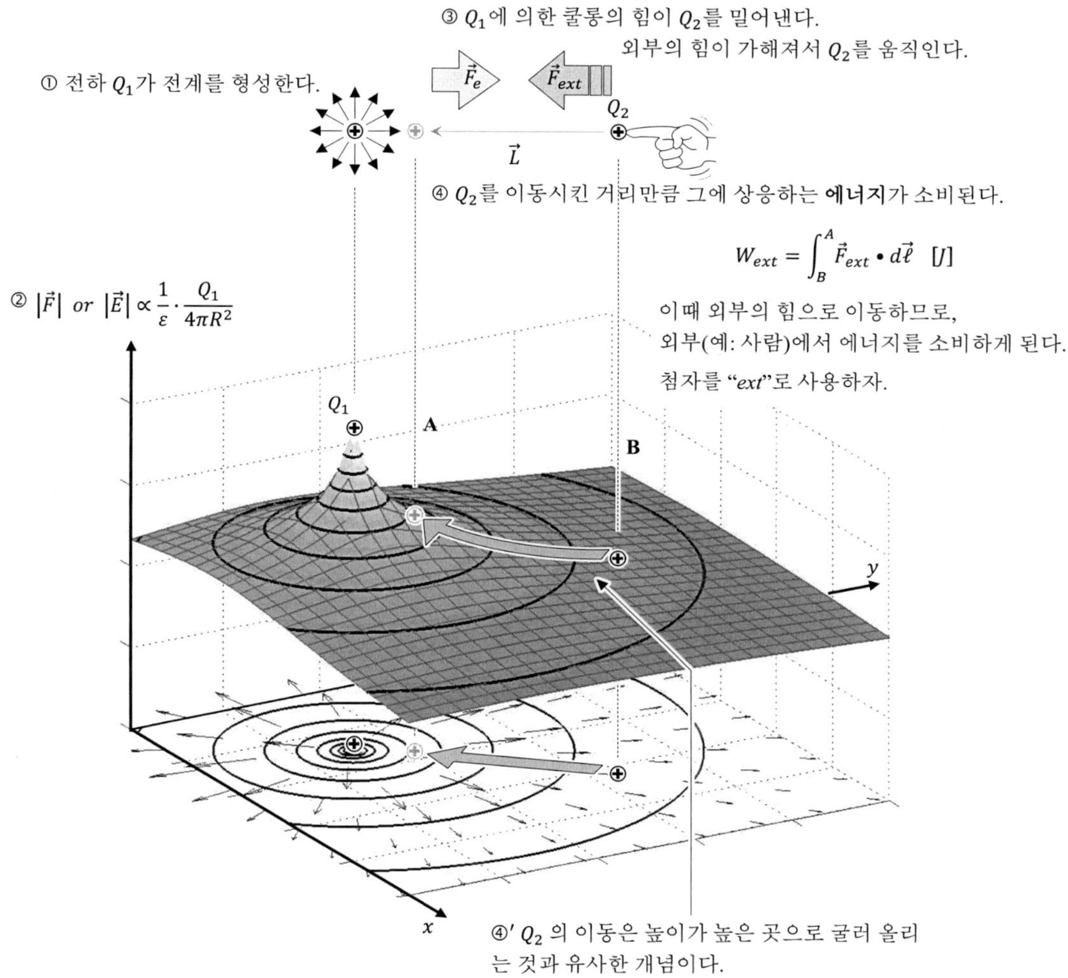

전하 Q_2를 A⟶ B 로 움직이는데 소비된 에너지 W_e

전하 Q_2를 B⟶ A 로 움직이는데 소비된 에너지 W_{ext}

크기가 같다: $W_{ext} = \int_B^A \vec{F}_{ext} \bullet d\vec{\ell} = \int_A^B \vec{F}_e \bullet d\vec{\ell} = W_e$

따라서 에너지를 다음과 같이 정의한다: $W_{ext} =$ $W = -Q_2 \int_B^A \vec{E} \bullet d\vec{\ell}$ $= -Q_2 \int_{from}^{to} \vec{E} \bullet d\vec{\ell}$

$\vec{F}_{ext}$는 막연한 힘이지만, $\vec{F}_e$는 쿨롱의 힘 공식을 사용해서 계산할 수 있다.

1.4.1 전위차 potential difference : 전하를 움직이는데 필요한 **에너지의 밀도를 정의한다.**

Appx 1 밀도

$$W = -\int_B^A \vec{F} \bullet d\vec{\ell} = -\int_B^A (Q_2\vec{E}) \bullet d\vec{\ell}$$ 이므로,

Q_2를 이항해서 단위 양전하를 이동시키는데 외부에서 가해 주어야 할 일을 **전위차**라고 정의한다.

A와 B 사이의 전위차: $$\frac{W}{Q_2} = V_{AB} = -\int_B^A \vec{E} \bullet d\vec{\ell} \quad [V]$$

❶ A와 B의 **차이**만 중요하므로 시작점을 달리하여 기술할 수 있다:

$$V_{AB} = -\int_B^A \vec{E} \bullet d\vec{\ell} = \left(-\int_C^A \vec{E} \bullet d\vec{\ell}\right) - \left(-\int_C^B \vec{E} \bullet d\vec{\ell}\right) = V_{AC} - V_{BC}$$

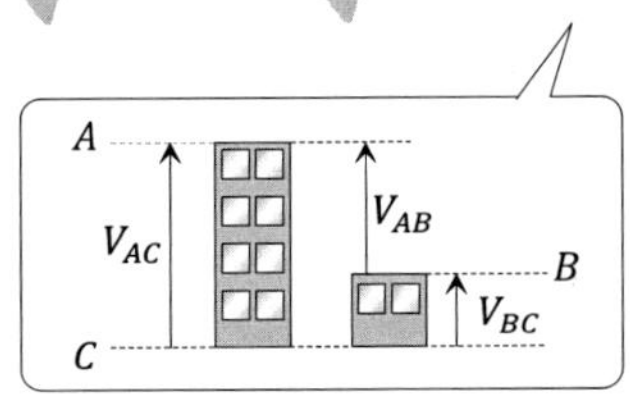

❷ Q_1으로부터 동일한 거리에 위치한 지점들은 동일한 전계강도와 전위, 높이를 갖는다. 이러한 전위가 같은 점들이 모여서 **등전위** 선이 된다.

$V_{DE} = V_D - V_E = 0$ 이므로, 등전위 점들을 따라서 전하를 옮기는 데는 에너지가 소비되지 않는다:

$$W_{DE} = Q_2 V_{DE} = 0$$

등전위 선/면과 **전계강도**는 항상 **수직**이다:

$$Q_2 V_{DE} = Q_2 \cdot (\vec{E} \bullet \vec{\ell}_{ED}) = 0$$

$\vec{E} \neq 0$이고 $\vec{\ell} \neq 0$ 이므로,

$$= Q_2 \cdot (\vec{E} \cdot \vec{\ell} \cdot \cos\theta) = 0$$

따라서 $\theta = 90°$. 즉, $\cos 90° = 0$ 이어야 한다.

❷′ 전자를 한번만 밀어주면 등전위 면 위에서 영원히 돈다.

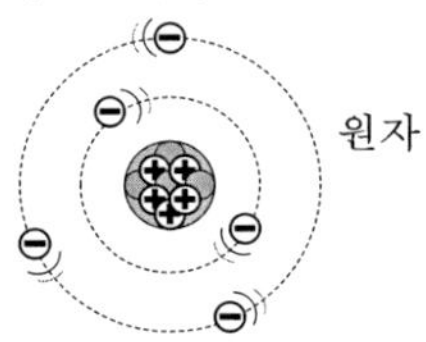

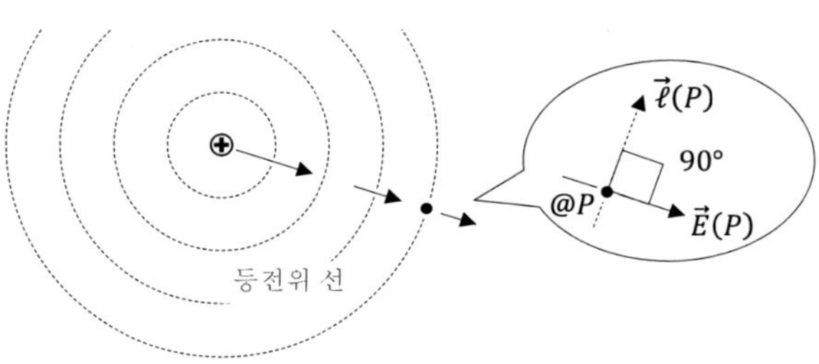

고도는 지평선/해수면으로부터의 거리이다.

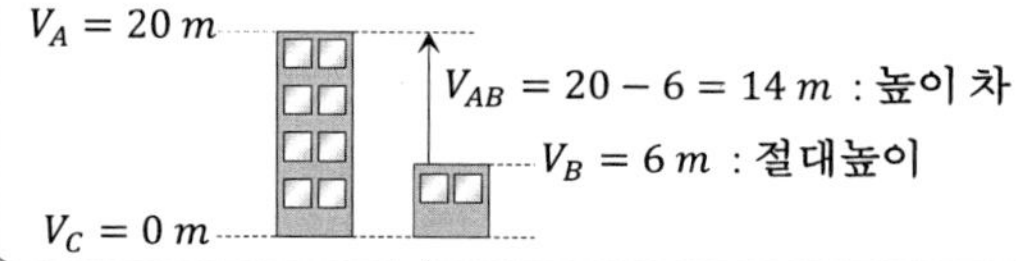

❶′ 만약, C 점을 기준으로 삼으면 $V_{AC} = V_A$ 로 쓸 수 있다. 이 때 V_A는 A에서의 **전위** 또는 **절대전위**이다. 대개 $V_C = 0\,V$로 한다.

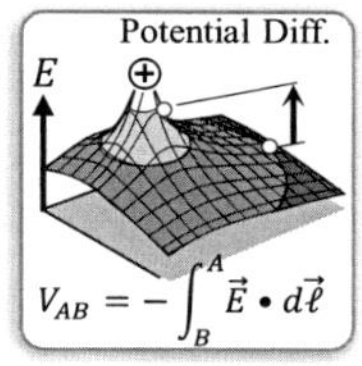

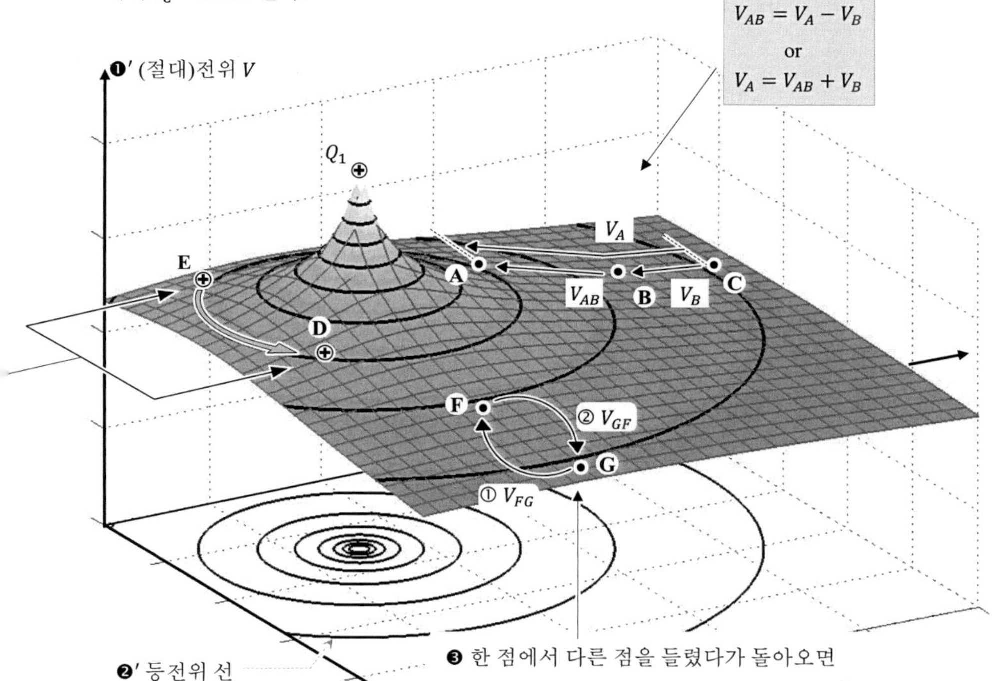

❸ 한 점에서 다른 점을 들렀다가 돌아오면

$$①V_{FG} + ②V_{GF} = \left(-\int_G^F \vec{F} \cdot d\vec{\ell}\right) + \left(-\int_F^G \vec{F} \cdot d\vec{\ell}\right)$$

$$= -\int_G^G \vec{F} \cdot d\vec{\ell} = -\oint \vec{F} \cdot d\vec{\ell} = 0$$

실제 사용한 총 에너지는 0이 된다. 외부에서 소비한 에너지가 ①V_{FG}에서 **계에 보존되었다**가 ②V_{GF}에서 다시 환원되기 때문이다.

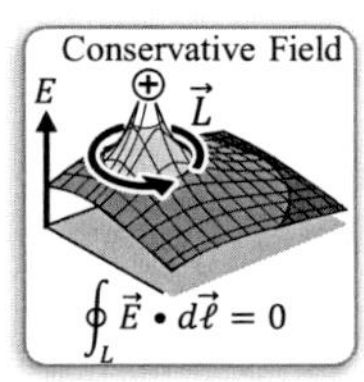

보존계의 특성: $\oint \vec{F} \cdot d\vec{\ell} = 0$

제자리로 돌아오면 소비된 에너지는 없다.

점전하의 $\vec{E}$ p. 40
구좌표계에서 미소거리 $d\vec{\ell}$ Appx 6 미소거리

다양한 전하들에 의한 전위차 – (1) 점전하에 의한 전위차

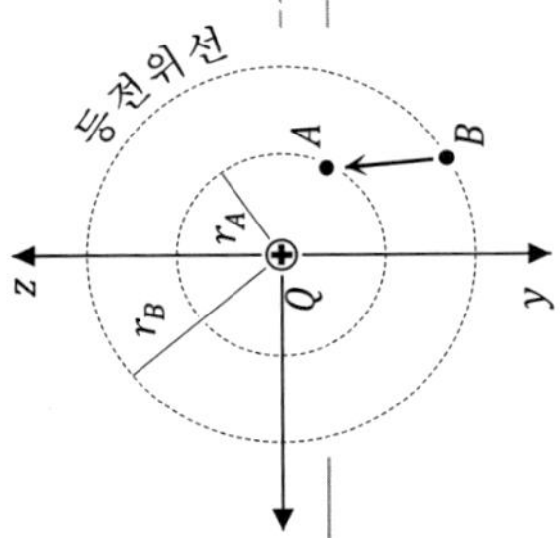

원점에 위치한 점전하 Q가 생성한 전계 내에서 점 A와 B의 전위차는:

r 성분 외에는 직교의 특성 때문에 모두 없어진다.

$$V_{AB} = -\int_B^A \vec{E} \bullet d\vec{\ell} = -\int_B^A \left(\frac{1}{\varepsilon} \cdot \frac{Q}{4\pi r^2} \cdot \hat{r}\right) \bullet (dr, rd\theta, r\sin\theta\, d\phi) = -\int_{r_B}^{r_A} \frac{1}{\varepsilon} \cdot \frac{Q}{4\pi r^2} \cdot dr$$

$$= \left(\frac{1}{\varepsilon} \cdot \frac{Q}{4\pi} \cdot \frac{1}{r_A}\right) - \left(\frac{1}{\varepsilon} \cdot \frac{Q}{4\pi} \cdot \frac{1}{r_B}\right)$$

$$= \quad V_A \quad - \quad V_B$$

점전하가 있으므로 구좌표계를 사용하고, $d\vec{\ell} = dr \cdot \hat{r} + rd\theta \cdot \hat{\theta} + r\sin\theta\, d\phi \cdot \hat{\phi}$

점 B가 ❶ **점전하로부터 무한히 먼 위치**일 때 $V_B(\infty) = \frac{1}{\varepsilon} \cdot \frac{Q}{4\pi} \cdot \frac{1}{\infty} = 0\ V$

따라서 무한히 먼 지점을 기준으로 **절대전위**는 다음과 같이 쓸 수 있다:

$$V_A = \frac{1}{\varepsilon} \cdot \frac{Q}{4\pi} \cdot \frac{1}{r_A}$$

점전하로부터 동일한 거리에 떨어진 점들은 구의 형태로 등전위 면을 형성된다:

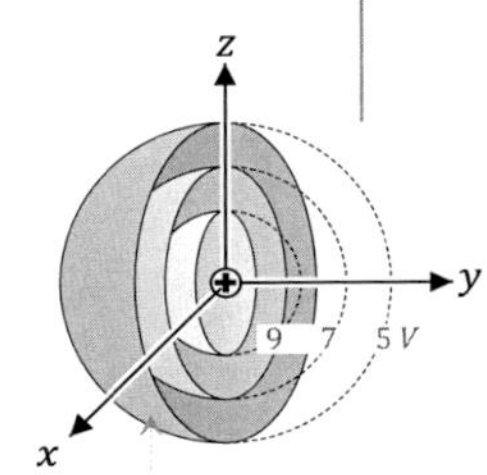

이 구 위의 모든 점의 전위는 5 V이다.

또한 일반적으로 다음과 같은 관계식이 성립한다:

$$V_{AB} = V_A - V_B$$

$$V_A = V_{AB} + V_B$$

Drill 1.4-1

2개의 점전하가 만드는 전위는 **중첩의 원리**를 사용하여 계산한다.

점 P_A에서 (절대)전위를 계산하자.

$$V_A = \frac{1}{\varepsilon} \cdot \frac{Q_1}{4\pi} \cdot \frac{1}{r_A} + \frac{1}{\varepsilon} \cdot \frac{Q_2}{4\pi} \cdot \frac{1}{r_A}$$

$$= \frac{1}{\varepsilon} \cdot \frac{1 \cdot 10^{-6}}{4\pi} \cdot \frac{1}{\sqrt{1+4^2}} + \frac{1}{\varepsilon} \cdot \frac{2 \cdot 10^{-6}}{4\pi} \cdot \frac{1}{\sqrt{0+4^2}}$$

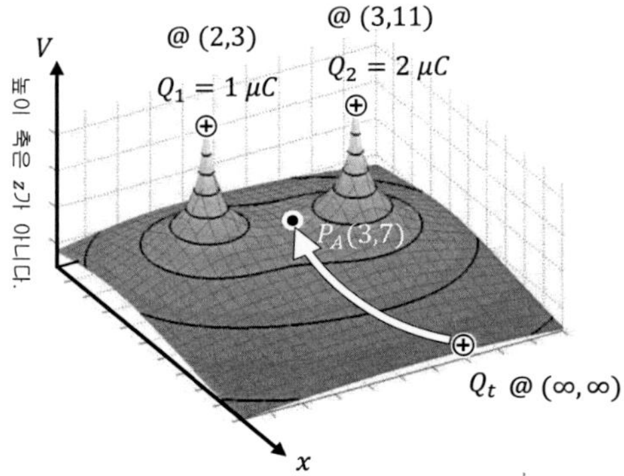

❶ 점전하에서 무한히 먼 지점이 0 V 인 기준점이 된다.

Drill 1.4-2

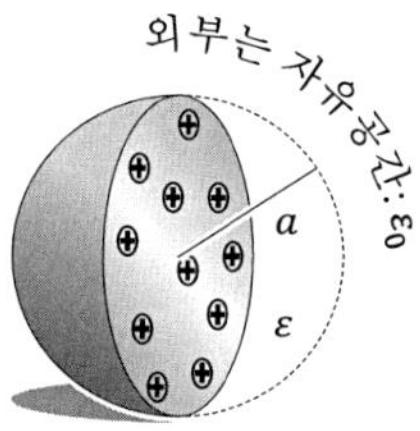

자유공간 안에 반경이 a이고 유전율이 ε인 구가 대전되어 있다.
전하는 구 전체에 균일하게 분포되어 있으며, 체적전하밀도는 ρ_v 이다.
구의 중심으로부터의 거리에 따른 전위를 계산해 보자.

Solution 구의 내부와 외부 속성이 다르므로 구역을 나누어 계산한다.

Case ❶ $a < r$:외부에 전위를 알고 있는 지점($V_\infty = 0\,V$)이 있으므로 이 영역부터 계산을 한다.

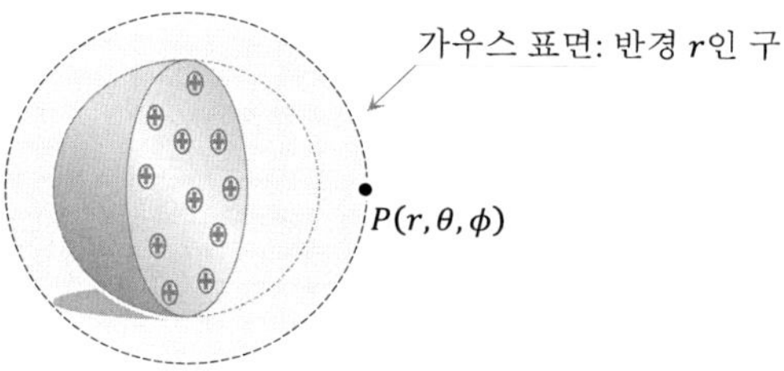

Step ① 가우스의 법칙을 적용하여 점 P에서의 전계를 얻는다:

$$D_r = \frac{Q_{enc}}{S} = \frac{\rho_v \cdot \frac{4}{3}\pi a^3}{4\pi r^2} = \frac{Q_{total}}{4\pi r^2}$$

$$E_r = \frac{D_\rho}{\varepsilon_0} = \frac{1}{\varepsilon_0} \cdot \frac{Q_{total}}{4\pi r^2}$$ (점전하 때와 동일하다.)

전계는 r에만 의존적이므로 점 P에서의 전계는

$$\vec{E}(P) = \frac{1}{\varepsilon_0} \cdot \frac{Q_{total}}{4\pi r^2} \hat{r}$$

Step ② 이 전계를 사용하여 전위차를 계산한다:

$$V_r = -\int_\infty^r \vec{E} \bullet d\vec{r} = \frac{1}{\varepsilon_0} \cdot \frac{Q_{total}}{4\pi} \cdot \frac{1}{r}$$

$r = a$ 일 때 전위는

$$V_a = \frac{1}{\varepsilon_0} \cdot \frac{Q_{total}}{4\pi} \cdot \frac{1}{a} = \frac{1}{\varepsilon_0} \cdot \frac{\rho_v \cdot \frac{4}{3}\pi a^3}{4\pi} \cdot \frac{1}{a} \quad ♠$$

Case ❷ $r < a$

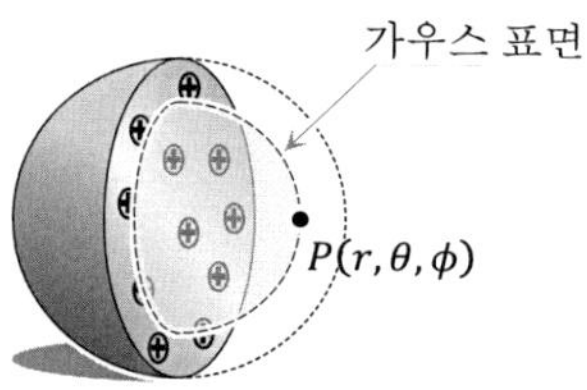

Step ①

$$D_r = \frac{Q_{enc}}{S} = \frac{\rho_v \cdot \frac{4}{3}\pi r^3}{4\pi r^2} = \frac{\rho_v r}{3}$$

$$E_r = \frac{D_\rho}{\varepsilon} = \frac{1}{\varepsilon} \cdot \frac{\rho_v r}{3}$$

$$\vec{E}(P) = \frac{1}{\varepsilon} \cdot \frac{\rho_v r}{3}$$

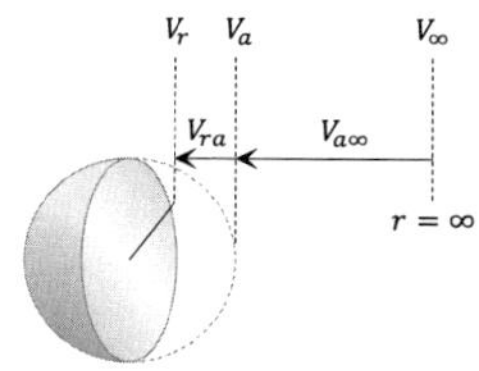

Step ②

$$V_r = V_{ra} + V_a = -\int_a^r \vec{E} \bullet d\vec{r} - \int_\infty^a \vec{E} \bullet d\vec{r}$$
♠

$$= -\int_a^r \frac{1}{\varepsilon} \cdot \frac{\rho_v r}{3} \cdot dr + \frac{1}{\varepsilon_0} \cdot \frac{\rho_v \cdot a^2}{3}$$

$$= -\frac{1}{\varepsilon} \cdot \frac{\rho_v}{6}(r^2 - a^2) + \frac{1}{\varepsilon_0} \cdot \frac{\rho_v \cdot a^2}{3}$$

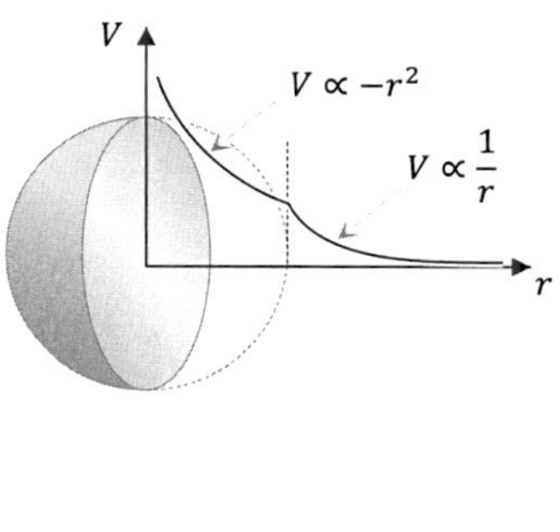

다양한 전하들에 의한 전위차 – (2) 무한 선전하에 의한 전위차

선전하가 있으므로 원통 좌표계를 사용하고, 미소길이는 $d\vec{\ell} = d\rho \cdot \hat{\rho} + \rho\, d\phi \cdot \hat{\phi} + dz \cdot \hat{z}$

$$= (d\rho, \rho\, d\phi, dz)$$

무한 선전하가 만드는 자계강도: $\vec{E} = \dfrac{1}{\varepsilon} \cdot \dfrac{\rho_\ell}{2\pi\rho} \cdot \hat{\rho}$

좌표축의 각 성분 별로 두 지점 간의 전위차를 계산해보자.

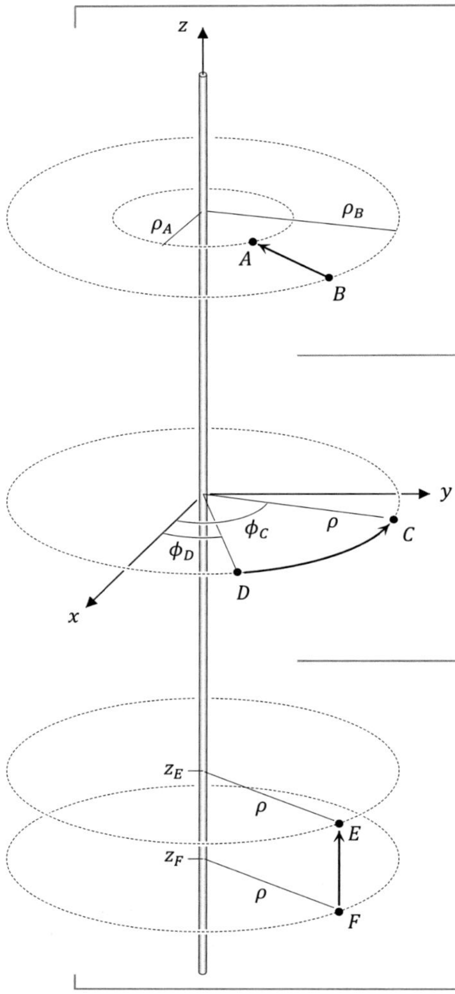

Case ❶ ρ 방향으로 움직일 때 두 지점 간의 전위차

$$V_{AB} = -\int_B^A \vec{E} \bullet d\vec{\ell} = -\int_{\rho_B}^{\rho_A} \left(\frac{1}{\varepsilon} \cdot \frac{\rho_\ell}{2\pi\rho} \cdot \hat{\rho}\right) \bullet (d\rho, \rho\, d\phi, dz)$$

$$= \left(-\frac{1}{\varepsilon} \cdot \frac{\rho_\ell}{2\pi} \ln \rho_A\right) - \left(-\frac{1}{\varepsilon} \cdot \frac{\rho_\ell}{2\pi} \ln \rho_B\right) \quad = -\frac{1}{\varepsilon} \cdot \frac{\rho_\ell}{2\pi} \ln \frac{\rho_A}{\rho_B} \ [V]$$

$$= V_A - V_B$$

ρ 성분 외에는 직교의 특성으로 0이 된다.

Case ❷ ϕ 방향으로 움직일 때 두 지점 간의 전위차

$$V_{CD} = -\int_D^C \vec{E} \bullet d\vec{\ell}$$

$$= -\int_{\phi_D}^{\phi_C} \left(\frac{1}{\varepsilon} \cdot \frac{\rho_\ell}{2\pi\rho} \cdot \hat{\rho}\right) \bullet (\rho\, d\phi \cdot \hat{\phi}) = 0 \ [V]$$

직교의 특성으로 계산 결과는 0이 된다. 즉 이 경로는 등전위 선이 된다.

Case ❸ z 방향으로 움직일 때 두 지점 간의 전위차

$$V_{EF} = -\int_F^E \vec{E} \bullet d\vec{\ell}$$

$$= -\int_{z_F}^{z_E} \left(\frac{1}{\varepsilon} \cdot \frac{\rho_\ell}{2\pi\rho} \cdot \hat{\rho}\right) \bullet (dz \cdot \hat{z}) = 0 \ [V]$$

직교의 특성으로 계산 결과는 0이 된다. 즉 이 경로는 등전위 선이 된다.

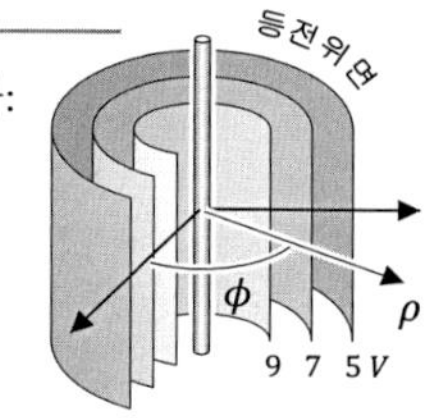

- Case ❷와 ❸을 결합하면, 선전하는 원통의 옆면과 같은 등전위 면을 형성하는 것을 알 수 있다:

- Case ❶에서 $\rho_B = \infty$ 일 때 $V_B = -\frac{1}{\varepsilon} \cdot \frac{\rho_\ell}{2\pi} \ln \infty$ 가 되어 전위를 구할 수 없게 된다.

  이는 실존하지 않는 무한한 길이의 전선을 사용했기 때문이며, 전선으로부터 무한대의 위치를 전위 0 V로 사용할 수 없다.

  $V_\infty \neq V_g = 0$

Drill 1.4-3 z축에 무한한 길이의 도체 전선이 있으며 선전하밀도는 $-5\,nC/m$이다.
아래 그림에서 점 A의 전위가 $0\,V$ 일 때 점 D의 전위를 계산해보자.

Solution

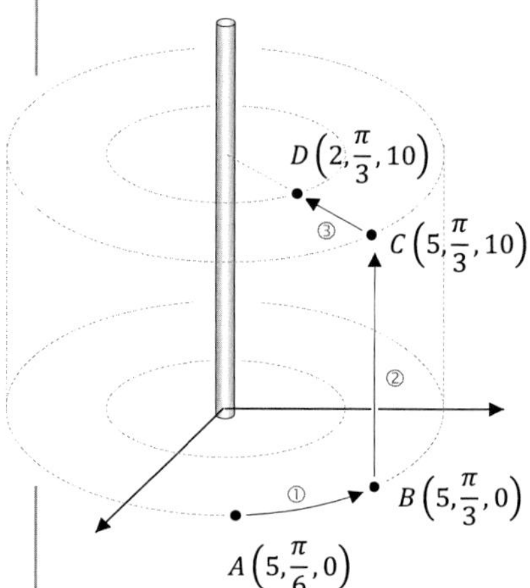

①과 ②의 경로는 등전위 면을 움직이는 것이므로 전위가 변하지 않는다.
따라서 앞의 정리 중 "case ❶"을 이용하면 다음과 같이 계산할 수 있다:

$$V_{DA} = -\frac{1}{\varepsilon_0} \cdot \frac{\rho_\ell}{2\pi} \ln \frac{\rho_D}{\rho_A} = -\frac{1}{\varepsilon_0} \cdot \frac{-5 \cdot 10^{-9}}{2\pi} \ln \frac{2}{5} = -82.5\,V$$

※ 또 다른 방식,

①→②→③의 경로를 모두 계산하면 다음과 같다:

$$V_{DA} = -\left(\overset{①}{\int_A^B} + \overset{②}{\int_B^C} + \overset{③}{\int_C^D}\right) \vec{E} \bullet d\vec{\ell}$$

$$= -\int_A^B \left(\frac{1}{\varepsilon_0} \cdot \frac{\rho_\ell}{2\pi\rho} \cdot \hat{\rho}\right) \bullet (0, \rho\, d\phi, 0) \quad \text{—— ①}$$

$$-\int_B^C \left(\frac{1}{\varepsilon_0} \cdot \frac{\rho_\ell}{2\pi\rho} \cdot \hat{\rho}\right) \bullet (0, 0, dz) \quad \text{—— ②}$$

$$-\int_C^D \left(\frac{1}{\varepsilon_0} \cdot \frac{\rho_\ell}{2\pi\rho} \cdot \hat{\rho}\right) \bullet (d\rho, 0, 0) \quad \text{—— ③}$$

$$= 0 - 0 - \int_5^2 \frac{1}{\varepsilon_0} \cdot \frac{\rho_\ell}{2\pi\rho} \cdot d\rho$$

$$= -\frac{1}{\varepsilon_0} \cdot \frac{-5 \cdot 10^{-9}}{2\pi} \ln \frac{2}{5} = -82.5\,V$$

※ 전위차는 경로에 영향을 받지 않는다. 즉, 시작과 끝만 같으면 된다.

다양한 전하들에 의한 전위차 – (3) 동축케이블에 의한 전위차

$$V_{AB} = V_A - V_B$$
$$V_A = V_{AB} + V_B = -\int E \cdot d\ell + V_B$$
위의 관계를 사용한다.

$$V_c = -\frac{1}{\varepsilon_0}\cdot\frac{\rho_\ell}{2\pi}\ln\frac{c}{g}$$

본 계산들에서 $c < g$인 위치에서의 전위는 $\boldsymbol{V_g = 0}$로 하였다. g가 전선의 외부에 있으므로 ❹ 부터 계산을 한다.

	Type 1	Type 2	Type 3
	 ρ_ℓ의 선전하밀도가 도체에 분포	쿨롱의 힘에 의해 음전하가 안쪽 표면으로 당겨진다. $-\rho_\ell$가 바깥쪽 도체의 안쪽에 분포 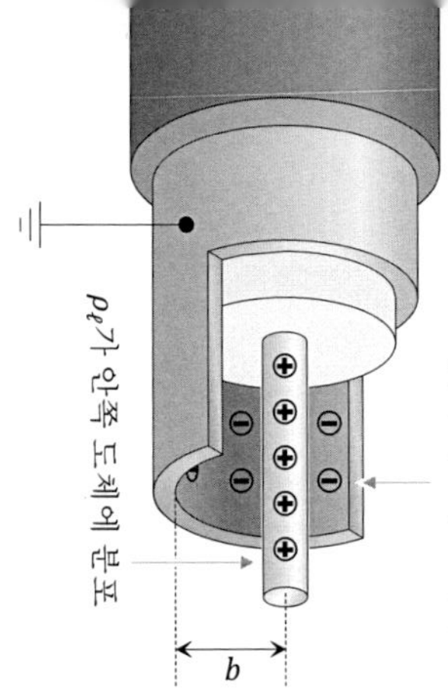 ρ_ℓ가 안쪽 도체에 분포	바깥쪽 도체를 접지 하지 않았다. 바깥쪽 도체의 총전하는 0 C 이지만, 쿨롱의 힘에 의해 양전하 ρ_ℓ가 바깥쪽 표면으로 밀려난다. 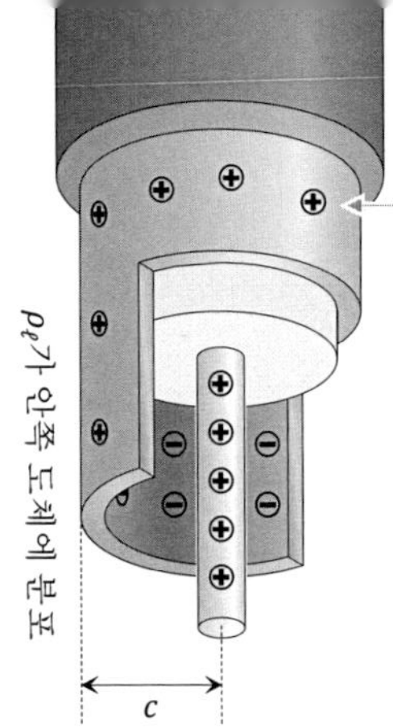 ρ_ℓ가 안쪽 도체에 분포
❹ $c < \rho < g$	Step ① 가우스의 법칙을 적용하여 전계를 얻는다:  가우스 표면 $D_\rho = \frac{Q_{enc}}{S} = \frac{\rho_\ell \cdot L}{2\pi\rho L}$ $E_\rho = \frac{D_\rho}{\varepsilon_0} = \frac{1}{\varepsilon_0}\cdot\frac{\rho_\ell}{2\pi\rho}$	Step ① 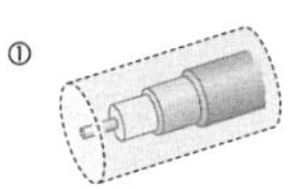 $D_\rho = \frac{Q_{enc}}{S} = \frac{0}{2\pi\rho L}$ $E_\rho = 0$ ②&③ $\boldsymbol{V_\rho} = V_{\rho g} = -\int_g^\rho E_\rho \cdot d\rho = 0$	① 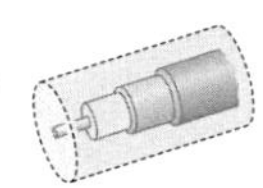 $D_\rho = \frac{Q_{enc}}{S} = \frac{\rho_\ell \cdot L}{2\pi\rho L}$ $E_\rho = \frac{1}{\varepsilon_0}\cdot\frac{\rho_\ell}{2\pi\rho}$ ②&③ $\boldsymbol{V_\rho} = -\int_g^\rho E_\rho \cdot d\rho = -\frac{1}{\varepsilon_0}\cdot\frac{\rho_\ell}{2\pi}\ln\frac{\rho}{g}$
도체 내부 ❸ $b < \rho < c$ 정전계에서 도체의 전위는 일정하다.	Step ② 이 전계를 사용하여 전위차를 계산한다: $V_{\rho g} = -\int_g^\rho E_\rho \cdot d\rho = -\frac{1}{\varepsilon_0}\cdot\frac{\rho_\ell}{2\pi}\ln\frac{\rho}{g}$	① 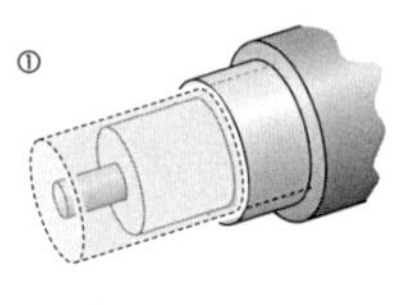 $D_\rho = \frac{Q_{enc}}{S} = \frac{0}{2\pi\rho L}$ $E_\rho = 0$ ②&③ $\boldsymbol{V_\rho} = V_{\rho c} + V_c = -\int_c^\rho 0 \cdot d\rho + V_c = 0$	① 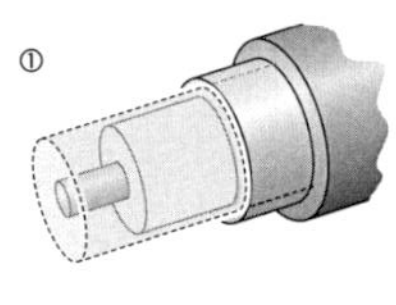 $D_\rho = \frac{Q_{enc}}{S} = \frac{0}{2\pi\rho L}$ $E_\rho = 0$ ②&③ $\boldsymbol{V_\rho} = V_{\rho c} + V_c = 0 + V_c = -\frac{1}{\varepsilon_0}\cdot\frac{\rho_\ell}{2\pi}\ln\frac{c}{g}$

도체 내부는 전계가 없으므로 등전위이다.

$V_b = -\frac{1}{\varepsilon_0}\cdot\frac{\rho_\ell}{2\pi}\ln\frac{c}{g}$

(오른쪽의 각 사각형 안의 계산들은 여기의 Step ①-③를 반복한 것이다.)

❷ $a < \rho < b$	Step ③ 절대전위를 계산한다: $\boldsymbol{V_\rho} = V_{\rho g} + V_g$ $= -\frac{1}{\varepsilon_0}\cdot\frac{\rho_\ell}{2\pi}\ln\frac{\rho}{g} + 0$ $= -\frac{1}{\varepsilon_0}\cdot\frac{\rho_\ell}{2\pi}\ln\frac{\rho}{g}$	① 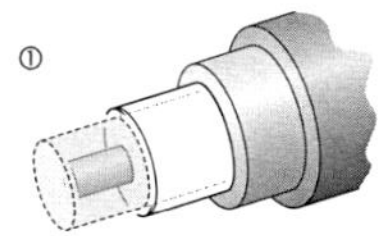 $D_\rho = \frac{Q_{enc}}{S} = \frac{\rho_\ell \cdot L}{2\pi\rho L}$ $E_\rho = \frac{1}{\varepsilon}\cdot\frac{\rho_\ell}{2\pi\rho}$ ② $V_{\rho b} = -\frac{1}{\varepsilon}\cdot\frac{\rho_\ell}{2\pi}\ln\frac{\rho}{b}$ ③ $\boldsymbol{V_\rho} = V_{\rho b} + V_b = -\frac{1}{\varepsilon}\cdot\frac{\rho_\ell}{2\pi}\ln\frac{\rho}{b}$	① 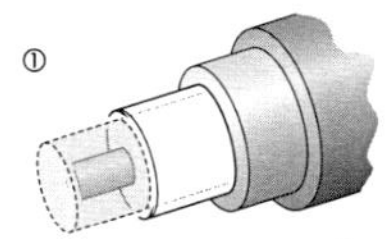 $D_\rho = \frac{Q_{enc}}{S} = \frac{\rho_\ell \cdot L}{2\pi\rho L}$ $E_\rho = \frac{1}{\varepsilon}\cdot\frac{\rho_\ell}{2\pi\rho}$ ② $V_{\rho b} = -\frac{1}{\varepsilon}\cdot\frac{\rho_\ell}{2\pi}\ln\frac{\rho}{b}$ ③ $\boldsymbol{V_\rho} = V_{\rho b} + V_b$ $= -\frac{1}{\varepsilon}\cdot\frac{\rho_\ell}{2\pi}\ln\frac{\rho}{b} - \frac{1}{\varepsilon_0}\cdot\frac{\rho_\ell}{2\pi}\ln\frac{c}{g}$
도체 내부 ❶ $\rho < a$ 도체의 전위는 일정하다.	$\boldsymbol{V_\rho} = V_a = -\frac{1}{\varepsilon_0}\cdot\frac{\rho_\ell}{2\pi}\ln\frac{a}{g}$	$\boldsymbol{V_\rho} = -\frac{1}{\varepsilon}\cdot\frac{\rho_\ell}{2\pi}\ln\frac{a}{b}$	$\boldsymbol{V_\rho} = -\frac{1}{\varepsilon}\cdot\frac{\rho_\ell}{2\pi}\ln\frac{a}{b} - \frac{1}{\varepsilon_0}\cdot\frac{\rho_\ell}{2\pi}\ln\frac{c}{g}$

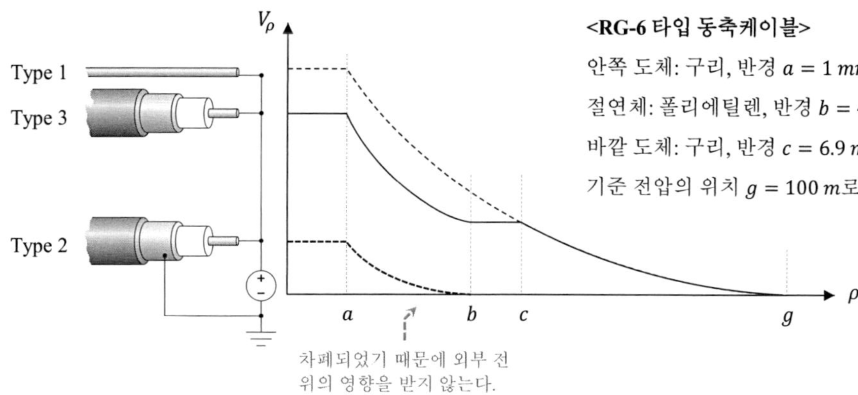

<RG-6 타입 동축케이블>

안쪽 도체: 구리, 반경 $a = 1\,mm$

절연체: 폴리에틸렌, 반경 $b = 4.7\,mm$, $\varepsilon_r = 2.26$

바깥 도체: 구리, 반경 $c = 6.9\,mm$

기준 전압의 위치 $g = 100\,m$로 설정하였다.

다양한 전하들에 의한 전위차 – (4) 무한 면전하에 의한 전위차

무한 면전하가 생성한 전계 내에서 점 A와 B의 전위차는:

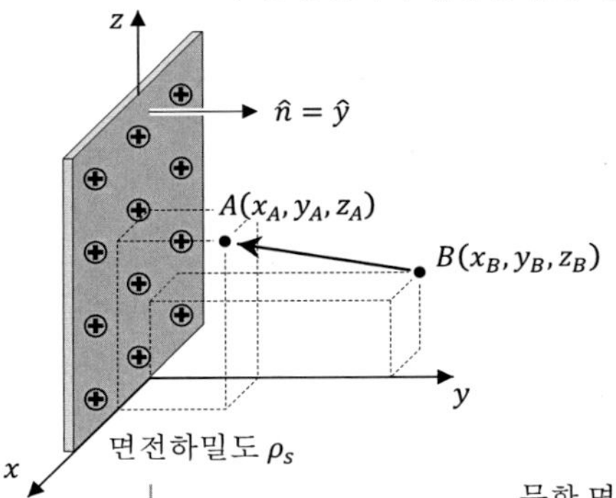

$$V_{AB} = -\int_B^A \left(\frac{1}{\varepsilon}\cdot\frac{\rho_s}{2}\cdot\hat{n}\right)\bullet(dx,dy,dz) = -\int_{y_B}^{y_A}\frac{1}{\varepsilon}\cdot\frac{\rho_s}{2}\cdot dy$$

$$= \left(-\frac{1}{\varepsilon}\cdot\frac{\rho_s}{2}\cdot y_A\right) - \left(-\frac{1}{\varepsilon}\cdot\frac{\rho_s}{2}\cdot y_B\right)$$

$$= V_A - V_B$$

무한 면전하로 인한 (절대)전위: $V_A = -\frac{1}{\varepsilon}\cdot\frac{\rho_s}{2}\cdot y_A$

무한 선전하와 마찬가지로 무한한 면적의 면전하는 실존하지 않는다.
따라서 무한 면전하로부터 무한대의 위치를 전위 **0** V로 사용할 수 없다:

$$V_\infty = -\frac{1}{\varepsilon}\cdot\frac{\rho_s}{2}\cdot\infty = -\infty$$

$\hat{n}(=\hat{y})$ 성분 이외의 성분은 닷곱 계산에서 직교의 특성으로 없어진다.

Note

예) 전계강도는 쿨롱의 힘과 곱하기 또는 나누기 관계에 있다: $\vec{E} = \frac{\vec{F}}{Q_2}$

1.4.2 전위와 전계강도의 관계 : 경도 연산자가 필요하다.

전계와 전위는 연결되어 있으므로, 하나를 알면 다른 하나를 **계산**하여 구할 수 있어야 한다.

The EM map

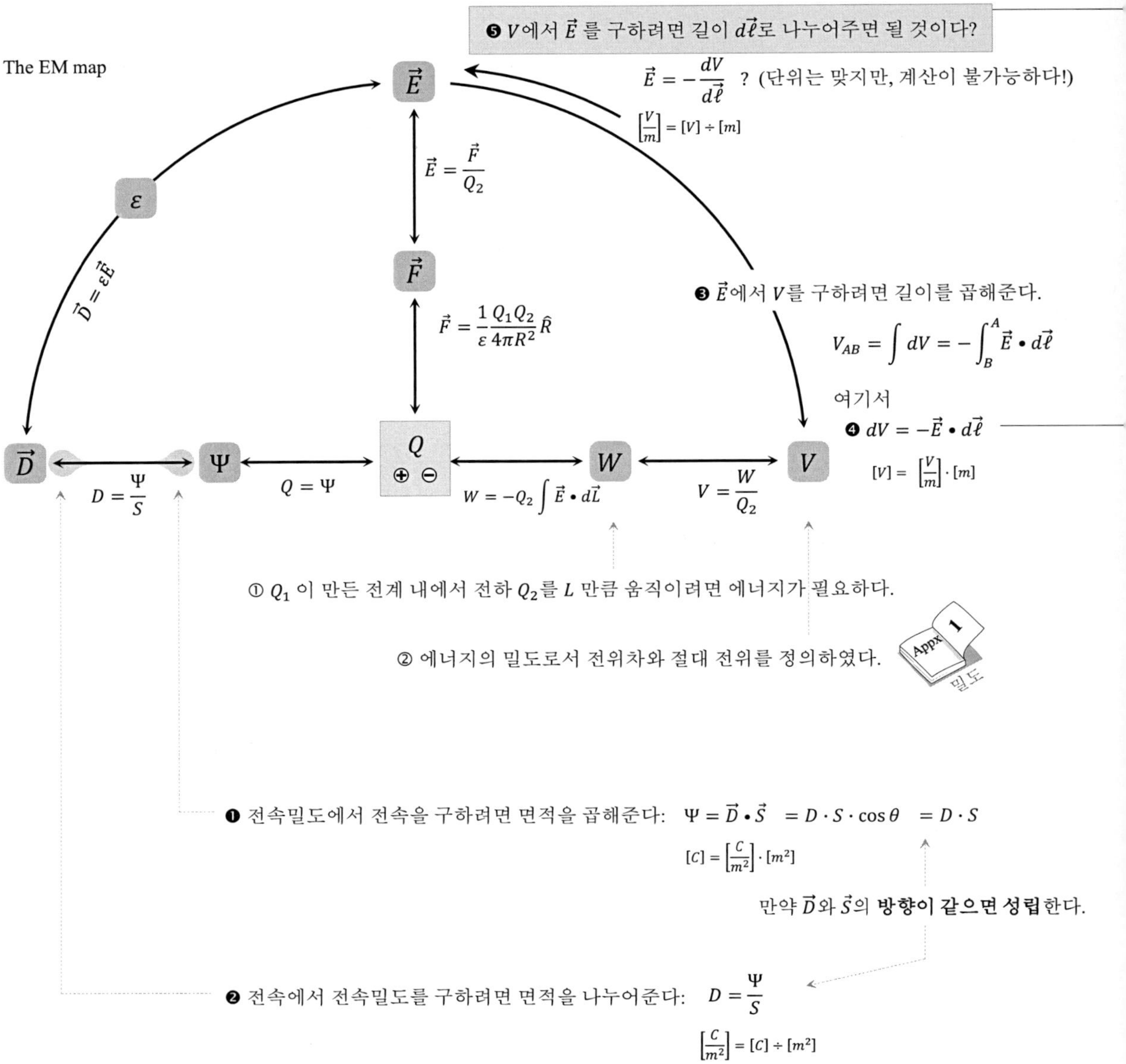

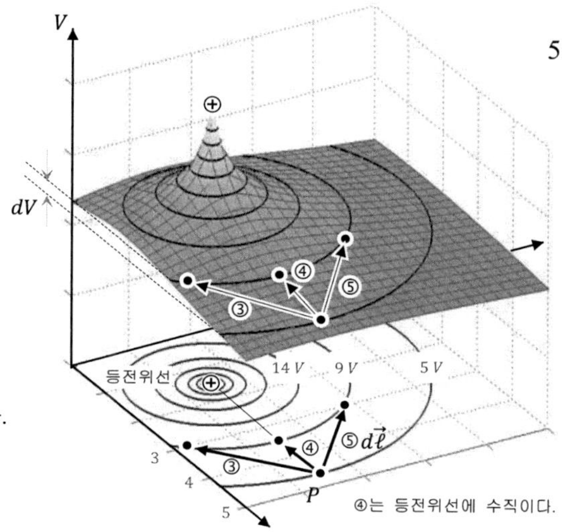

❺' $\vec{E}$와 $d\vec{\ell}$는 벡터이므로 $dV = -\vec{E} \bullet d\vec{\ell} = -E \cdot d\ell \cdot \cos\theta$ 이다.

이제 dV를 $d\ell$ 로 나눌 수 있다: $\dfrac{dV}{d\ell} = -E \cdot \cos\theta$

만약 $d\vec{\ell}$ 을 $\vec{E}$와 **정반대 방향**으로 잡으면 $\cos\theta = \cos 180° = -1$ 이 된다.

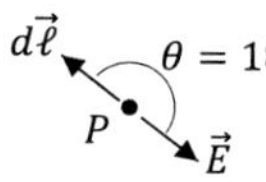

➡ $\left.\dfrac{dV}{d\ell}\right|_{max} = E$

여기서 E가 최대값을 가지려면 $d\ell$이 최소일 때 dV가 최대여야 한다.
이를 만족하는 경로 $d\ell$ 은 위의 그림에서 ④이다.

따라서 ***E* 의 방향**은 전위가 가장 빨리 변하는 거리의 방향이다.

③ $\dfrac{dV}{d\ell} = -\dfrac{9-5}{\sqrt{1.2^2+1.5^2}} = -(-2.1) = 2.1\ \dfrac{V}{m}$

④ $\dfrac{dV}{d\ell} = -\dfrac{9-5}{3.5-4.5} = -(-4) = 4\ \dfrac{V}{m}$

⑤ $\dfrac{dV}{d\ell} = -\dfrac{9-5}{\sqrt{1.4^2+1.5^2}} = -(-1.9) = 1.9\ \dfrac{V}{m}$

❻ $dV = -\vec{E} \bullet d\vec{\ell} = -(E_x, E_y, E_z) \bullet (dx, dy, dz) = -E_x dx - E_y dy - E_z dz$

$= dV_x + dV_y + dV_z$ ← dV를 계산하고 있으므로 이렇게 쓸 수 있다.

직교좌표계일 경우를 살펴본다.
미소길이는 $d\vec{\ell} = d\vec{x} + d\vec{y} + d\vec{z}$

x 성분을 살펴보자.

$-E_x \cdot dx = dV_x$ ➡ $E_x = -\dfrac{dV_x}{dx}$ 을 얻는다.

나머지 성분들에 대해서도 동일한 방식을 적용하여 다음을 얻는다.

$$\vec{E} = E_x\hat{x} + E_y\hat{y} + E_z\hat{z} = -\frac{dV}{dx}\hat{x} - \frac{dV}{dy}\hat{y} - \frac{dV}{dz}\hat{z} = -\left(\frac{dV}{dx}, \frac{dV}{dy}, \frac{dV}{dz}\right)$$

이를 다음과 같이 간단히 쓰자: $\vec{E} = -\nabla V$

"∇" 은 다음과 같은 벡터이다:

$$\nabla = \frac{\partial}{\partial x}\hat{x} + \frac{\partial}{\partial y}\hat{y} + \frac{\partial}{\partial z}\hat{z}$$

따라서 ∇와 V의 곱하기는

$$\nabla \cdot V = \left(\frac{\partial}{\partial x}\hat{x} + \frac{\partial}{\partial y}\hat{y} + \frac{\partial}{\partial z}\hat{z}\right) \cdot V = \frac{\partial V}{\partial x}\hat{x} + \frac{\partial V}{\partial y}\hat{y} + \frac{\partial V}{\partial z}\hat{z}$$

cf.

$$\vec{A} \cdot 6 = (2\hat{x} + 3\hat{y} + 4\hat{z}) \cdot 6 = 12\hat{x} + 18\hat{y} + 24\hat{z}$$

거리 $d\vec{\ell}$로 미분하는 연산을 **경도 (gradient)**라 하며 다음과 같이 계산한다.

경도의 계산 방법

$$\nabla V = \frac{\partial V}{\partial x}\hat{x} + \frac{\partial V}{\partial y}\hat{y} + \frac{\partial V}{\partial z}\hat{z}$$

$$\nabla V = \frac{\partial V}{\partial \rho}\hat{\rho} + \frac{1}{\rho}\frac{\partial V}{\partial \phi}\hat{\phi} + \frac{\partial V}{\partial z}\hat{z}$$

$$\nabla V = \frac{\partial V}{\partial r}\hat{r} + \frac{1}{r}\frac{\partial V}{\partial \theta}\hat{\theta} + \frac{1}{r\sin\theta}\frac{\partial V}{\partial \phi}\hat{\phi}$$

경도는 미분 또는 기울기 계산의 일종이다.

추가설명

① Q_1 이 전계를 형성한다.

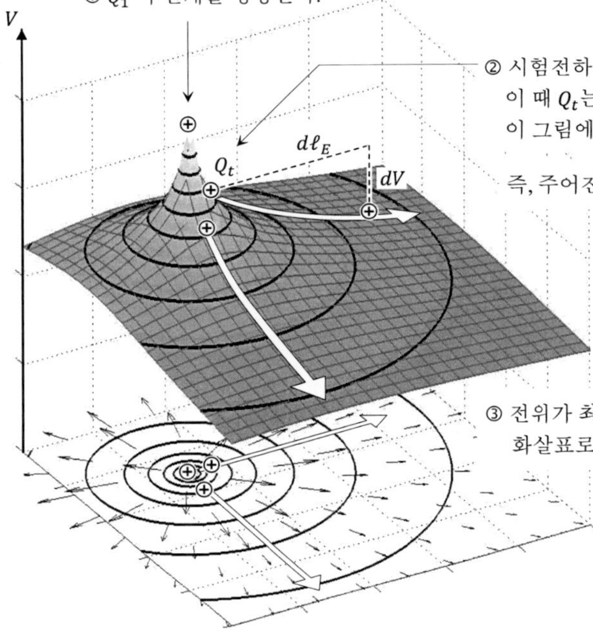

② 시험전하 Q_t를 놓으면 쿨롱의 힘 $\vec{F}$ 을 받아 밀려난다.
이 때 Q_t는 최대한 빨리 멀어지려 한다.
이 그림에서는 최대한 빨리 낮은 위치로 이동하는 것과 같다.

즉, 주어진 거리 $d\ell_E$에서 전위가 최대로 낮아져야 한다:

$$\left.\frac{dV}{d\ell_E}\right|_{max} = \frac{dV|_{max}}{d\ell_E}$$

③ 전위가 최대로 변하는 거리 $d\vec{\ell}_E$의 방향이 전계 $\vec{E}$ 의 방향이 된다.
화살표로 $\vec{E}$ 의 크기와 방향을 표시하였다. 전계는 등전위선에 수직이다.

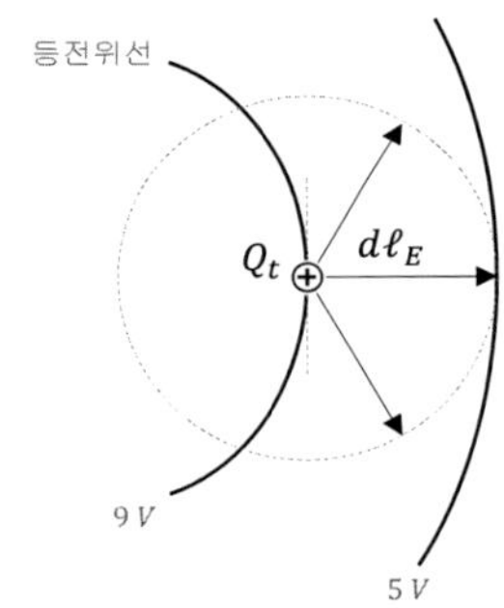

동일한 거리 $d\ell_E$를 움직이면서 전위 변화를 가장 크게 만들려면 등전위선에 수직으로 움직여야 한다.

$$\vec{E} = -\nabla V$$

④ 전위와 전계강도의 관계에 (−)부호가 붙는 이유:
양전하 Q_t 는 $d\vec{\ell}_E$ 방향으로 움직이며 이 방향이 전계강도 $\vec{E}$ 의 방향이다.
하지만 이 방향으로 움직이면 전위는 작아진다. (예, $5\,V - 9\,V = -4\,V$)
따라서 (−)를 붙여서 $\vec{E}$ 를 (+)로 만들어 준다.

Drill 1.4-4

자유공간에서 전위가 다음과 같을 때 점 P에서 체적전하밀도를 계산해보자.

$$V(r,\theta,\phi) = \theta \quad [V]$$

Solution

① $$\vec{E} = -\nabla V = -\left(\frac{\partial V}{\partial r}\hat{r} + \frac{1}{r}\cdot\frac{\partial V}{\partial \theta}\hat{\theta} + \frac{1}{r\sin\theta}\cdot\frac{\partial V}{\partial \phi}\hat{\phi}\right)$$

$$= -\frac{1}{r}\hat{\theta}$$

② $$\vec{D} = \varepsilon\vec{E} = -\frac{\varepsilon}{r}\hat{\theta}$$

③ $$\rho_v = \nabla\bullet\vec{D} = \frac{1}{r^2}\cdot\frac{\partial}{\partial r}(r^2\cdot D_r) + \frac{1}{r\sin\theta}\cdot\frac{\partial}{\partial\theta}(\sin\theta\cdot D_\theta) + \frac{1}{r\sin\theta}\cdot\frac{\partial}{\partial\phi}(D_\phi)$$

$$= \frac{1}{r\sin\theta}\cdot\frac{\partial}{\partial\theta}\left(\sin\theta\cdot\frac{-\varepsilon}{r}\right) = \frac{-\varepsilon\cos\theta}{r^2\sin\theta}$$

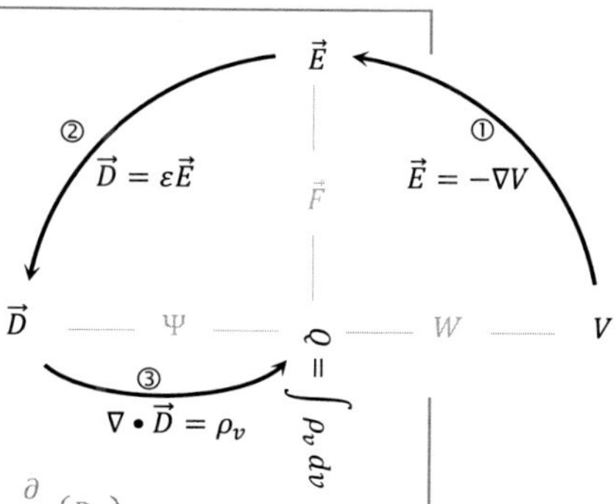

Solution 뒤에 배울 푸아송 방정식을 사용하여 체적전하밀도를 계산해보자.

$$-\frac{\rho_v}{\varepsilon} = \nabla^2 V = \frac{1}{r^2}\frac{\partial}{\partial r}\left(r^2\frac{\partial V}{\partial r}\right) + \frac{1}{r^2\sin\theta}\frac{\partial}{\partial\theta}\left(\sin\theta\frac{\partial V}{\partial\theta}\right) + \frac{1}{r^2\sin^2\theta}\frac{\partial^2 V}{\partial\phi^2}$$

$$= \frac{1}{r^2\sin\theta}\frac{\partial}{\partial\theta}\left(\sin\theta\frac{\partial\theta}{\partial\theta}\right) = \frac{1}{r^2\sin\theta}\cos\theta$$

따라서 다음을 얻는다:

$$\rho_v = -\varepsilon\cdot\frac{\cos\theta}{r^2\sin\theta}$$

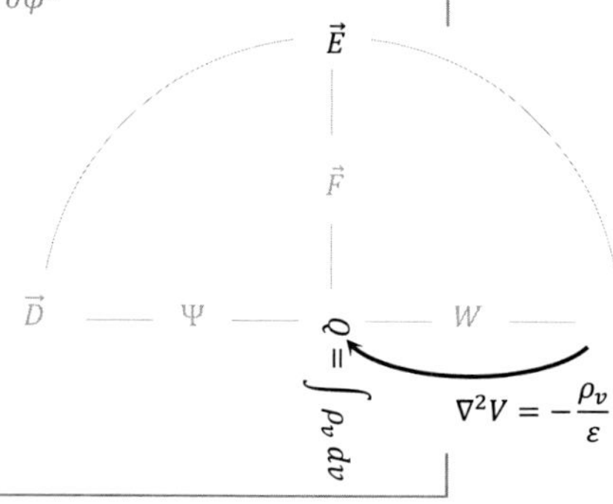

전기 쌍극자, electric dipole

Drill 1.4-5

크기가 같고 부호가 다른 점전하가 d만큼 떨어진 것을 전기 쌍극자라 한다.

전기 쌍극자에 의한 전위와 전계를 계산해보자.

전기 쌍극자: 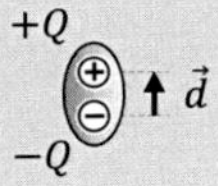

전기 쌍극자 모멘트: $\vec{p} = Q \cdot \vec{d}$ $[C \cdot m]$

Solution

Step ❶ 사용할 공식을 찾는다.

두 개의 점전하가 만드는 전위 이므로 중첩의 원리를 사용한다: $V = \frac{1}{\varepsilon} \cdot \frac{(+Q)}{4\pi \boldsymbol{R_1}} + \frac{1}{\varepsilon} \cdot \frac{(-Q)}{4\pi \boldsymbol{R_2}}$

전계는 전위의 경도를 사용한다: $\vec{E} = -\nabla V$

$V = ?$

$\vec{E} = ?$

Step ❷ 기하학적 정보를 사용하여 식을 완성한다.

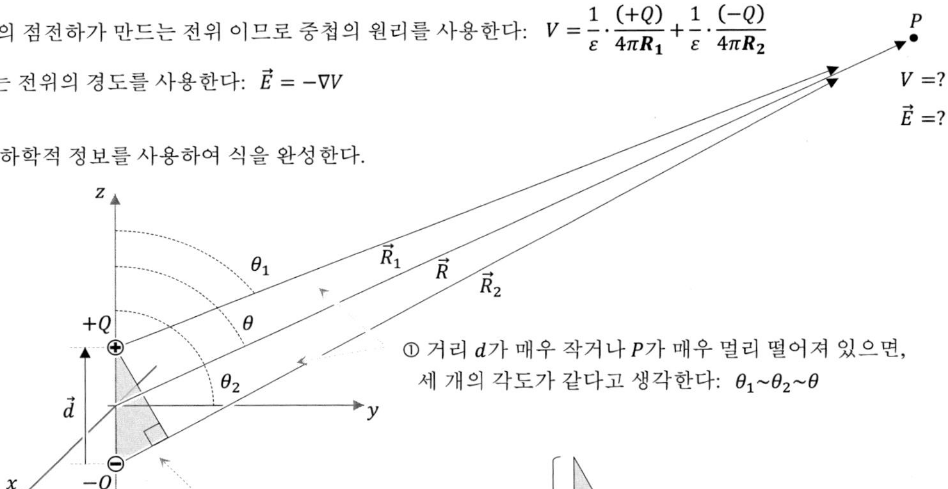

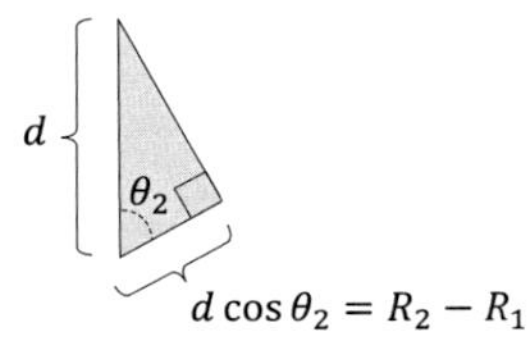

Step ❸ 수학 계산을 하여 답을 구한다.

P에서의 전위는 다음과 같다: $V = \frac{1}{\varepsilon}\frac{(+Q)}{4\pi R_1} + \frac{1}{\varepsilon}\frac{(-Q)}{4\pi R_2} = \frac{1}{\varepsilon}\frac{Q}{4\pi}\frac{(R_2 - R_1)}{R_1 R_2} = \frac{1}{\varepsilon}\frac{Q}{4\pi}\frac{d\cos\theta_2}{R_1 R_2} \sim \frac{Qd\cos\theta}{4\pi\varepsilon R^2}$

$R_1 \sim R_2$ 라고 가정한다.

P에서의 전계강도는 다음과 같다: $\vec{E} = -\nabla V = \frac{1}{\varepsilon}\frac{Qd}{4\pi R^3}\left(2\cos\theta\,\hat{r} + \sin\theta\,\hat{\theta}\right)$

원자나 분자들은 쌍극자일 수 있다.

이 경우 $R \gg d$ 이다. 따라서 왼쪽 예제의 결과를 적용할 수 있다.

전기 쌍극자에 의한 전위:

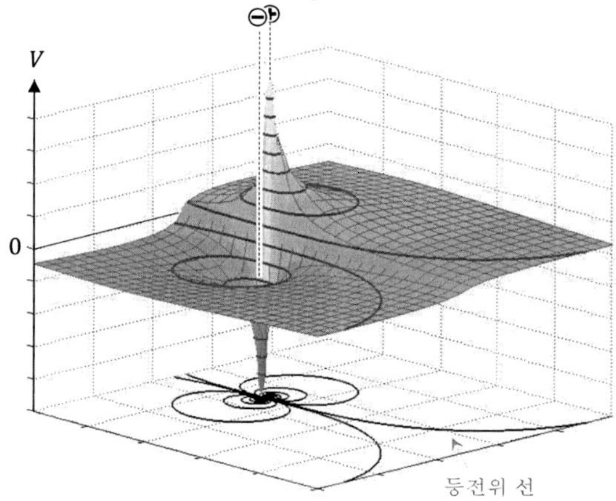

1.4.3 전위와 전하의 관계: 푸아송 방정식

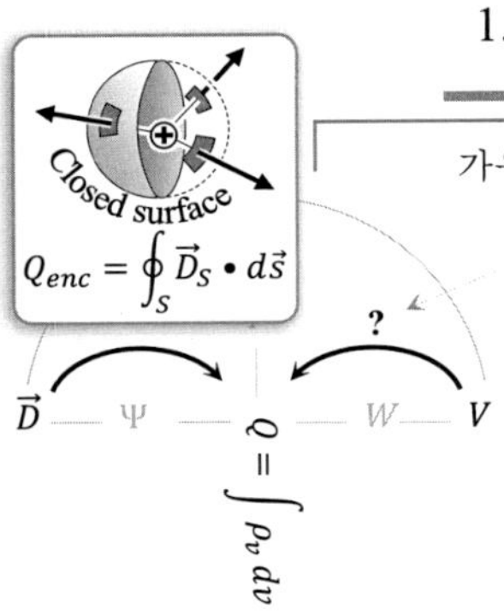

가우스 법칙은 전하와 전속의 관계이다. 전하와 전위의 관계를 만들어보자.

① 가우스 법칙의 미분형은 $\nabla \bullet \vec{D} = \rho_v$

$\vec{D} = \varepsilon\vec{E}$ 이므로

② $\nabla \bullet \vec{E} = \dfrac{\rho_v}{\varepsilon}$

전계와 전위는 관계는 $\vec{E} = -\nabla V$

③ $\nabla \bullet (-\nabla V) = \dfrac{\rho_v}{\varepsilon}$

1)

④ 결과적으로 다음을 얻는다:

한 점에서 전위와 전하의 관계는 $\nabla^2 V = -\dfrac{\rho_v}{\varepsilon}$ 푸아송 방정식 (Poisson's equation)

만약 그 위치에 전하가 없는 경우에는 $\nabla^2 V = 0$ 라플라스 방정식 (Laplace's equation)

이전에는 한 점의 전위는 전계를 만든 모든 전하와 연결되어 있었다:

$$V_A = \frac{1}{\varepsilon} \cdot \frac{\boldsymbol{Q_1}}{4\pi} \cdot \frac{1}{r_A} + \frac{1}{\varepsilon} \cdot \frac{\boldsymbol{Q_2}}{4\pi} \cdot \frac{1}{r_A}$$

p. 46

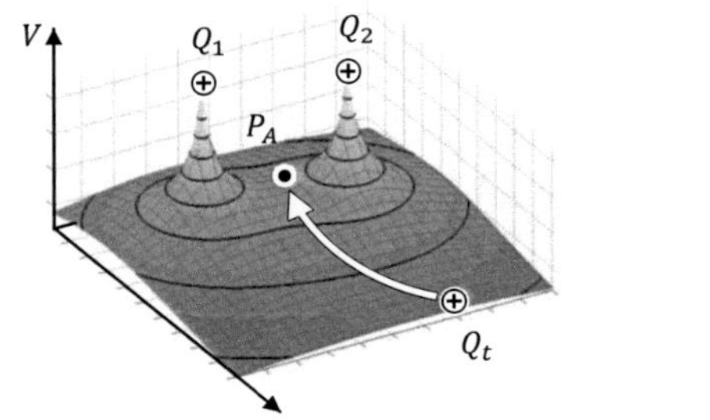

이제 푸아송 또는 라플라스 방정식을 사용하면 한 점의 전위는 그 위치의 전하와만 연결된다:

$$\nabla^2 V = -\frac{\rho_v}{\varepsilon} \quad \text{or} \quad \nabla^2 V = 0$$

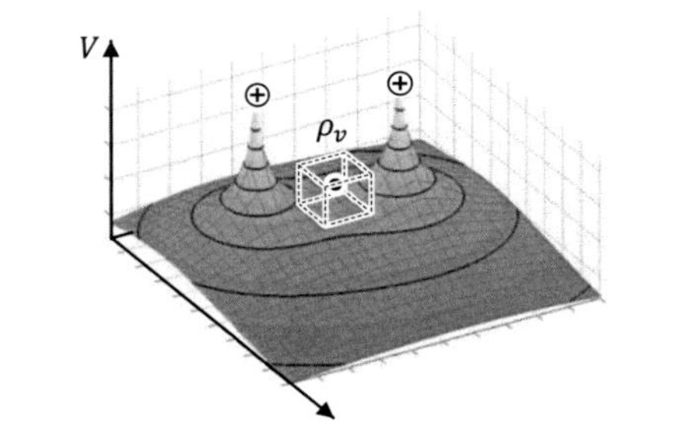

1)
$$\nabla V = \frac{\partial V}{\partial x}\hat{x} + \frac{\partial V}{\partial y}\hat{y} + \frac{\partial V}{\partial z}\hat{z}$$

cf. 발산의 계산방법

$$\nabla \bullet \vec{D} = \nabla \bullet (D_x\hat{x} + D_y\hat{y} + D_z\hat{z}) = \frac{\partial D_x}{\partial x} + \frac{\partial D_y}{\partial y} + \frac{\partial D_z}{\partial z}$$

$$\nabla \bullet (\nabla V) = \frac{\partial}{\partial x}\left(\frac{\partial V}{\partial x}\right) + \frac{\partial}{\partial y}\left(\frac{\partial V}{\partial y}\right) + \frac{\partial}{\partial z}\left(\frac{\partial V}{\partial z}\right)$$

$$= \frac{\partial^2 V}{\partial x^2} + \frac{\partial^2 V}{\partial y^2} + \frac{\partial^2 V}{\partial z^2}$$ ← V를 두 번 미분한다.

$$= \nabla^2 V$$ ← ∇가 두 번 있으므로

우리가 알고 싶은 것은 왼쪽에 쓰고 알고 있는 것은 오른쪽에 쓴다.

$y = 3x^2 + 1$

푸아송 방정식의 사용법과 "the EM map"에서의 위치는 다음과 같다.

❶ 전위(분포)에서 전하(분포)를 구한다: $-\dfrac{\rho_v}{\varepsilon} = \nabla^2 V$

❷ 전하(분포)에서 전위(분포)를 구한다: $\nabla^2 V = -\dfrac{\rho_v}{\varepsilon}$

- ❷–① 수식적으로 계산하는 방법
- ❷–② 컴퓨터를 이용하여 계산하는 방법

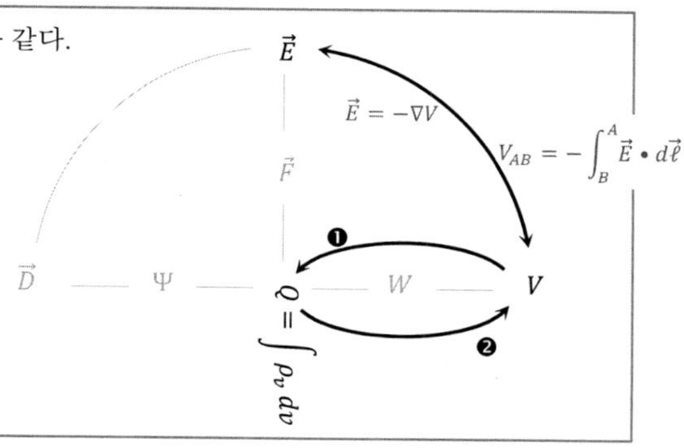

푸아송 방정식의 사용법 ❶: 이전 예제에 푸아송 방정식을 사용해 보자: p. 47
다음과 같이 구의 안과 밖에서 전위를 측정하였을 때 전하의 분포를 구하자.

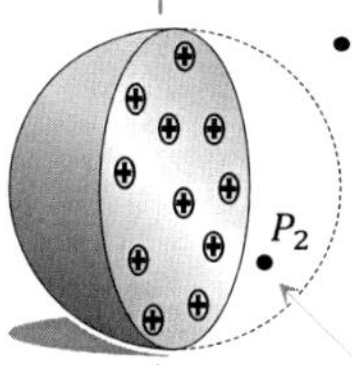

$$V = \frac{1}{\varepsilon_0} \cdot \frac{5 \cdot 10^{-6} \cdot a^3}{3} \cdot \frac{1}{r}$$

❶ $-\dfrac{\rho_v}{\varepsilon} = \nabla^2 V$ 에 적용하면

$-\dfrac{\rho_v}{\varepsilon} = 0$ 이 되고,[3)]

$\rho_v = 0$ 이 된다. 즉, 외부에는 전하가 없다.

$$V = -\frac{1}{\varepsilon} \cdot \frac{5 \cdot 10^{-6}}{6}(r^2 - a^2) + \frac{1}{\varepsilon_0} \cdot \frac{5 \cdot 10^{-6} \cdot a^2}{3}$$

❶ $-\dfrac{\rho_v}{\varepsilon} = \nabla^2 V$ 에 적용하면

$-\dfrac{\rho_v}{\varepsilon} = -\dfrac{1}{\varepsilon} 5 \cdot 10^{-6}$ 이 되므로,[4)]

구 내부의 점 P_2에서 $\rho_v = 5\ \dfrac{\mu C}{m^3}$ 가 되는 것을 알 수 있다.

여기서 구한 체적전하밀도 $\rho_v = 5\,\mu C/m^3$를 이전의 예제에 대입하면 계산이 맞는 것을 확인할 수 있다.

---

3) $V = \dfrac{1}{\varepsilon_0} \cdot \dfrac{5 \cdot 10^{-6} \cdot a^3}{3} \cdot \dfrac{1}{r}$ 는 r 에만 의존적이다. 따라서 θ 와 ϕ 로 미분하면 0이 되므로 $\nabla^2 V$ 계산 시 무시해도 된다.

$$\nabla^2 V = \frac{1}{r^2}\frac{\partial}{\partial r}\left(r^2 \frac{\partial V}{\partial r}\right) + \frac{1}{r^2 \sin\theta}\frac{\partial}{\partial \theta}\left(\sin\theta \frac{\partial V}{\partial \theta}\right) + \frac{1}{r^2 \sin^2\theta}\frac{\partial^2 V}{\partial \phi^2}$$

$$= \frac{1}{r^2}\frac{\partial}{\partial r}\left[r^2 \cdot \frac{\partial}{\partial r}\left(\frac{1}{\varepsilon_0} \cdot \frac{5 \cdot 10^{-6} \cdot a^3}{3} \cdot \frac{1}{r}\right)\right] = \frac{1}{r^2}\frac{\partial}{\partial r}\left(-\frac{1}{\varepsilon_0} \cdot \frac{5 \cdot 10^{-6} \cdot a^3}{3}\right) = 0$$

4) 위와 동일한 방식으로 계산한다. 원래의 V 에서 r 로 미분해서 없어질 것들은 적지 않았다.

$$\nabla^2 V = \frac{1}{r^2}\frac{\partial}{\partial r}\left[r^2 \cdot \frac{\partial}{\partial r}\left(-\frac{1}{\varepsilon} \cdot \frac{5 \cdot 10^{-6}}{6} \cdot r^2\right)\right] = -\frac{1}{\varepsilon} \cdot 5 \cdot 10^{-6}$$

푸아송 방정식의 사용법 ❷–①: 전하(분포)에서 전위(분포)를 수식적으로 구한다. $\nabla^2 V = -\frac{\rho_v}{\varepsilon}$

커패시터는 두 개의 금속 판이 평행하게 배열된 것이다. 다음 그림에서 두 판의 크기가 매우 크거나, 두 판 사이의 거리가 매우 가깝기 때문에 무한 판전하 2개로 간주해도 된다. 이렇게 함으로써 우리는 z 방향만 고려하면 된다.

$V(x,y,z) \rightarrow V(z)$ 이 되고,

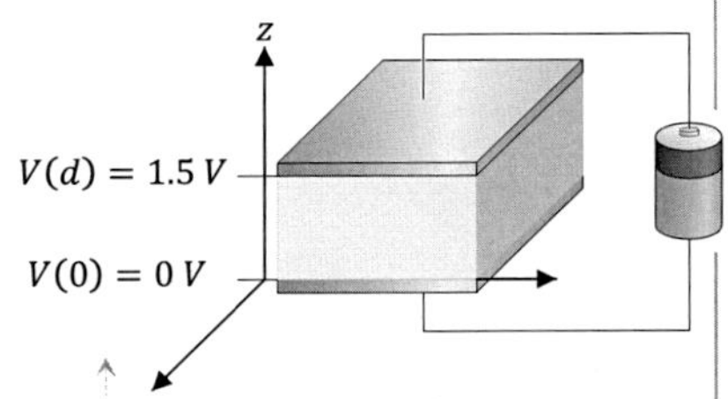

푸아송 방정식은 다음과 같이 간략해 진다[1]:

$$\nabla^2 V = \frac{d^2V(z)}{dz^2} = -\frac{\rho_v(z)}{\varepsilon}$$

유전체가 균일한 물질이라서 체적전하밀도가 상수라고 가정하면 식이 간략해지므로 적분[2]을 할 수 있다.

$$\nabla^2 V = \frac{d^2V(z)}{dz^2} = -\frac{\rho_v}{\varepsilon}$$

한번 적분한 결과는 $\frac{dV}{dz} = -\frac{\rho_v}{\varepsilon}z + C_1$

두 번 적분한 결과는 $V = -\frac{\rho_v}{\varepsilon}\frac{z^2}{2} + C_1 z + C_2$

미지수가 2개 이므로 경계 값 2개가 필요.

이 해를 완성하려면 경계조건(boundary condition)이 필요하다.
유전체가 중성 물질이면 $\rho_v = 0$ 이 되고, 해는 다음과 같다:

$$V = \frac{1.5}{d}z \ [V]$$

결과적으로 다음과 같은 전위분포를 얻게 된다:

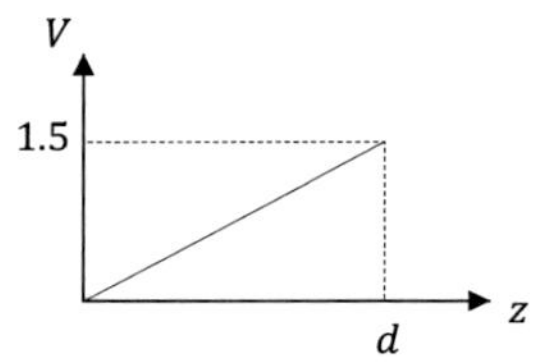

[1] z 에만 의존적이므로 편미분을 쓸 필요가 없다.
- $A(x,y)$를 x에 대해 미분하면 $\frac{\partial A(x,y)}{\partial x} = \frac{\partial A}{\partial x}$
- $B(x)$를 x에 대해 미분하면 $\frac{dB(x)}{dx} = \frac{dB}{dx}$

[2] 양변을 적분하면:

$$\int \frac{d^2V}{dz^2}dz = \int -\frac{\rho_v}{\varepsilon}dz$$

$$\int \frac{d}{dz}\left(\frac{dV}{dz}\right)dz = \frac{d}{dz}\left[\int\left(\frac{dV}{dz}\right)dz\right] = \frac{d}{dz}\int dV = \frac{d}{dz}V$$

푸아송 방정식의 사용법 ❷-②: 전하(분포)에서 전위(분포)를 수치해석법으로 구한다.

$\nabla^2 V = -\dfrac{\rho_v}{\varepsilon}$ 를 컴퓨터 프로그램으로 작성하여 전위를 계산할 수 있도록 변형해야 한다.

왼쪽 문제와 동일하게 전위는 z에만 의존적인 것으로 생각하자.

일반적인 전위의 분포에서

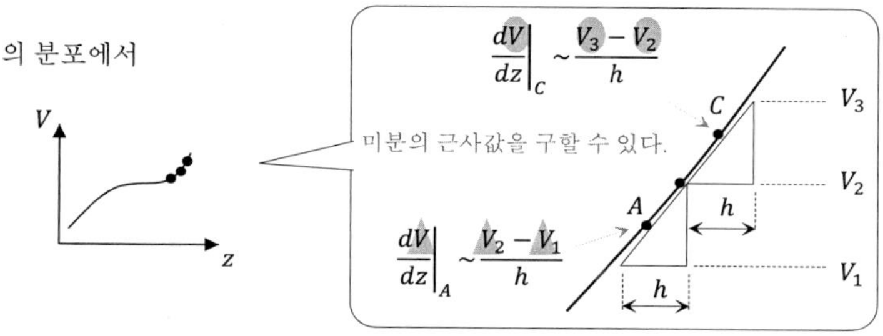

위의 결과로부터 2차 미분은 다음과 같이 근사값을 구할 수 있다.

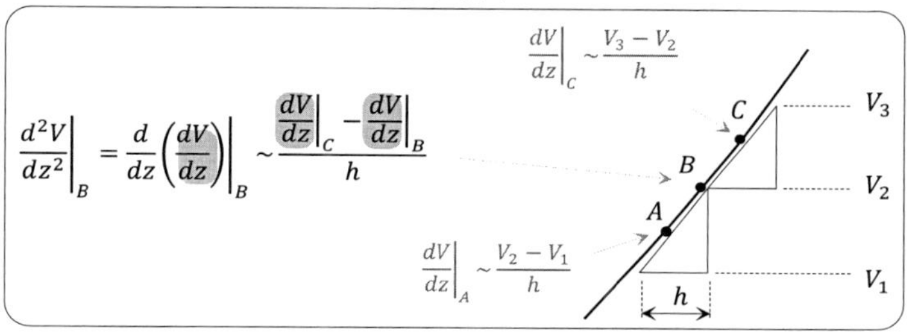

A와 C점의 근사값을 대입하면 $\nabla^2 V = -\dfrac{\rho_v}{\varepsilon}$ ⇨ $\left.\dfrac{d^2V}{dz^2}\right|_B = \dfrac{V_3 - 2V_2 + V_1}{h^2} = -\dfrac{\rho_v}{\varepsilon}$

우리는 점 B에서의 전위를 알고 싶으므로 $V_2 = \dfrac{1}{2}\left(\dfrac{\rho_v}{\varepsilon}h^2 + V_3 + V_1\right)$

체적전하밀도가 없는 라플라스 방정식의 경우 $V_2 = \dfrac{1}{2}(V_3 + V_1)$

V_1과 V_3은 전위를 구하려는 점과 이웃하는 점들이다.

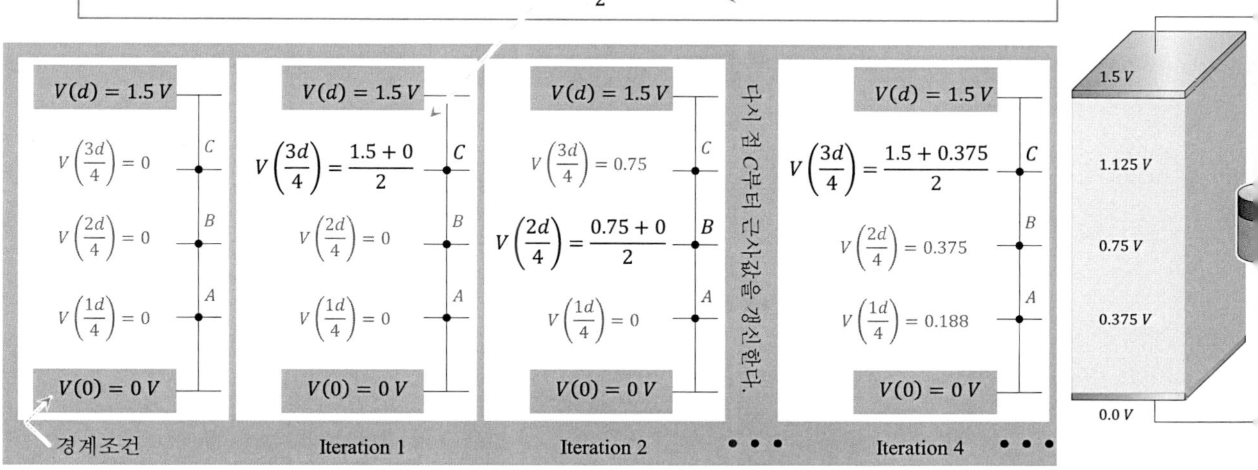

계산을 더 할 수록 각 점의 근사값이 일정한 값에 수렴하게 된다. 더 많은 계산 점들을 사용할 수록 계산은 더 정확해진다.

Summary

① Q_1 이 정전계 E 를 형성한다.

② 시험전하 Q_t 또는 Q_2 를 움직이는데 에너지 W가 필요하다.

$$W_{AB} = -Q_2 \int_B^A \vec{E} \bullet d\vec{\ell}$$

③ 총 경로 L을 움직이는데 필요한 에너지 W를 Q_t 로 나눈 밀도를 전위차 V라고 한다. 점전하로 Q_1 부터 무한히 떨어진 위치의 전위를 $0\,V$로 설정하고, 이 위치를 기준으로 절대 전위를 사용한다.

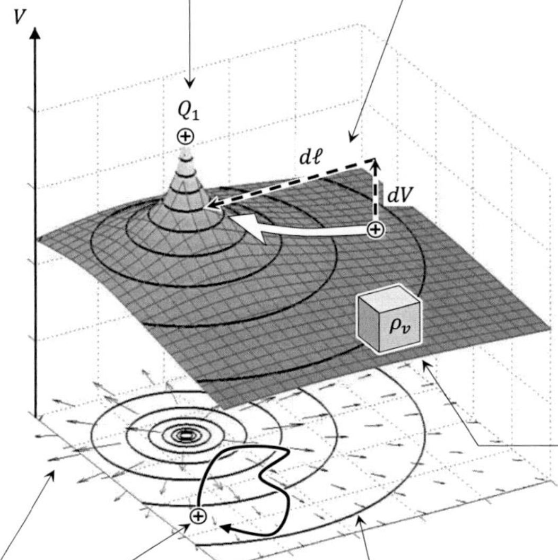

$$V_{AB} = \frac{W_{AB}}{Q_2} \quad \&$$

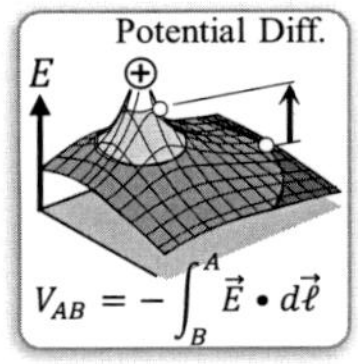

⑦ 푸아송 또는 라플라스 방정식은 한 지점의 전위와 전하밀도를 연결시켜준다. $\nabla^2 V = -\frac{\rho_v}{\varepsilon}$ or $\nabla^2 V = 0$

④ 전위가 같은 지점들 묶은 것을 등전위선 또는 등전위면이라 한다.

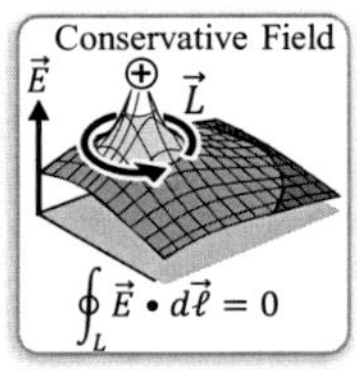

⑤ 정전계 내에서 Q_t 를 움직일 때 제자리로 돌아오면 총 소비된 에너지는 $0\,J$ 이다.

⑥ 각 위치에서 전계강도 $\vec{E}$ 를 화살표로 표시하였다. $\vec{E}$ 의 방향은 등전위선에 수직이다.

The EM map

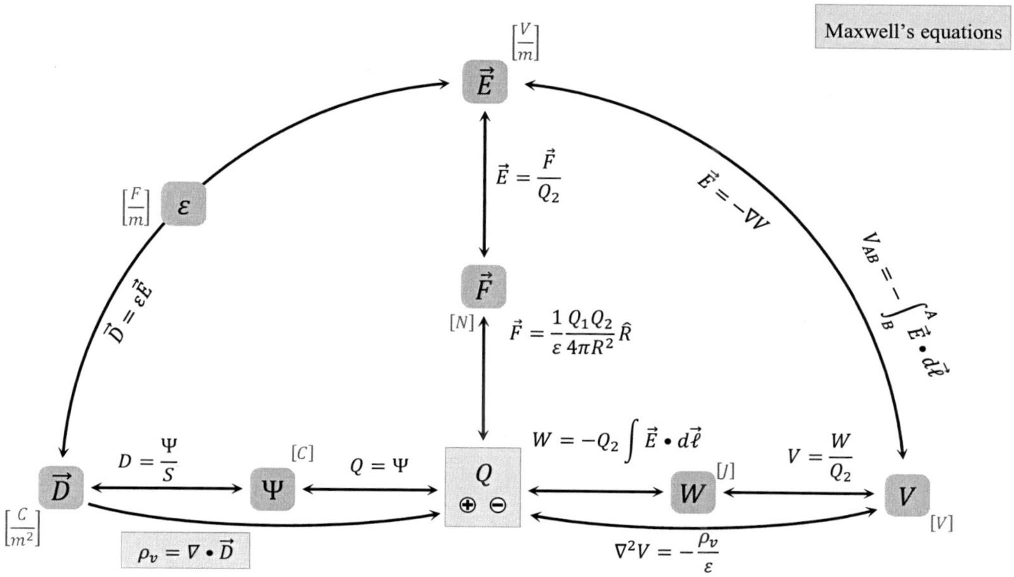
Maxwell's equations
$\left[\frac{V}{m}\right]$
$\vec{E}$
$\vec{E} = \frac{\vec{F}}{Q_2}$
$\left[\frac{F}{m}\right]$
ε
$\vec{E} = -\nabla V$
$V_{AB} = -\int_B^A \vec{E} \bullet d\vec{\ell}$
$\vec{D} = \varepsilon\vec{E}$
$\vec{F}$
$[N]$
$\vec{F} = \frac{1}{\varepsilon}\frac{Q_1 Q_2}{4\pi R^2}\hat{R}$
$D = \frac{\Psi}{S}$
$[C]$
$Q = \Psi$
$W = -Q_2 \int \vec{E} \bullet d\vec{\ell}$
$[J]$
$V = \frac{W}{Q_2}$
$\vec{D}$
Ψ
Q
⊕ ⊖
W
V
$\left[\frac{C}{m^2}\right]$
$[V]$
$\rho_v = \nabla \bullet \vec{D}$
$\nabla^2 V = -\frac{\rho_v}{\varepsilon}$

1.5 전계에 반응하는 물질들

p. 58

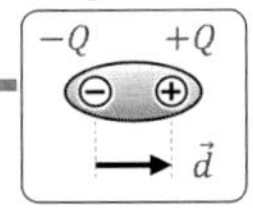

전계에 반응하려면 물질(매질)을 구성하는 원자나 분자가 **쌍극자**여야 한다: $\vec{p} = Q \cdot \vec{d}$

Case ❶ 전자분극 (electronic polarization)

전자운(cloud)과 핵의 중심은 같다.

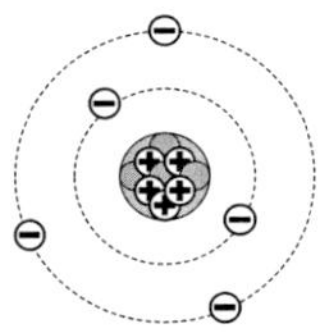

외부 전계 $\vec{E}_{ex}$ 에 의해 전자운의 중심이 이동한다.

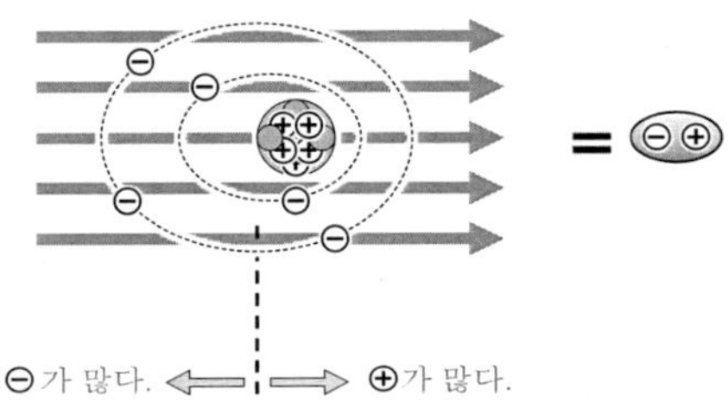

Case ❷ 배향분극 (orientation polarization)

평상시에 극성. 예) 물 분자 H_2O

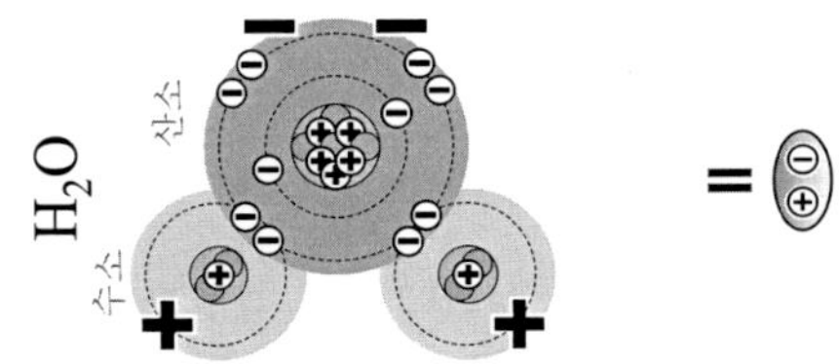

외부 전계 $\vec{E}_{ex}$ 에 의해 $\vec{E}_{ex}$ 방향으로 회전된다.

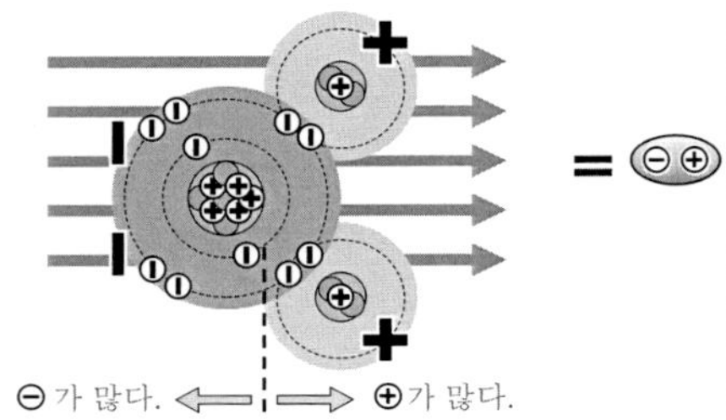

Case ❸ 이온분극 (ionic polarization)

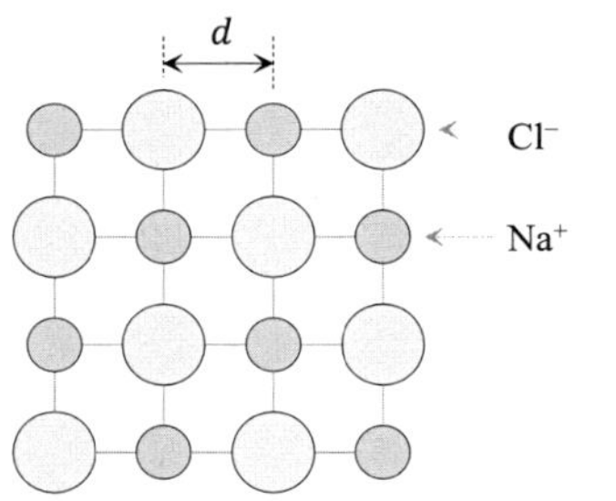

외부 전계 $\vec{E}_{ex}$ 에 의해 이온 간 거리가 변한다.

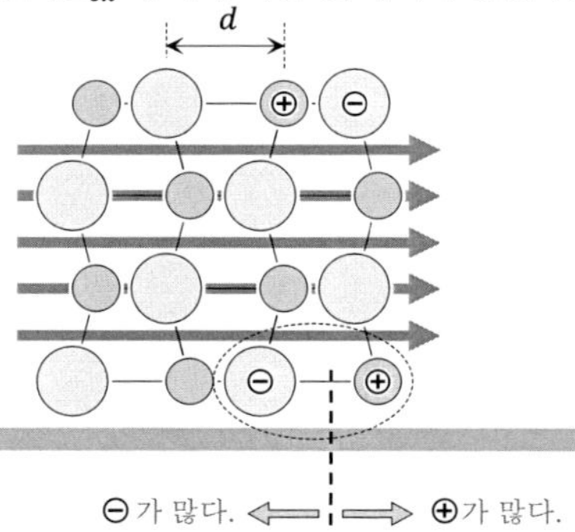

전기 쌍극자는 전속을 생성한 만큼 소멸한다.

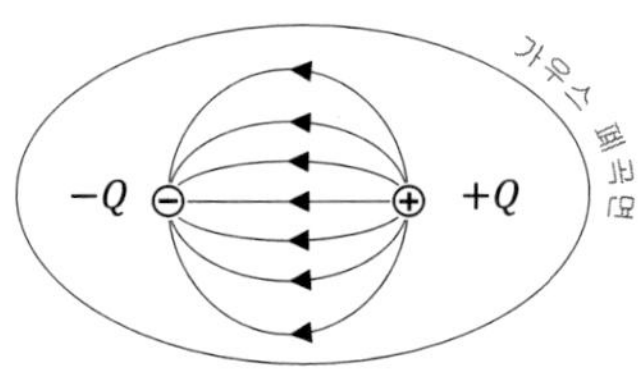

가우스 법칙을 적용하면 $\oint_S \vec{D} \cdot d\vec{s} = 0$

외부 전계 내에서,

쌍극자로 인해 전속이 줄어들어 보인다.

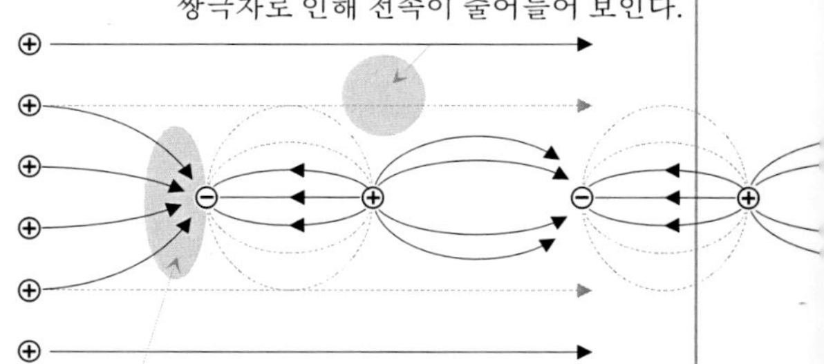

쌍극자로 인해 전속이 응집된다.

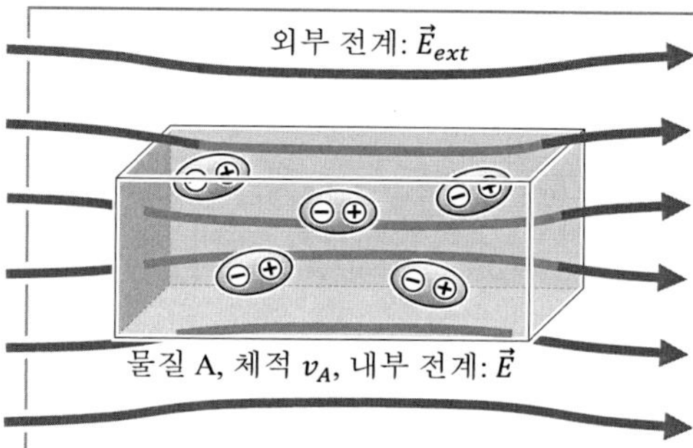

외부 전계에 의해 물질 A는 (유도된) 쌍극자이며,

(결과)

유도된 쌍극자의 정도(강도)는 ③ $\vec{P} = \dfrac{\sum \vec{p}}{v_A}$

$= \varepsilon_0 \chi_e \vec{E}$ (원인)

- 비례상수 χ_e 는 전화율 (electric susceptibility)
- $\vec{P}$은 분극 (polarization)
- 외부 전계와 내부 전계의 관계는 다음 장 참조 (경계조건)

물질 A의 **내부**에서의 전속밀도 $\vec{D}$ 를 계산해보자.

① 전계 $\vec{E}$: 직접적인 원인

② $\vec{E}$ 에 유전체가 반응하여 유도된 전계

$$\vec{D} = \varepsilon_0 \vec{E} + \vec{P}$$

③

$$= \varepsilon_0 \vec{E} + \varepsilon_0 \chi_e \vec{E} = \varepsilon_0 (1 + \chi_e) \vec{E}$$

$$= \varepsilon_0 \varepsilon_r \vec{E} = \varepsilon \vec{E}$$

여기서 ε_r은 비유전율 (relative permittivity)

따라서 전계강도와 전속밀도의 관계는 다음과 같다:

$$\begin{cases} \vec{D} = \varepsilon \vec{E} = \varepsilon_0 \varepsilon_r \vec{E} \\ \varepsilon_r = 1 + \chi_e = \dfrac{\varepsilon}{\varepsilon_0} \end{cases}$$

③ 물질이 균일하다고 가정하기 위해 실제로 분극은 극한의 개념을 사용한다: $\vec{P} = \lim_{\Delta v_A \to 0} \dfrac{\sum \vec{p}}{\Delta v_A}$

유전체의 종류

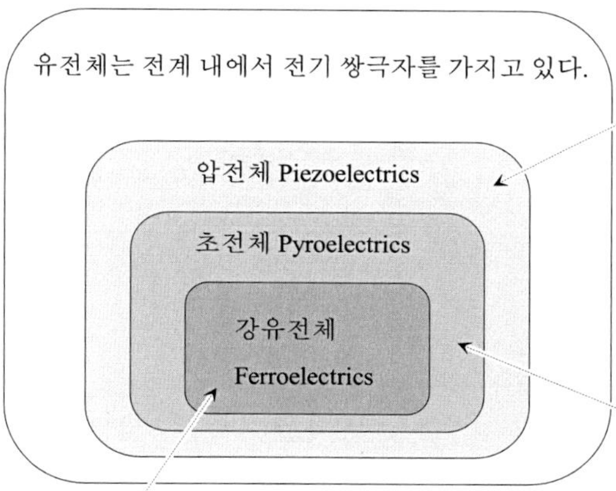

기계적 에너지 ↔ 전기 에너지 변환이 발생한다.

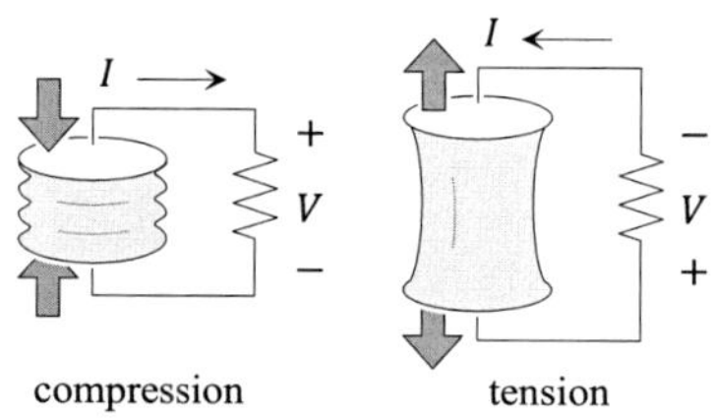

온도를 변화시키면 표면에 전위차가 발생

외부 전계가 없어도 쌍극자가 배열되어 스스로 분극을 만든다.

이 스스로 배열된 분극을 외부 전계에 의해 변화시킬 수 있다. 히스테리시스를 보인다. p. 116

1.5.1 물질들 사이의 경계조건

균일한 매질 안에서 전계는 감쇠와 같은 변화를 받는다.
이 변화의 특성은 매질 안에서 균일하다.
예) 빛이 진행하면서 강도에 감쇠가 발생한다.

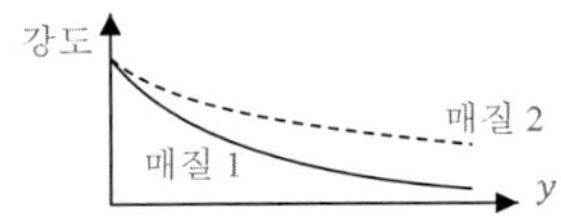

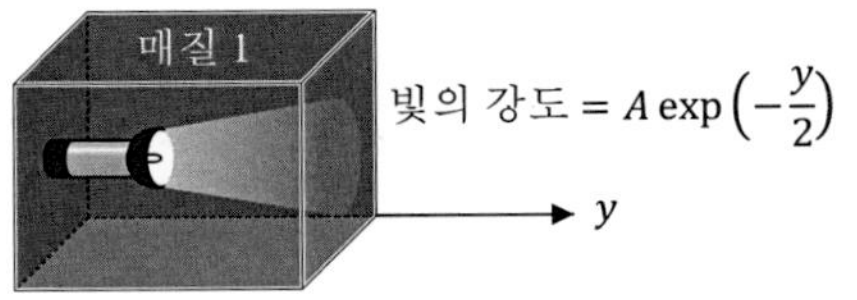

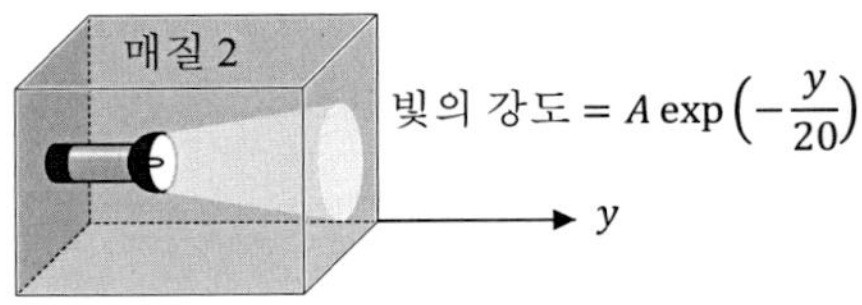

매질이 **다르면** 계는 다른 특성을 보인다.
예) 매질 2에서 감쇠는 별로 발생하지 않는다.

따라서, 계가 다른 매질로 들어가면 **경계**에서 변화가 발생한다.

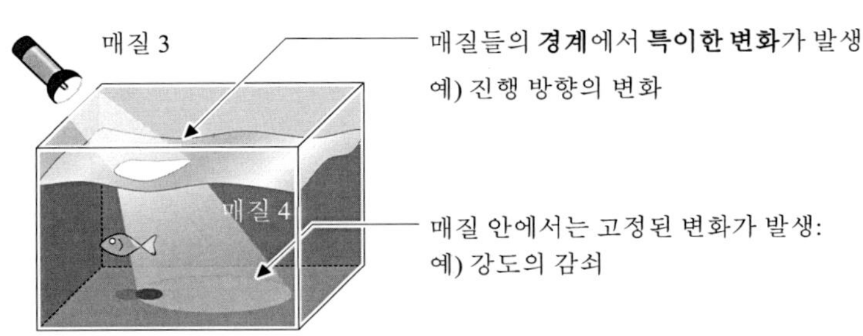

매질들의 경계를 지나는 계가 지켜야 할 조건을 **경계조건**이라 한다.
경계조건을 결정하기 위해서 ❶가우스의 법칙과 ❷보존계의 성질을 사용한다.

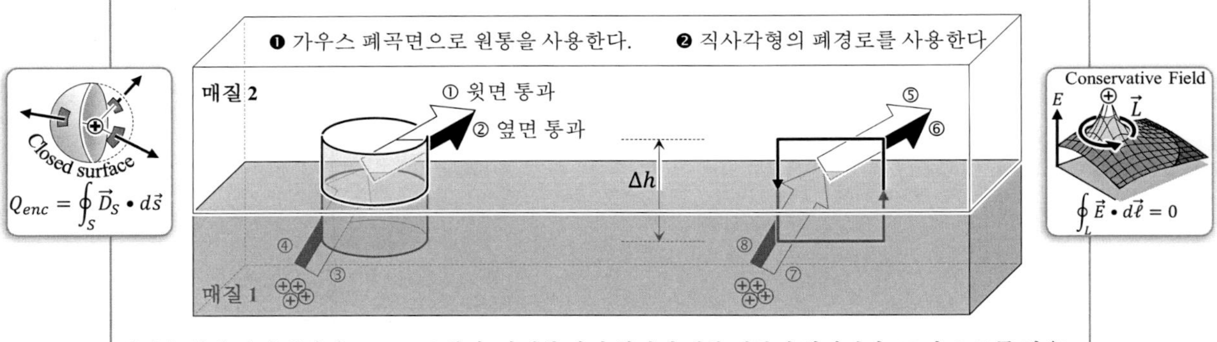

계산을 쉽게 하기 위하여 $\Delta h \to 0$로 한다. 아래와 같이 옆면에 대한 계산이 없어진다. (❶과 ❷ 모두 적용)

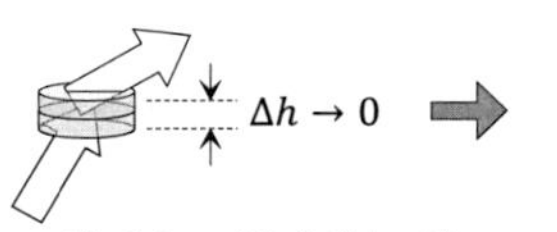

$$Q_{enc} = \oint_S \vec{D}_S \bullet d\vec{s} = \overset{①}{\int_{top} \vec{D} \bullet d\vec{s}} + \overset{②}{\int_{upper\ side} \vec{D} \bullet d\vec{s}} + \overset{③}{\int_{bottom} \vec{D} \bullet d\vec{s}} + \overset{④}{\int_{lower\ side} \vec{D} \bullet d\vec{s}}$$

옆면으로 통과하는 양 ~ 0

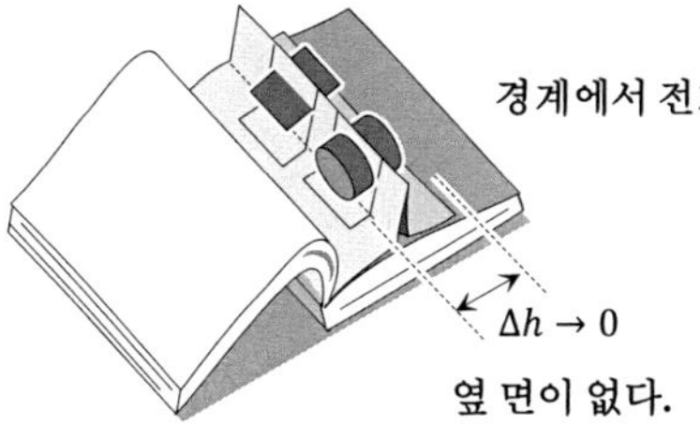

경계에서 전계의 변화를 알아보기 위하여...

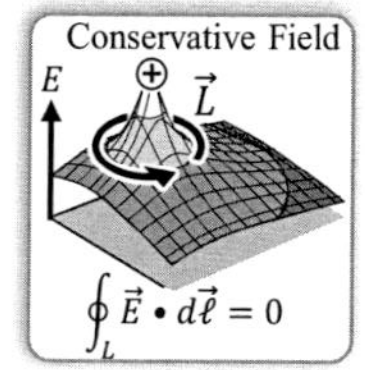

❶ 가우스 법칙을 적용한다:

$$Q_{enc} = \oint_S \vec{D}_S \bullet d\vec{s} = \overset{①}{\int_{top} \vec{D}_2 \bullet d\vec{s}_2} + \overset{③}{\int_{bottom} \vec{D}_1 \bullet d\vec{s}_1}$$

❷ 전계의 보존성을 적용한다.

$$0 = \oint_L \vec{E} \bullet d\vec{\ell} = \overset{⑤}{\int_{top} \vec{E}_2 \bullet d\vec{\ell}_2} + \overset{⑦}{\int_{bottom} \vec{E}_1 \bullet d\vec{\ell}_1}$$

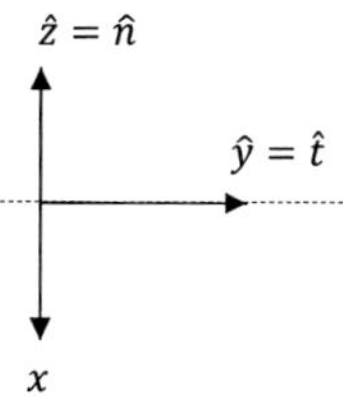

경계면에 전하가 있는 것으로 가정하고 계산한다. $\Delta h \to 0$ 이므로 각 매질 안의 전하는 이 계산에 포함되지 않는다.

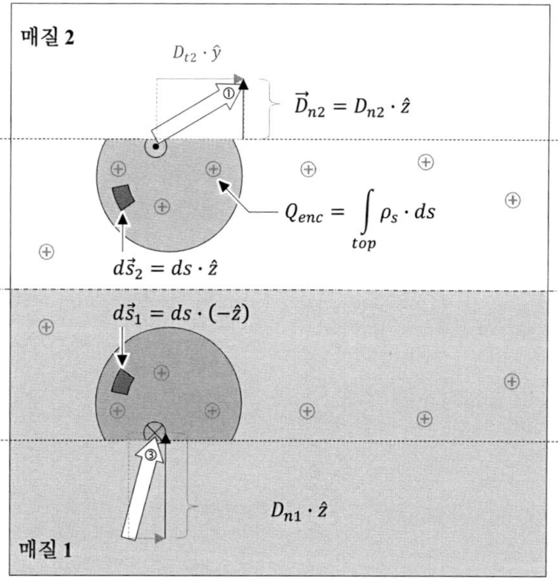

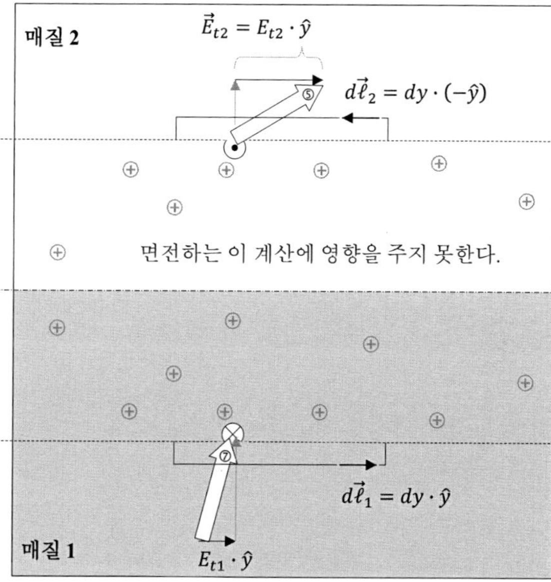

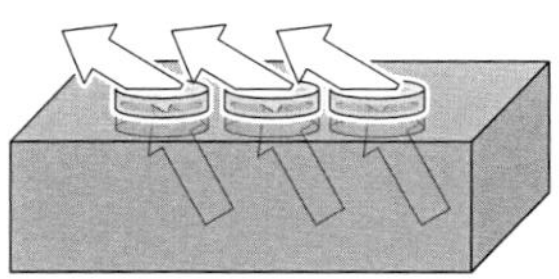

모든 계에 대해서 극히 작은 표면들을 적용한 것 중 하나를 보여준다.

① $\vec{D}_2 \bullet d\vec{s}_2 = (D_{t2} \cdot \hat{y} + D_{n2} \cdot \hat{z}) \bullet (ds_2 \cdot \hat{z}) = D_{n2} \cdot ds$

③ $\vec{D}_1 \bullet d\vec{s}_1 = (D_{t1} \cdot \hat{y} + D_{n1} \cdot \hat{z}) \bullet [ds_1 \cdot (-\hat{z})] = -D_{n1} \cdot ds$

가우스 법칙을 계산하면,

$$\int_{top} \rho_s \cdot ds = \int_{top} (\overset{①}{D_{n2}} - \overset{③}{D_{n1}})\, ds$$

결과로 다음의 관계식을 얻는다: $\rho_s = D_{n2} - D_{n1}$

⑤ $\vec{E}_2 \bullet d\vec{\ell}_2 = (E_{t2} \cdot \hat{y}) \bullet [dy \cdot (-\hat{y})] = -E_{t2} \cdot dy$

⑦ $\vec{E}_1 \bullet d\vec{\ell}_1 = (E_{t1} \cdot \hat{y}) \bullet (dy \cdot \hat{y}) = E_{t1} \cdot dy$

전계의 보존성을 계산하면,

$$0 = \int_{top} (\overset{⑤}{-E_{t2}} + \overset{⑦}{E_{t1}})\, dy$$

결과로 다음의 관계식을 얻는다: $E_{t2} = E_{t1}$

Drill 1.5-1

대기 중에서 발생한 전계가 유리 안에서 어떻게 되는지 계산해보자.
유리의 표면에는 $\rho_s = 8.854 \times 10^{-12}\ C/m^2$만큼의 면전하 밀도가 존재한다.

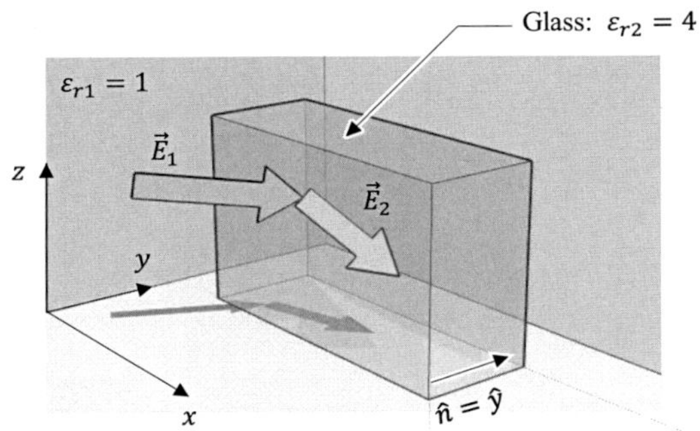

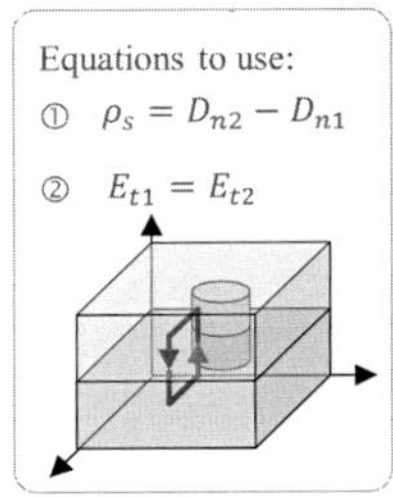

$\vec{E}_1 = 2\hat{x} + 3\hat{y} - 4\hat{z}\ \frac{V}{m}$ 일 때 $\boldsymbol{\vec{E}_2} = ?$

Solution

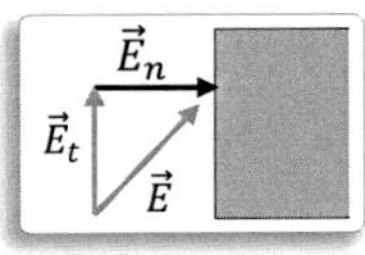

$\hat{n} = \hat{y} = (0,1,0)$

Step ❶: Normal components

① $E_{n1} = \vec{E}_1 \bullet \hat{n} = (2,3,-4) \bullet (0,1,0) = 3$

$\vec{E}_{n1} = E_{n1} \cdot \hat{n} = 3\hat{y}$

$\vec{D}_{n1} = \varepsilon_1 \vec{E}_{n1} = 1 \cdot \varepsilon_0 \cdot 3\hat{y}$

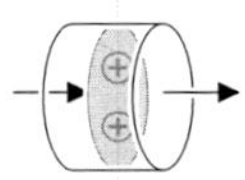

$\rho_s = 8.854 \times 10^{-12}\ C/m^2 = \varepsilon_0\ C/m^2$

② $D_{n2} = \rho_s + D_{n1} = \varepsilon_0 + 3\varepsilon_0$

$\vec{E}_{n2} = \frac{D_{n2}}{\varepsilon_2}\hat{n} = \frac{4}{4}\hat{y} = \hat{y}$

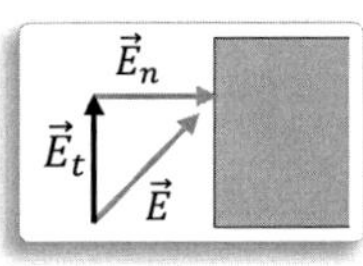

Step ❷: Parallel (tangential) components

③ $\vec{E}_{t1} = \vec{E}_1 - \vec{E}_{n1}$

$= (2,3,-4) - (0,3,0) = (2,0,-4)$

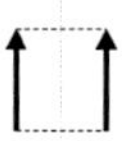

④ $\vec{E}_{t2} = \vec{E}_{t1} = (2,0,-4)$

$\therefore \vec{E}_2 = \vec{E}_{n2} + \vec{E}_{t2} = (0,1,0) + (2,0,-4) = \mathbf{(2,1,-4)}\ \frac{V}{m}$

전하들이 정지하는데 걸리는 시간은 p. 137 참조

도체 안에서 전자들을 자유롭게 움직일 수 있다.

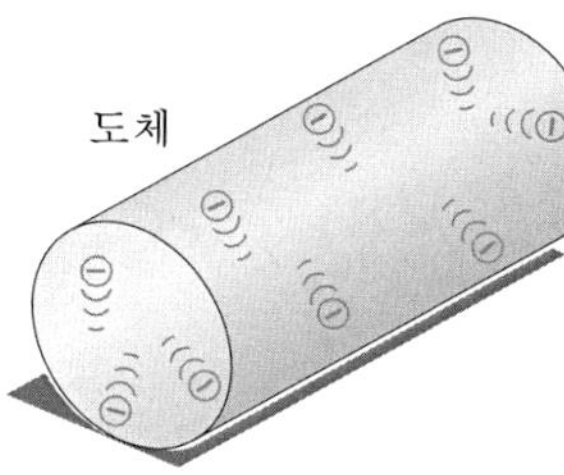

쿨롱의 힘에 의한 반발력으로 전하들은 서로에게서 멀어지는 쪽으로 움직인다.

일정 시간이 지나면 전자들은 **표면**으로 밀려나고 더 이상 움직이지 않는다.

이제 도체 내부에 전계는 없어진다.

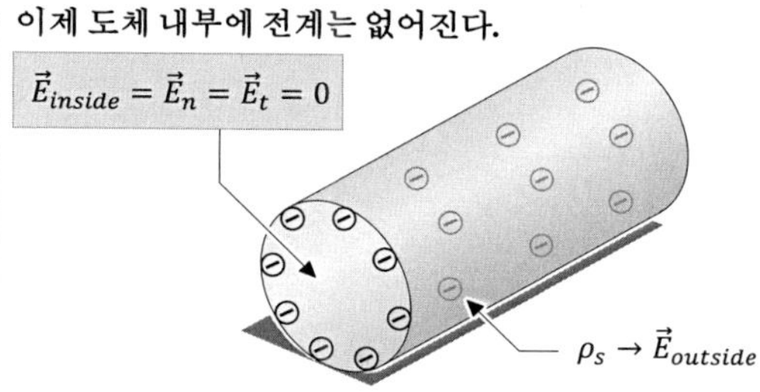

표면전하는 도체 외부에만 전계를 만든다. **만약 도체 내부에 전계를 만들면 전하가 다시 움직이게 되어 모순이 생긴다. (1장은 전하들이 정지한 정전계를 대상으로 한다.)**

가상전하, 영상전하, image charge: 도체의 근처에 점전하가 있는 경우를 살펴보자.

① 도체의 표면에는 음전하가 유도된다.

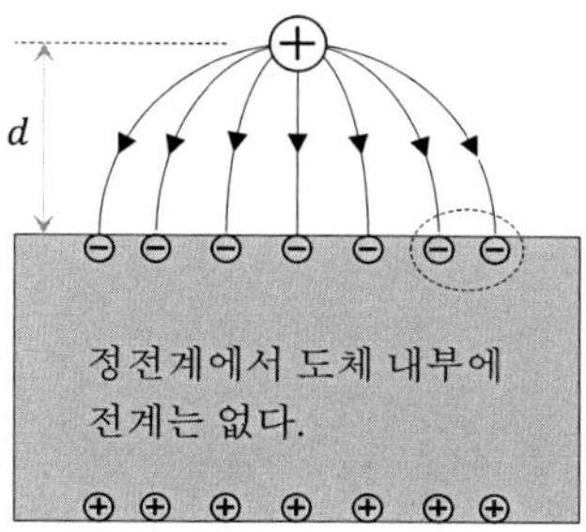

② 양전하는 반대쪽으로 밀려난다.
도체의 아래쪽은 고려 대상이 아니다.

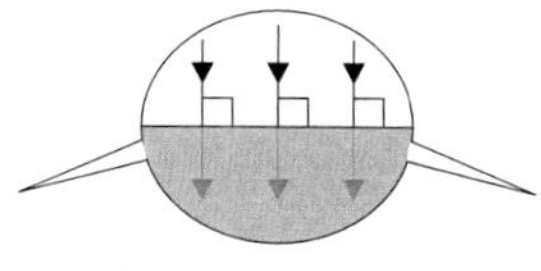

③ 도체의 표면에서 전계는 면과 **수직**이다. 만약 수평으로 전계가 있으면 전하가 움직이는 모순이 생긴다.

④ 왼쪽은 아래의 상황과 동일하다.

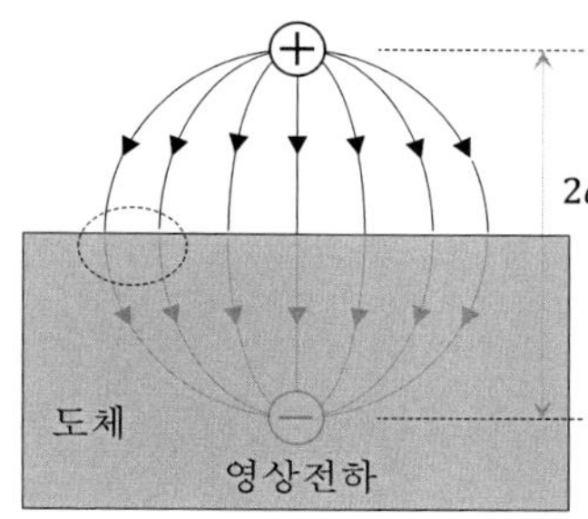

⑤ 도체가 존재하면 가상의 전하를 도체 내부에 만들어 주어야 한다.

따라서, 도체가 주변에 존재할 때는 영상전하를 만들고 추가적인 전계를 계산에 포함해야 한다.

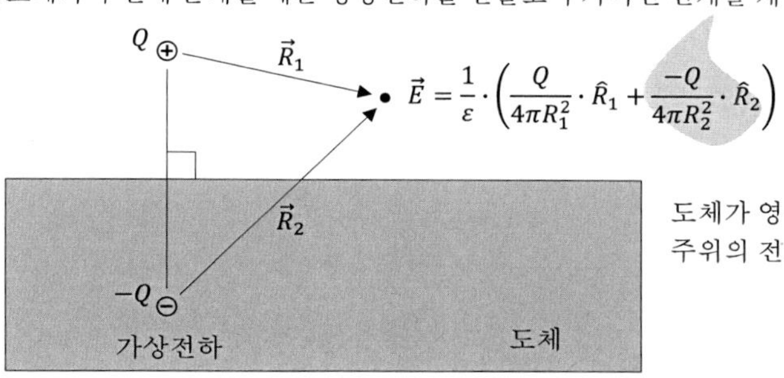

도체가 영상전하를 만들어 주위의 전계에 영향을 준다.

Drill 1.5-2 도체 표면에 존재하는 전하로 인해 대기 중에서 발생하는 전계 $\vec{D}_1$를 계산해보자. 도체의 표면에는 $\rho_s = 5 \times 10^{-9}\ C/m^2$만큼의 면전하 밀도가 존재한다.

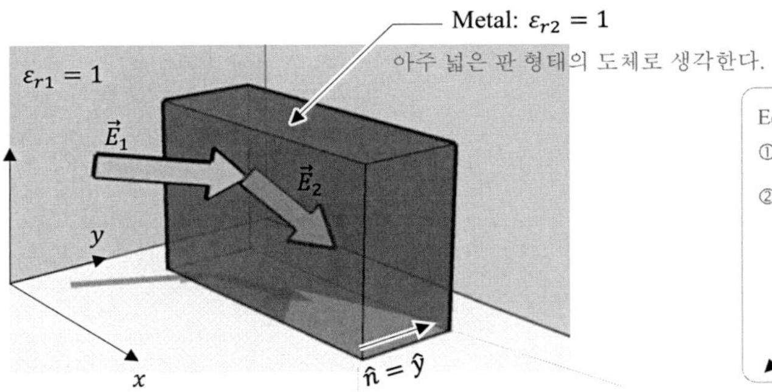

Equations to use:

① $\rho_s = D_{n2} - D_{n1}$

② $E_{t1} = E_{t2}$

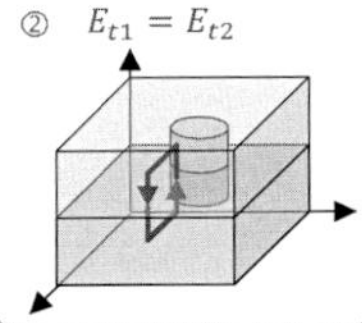

$\vec{D}_1 = ?$

Solution

도체의 내부에서 $\vec{E}_{inside} = 0$

Step ❶: Normal components

① $E_{n2} = 0$ 이므로

$D_{n2} = 0$ 이 된다.

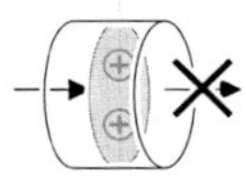

② $D_{n1} = -\rho_s = -5 \times 10^{-9}\ \dfrac{C}{m^2}$

$\vec{D}_{n1} = -5 \times 10^{-9}\,\hat{y}$

Step ❷: Parallel components

③ $E_{t2} = 0$ 이므로

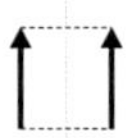

④ $E_{t1} = E_{t2} = 0$

$D_{t1} = 0$

$\therefore \vec{D}_1 = \vec{D}_{n1} + \vec{D}_{t1} = (0, -5 \times 10^{-9}, 0)\ \dfrac{C}{m^2}$

유전체와 도체의 차이점

유전체와 도체에 전계를 인가하면 유전체의 쌍극자와 도체 내부의 자유전자들이 반응을 한다.

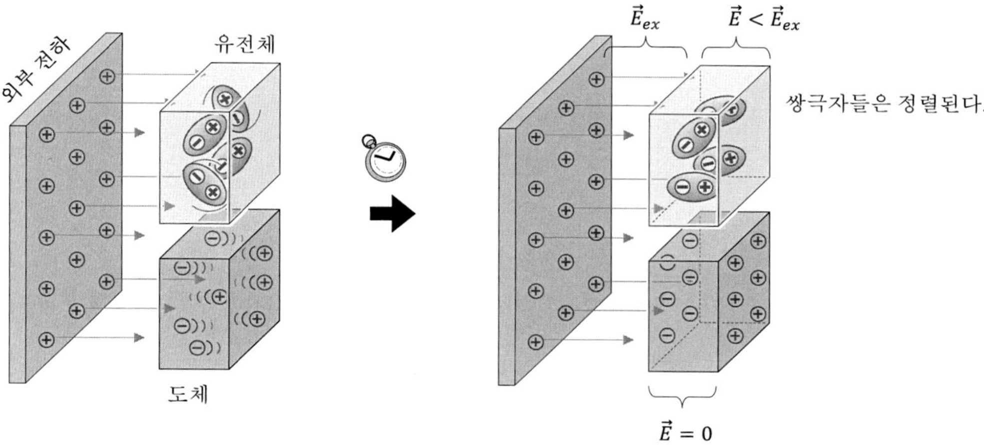

도체 내부의 전계는 없다.
전기력선이 도체를 투과하지 못하게 한다.

1.5.2 커패시턴스

양전하들이 왼쪽 도체에 음전하를 유도한다.

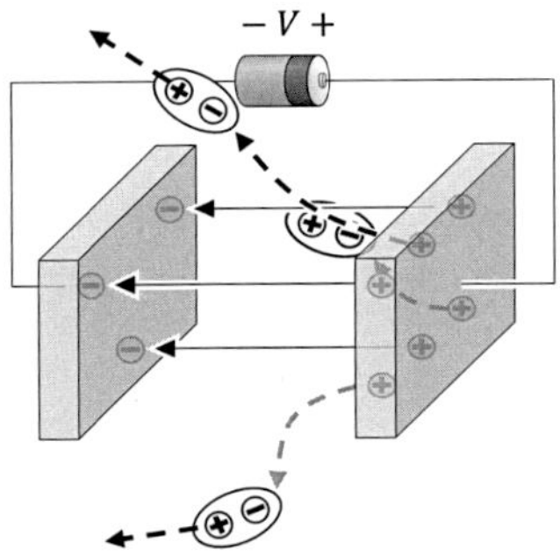

도체 사이의 거리가 멀어서 전계의 일부가 외부로 소실된다.

두 도체 사이에 유전체를 넣으면,
유전체 내의 쌍극자가 양전하에 더 가까워진다.

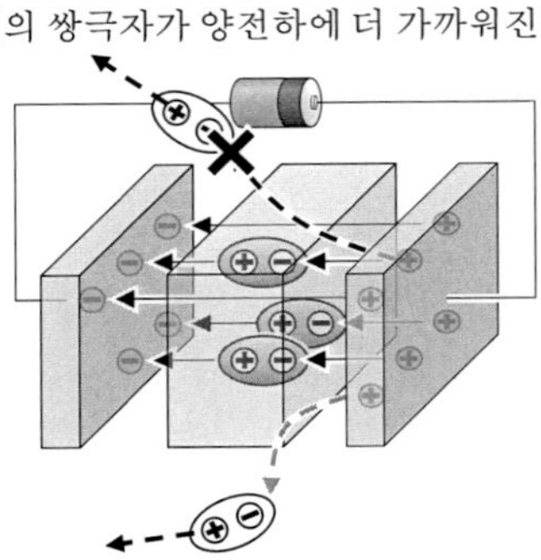

전속의 손실이 줄어들어서 왼쪽 도체에 더 많은 음전하가 유도된다.

유전율이 높을수록 더 많은 음전하가 유도된다.
(전기 쌍극자가 많을수록)

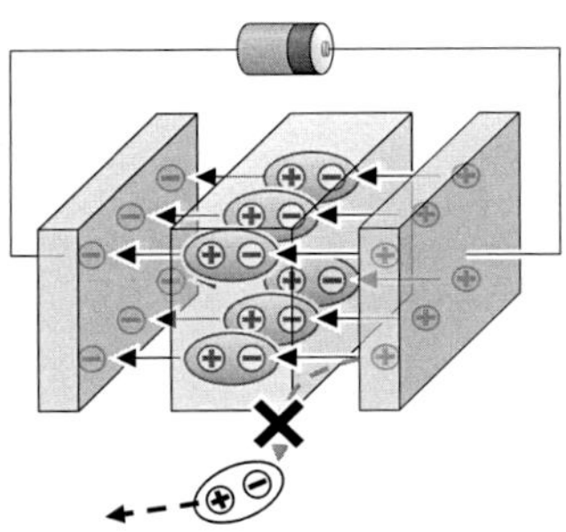

쌍극자가 전속의 징검다리 역할을 해준다.

실제의 경우 유전체는 도체에 접하게 만들며,
수 많은 전기 쌍극자가 고르게 분포되어 있다.

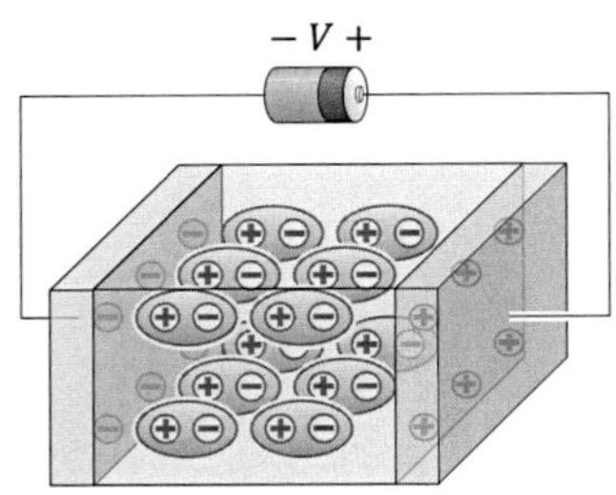

전기회로에서 이렇게 전하를 모으는 장치를 **커패시터**라고 한다.

쌍극자의 영향력이 커질수록 주어진 전압 V를 사용하여 더 많은 전하를 모을 수 있게 된다.
따라서 커패시터의 성능 특성을 **커패시턴스 C** 를 다음과 같이 정의하자:

$$C = \frac{Q}{V} \ [F]$$

단위 F는 "farad" 라 읽는다.

두 면전하들 사이의 전계강도는 p. 15

커패시터가 만드는 전속밀도는 p. 33

일반 커패시터의 커패시턴스를 계산해보자. 무한 판전하에 의한 전속밀도는 $\vec{D} = \frac{\rho_s}{2}\hat{n}$ 이므로,

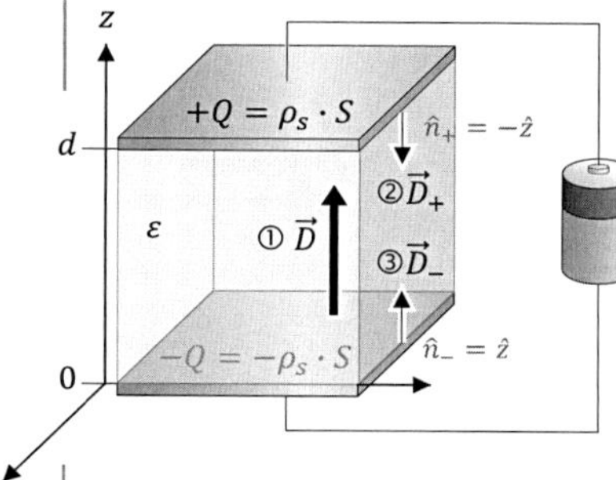

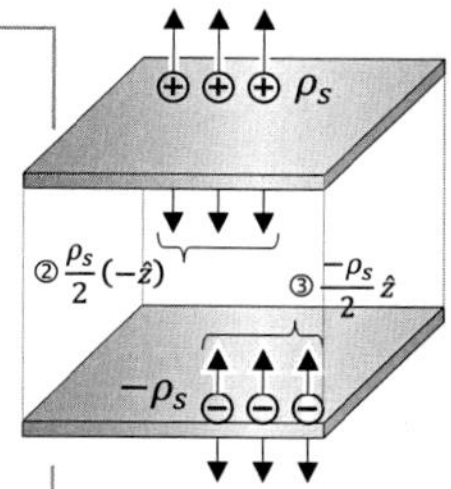

$$① \ \vec{D} = \overset{②}{\vec{D}_+} + \overset{③}{\vec{D}_-} = \frac{\rho_s}{2}(-\hat{z}) + \frac{(-\rho_s)}{2}\hat{z} = -\rho_s \cdot \hat{z} \quad \text{이고,}$$

$$\vec{E} = \frac{1}{\varepsilon} \cdot \vec{D} = -\frac{\rho_s}{\varepsilon} \cdot \hat{z} \quad \text{을 얻는다.}$$

이를 이용하여 전위를 계산하면,

$$V = -\int_0^d \vec{E} \bullet d\vec{\ell} = \int_0^d \frac{\rho_s}{\varepsilon}\hat{z} \bullet d\vec{z} = \int_0^d \frac{\rho_s}{\varepsilon} dz = \frac{1}{\varepsilon}\rho_s d = \frac{1}{\varepsilon} \cdot \frac{Q}{S} d$$

$\rho_s = \frac{Q}{S}$

V와 Q를 정리하면 다음을 얻는다: $C = \frac{Q}{V} = \varepsilon \frac{S}{d}$

이중 유전체 (또는 직렬) 커패시터인 경우에 두 유전체의 경계에 가우스 법칙을 적용한다.

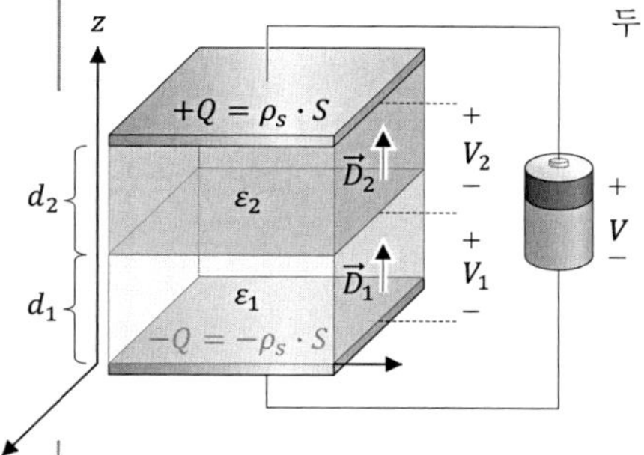

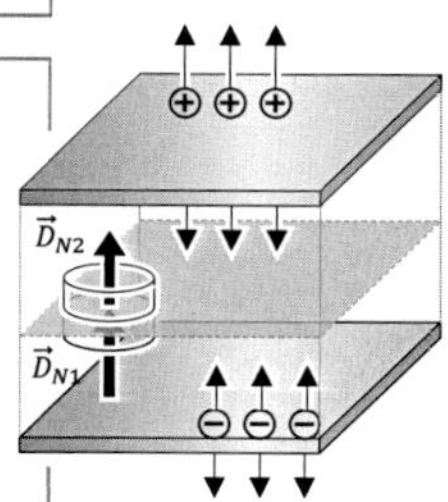

두 유전체에의 경계에 전하가 없으므로 전속밀도는 같게 된다.

$$\vec{D}_{N1} = \vec{D}_{N2} = \frac{\rho_s}{2}(-\hat{z}) + \frac{-\rho_s}{2}\hat{z} = -\rho_s\hat{z}$$

(각 유전체 내의 전속밀도는 ①과 같다.)

전계강도로 정리하면,

$$\varepsilon_1 E_1 = \varepsilon_2 E_2 = -\rho_s$$

이를 이용하여 전위를 계산하면,

$$V = V_1 + V_2 = -\int_0^{d_1} \vec{E}_1 \bullet d\vec{\ell} - \int_{d_1}^{d} \vec{E}_2 \bullet d\vec{\ell} = \rho_s\left(\frac{1}{\varepsilon_1}d_1 + \frac{1}{\varepsilon_2}d_2\right) = \frac{Q}{S}\left(\frac{1}{\varepsilon_1}d_1 + \frac{1}{\varepsilon_2}d_2\right)$$

V와 Q를 정리하면 다음을 얻는다: $C = \frac{Q}{V} = \frac{S}{\frac{1}{\varepsilon_1}d_1 + \frac{1}{\varepsilon_2}d_2} = \frac{1}{\frac{1}{\varepsilon_1}\frac{d_1}{S} + \frac{1}{\varepsilon_2}\frac{d_2}{S}} = \frac{1}{\frac{1}{C_1} + \frac{1}{C_2}} = \frac{C_1 C_2}{C_1 + C_2}$

다시 정리하면: $\frac{1}{C} = \frac{1}{C_1} + \frac{1}{C_2}$

병렬 커패시터의경우. 양쪽 커패시터에 인가되는 전압이 같은 점을 사용한다.

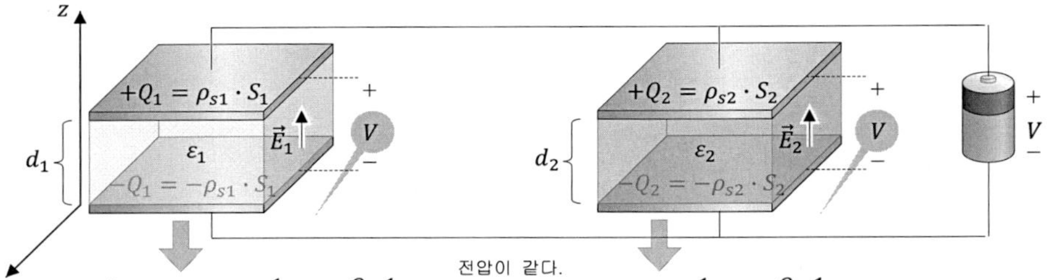

전압이 같다.

$$V = -\int \vec{E}_1 \bullet d\vec{\ell} = \rho_{s1}\frac{1}{\varepsilon_1}d_1 = \frac{Q_1}{S_1}\frac{1}{\varepsilon_1}d_1 \quad = \quad V = \rho_{s2}\frac{1}{\varepsilon_2}d_2 = \frac{Q_2}{S_2}\frac{1}{\varepsilon_2}d_2$$

각 커패시터에 축적되는 전하의 양은 서로 영향을 주지 않으므로 (독립) 전체 전하량은 두 양을 더한다:

$$\boldsymbol{Q} = Q_1 + Q_2 = \boldsymbol{V}\left(\varepsilon_1\frac{S_1}{d_1} + \varepsilon_2\frac{S_2}{d_2}\right)$$

V와 Q를 정리하면 다음을 얻는다: $C = \frac{Q}{V} = \varepsilon_1\frac{S_1}{d_1} + \varepsilon_2\frac{S_2}{d_2} = C_1 + C_2$

다시 정리하면: $C = C_1 + C_2$

동축 케이블의 두 도체 사이에 존재하는 정전용량

이 그림과 동축케이블의 등가 회로는 5장의 전송선로에서 사용된다.
등가 회로의 나머지 소자들은 5장 참조.

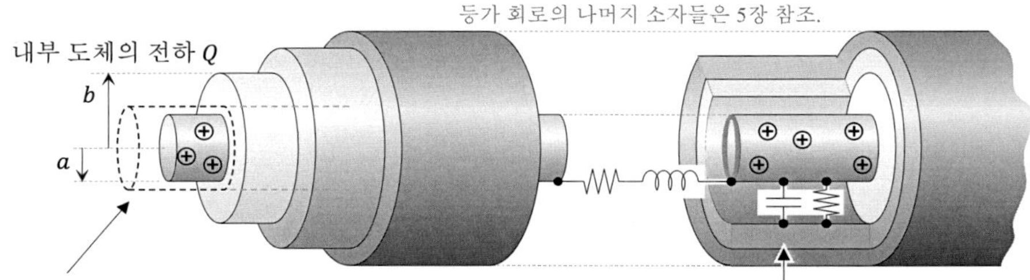

① $a < \rho < b$ 에

가우스 법칙을 적용하면 $D_\rho = \frac{Q_{enc}}{S} = \frac{Q}{2\pi\rho \cdot L}$ 이고,

$\vec{E} = \frac{1}{\varepsilon} \cdot \frac{Q}{2\pi\rho \cdot L} \cdot \hat{\rho}$ 이다.

② $\boldsymbol{V} = -\int_b^a \vec{E} \bullet d\vec{\ell} = -\frac{1}{\varepsilon} \cdot \frac{\boldsymbol{Q}}{2\pi L}\ln\frac{a}{b}$

③ 따라서 $C' = \frac{C}{L} = \frac{Q}{V}\frac{1}{L} = \frac{2\pi\varepsilon}{\ln\frac{b}{a}} \quad \left[\frac{F}{m}\right]$

케이블의 길이가 정해지지 않았으므로
단위 길이당 정전용량을 계산한다.

d 만큼 떨어진 평행 도선 사이의 정전용량

$\vec{E} = \frac{1}{\varepsilon}\frac{\rho_\ell}{2\pi\rho}\hat{\rho}$ 를 사용하여

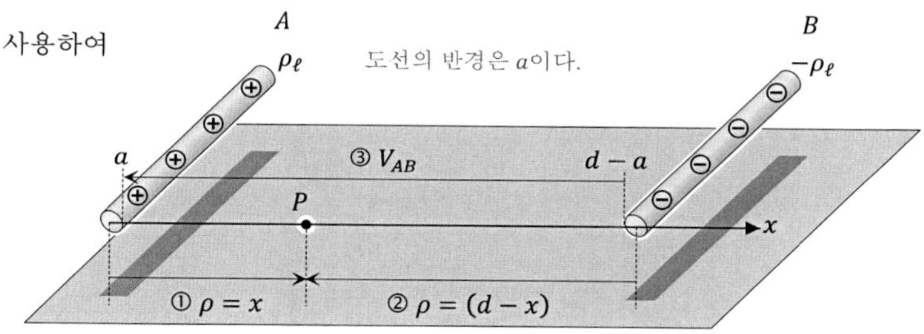

임의의 점 P에서의 전계강도는

①′ $\vec{E}_A = \frac{1}{\varepsilon}\frac{\rho_\ell}{2\pi x}\hat{x}$ ②′ $\vec{E}_B = \frac{1}{\varepsilon}\frac{(-\rho_\ell)}{2\pi\,(x-d)}\hat{x}$

③′ $\vec{E} = \vec{E}_A + \vec{E}_B = \frac{1}{\varepsilon}\frac{\rho_\ell}{2\pi}\left(\frac{1}{x} + \frac{1}{d-x}\right)\hat{x}$

$$\boldsymbol{V_{AB}} = -\int_{d-a}^{a} \vec{E} \bullet d\vec{\ell} = \frac{1}{\varepsilon}\frac{\boldsymbol{\rho_l}}{\pi}\ln\frac{d-a}{a}$$

따라서 $\frac{C}{L} = \frac{Q}{V}\frac{1}{L} = \frac{\pi\varepsilon}{\ln\frac{d-a}{a}} \sim \frac{\pi\varepsilon}{\ln\frac{d}{a}} \quad \left[\frac{F}{m}\right]$

1.6 정전계에 저장되는 에너지

관심대상인 공간에 아무 것도 없다.

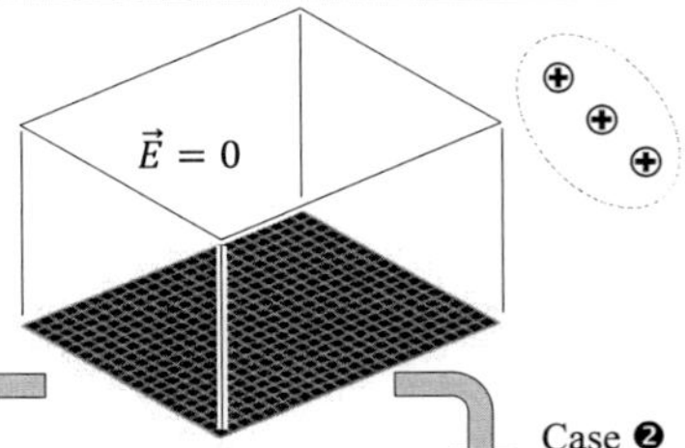

아주 먼 곳에 전하들이 있다[1].
$r = \infty$

전하들을 가져오는데 사용하는 에너지를 두 가지로 생각해보자:

Case ❶

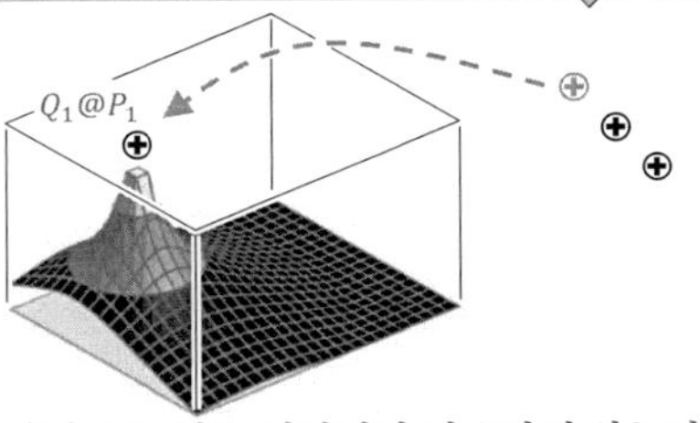

Q_1을 가져오는 데는 에너지가 필요하지 않는다:

$$W = -Q_1 \int_{\infty}^{P_1} \vec{E} \bullet d\vec{\ell} = -Q_1 \int_{\infty}^{P_1} 0 \bullet d\vec{\ell} = 0$$

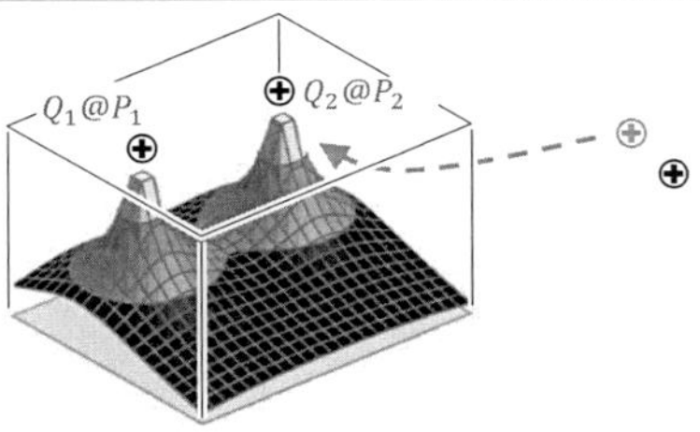

Q_1에 의해 발생한 전계 내에서 Q_2를 P_2로 가져오는 데 필요한 에너지: $W_2 = Q_2 V_{2\,by\,Q_1}$

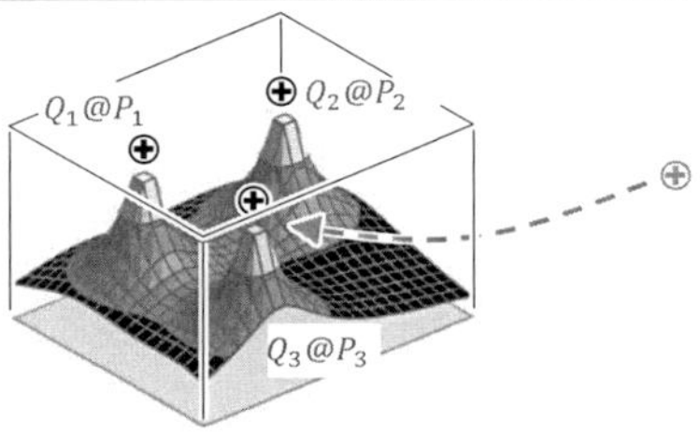

Q_1과 Q_2에 의한 전계 내에서 Q_3를 P_3로 가져오는 데 필요한 에너지: $W_3 = Q_3 V_{3\,by\,Q_1} + Q_3 V_{3\,by\,Q_2}$

총 사용된 **에너지는 전계에 저장**된다:

❶ $W_{total} = Q_2 V_{2\,by\,Q_1} + Q_3 V_{3\,by\,Q_1} + Q_3 V_{3\,by\,Q_2}$

Case ❷

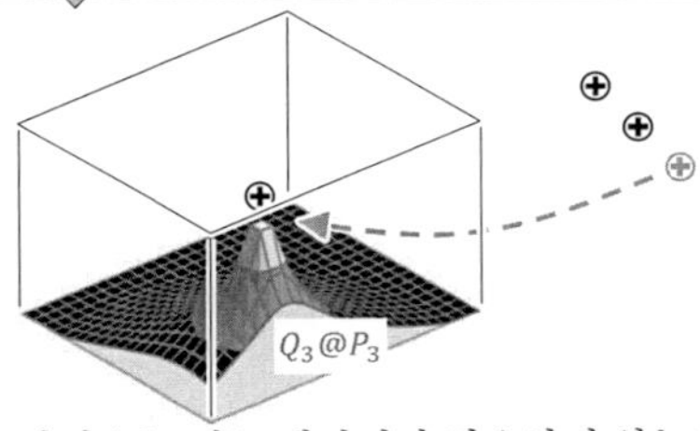

Q_3을 가져오는 데는 에너지가 필요하지 않는다:

$$W = -Q_3 \int_{\infty}^{P_3} \vec{E} \bullet d\vec{\ell} = -Q_3 \int_{\infty}^{P_3} 0 \bullet d\vec{\ell} = 0$$

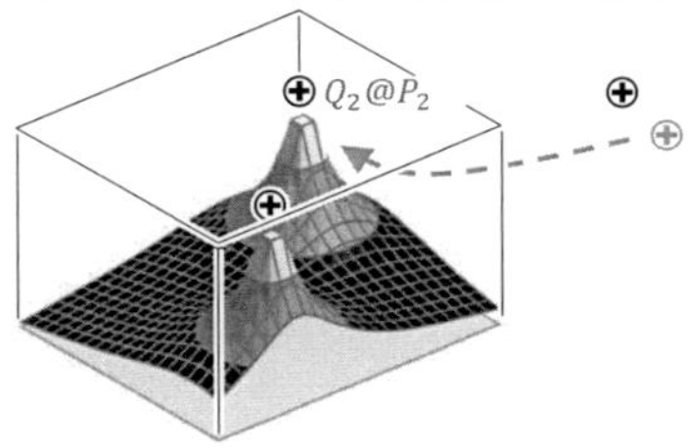

Q_3에 의해 발생한 전계 내에서 Q_2를 P_2로 가져오는 데 필요한 에너지: $W_2 = Q_2 V_{2\,by\,Q_3}$

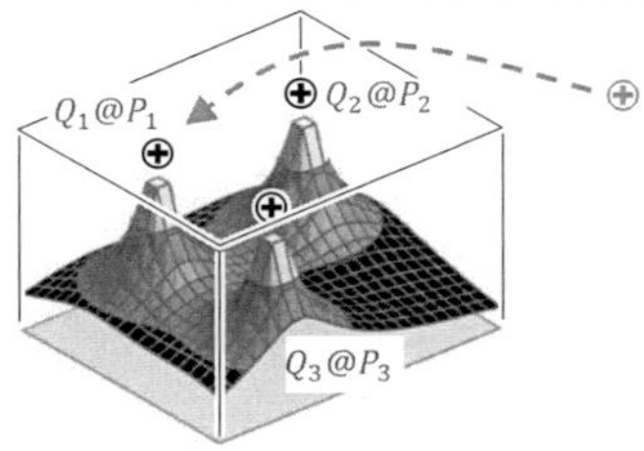

Q_2과 Q_3에 의한 전계 내에서 Q_1를 P_1로 가져오는 데 필요한 에너지: $W_1 = Q_1 V_{1\,by\,Q_2} + Q_1 V_{1\,by\,Q_3}$

총 사용된 **에너지는 전계에 저장**된다:

p. 6
p. 42

❷ $W_{total} = Q_2 V_{2\,by\,Q_3} + Q_1 V_{1\,by\,Q_2} + Q_1 V_{1\,by\,Q_3}$

[1]전하를 만들어 내는 것은 p. 136 참조

최종적인 결과가 같으므로 총 사용된 에너지는 같다. 즉 ❶ = ❷이다. 두 개를 더하고 2로 나누어 본다:

$$W = \frac{❶+❷}{2} = \frac{2 \cdot W_{total}}{2} = \frac{1}{2}\left[Q_1\left(V_{1\,by\,Q_2} + V_{1\,by\,Q_3}\right) + Q_2\left(V_{2\,by\,Q_1} + V_{2\,by\,Q_3}\right) + Q_3\left(V_{3\,by\,Q_1} + V_{3\,by\,Q_2}\right)\right]$$

$$= \frac{1}{2}[Q_1V_1 + Q_2V_2 + Q_3V_3]$$

Q_2 이외의 전하들이 만든 전위. 중첩의 원리에 의해 V_2로 표시할 수 있다.

n 개의 전하에 대해 일반식으로 적으면, 정전계에 저장되는 에너지는:

$$W = \frac{1}{2}[Q_1V_1 + Q_2V_2 + Q_3V_3 + \cdots + Q_nV_n] = \frac{1}{2}\sum_{i=1}^{n} Q_iV_i$$

연속형태인 경우 $Q = dQ$ 이고, $\sum \rightarrow \int$ 로 대치한다.

$$= \frac{1}{2}\int V\,dQ$$

만약 dQ 들이 체적전하를 만들면:

$$\left(dQ = dQ \cdot \frac{dv}{dv} = \rho_v \cdot dv\right)$$

$$= \frac{1}{2}\int_v V\frac{dQ}{dv}dv = \frac{1}{2}\int_v V \cdot \rho_v\,dv = \frac{1}{2}\int_v \rho_v V\,dv$$

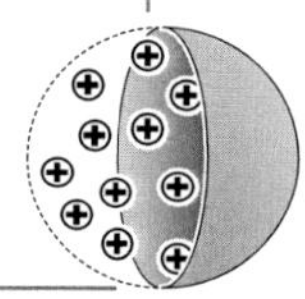

전하 분포는 연속인 것으로 생각한다.

결과를 조금 더 변형해보자:

$$\frac{1}{2}\int_v \rho_v V\,dv = \frac{1}{2}\int_v (\nabla \bullet \vec{D}) \cdot V\,dv$$

$\nabla \bullet \vec{D} = \rho_v$

벡터등식을 사용

$\nabla \bullet (V\vec{D}) = V \cdot (\nabla \bullet \vec{D}) + \vec{D} \bullet (\nabla V)$

$$= \frac{1}{2}\int_v [\nabla \bullet (V\vec{D}) - \vec{D} \bullet (\nabla V)]\,dv$$

$$= \frac{1}{2}\int_v \nabla \bullet (V\vec{D})\,dv - \frac{1}{2}\int_v \vec{D} \bullet (\nabla V)\,dv$$

$\oint_S \vec{D} \bullet d\vec{s} = \int_v \nabla \bullet \vec{D}\,dv$

$\vec{E} = -\nabla V$

$$= \frac{1}{2}\oint_S (V\vec{D}) \bullet d\vec{s} - \frac{1}{2}\int_v \vec{D} \bullet (-\vec{E})\,dv$$

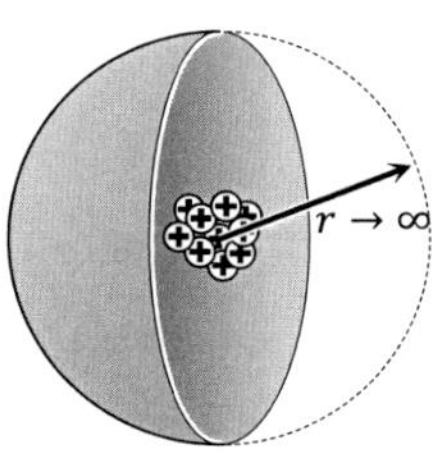

$S = 4\pi r^2$

$D = \frac{\Psi}{S} = \frac{Q}{4\pi r^2}$

$V = \frac{1}{\varepsilon}\frac{Q}{4\pi r}$

r 을 매우 크게 하면 전체 전하들은 점전하로 생각할 수 있다. 따라서 다음 세 개의 곱은 0이 된다:

$V \cdot \vec{D} \bullet \vec{S} \propto \frac{1}{r} \cdot \frac{1}{r^2} \cdot r^2 = \frac{1}{r} = \frac{1}{\infty} = 0$

$$= \quad 0 \quad + \frac{1}{2}\int_v \vec{D} \bullet \vec{E}\,dv$$

따라서 정전계에 저장된 에너지는

$$W = \frac{1}{2}\int_v \vec{D} \bullet \vec{E}\,dv = \frac{1}{2}\int_v \varepsilon E^2\,dv$$

나중에 커패시터에 저장된 에너지 계산과 포인팅 벡터에서 사용된다.

커패시터에 저장되는 에너지

정전계에 저장되는 에너지에서 $W = \frac{1}{2}\int(\vec{D} \bullet \vec{E})\, dv$ 을 유도하였다.

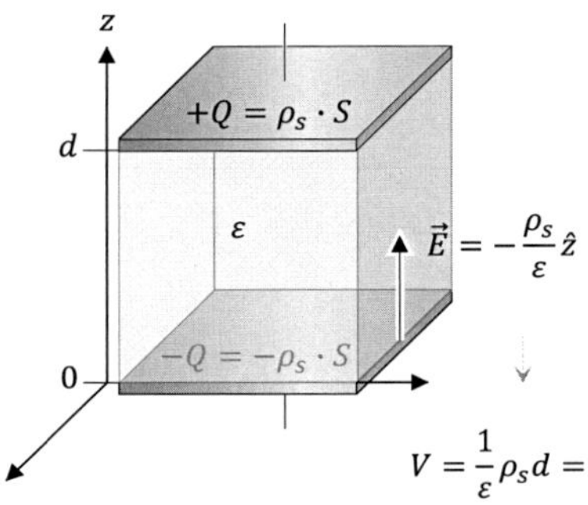

$$V = \frac{1}{\varepsilon}\rho_s d = \varepsilon\frac{Q}{S}d$$

이를 이용하여 커패시터 내부에 저장되는 에너지를 계산하면,

$$W = \frac{1}{2}\int(\vec{D} \bullet \vec{E})\, dv = \frac{1}{2}\int(\varepsilon E^2)dv$$

$$= \frac{1}{2}\int_0^S \int_0^d (\varepsilon E^2) dz\, dS$$

$$= \frac{1}{2}\int_0^S \int_0^d \left(\frac{\rho_s^2}{\varepsilon}\right) dz\, dS$$

면전하밀도는 상수이다.

$$= \frac{1}{2}\frac{\rho_s^2}{\varepsilon}Sd$$

$$= \frac{1}{2}\cdot\frac{\rho_s^2 d^2}{\varepsilon^2}\cdot\frac{\varepsilon S}{d} = \frac{1}{2}V^2 C$$

결과를 정리하면 커패시터 내부에 저장되는 에너지는:

$$W = \frac{1}{2}CV^2 = \frac{1}{2}QV = \frac{1}{2}\frac{Q^2}{C}$$

Note

1장 summary

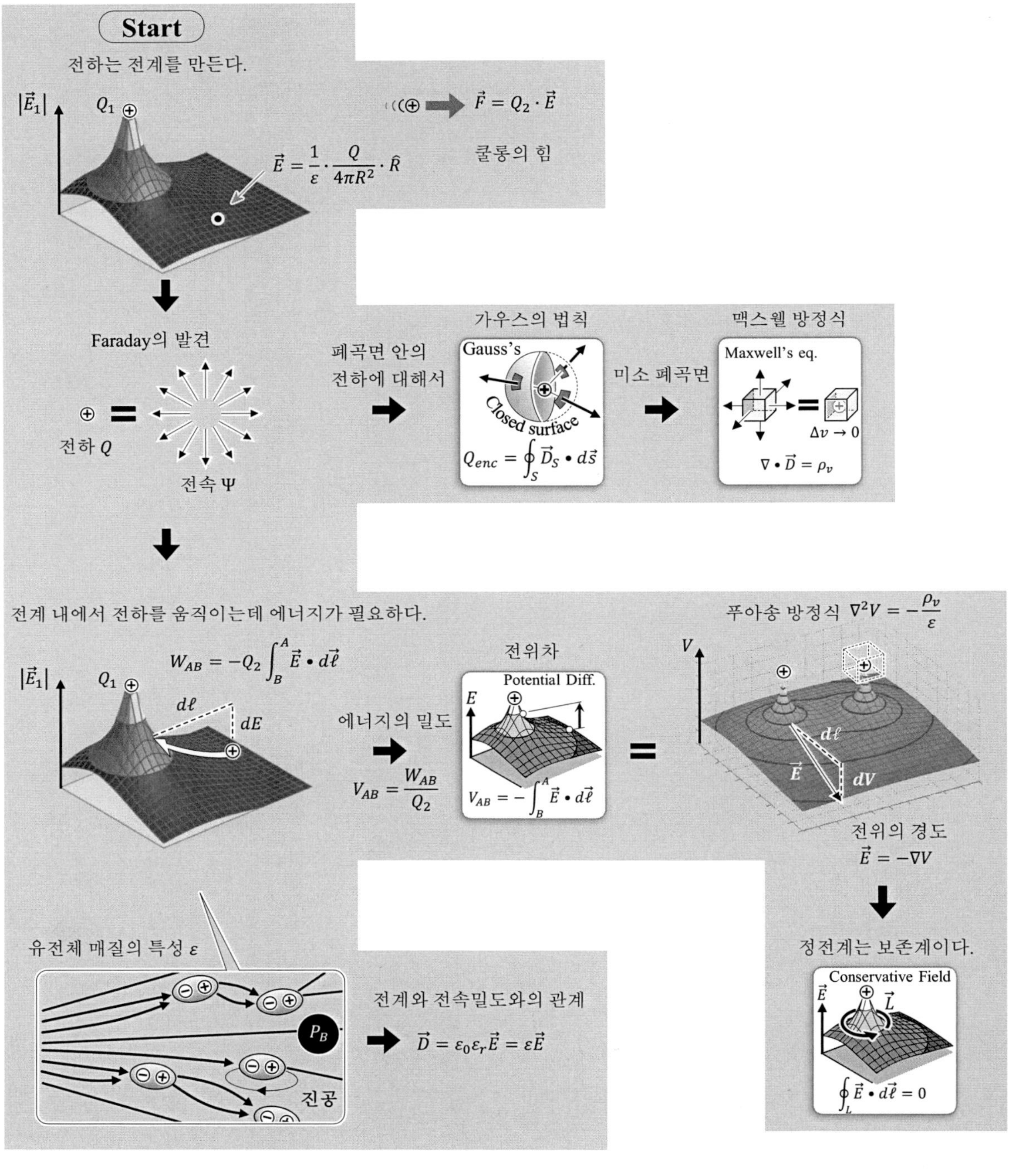
Start
전하는 전계를 만든다.
$|\vec{E}_1|$
Q_1
$\vec{E} = \frac{1}{\varepsilon} \cdot \frac{Q}{4\pi R^2} \cdot \hat{R}$
$\vec{F} = Q_2 \cdot \vec{E}$
쿨롱의 힘
Faraday의 발견
전하 Q
전속 Ψ
폐곡면 안의 전하에 대해서
가우스의 법칙
Gauss's
Closed surface
$Q_{enc} = \oint_S \vec{D}_S \bullet d\vec{s}$
미소 폐곡면
맥스웰 방정식
Maxwell's eq.
$\Delta v \to 0$
$\nabla \bullet \vec{D} = \rho_v$
전계 내에서 전하를 움직이는데 에너지가 필요하다.
$W_{AB} = -Q_2 \int_B^A \vec{E} \bullet d\vec{\ell}$
$|\vec{E}_1|$
Q_1
$d\ell$
dE
에너지의 밀도
$V_{AB} = \frac{W_{AB}}{Q_2}$
전위차
Potential Diff.
E
$V_{AB} = -\int_B^A \vec{E} \bullet d\vec{\ell}$
푸아송 방정식 $\nabla^2 V = -\frac{\rho_v}{\varepsilon}$
V
$d\ell$
$\vec{E}$
dV
전위의 경도
$\vec{E} = -\nabla V$
정전계는 보존계이다.
Conservative Field
$\vec{E}$
$\vec{L}$
$\oint_L \vec{E} \bullet d\vec{\ell} = 0$
유전체 매질의 특성 ε
P_B
진공
전계와 전속밀도와의 관계
$\vec{D} = \varepsilon_0 \varepsilon_r \vec{E} = \varepsilon \vec{E}$

The EM map

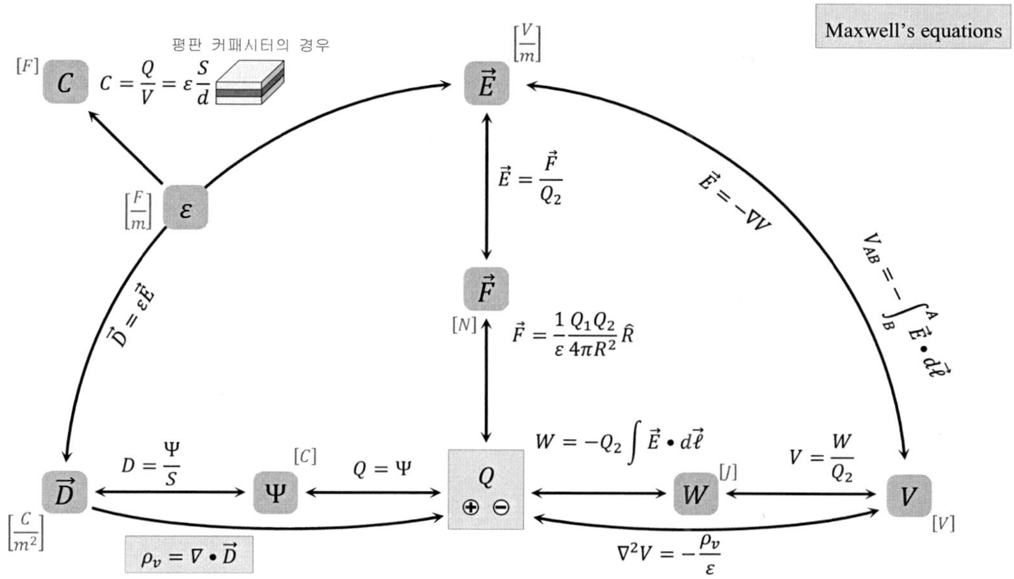
Maxwell's equations
평판 커패시터의 경우
$C = \frac{Q}{V} = \varepsilon\frac{S}{d}$
$[F]$ C
$\left[\frac{F}{m}\right]$ ε
$\left[\frac{V}{m}\right]$ $\vec{E}$
$\vec{E} = \frac{\vec{F}}{Q_2}$
$\vec{E} = -\nabla V$
$V_{AB} = -\int_B^A \vec{E} \bullet d\vec{\ell}$
$\vec{D} = \varepsilon\vec{E}$
$[N]$ $\vec{F}$
$\vec{F} = \frac{1}{\varepsilon}\frac{Q_1 Q_2}{4\pi R^2}\hat{R}$
$D = \frac{\Psi}{S}$
$[C]$ Ψ
$Q = \Psi$
Q
$W = -Q_2\int \vec{E} \bullet d\vec{\ell}$
$[J]$ W
$V = \frac{W}{Q_2}$
V $[V]$
$\vec{D}$ $\left[\frac{C}{m^2}\right]$
$\rho_v = \nabla \bullet \vec{D}$
$\nabla^2 V = -\frac{\rho_v}{\varepsilon}$

2장 자석이 정지하여 있을 때: 정자계

静電界 (静: 고요할 정)

Electrostatic field (static: 변화 또는 움직임이 **없이** 고정된 , 정지 상태의)

전하가 정지해 있을 때 공간에 정전계가 형성되는 것과 그 안에서 여러 현상들을 학습하였다.

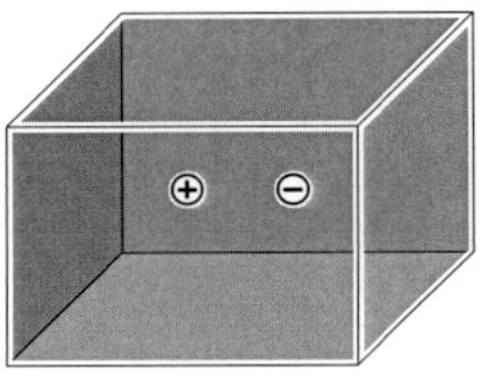

이 장에서는

자석이 정지해 있을 때 공간에 정자계가 형성되는 것과 그 안에서 여러 현상들을 학습한다.

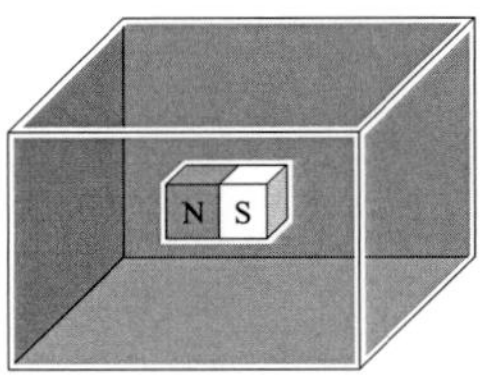

静磁界 (静: 고요할 정)

Magnetostatic field (static: 변화 또는 움직임이 없이 고정된 , 정지 상태의)

※ 위의 그림과 같이 실제 자석은 자계를 만든다.

또한 전류도 자석처럼 행동하는 것을 알고 있어야 한다. 즉, 전류도 자계를 만들 수 있다.

이 장에서는 직류 전류가 만드는 정자계를 다룬다.

자계가 형성되었기 때문에
나침반의 바늘(자석)들이 반응한다.

2.1 자석이 발생하는 힘

Q_1은 고정되어 움직이지 않는다고 가정한다.

이 공간의 전기적 특성은 ε 이다.

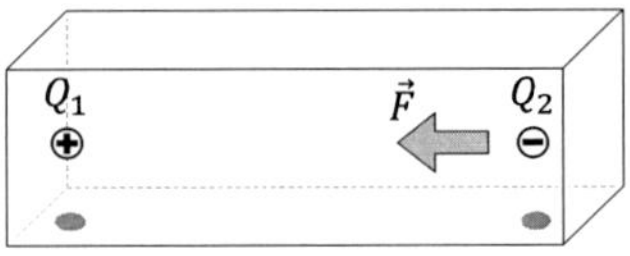

❶ 전하 2에 힘이 작용한다.

$$F \propto \frac{Q_1 \cdot Q_2}{R^2}$$

❷ 비례상수를 사용하여 "="을 만든다.

$$F = k_e \cdot \frac{Q_1 \cdot Q_2}{R^2}$$

❸ Coulomb이 정확한 수식을 발견하였다.

$$F = \frac{1}{\varepsilon} \cdot \frac{Q_1 \cdot Q_2}{4\pi R^2} \quad [N]$$

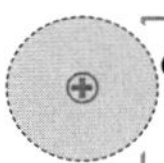

❹ 구 안에 존재하는 전하가 발생하는 전속 $\Psi\ [C]$

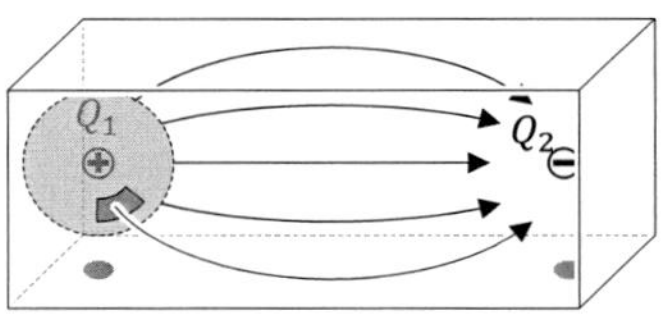

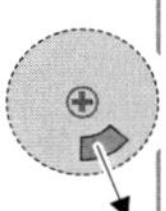

❺ 구의 표면을 통과하는 전하량 ÷ 면적

$$= \text{전속밀도}\ \vec{D} \left[\frac{C}{m^2}\right]$$

❻ 매질이 전계를 형성하는데 방해하는 정도

$$\varepsilon \left[\frac{F}{m}\right]$$

❼ 전계강도 $\vec{E}\left[\frac{V}{m}\right] = \frac{1}{\varepsilon} \cdot \vec{D}$

결과 원인

이 공간의 자기적 특성은 μ 이다.

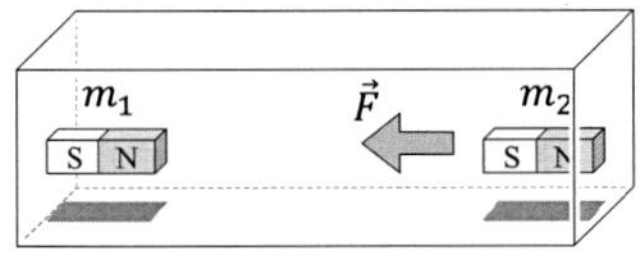

① 자하 2에 힘이 작용한다.

$$F \propto \frac{m_1 \cdot m_2}{R^2}$$

② 비례상수를 사용하여 "="을 만든다.

$$F = k_m \cdot \frac{m_1 \cdot m_2}{R^2}$$

③ 마찬가지로 수식을 만든다.

$$F = \frac{1}{\mu} \cdot \frac{m_1 \cdot m_2}{4\pi R^2} \quad [N]$$

④ 구 안에 존재하는 자하가 발생하는 자속 $\Phi\ [Wb]$

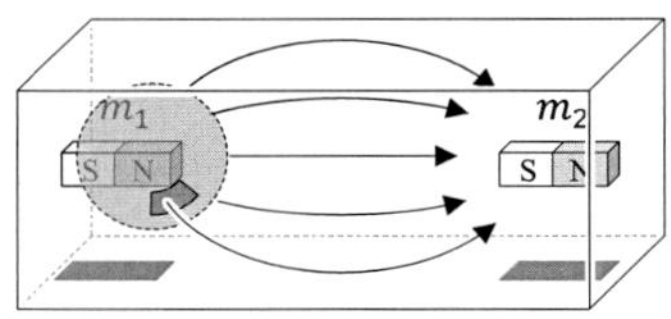

⑤ 구의 표면을 통과하는 자하량 ÷ 면적

$$= \text{자속밀도}\ \vec{B} \left[\frac{Wb}{m^2}\right]$$

⑥ 매질이 자계를 형성하는데 방해하는 정도

$$\mu \left[\frac{H}{m}\right]$$

⑦ 자계강도 $\vec{H}\left[\frac{A}{m}\right] = \frac{1}{\mu} \cdot \vec{B}$

결과 원인

cf.

매질이 전하의 흐름을 방해하는 정도는 R

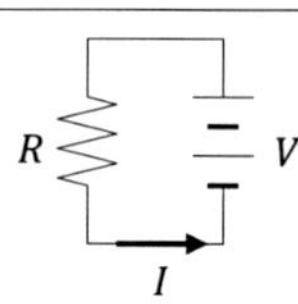

원인

$$I = \frac{1}{R} \cdot V$$

결과

이번 장에서 배울 내용: 전계에서 학습한 내용에 비교하여 소개하면 아래 그림과 같다.
이 그림은 개념의 설명을 위한 것으로서 실제 자계의 특성은 이 그림의 내용과 약간 **다르다.**

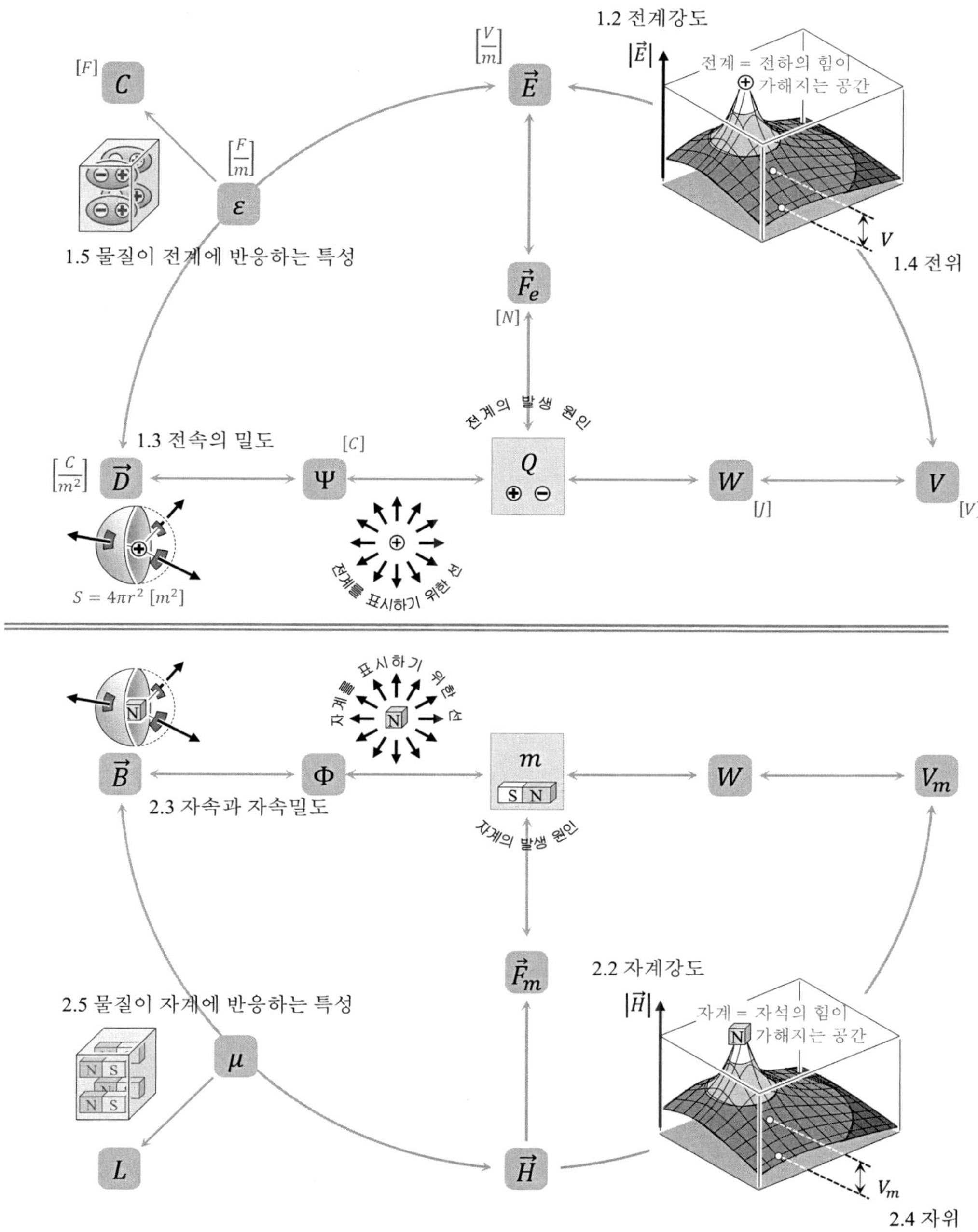

2.2 자계와 자계강도

나침반의 바늘은 자석이기 때문에…

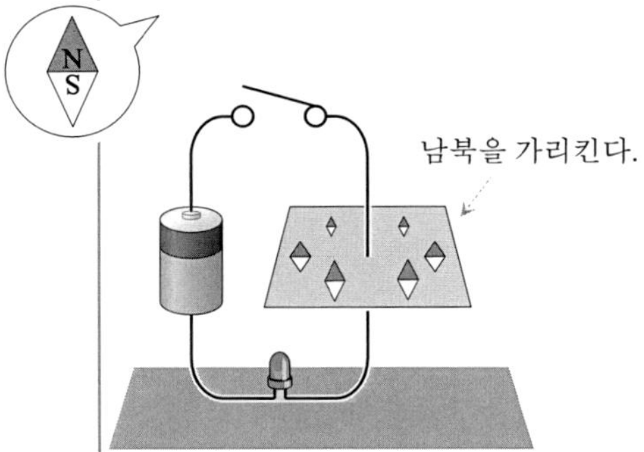

만약 전류가 흐르면…

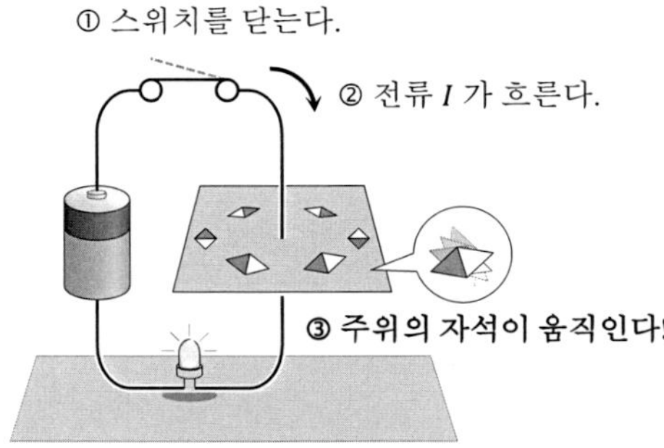

<한스 크리스챤 에르스텟의 실험>

주위의 자석을 움직이므로
전류가 흐르는 회로는 전**자석**이다.

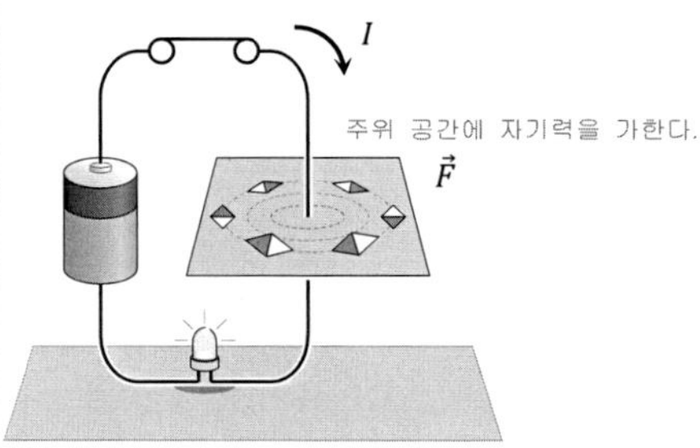

전하가 주위 공간에 전계를 만드는 것처럼
전**자석**도 주위 공간에 **자계**를 형성한다.

주위 공간에 형성되는 자계의 강도 $\vec{H}$

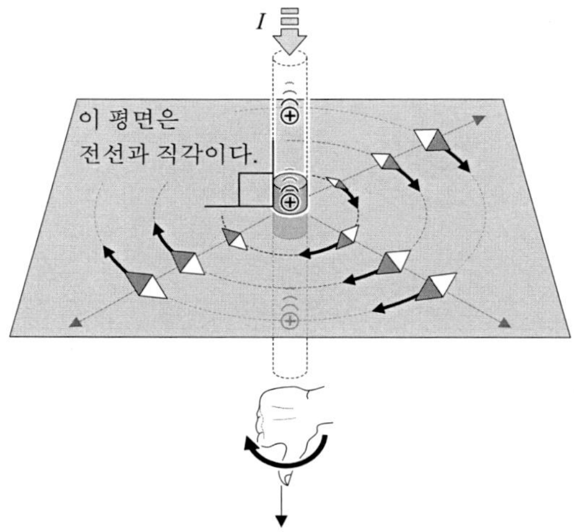

$\vec{H}$ 의 방향은 전선의 주위를 회전하는 방향이다.

주위 공간에 형성되는 전계의 강도 $\vec{E}$

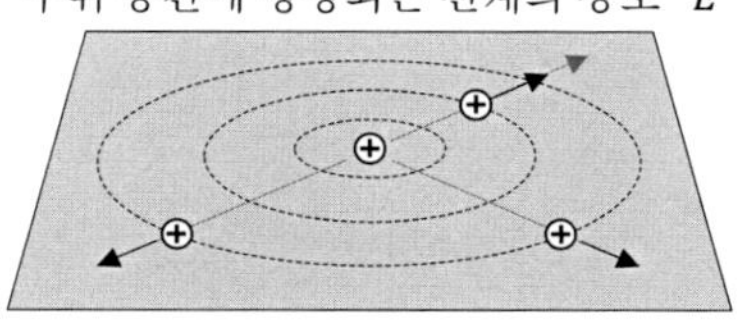

$$\vec{E} = \frac{1}{\varepsilon} \cdot \frac{dQ}{4\pi R^2} \cdot \hat{R}$$

※ 전류와 전류밀도에 대해서는 3.1절을 참조 p. 132

전체 전선을 다루기는 어렵다. 따라서 전선의 일부 길이인 $d\vec{\ell}$과 그 안의 **미소전류 $I \cdot d\vec{\ell}$ 가 만드는 자계강도 $d\vec{H}$ 를 유도**하자.

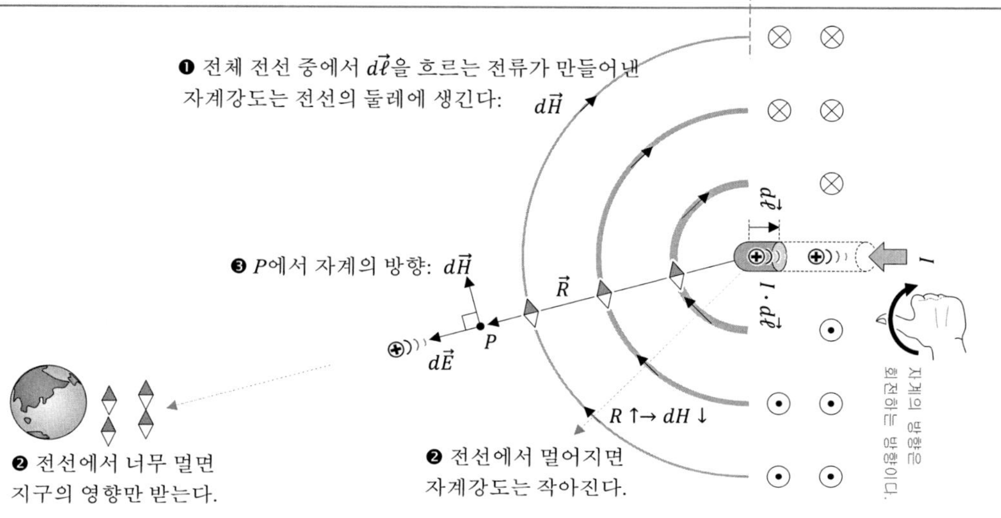

❶ $d\ell$ 을 흐르는 전류 I 때문에 자계가 생겼으므로, 자계는 $I \cdot d\ell$ 에 비례한다.

$$dH \propto I \cdot d\ell$$

※ 전체 H를 계산할 때는 dH를 모두 더한다.

$$H = \int_L dH \propto \int_L d\ell$$

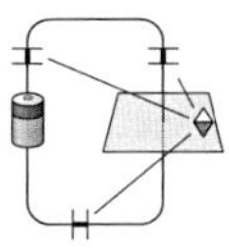

❷ 거리가 멀어지면 자계는 약해진다. (거리의 제곱에 반비례)

$$dH = \frac{I \cdot d\ell}{4\pi R^2}$$

dL 을 점으로 생각한다.

cf. 전선의 일부인 점전하 dQ 가 발생시킨 전계강도:

$$dE = \frac{1}{\varepsilon}\frac{dQ}{4\pi R^2}$$

❸ 이제 방향을 결정하면 된다. $d\vec{H}$ 의 방향은 $d\vec{\ell}$ 과 직각, 그리고 $\vec{R}$ 과도 직각이다.

비오-사바르 법칙
Biot-Savart's Law

$$d\vec{H} = \frac{I \cdot d\vec{\ell} \times \hat{R}}{4\pi R^2}$$

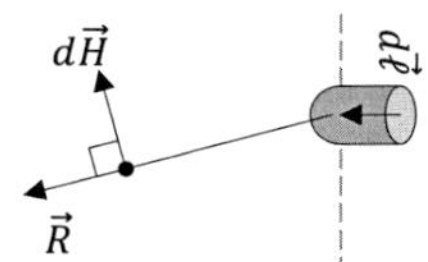

장 뱁티스트 비오 (Jean Baptiste Biot) 와 펠릭스 사바르 (Felix Savart)가 만들었다.

cf. 점전류로 인한 $d\vec{H} = \frac{I \cdot d\ell}{4\pi R^2} \cdot (d\hat{\ell} \times \hat{R})$

점전하로 인한 $d\vec{E} = \frac{1}{\varepsilon} \cdot \frac{dQ}{4\pi R^2} \cdot \hat{R}$

$$force\ vector = \frac{source}{geometric\ effect} \cdot direction$$

Drill 2.2-1 P_A와 P_B에서의 자계강도를 계산하자.

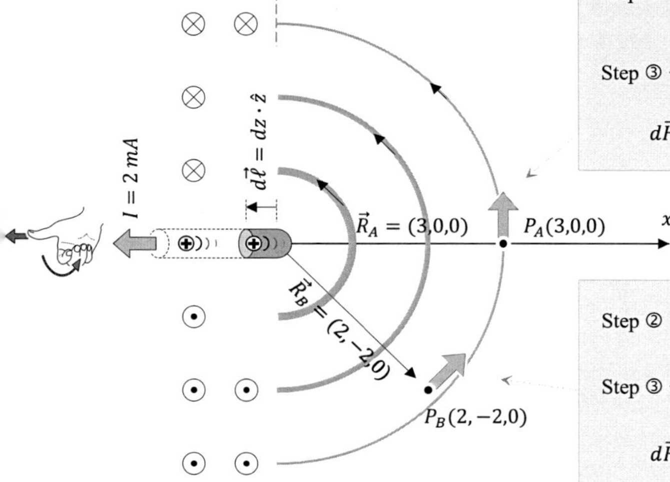

Step ① 사용할 식을 결정한다: $d\vec{H} = \dfrac{I \cdot d\vec{\ell} \times \hat{R}}{4\pi R^2}$

Step ② 기하학적 정보를 사용한다: $\begin{cases} d\vec{\ell} = dz \cdot \hat{z} \\ \hat{R}_A = \dfrac{\vec{R}_A}{|\vec{R}_A|} = \dfrac{(3,0,0)}{\sqrt{3^2}} = (1,0,0) = \hat{x} \end{cases}$

Step ③ 수학 계산을 한다:

$$d\vec{H}_A = \frac{I \cdot d\vec{\ell} \times \hat{R}_A}{4\pi R_A^2} = \frac{2 \cdot 10^{-3} \cdot (dz \cdot \hat{z}) \times (\hat{x})}{4\pi \cdot 3^2} = \frac{10^{-3}}{18\pi} dz \cdot \hat{y}$$

Step ② 기하학적 정보를 사용한다: $\hat{R}_B = \dfrac{\vec{R}_B}{|\vec{R}_B|} = \dfrac{(2,-2,0)}{\sqrt{4+4}} = \dfrac{(1,-1,0)}{\sqrt{2}}$

Step ③ 수학 계산을 한다:

$$d\vec{H}_B = \frac{I \cdot d\vec{\ell} \times \hat{R}_B}{4\pi R_B^2} = \frac{2 \cdot 10^{-3} \cdot (0,0,dz) \times \frac{1}{\sqrt{2}}(1,-1,0)}{4\pi \cdot \left(2\sqrt{2}\right)^2} = \frac{10^{-3} \cdot (1,1,0)}{16\sqrt{2}\pi} dz$$

이제 회로 전체에 대해서 생각해 보자.

우선 전류가 흐를 때 전선은 항상 **폐**곡로이다: $\int d\ell \rightarrow \oint d\ell$
(closed loop)

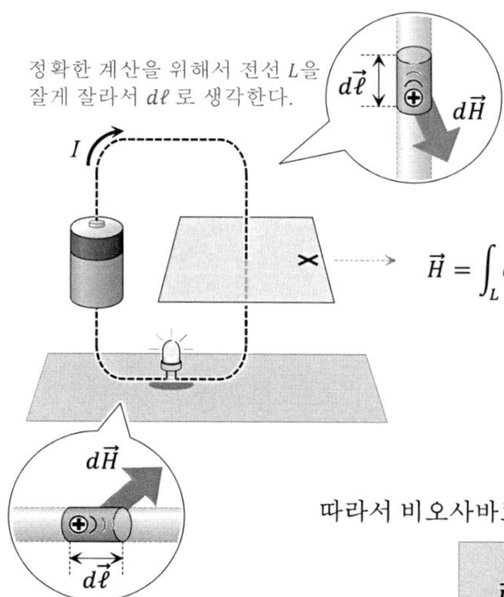

$$\vec{H} = \int_L d\vec{H} = \int_L \frac{I \cdot d\vec{\ell} \times \hat{R}}{4\pi R^2} = \oint_L \frac{I \cdot d\vec{\ell} \times \hat{R}}{4\pi R^2}$$

따라서 비오사바르 법칙의 적분형태를 얻는다:

$$\vec{H} = \oint_L \frac{I \cdot d\vec{\ell} \times \hat{R}}{4\pi R^2}$$

자기 쌍극자 모멘트 $\vec{m}$ $[A \cdot m^2]$

Drill 2.2-2

다음과 같이 ①x-y 평면에 반경 r인 ②링 형태의 전류가 있다.
③점 P에서의 ④자계강도를 구하시오.

링 전하 참조 p. 16

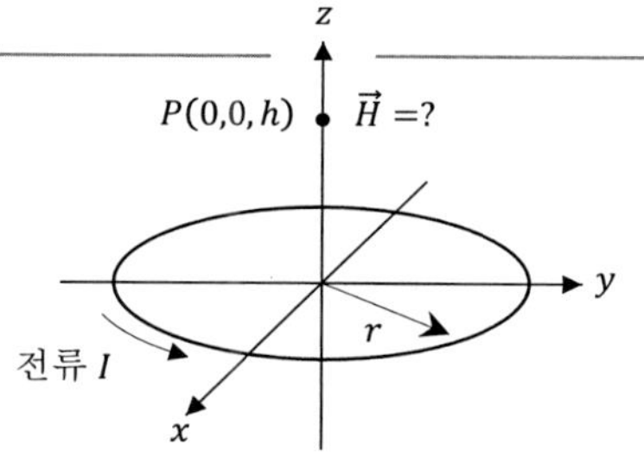

Solution

Step ❶ 사용할 공식을 찾는다: 자계와 전류의 관계를 묻는 문제이므로 비오사바르 법칙인

$$d\vec{H} = \frac{I \cdot d\vec{\ell} \times \hat{R}}{4\pi R^2}$$ 를 사용하여

$$\vec{H} = \int d\vec{H} = \int \frac{I \cdot d\vec{\ell} \times \hat{R}}{4\pi R^2}$$ 를 계산하면 된다.

Step ❷ 기하학적 정보를 사용하여 식을 완성한다: ①과 ③이 기하학적 정보이다.

①에서 링 모양은 원 모양의 선이므로 ② $I \cdot d\vec{\ell} = I \cdot r \cdot d\vec{\phi}$ 이다.

③은 오른쪽 그림에서 찾는다.

따라서 자계강도는

$$\vec{H} = \int \frac{I \cdot d\vec{\ell} \times \hat{R}}{4\pi R^2}$$

$$= \int_0^{2\pi} \frac{I \cdot r \cdot d\phi}{4\pi(r^2 + h^2)} \hat{\phi} \times \frac{(-r\hat{\rho} + h\hat{z})}{\sqrt{r^2 + h^2}}$$

④ (상쇄되므로 계산X)

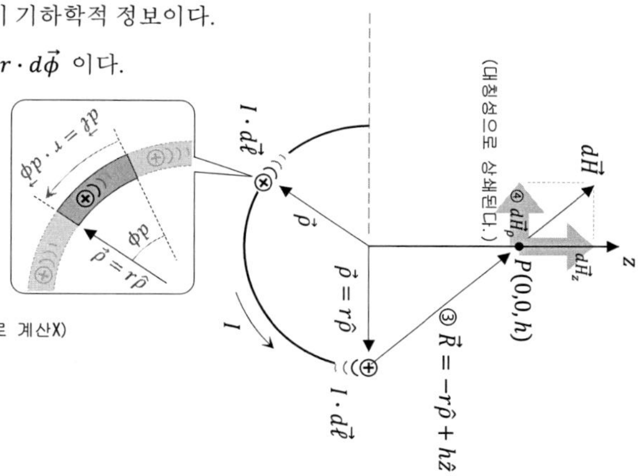

Step ❸ 수학 계산을 하여 답을 구한다:

$$\vec{H} = \frac{Ir^2}{2(r^2 + h^2)^{3/2}} \cdot \hat{z} = \frac{I}{\frac{2(r^2 + h^2)^{3/2}}{r^2}} \cdot \hat{z} = \frac{\text{원인}}{\text{기하학적 특성}}$$

위 회로와 같이 전류가 루프를 만든 것을 자기 쌍극자라 한다.
이 회로가 실제 자석을 구성한다. p. 114

자기 쌍극자 모멘트 = 루프의 전류와 면적를 곱한 양

$$\vec{m} = I \cdot \vec{S}$$

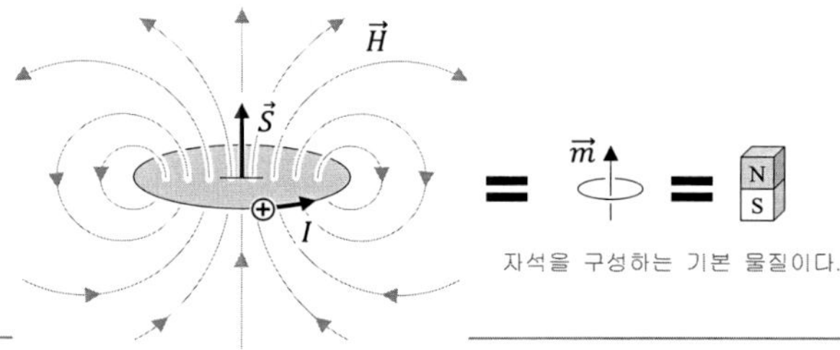

2.2.1 암페어의 주회법칙

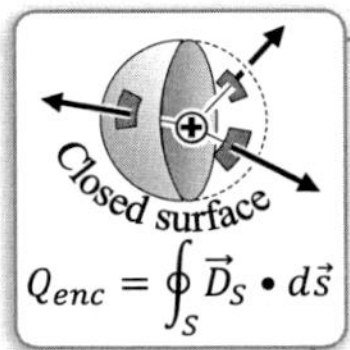

전하에 가우스 법칙을 적용하면,

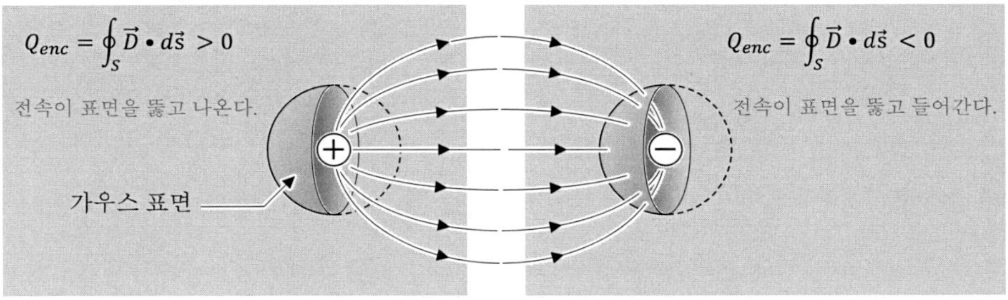

가우스의 법칙: 폐곡면 내의 **전하량**과 폐곡면을 통과하는 **전속의 양**이 **같다**.

원인 ⊕ **=** 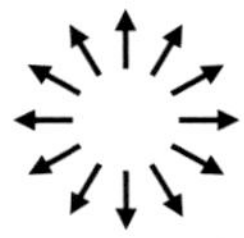 결과

$Q\ [C] \quad = \quad \vec{D} \bullet \vec{S}\ \left[\frac{C}{m^2} \cdot m^2\right]$

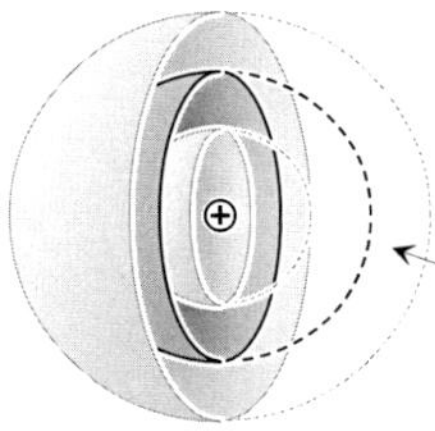

가우스 법칙을 적용하기 위해서 폐곡면들 중에서 하나를 선택한다.

(반드시 구의 형태일 필요는 없다!) p. 34

전류와 자계의 관계에서도 이런 관계가 성립한다.

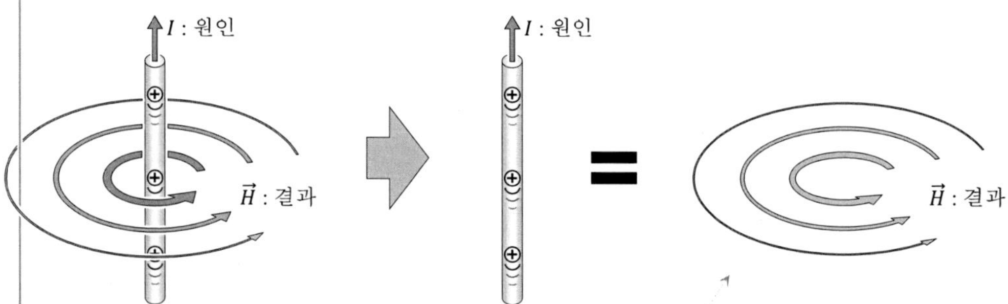

이 중에 하나를 알면 원인을 알 수 있다.

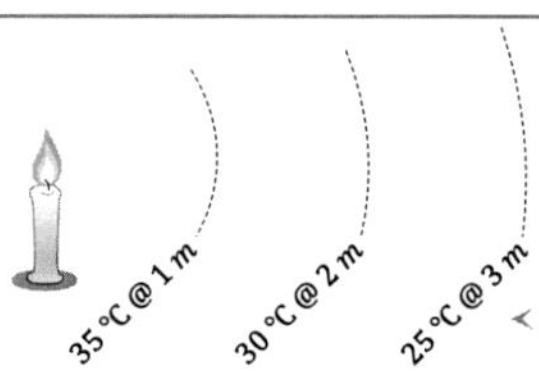

이 값들 중에 하나(결과)를 알면 촛불의 온도(원인)를 알 수 있다.

Ampere's circuit law

암페어의 주회법칙: 폐곡로 내의 **전류의 양**①과 폐곡로를 따라 존재하는 **자계의 양**③이 **같다**④.

(반드시 원의 형태일 필요는 없다!)

① 폐곡로 중에서 하나를 선택한다.

② I_{enc} $[A]$: 폐곡로에 둘러 쌓인 전류의 양

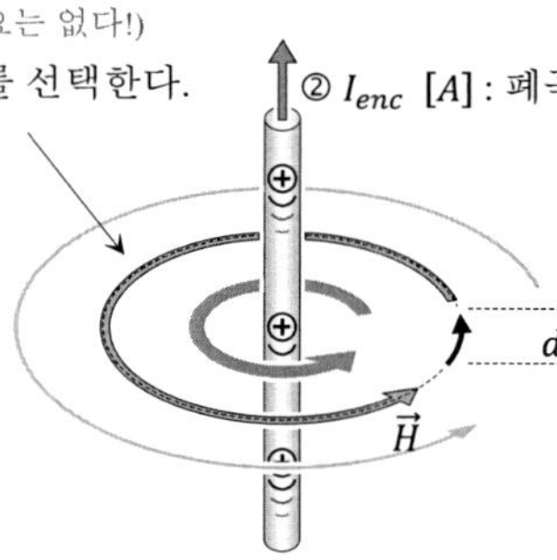

$d\vec{\ell}$ 위에 존재하는 자계의 양: ③ $\vec{H} \bullet d\vec{\ell}$ $\left[\frac{A}{m} \cdot m\right]$

폐곡로 전체에 대해서는: $\oint_L \vec{H} \bullet d\vec{\ell}$

따라서 폐곡로 전체에 대해서는 ④ $I_{enc} = \oint_L \vec{H} \bullet d\vec{\ell}$

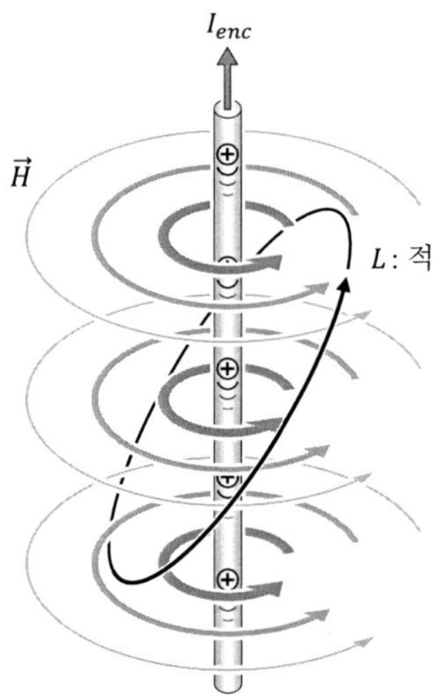

L : 적분을 위한 경로를 이렇게 잡아도 주회법칙의 결과는 같다.

$$I_{enc} = \oint_L \vec{H} \bullet d\vec{\ell}$$

실제 경로의 길이는 커지지만, $\vec{H}$ 와 $d\vec{\ell}$ 의 방향이 달라져서 $\vec{H} \bullet d\vec{\ell}$ 의 값은 작아지기 때문이다.

닷곱 연산은 방향성을 고려한 곱하기 연산이다.

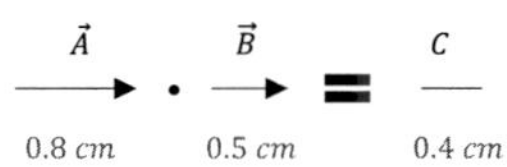

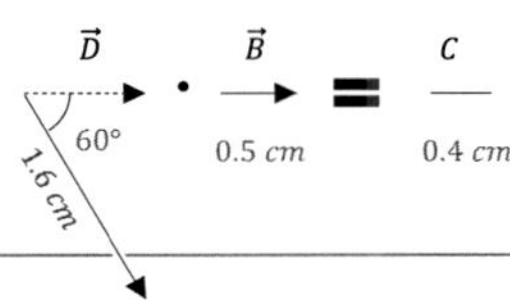

암페어의 주회법칙 응용: $\vec{H}$를 구하기 – (1) (무한) 선전류 (infinite) line current

무한 선전하로부터 전계강도를 구한 방식으로 자계강도를 계산해도 되지만,
여기서는 암페어의 법칙을 사용하여 보다 쉽게 자계강도를 계산한다.

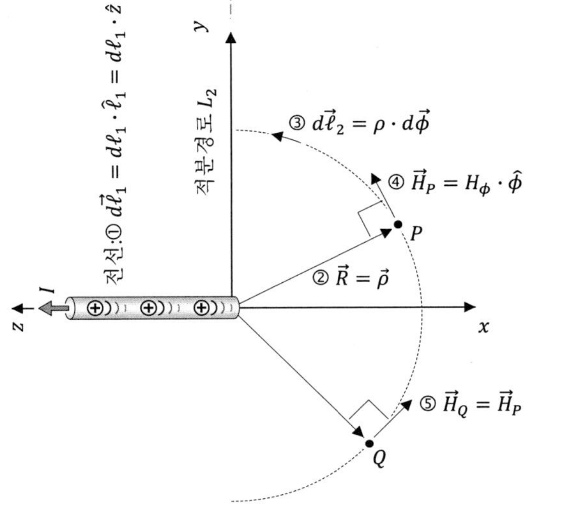

$$\vec{H} = \oint_L \frac{1}{4\pi} \cdot \frac{I \cdot d\vec{\ell} \times \hat{R}}{R^2}$$

⑤ 이 원 위의 점들은 선전류로부터 거리가 동일하므로 $\vec{H}$의 크기는 동일하다.

비오-사바르 법칙을 무한 선전류에 적용하기 전에,

$$\vec{H} = \int_{L_1} \frac{I \cdot d\vec{\ell}_1 \times \hat{R}}{4\pi R^2} \qquad \text{①과 ②에서}$$

$\vec{H}$의 방향은 $\hat{\ell}_1 \times \hat{R} = \hat{z} \times \hat{\rho} = \hat{\phi}$ 임을 알 수 있다.

즉 $\vec{H} = H_\phi \cdot \hat{\phi}$ 이 된다.

만약 암페어 법칙을 적용할 때 ③과 같은 원을 경로로 선택하면

$$I_{enc} = \oint_{L_2} \vec{H} \bullet d\vec{\ell} = \int_0^{2\pi} (H_\phi \cdot \hat{\phi}) \bullet (\rho \cdot d\vec{\phi})$$

$$= \int_0^{2\pi} H_\phi \cdot \rho \cdot d\phi = H_\phi \cdot \rho \int_0^{2\pi} d\phi = H_\phi \cdot \rho \cdot (2\pi)$$

⑤에서 원 위의 모든 점은 선전류로부터 동일한 거리에 있으므로, H_ϕ는 ③의 경로에서는 상수이다.

위 식을 정리하면,

$$I_{enc} = H_\phi \cdot \rho \cdot (2\pi)$$

위의 결과를 H에 대해서 정리하면 다음과 같다: $H_\phi = \dfrac{I_{enc}}{2\pi\rho}$

따라서 무한 선전류가 발생하는 자계강도는 $\boxed{\vec{H} = \dfrac{I_{enc}}{2\pi\rho}\hat{\phi}} = \dfrac{\text{원인}}{\text{기하학적 특성}}$

cf. $\vec{E} = \dfrac{1}{\varepsilon} \cdot \dfrac{\rho_\ell}{2\pi\rho} \cdot \hat{\rho}$

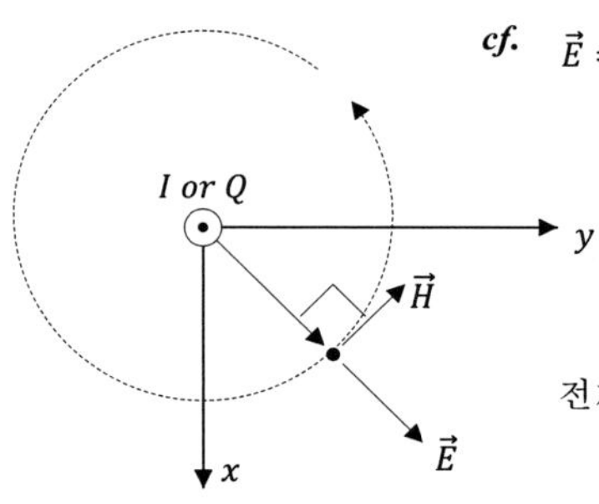

전계와 자계는 직교한다.

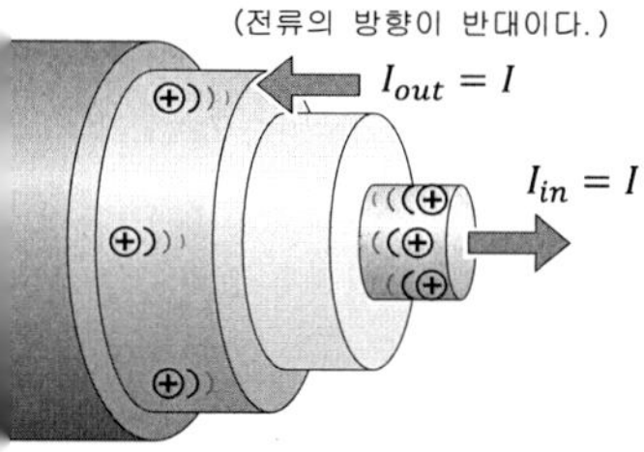

암페어의 주회법칙 응용: $\vec{H}$를 구하기 – (2) 동축케이블 coaxial cable

전류는 도체 전선 내부에 균일하게 분포한다.

선전류에 의해 주위에 발생하는 자계강도는 $\vec{H} = \frac{I_{enc}}{2\pi\rho}\hat{\phi}$ 이므로,

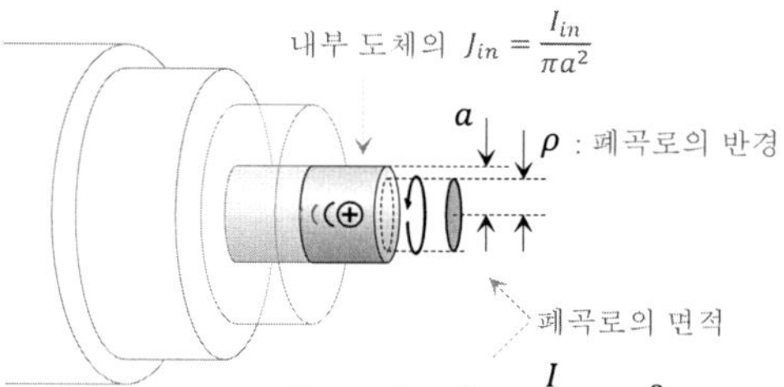

Case ① $\rho < a$

$$\vec{H} = \frac{I_{enc}}{2\pi\rho}\hat{\phi} = \frac{\frac{I}{\pi a^2}\cdot\pi\rho^2}{2\pi\rho}\hat{\phi} = \frac{I\cdot\rho}{2\pi a^2}\hat{\phi}$$

$I_{enc} = J_{in}\cdot S = \frac{I}{\pi a^2}\cdot\pi\rho^2$: 안쪽 도선을 흐르는 전류의 **일부**가 폐곡로를 통과한다.

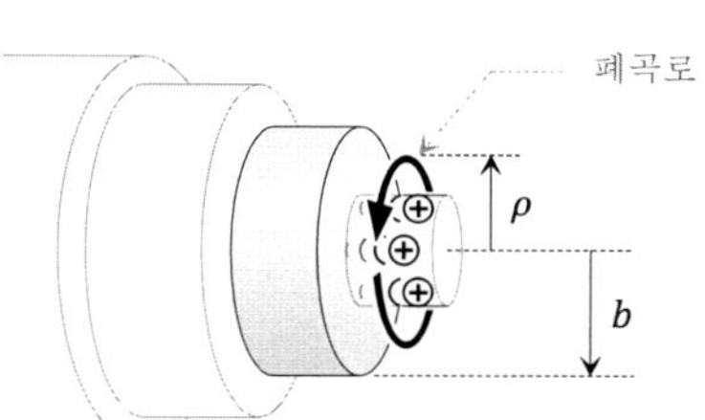

Case ② $a < \rho < b$

$$\vec{H} = \frac{I_{enc}}{2\pi\rho}\hat{\phi} = \frac{I}{2\pi\rho}\hat{\phi}$$

$I_{enc} = I_{in} = I$: 안쪽 도선을 흐르는 전류가 **모두** 폐곡로를 통과한다.

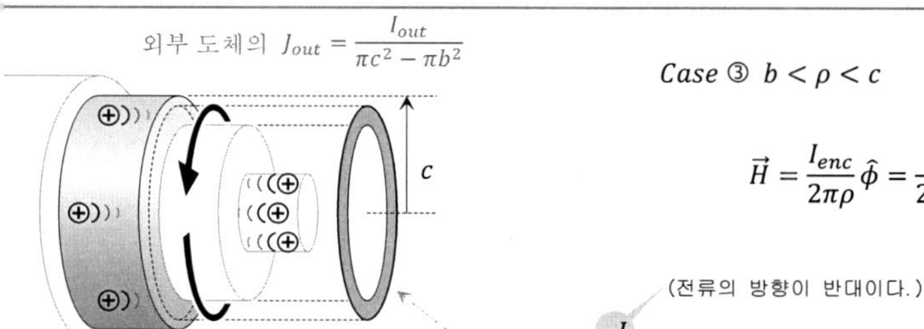

Case ③ $b < \rho < c$

$$\vec{H} = \frac{I_{enc}}{2\pi\rho}\hat{\phi} = \frac{I}{2\pi\rho}\frac{c^2-\rho^2}{c^2-b^2}\hat{\phi}$$

$$I_{enc} = I_{in} + J_{out}\cdot S = I + \frac{-I}{\pi c^2 - \pi b^2}\cdot(\pi\rho^2 - \pi b^2)$$

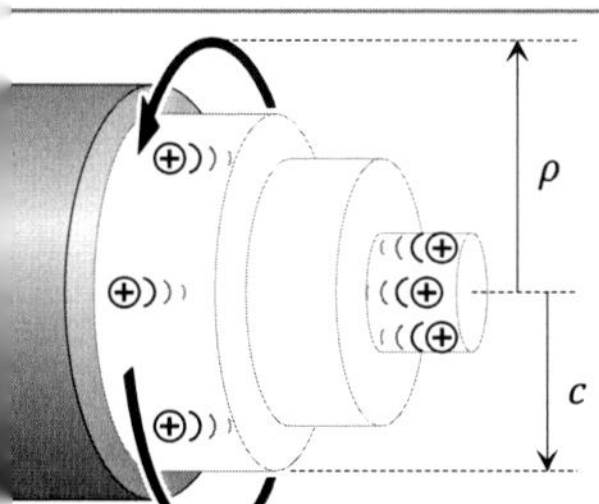

Case ④ $c < \rho$

$$\vec{H} = \frac{I_{enc}}{2\pi\rho}\hat{\phi} = 0$$

$I_{enc} = I_{in} + I_{out} = I + (-I) = 0$

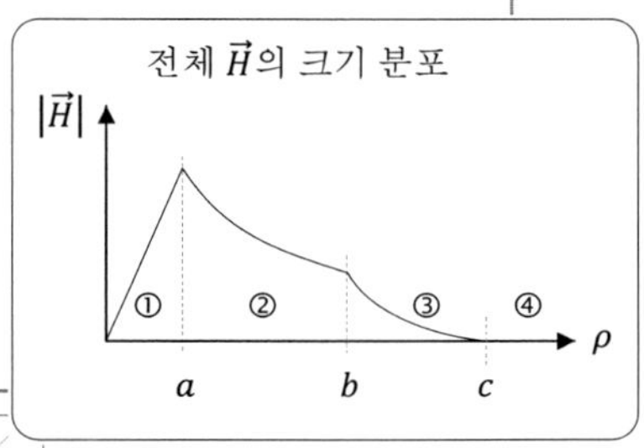

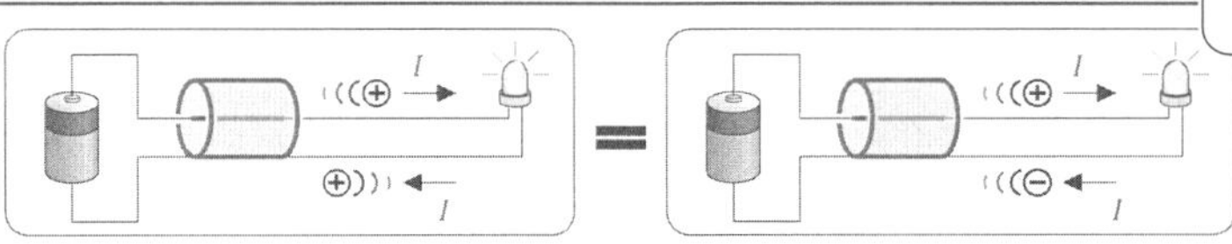

암페어의 주회법칙 응용: $\vec{H}$를 구하기 – (3) (무한) 면전류 (infinite) sheet of current

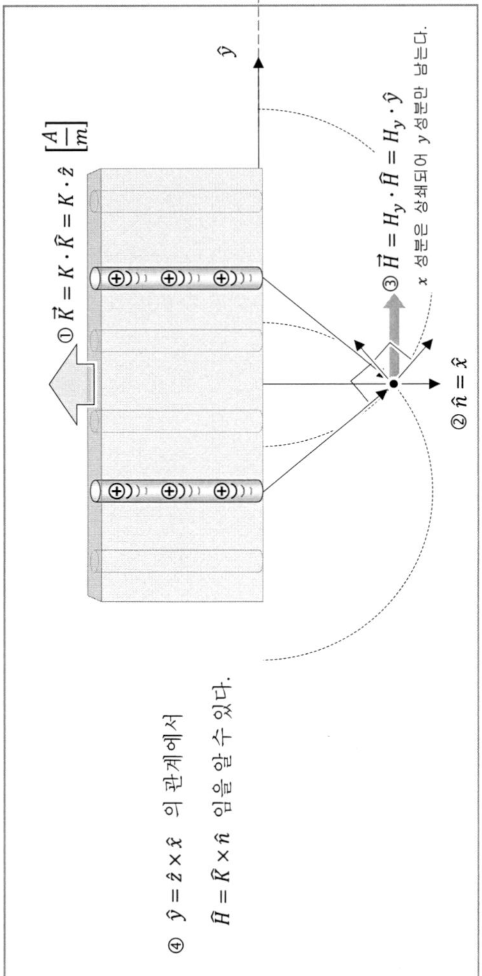

① 판의 두께 d 가 매우 작으면 면전류밀도 $\vec{K}$ 를 사용하여 전류를 표시한다: $I = K \cdot L$

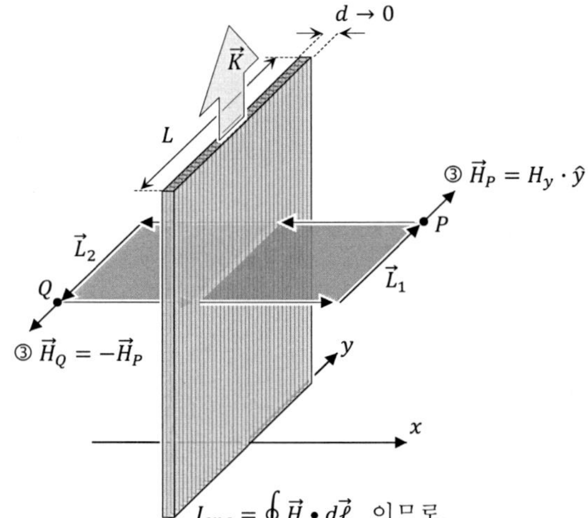

$I_{enc} = \oint_L \vec{H} \bullet d\vec{\ell}$ 이므로,

$$L_1 \cdot K = \vec{H}_P \bullet \vec{L}_1 + \vec{H}_Q \bullet \vec{L}_2 + 0$$

나머지 경로는 $\vec{H}$와 직교한다.

$$= (H_y \cdot \hat{y}) \bullet (L_1 \cdot \hat{y}) + (-H_y \cdot \hat{y}) \bullet [L_1 \cdot (-\hat{y})]$$

$$= H_y \cdot L_1 + H_y \cdot L_1$$

이를 정리하면, $H_y = \dfrac{K}{2}$

④에서 얻은 방향 $\hat{H}$을 붙이면 $\vec{H} = \dfrac{\vec{K} \times \hat{n}}{2} = \dfrac{\text{원인}}{\text{기하학적 특성}}$

Drill 2.2-3 다음과 같이 방향이 반대인 (무한) 판전류가 흐를 경우, 판의 사이에만 자계가 존재하게 된다.

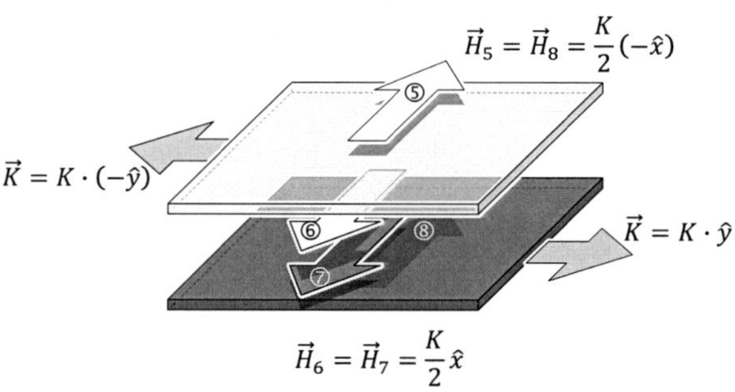

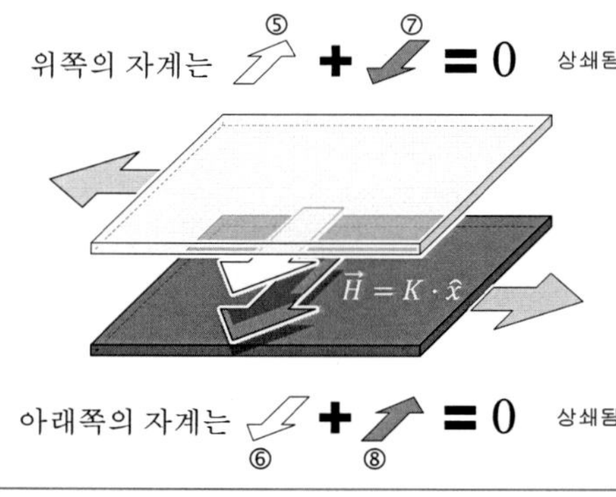

암페어의 주회법칙 응용: $\vec{H}$를 구하기 – (4) 솔레노이드 Solenoid

절연선을 원통형으로 N번 감은 구조를 솔레노이드라고 한다.

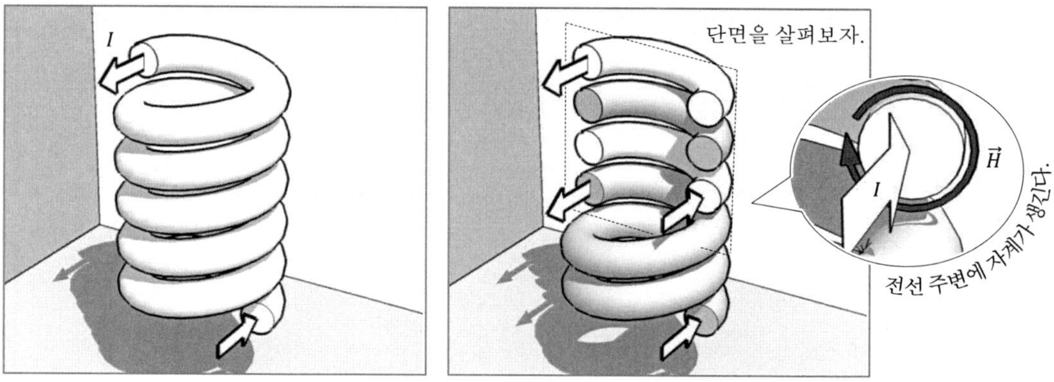

전선들에 의해 발생한 자계들은 무한 면전류 때와 동일하게 더해진다.

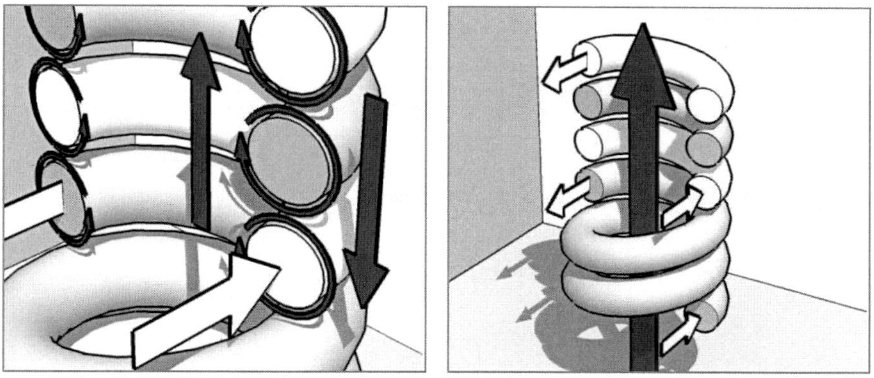

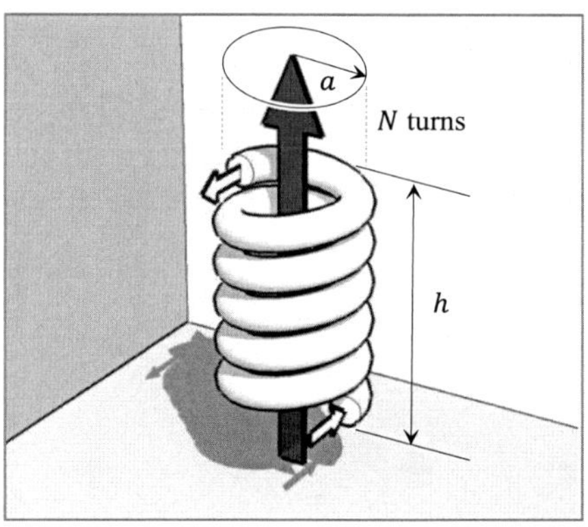

$h \gg a$ 일 때, 자계 강도는 다음과 같이 된다:

$$\vec{H} = \frac{NI}{h}\hat{z}$$

※ 유도과정은 복잡하므로 생략

2.2.2 암페어 주회법칙의 미분형과 회전

암페어의 주회법칙은 닫혀있는 폐곡선에 적용이 가능하다. 폐곡면의 모양에는 특별한 조건이 없다.

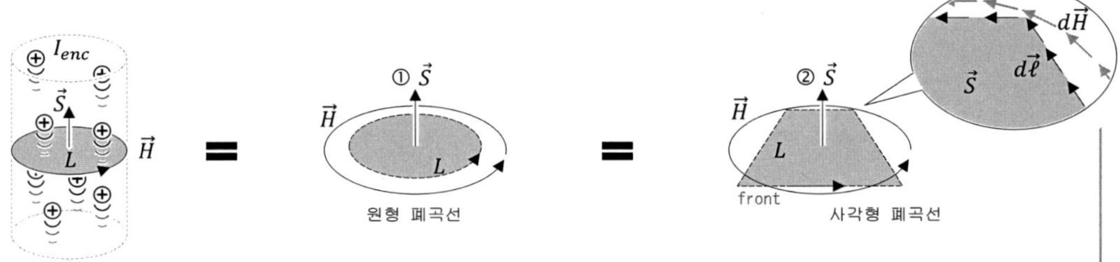

$$I_{enc} = \oint_L \vec{H} \bullet d\vec{\ell} \quad = \quad \int_{arc} \quad = \quad \int_{front} + \int_{back} + \int_{left} + \int_{right}$$

계산이 쉽도록 **적절한 폐곡선을 선택**하면 된다. 계산 결과는 같다.

(가우스 법칙의 미분형과 발산과 동일한 개념이다. p. 34)

만약 폐곡선 L이 만드는 넓이를 매우 작게 만들면...

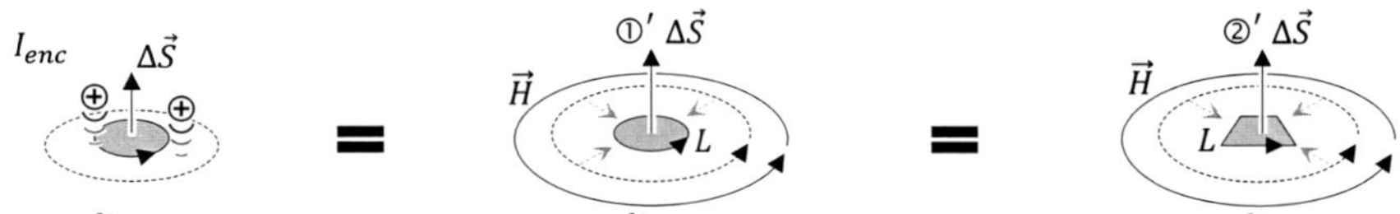

$\lim_{\Delta S \to 0}$ $\quad$ $\lim_{\Delta S \to 0}$ $\quad$ $\lim_{\Delta S \to 0}$

원래의 면적들은 미소면적이 되며 두 개가 같은 모양이라고 생각해도 된다. 즉, 두 면적 ds와 둘레 L이 각각 같다.

①′~②′

암페어의 주회법칙은 여전히 유효하며,미소면적(~점)에서 자계가 돌고 있는 모양을 **"회전"**이라 부른다.

이제 원래의 공간과 전류는 미소면적과 그 둘레의 미소자계들로 복원해 낼 수 있게 된다.

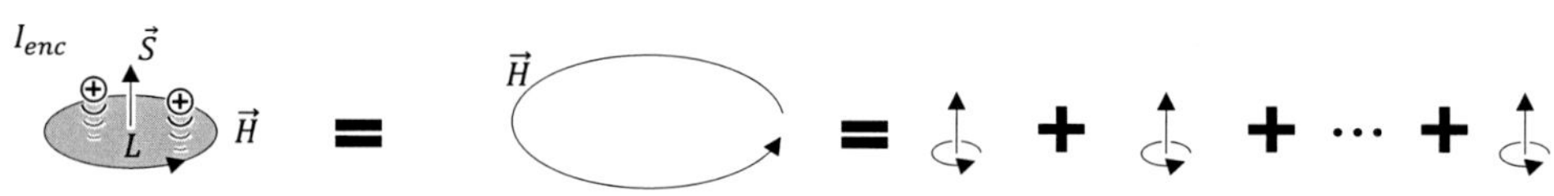

다음 장의 스토크스의 정리 참조

p. 34 참조

$\frac{I}{S} = J \quad \left[\frac{A}{m^2}\right]$

이제 이 **미소면적에서 자계가 회전**하는 상황에 암페어의 주회법칙을 적용하여 **회전을 정의**한다.

$$\text{회전} = \frac{I_{enclosed} = \oint_L \vec{H} \bullet d\vec{\ell}}{\Delta S} \;\; \Rightarrow \;\; \lim_{\Delta S \to 0} \frac{I_{enclosed}}{\Delta S} = \lim_{\Delta S \to 0} \frac{\oint_L \vec{H} \bullet d\vec{\ell}}{\Delta S} \;\; \Rightarrow \;\; \overset{③}{J} = \overset{④}{\lim_{\Delta S \to 0} \frac{\oint_L \vec{H} \bullet d\vec{\ell}}{\Delta S}}$$

실제로 임의의 벡터에 $\vec{H}$의 회전은 다음과 같이 정의한다:

$$④ \quad \vec{H}\text{의 회전} = \text{rot}\,\vec{H} = \nabla \times \vec{H} = \lim_{\Delta S \to 0} \frac{\oint_L \vec{H} \bullet d\vec{\ell}}{\Delta S}$$

Appx 14 회전

(수학적 계산방법)

$$\nabla \times \vec{H} = \left(\frac{\partial H_z}{\partial y} - \frac{\partial H_y}{\partial z}\right)\hat{x} + \left(\frac{\partial H_x}{\partial z} - \frac{\partial H_z}{\partial x}\right)\hat{y} + \left(\frac{\partial H_y}{\partial x} - \frac{\partial H_x}{\partial y}\right)\hat{z}$$

$$\nabla \times \vec{H} = \left(\frac{1}{\rho}\frac{\partial H_z}{\partial \phi} - \frac{\partial H_\phi}{\partial z}\right)\hat{\rho} + \left(\frac{\partial H_\rho}{\partial z} - \frac{\partial H_z}{\partial \rho}\right)\hat{\phi} + \frac{1}{\rho}\left[\frac{\partial(\rho \cdot H_\phi)}{\partial \rho} - \frac{\partial H_\rho}{\partial \phi}\right]\hat{z}$$

$$\nabla \times \vec{H} = \frac{1}{r\sin\theta}\left[\frac{\partial(\sin\theta \cdot H_\phi)}{\partial \theta} - \frac{\partial H_\theta}{\partial \phi}\right]\hat{r} + \frac{1}{r}\left[\frac{1}{\sin\theta}\frac{\partial H_r}{\partial \phi} - \frac{\partial(r \cdot H_\phi)}{\partial r}\right]\hat{\theta} + \frac{1}{r}\left[\frac{\partial(r \cdot H_\theta)}{\partial r} - \frac{\partial H_r}{\partial \theta}\right]\hat{\phi}$$

우리는 $\vec{H}$ 를 자계강도로 사용하고 있으며 위에서 유도한 결과는 ③ = ④ $\vec{J} = \nabla \times \vec{H}$ 이다.
이 결과는 맥스웰 방정식 중 하나이다.

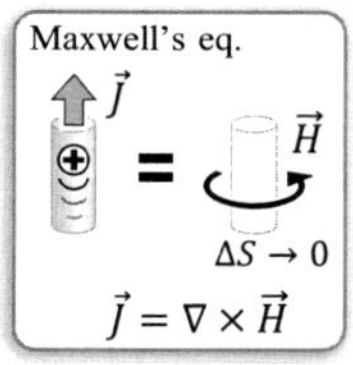

cf.

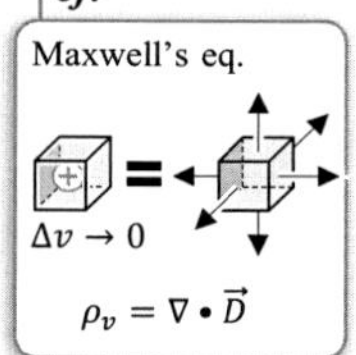

원인 (전류) = 결과 (자계가 주위를 회전한다)

I_{enc}	=	$\oint_L \vec{H} \bullet d\vec{\ell}$	(←임의 면적의 둘레)
$\vec{J}$	=	$\nabla \times \vec{H}$	(← 미소면적의 둘레)

계의 회전을 직관적으로 보여주는 방법으로 H. H. Skilling이 도입한 스킬링 휠이 있다.
(Skilling wheel)

강물 $\vec{W}$ 에 스킬링 휠을 넣는다.

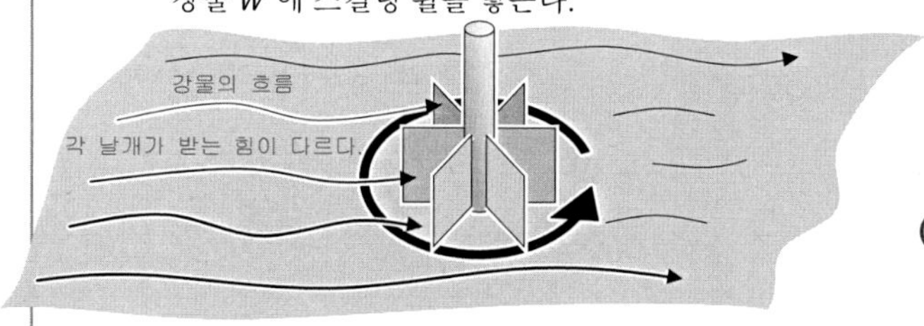

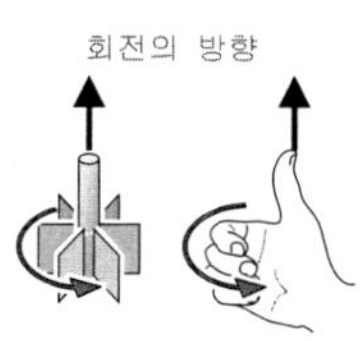

스킬링 휠이 회전하면 강물의 속도가 균일하지 않은 것을 알 수 있다.
특히 회전을 유발하는 것을 알 수 있다.

회전하는 계에 대한 가장 쉬운 예

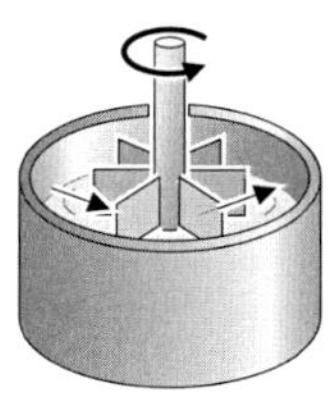

그릇 안의 물의 흐름이 회전을 유발한다.

회전의 예

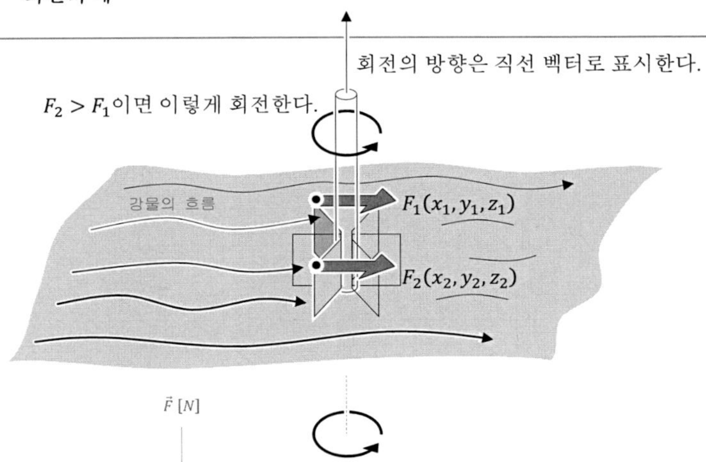

날개의 한 점이 강물의 힘을 받아 이렇게 회전하는 에너지를 얻는다는 뜻이다.

강물이란 계 안에서 이런 경로로 움직이면서 얻는 에너지를 계산하면 그 결과는 양(+)의 값이 된다.

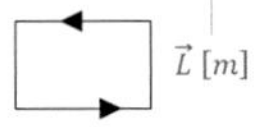

$W = \vec{F} \cdot \vec{L}\ [N \cdot m = J]$

강물 안에서 위의 경로로 움직이면서 얻는 에너지를 계산해보자.

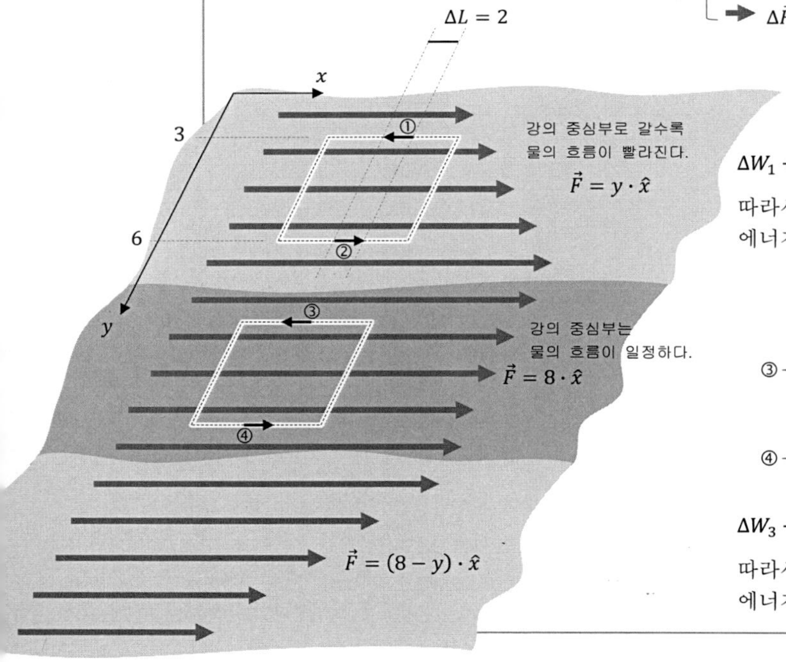

① $\Delta\vec{L} = -2\hat{x}$, $\Delta\vec{F} = 3\hat{x}$ → $\Delta W_1 = \Delta\vec{F} \cdot \Delta\vec{L} = (3\hat{x}) \cdot (-2\hat{x}) = -6$

② $\Delta\vec{L} = 2\hat{x}$, $\Delta\vec{F} = 6\hat{x}$ → $\Delta W_2 = d\vec{F} \cdot d\vec{L} = 12$

$\Delta W_1 + \Delta W_2 = 12 - 6 > 0$ 이다.

따라서 강의 가장자리 쪽에는 폐경로를 따라 얻는 에너지 $W_{total} > 0$ 이고 회전이 있음을 알 수 있다.

③ $\Delta\vec{L} = -2\hat{x}$, $\Delta\vec{F} = 8\hat{x}$ → $\Delta W_3 = d\vec{F} \cdot d\vec{L} = -16$

④ $\Delta\vec{L} = 2\hat{x}$, $\Delta\vec{F} = 8\hat{x}$ → $\Delta W_4 = d\vec{F} \cdot d\vec{L} = 16$

$\Delta W_3 + \Delta W_4 = 16 - 16 = 0$ 이다.

따라서 강의 중심부 쪽에는 폐경로를 따라 얻는 에너지 $W_{total} = 0$ 이고 회전이 없음을 알 수 있다.

전계의 회전 (전계를 만든 전하가 움직이지 않을 때. 즉 전계가 변하지 않을 때)

전하는 자신의 주위에 전계를 만든다: $E \propto Q$

전계 내에서 전하를 움직이려면 에너지가 필요하다: $W \propto V \propto E \cdot L$

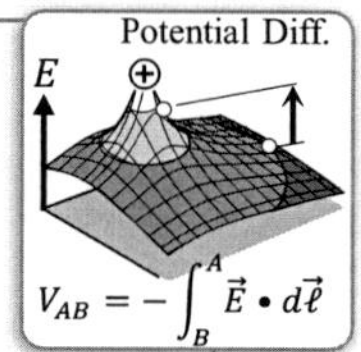

전계 내에서 전하를 움직여 제자리로 돌아오면 소비되는 총 에너지는 없다: $\oint_L \vec{E} \bullet d\vec{\ell} = 0$

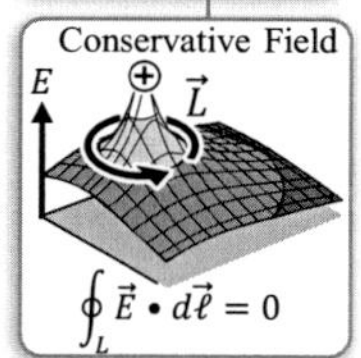

따라서 폐경로를 극히 작게 만들어도 회전하는데 필요한 에너지는 없다: $0 = \nabla \times \vec{E}$

맥스웰 방정식 중 하나이다.

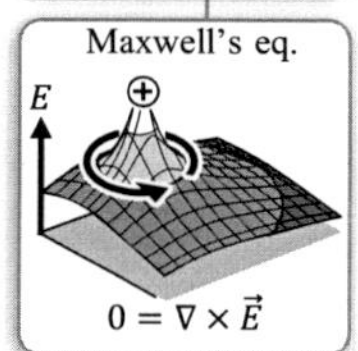

Drill 2.2-4

동축케이블의 자계에 회전을 사용해보자: $\vec{J} = \nabla \times \vec{H}$

p. 95 참조

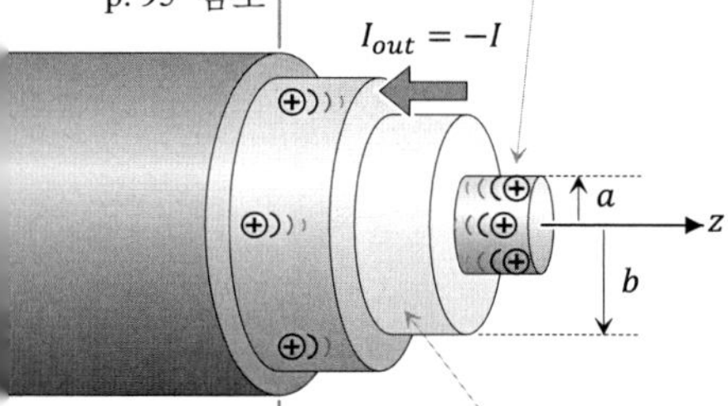

Case ① $\rho < a$: $\vec{H} = \dfrac{I \cdot \rho}{2\pi a^2}\hat{\phi}$ 이므로

$$\nabla \times \vec{H} = \left(\frac{1}{\rho}\frac{\partial H_z}{\partial \phi} - \frac{\partial H_\phi}{\partial z}\right)\hat{\rho} + \left(\frac{\partial H_\rho}{\partial z} - \frac{\partial H_z}{\partial \rho}\right)\hat{\phi} + \frac{1}{\rho}\left[\frac{\partial(\rho \cdot H_\phi)}{\partial \rho} - \frac{\partial H_\rho}{\partial \phi}\right]\hat{z}$$

$$= \left[-\frac{\partial}{\partial z}\left(\frac{I \cdot \rho}{2\pi a^2}\right)\right]\hat{\rho} + 0 + \frac{1}{\rho}\left[\frac{\partial}{\partial \rho}\left(\rho \cdot \frac{I \cdot \rho}{2\pi a^2}\right)\right]\hat{z} = \frac{I}{\pi a^2}\hat{z}$$

안쪽 도체에 대해서 전류밀도는 $J = \dfrac{I}{S} = \dfrac{I}{\pi a^2}$

따라서 $\vec{J} = \nabla \times \vec{H}$ 가 성립함을 알 수 있다.

Case ② $a < \rho < b$: $\vec{H} = \dfrac{I}{2\pi\rho}\hat{\phi}$ 이므로

$$\nabla \times \vec{H} = \left[-\frac{\partial}{\partial z}\left(\frac{I}{2\pi\rho}\right)\right]\hat{\rho} + 0 + \frac{1}{\rho}\left[\frac{\partial}{\partial \rho}\left(\rho \cdot \frac{I}{2\pi\rho}\right)\right]\hat{z} = 0$$

두 도체 사이의 유전체에는 전류가 없음을 알 수 있다.

2.2.3 스토크스의 정리

암페어 주회법칙과 그 미분형의 관계를 살펴보자.

① $I_{enc} = I = \oint_L \vec{H} \bullet d\vec{\ell}$

② $\nabla \times \vec{H} = \vec{J}$

전류와 전류밀도의 관계는 $I = J \cdot S$ 이므로,

$[A] = \left[\frac{A}{m^2}\right] \cdot [m^2]$

②′ $I_{enc} = \int_S \vec{J} \bullet d\vec{s}$

따라서 ① = ②′ 를 얻는다:

스토크스의 정리

$$I_{enc} = \underbrace{\oint_L \vec{H} \bullet d\vec{\ell}}_{①} = \underbrace{\int_S (\nabla \times \vec{H}) \bullet d\vec{s}}_{②'}$$

전체의 외곽선을 따라 도는 양을 적분 = 선 내부의 미소면적 당 회전을 적분

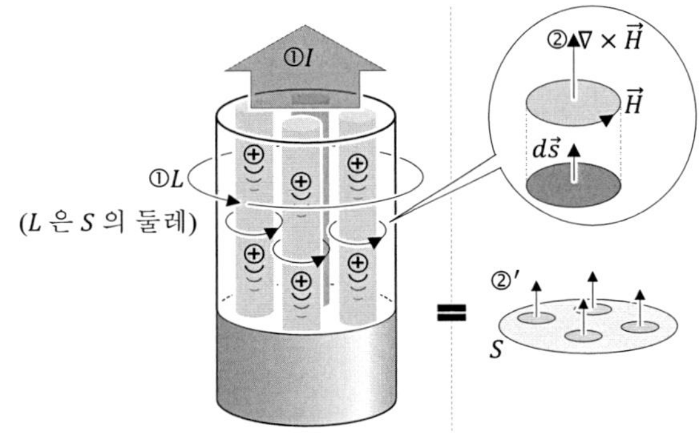

전류가 흐르는 전선

스킬링 휠을 사용하여 물을 회전시키는 경우를 생각해보자.

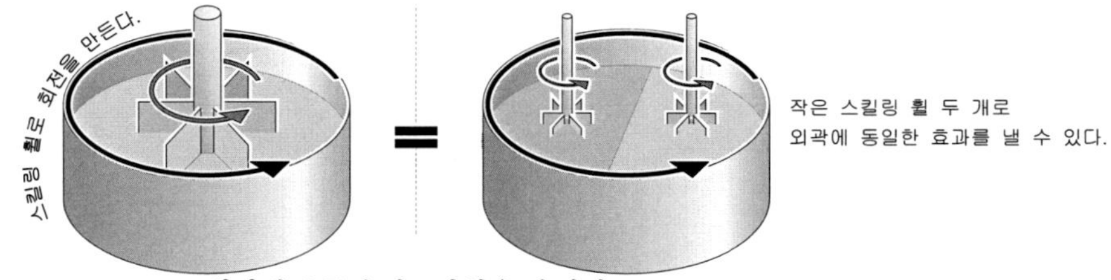

외곽의 흐름만 비교하였을 때 같다!

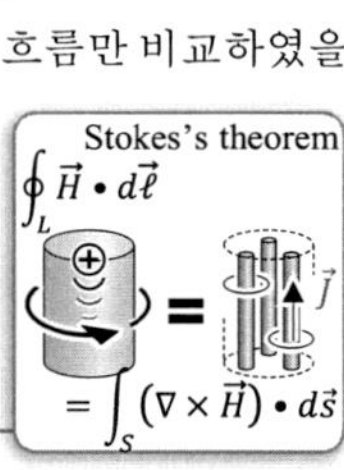

cf.

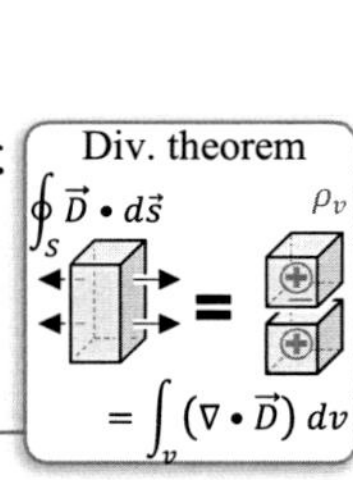

p. 38

전체의 외곽면을 따라 나오는 양을 적분
= 면 내부의 미소체적 당 발산을 적분

Drill 2.2-5

$\vec{H} = \dfrac{\rho}{2\pi}\hat{\phi}$ 일 때, 아래 그림과 같은 원에 스토크스의 정리를 사용하여 전류를 계산해보자.

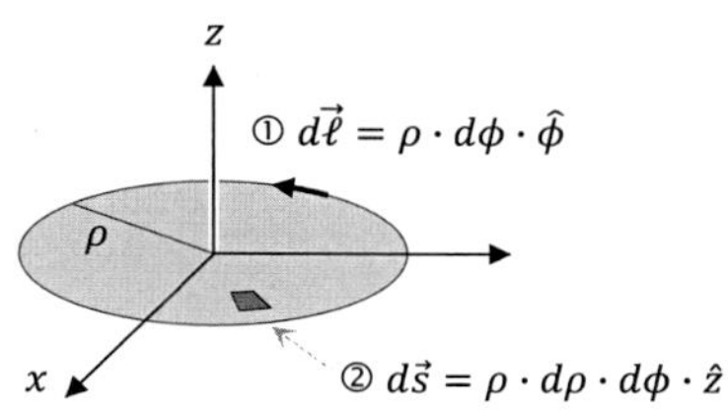

Solution

스토크의 정리 $I_{enc} = \overset{①}{\oint_L \vec{H} \bullet d\vec{\ell}} = \overset{②}{\int_S (\nabla \times \vec{H}) \bullet d\vec{s}}$

두 가지 방법으로 풀 수 있다.

$$① \; I_{enc} = \oint_L \vec{H} \bullet d\vec{\ell} = \int_0^{2\pi} \left(\frac{\rho}{2\pi}\hat{\phi}\right) \bullet (\rho\, d\phi\, \hat{\phi}) = \int_0^{2\pi} \frac{\rho^2}{2\pi} d\phi = \rho^2 \; [A]$$

$$② \; I_{enc} = \int_S (\nabla \times \vec{H}) \bullet d\vec{s} = \int_0^{2\pi}\int_0^{\rho} \left(\frac{1}{\pi}\hat{z}\right) \bullet (\rho\, d\rho\, d\phi\, \hat{z}) = \int_0^{2\pi}\int_0^{\rho} \frac{\rho}{\pi} d\rho\, d\phi = \rho^2 \; [A]$$

$$\vec{J} = \nabla \times \vec{H} = \left(\frac{1}{\rho}\frac{\partial H_z}{\partial \phi} - \frac{\partial H_\phi}{\partial z}\right)\hat{\rho} + \left(\frac{\partial H_\rho}{\partial z} - \frac{\partial H_z}{\partial \rho}\right)\hat{\phi} + \frac{1}{\rho}\left[\frac{\partial(\rho \cdot H_\phi)}{\partial \rho} - \frac{\partial H_\rho}{\partial \phi}\right]\hat{z}$$

$$= -\frac{\partial}{\partial z}\left(\frac{\rho}{2\pi}\right)\hat{\rho} \quad + \quad \frac{1}{\rho}\left[\frac{\partial}{\partial \rho}\left(\rho \cdot \frac{\rho}{2\pi}\right)\right]\hat{z} = \frac{1}{\pi}\hat{z}$$

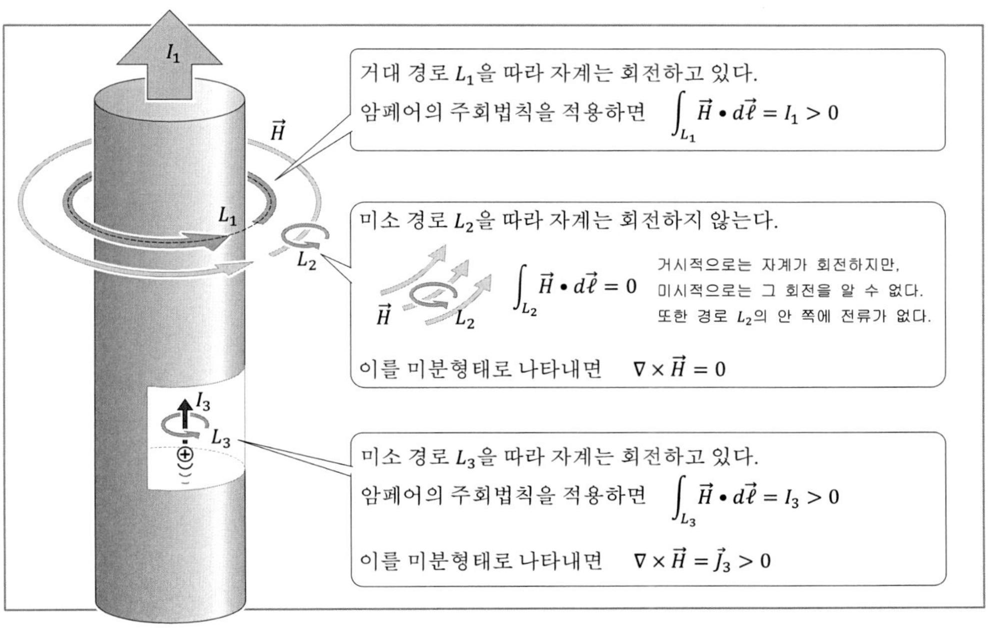

2.3 자속과 자속밀도

Flux를 설명하기 위해 상자 안에 전등이 있는 상황을 분석하였다. p. 20

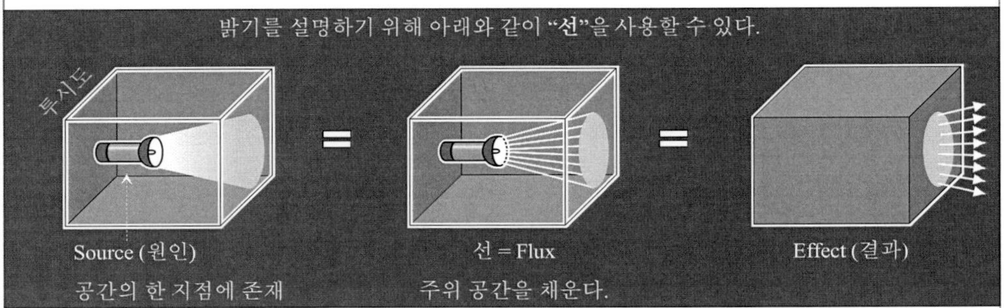

또한 전계의 상태를 보여주기 위해서 "전속"을 사용하였다.

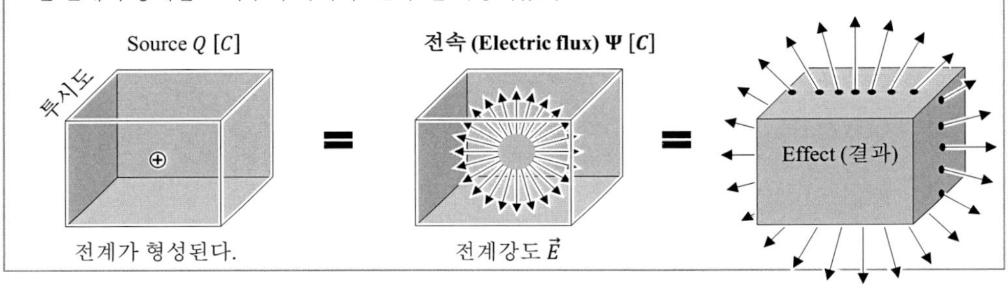

자석에 의해 주위 공간에 자계가 형성되며, "자속"을 사용하여 자계의 상태를 표시를 한다.
자속의 단위는 웨버(Wb, weber)이다.

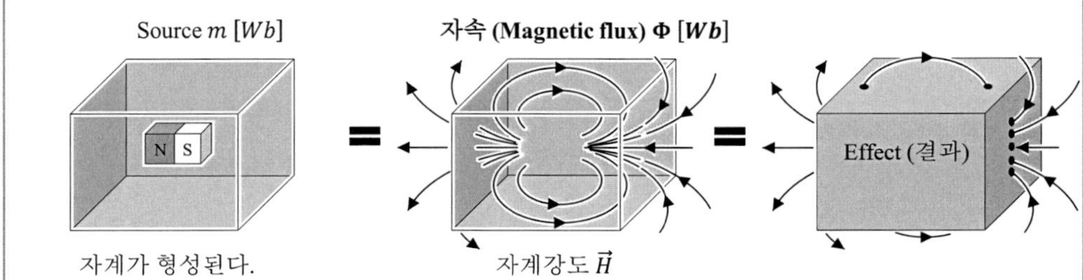

p. 20

면을 통과하는 전속에 대해 전속밀도 $\vec{D}$를 정의하였다. 마찬가지로 자속밀도 $\vec{B}$를 정의한다.

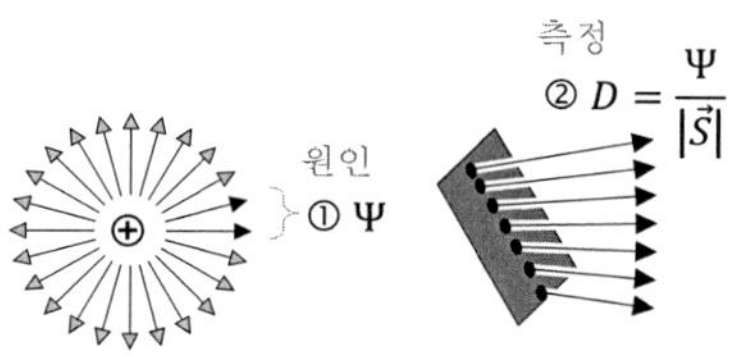

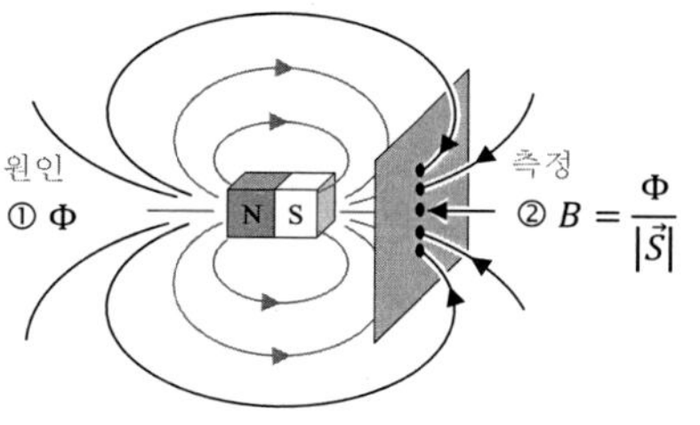

면적 $\vec{S}$이 벡터이므로 **자속밀도도 벡터**이어야 사용이 편리하다: $\vec{B} = \frac{\Phi}{S} \cdot \hat{R} \left[\frac{Wb}{m^2}\right]$

$\hat{R}$은 자석에서 멀어지는 방향

$$m = \Phi = \vec{B} \bullet \vec{S} = \int_S \vec{B} \bullet d\vec{s}$$

Appx 10 면적분

p. 21

이제 전속밀도의 경우와 마찬가지로 표면에서 $\vec{B}$와 $\vec{S}$를 관측하여 원인 m을 계산할 수 있게 된다.
(2.3.2 절의 가우스 법칙을 자계에 적용한 부분에서 다시 다룬다.)

역사적으로 자속밀도는 여러 개의 단위가 있다: $1\ \frac{Wb}{m^2} = 1\ T = 10{,}000\ G$

/Tesla/ 테슬라 /Gauss/ 가우스

2.3.1 자속밀도와 자계강도와의 관계

이해를 돕기 위해 비유를 사용하여 설명한다. 정확한 내용은 다른 책을 참조할 것.

유전체 매질은 전기 쌍극자로 구성된 물질이며 전기적으로 중성이다.

매질 A = 진공

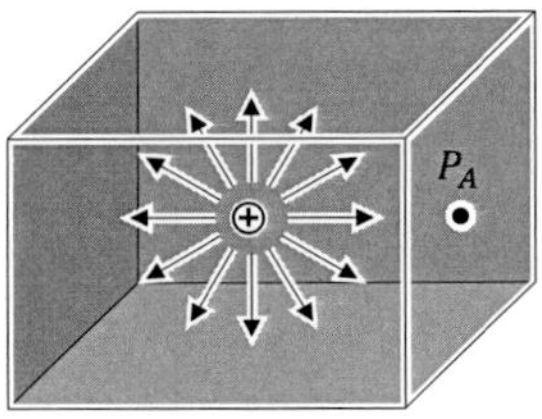

점 P에서 시험전하를 사용하여 측정하는 전계강도: $E_A > E_B$

매질 B = 진공 + 수증기

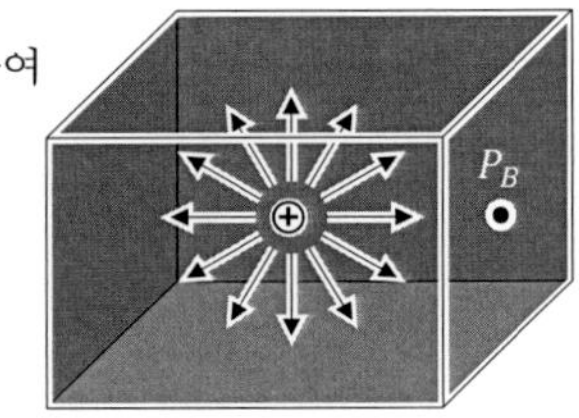

유전체가 전계에 대해 반응하는 정도는 **유전율 $\boldsymbol{\varepsilon}$** 로 표시한다.
전기 쌍극자가 전속을 흡수하고 발생시킨다.
이 때문에 측정 지점에 도달하는 전속의 수가 작아진다.

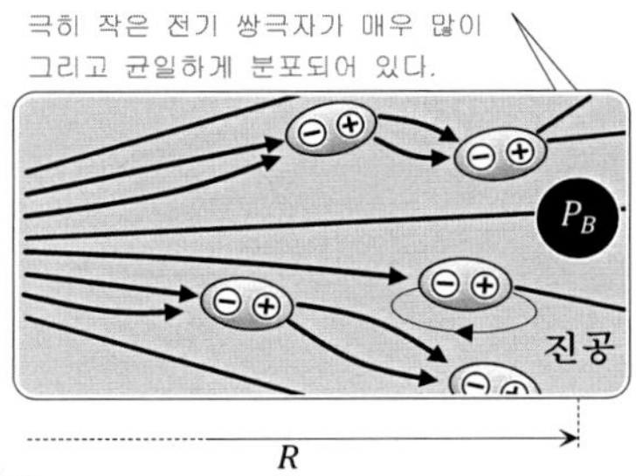

한 점에서 전계강도는 $E \propto \begin{cases} D & : 전속밀도 \\ \dfrac{1}{\varepsilon} & : 매질이\ 전속에\ 반응하는\ 정도 \end{cases}$

따라서 $E = \dfrac{1}{\varepsilon} \cdot D$ 를 얻는다. 여기서 $\varepsilon = \varepsilon_0 \varepsilon_r \begin{cases} 진공의\ 유전율은\ \varepsilon_0 \\ \text{“}\Sigma 쌍극자\text{”}의\ 비유전율은\ \varepsilon_r \end{cases}$

자성체 매질은 자기 쌍극자로 구성된 물질이다: 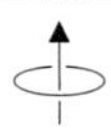 p. 91

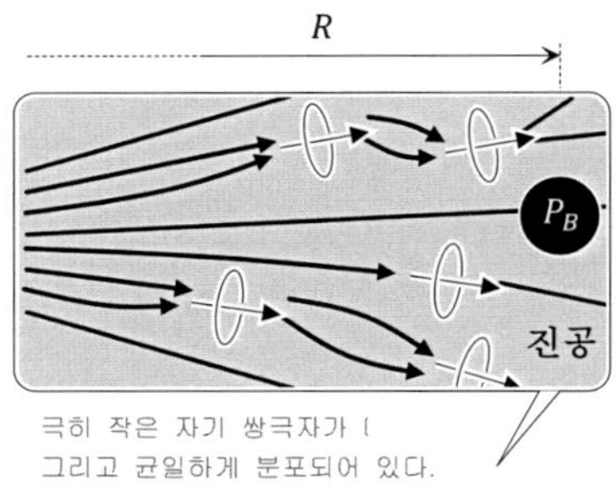

자성체가 자계에 대해 반응하는 정도는 **투자율 $\boldsymbol{\mu}$** 로 표시한다.
자기 쌍극자가 자속을 흡수하고 발생시킨다.
이 때문에 측정 지점에 도달하는 자속의 수가 작아진다.

한 점에서 자계강도는 $H \propto \begin{cases} B & : 자속밀도 \\ \dfrac{1}{\mu} & : 매질이\ 자속에\ 반응하는\ 정도 \end{cases}$

따라서 $H = \dfrac{1}{\mu} \cdot B$ 를 얻는다. 여기서 $\mu = \mu_0 \mu_r \begin{cases} 진공의\ 투자율은\ \mu_0 \\ \text{“}\Sigma 쌍극자\text{”}의\ 비투자율은\ \mu_r \end{cases}$ p. 114

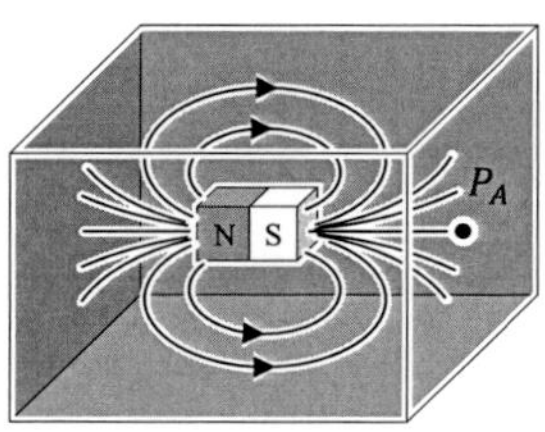

점 P에서 시험자석을 사용하여 측정하는 자계강도: $H_A > H_B$

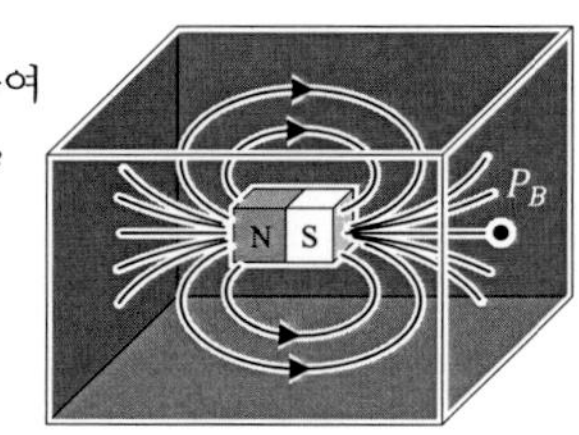

1.3.1 전속밀도와 전계강도와의 관계 참조 p. 24

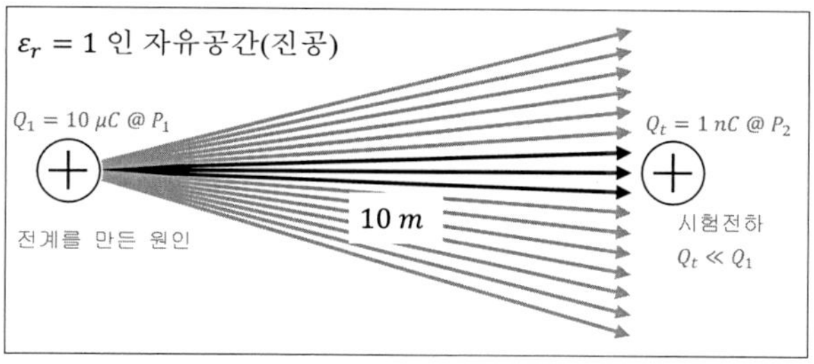

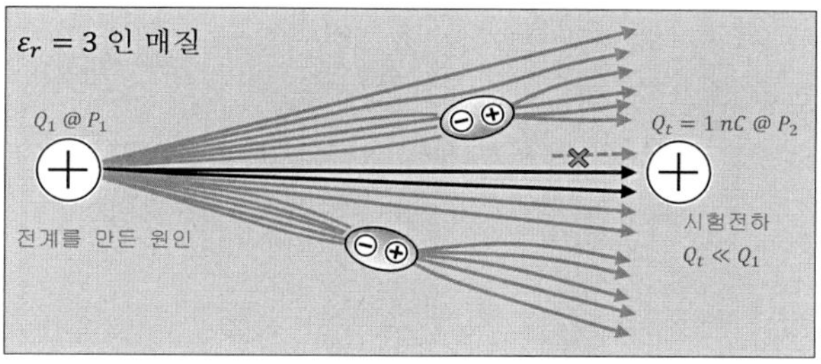

유전체의 전기 쌍극자가 전속을 방해하여 시험전하가 받는 전계강도에 영향을 준다.

$$\vec{D} = \varepsilon \vec{E} = \varepsilon_r \cdot \varepsilon_0 \cdot \vec{E}$$

자성체의 경우

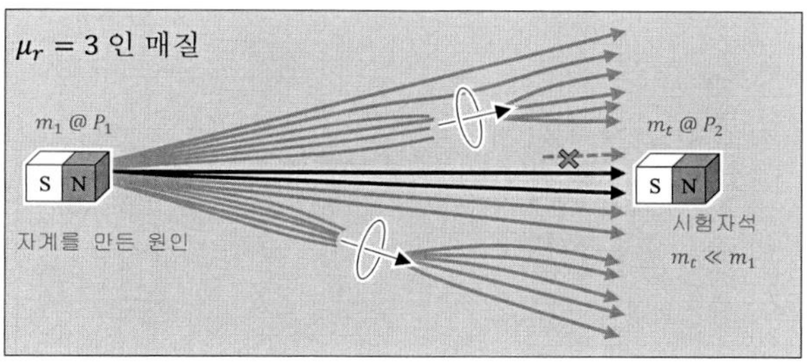

유전체와 마찬가지로 자성체도 자기 쌍극자에 의해 자속이 영향을 받는다.
따라서 자계강도로부터 자석(=자속)을 복원해 내려면 계산에 자성체의 영향력을 포함시켜야 한다.

$$\vec{B} = \mu \vec{H} = \mu_r \cdot \mu_0 \cdot \vec{H}$$

2.3.2 자계에 가우스 법칙을 적용

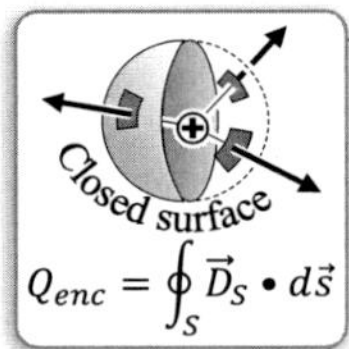

전하에 가우스 법칙을 적용하면,

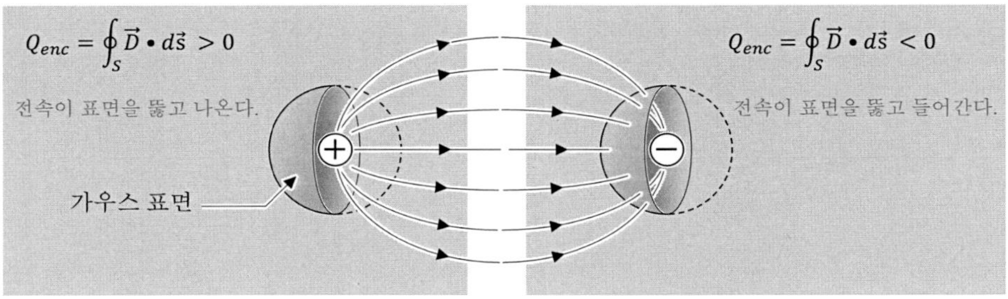

가우스 표면을 매우 작게 만들면 가우스 법칙의 미분형을 얻는다:

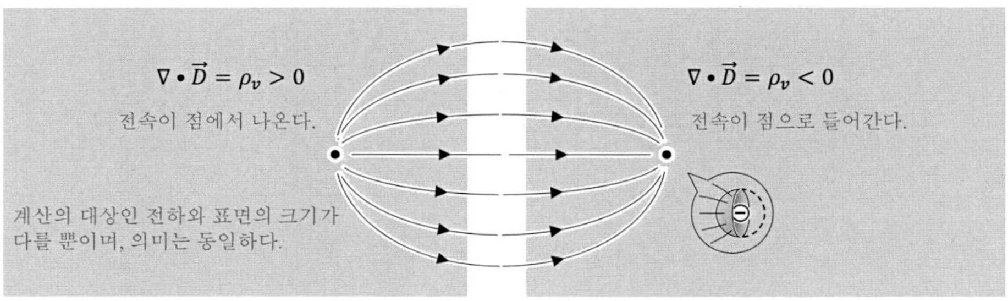

위와 같은 방식으로 자석에 가우스 법칙을 적용하기 위해서는 자석을 **분리**해야 한다.

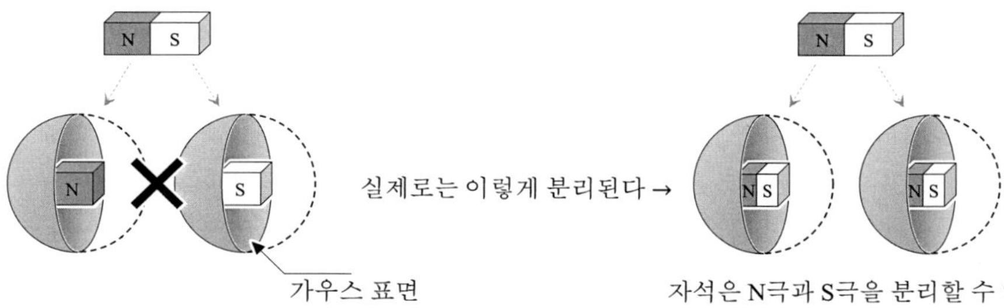

자석은 N극과 S극을 분리할 수 없다.
(자석의 실체는 p. 114 참조)

즉, 자계에서는 가우스 폐곡면 안에 항상 N극과 S극이 동시에 들어가게 된다.

$$\oint_S \vec{B}_S \cdot d\vec{s} = 0$$

: 자속의 보존법칙

$$\nabla \cdot \vec{B} = 0$$

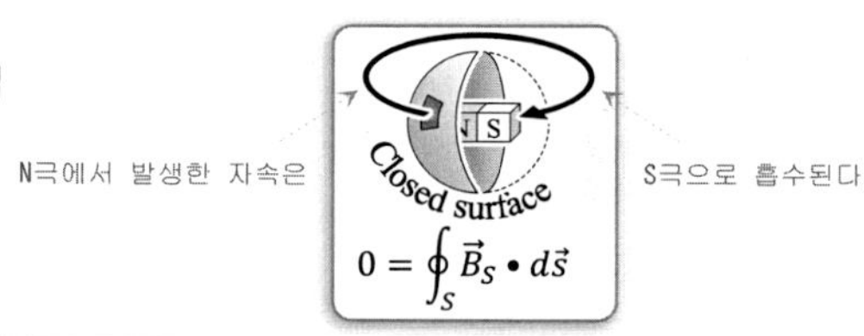

The EM map

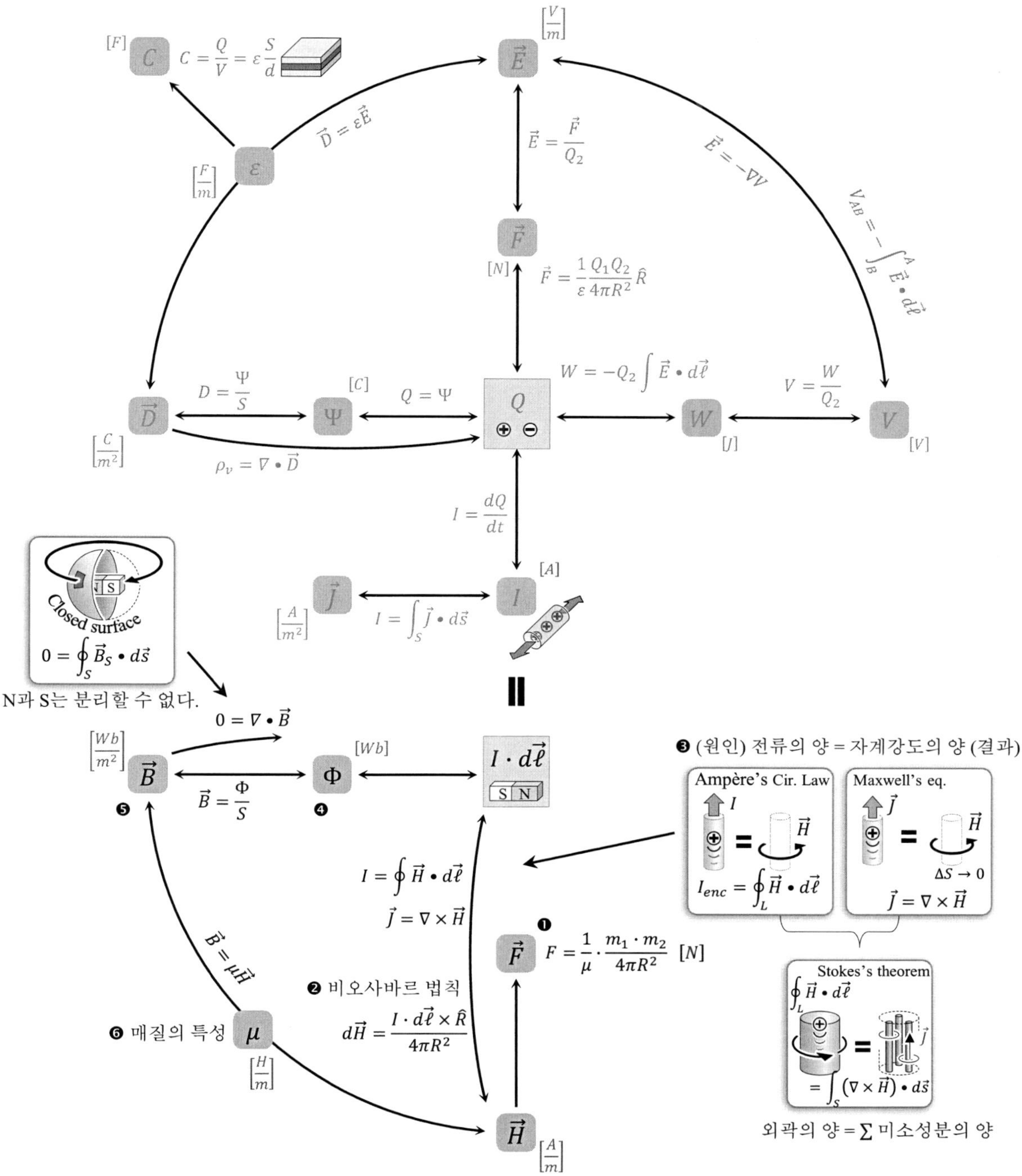

[V/m]
[F] C $C = \frac{Q}{V} = \varepsilon\frac{S}{d}$
$\vec{E}$
$\vec{D} = \varepsilon\vec{E}$
$\vec{E} = \frac{\vec{F}}{Q_2}$
$\vec{E} = -\nabla V$
[F/m] ε
$V_{AB} = -\int_B^A \vec{E} \bullet d\vec{\ell}$
$\vec{F}$
[N] $\vec{F} = \frac{1}{\varepsilon}\frac{Q_1 Q_2}{4\pi R^2}\hat{R}$
$W = -Q_2\int \vec{E} \bullet d\vec{\ell}$
$D = \frac{\Psi}{S}$
[C]
$Q = \Psi$
$V = \frac{W}{Q_2}$
$\vec{D}$ Ψ Q W V
[C/m²] [J] [V]
$\rho_v = \nabla \bullet \vec{D}$
$I = \frac{dQ}{dt}$
[A]
$\vec{J}$ I
[A/m²] $I = \int_S \vec{J} \bullet d\vec{s}$
Closed surface
N S
$0 = \oint_S \vec{B}_S \bullet d\vec{s}$
N과 S는 분리할 수 없다.
$0 = \nabla \bullet \vec{B}$
[Wb/m²] [Wb]
$\vec{B}$ Φ $I \cdot d\vec{\ell}$
S N
$\vec{B} = \frac{\Phi}{S}$
❺ ❹
❸ (원인) 전류의 양 = 자계강도의 양 (결과)
Ampère's Cir. Law
$I_{enc} = \oint_L \vec{H} \bullet d\vec{\ell}$
Maxwell's eq.
$\Delta S \to 0$
$\vec{J} = \nabla \times \vec{H}$
$I = \oint \vec{H} \bullet d\vec{\ell}$
$\vec{J} = \nabla \times \vec{H}$
$\vec{B} = \mu\vec{H}$
❶
$\vec{F}$ $F = \frac{1}{\mu} \cdot \frac{m_1 \cdot m_2}{4\pi R^2}$ [N]
Stokes's theorem
$\oint_L \vec{H} \bullet d\vec{\ell}$
$= \int_S (\nabla \times \vec{H}) \bullet d\vec{s}$
❷ 비오사바르 법칙
$d\vec{H} = \frac{I \cdot d\vec{\ell} \times \hat{R}}{4\pi R^2}$
❻ 매질의 특성 μ
[H/m]
$\vec{H}$
[A/m]
외곽의 양 = ∑ 미소성분의 양

2.4 자위

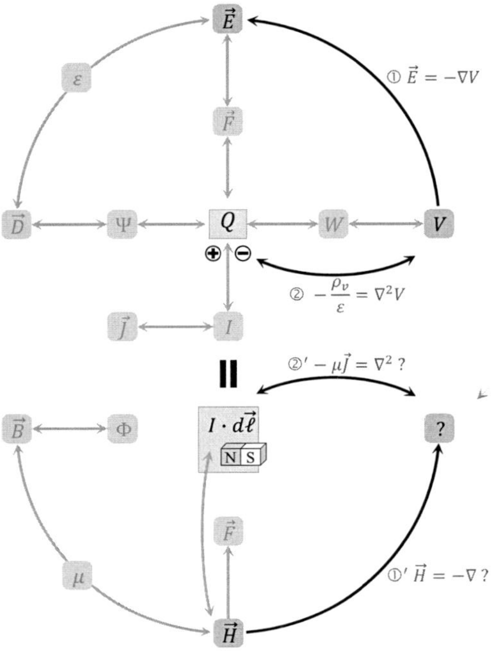

①전계에서는 **전위**(전기 포텐셜)가 있었다. 1장에서 ②포아송 방정식을 유도하여 전하와 **전위**의 관계를 표시하였다. p. 60

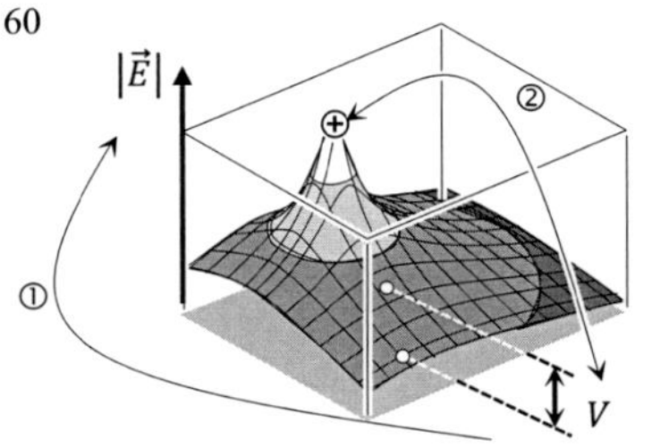

자계에도 ①과 ②의 관계식에 해당되는 **자위**가 있을 것이다.

실제로 자위는 ❶스칼라 자위와 ❷벡터 자위가 있다.

❶ V_m 스칼라 자위(Scalar Magnetic Potential)는 특별한 경우에만 정의된다.

전계에서의 전위 V $[V]$와 유사하게 자위 V_m $[A]$를 정의해보자.

$$① \ \vec{E} = -\nabla V \quad = \quad ①' \ \vec{H} = -\nabla V_m$$

$$\left[\frac{V}{m}\right] \quad [V] \qquad \left[\frac{A}{m}\right] \quad [A]$$

V 와 V_m는 유사성을 지키기 위해서 다음을 만족해야 한다:

$\nabla \times \vec{E} = 0$ 이고[1] $\overset{?}{=}$ $\nabla \times \vec{H} = \vec{J}$ 이고[2]

$\nabla \times (-\nabla V) = 0$[3] 이다. $\nabla \times (-\nabla V_m) = 0$[3]이다.

위 관계가 유사하려면 $\vec{J} = 0$**이어야 한다.** 즉, V_m 은 $\vec{J} = 0$**인 지역에서만** 정의된다. 따라서 ②에서 라플라스 방정식[4] 만 유사성을 갖는다.

$$② \ \nabla^2 V = 0 \quad = \quad ②' \ \nabla^2 V_m = 0$$

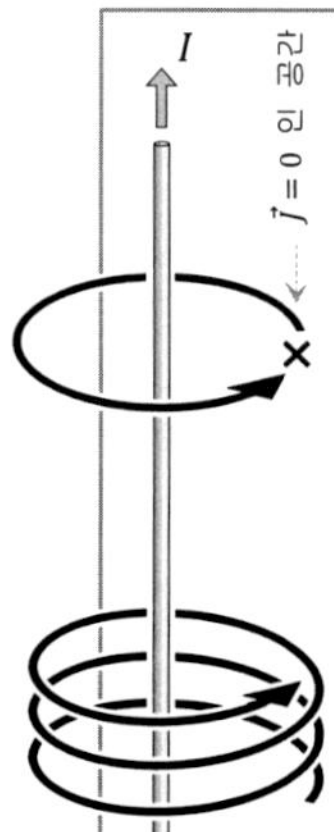

무한 길이의 선전류가 발생시키는 자위 V_m 를 구해보자.

$\vec{H} = \frac{I}{2\pi\rho}\hat{\phi}$ 를 $\vec{H} = -\nabla V_m$ 에 대입하면,

$$\frac{I}{2\pi\rho}\hat{\phi} = -\nabla V_m = -\left(\frac{\partial V_m}{\partial \rho}\hat{\rho} + \frac{1}{\rho}\frac{\partial V_m}{\partial \phi}\hat{\phi} + \frac{\partial V_m}{\partial z}\hat{z}\right)$$

$\hat{\phi}$ 성분만 존재한다.

이를 적분하면 $V_m = -\frac{I}{2\pi}\phi + C$

전류가 없으면 자위도 없으므로 적분상수는 0이다.

그런데, ϕ 가 커지면 V_m 도 끝없이 커진다.

이는 V는 보존계이지만 V_m 은 보존계가 아니기 때문이다.

(회전계이다.)

Appx 9 선적분

1) 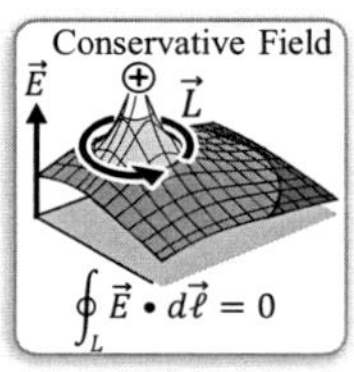

경로의 처음과 끝이 같으면 선적분이 0이 된다.

2) 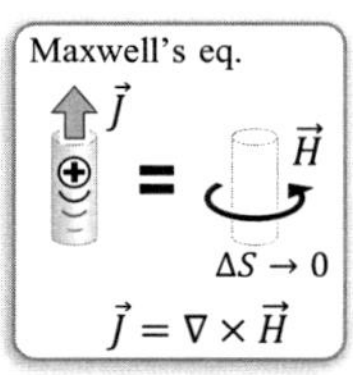

3) 벡터 항등식

임의의 스칼라 계에 대해서 다음이 항상 성립한다:

$$\nabla \times (\nabla V) = 0$$

4)

p. 60

$\nabla^2 V = -\frac{\rho_v}{\varepsilon}$ 푸아송 방정식

$\nabla^2 V = 0$ 라플라스 방정식

※ 벡터 자위는 도파관(waveguide)과 안테나 등을 다룰 때 사용된다.

❷ $\vec{A}$ 벡터 자위(Vector Magnetic Potential)는 어느 공간에서나 정의된다. ①′과 ②′를 유도하자.

가우스의 법칙을 자속에 적용한 것에서 시작하자:

$$\nabla \bullet \vec{B} = 0$$

$$0 = \oint_S \vec{B}_S \bullet d\vec{s}$$

벡터의 항등식에서 임의의 벡터 $\vec{A}$를 사용하여 $\vec{B}$의 자리에 넣으면

$\nabla \bullet (\nabla \times \vec{A}) = 0$ 이 된다.

이 관계에서 벡터 자위 $\vec{A}$를 정의할 수 있게 된다:

$$\vec{B} = \nabla \times \vec{A} \quad \text{그리고} \quad \vec{H} = \frac{1}{\mu}\nabla \times \vec{A} \quad ①'$$

$\left[\frac{Wb}{m^2}\right]$ $\left[\frac{Wb}{m}\right]$

벡터 항등식

임의의 벡터 계에 대해서 다음이 항상 성립한다:

$\nabla \bullet (\nabla \times \vec{A}) = 0$

$\nabla \times (\nabla \times \vec{A}) = \nabla(\nabla \bullet \vec{A}) - \nabla^2 \vec{A}$

자계의 회전에 $\vec{A}$를 적용해보자.

$$\vec{J} = \nabla \times \vec{H} = \nabla \times \left(\frac{1}{\mu}\nabla \times \vec{A}\right)$$

$$= \frac{1}{\mu}\left[\nabla(\nabla \bullet \vec{A}) - \nabla^2 \vec{A}\right]$$

$\nabla \bullet \vec{B} = 0$ 이므로 $\nabla \bullet \vec{A} = 0$ 이다.

이를 정리하면 다음을 얻는다: ②′ $-\mu\vec{J} = \nabla^2 \vec{A}$: 자석(=전류)이 주위에 자위를 만든다.

② $-\frac{\rho_v}{\varepsilon} = \nabla^2 V$: 전하가 주위에 전위를 만든다.

원인 결과

미소 선전류 $\rho_\ell \cdot d\ell$로 구성된 선전하에 의해 발생한 전위차 V는

$$V = \int dV = \int \frac{1}{\varepsilon} \cdot \frac{dQ}{4\pi R} = \int_L \frac{1}{\varepsilon} \cdot \frac{\rho_\ell \cdot d\ell}{4\pi R}$$

← 원인

매질의 특성 기하학적 모양

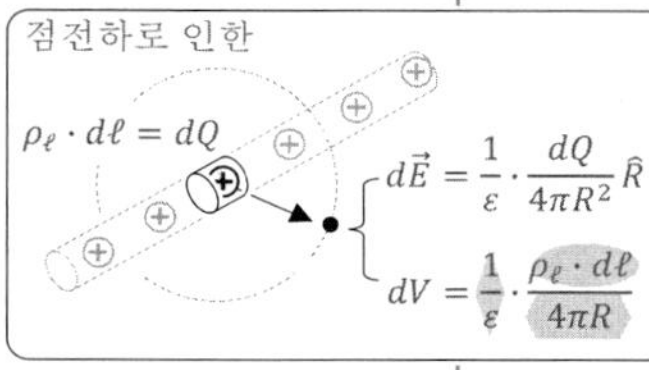

위 식과 유사한 모양을 사용하여 다음 식들을 유추할 수 있다:

미소 선전류 $I \cdot d\vec{\ell}$로 구성된 선전류에 의해 발생한 $\vec{A}$는

$$\vec{A} = \int d\vec{A} = \int_L \mu \cdot \frac{I \cdot d\vec{\ell}}{4\pi R}$$

(6장 안테나에서 사용된다.)

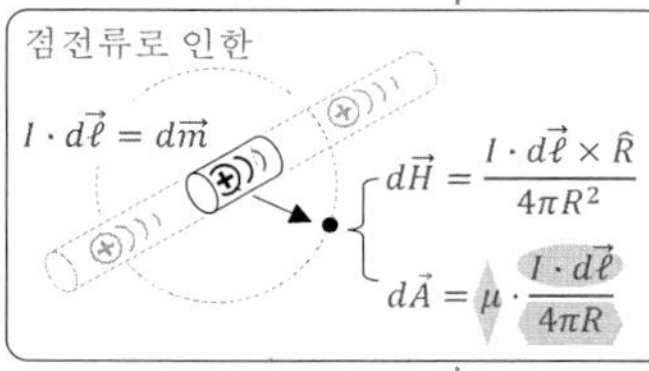

미소 면전류 $\vec{K} \cdot dS$로 구성된 면전류에 의해 발생한 $\vec{A}$는

$$\vec{A} = \int_S \mu \cdot \frac{\vec{K} \cdot dS}{4\pi R}$$

미소 체적전류 $\vec{J} \cdot dv$로 구성된 체적전류에 의해 발생한 $\vec{A}$는

$$\vec{A} = \int_v \mu \cdot \frac{\vec{J} \cdot dv}{4\pi R}$$

$\vec{A}$의 방향은 전류의 방향과 같다.

※ 증명은 생략

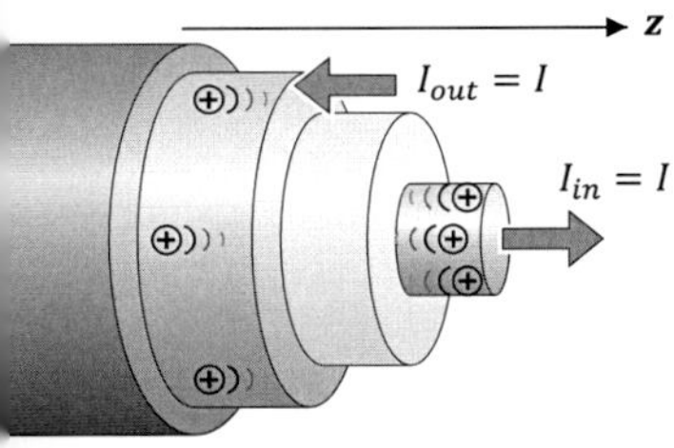

벡터 자위 구하기 - 동축케이블

전류는 도체 전선 내부에 균일하게 분포한다. p. 95 참조

암페어의 법칙 ① $\vec{H} = \dfrac{I_{enc}}{2\pi\rho}\hat{\phi}$ **=** ② $\vec{H} = \dfrac{1}{\mu}\nabla \times \vec{A}$ 을 이용한다.

동축케이블의 전위 문제처럼 case ❹ **부터 계산한다.** p. 50

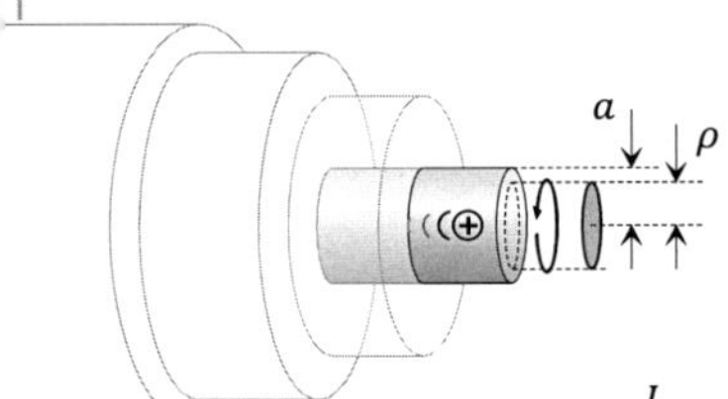

$I_{enc} = J_{in} \cdot S = \dfrac{I}{\pi a^2} \cdot \pi\rho^2$

Case ❶ $\rho < a$

① $\vec{H} = \dfrac{I_{enc}}{2\pi\rho}\hat{\phi} = \dfrac{I \cdot \rho}{2\pi a^2}\hat{\phi}$ 이고 ② $\vec{H} = \dfrac{1}{\mu}\nabla \times \vec{A} = \dfrac{1}{\mu}\left(\dfrac{\partial A_\rho}{\partial z} - \dfrac{\partial A_z}{\partial \rho}\right)\hat{\phi}$

① = ② 이므로 다음을 얻는다: $\dfrac{\partial A_z}{\partial \rho} = -\mu \dfrac{I \cdot \rho}{2\pi a^2}$

적분을 계산하면 $A_z = -\mu \dfrac{I \cdot \rho^2}{4\pi a^2} + C_1$ 의 형태이다.

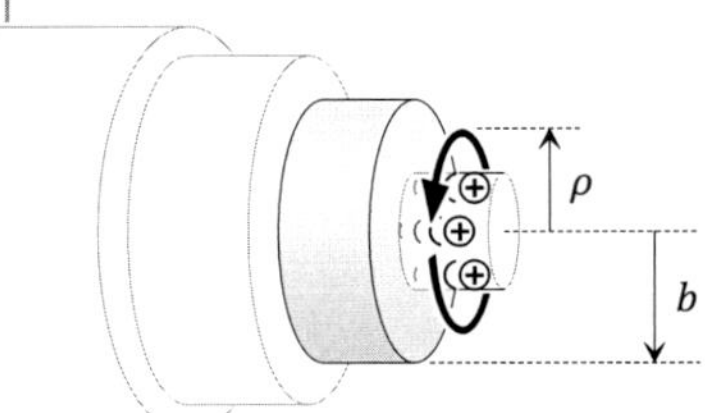

$I_{enc} = I_{in} = I$

Case ❷ $a < \rho < b$

① $\vec{H} = \dfrac{I_{enc}}{2\pi\rho}\hat{\phi} = \dfrac{I}{2\pi\rho}\hat{\phi}$ 이고 ② $\vec{H} = \dfrac{1}{\mu}\nabla \times \vec{A} = \dfrac{1}{\mu}\left(\dfrac{\partial A_\rho}{\partial z} - \dfrac{\partial A_z}{\partial \rho}\right)\hat{\phi}$

① = ② 이므로 다음을 얻는다: $\dfrac{\partial A_z}{\partial \rho} = -\mu \dfrac{I}{2\pi\rho}$

적분을 계산하면 $A_z = -\mu \dfrac{I}{2\pi}\ln\rho + C_2$ 의 형태이다.

$\vec{A}$ 의 방향은 전류의 방향과 같다. (이전 페이지 참조)

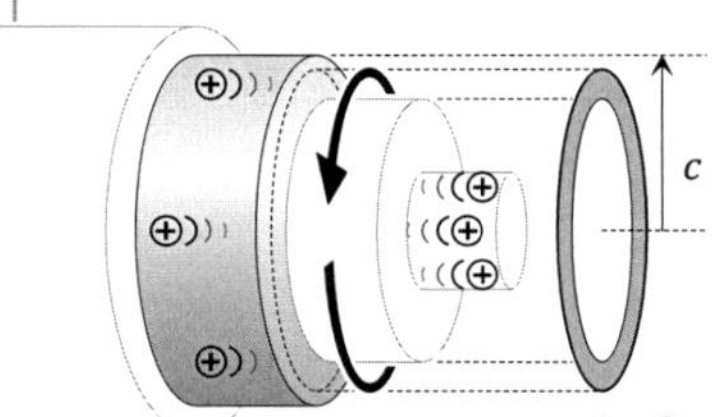

$I_{enc} = I + \dfrac{-I(\pi\rho^2 - \pi b^2)}{\pi c^2 - \pi b^2}$

Case ❸ $b < \rho < c$

① $\vec{H} = \dfrac{I_{enc}}{2\pi\rho}\hat{\phi} = \dfrac{I}{2\pi\rho}\dfrac{c^2 - \rho^2}{c^2 - b^2}\hat{\phi}$ 이고 ② $\vec{H} = \dfrac{1}{\mu}\nabla \times \vec{A} = \dfrac{1}{\mu}\left(\dfrac{\partial A_\rho}{\partial z} - \dfrac{\partial A_z}{\partial \rho}\right)\hat{\phi}$

① = ② 이므로 다음을 얻는다: $\dfrac{\partial A_z}{\partial \rho} = -\mu \dfrac{I}{2\pi\rho}\dfrac{c^2 - \rho^2}{c^2 - b^2} = -K\left(\dfrac{c^2}{\rho} - \rho\right)$ (K는 상수)

적분을 계산하면 $A_z = -K\left(c^2\ln\rho - \dfrac{\rho^2}{2}\right) + K\left(c^2\ln c - \dfrac{c^2}{2}\right)$ 의 형태이다. ← $\vec{A}(\rho = c) = 0$

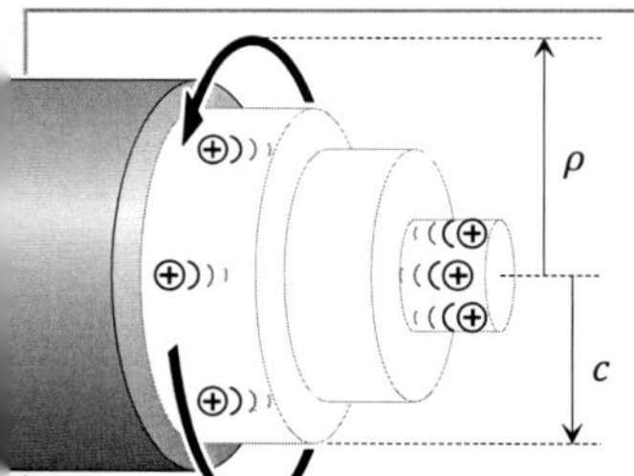

$I_{enc} = I_{in} + I_{out} = 0$

Case ❹ $c < \rho$

① $\vec{H} = \dfrac{I_{enc}}{2\pi\rho}\hat{\phi} = 0$ 이고 ② $\vec{H} = \dfrac{1}{\mu}\nabla \times \vec{A}$

① = ② 이므로 다음을 얻는다: $\vec{A} = 0$

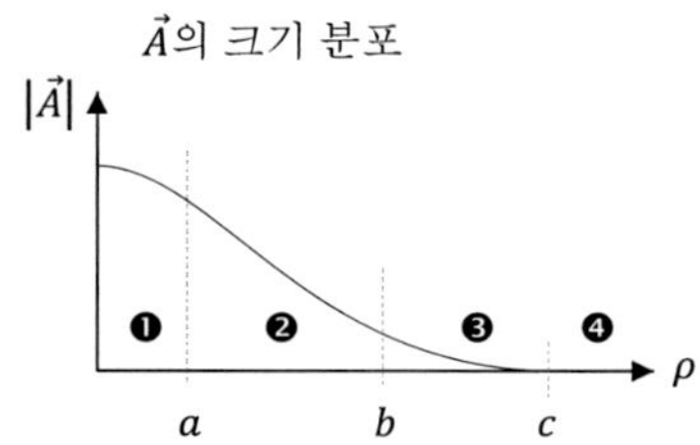

Note

2.5 자계에 반응하는 물질들

원자를 구성하는 전자와 핵의 궤도운동 또는 회전은 전류이고, 이 전류가 자계를 만들어낸다.

원자의 영구 자기 쌍극자 모멘트 $\vec{m}_0 = ① + ② + ③$

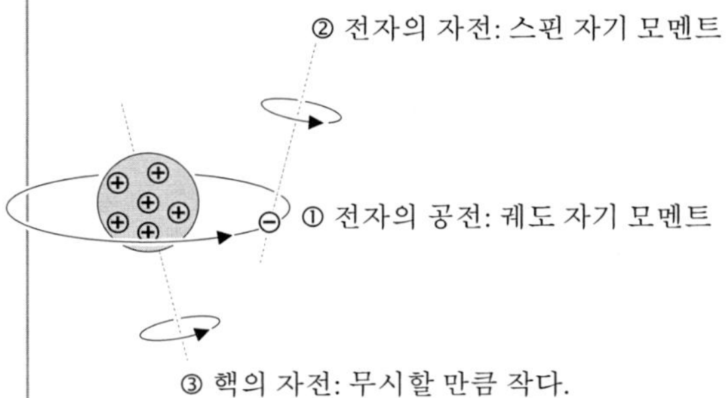

자기 쌍극자 $\vec{m} = I \cdot \vec{S}$ p. 91

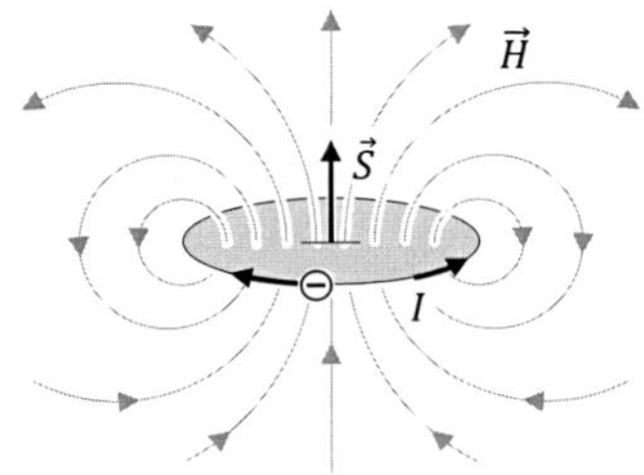

※ 전자의 흐름은 전류의 흐름과 반대이다.

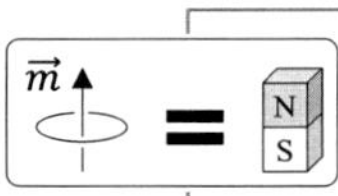

자유공간: μ_0

외부 자계: $\vec{H}_{ext}$

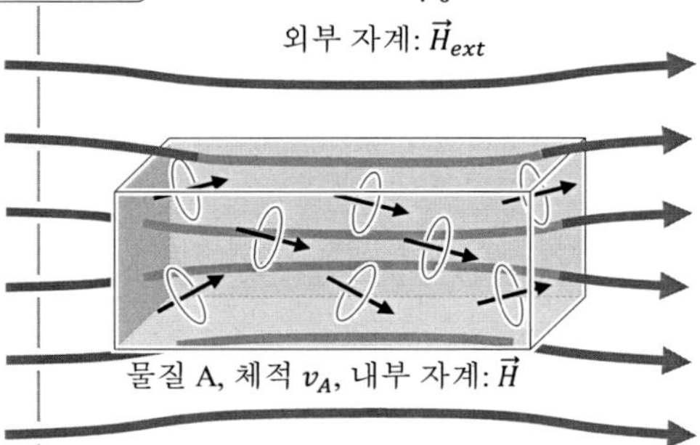

물질 A도 이제는 유도된 자석이며,

유도된 자석의 정도(강도)는 ❶ $\vec{M} = \frac{\sum \vec{m}}{v_A}$ (결과)

$= \chi_m \vec{H}$ (원인)

- 비례상수 χ_m 는 자화율 (magnetic susceptibility)
- $\vec{M}$은 자화 (magnetization)
- 외부 자계와 내부 자계의 관계는 다음 장 참조

물질 A의 **내부**에서의 자속밀도 $\vec{B}$ 를 계산해보자.

자계 $\vec{H}$

$\vec{H}$ 에 물질 A가 반응하여 유도된 자계

$$\vec{B} = \mu_0 \vec{H} + \mu_0 \vec{M}$$

❶

$$= \mu_0 \vec{H} + \mu_0 \chi_m \vec{H} = \mu_0 (1 + \chi_m) \vec{H}$$

$$= \mu_0 \mu_r \vec{H} = \mu \vec{H}$$

여기서 μ_0 은 진공의 투자율 $\mu_0 = 4\pi \cdot 10^{-7} \left[\frac{H}{m}\right]$

μ_r은 비투자율(relative permeability)이다.

따라서 자계강도와 자속밀도의 관계는 다음과 같다:

$$\begin{cases} \vec{B} = \mu \vec{H} = \mu_0 \mu_r \vec{H} \\ \mu_r = 1 + \chi_m = \frac{\mu}{\mu_0} \end{cases}$$

cf. $$\begin{cases} \vec{D} = \varepsilon \vec{E} = \varepsilon_0 \varepsilon_r \vec{E} \\ \varepsilon_r = 1 + \chi_e = \frac{\varepsilon}{\varepsilon_0} \end{cases}$$

물질이 균일하다고 가정하기 위해 실제로 자화는 극한의 개념을 사용한다: $\vec{M} = \lim_{\Delta v_A \to 0} \frac{\sum \vec{m}}{\Delta v_A}$

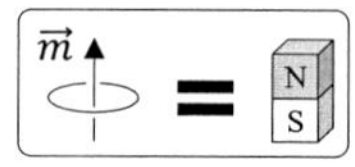

자계에 반응하는 물질의 종류

❶ 역자성체: 대부분의 기체, 유기물질, 물 등

(Diamagnet material)

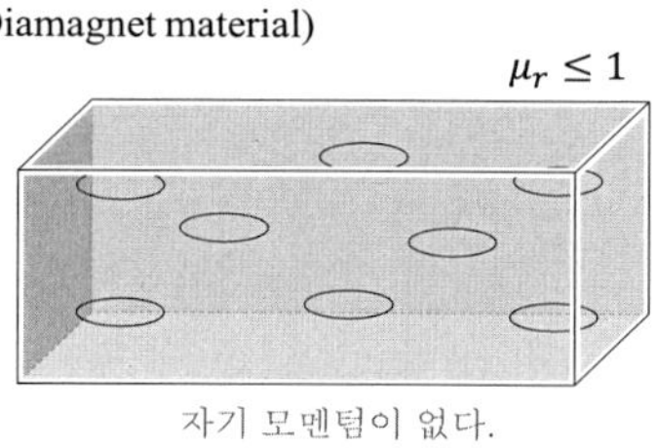

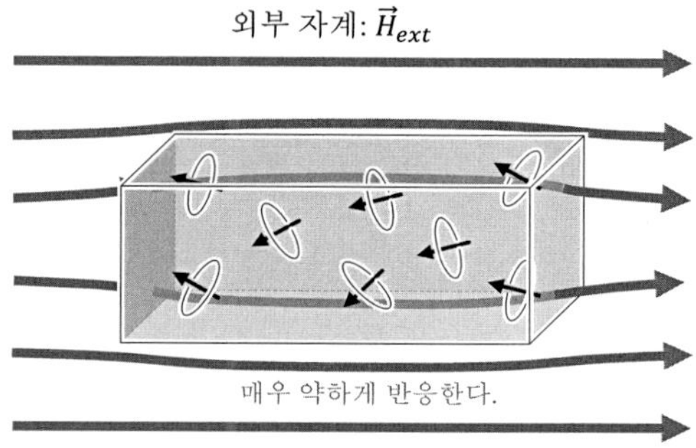

❷ 상자성체: 알루미늄, 주석, 산소 등

(Paramagnetic material)

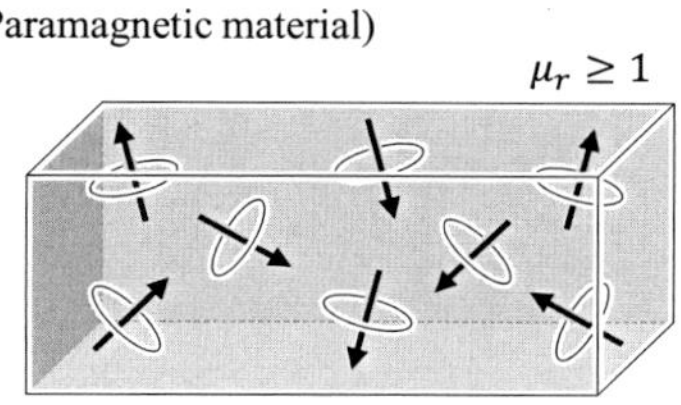

영구 자기쌍극자 모멘트가 약하게 배열되어 있다.

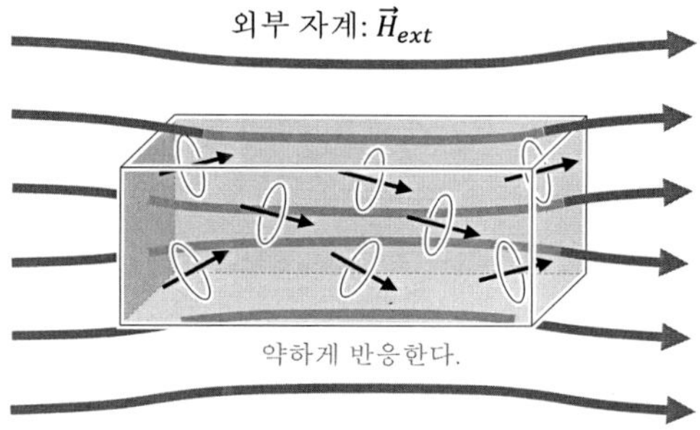

❸ 강자성체: 니켈, 철, 코발트 등

(Ferromagnetic material)

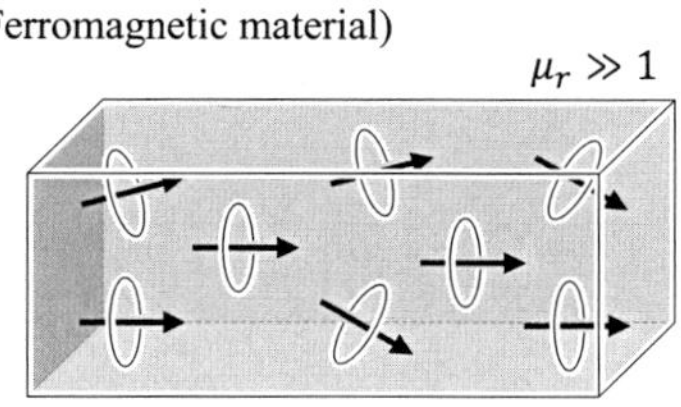

자구의 분극이 강하게 배열되어 있다.

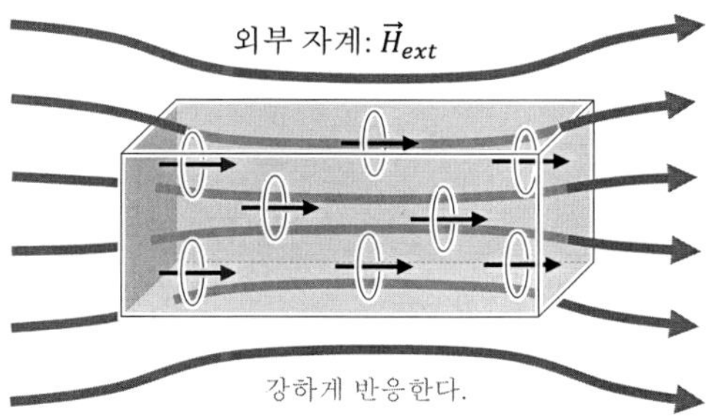

강자성체의 내부는 "자구"라 불리는 작은 영역으로 나누어져 있다.

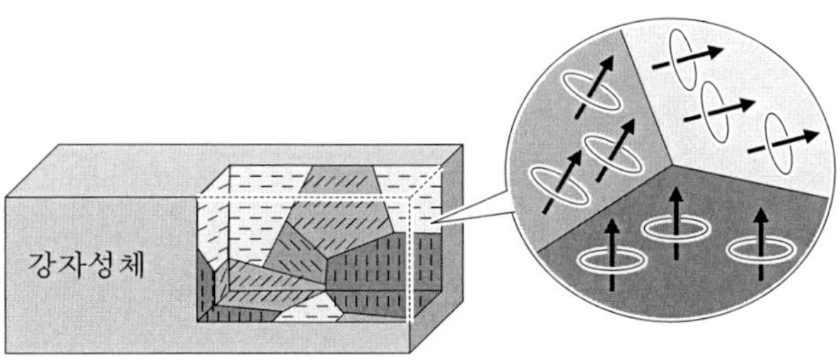

자구 내에서 원자의 자기 쌍극자 모멘트들은 평행하다.

강자성체의 이력곡선 (Hysteresis loop)

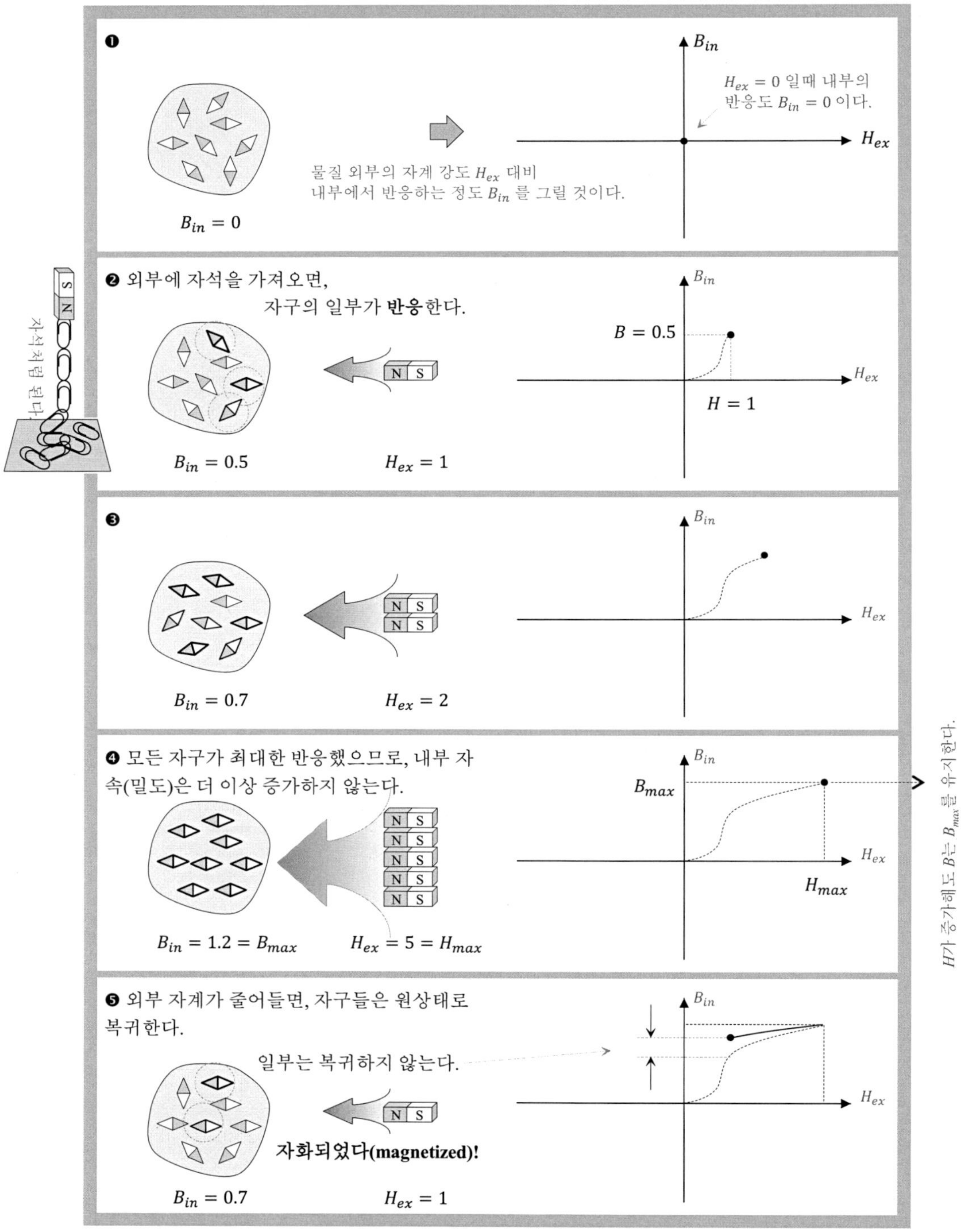

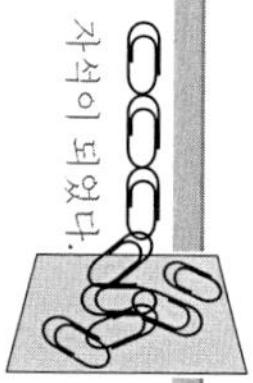

자석이 되었다.

❻ 외부 자계를 없애도 물질 내부에 자속이 남는다 → **잔류 자속밀도**

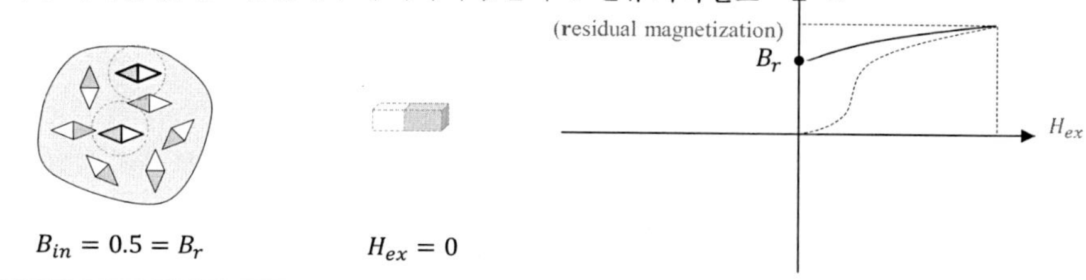

자구의 배열은 ❶과 같다.

❼ 외부 자계의 방향을 반대로 인가하면,
내부 자속을 **강제로** 사라지게 만들 수 있다.

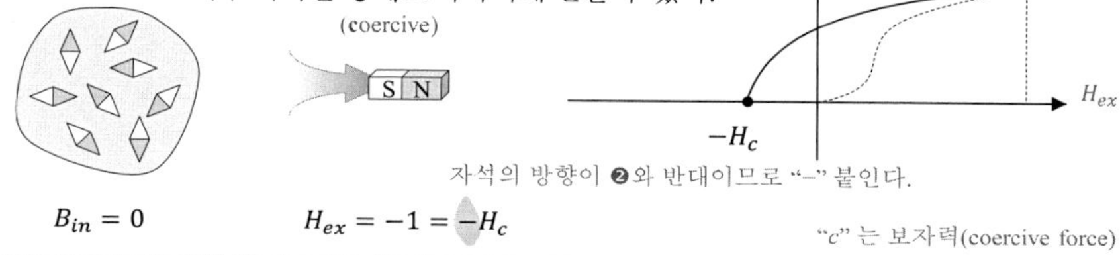

❽ 모든 자구가 반응하면, 자속은 더 이상 증가하지 않는다.

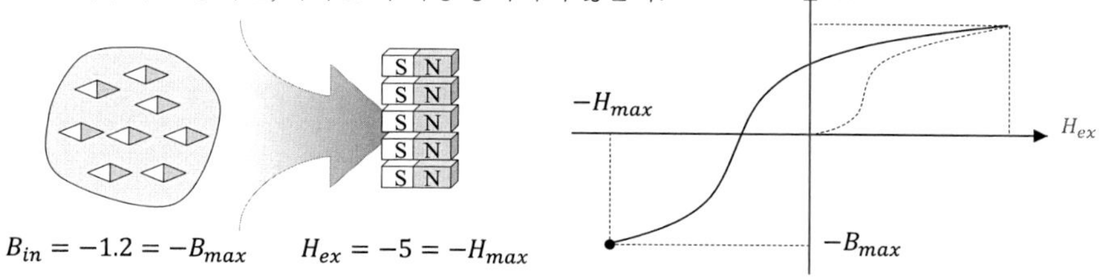

❾ 이번에도 잔류 자속밀도가 생긴다.

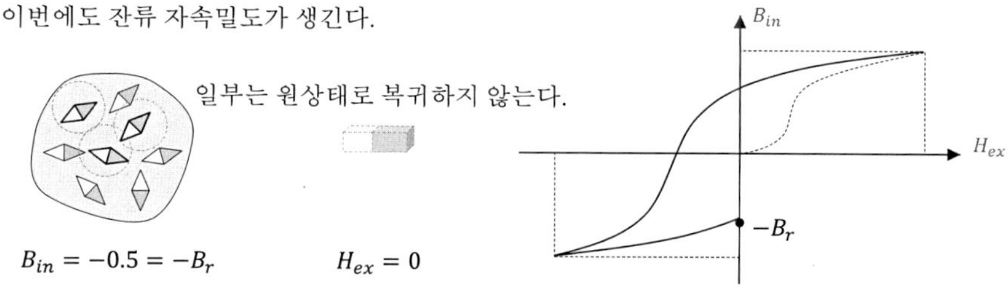

❿ 다시 ❹와 같이 외부 자계를 인가하면...

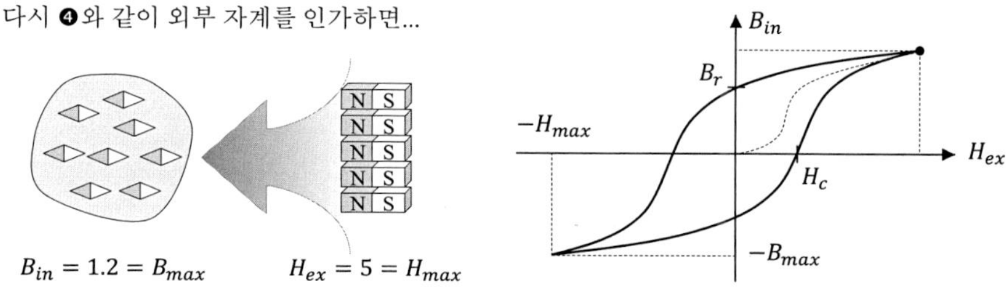

이제부터 이 물질은 실선으로 표시되는 특성만을 보인다!

자기 이력곡선

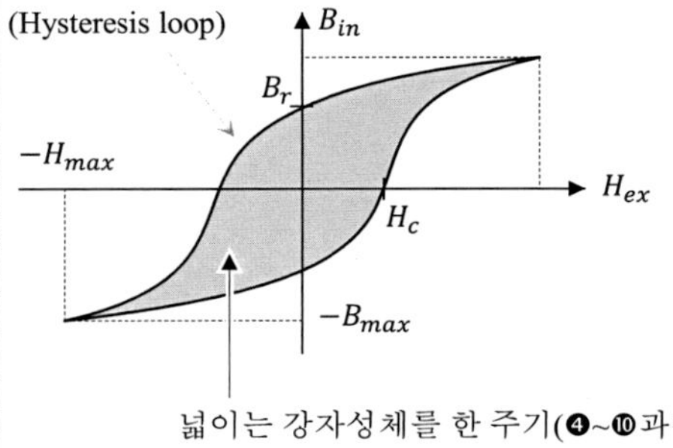

큐리 온도 이상으로 강자성체를 가열하면 자기적 특성이 상실되며, 이력곡선이 원점으로 돌아온다.

예) 철의 큐리 온도는 770 °C

넓이는 강자성체를 한 주기(❹~❿과정)동안 자화시키는 데 발생한 에너지 손실이다.

자기 이력곡선의 모양은 물질에 따라 변한다.

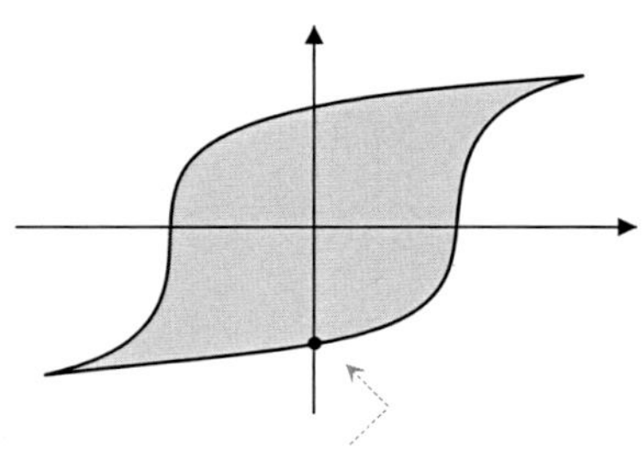

영구자석: 외부 자계가 없어도 자석이 되어야 한다.

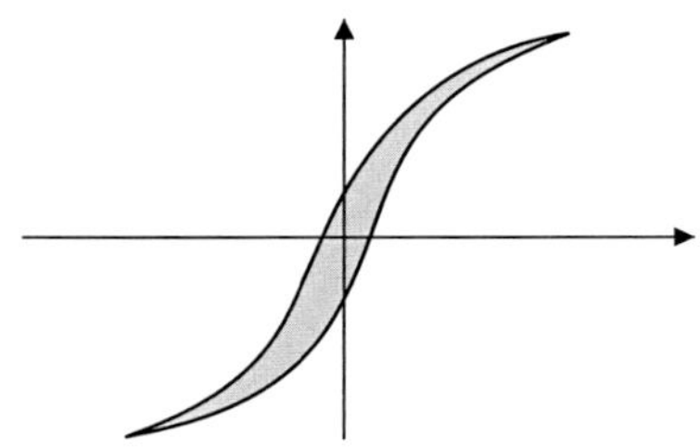

변압기: 교류 신호에 따라 자성을 쉽게 바꾸어야 한다.

Note

2.5.1 물질들 사이의 경계조건

전계와 마찬가지로 자계도 균일한 매질 안에서 감쇠와 같은 변화를 받는다. 또 자계가 다른 매질로 들어가면 **경계**에서 변화가 발생한다

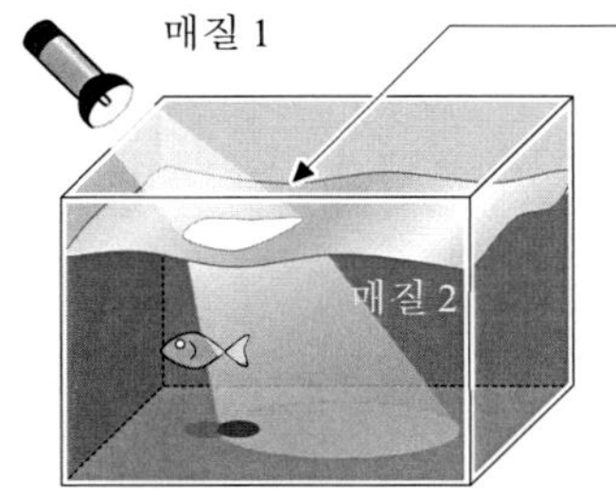

매질들의 **경계**에서 **특이한 변화**가 발생
예) 진행 방향의 변화

매질들의 경계를 지나는 계가 지켜야 할 조건을 **경계조건**이라 한다.

경계조건을 결정하기 위해서 ❶가우스의 법칙과 ❷암페어의 주회법칙을 사용한다.

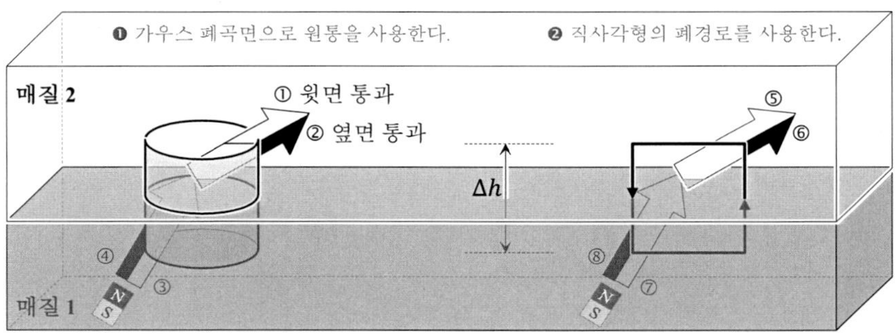

계산을 쉽게 하기 위하여 $\Delta h \to 0$로 한다.

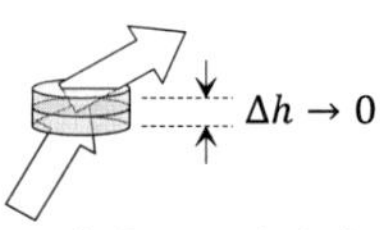

$$Q_{enc} = \oint_S \vec{D}_S \bullet d\vec{s} = \underset{①}{\int_{top} \vec{D} \bullet d\vec{s}} + \underset{②}{\int_{upper\ side} \vec{D} \bullet d\vec{s}} + \underset{③}{\int_{bottom} \vec{D} \bullet d\vec{s}} + \underset{④}{\int_{lower\ side} \vec{D} \bullet d\vec{s}}$$

옆면으로 통과하는 양 ~ 0

전계의 경계조건 참조 p. 68

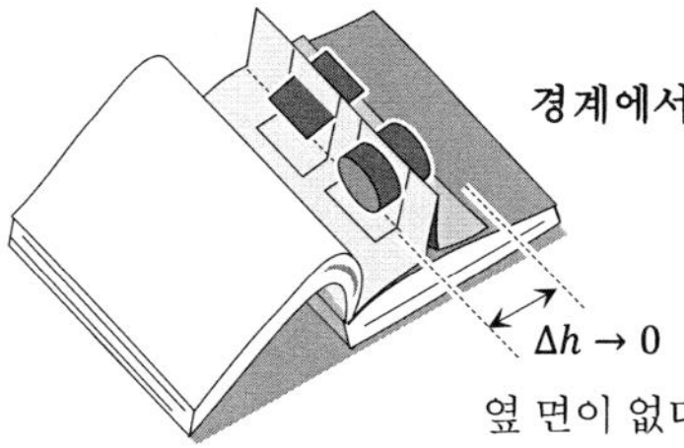

옆 면이 없다.

경계에서 전계의 변화를 알아보기 위하여...

❶ 가우스 법칙을 적용한다:

$$0 = \oint_S B_S \bullet d\vec{s} = \overset{①}{\int_{top} \vec{B}_2 \bullet d\vec{s}_2} + \overset{③}{\int_{bottom} \vec{B}_1 \bullet d\vec{s}_1}$$

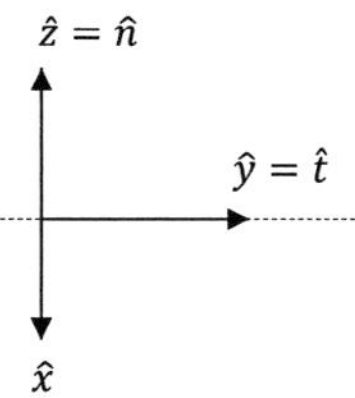

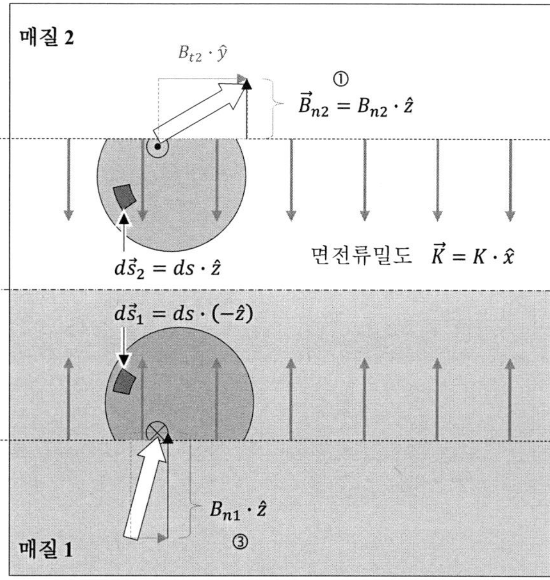

경계면에 면전류가 있는 것으로 가정하고 계산한다. $\Delta h \rightarrow 0$ 이므로 각 매질 안의 전류는 이 계산에 포함되지 않는다.

① $\vec{B}_2 \bullet d\vec{s}_2 = (B_{t2} \cdot \hat{y} + B_{n2} \cdot \hat{z}) \bullet (ds_2 \cdot \hat{z}) = B_{n2} \cdot ds$

③ $\vec{B}_1 \bullet d\vec{s}_1 = (B_{t1} \cdot \hat{y} + B_{n1} \cdot \hat{z}) \bullet [ds_1 \cdot (-\hat{z})] = -B_{n1} \cdot ds$

가우스 법칙을 계산하면,

$$0 = \int_{top} (\overset{①}{B_{n2}} - \overset{③}{B_{n1}})\, ds$$

결과로 다음의 관계식을 얻는다: $B_{n2} = B_{n1}$

❷ 암페어의 주회법칙을 적용한다.

$$\overset{⑧}{I_{enc} = \oint_L \vec{H} \bullet d\vec{\ell}} = \overset{⑤}{\int_{top} H_2 \bullet d\vec{\ell}_2} + \overset{⑦}{\int_{bottom} \vec{H}_1 \bullet d\vec{\ell}_1}$$

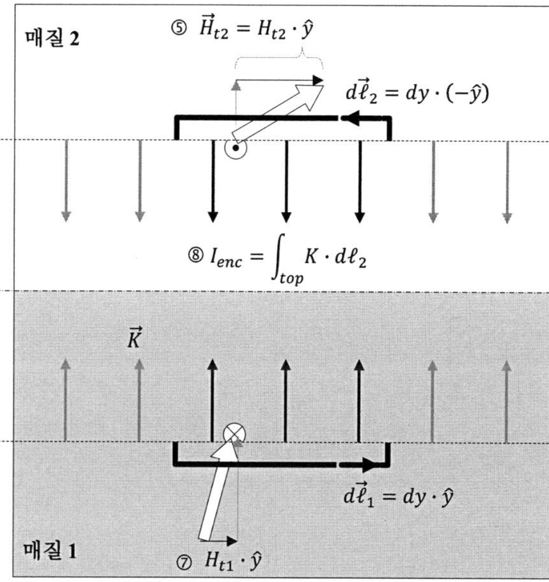

⑤ $\vec{H}_2 \bullet d\vec{\ell}_2 = (H_{t2} \cdot \hat{y}) \bullet [dy \cdot (-\hat{y})] = -H_{t2} \cdot dy$

⑦ $\vec{H}_1 \bullet d\vec{\ell}_1 = (H_{t1} \cdot \hat{y}) \bullet (dy \cdot \hat{y}) = H_{t1} \cdot dy$

암페어의 주회법칙을 계산하면,

$$\int_{top} K \cdot dy = \int_{top} (\overset{⑤}{-H_{t2}} + \overset{⑦}{H_{t1}})\, dy$$

즉, $K = H_{t1} - H_{t2}$ 이다.

$\hat{x} = \hat{y} \times \hat{z}$ ⇕ $\hat{K} = \hat{t} \times \hat{n}$

결과로 다음의 관계식을 얻는다: $\vec{K} = (\vec{H}_{t1} - \vec{H}_{t2}) \times \hat{n}$

Drill 2.5-1 대기 중에서 발생한 자계가 $\mu_r = 10$ 인 물질 안에서 어떻게 되는지 계산해보자.
이 물질의 표면에는 $\vec{K} = 10\,\hat{x}\ A/m$ 의 면전류밀도가 흐른다.

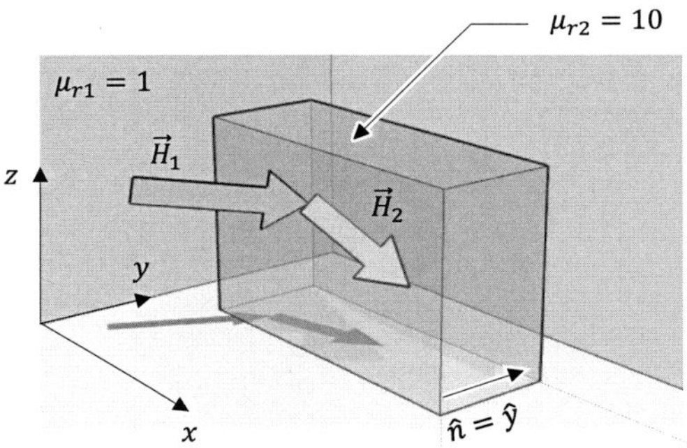

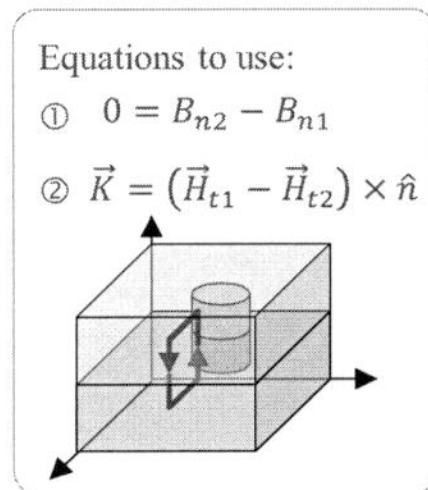

$\vec{H}_1 = 2\hat{x} + 3\hat{y} - 4\hat{z}\ \dfrac{A}{m}$ 일 때 $\qquad$ $\boldsymbol{\vec{H}_2} = ?$

Solution

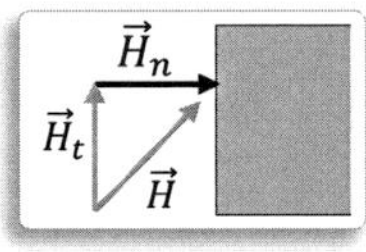

$\hat{n} = \hat{y} = (0,1,0)$

Step ❶: Normal components

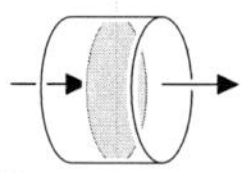

$H_{n1} = \vec{H}_1 \bullet \hat{n} = (2,3,-4) \bullet (0,1,0) = 3$

$B_{n1} = \mu_1 H_{n1} = 1 \cdot \mu_0 \cdot 3$

① $B_{n2} = B_{n1} = 3\mu_0$

$$\vec{H}_{n2} = \frac{B_{n2}}{\mu_2}\hat{n} = \frac{3\mu_0}{10\mu_0}\hat{y} = 0.3\,\hat{y}$$

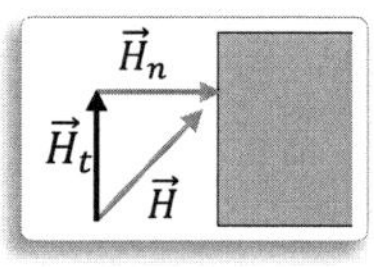

Step ❷: Parallel components

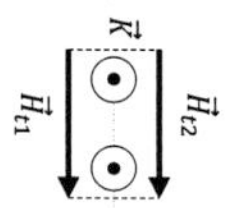

$\vec{H}_{t1} = \vec{H}_1 - \vec{H}_{n1}$

$= (2,3,-4) - (0,3,0) = (2,0,-4)$

② $\vec{K} = (\vec{H}_{t1} - \vec{H}_{t2}) \times \hat{n}$
$\hat{n}$을 이항하면
→ $\hat{n} \times \vec{K} = (\vec{H}_{t1} - \vec{H}_{t2}) \times \hat{n}$
→ $\vec{H}_{t2} = \vec{H}_{t1} - \hat{n} \times \vec{K}$

② $\vec{H}_{t2} = \vec{H}_{t1} - \hat{n} \times \vec{K}$

$= (2,0,-4) - (0,1,0) \times (10,0,0) = (2,0,-4) - (0,0,-10)$

$$\begin{vmatrix} \hat{x} & \hat{y} & \hat{z} \\ 0 & 1 & 0 \\ 10 & 0 & 0 \end{vmatrix} = (0,0,-10)$$

$-10\hat{z}$

$\therefore \vec{H}_2 = \vec{H}_{n2} + \vec{H}_{t2} = (0,0.3,0) + (2,0,6) = \mathbf{(2, 0.3, 6)}\ \dfrac{A}{m}$

2.5.2 인덕턴스

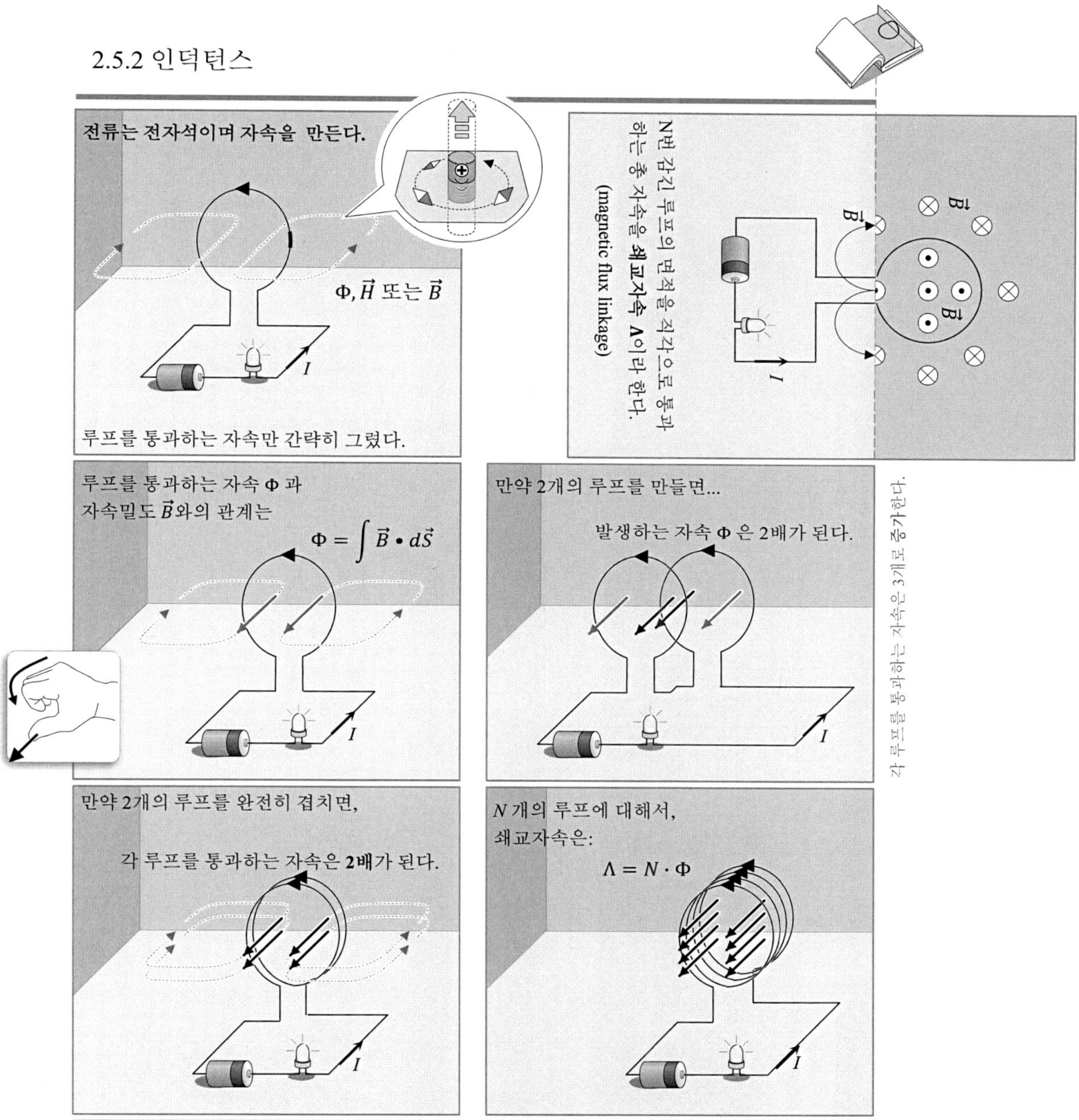

쇄교자속 Λ 는 전류 I에 의해 발생하므로 다음과 같이 쓸 수 있다:

$$\Lambda = N \cdot \Phi = L \cdot I$$

L을 인덕턴스(inductance)라 부른다:

$$L = \frac{\Lambda}{I} = N\frac{\Phi}{I}$$

인덕턴스는 전류(원인)와 그로 인해 발생하는 자속(결과)을 연결하는 계수.
커패시턴스는 전압(원인)과 그로 인해 유도된 전하(결과)를 연결하는 계수.
} 소자의 **물리적 모양**에 의해 결정된다.

$$Q = \boldsymbol{C} \cdot V = \boldsymbol{\varepsilon}\frac{\boldsymbol{S}}{\boldsymbol{d}} \cdot V \qquad C = \frac{Q}{V} = \frac{effect}{cause}$$

소자들의 인덕턴스 ❶~❹

❶ N번 감긴 솔레노이드 내부의 인덕턴스를 계산하자.

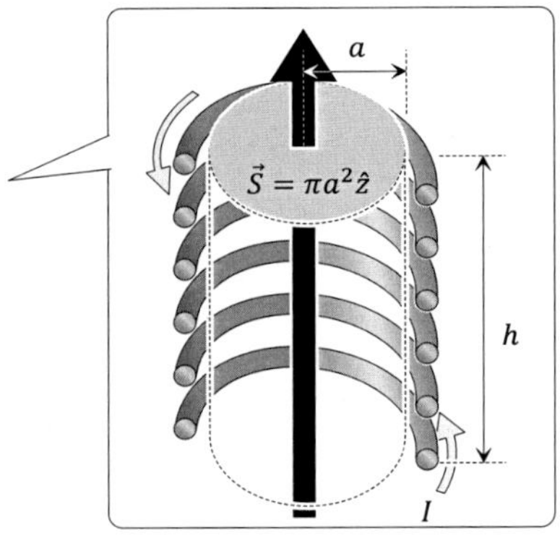

인덕턴스의 정의를 사용한다:

$$L = \frac{\Lambda}{I} = \frac{N\,\Phi}{I}$$

N번의 루프를 통과해야 하므로

$$= \frac{N}{I} \cdot \frac{\mu NI}{h} \cdot \pi a^2$$

이를 정리하면,

$$L = \frac{\mu N^2}{h} \cdot S$$

솔레노이드의 내부에서,

루프 1개의 면적 $\vec{S}$를 통과하는 쇄교자속 Φ 은

$$\Phi = \int \vec{B} \bullet d\vec{S} = \int \left(\mu \frac{NI}{h}\hat{z}\right) \bullet (dS \cdot \hat{z})$$

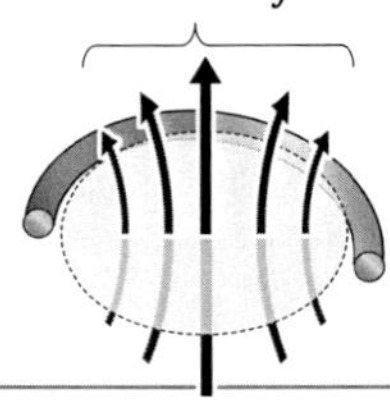

$$= \frac{\mu NI}{h} \cdot \pi a^2$$

다음 장의 자계에 저장되는 에너지를 읽고 올 것

❷ 전류가 고르게 분포되어 있는 전선 내부의 인덕턴스를 계산하자.

① 자기 에너지 밀도 $w_m = \frac{1}{2}\mu H^2 \ \left[\frac{J}{m^3}\right]$

③ 자기 에너지 $W_m = \frac{1}{2}LI^2 \ [J]$

반경이 ρ일 때 전류는

$$I_\rho = J \cdot S = \frac{I}{\pi a^2} \cdot \pi\rho^2$$

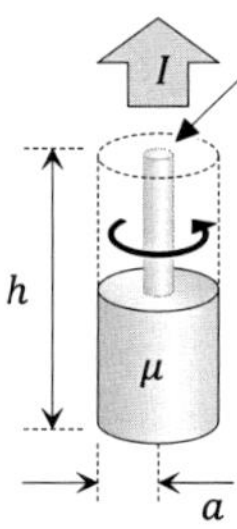

② 암페어 주회 법칙에서

$$\vec{H} = \frac{I_\rho}{2\pi\rho}\hat{\phi} = \frac{\frac{I}{a^2} \cdot \rho^2}{2\pi\rho}\hat{\phi}$$

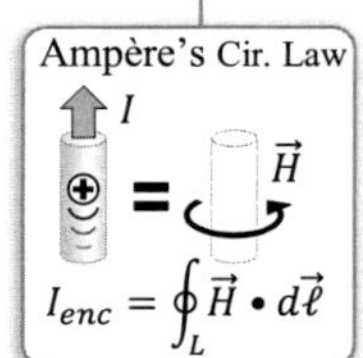

전선 내부의 자기 에너지 W_m는

$$W_m = \int w_m \cdot dv \overset{①}{=} \int_v \frac{1}{2}\mu H^2 dv \overset{②}{=} \int_0^h \int_0^{2\pi} \int_0^a \frac{1}{2}\mu\left(\frac{\rho}{2\pi a^2} \cdot I\right)^2 \cdot \rho d\rho\, d\phi\, dz$$

$$= \frac{\mu h I^2}{16\pi} \underset{③}{=} \frac{1}{2}LI^2$$

이 결과를 L 에 대해서 정리하면, $\frac{L}{h} = \frac{\mu}{8\pi} \ \left[\frac{H}{m}\right]$

단위 길이당 인덕턴스로 만들면 나중에 사용하기 편리하다.

인덕턴스의 정의 $L = \frac{\Phi}{I}$

❸ 동축 케이블 내부의 인덕턴스를 계산하자.

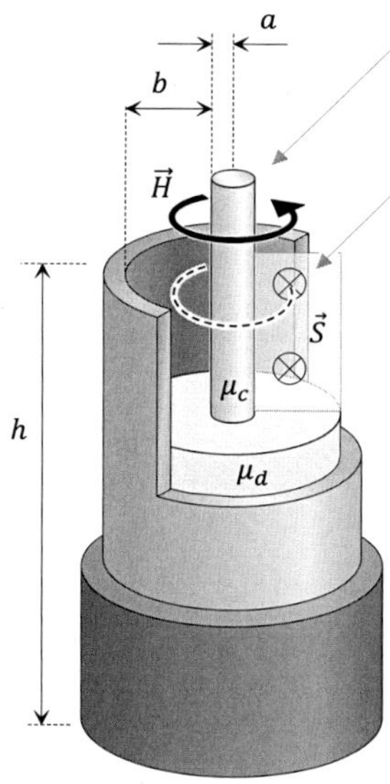

이전 예제에서 안쪽 도체의 인덕턴스는 $\frac{L}{h} = \frac{\mu_c}{8\pi}$

(μ_c는 금속의 투자율이다)

두 도체 사이에 존재하는 자계는 내부 도체에 흐르는 전류 I_{in} 에 의해 발생한다. (암페어 주회 법칙)
그리고 유도된 자계는 면 $\vec{S}$ 를 수직으로 통과한다.

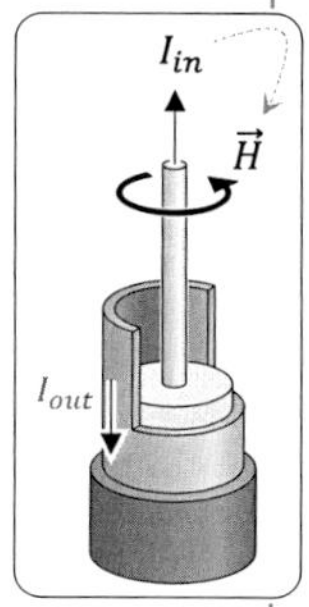

$\vec{S}$ 를 통과하는 자속은

$$\Phi = \int \vec{B} \bullet d\vec{S}$$

$$= \int_0^h \int_a^b \left(\mu_d \cdot \frac{I}{2\pi\rho}\hat{\phi}\right) \bullet (d\rho \cdot dz \cdot \hat{\phi})$$

$$= \mu_d \cdot \frac{I}{2\pi} \cdot h \cdot \ln\left(\frac{b}{a}\right)$$

$\Phi = L \cdot I$의 관계를 이용해서 이를 정리하면 $L = \frac{\mu_d h}{2\pi}\ln\left(\frac{b}{a}\right)$

따라서 안쪽 도체를 포함한 전체의 길이당 총 인덕턴스는 $L' = \frac{L}{h} = \frac{\mu_c}{8\pi} + \frac{\mu_d}{2\pi}\ln\left(\frac{b}{a}\right) \ \left[\frac{H}{m}\right]$

동축케이블을 흐르는 전기 신호의 주파수가 올라가면 전기신호는 도체의 표면으로만 흐르게 된다.
이런 경우 전기 신호는 안쪽 도체의 내부로 흐르지 않으므로 동축케이블의 인덕턴스는 두 도체 사이에만 존재한다:

$$L' = \frac{L}{h} = \cancel{\frac{\mu_c}{8\pi}} + \frac{\mu_d}{2\pi}\ln\left(\frac{b}{a}\right) \ \left[\frac{H}{m}\right]$$

이 그림과 동축케이블의 등가 회로는
5장의 전송선로에서 사용된다. p. 231

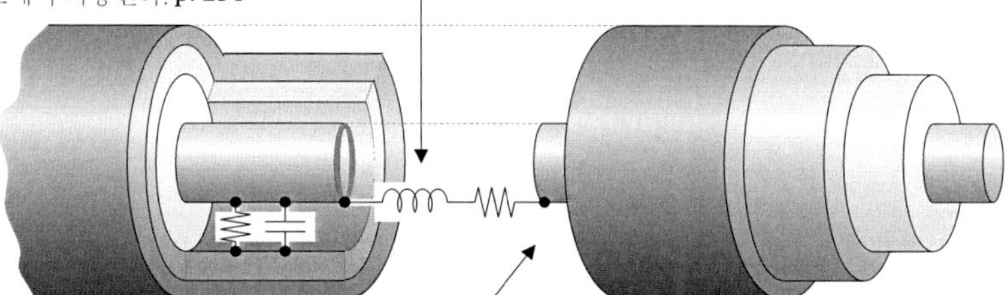

신호가 도체 표면에 존재하는 것으로 표현했다.

인덕턴스의 정의 $L = \frac{\Phi}{I}$

❹ 평행한 두 전선의 인덕턴스를 계산하자.

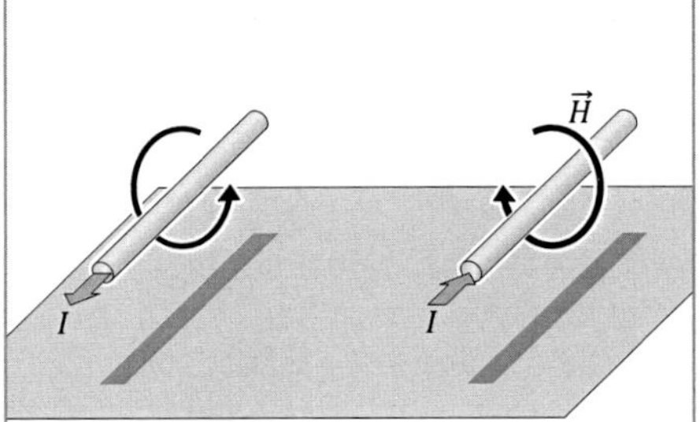

전류는 반대 방향으로 흐르는 것을 가정한다.

두 전선 사이에 면 $\vec{S}$를 설정한다.

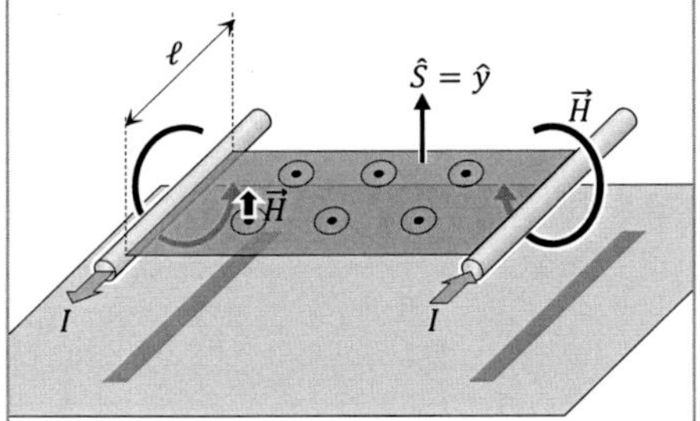

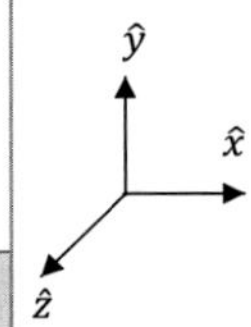

면 S를 통과하는 자속은 $\hat{y}$ 방향이다.

두 전선 사이의 위치 x에서 자계의 세기는

$$\vec{H} = \frac{I}{2\pi \cdot x}\hat{y} + \frac{-I}{2\pi \cdot (x-d)}\hat{y}$$

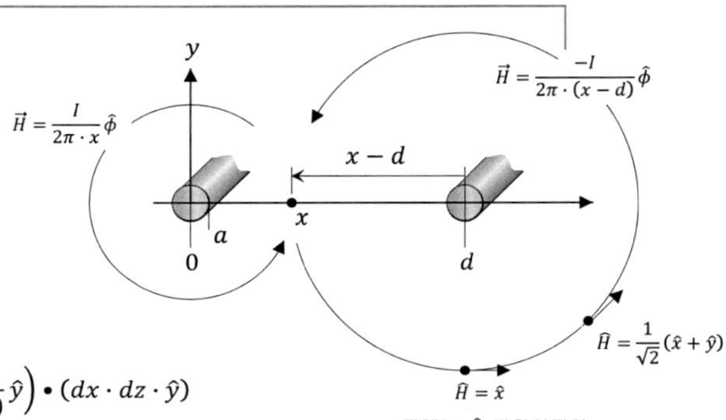

자계는 $\hat{\phi}$ 방향이지만,
각 점에서는 고유한 방향을 갖는다.

면 S를 통과하는 쇄교자속은

$\vec{B} = \mu\vec{H}$

$$\Phi = \int \vec{B} \bullet d\vec{S} = \int_0^{\ell}\int_a^{d-a} \mu\left(\frac{I}{2\pi \cdot x}\hat{y} + \frac{-I}{2\pi \cdot (x-d)}\hat{y}\right) \bullet (dx \cdot dz \cdot \hat{y})$$

$$= \frac{\mu \cdot I \cdot \ell}{\pi}\ln\frac{d-a}{a}$$

단위 길이당 인덕턴스는

$$\frac{L}{\ell} = \frac{\Phi}{I \cdot \ell} = \frac{\mu}{\pi}\ln\frac{d-a}{a}$$

만약 $d \gg a$ 이면

$$\frac{L}{\ell} = \frac{\mu}{\pi}\ln\frac{d}{a}$$

2.6 자계에 저장되는 에너지

전하를 모으는데 사용한 에너지는 전계에 저장된다. p. 78

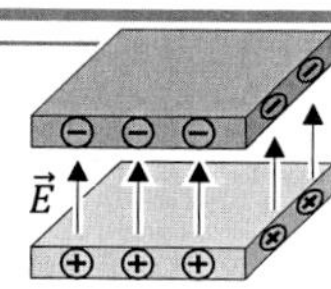

$$W = \frac{1}{2}\int_v \vec{D} \bullet \vec{E}\, dv = \frac{1}{2}\int_v \varepsilon E^2\, dv = \frac{1}{2}CV^2 \quad [J]$$

이 에너지 양은 커패시터를 0 [V] 에서 V[V]로 충전시킬 때 소비되는 에너지와 같다.

인덕터에 전류를 흘려 0 [A]에서 I [A]로 증가시킬 때 소비되는 에너지를 계산하자.

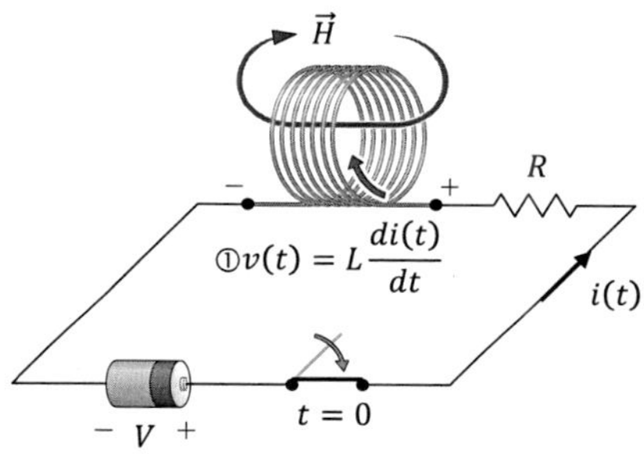

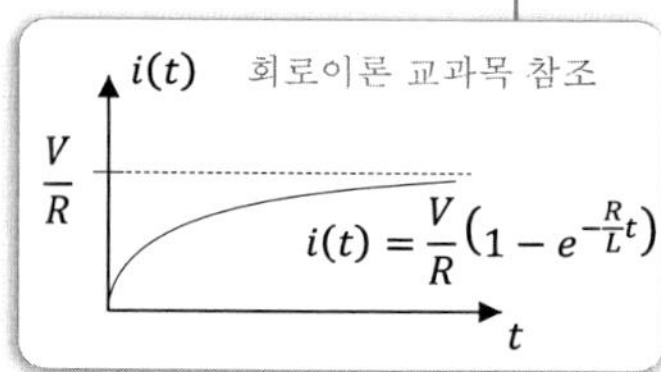

$$W_m = \int p\, dt = \int i \cdot \overset{①}{v}\, dt = \int_0^I L\frac{di}{dt} \cdot i\, dt = L\int_0^I i\, di = \frac{1}{2}LI^2$$

이를 정리하면, 자기 에너지는 $W_m = \dfrac{1}{2}LI^2 \quad [J]$ 이 에너지가 인덕터의 주위 공간에 자계로 저장되는 자기 에너지이다.

솔레노이드의 내부에 저장되는 자기 에너지를 계산하자.

$$W_m = \frac{1}{2}LI^2 = \frac{1}{2} \cdot \underset{②}{\mu N^2 \frac{S}{\ell}} \cdot \underset{③}{\left(\frac{H\ell}{N}\right)^2} = \frac{1}{2}\mu H^2 \ell S$$

솔레노이드:

- ② 인덕턴스 $L = \mu N^2 \dfrac{S}{\ell}$ p. 124
- ③ 내부의 자계강도 $H = \dfrac{N}{\ell}I$ p. 97

이를 정리하면, $W_m = \dfrac{1}{2}\mu H^2 \ell S$

$= \dfrac{1}{2}\mu H^2 v$ 여기서 v 는 솔레노이드의 체적이며, 자기 에너지를 체적으로 나누면 **자기 에너지 밀도**가 된다. (magnetic energy density)

실제로 모든 자계에 적용할 수 있다: $w_m = \dfrac{W_m}{v} = \dfrac{1}{2}\mu H^2 \quad \left[\dfrac{J}{m^3}\right]$

에너지에 대한 보다 자세한 내용은 포인팅 이론 참조 p. 192

Summary

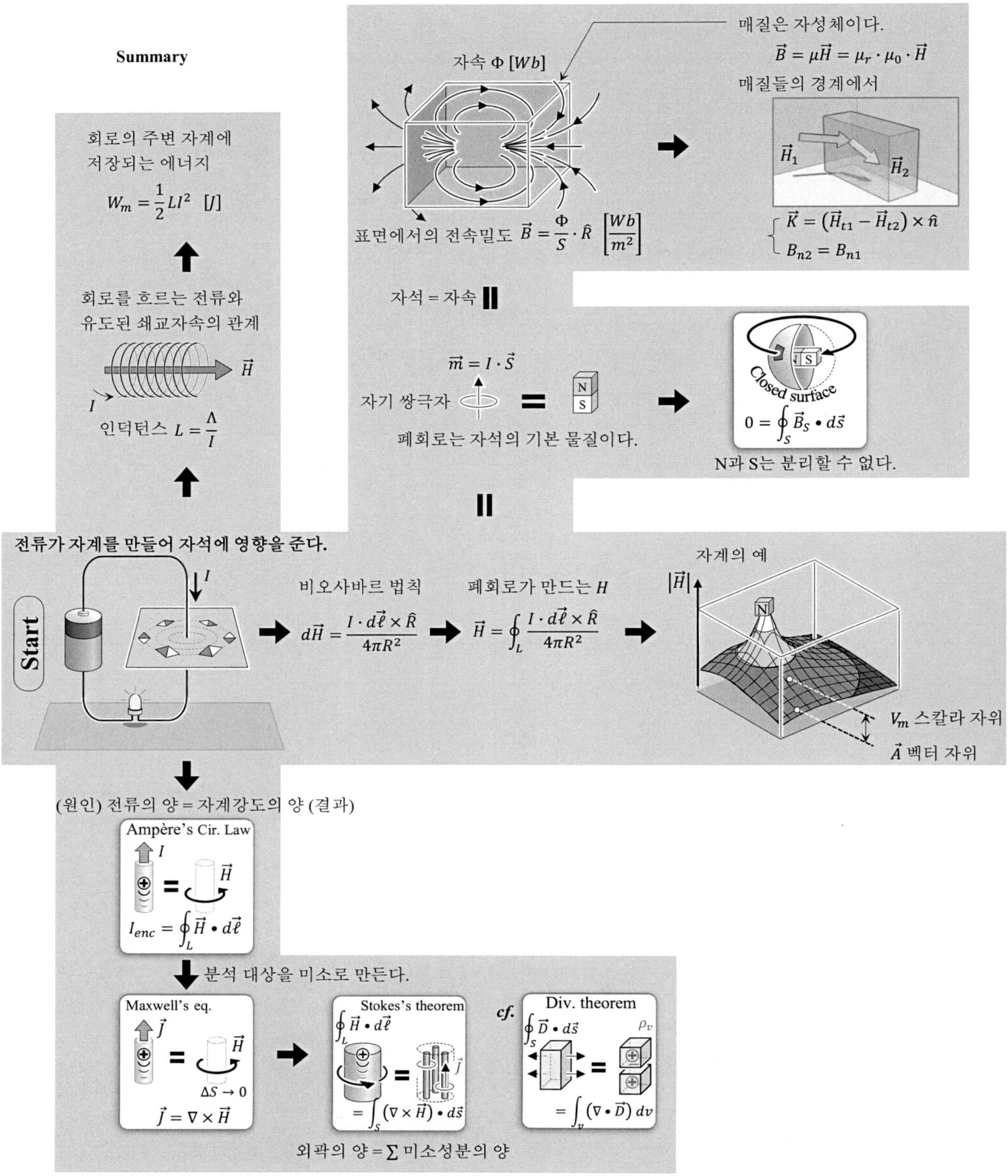
회로의 주변 자계에
저장되는 에너지
$W_m = \frac{1}{2}LI^2 \; [J]$
회로를 흐르는 전류와
유도된 쇄교자속의 관계
$\vec{H}$
I
인덕턴스 $L = \frac{\Lambda}{I}$
자속 $\Phi \; [Wb]$
표면에서의 전속밀도 $\vec{B} = \frac{\Phi}{S} \cdot \hat{R} \; \left[\frac{Wb}{m^2}\right]$
매질은 자성체이다.
$\vec{B} = \mu\vec{H} = \mu_r \cdot \mu_0 \cdot \vec{H}$
매질들의 경계에서
$\vec{H}_1$
$\vec{H}_2$
$\vec{K} = (\vec{H}_{t1} - \vec{H}_{t2}) \times \hat{n}$
$B_{n2} = B_{n1}$
자석 = 자속
$\vec{m} = I \cdot \vec{S}$
자기 쌍극자
N
S
폐회로는 자석의 기본 물질이다.
Closed surface
$0 = \oint_S \vec{B}_S \cdot d\vec{s}$
N과 S는 분리할 수 없다.
전류가 자계를 만들어 자석에 영향을 준다.
Start
I
비오사바르 법칙
$d\vec{H} = \frac{I \cdot d\vec{\ell} \times \hat{R}}{4\pi R^2}$
폐회로가 만드는 H
$\vec{H} = \oint_L \frac{I \cdot d\vec{\ell} \times \hat{R}}{4\pi R^2}$
자계의 예
$|\vec{H}|$
N
V_m 스칼라 자위
$\vec{A}$ 벡터 자위
(원인) 전류의 양 = 자계강도의 양 (결과)
Ampère's Cir. Law
I
$\vec{H}$
$I_{enc} = \oint_L \vec{H} \cdot d\vec{\ell}$
분석 대상을 미소로 만든다.
Maxwell's eq.
$\vec{J}$
$\vec{H}$
$\Delta S \to 0$
$\vec{J} = \nabla \times \vec{H}$
Stokes's theorem
$\oint_L \vec{H} \cdot d\vec{\ell}$
$\vec{J}$
$= \int_S (\nabla \times \vec{H}) \cdot d\vec{s}$
cf.
Div. theorem
$\oint_S \vec{D} \cdot d\vec{s}$
ρ_v
$= \int_v (\nabla \cdot \vec{D}) \, dv$
외곽의 양 = ∑ 미소성분의 양

The EM map

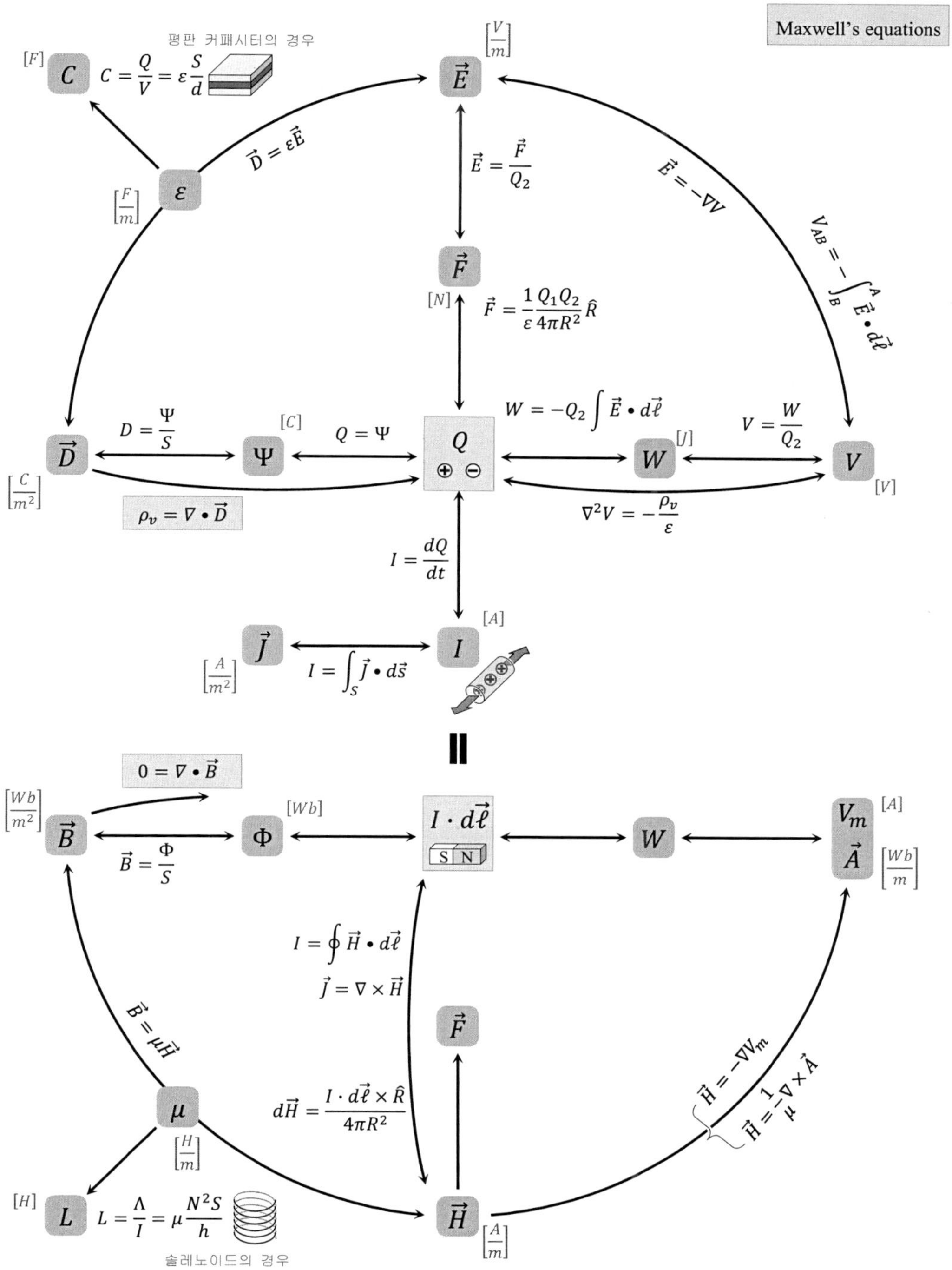
Maxwell's equations
평판 커패시터의 경우
$C = \frac{Q}{V} = \varepsilon\frac{S}{d}$
$\vec{D} = \varepsilon\vec{E}$
$\vec{E} = \frac{\vec{F}}{Q_2}$
$\vec{E} = -\nabla V$
$V_{AB} = -\int_B^A \vec{E} \bullet d\vec{\ell}$
$\vec{F} = \frac{1}{\varepsilon}\frac{Q_1 Q_2}{4\pi R^2}\hat{R}$
$W = -Q_2\int \vec{E} \bullet d\vec{\ell}$
$V = \frac{W}{Q_2}$
$D = \frac{\Psi}{S}$
$Q = \Psi$
$\rho_v = \nabla \bullet \vec{D}$
$\nabla^2 V = -\frac{\rho_v}{\varepsilon}$
$I = \frac{dQ}{dt}$
$I = \int_S \vec{J} \bullet d\vec{s}$
$0 = \nabla \bullet \vec{B}$
$\vec{B} = \frac{\Phi}{S}$
$I \cdot d\vec{\ell}$
S N
$I = \oint \vec{H} \bullet d\vec{\ell}$
$\vec{J} = \nabla \times \vec{H}$
$\vec{B} = \mu\vec{H}$
$d\vec{H} = \frac{I \cdot d\vec{\ell} \times \hat{R}}{4\pi R^2}$
$\vec{H} = -\nabla V_m$
$\vec{H} = \frac{1}{\mu}\nabla \times \vec{A}$
$L = \frac{\Lambda}{I} = \mu\frac{N^2 S}{h}$
솔레노이드의 경우
C [F], ε [F/m], E [V/m], F [N], D [C/m²], Ψ [C], Q, W [J], V [V], I [A], J [A/m²]
B [Wb/m²], Φ [Wb], W, Vm [A], A [Wb/m], F, μ [H/m], L [H], H [A/m]

3장 시간에 따라 전하 또는 자석이 움직일 때

Previously, 정전계와 정자계는 서로 영향을 주지 않았다. (서로 독립)

또한 전하와 자석 뿐만 아니라 전계와 자계도 정지해 있다: $\frac{dE}{dt} = 0$ & $\frac{dH}{dt} = 0$

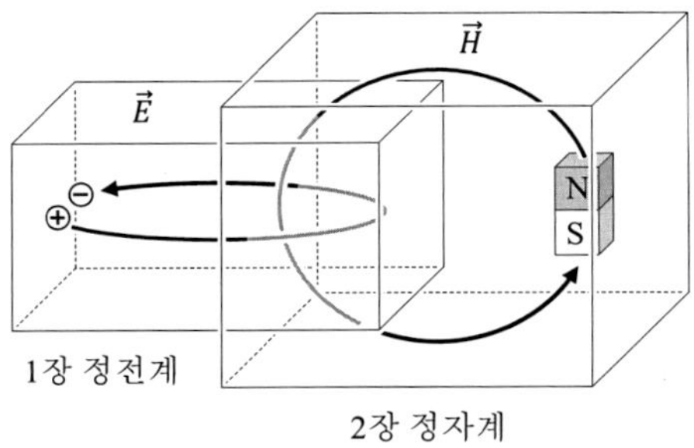

정자계의 원인은 자석이며,
여기서 자석은 실제로 직류 전류(등속도 운동을 하는 전하)이었다.

$\frac{dv}{dt} = 0$

이제는 전하나 자석이 움직이는 상황을 살펴본다. 이때 전하나 자석이 가변 속도로도 움직일 수 있다.

$\frac{dv}{dt} \neq 0$

이렇게 되면 전계와 자계도 시간에 따라 변하게 된다: $\frac{dE}{dt} \neq 0$ & $\frac{dH}{dt} \neq 0$

이 때 전계와 자계가 서로 맞물려 있게 되는 것을 학습한다.

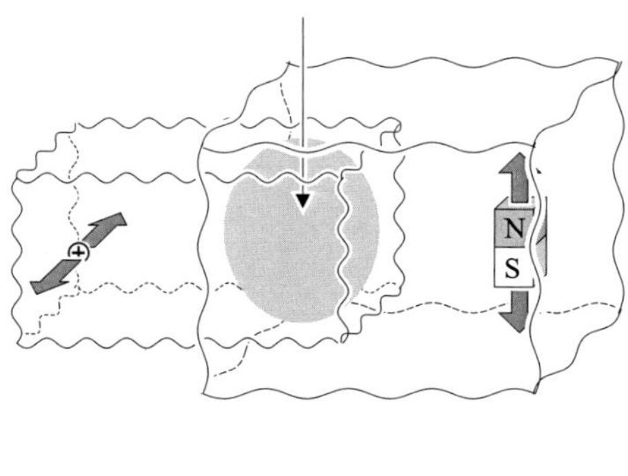

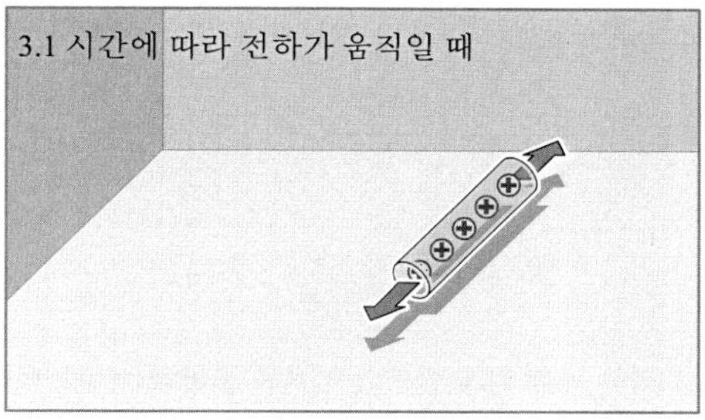

전하는 전선(도체)을 따라 흐른다.

- 3.1.1 전류의 연속성
- 3.1.2 변위전류

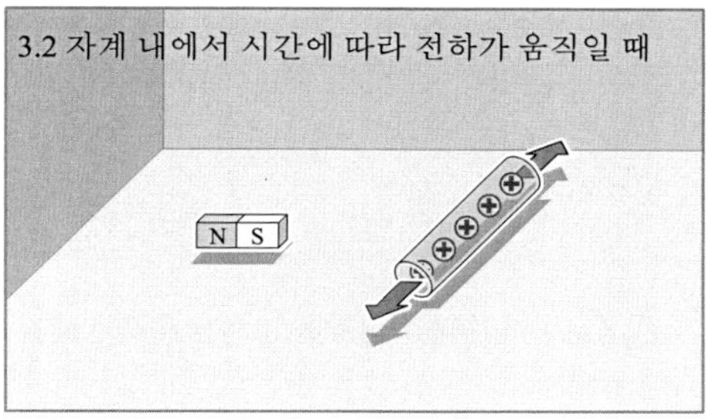

- 3.2.1 자계 내에서 전류가 흐를 때
  - 모터 방정식
  - 회전력
- 3.2.2 자계 내에서 전하가 움직일 때 — 로렌츠의 힘

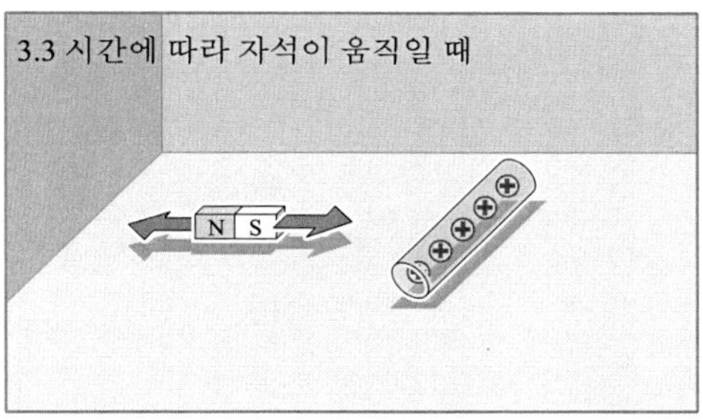

- 3.3.1 패러데이 법칙
  - 변환기전력 — 상호인덕턴스
  - 운동기전력

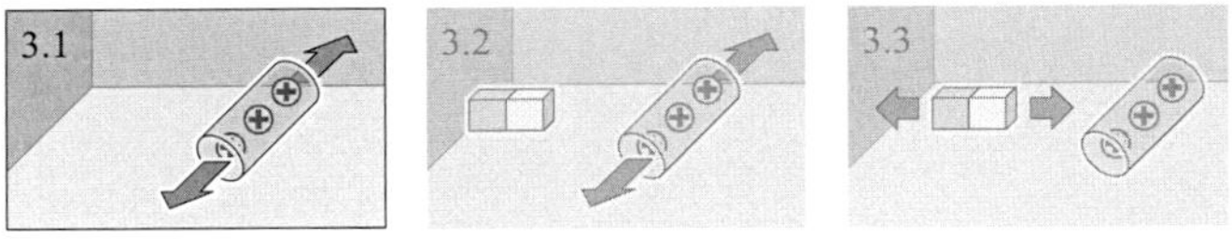

3.1 시간에 따라 전하가 움직일 때

전류는 일정 시간 동안 일정 면적을 통과하는 전하의 양이다.

빈 공간에서 전하가 흐르는 **대류전류**의 경우를 사용하여 전류에 대한 내용들을 살펴보자.

t동안 면적 $\vec{S}$를 통과한 전하의 양 $\Delta Q = \rho_v \cdot S \cdot \Delta\ell$ ⟶ 전류 $I = \frac{\Delta Q}{\Delta t}\ [A]$

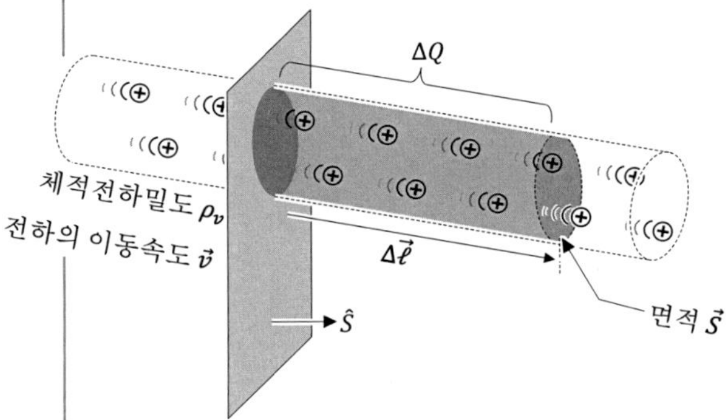

전류밀도는 단위 면적을 통과하는 전류의 양이다.

전류밀도 $J = \frac{I}{S}\ \left[\frac{A}{m^2}\right]$

이제 전류는 전류밀도에서 구할 수 있게 되었다: $I = J \cdot S$

그런데 면적과 전류는 **방향**을 갖고 있다. 따라서 전류밀도는 벡터이어야 하고 방향을 고려한 곱셈이 필요하다:

$$I = \vec{J} \bullet \vec{S}$$

따라서 전류밀도는 벡터이며 전류밀도의 방향은 양전하가 움직이는 방향과 같다: $\vec{J}\ \left[\frac{A}{m^2}\right]$

대류전류와 전하의 이동속도를 연결시켜보자.

대류전류 → I, 이동속도 → $v = \frac{d\ell}{dt}$

대류전류인 경우 일정 시간에 움직인 전하의 양은 $\Delta Q = \rho_v \cdot S \cdot \Delta\ell$ 이다.

이를 전류에 대한 정의에 대입하면 $I = \frac{\Delta Q}{\Delta t} = \frac{\rho_v \cdot S \cdot \Delta\ell}{\Delta t} = \rho_v \cdot S \cdot v$

이 식에서 면적 S을 이항하여 전류밀도로 바꾸면 $\frac{I}{S} = J = \rho_v \cdot v$ 이다.

전류밀도의 방향은 전하가 움직이는 방향과 같으므로 **대류전류밀도**는 $\vec{J} = \rho_v \cdot \vec{v}$

이제는 도체 내에서 전하가 흐르는 **전도전류**를 살펴보자.

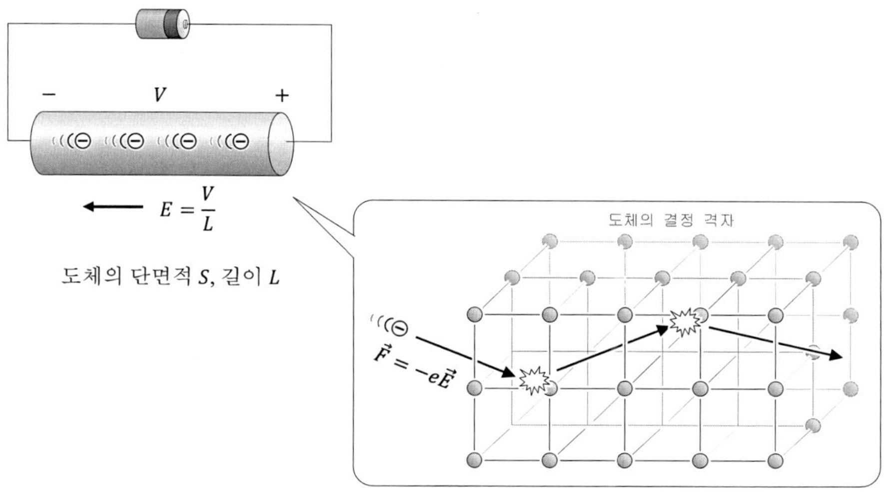

자유전자는 결정 격자와의 충돌로 인해 무한히 가속될 수 없다.

거시적으로 평균값인 드리프트 속도를 가진다: $\vec{v}_d = -\mu_e \vec{E}$

(−) 부호는 전자의 이동 방향이 전계와 반대이기 때문이며 μ_e는 전자의 이동도이다.

$\vec{v}_d$를 왼쪽 페이지의 전류밀도와 전하의 이동속도의 관계에 대입하여보자.

$$\vec{J} = \rho_v \cdot \vec{v} = -\rho_e \cdot \mu_e \cdot \vec{E}$$

여기서 ρ_v는 전자의 체적밀도인 ρ_e로 사용하였다. ρ_e는 음수이며 다음과 같이 정리할 수 있다.

전도전류밀도 $\vec{J} = \sigma\vec{E}$

σ는 도전율 (conductivity) = $\begin{cases} -\rho_e\mu_e & \text{: 전자가 흐를 경우} \\ \rho_h\mu_h & \text{: 정공이 흐를 경우} \end{cases}$

전도전류밀도에 면적을 곱하여 전도전류로 바꾸어 보자. 여기서 $\vec{J}$와 $\vec{S}$의 방향은 같다.

$$I = \vec{J} \bullet \vec{S} = J \cdot S = \sigma E \cdot S = \sigma \frac{V}{L} S$$

이를 전압에 대해 정리하면 **옴의 법칙**을 얻는다.

$$V = I \cdot \left(\frac{1}{\sigma}\frac{L}{S}\right) = I \cdot R$$

우리가 다루는 전류는 총 3가지가 있다.

① 대류전류
② 전도전류
③ 변위전류 p. 138

동축케이블의 도전율

c.f. 동축케이블의 인덕턴스 p. 125

두 도체 사이의 유전체는 부도체이지만, 작은 양의 전류가 흐를 수 있으므로 도전율을 무시할 수 없다.
이 유전체의 도전율을 구해보자.

동축케이블의 길이는 L

유전체의 전기전도도는 σ_d 내부 도체의 전하 Q

이 그림과 동축케이블의 등가 회로는 5장의 전송선로에서 사용된다. p. 231

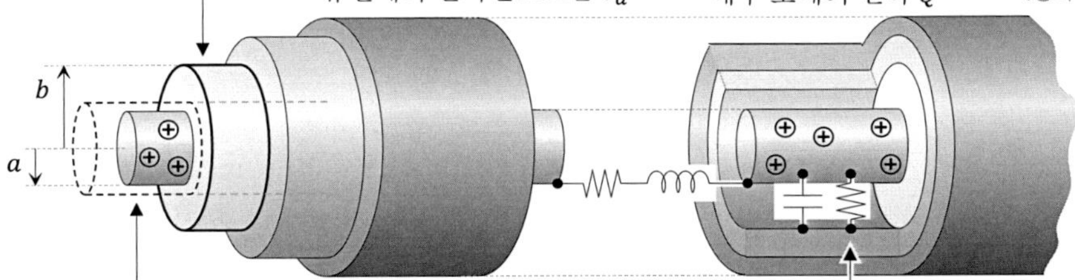

① 가우스 폐곡면

⑤ 단위 길이당 컨덕턴스는 $G' = \dfrac{G}{L} = \dfrac{1}{RL} = \dfrac{2\pi\sigma_d}{\ln\left(\frac{b}{a}\right)}$

④ 두 도체 사이의 저항은 $R = \dfrac{V_{ab}}{I} = \dfrac{②}{③} = \dfrac{1}{2\pi\sigma_d L}\ln\left(\dfrac{b}{a}\right)$

① 가우스 법칙을 적용하면 $D_\rho = \dfrac{Q_{enc}}{S} = \dfrac{Q}{2\pi\rho\cdot L}$ 이고,

$\vec{E} = \dfrac{1}{\varepsilon}\cdot\dfrac{Q}{2\pi\rho\cdot L}\cdot\hat{\rho}$ 이다.

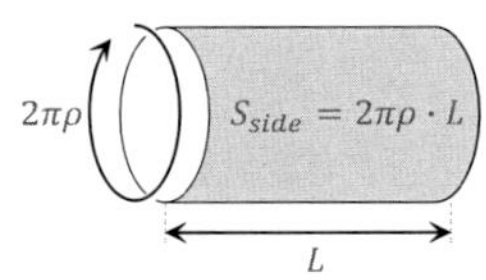

따라서,

② 두 도체 사이의 전위차는 $V_{ab} = -\displaystyle\int_b^a \vec{E}\bullet d\vec{\ell} = -\dfrac{1}{\varepsilon}\cdot\dfrac{Q}{2\pi L}\ln\dfrac{a}{b}$ — p. 50 참조

③ 유전체를 흐르는 전류는 $I = \displaystyle\int \vec{J}\bullet d\vec{S} = \int \sigma_d\vec{E}\bullet d\vec{S}$

$$= \int_0^L\int_0^{2\pi}\left(\frac{\sigma_d}{\varepsilon}\cdot\frac{Q}{2\pi\rho L}\cdot\hat{\rho}\right)\bullet(\rho\cdot d\phi\cdot dz\cdot\hat{\rho})$$

$$= \frac{\sigma_d Q}{\varepsilon}$$

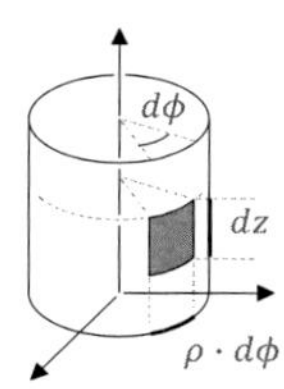

전계가 전하를 움직이는데 사용한 에너지의 일부는 격자와의 충돌로 손실된다.

미소전하 $dQ = \rho_v dv$ 를 $d\vec{\ell}$ 만큼 움직이는데 전계가 사용한 미소 일은

$$dW = d\vec{F} \bullet d\vec{\ell} = \left(dQ \cdot \vec{E}\right) \bullet d\vec{\ell} = \rho_v \cdot dv \cdot \vec{E} \bullet d\vec{\ell}$$

미소 전력은

$$dP = \frac{dW}{dt} = \rho_v \cdot dv \cdot \vec{E} \bullet d\vec{\ell} \cdot \frac{1}{dt}$$

$\vec{v} = \frac{d\vec{\ell}}{dt}$

$$= \rho_v \cdot dv \cdot \vec{E} \bullet \vec{v}$$

이전에 유도한 전도전류밀도는 $\vec{J} = \rho_v \cdot \vec{v} = \sigma\vec{E}$

$$= \vec{E} \bullet \vec{J} \cdot dv$$

따라서 총 소비된 전력은

$$P = \int dP = \int \vec{E} \bullet \vec{J} \cdot dv = \int \sigma E^2 dv$$: 줄의 법칙

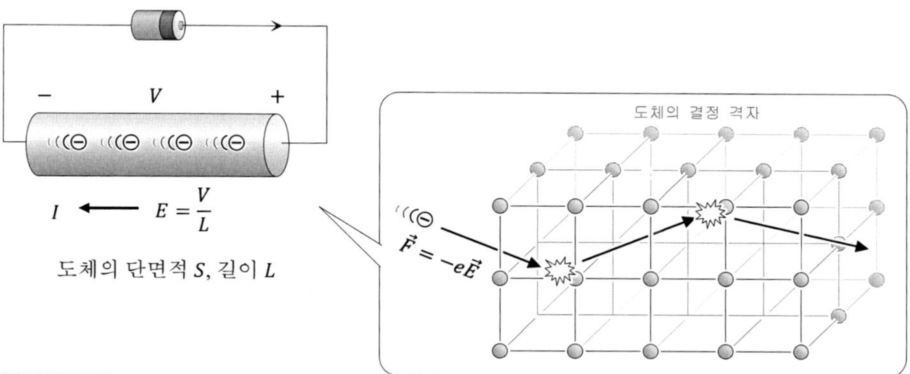

Drill 3.1-1

위 도체에서 소비되는 전력을 계산해보자.

$$P = \int \vec{E} \bullet \vec{J} \cdot dv \quad = \quad \int \frac{V}{L} \cdot \frac{I}{S} \cdot dv = \frac{V}{L} \cdot \frac{I}{S} \cdot (L \cdot S) = VI$$

$\vec{E}$와 $\vec{J}$의 방향이 같고, $E = \frac{V}{L}$ & $J = \frac{I}{S}$ & $\int dv = L \cdot S$ 이다.

3.1.1 전류의 연속성

전하의 보존성: 전하는 양전하와 음전하가 동시에 발생되거나 소멸된다. 결코 양(음)전하만 생성할 수 없다.

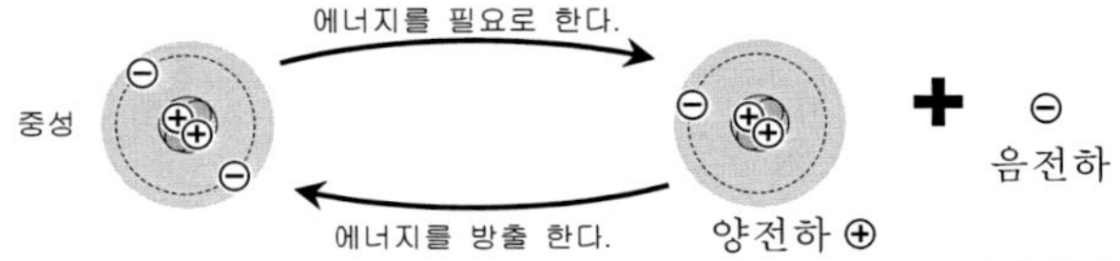

대전된 작은 도체를 중성인 도체에 붙이려고 한다.

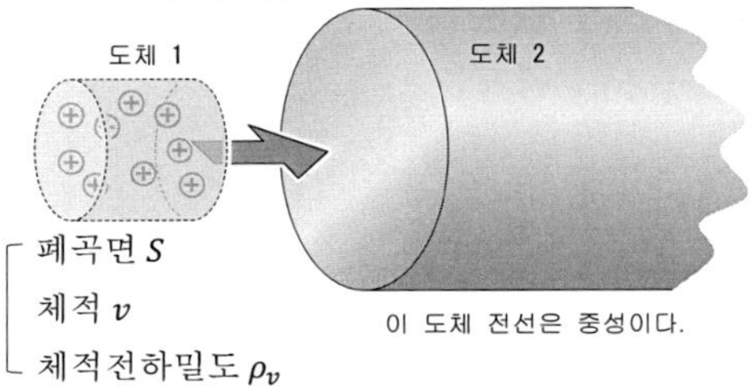

두 도체를 붙였다.

① 도체 1의 표면 밖으로 전하 하나가 나가면: $I_{out}\left[\frac{C}{s}\right]$

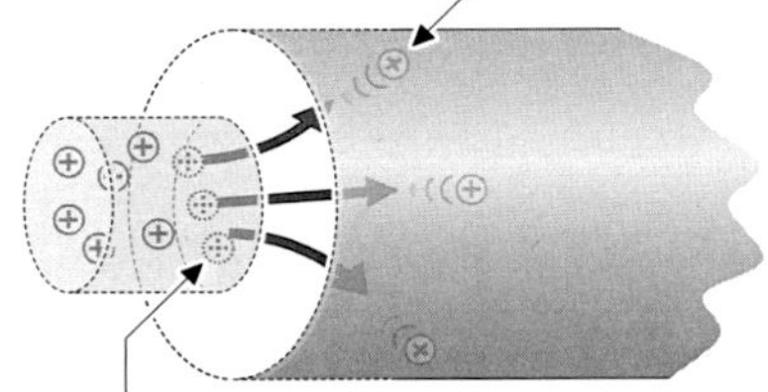

② 폐곡면 안의 전하는 하나가 줄어든다: $\frac{dQ_{inside}}{dt}\left[\frac{C}{s}\right]$

①과 ②의 양이 같으므로 $I_{out} = -\frac{dQ_{inside}}{dt}$ 이다.

그림의 변화가 $dt = 1\,s$ 동안 벌어진 상황일 경우:

$$I_{out} = \vec{J} \cdot \vec{S} = \frac{dQ}{dt} = \frac{3\,C}{1\,s} = 3\,A$$

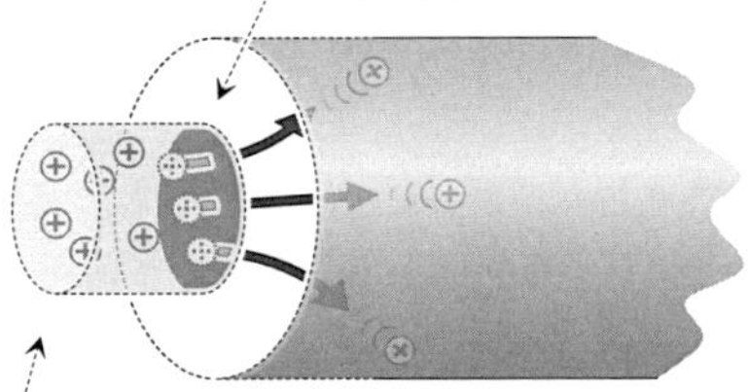

$$\frac{dQ_{inside}}{dt} = \frac{Q(t_0 + dt) - Q(t_0)}{dt} = \frac{6\,C - 9\,C}{1\,s} = -3\,A$$

도체 안에서도 이와 같은 상황이 발생할 수 있으므로, 일반적으로 ①에서 I_{out}는 다음과 같이 표시한다:

$$I_{out} = \vec{J} \cdot \vec{S} = \oint \vec{J} \cdot d\vec{s}$$

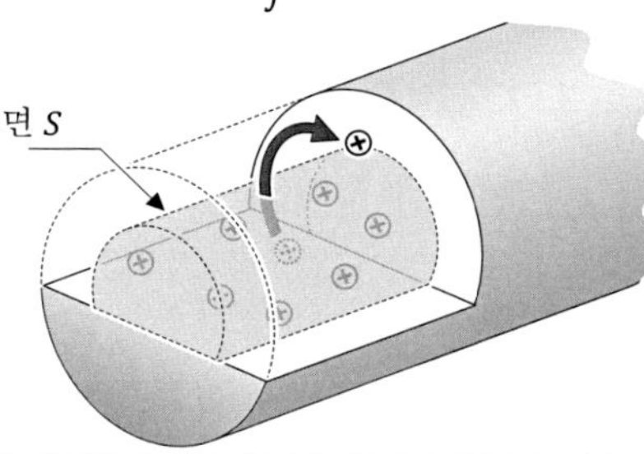

위의 식들을 종합하면 다음과 같다:

$$I_{out} = \overset{①}{\oint \vec{J} \cdot d\vec{s}} = \overset{②}{-\frac{dQ_{inside}}{dt}}$$

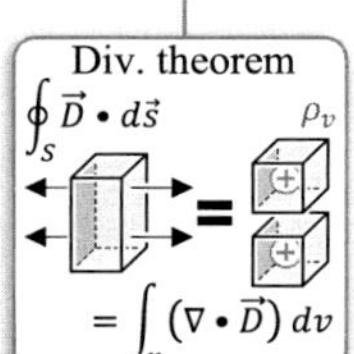

발산정리에서 $\oint \vec{J} \cdot d\vec{s} = \int (\nabla \cdot \vec{J})\, dv$ $Q_{inside} = \int \rho_v\, dv$

$$\int (\nabla \cdot \vec{J})\, dv = -\int \frac{\partial \rho_v}{\partial t} dv$$

따라서 다음과 같은 **전류 연속 방정식**을 얻는다:
(The current continuity equation)

$$\nabla \cdot \vec{J} = -\frac{\partial \rho_v}{\partial t}$$

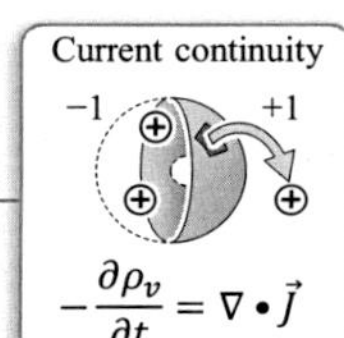

전류 연속 방정식에 이전에 배운 몇 가지 법칙을 추가해 보자.

$$\nabla \bullet \vec{J} = -\frac{\partial \rho_v}{\partial t}$$

전하가 흐르려면 전계가 필요하므로,
옴의 법칙에서 $\vec{J} = \sigma\vec{E}$

$$\downarrow$$

$$\nabla \bullet (\sigma\vec{E}) = -\frac{\partial \rho_v}{\partial t}$$

전하와 폐곡면의 관계에는
가우스 법칙이 성립해야 한다.

$\nabla \bullet \vec{D} = \nabla \bullet \varepsilon\vec{E} = \rho_v$

$$\downarrow$$

$$\frac{\sigma}{\varepsilon}\rho_v = -\frac{\partial \rho_v}{\partial t}$$

$$\downarrow$$

정리하면 일차미분방정식을 얻고, $$\frac{\partial \rho_v}{\partial t} + \frac{\sigma}{\varepsilon}\rho_v = 0$$

(a homogeneous linear ordinary differential equation)

그 해는 다음과 같다: $$\rho_v = \rho_{v0} \cdot e^{-\frac{t}{\tau}} \quad \text{where} \quad \tau = \frac{\varepsilon}{\sigma}$$

τ는 시정수 (time constant)이며, 오랜 시간 후에 전하들이 더 이상 움직이지 않는 균형상태를 이루는 것과 연관되므로 **완화시간**으로 불린다. (Relaxation time)

두 도체들이 납과 구리인 경우 전하들의 움직임을 보자.

납 $\sigma = 5.0 \times 10^6$

$\tau_1 = \frac{\varepsilon_0}{5.0 \times 10^6}$

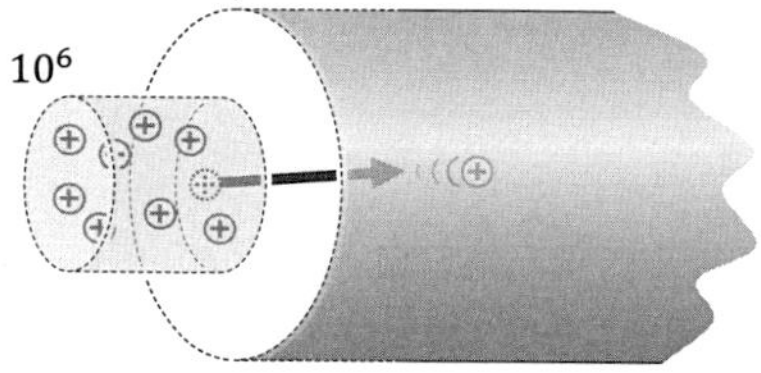

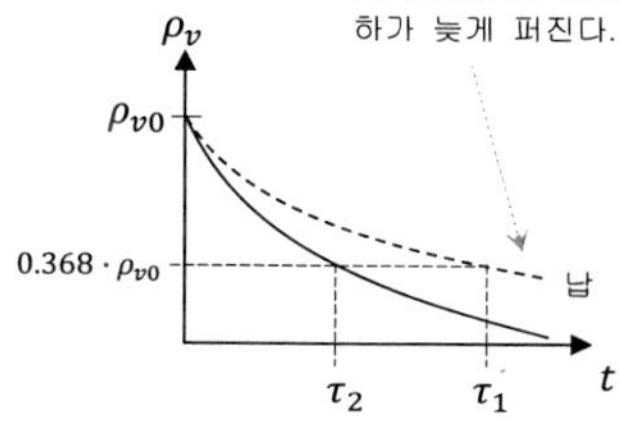

구리 $\sigma = 5.8 \times 10^7$

$\tau_2 = \frac{\varepsilon_0}{5.8 \times 10^7}$

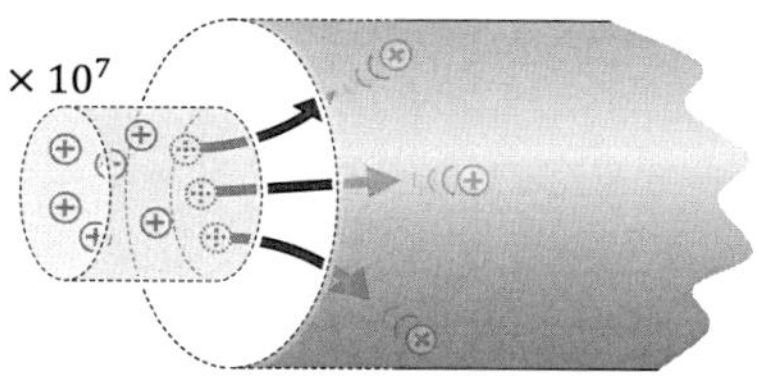

ρ_v는 작은 도체의 체적전하밀도

도체에서 시간이 충분히 지나면 전하는 더 이상 움직이지 않게 된다.

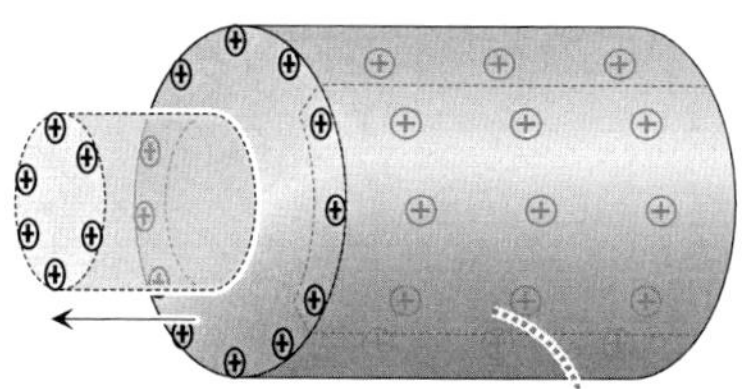

반발력으로 인해 표면에만 전하가 분포하게 된다.
만약 도체 내부에는 전계가 있으면 전하가 다시 움직인다.
즉, 도체 내부에는 **이제 전계가 없다.**

전하가 분포하는 일부분만 잘라내어 표면저항에 대해 정의를 해보자.

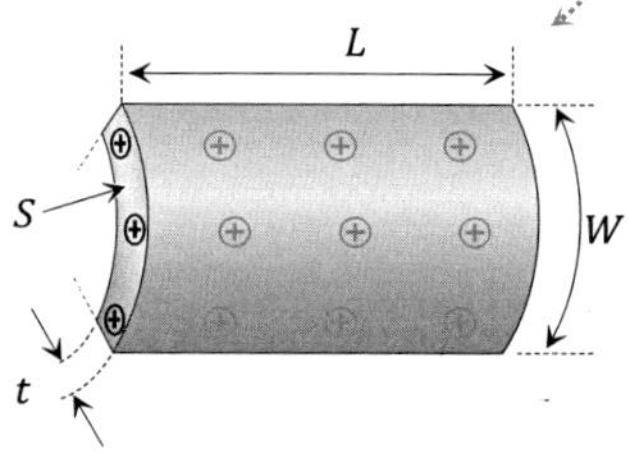

이 도체 부분의 저항은 $$R = \frac{1}{\sigma}\cdot\frac{L}{S} = \frac{1}{\sigma}\cdot\frac{L}{t \cdot W} = R_{sheet}\cdot\frac{L}{w}$$

표면저항 (Sheet resistance) $R_{sheet}\ \left[\frac{\Omega}{\square}\right]$ 또한 $\frac{L}{w}$ [□]

네모는 단위가 없지만 혼선을 피하기 위해 써준다.

표면저항의 개념은 집적회로에서 유용하게 사용된다.

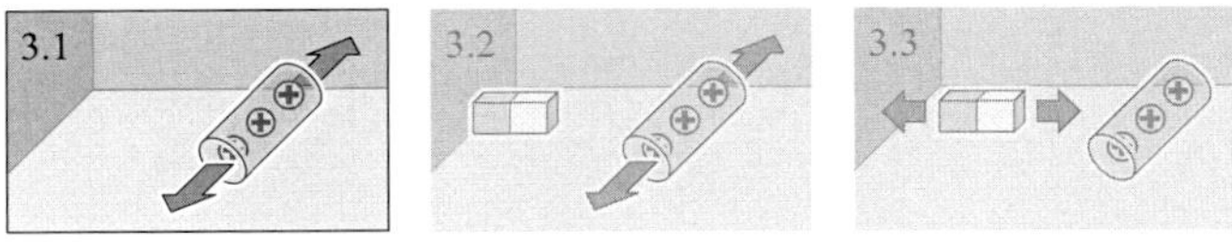

3.1.2 변위전류 displacement current

암페어에 의해 발견된 주회법칙의 미분형을 변형해보자.

① 양변에 발산을 취한다.

$$❶\ \nabla \times \vec{H} = \vec{J}$$

벡터 대수학 참조:

$\nabla \bullet (\nabla \times \vec{H}) = 0$

$$❷\ \nabla \bullet (\nabla \times \vec{H}) = \nabla \bullet \vec{J} = 0$$

②

Current continuity

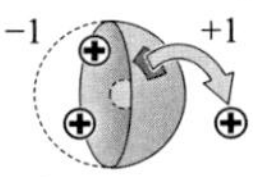

$-\dfrac{\partial \rho_v}{\partial t} = \nabla \bullet \vec{J}$

$$❸\ \nabla \bullet \vec{J} = -\frac{\partial \rho_v}{\partial t} = 0$$

①은 수학적으로 모든 벡터에 대해서 항상 맞다.
②는 전하의 이동을 전류로 표시한 것으로 항상 맞다.

암페어가 발견한 것에서 부터 얻은 결과: $❹\ -\dfrac{\partial \rho_v}{\partial t} = 0$

"주어진 공간 내부에 전하의 양은 **변하지 않는다.**"

이 결과(식 ❹)는 오른쪽의 4가지 경우 중에서 (c)와 (d)를 표현할 수 없다. 즉, 식 ❹는 완벽하지 않다. 이는 식 ❶이 완벽하지 않았기 때문이다.

완벽한 결론은 다음과 같은 형태가 되어야 오른쪽의 4가지 경우를 모두 표현할 수 있다:

$$❹'\ -\frac{\partial \rho_v}{\partial t} = X$$

(X는 실수. 즉, 0과 **양수**, **음수**가 될 수 있다.)

위와 같은 결론을 얻기 위해서는 식 ❶에 새로운 항을 추가한다:

$$❶'\ \nabla \times \vec{H} = \vec{J} + \vec{J}_X$$

← 무엇인지 모르지만 전류밀도이다.

발산 ①

$$❷'\ \nabla \bullet (\nabla \times \vec{H}) = \nabla \bullet \vec{J} + \nabla \bullet \vec{J}_X = 0$$

전류 연속식 ②

$$❸'\ -\frac{\partial \rho_v}{\partial t} + \nabla \bullet \vec{J}_X = 0$$

$$❹'\ \frac{\partial \rho_v}{\partial t} = \nabla \bullet \vec{J}_X$$

이제 오른쪽의 4 경우를 모두 표현할 수 있다.

맥스웰이 미지의 항을 더하여 ❶' 을 만들었다.

주사위를 던지면 6가지의 경우가 생기듯이 전하의 위치에 대해서도 다음의 4가지 경우가 생긴다:

(a) 구 안의 전하의 양은 변하지 않는다.
시간이 흘러도

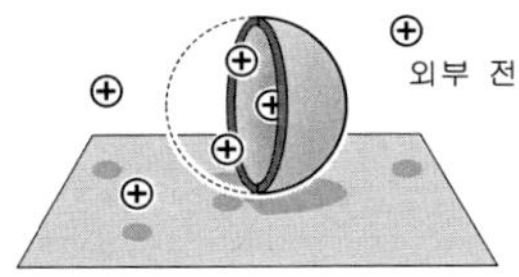

$-\dfrac{\partial \rho_v}{\partial t} = 0$

(b) 구 안의 전하의 양은 변하지 않는다.

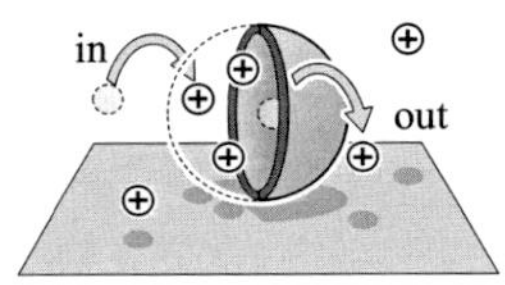

$-\dfrac{\partial \rho_v}{\partial t} = 0$

(c) 구 안의 전하의 양은 변한다.
(작아진다.)

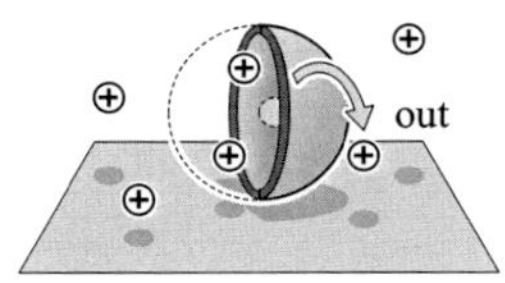

$-\dfrac{\partial \rho_v}{\partial t} > 0$

(d) 구 안의 전하의 양은 변한다.
(커진다.)

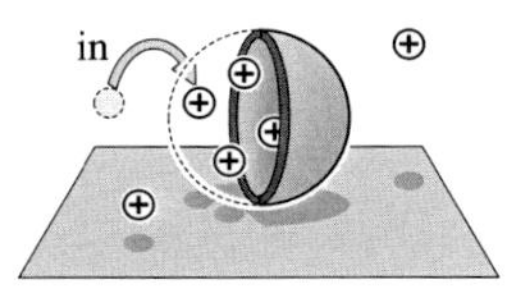

$-\dfrac{\partial \rho_v}{\partial t} < 0$

ρ_v 는 구 안의 전하밀도

수식을 계속 유도하여 $\vec{J}_X$가 무엇인지 알아내자.

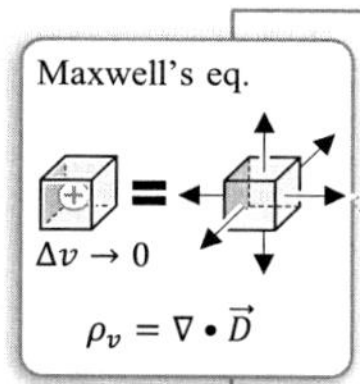

미분의 순서를 바꾼다.

∇ 연산자는 공간에 대한 미분이다.
예) $\frac{\partial}{\partial t}(\nabla \bullet \vec{D}) = \frac{\partial}{\partial t}\left(\frac{\partial D_x}{\partial x}\right) = \frac{\partial}{\partial x}\left(\frac{\partial D_x}{\partial t}\right) = \nabla \bullet \frac{\partial D_x}{\partial t}$

❹′ $\nabla \bullet \vec{J}_X = \frac{\partial \rho_v}{\partial t}$

❺′ $\nabla \bullet \vec{J}_X = \frac{\partial \nabla \bullet \vec{D}}{\partial t}$

❻′ $\nabla \bullet \vec{J}_X = \nabla \bullet \frac{\partial \vec{D}}{\partial t}$

$$\therefore \vec{J}_X = \frac{\partial \vec{D}}{\partial t}$$

$\vec{J}_X$가 전속(밀도)이 변하는 양임을 알아냈다.

전속은 **공간**에 존재하는 양이다. p. 20
X 대신 **공간**을 뛰어넘는 변위(**d**isplacement)라는 개념을 사용하여 표기하자. 이제 암페어의 주회법칙을 수정하여 완벽하게 만든 것은 다음과 같으며, $\vec{J}_d$를 **변위 전류밀도**라 한다.

$$\nabla \times \vec{H} = \vec{J}_c + \vec{J}_d = \vec{J}_c + \frac{\partial \vec{D}}{\partial t}$$

맥스웰 방정식 - 미분형태

(맥스웰 방정식은 총 4개가 있다.) p. 172

기존의 전류밀도 $\vec{J}$는 도체를 흐르는 전류라는 뜻으로 전도전류밀도 $\vec{J}_c$로 표시한다.

완벽해진 암페어의 법칙: $\nabla \times \vec{H} = \vec{J}_c + \frac{\partial \vec{D}}{\partial t}$

결과		원인		
$\vec{H}$: 자계	←	$\vec{J}_c$: 전하의 흐름 (도체 내의 전류)	←	$\vec{E}$: 도체 내의 전계
	←	**공간에 아무것도 없다**	←	$\frac{\partial(\varepsilon\vec{E})}{\partial t}$: 전계의 변화 (원인)

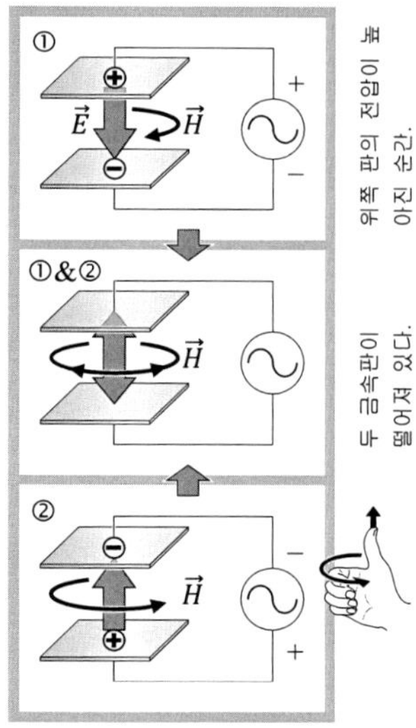

아무것도 없는 공간에서 전계의 변화도 자계의 원천이 된다.
(전하를 흐르게 할 전도성 매질이 없다는 뜻)

오른쪽과 같이 시간에 따라 변하는 전원을 사용하면 두 금속판 사이의 빈 공간에 크기가 변하는 전계를 만들 수 있다. 이 전계는 공간을 가로지며 존재하며, 자계를 주위에 만들 수 있다.

→ 공간을 뛰어넘는 의미에서 **변위 전류밀도**라 부른다.

지금까지 유도한 맥스웰 방정식은 **한 점**에서 발생하는 현상에 대한 미분형태이다: $\nabla \times \vec{H} = \vec{J}_c + \frac{\partial \vec{D}}{\partial t}$

전체의 양(전류)에 대한 방정식을 만들려면 면적을 곱한다.

$$I = \int \vec{J} \bullet d\vec{S} = \int (\vec{J}_c + \vec{J}_d) \bullet d\vec{S} = \int_S (\nabla \times \vec{H}) \bullet d\vec{S} = \int_S \left(\vec{J}_c + \frac{\partial \vec{D}}{\partial t}\right) \bullet d\vec{S}$$

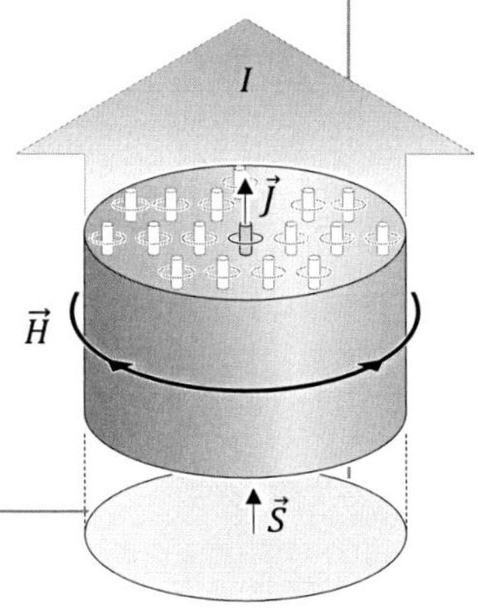

$$\oint_L \vec{H} \bullet d\vec{L} = I_c + \int_S \frac{\partial \vec{D}}{\partial t} \bullet d\vec{S}$$

맥스웰 방정식의 적분형태를 얻는다.

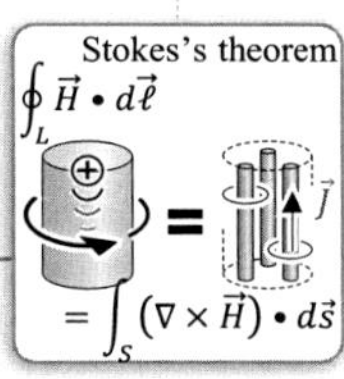

(내부의 회전을 모두 더하면 전체의회전이 된다.)

Drill 3.1-2 **커패시터에 흐르는 전류를 계산해 보자.**

커패시터의 두 금속판 사이에 위치한 유전체의 두께는 d이고, 유전율은 ε_r, 비저항은 ρ 이다.

❶ 전원 $v(t) = V_0 \cos \omega t$

❶ 교류 전원이 사용되었으므로 소문자 v와 i를 사용했다.

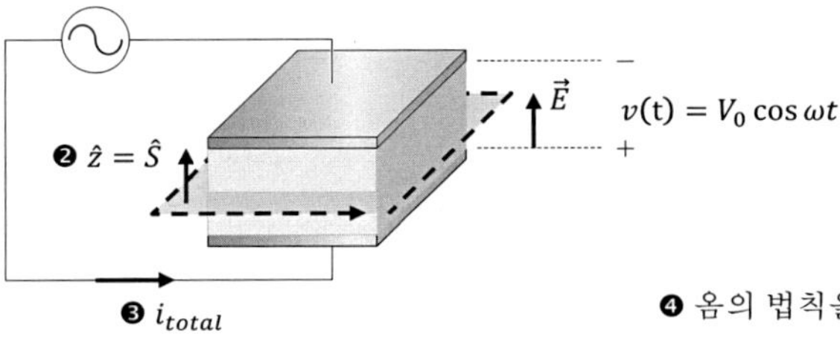

❷ 편의상 면적의 법선 $\hat{S}$와 $\vec{E}$, $\hat{z}$를 같은 방향으로 잡았다.

$$\vec{E}(t) = \frac{v(t)}{d}\hat{z}$$

❹ 옴의 법칙을 사용하여 전도 전류를 구한다.

$$i_c(t) = \frac{v(t)}{R} = \frac{1}{\rho \frac{d}{S}} V_0 \cos \omega t$$

❺ 맥스웰 방정식을 사용하여 변위전류를 구한다.

$$i_d(t) = \int_S \frac{\partial \vec{D}}{\partial t} \bullet d\vec{S}$$

$$= \underbrace{\int_S \frac{\partial(\varepsilon \vec{E})}{\partial t} \bullet d\vec{S}}_{①} = \underbrace{\frac{\partial}{\partial t}\int_S \varepsilon \frac{V_0 \cos \omega t}{d}}_{②} \hat{z} \bullet d\vec{S}$$

$$= \frac{\partial}{\partial t}\left(\varepsilon \frac{V_0 \cos \omega t}{d} \underbrace{\iint_S}_{③} (\hat{z}) \bullet (dx \cdot dy \cdot \hat{z})\right)$$

$$= -\frac{\varepsilon V_0 \omega S}{d} \sin \omega t = -\underbrace{\frac{\varepsilon S}{d}}_{④} \cdot \omega V_0 \sin \omega t$$

① 시간에 대한 미분과 면적에 대한 적분은 서로 영향을 주지 않는다. 적분을 먼저 계산해도 된다.

② 시간에 대한 변수는 면적에 대한 적분에 영향 받지 않으므로, 상수처럼 취급하여 적분 밖으로 보낸다.

③ 전계는 금속판과 동일한 면적 S을 가진 유전체 내에만 존재한다고 가정하였다 따라서 적분해야 할 면적은 S 이다.

④ 커패시터의 특성 값 = 커패시턴스

❻ $i_{total} = i_c + i_d$

$v(t) = V_0 \cos \omega t$

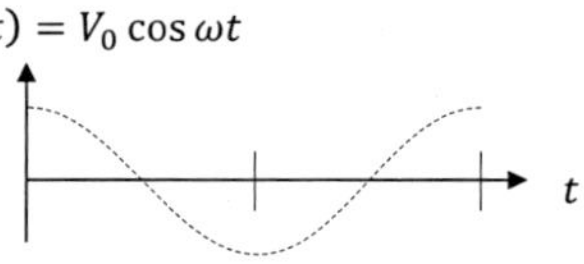

$i_c(t) = \frac{S}{\rho d} \cdot V_0 \cos \omega t$

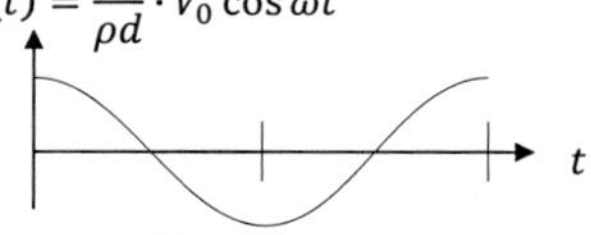

$i_d(t) = -\frac{\varepsilon S}{d} \cdot \omega V_0 \sin \omega t$

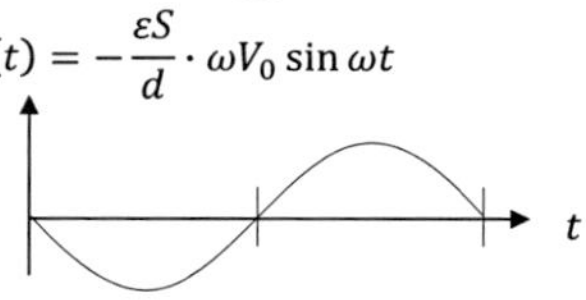

만약 순수 유전체를 사용하면 전체 전류는 변위 전류에 의해 결정된다. 그리고 전압과 변위전류 사이에 **위상차(시간차)**가 발생한다.

완전 도체는 $\sigma = \infty$ 이므로, 전도전류만 있다:

$$\nabla \times \vec{H} = \vec{J}_c, \quad I = \int \vec{J}_c \bullet d\vec{S}$$

순수한 유전체는 $\sigma = 0$ $(\rho = \infty)$ 이므로, 전도전류가 없다: $\nabla \times \vec{H} = \vec{J}_d, \quad I = \int \vec{J}_d \bullet d\vec{S}$

회로이론 교과목에서 커패시터를 흐르는 전류와 전압과의 관계: $i(t) = C\frac{dv(t)}{dt} = -\frac{\varepsilon S}{d} \cdot \omega V_0 \sin \omega t$

파의 지연, 위상차 (phase shift)

① $\sin(\theta) = \cos\left(\frac{\pi}{2} - \theta\right)$
② $\cos(-\theta) = \cos(\theta)$
③ $-\cos(\theta) = \cos(\theta + \pi)$

앞의 예에서

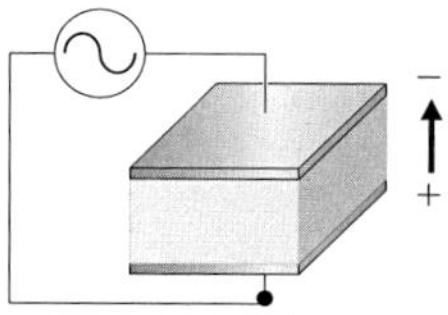

$v(t) = V_0 \cos \omega t$ ❶

$i_d(t) = -\frac{\varepsilon S}{d} \cdot \omega V_0 \sin \omega t \quad = \quad \frac{\varepsilon S}{d} \cdot \omega V_0 \cos\left(\omega t + \frac{\pi}{2}\right)$ ❷

파형 ❶과 ❷의 **시간 차이**를 알기 위해, 임의의 한 점 P에서 두 파의 모양을 살펴본다.
(이해를 돕기 위해 $\omega = 1$로 설정하였다.)

$t = 0$ 일 때 ❶의 진폭
$(\cos(0) = 1)$

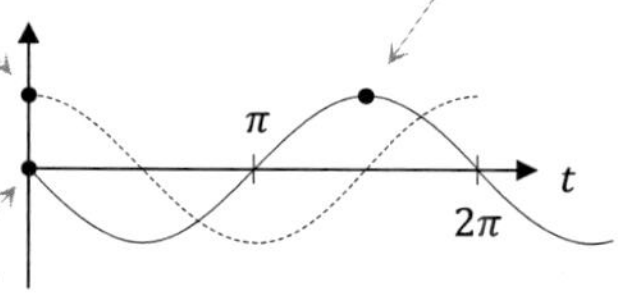

$t = 0$ 일 때 ❷의 진폭

❷의 진폭이 1이 되려면 각도가 0° 이 되어야 한다:

$\cos\left(t + \frac{\pi}{2}\right) = \cos 0° = \cos 2n\pi = 1$

즉, $t + \frac{\pi}{2} = 2n\pi$ 일 때 ❷의 진폭이 1이 된다.
첫 번째로 진폭이 1이 되는 때는
$t = -\frac{\pi}{2} + 2\pi = \frac{3\pi}{2}$ 이므로,
❷는 ❶보다 $\frac{3\pi}{2}$ 만큼 **지연**된다.

또 다른 방식으로 설명해 보자.
관찰자가 P에서 전압과 전류를 측정하고 있다.

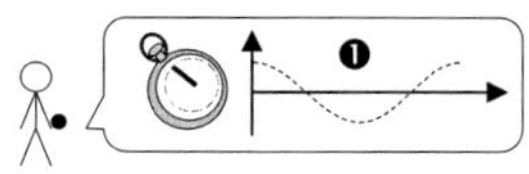

$t \geq 0$ 일 때 P에서 ❶의 파형

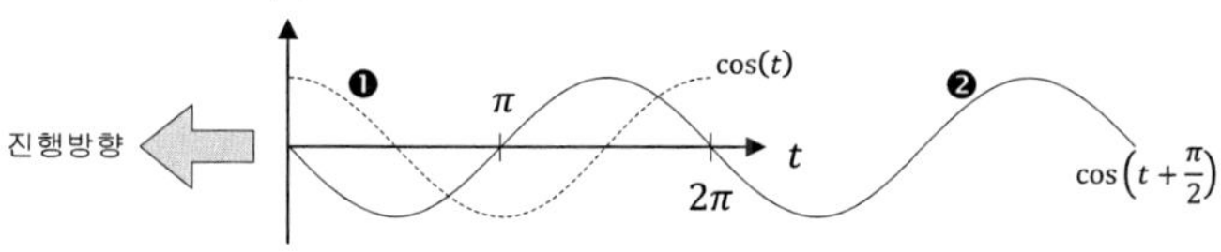

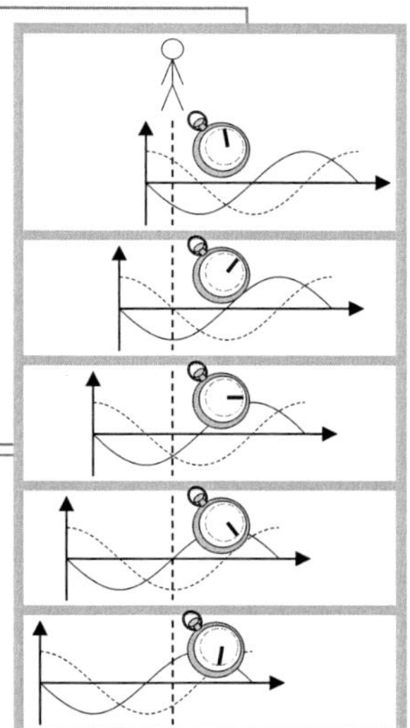

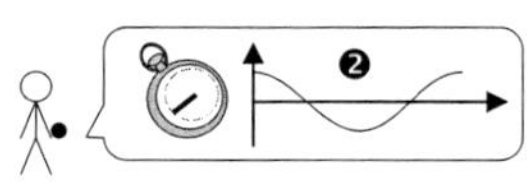

$t \geq \frac{3\pi}{2}$ 일 때 P에서 ❷의 파형

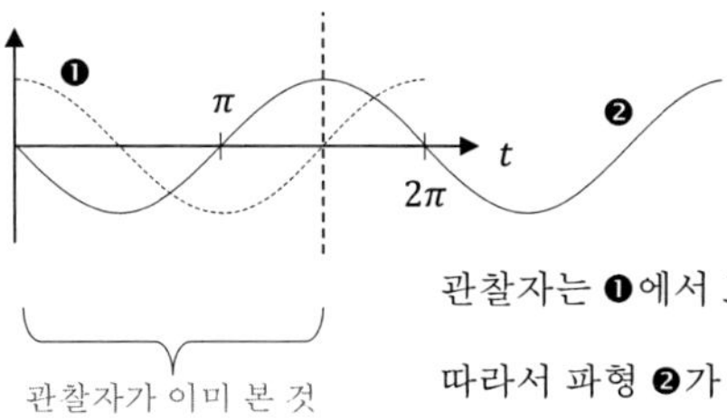

관찰자는 ❶에서 보았던 모양을 ❷에서 보게 된다.

따라서 파형 ❷가 ❶보다 $\frac{3\pi}{2}$ 만큼 지연되어 나타나는 것을 관찰한다.

손실 탄젠트(loss tangent) 또는 dissipation factor

앞에서 계산한 것들을 정리하면 다음과 같다.

❶ 전원 $v(t) = V_0 \cos \omega t$

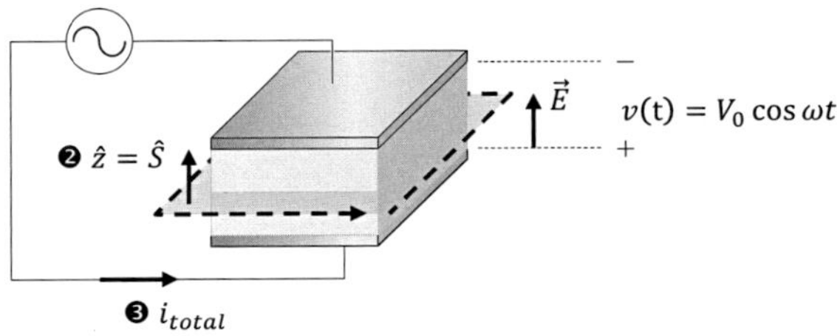

❹ 전도 전류: $i_c(t) = \frac{v(t)}{R} = \frac{1}{\rho \frac{d}{S}} V_0 \cos \omega t = \sigma \frac{S}{d} V_0 \cos \omega t = |i_c| \cos \omega t$

❺ 변위 전류: $i_d(t) = -\frac{\varepsilon S}{d} \cdot \omega V_0 \sin \omega t = |i_d| \cos\left(\omega t - \frac{\pi}{2}\right)$

이 회로의 구성에서 전도전류와 변위전류는 전체전류 i_{total}을 만든다. 그리고 i_{total} 는 커패시터의 유전체를 통과하는 전류이다. 유전체는 전도 전류를 막기 위해 사용하는 것이므로, 전도 전류가 작을수록 **좋은 유전체**이다.

i_c와 i_d의 비율을 **손실 탄젠트**(loss tangent)라 한다: $\frac{|i_c|}{|i_d|} = \frac{\sigma}{\omega\varepsilon} = \tan\delta$

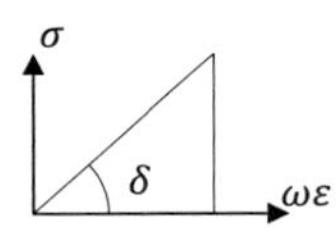

손실 탄젠트는 주파수($\omega = 2\pi f$)에 영향을 받으며, 전류들의 크기 비교를 위해 사용한다.
각도 δ가 아니라 $\tan\delta$의 값이 중요하다.

전형적으로 주어진 주파수에서 좋은 유전체는 $\tan\delta < 0.001$이다.

Drill 3.1-3

바닥물 속의 전도전류와 변위전류의 비를 계산해보자.
(바닷물의 $\sigma = 4\ S/m, \varepsilon_r = 80$)

손실 탄젠트는 $\tan\delta = \frac{|i_c|}{|i_d|} = \frac{\sigma}{\omega\varepsilon} = \frac{4}{2\pi f \cdot 80\varepsilon_0}$ 이며,

$f = 0.9\ GHz$에서 $\tan\delta = 1$ 이 된다.

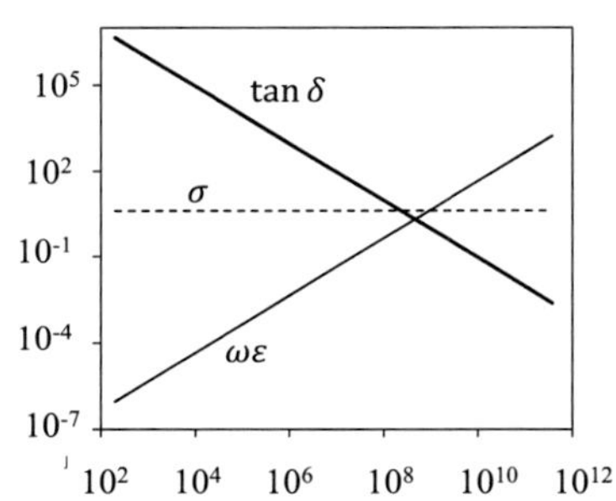

The EM map

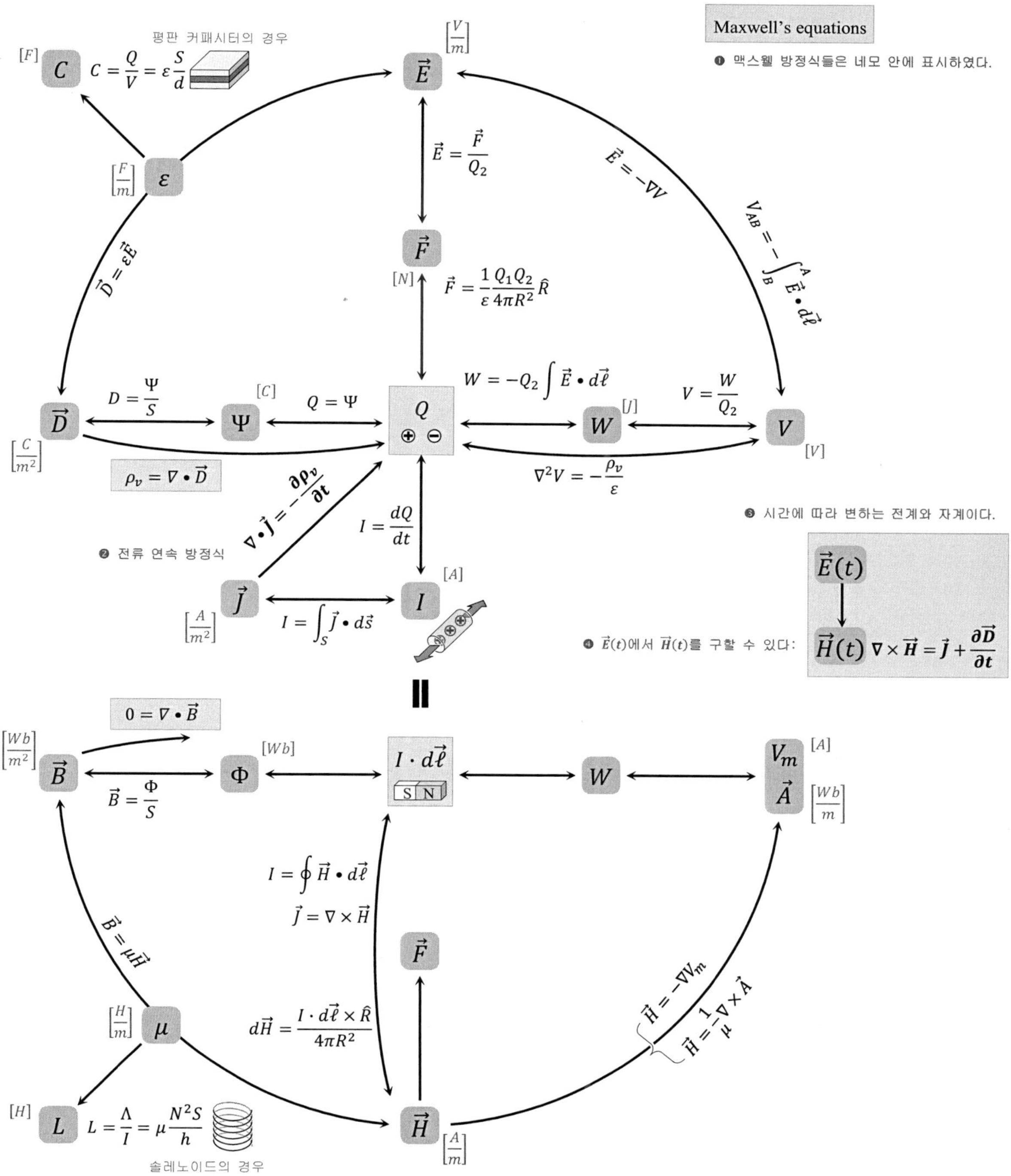

Maxwell's equations
❶ 맥스웰 방정식들은 네모 안에 표시하였다.
평판 커패시터의 경우
[F] C $C=\frac{Q}{V}=\varepsilon\frac{S}{d}$
$\left[\frac{F}{m}\right]$ ε
$\vec{D}=\varepsilon\vec{E}$
$\left[\frac{V}{m}\right]$ $\vec{E}$
$\vec{E}=\frac{\vec{F}}{Q_2}$
$\vec{F}$ [N]
$\vec{F}=\frac{1}{\varepsilon}\frac{Q_1Q_2}{4\pi R^2}\hat{R}$
$\vec{E}=-\nabla V$
$V_{AB}=-\int_B^A\vec{E}\bullet d\vec{\ell}$
$\vec{D}$ $\left[\frac{C}{m^2}\right]$
$D=\frac{\Psi}{S}$
[C] Ψ
$Q=\Psi$
Q ⊕ ⊖
$W=-Q_2\int\vec{E}\bullet d\vec{\ell}$
[J] W
$V=\frac{W}{Q_2}$
V [V]
$\rho_v=\nabla\bullet\vec{D}$
$\nabla^2V=-\frac{\rho_v}{\varepsilon}$
$\nabla\bullet\vec{J}=-\frac{\partial\rho_v}{\partial t}$
❷ 전류 연속 방정식
$I=\frac{dQ}{dt}$
[A] I
$\vec{J}$ $\left[\frac{A}{m^2}\right]$
$I=\int_S\vec{J}\bullet d\vec{s}$
❸ 시간에 따라 변하는 전계와 자계이다.
$\vec{E}(t)$
❹ $\vec{E}(t)$에서 $\vec{H}(t)$를 구할 수 있다:
$\vec{H}(t)$ $\nabla\times\vec{H}=\vec{J}+\frac{\partial\vec{D}}{\partial t}$
$0=\nabla\bullet\vec{B}$
$\left[\frac{Wb}{m^2}\right]$ $\vec{B}$
$\vec{B}=\frac{\Phi}{S}$
[Wb] Φ
$I\cdot d\vec{\ell}$
S N
W
V_m [A]
$\vec{A}$ $\left[\frac{Wb}{m}\right]$
$I=\oint\vec{H}\bullet d\vec{\ell}$
$\vec{J}=\nabla\times\vec{H}$
$\vec{B}=\mu\vec{H}$
$\vec{F}$
$\left[\frac{H}{m}\right]$ μ
$d\vec{H}=\frac{I\cdot d\vec{\ell}\times\hat{R}}{4\pi R^2}$
$\vec{H}=-\nabla V_m$
$\vec{H}=\frac{1}{\mu}\nabla\times\vec{A}$
[H] L $L=\frac{\Lambda}{I}=\mu\frac{N^2S}{h}$
솔레노이드의 경우
$\vec{H}$ $\left[\frac{A}{m}\right]$

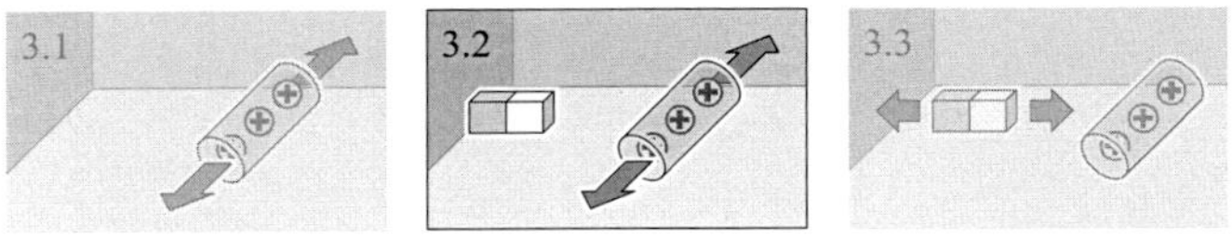

3.2 자계 내에서 전하가 움직일 때

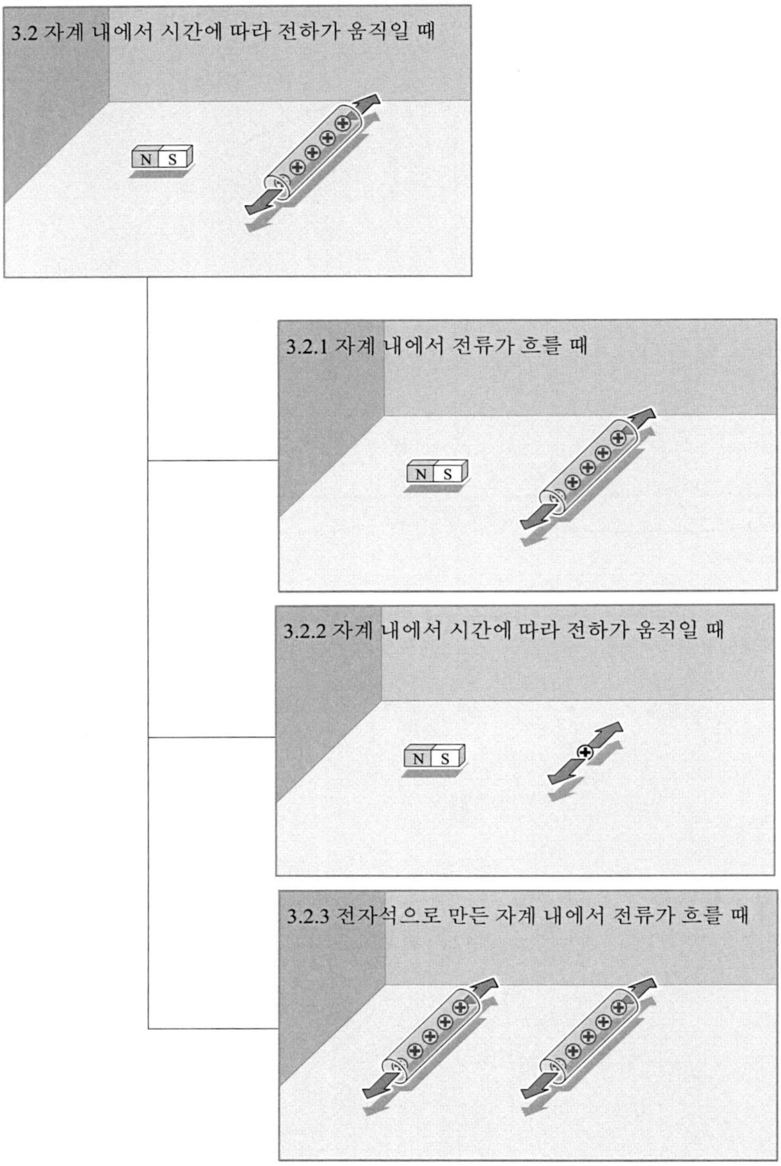

전류의 단위

$$[A] = \left[\frac{C}{t}\right]$$

시간의 개념이 들어가 있다.

이 절에서는 전하에 작용하는 **힘**에 대해 학습한다.

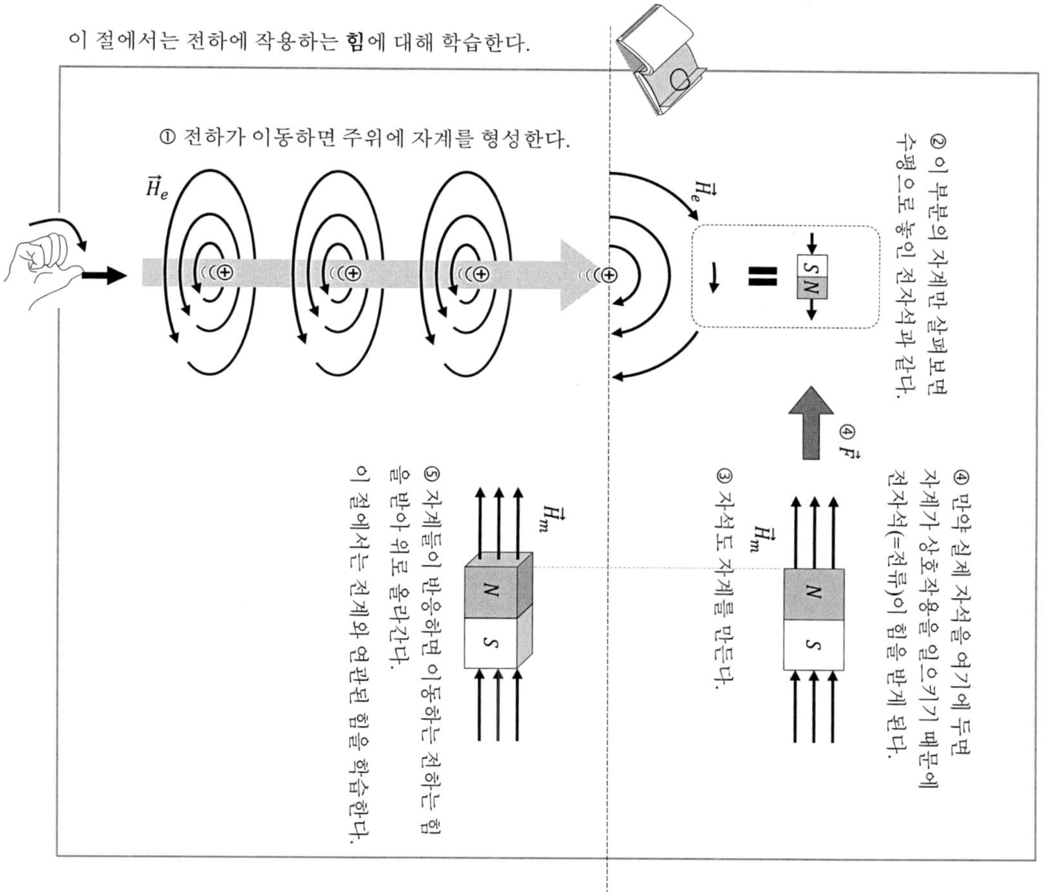

3.2.1 자계 내에서 전류가 흐를 때 – (1/2) 모터 방정식

다음과 같이 전선에 전류를 흐르게 하면,
N극과 S극 사이의 전선이 위로 당겨 올려진다.

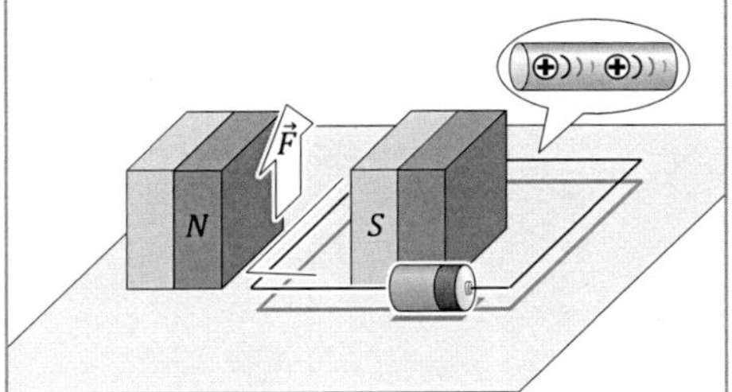

전류는 주위에 자계를 형성하므로,
전자석처럼 생각할 수 있다.

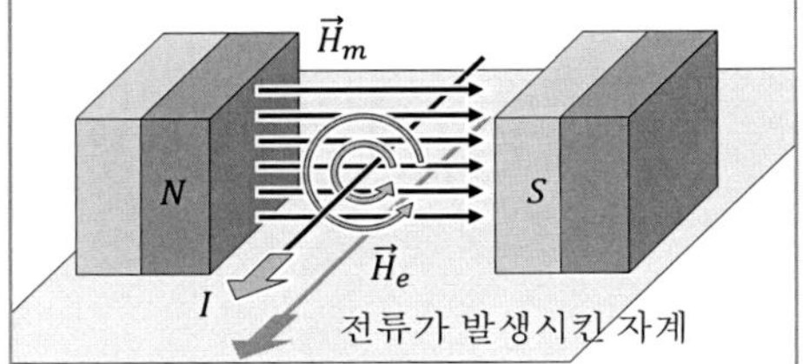

따라서 두 자계의 상호작용이 발생한다.

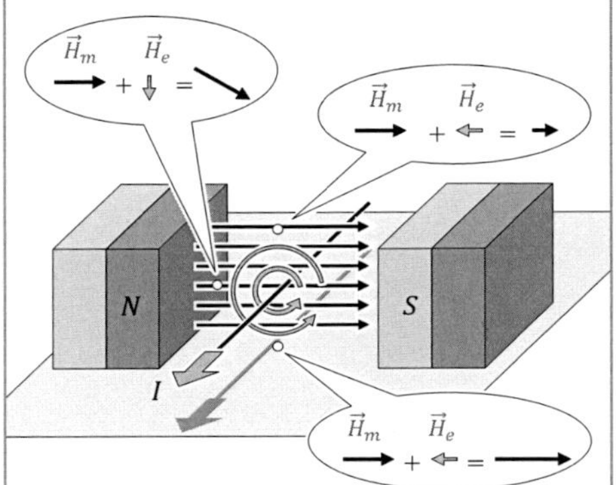

자기력선이 다음과 같이 분포되므로, 전선(전류가 만든 전자석)을 위로 밀어낸다.

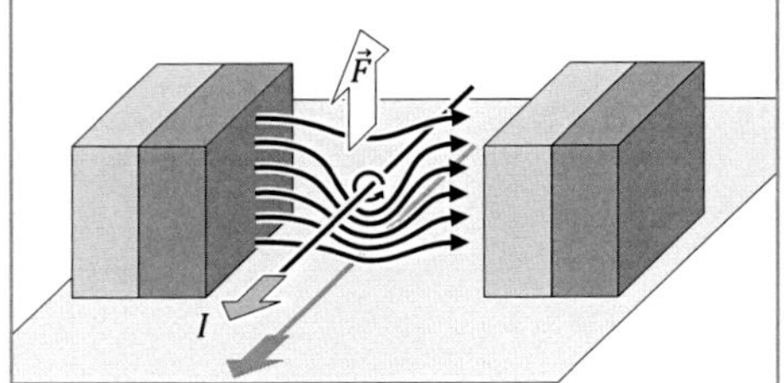

자기력선이 아래쪽에 밀집되므로
전선이 위로 올라간다.

전선이 받는 힘을 공식으로 만들어 보자.

이때 발생한 힘의 방향:

① $\hat{F} = \hat{L} \times \hat{H}$

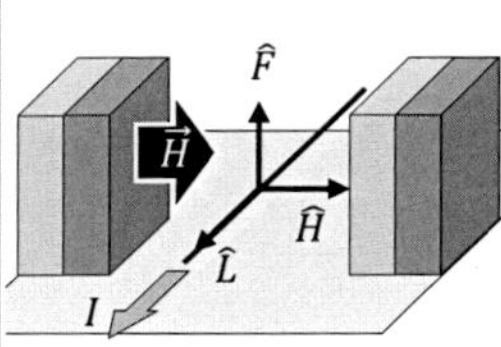

힘은 자계에 비례한다: $\vec{F} \propto \vec{H}$

더 강한 자석을 사용했다.

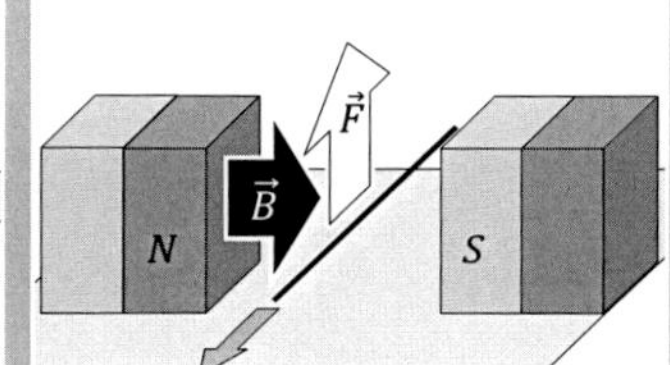

실제로는 자속밀도에 비례한다:

② $\vec{F} \propto \vec{B}$

자석의 길이가 커지면 상호작용도 커진다: ③ $\vec{F} \propto \vec{L}$

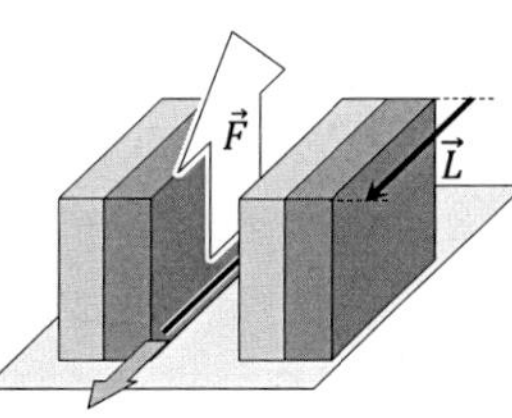

전류가 커지면 힘도 커진다:

④ $\vec{F} \propto I$

모터 방정식은 전기 모터를 만드는 원리에 대한 것이다.

①~④를 정리하면 다음의 공식을 얻는다:

모터 방정식

(motor equation)

$$\vec{F} = I\vec{L} \times \vec{B}$$

전선이 받는 힘에 대한 공식이다.

실제로 전류를 흐르게 하려면, 전선은 **폐**곡선이 되어야 한다.

$$d\vec{F} = I \cdot d\vec{\ell} \times \vec{B}$$

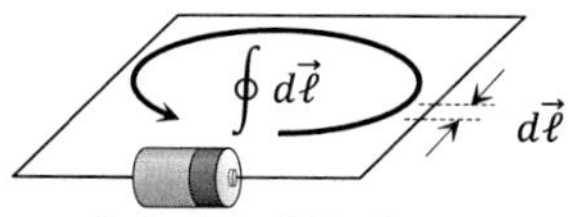

회전 방향에 주의!

정확한 계산을 위해서 미소 전선에 대해 계산한다.

폐회로에 대한 모터 방정식:

$$\vec{F} = \oint_L \left(I \cdot d\vec{\ell} \times \vec{B}\right)$$

$d\vec{\ell}$에 대한 적분이니까, $d\vec{\ell}$과 $\vec{B}$의 순서를 바꾸어 익숙한 형태로 만든다.

$$\vec{F} = -\oint_L I \cdot \vec{B} \times d\vec{\ell}$$

Appx 12 외적

Drill 3.2-1

다음과 같이 직사각형의 전선을 자석 사이에 놓았을 때, 폐회로에 작용하는 힘을 계산하자.

$$\vec{F} = -\oint_L I \cdot \vec{B} \times d\vec{\ell} = -\int_{❶} I \cdot \vec{B} \times d\vec{\ell} - \int_{❷} I \cdot \vec{B} \times d\vec{\ell} - \int_{❸} I \cdot \vec{B} \times d\vec{\ell} - \int_{❹} I \cdot \vec{B} \times d\vec{\ell} = ?$$

개념 / 실제 계산 방법

$$\vec{F}_{❶} = -\int I \cdot \vec{B} \times d\vec{\ell} = -I\int_a^0 (B_y\hat{y}) \times (dy \cdot \hat{y}) = 0$$

적분방향은 전류의 방향과 같도록!

$$\vec{F}_{❷} = -I\int_0^b (B_y\hat{y}) \times (dx \cdot \hat{x}) = I\,B_y\,b \cdot \hat{z}$$

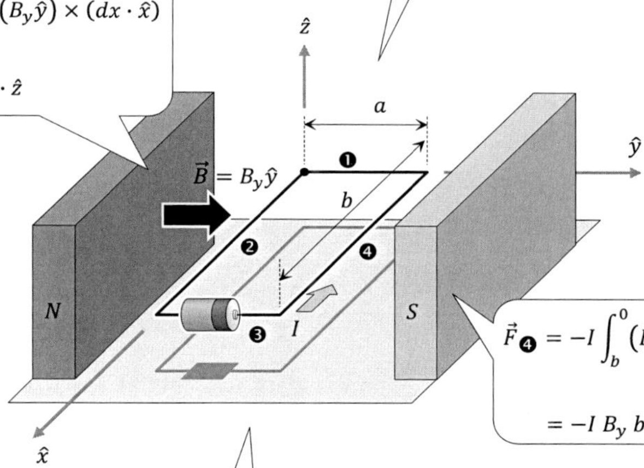

$$\vec{F}_{❹} = -I\int_b^0 (B_y\hat{y}) \times (dx \cdot \hat{x}) = -I\,B_y\,b \cdot \hat{z}$$

$$\vec{F}_{❸} = -I\int_0^a (B_y\hat{y}) \times (dy \cdot \hat{y}) = 0$$

❷ 경로에서 $d\vec{\ell} = d\vec{x} = dx \cdot \hat{x}$

❶ 경로에서 $d\vec{\ell} = d\vec{y} = dy \cdot \hat{y}$

❶과 ❸경로의 $\vec{L}$은 $\vec{B}$와 같으므로 힘은 0이다.

따라서, 이 폐회로에 작용하는 전체 힘은:

$$\vec{F} = -\oint_L I \cdot \vec{B} \times d\vec{\ell} = 0 + I\,B_y\,b \cdot \hat{z} + 0 - I\,B_y\,b \cdot \hat{z} = 0$$

(아무 힘도 작용하지 않는가?)

자계 내에서 전류가 흐를 때 – (2/2) 회전력 (torque)

이전 drill의 계산을 다시 살펴보자.

$$\vec{F} = -\oint_L I \cdot \vec{B} \times d\vec{\ell} = 0 + \underbrace{I\,B_y\,b \cdot \hat{z}}_{❷} + 0 \underbrace{- I\,B_y\,b \cdot \hat{z}}_{❹} = 0$$

폐회로가 x나 y, z 방향으로 움직이지 않지만,
제자리에서 **회전**을 하려고 한다.

회전하려는 힘은 토크 $\vec{T} = \vec{R} \times \vec{F}$ 로 표시된다.
이 회로의 토크를 계산해보자.

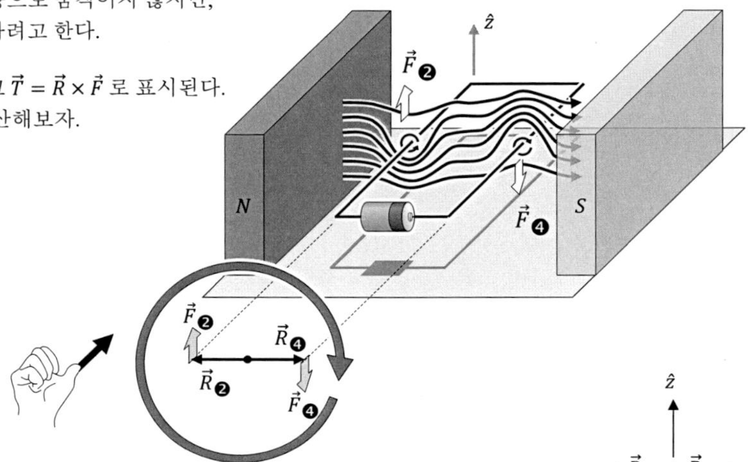

이 폐회로의 경우에 회전시키려는 힘은 2 개이다:

$$\begin{cases} \vec{T}_{❷} = \vec{R}_{❷} \times \vec{F}_{❷} = \left(-\dfrac{a}{2}\hat{y}\right) \times \left(I\,B_y\,b \cdot \hat{z}\right) = -\dfrac{ab}{2} I\,B_y\,\hat{x} \\ \vec{T}_{❹} = \vec{R}_{❹} \times \vec{F}_{❹} = \left(\dfrac{a}{2}\hat{y}\right) \times \left(-I\,B_y\,b \cdot \hat{z}\right) = -\dfrac{ab}{2} I\,B_y\,\hat{x} \end{cases}$$

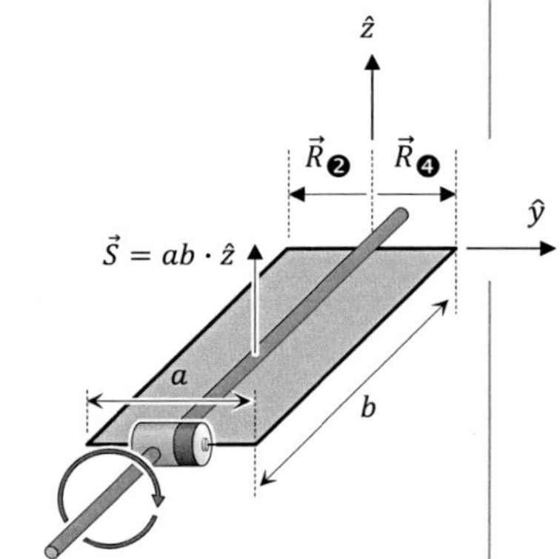

회전의 방향은 $-\hat{x}$

$$\therefore\ \vec{T} = -ab\,I\,B_y\,\hat{x} = \underbrace{abI}_{①} \cdot \underbrace{B_y}_{②} \cdot \underbrace{(-\hat{x})}_{④} = \underbrace{I\vec{S}}_{③} \times \vec{B} = \vec{m} \times \vec{B}$$

① 첫 번째 힘의 원천인 전류에 대한 양

② 두 번째 힘의 원천인 자속에 대한 양

③ $\vec{S} = ab \cdot \hat{z}$ 이고, 자기 쌍극자 모멘트는 $\vec{m} = I\vec{S}$ p. 91

④ 힘의 원천들이 회전을 만들었기 때문에 생긴 방향.
("×" 연산자를 사용한 결과)

$$-\hat{x} = \hat{S} \times \hat{B} = \hat{z} \times \hat{y}$$

② 자속의 방향

① 전류의 방향
(폐회로가 만드는 면의 방향)

따라서 폐회로의 회전력은 $\vec{T} = \vec{m} \times \vec{B}$

이 폐회로가 회전한 각도가 90° 를 넘게 되면,
$\vec{F}_{❷}$ 과 $\vec{F}_{❹}$가 회전을 멈추게 한다.
최종적으로 폐회로는 90° 만 회전하고 멈춘다.

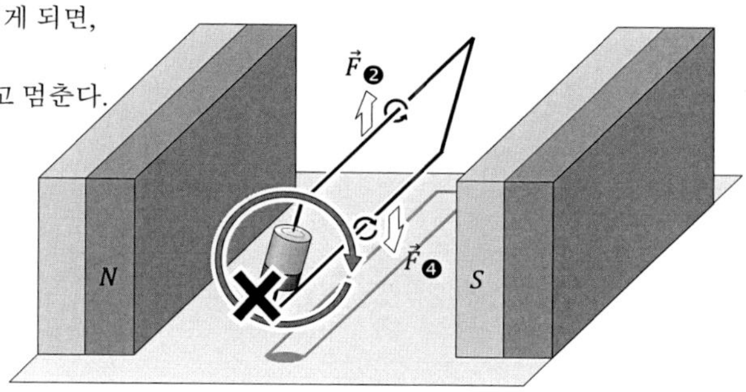

회전을 유지시키려면 전류의 방향을 주기적으로 바꾸어주어야 한다. 실제 모터는 전류를 주기적으로 바꾸어 주도록 만들어진다.

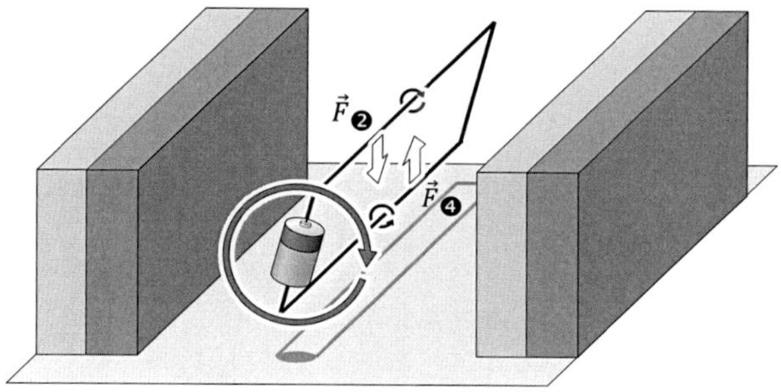

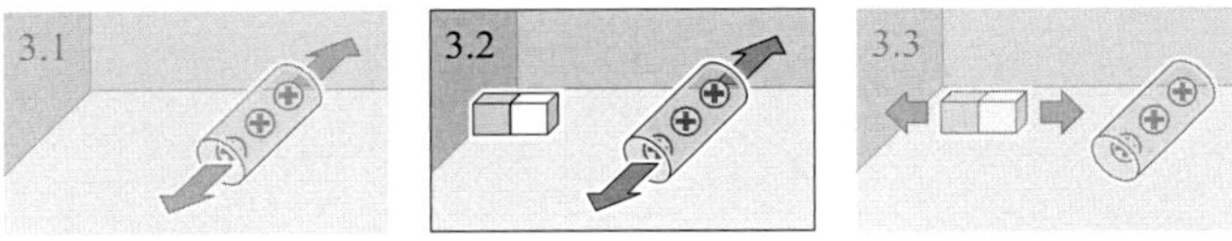

3.2.2 자계 내에서 전하가 움직일 때 – 로렌츠의 힘

앞에서 전류 때문에 전선이 힘을 받는 상황을 자세히 살펴보자. 자계 때문에 받는 힘이므로 자기력은 $\vec{F}_m$ 이라 표시하자.

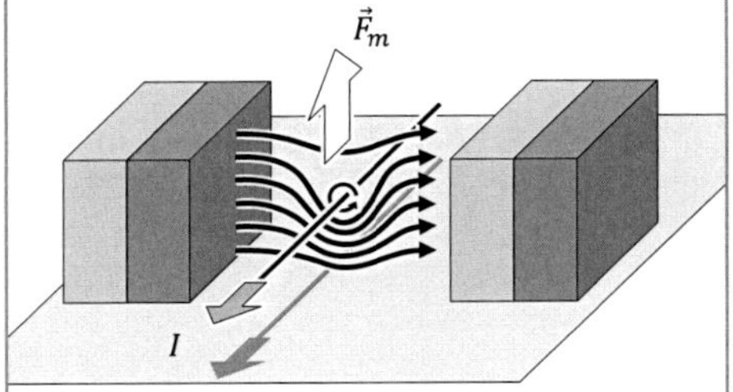

실제로 자계의 상호작용을 통해 힘을 받는 것은 전류(**움직이는** 전하)이다.

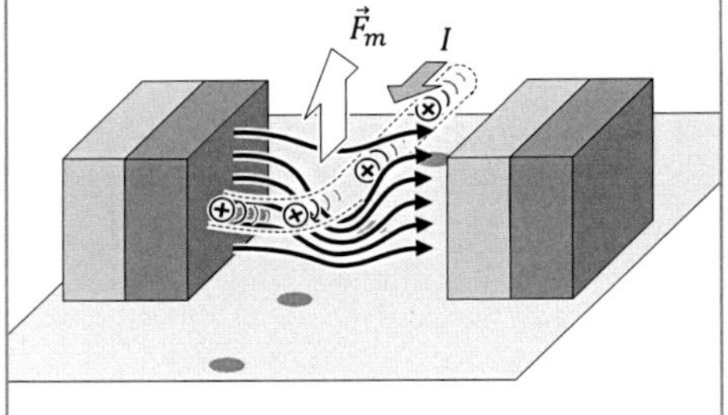

도체 전선 내에서 양전하의 흐름은 실제로 음전하(자유전자)가 반대로 흐르는 것이다.

도체 전선의 격자 구조를 보자.

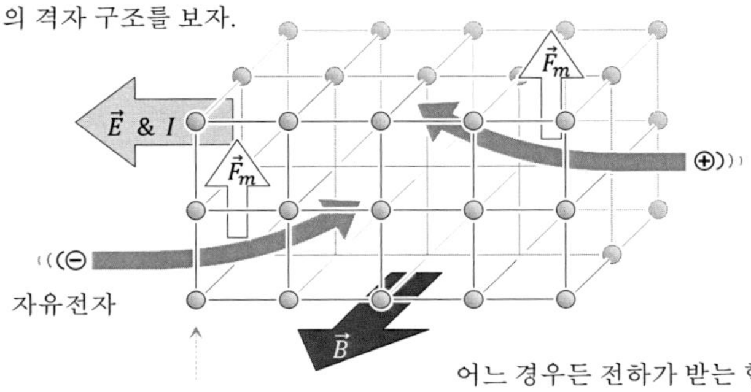

어느 경우든 전하가 받는 힘의 크기는 같다.

$\vec{F}_m = Q\vec{v} \times \vec{B}$ 의 계산 예:

⊕ $\vec{F}_m = 1C \cdot \left(-3\hat{y}\frac{m}{s}\right) \times 5\hat{x}\frac{Wb}{m^2} = 15\hat{z}\ N$

⊖ $\vec{F}_m = -1C \cdot \left(3\hat{y}\frac{m}{s}\right) \times 5\hat{x}\frac{Wb}{m^2} = 15\hat{z}\ N$

자기력을 받는 것은 자유전자이지만, 전자와 도체 격자 사이의 상호작용으로 인하여 도체가 움직이게 된다.

$\vec{F}_m$들이 모여서 전선을 움직이는 모터 방정식을 만든다.

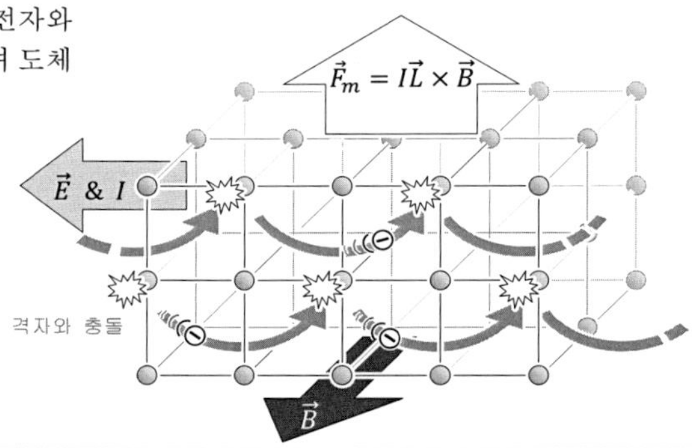

모터방정식은 전류가 흐르는 전선에 대한 것이었다. 이를 전하에 대한 식으로 고쳐보자.

$$\vec{F}_m = I \cdot \vec{L} \times \vec{B} = \left(\frac{Q}{t}\right) \cdot (L\hat{v}) \times \vec{B} = Q\frac{L}{t}\hat{v} \times \vec{B} = Q\vec{v} \times \vec{B}$$

전선의 방향은 전하의 이동방향: $\vec{L} = L \cdot \hat{v}$

전류는 시간당 움직인 전하의 양: $I = \frac{Q}{t}$

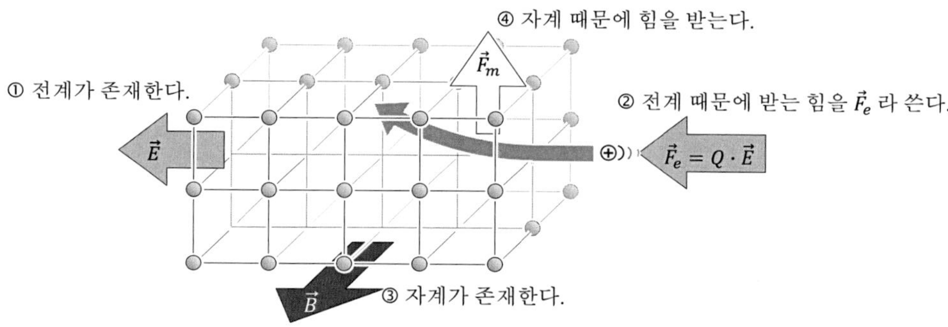

따라서, 전계와 자계가 동시에 존재하면 움직이는 전하는 두 종류의 힘을 동시에 받게 된다.

로렌츠 힘의 방정식
(Lorentz force equation)

$$\vec{F} = \vec{F}_e + \vec{F}_m = Q\vec{E} + Q\vec{v} \times \vec{B}$$

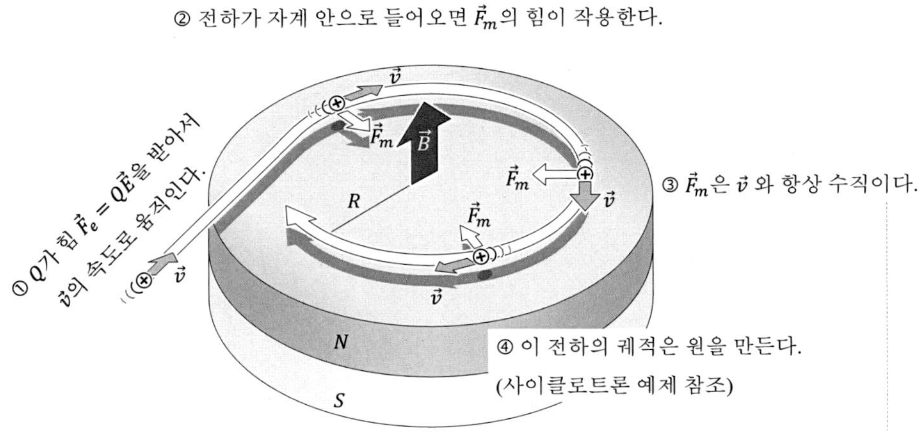

$\vec{F}_e$과 $\vec{F}_m$ 의 차이점

전하에 공급된 에너지
- 전계에 의해 $W = \vec{F}_e \bullet \vec{L} = \vec{F}_e \bullet (\vec{v} \cdot t) = F_e \cdot (v \cdot t)$
- 자계에 의해 $W = \vec{F}_m \bullet \vec{L} = \vec{F}_m \bullet (\vec{v} \cdot t) = 0$

자계에서 전하로 공급된 에너지가 없으므로, 전하의 속도의 크기($|\vec{v}| = v$)가 변하지 않는다. **방향만 변할 뿐**이다. 운동에너지는 변하지 않는다. 따라서 동심원을 사용하여 크기가 변하지 않는 것을 표시했다.

전하의 원운동

자석 위에서 움직이는 전하가 받는 힘 $\vec{F}_m$ 은 원의 중심방향이므로 구심력이 된다.

$F_m = \dfrac{mv^2}{R} = qvB$ 이므로, 원의 반경은 $R = \dfrac{mv}{qB}$

주기(period)는 $T = \dfrac{2\pi R}{v} = \dfrac{2\pi m}{qB}$

주파수(frequency)는 $f = \dfrac{1}{T} = \dfrac{qB}{2\pi m}$

각주파수(angular frequency)는 $\omega = 2\pi f = \dfrac{qB}{m}$

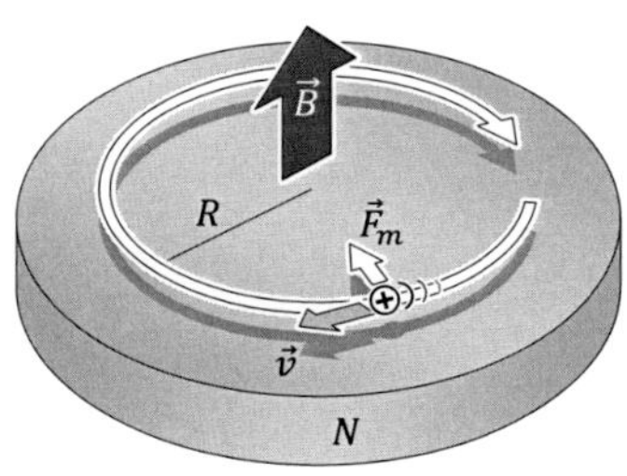

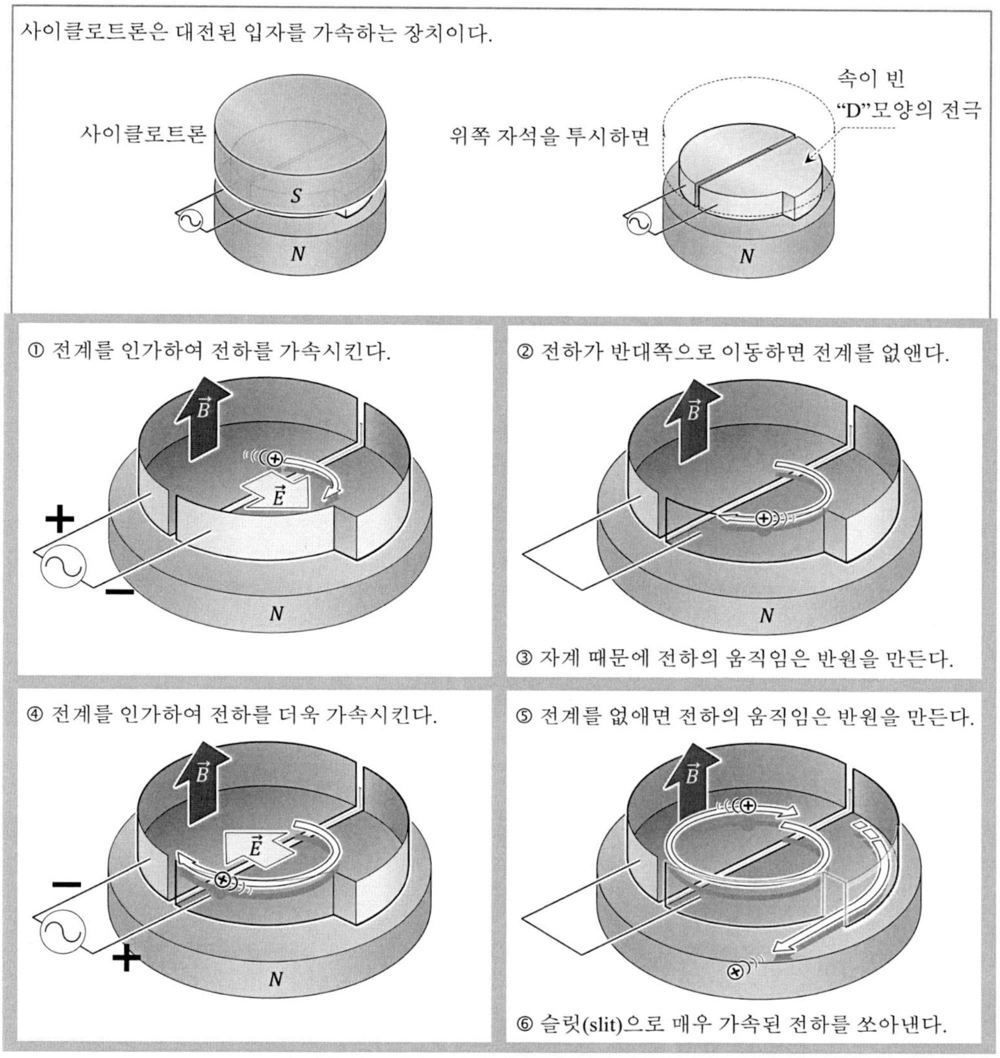

자계는 움직이는 전하의 방향만 바꾼다.

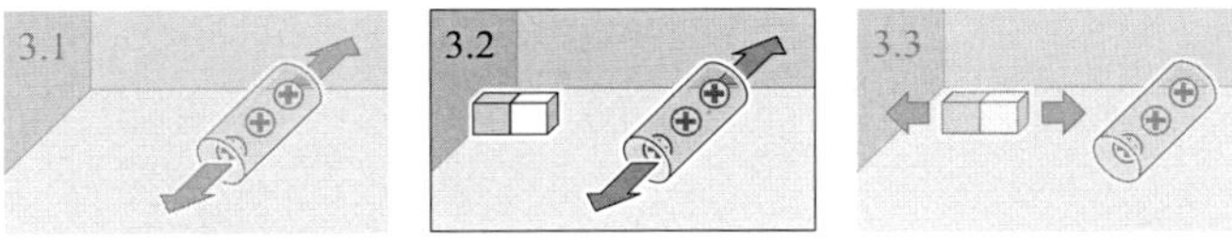

3.2.3 전자석으로 만든 자계 내에서 전류가 흐를 때

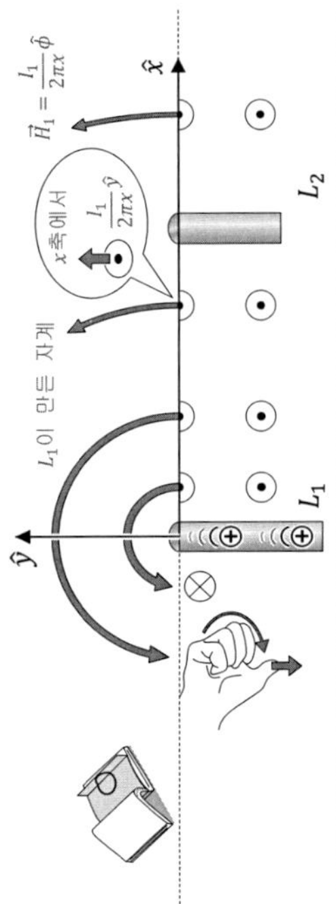

두 전선의 상호작용을 살펴보자.

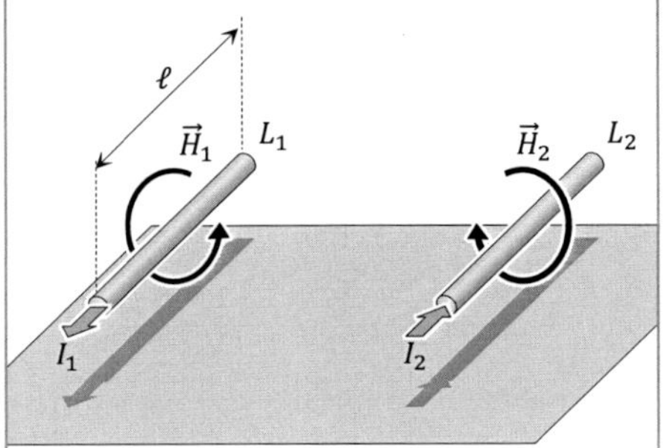

두 개의 전자석이 상호작용하는 것과 같다.

L_1 에 의해 L_2 가 받는 힘을 계산해 보자.

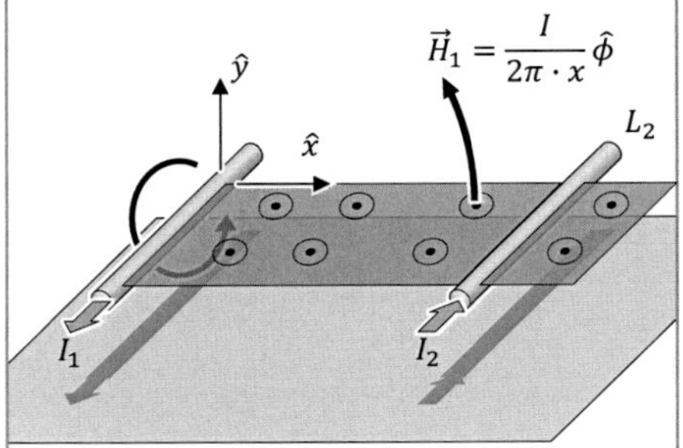

편의상 전선의 방향으로 z축을 잡았다.

모터방정식에서 $\vec{F} = I\vec{L} \times \vec{B}$이므로, $\vec{F}_2 = I_2\vec{L}_2 \times \vec{B}_1 = I_2\ell(-\hat{z}) \times \left(\mu \frac{I_1}{2\pi x}\hat{y}\right) = \frac{\mu I_1 I_2 \ell}{2\pi x}\hat{x}$

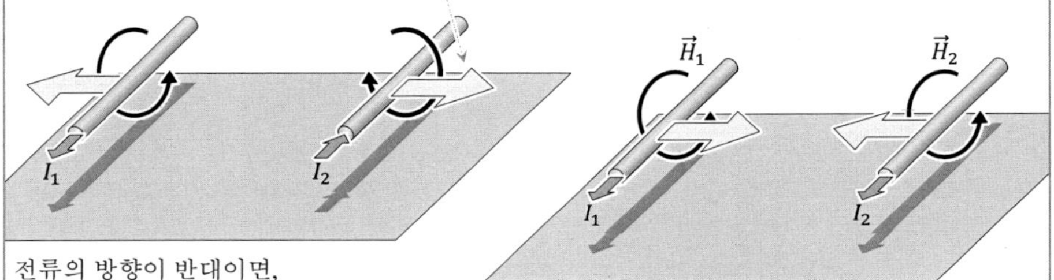

전류의 방향이 반대이면,
서로에게서 멀어지는 힘이 작용한다.

전류의 방향이 같은 경우

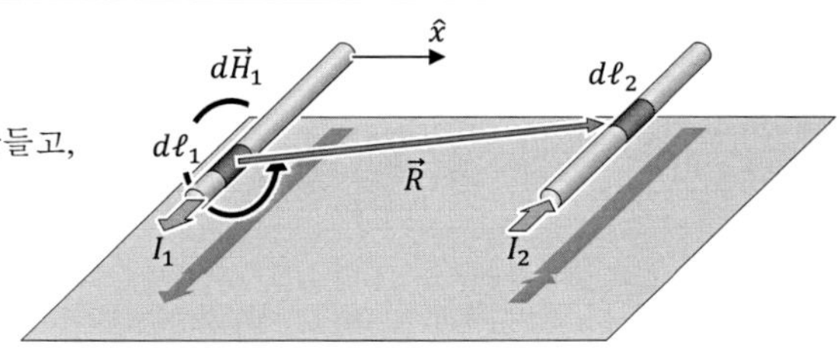

L_1 에 의해 L_2 가 받는 힘을 복잡하게 살펴보자.

① 정확한 계산을 위하여 L_1을 미소 전선 $d\ell_1$으로 만들고,
비오-사바르 법칙을 적용한다:

비오-사바르 법칙 $d\vec{H}_1 = \frac{1}{4\pi} \cdot \frac{I_1 \cdot d\vec{\ell}_1 \times \hat{R}}{R^2}$

② 모터방정식에서 $d\vec{F} = I \cdot d\vec{\ell} \times \vec{B}$인데, $\vec{B}$ 역시 미소 양이므로 $d\vec{B}$로 바꾸어 준다.

$$dd\vec{F}_2 = I_2 \cdot d\vec{\ell}_2 \times d\vec{B}_1 = I_2 \cdot d\vec{\ell}_2 \times \left(\frac{\mu}{4\pi} \cdot \frac{I_1 \cdot d\ell_1 \times \hat{R}}{R^2}\right)$$

③ L_2가 받는 힘은 $\vec{F}_2 = \int_{L_1}\int_{L_2} dd\vec{F}_2$

전류는 전선이 폐곡선을 이루어야 흐를 수 있으므로 $\vec{F}_2 = \oint_{L_1}\oint_{L_2} dd\vec{F}_2$ 를 계산해야 한다.

Drill 3.2-2 모터방정식을 사용하여 폐회로에 작용하는 힘을 계산해 보자.

$$\vec{F} = -\oint_L I \cdot \vec{B} \times d\vec{L} = -\int_{❶} I \cdot \vec{B} \times d\vec{L} - \int_{❷} I \cdot \vec{B} \times d\vec{L} - \int_{❸} I \cdot \vec{B} \times d\vec{L} - \int_{❹} I \cdot \vec{B} \times d\vec{L} = ?$$

개념 / 실제 계산 방법

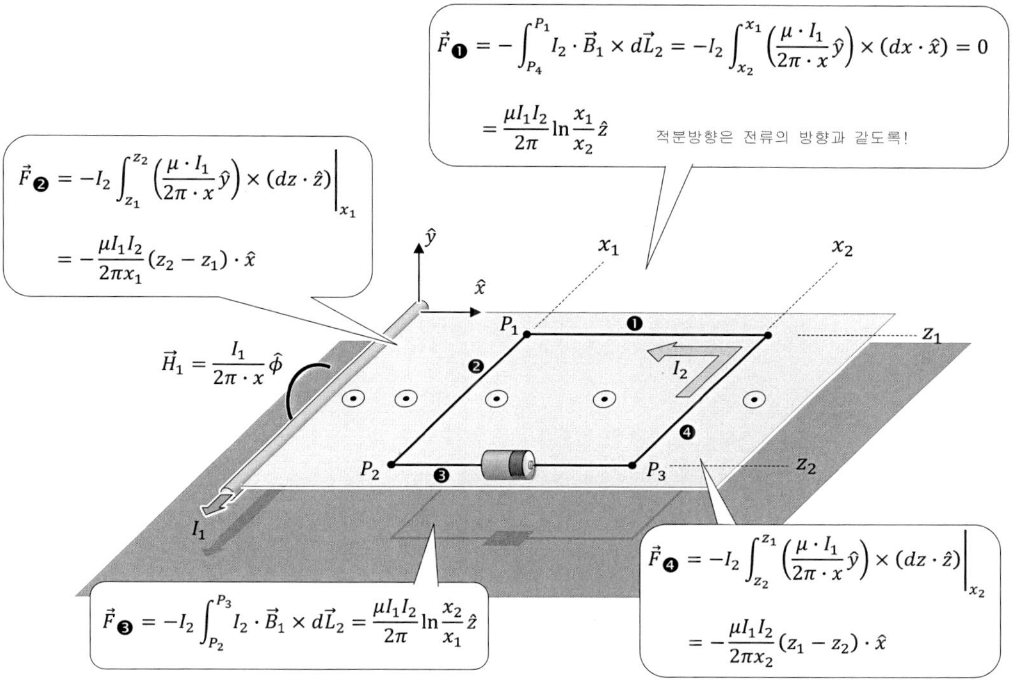

따라서, 이 폐회로에 작용하는 전체 힘은:

$$\vec{F} = \underbrace{\frac{\mu I_1 I_2}{2\pi} \ln \frac{x_1}{x_2} \hat{z}}_{❶} - \underbrace{\frac{\mu I_1 I_2}{2\pi x_1}(z_2 - z_1) \cdot \hat{x}}_{❷} - \underbrace{\frac{\mu I_1 I_2}{2\pi} \ln \frac{x_1}{x_2} \hat{z}}_{❸} - \underbrace{\frac{\mu I_1 I_2}{2\pi x_2}(z_1 - z_2) \cdot \hat{x}}_{❹}$$

(❶과 ❸은 상쇄된다.)

$$= -\frac{\mu I_1 I_2}{2\pi}(z_2 - z_1)\left(\frac{1}{x_1} - \frac{1}{x_2}\right) \cdot \hat{x}$$

$z_2 > z_1$ & $x_2 > x_1$ 이므로, $\vec{F}$는 $-\hat{x}$ 방향이다.

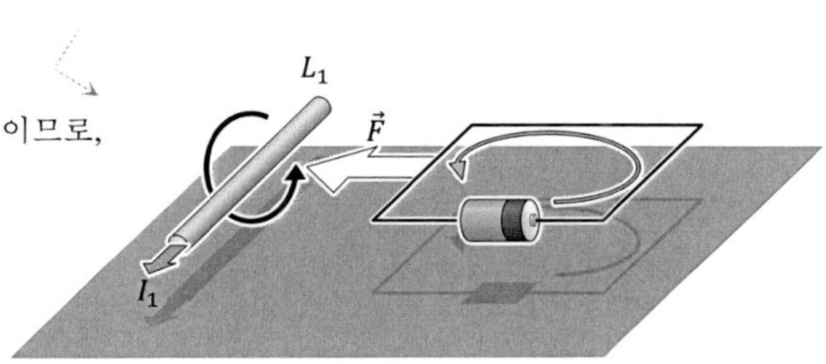

실제로는 L_1 도 $\hat{x}$ 방향으로 움직인다.
간단히, 작용과 반작용을 생각해보자.

Summary

자계 내에서 전하가 움직일 때

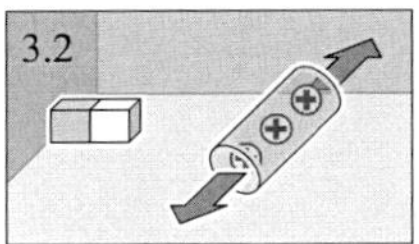

자석 옆에서 전류가 흐르는 전선은 힘을 받는다. 모터 방정식을 유도하였다.

$$\vec{F}_m = -I \oint \vec{B} \times d\vec{\ell}$$

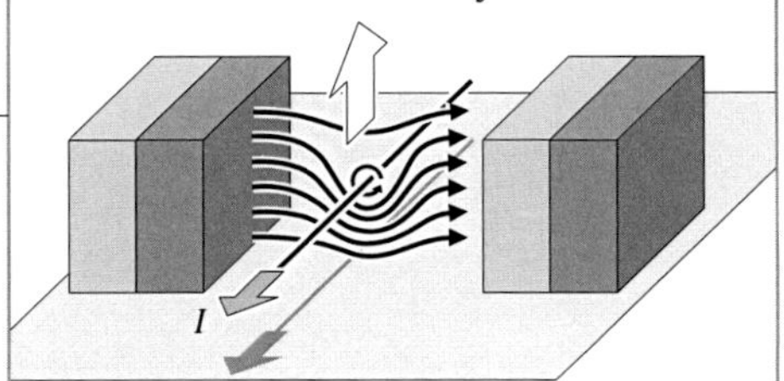

모터를 돌리는 회전력(토크)

$$\vec{T} = \vec{m} \times \vec{B}$$

실제로 자계의 상호작용을 통해 힘을 받는 것은 전류(**움직이는** 전하)이다.

$$\vec{F}_m = Q \cdot \vec{v} \times \vec{B}$$

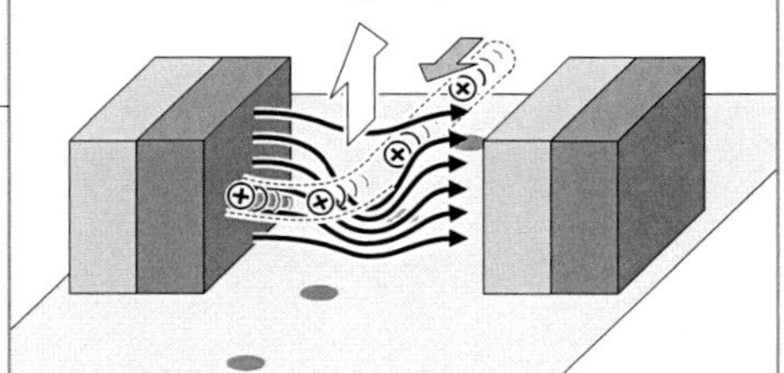

로렌츠의 힘

$$\vec{F} = \vec{F}_e + \vec{F}_m = Q\vec{E} + Q\vec{v} \times \vec{B}$$

자석은 전류로 만들 수 있으므로, 위의 상황들은 전기 회로들로만 구성할 수 있다.

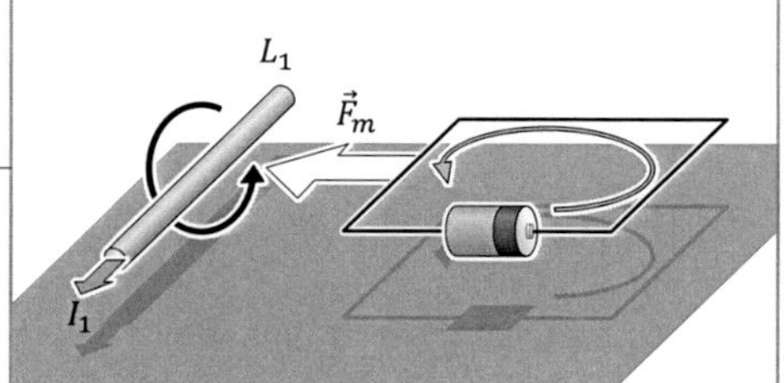

The EM map

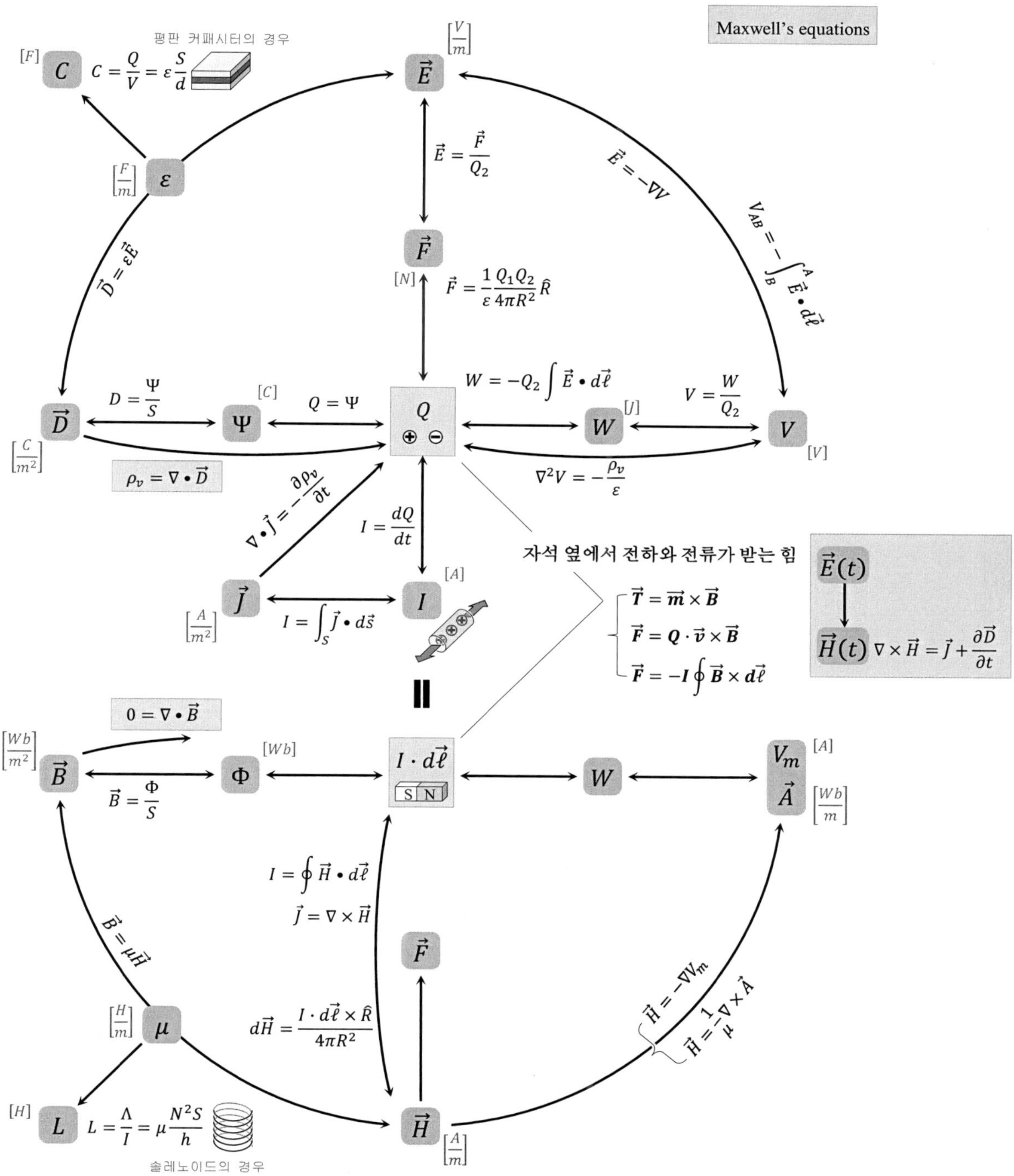

Maxwell's equations
평판 커패시터의 경우
[F] C $C=\frac{Q}{V}=\varepsilon\frac{S}{d}$
$\left[\frac{V}{m}\right]$ $\vec{E}$
$\left[\frac{F}{m}\right]$ ε
$\vec{E}=\frac{\vec{F}}{Q_2}$
$\vec{E}=-\nabla V$
$V_{AB}=-\int_B^A \vec{E}\bullet d\vec{\ell}$
$\vec{D}=\varepsilon\vec{E}$
$\vec{F}$ [N]
$\vec{F}=\frac{1}{\varepsilon}\frac{Q_1Q_2}{4\pi R^2}\hat{R}$
$W=-Q_2\int\vec{E}\bullet d\vec{\ell}$
$D=\frac{\Psi}{S}$
[C] Ψ
$Q=\Psi$
Q ⊕ ⊖
[J] W
$V=\frac{W}{Q_2}$
V [V]
$\vec{D}$ $\left[\frac{C}{m^2}\right]$
$\rho_v=\nabla\bullet\vec{D}$
$\nabla^2V=-\frac{\rho_v}{\varepsilon}$
$\nabla\bullet\vec{J}=-\frac{\partial\rho_v}{\partial t}$
$I=\frac{dQ}{dt}$
자석 옆에서 전하와 전류가 받는 힘
$\vec{T}=\vec{m}\times\vec{B}$
$\vec{F}=Q\cdot\vec{v}\times\vec{B}$
$\vec{F}=-I\oint\vec{B}\times d\vec{\ell}$
$\vec{E}(t)$
$\vec{H}(t)$ $\nabla\times\vec{H}=\vec{J}+\frac{\partial\vec{D}}{\partial t}$
$\left[\frac{A}{m^2}\right]$ $\vec{J}$
$I=\int_S\vec{J}\bullet d\vec{s}$
[A] I
$0=\nabla\bullet\vec{B}$
$\left[\frac{Wb}{m^2}\right]$ $\vec{B}$
$\vec{B}=\frac{\Phi}{S}$
[Wb] Φ
$I\cdot d\vec{\ell}$
S N
W
V_m [A]
$\vec{A}$ $\left[\frac{Wb}{m}\right]$
$I=\oint\vec{H}\bullet d\vec{\ell}$
$\vec{J}=\nabla\times\vec{H}$
$\vec{B}=\mu\vec{H}$
$\vec{F}$
$\left[\frac{H}{m}\right]$ μ
$d\vec{H}=\frac{I\cdot d\vec{\ell}\times\hat{R}}{4\pi R^2}$
$\vec{H}=-\nabla V_m$
$\vec{H}=\frac{1}{\mu}\nabla\times\vec{A}$
[H] L $L=\frac{\Lambda}{I}=\mu\frac{N^2S}{h}$
$\vec{H}$ $\left[\frac{A}{m}\right]$
솔레노이드의 경우

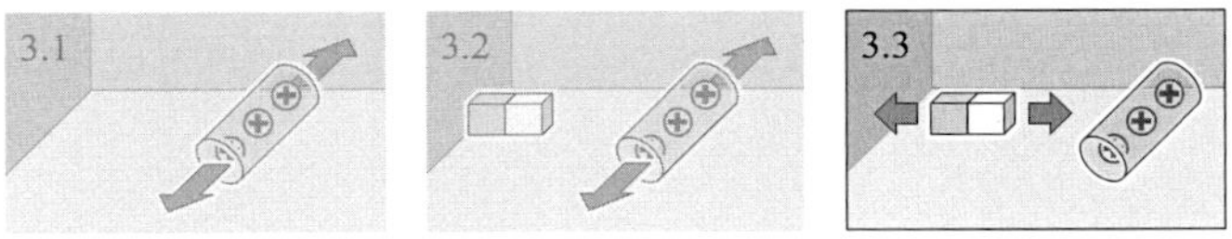

3.3 시간에 따라 자석이 움직일 때

외르스테드의 발견: 전류는 자계를 만든다.

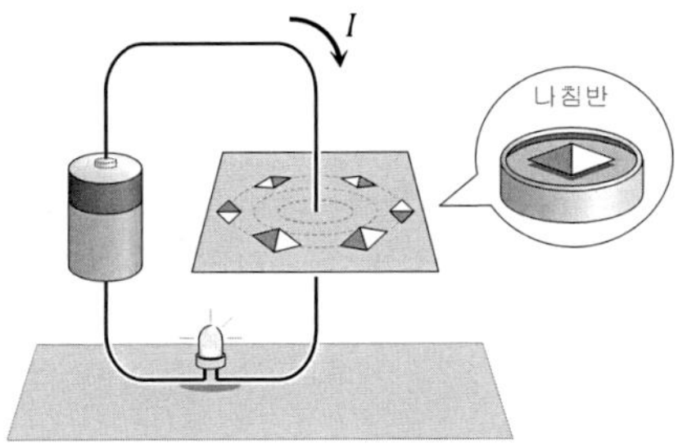

따라서 많은 사람들이 다음과 같이 예상했다:

자석은 전계를 만들 것이다.
따라서 자석 옆의 회로에 전류가 흐르게 된다.

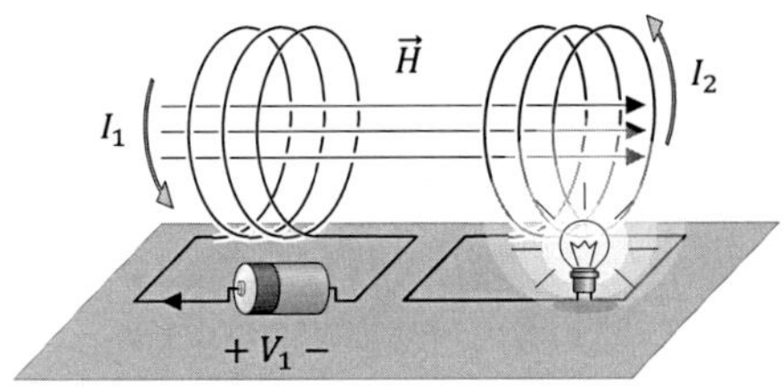

(전) 자석을 사용했다.

하지만, 아무도 이 실험을 성공하지 못했다...

그러던 중 페러데이(Michael Faraday)와 헨리(Joseph Henry)는 전자석을 **켜거나 끄는 순간**에만 전류가 유도되는 것을 발견했다:

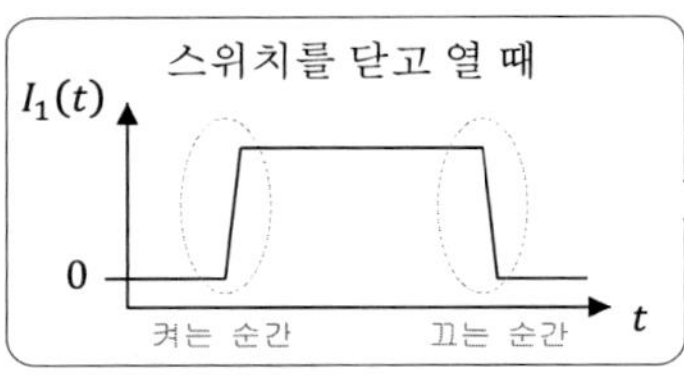

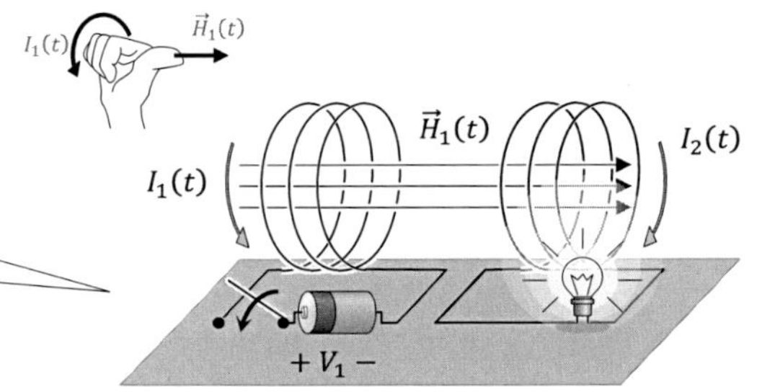

페러데이는 실제로 (나침반의 바늘과 같은) 자침을 사용하였다.

즉 **자계가 시간에 따라 변해**야 **시간에 따라 변하는 전류**가 유도된다.

$\vec{H}_1(t)$ ⋯⋯⋯> $I_2(t)$

자석을 움직이면 공간 내에 자계의 크기를 변화시키는 것이므로 주위 회로에 전류를 유도할 수 있다.

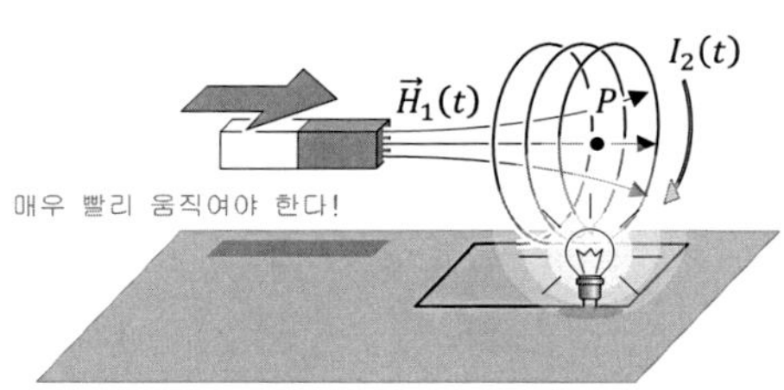

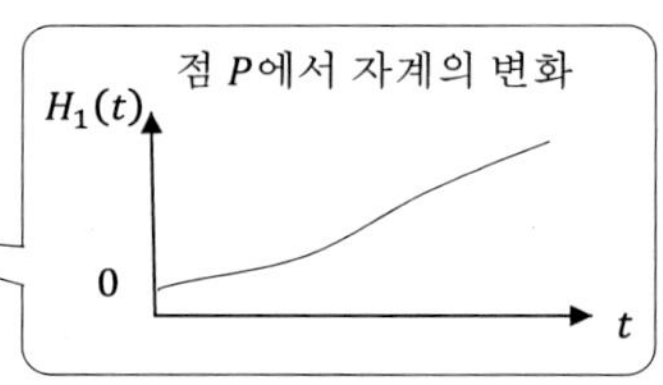

유도된 전류의 방향은? – **렌츠의 법칙** (Lenz's law)

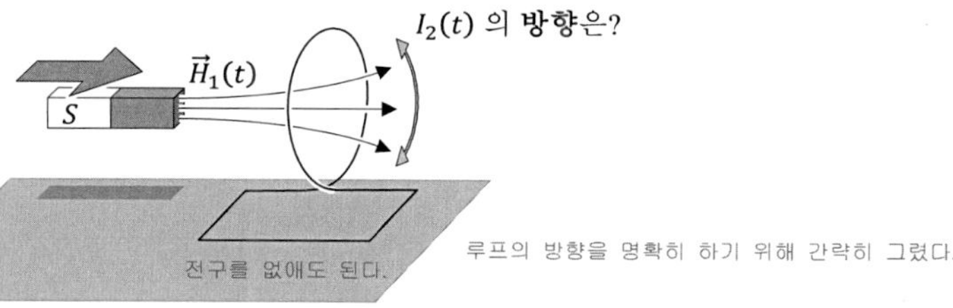

이 회로의 루프는 이제 전류가 흐르므로 유도된 전자석으로 생각할 수 있다.

I_2 의 방향에 따라 아래와 같이 2가지 경우의 수가 생긴다.

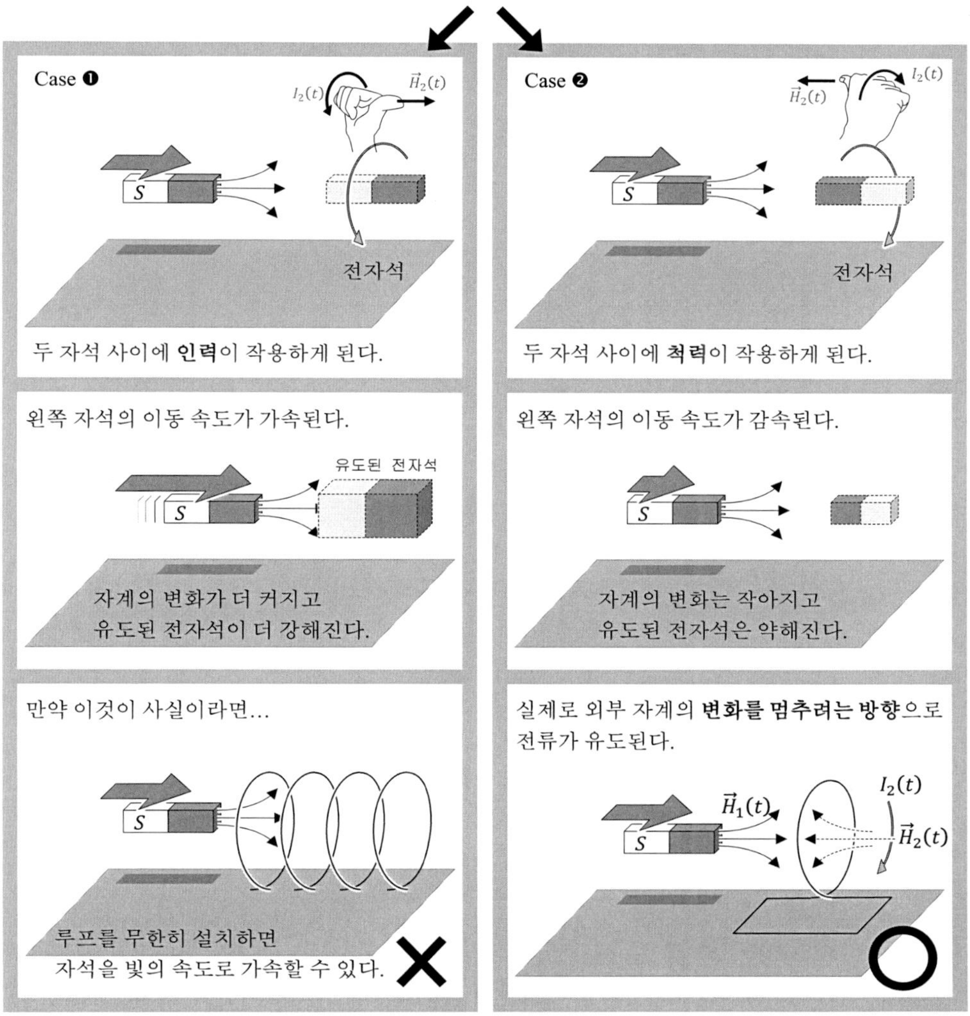

3.3.1 패러데이 법칙 : 기전력 V_{emf}을 유도해보자.

❶ 루프2를 통과한 자속이 시간에 따라 변하면 전류가 유도된다.

$$I(t) \propto \frac{d\Phi(t)}{dt} \neq 0$$

옴의 법칙: $I = \frac{V}{R}$

전류는 전압에 의해 발생하는 현상이므로, 전압이 유도된다:

$$V_{emf} \propto \frac{d\Phi}{dt}$$

유도된 전압을 **기전력**이라 부른다.

Electromotive force

❷ 루프2의 권선 수가 많아지면 통과하는 자속의 양이 커진 효과가 생긴다.

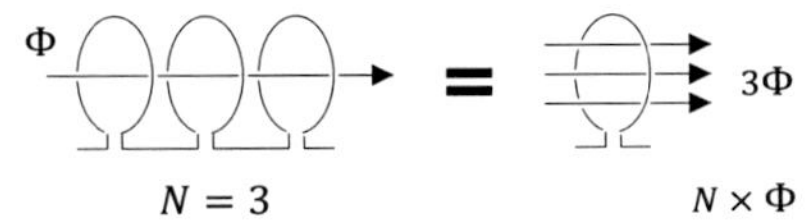

따라서, 기전력은 권선 수 N에 비례한다.

$$V_{emf} \propto N\frac{d\Phi}{dt}$$

이 부분은 나중에 다룬다.

p. 168

⓿ 자속 Φ 로부터 기전력 V_{emf}가 유도되는 현상:

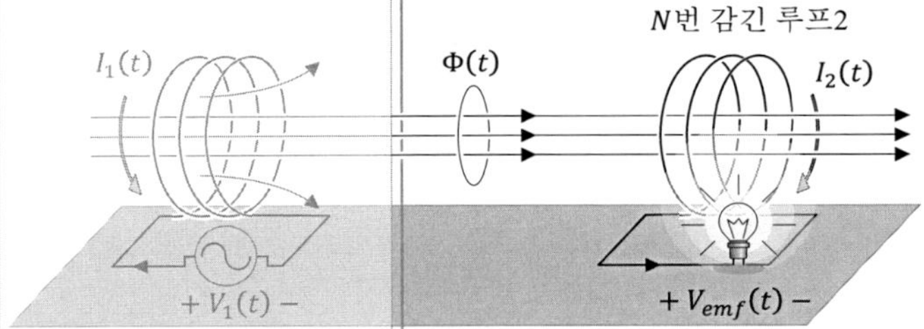

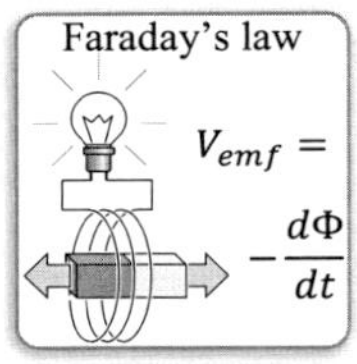

❸ 회로2에 유도된 전류 I_2의 방향은 렌츠의 법칙을 따른다.

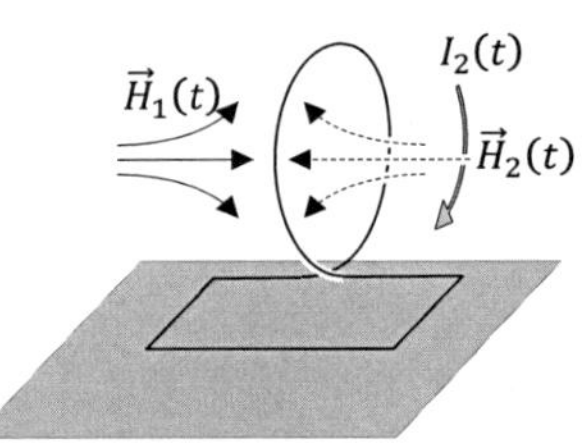

"멈추는 방향"은 "반대 방향" 이며 (−) 부호를 사용한다:

$$V_{emf} = -N\frac{d\Phi}{dt}$$

❹ 회로2의 전선을 따라 전계를 측정하면:

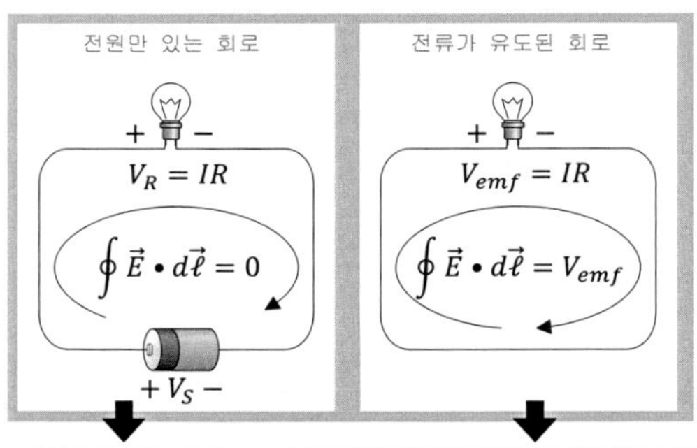

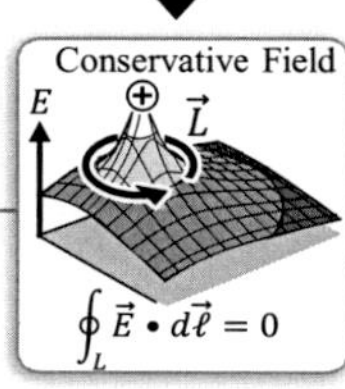

$$V_{emf} = -N\frac{d\Phi}{dt} = \oint \vec{E}\bullet d\vec{\ell}$$

전위와 전계의 관계 : $V = \int \vec{E}\bullet d\vec{L}$

자속 $\propto$ 자계

$\Phi = B \cdot S = \mu H \cdot S$

기전력의 발생 과정

② 기전력이 공간에 원형으로 발생한다.

① 자계가 시간에 따라 변하면

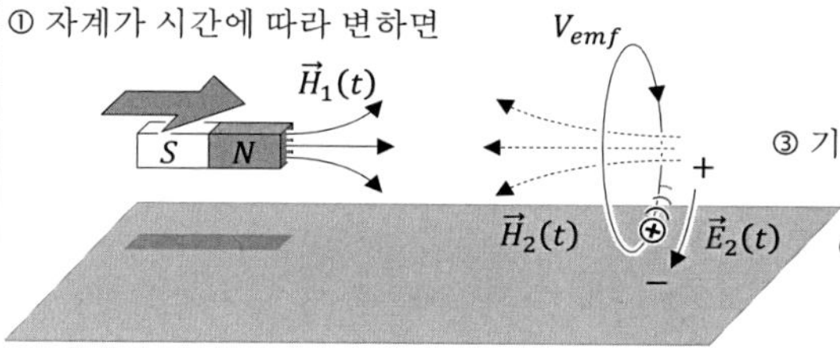

③ 기전력의 전압이 **주위 공간에** 전계를 형성한다.

④(a) 이 전계는 주위에 자계 $\vec{H}_2$를 형성한다.

변위전류 참조 p. 138

($\vec{H}_2$로 인한 또 다른 기전력이 발생한다. 다음 장에 설명)

④(b) **만약** 주위에 도체가 있으면 전하가 쿨롱의 힘을 받아 전류가 형성된다.

와전류, 맴돌이 전류, Eddy current, 푸코전류(Foucault current)

① 금속에 자석의 N극이 다가오면,

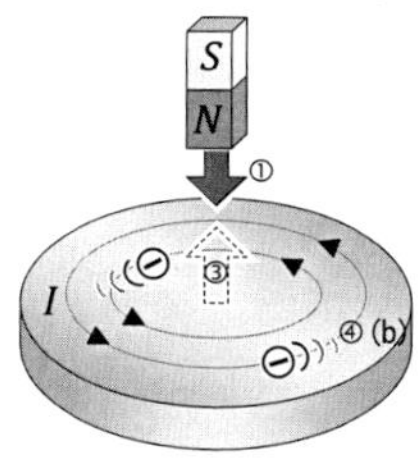

② 자기장의 변화를 방해하는 기전력이 생긴다.

금속의 자유전자가 와전류를 형성한다.

④(b) 이 전류는 열에너지로 변환된다.

① 자석을 움직이지 않고 금속을 회전시키면,

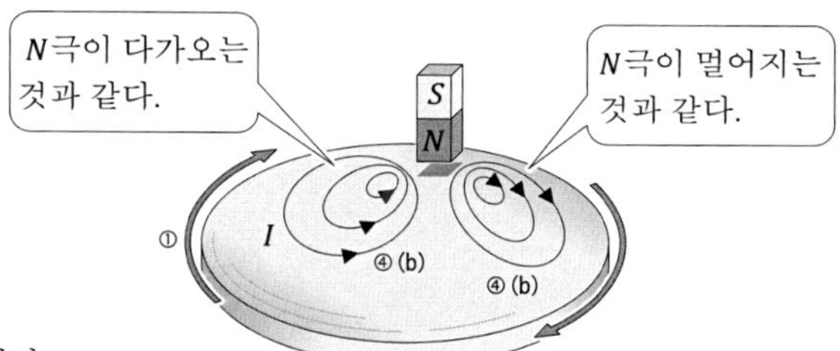

와전류를 억제하기 위해서 전기전도도가 작은 도체를 사용하거나 부도체 층을 추가한다.

변압기의 경우 금속 내부에 와전류가 발생하여 열이 발생할 수 있다.
이로 인하여 변압기의 효율이 떨어진다.

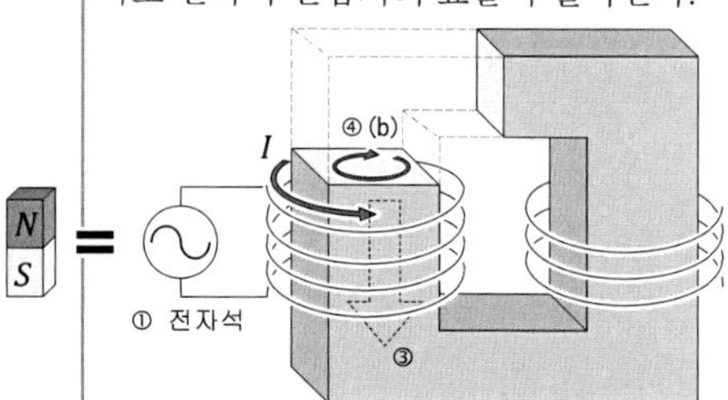

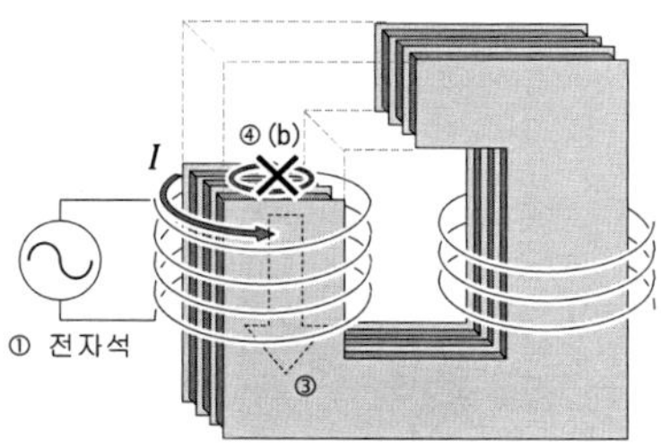

금속을 얇게 만들고, 금속판 사이에 부도체를 끼워 넣어서 와전류의 형성을 막는다.

Faraday's law

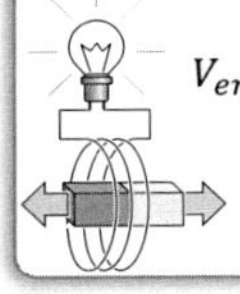

$V_{emf} = -\frac{d\Phi}{dt}$

도체 전선에 기전력이 발생하는 경우 – ❶ 운동 기전력과 ❷ 변환 기전력

외부 자속과 기전력 사이의 관계:

$$V_{emf} = -\frac{d\Phi}{dt} = \oint \vec{E} \bullet d\vec{\ell}$$

대입

자속과 자속밀도의 관계:

$$\Phi = \int \vec{B} \bullet d\vec{s}$$

자속과 전계에 대한 식을 얻는다: $V_{emf} = -\frac{d}{dt}\int \vec{B} \bullet d\vec{s} = \oint \vec{E} \bullet d\vec{\ell}$

이 식을 계산하려면 면적에 대한 적분을 수행하고, 시간에 대해 미분을 수행해야 한다.[1)]

그런데, 자속 B와 면적 S 중에 **어떤 것**이 시간에 의존적인가?[2)] (또는 시간에 따라 변하는가?)

Case ❶: **운동 기전력**

(자속이 통과하는) 면적이 시간에 따라 변할 때

$$\vec{B}(x,y,z) \ \& \ d\vec{s}(x,y,z,\boldsymbol{t})$$

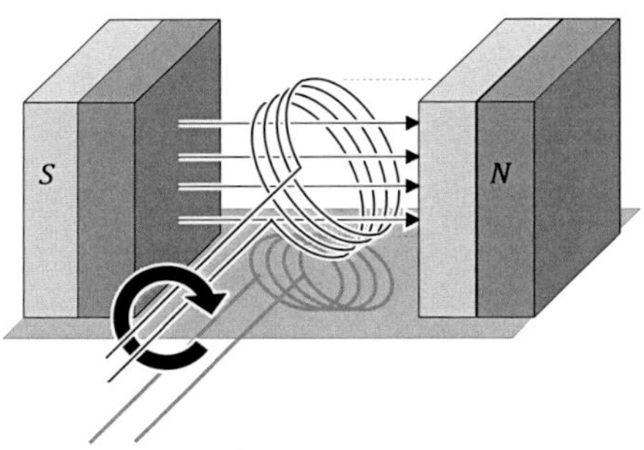

$$V_{emf} = -\frac{d}{dt}\int \vec{B} \bullet \boldsymbol{d\vec{s}(t)} = \oint \vec{E} \bullet d\vec{\ell}$$

Case ❷: **변환 기전력**

자속이 시간에 따라 변할 때

$$\vec{B}(x,y,z,\boldsymbol{t}) \ \& \ d\vec{s}(x,y,z)$$

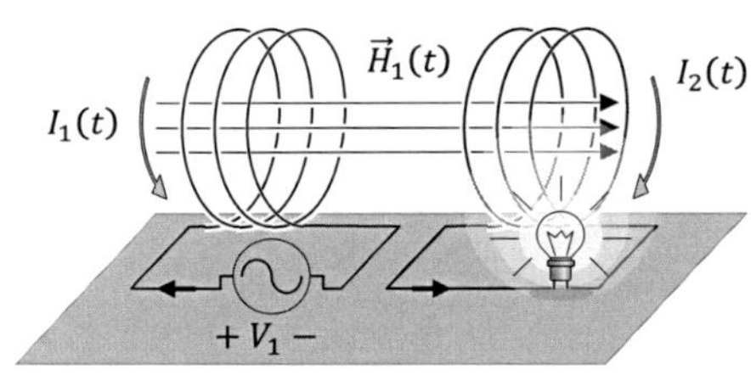

$$V_{emf} = -\frac{d}{dt}\int \boldsymbol{\vec{B}(t)} \bullet d\vec{s} = \oint \vec{E} \bullet d\vec{\ell}$$

---

1) 시간에 대한 미분과 면적에 대한 적분

(예 1) $\frac{d}{dt}(x^2 \cdot t^3) = x^2 \cdot 3t^2$

(예 2) $y(t) = t^3$ 일 때 $\frac{d}{dt}[x^2 \cdot y(t)] = x^2 \cdot \frac{d}{dt}y(t) = x^2 \cdot 3t^2$

(예 3) $\frac{d}{dt}\int (x^2 \cdot t^3)dx = \int (x^2 \cdot 3t^2)dx$

(예 4) $\frac{d}{dt}\int [x^2 \cdot y(t)]dx = \int \left[x^2 \cdot \frac{d}{dt}y(t)\right]dx = \int (x^2 \cdot 3t^2)dx$

2) 시간에 의존적 = 시간에 따라 변함

(예) 시간 t에 따라 높이가 변함: $h = h(t) = 3t + 2$

도체 전선에 기전력이 발생하는 경우 – ❶ 운동 기전력 (motional emf)

발전기는 영구자석 사이에 코일을 회전시키는 구조이다. 발전기가 생산하는 기전력을 계산해보자.

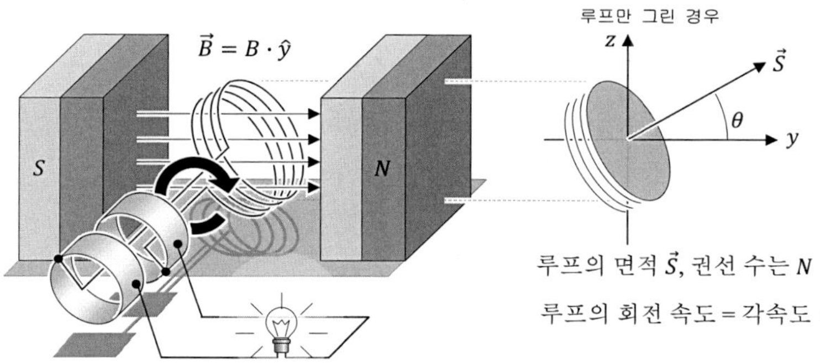

1초에 60번 회전한다.

루프의 면적 $\vec{S}$, 권선 수는 N

루프의 회전 속도 = 각속도 $\omega = \frac{\theta}{s} \left[\frac{rad}{s}\right]$

Step ① 사용할 공식을 찾는다:

기전력은 전구에 인가된 전압이다: $V_2 = V_{emf} = -N\frac{d\Phi}{dt}$

여기서 루프의 면적을 쇄교하는 자속은 $\Phi = \int_S \vec{B} \bullet d\vec{s}$

Step ② 기하학적 정보를 사용하여 식을 완성한다:

자속은 상수이므로 면적에 대한 적분이 쉬워진다: $\Phi = \int_S \vec{B} \bullet d\vec{s} = B \cdot S \cdot \cos\theta$

여기서 각도 θ 는 시간에 따라 움직이므로 각속도로 표시할 수 있다: $\theta = \omega \cdot t$

루프가 1초에 60번 회전하므로 총 $60 \times 2\pi = 120\pi$ 회전한다: $\omega = \frac{120\pi}{1} \left[\frac{rad}{s}\right]$

Step ③ 수학 계산을 하여 답을 구한다:

따라서 기전력은 $V_{emf} = -N\frac{d\Phi}{dt} = -N\frac{d}{dt}[B \cdot S \cdot \cos(\omega t)] = \omega \cdot N \cdot B \cdot S \cdot \sin(\omega t)$

$\frac{d\vec{B}(x,y,z,\boldsymbol{t})}{dt}$ 가 아니라 $\frac{\partial\vec{B}(x,y,z,\boldsymbol{t})}{\partial t}$ 라고 써야 한다.

도체 전선에 기전력이 발생하는 경우 – ❷ 변환 기전력: 자속이 시간에 따라 변할 때

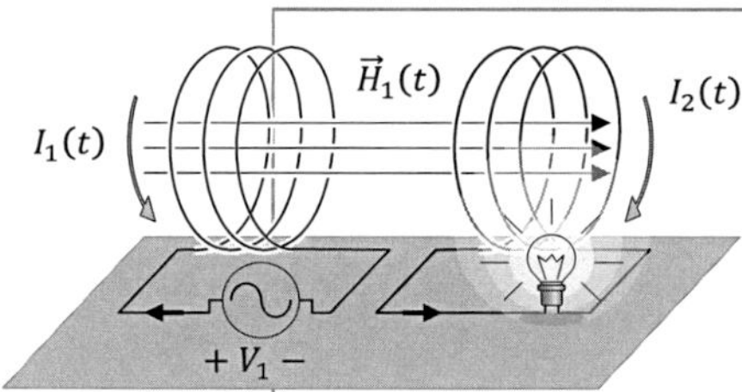

원인 결과

$$-\frac{d}{dt}\int \boldsymbol{\vec{B}(t)} \bullet d\vec{s} = \oint \vec{E} \bullet d\vec{\ell} = V_{emf}$$ 에서

면적에 대한 적분과 시간에 대한 미분의 순서를 바꾸어보자.

$$-\int \frac{\partial \vec{B}(t)}{\partial t} \bullet d\vec{s} = \oint \vec{E} \bullet d\vec{\ell}$$

스토크스 정리는 모든 벡터에 적용이 가능하다.

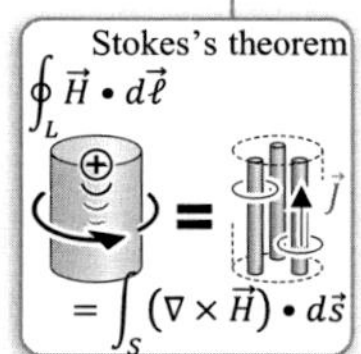

$$-\int \frac{\partial \vec{B}(t)}{\partial t} \bullet d\vec{s} = \int (\nabla \times \vec{E}) \bullet d\vec{s}$$

좌변과 우변의 적분할 내용이 같으므로

마지막 맥스웰 방정식을 얻는다: $-\frac{\partial \vec{B}}{\partial t} = \nabla \times \vec{E}$

원인 결과

한 지점에서 자계의 **시간에 따른 변화**는 주위 공간에 회전하는 전**계**를 형성한다.

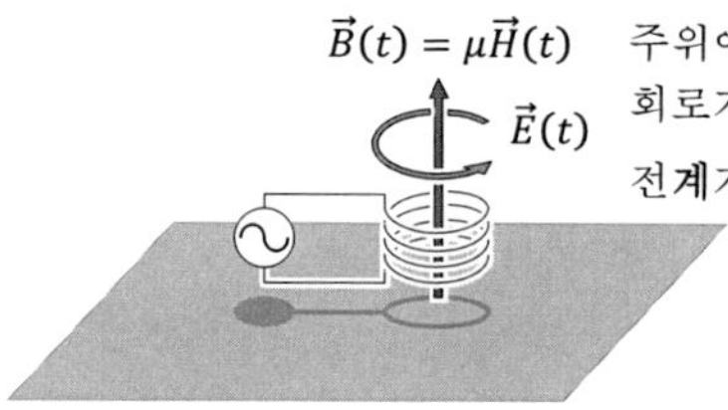

주위에 전하가 흐를 수 있는 회로가 필요하지 않다. 전**계**가 형성된다.

교류로 동작하는 전자석이 자계의 강도를 변화시킨다.

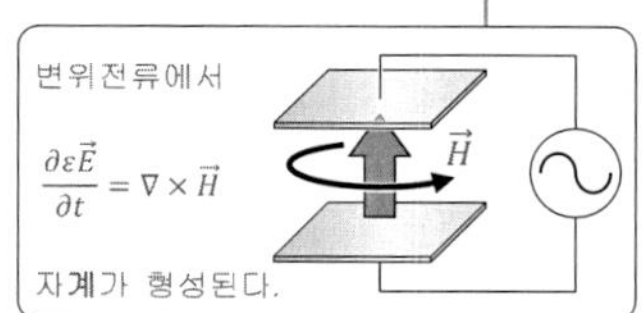

두 경우 모두 전계와 자계는 서로 **직교**한다:

$$\begin{cases} -\frac{\partial \mu\vec{H}}{\partial t} = \nabla \times \vec{E} \\ \frac{\partial \varepsilon\vec{E}}{\partial t} = \nabla \times \vec{H} \end{cases}$$

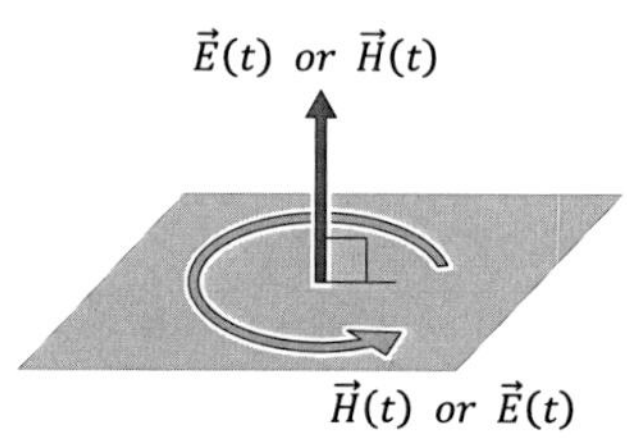

Drill 3.3-1

면적이 S이고 3번 감긴 루프를 통과하는 자속이 다음과 같다. 유도된 기전력을 계산해보자.

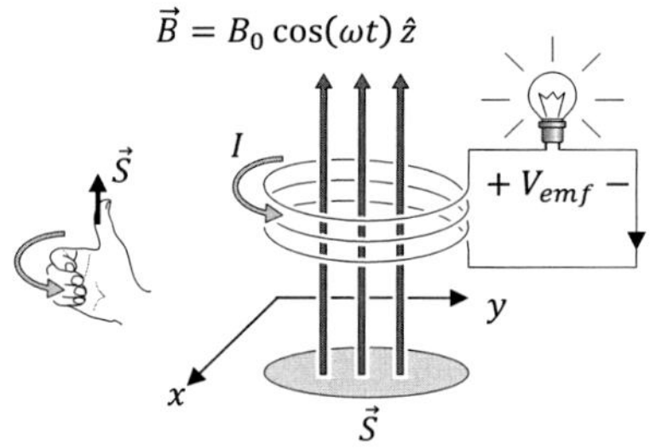

$$V_{emf} = -N\frac{d}{dt}\int \vec{B} \bullet d\vec{S}$$

$$= -N\frac{d}{dt}\int [B_0 \cos(\omega t)\,\hat{z}] \bullet (dS\hat{z})$$

$$= -N\frac{d}{dt}\left[B_0 \cos(\omega t) \cdot \int dS\right]$$

$$= -N \cdot [-B_0\omega \sin(\omega t) \cdot S]$$

$$= NSB_0\omega \sin(\omega t)$$

두 신호의 모양을 비교하기 위하여 각각 진폭으로 나누었다.

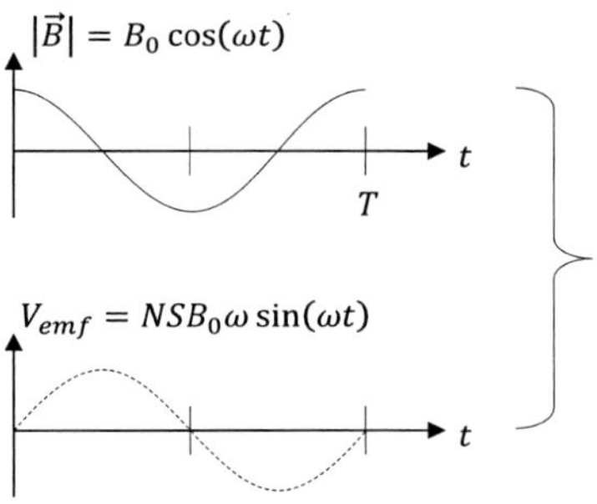

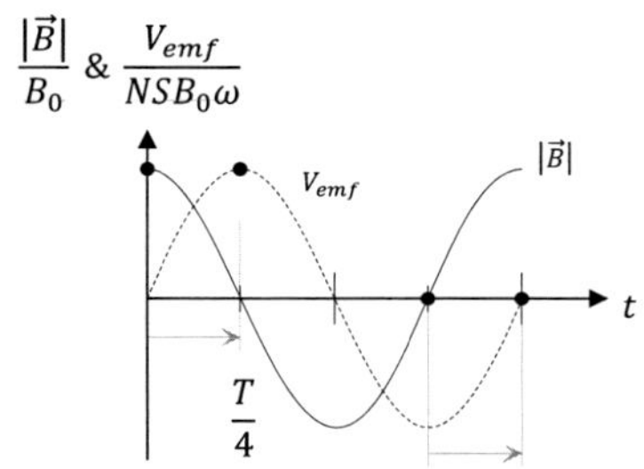

p. 140

$\boldsymbol{V_{emf}}$는 $\boldsymbol{B}$보다 $\boldsymbol{\frac{T}{4}}$ $\boldsymbol{s}$만큼 느리다.

Drill 3.3-2

$\vec{E}(x,y,z,t) = E_0\cos(\omega t - \beta z)\,\hat{x}$ 가 회전한다면 시간에 따라 변하는 자계가 있을 것이다.

Step 1) 회전한다면, $\nabla\times\vec{E} \neq 0$ 이어야 한다 :

$$\nabla\times\vec{E} = \begin{vmatrix} \hat{x} & \hat{y} & \hat{z} \\ \frac{\partial}{\partial x} & \frac{\partial}{\partial y} & \frac{\partial}{\partial z} \\ E_x & E_y & E_z \end{vmatrix} = \begin{vmatrix} \hat{x} & \hat{y} & \hat{z} \\ \frac{\partial}{\partial x} & \frac{\partial}{\partial y} & \frac{\partial}{\partial z} \\ E_0\cos(\omega t - \beta z) & 0 & 0 \end{vmatrix} \begin{matrix} \hat{x} \\ \frac{\partial}{\partial x} \\ E_0\cos(\omega t - \beta z) \end{matrix}$$

$$= \overset{①}{\frac{\partial}{\partial z}E_0\cos(\omega t - \beta z)\,\hat{y}} - \overset{②}{\frac{\partial}{\partial y}E_0\cos(\omega t - \beta z)\,\hat{z}}$$

$= \beta E_0\sin(\omega t - \beta z)\,\hat{y} \quad \neq 0$ 이므로 시간에 따라 변하는 자계가 **있다**.

Step 2) 따라서, 시간에 따라 변한 자계 $\vec{H}$를 찾을 수 있다: $-\frac{\partial\vec{B}}{\partial t} = \nabla\times\vec{E} = \beta E_0\sin(\omega t - \beta z)\,\hat{y}$

$-\frac{\partial\vec{B}}{\partial t} = \nabla\times\vec{E}$ 에서 시간 항을 오른쪽으로 넘긴다: $\partial\vec{B} = -(\nabla\times\vec{E})\cdot\partial t$

이제 양변을 시간에 대해 적분한다: $\vec{B} = \int d\vec{B} = -\int(\nabla\times\vec{E})\cdot dt$

$$= -\int(\beta E_0\sin(\omega t - \beta z)\,\hat{y})\cdot dt$$

$$= \frac{\beta E_0}{\omega}\cos(\omega t - \beta z)\,\hat{y} + C^{\,0}$$

시간에 따라 변하는 자계만 고려하고 있다.

따라서 회전하는 전계를 발생시킨 시변 자계를 찾았다:

$$\vec{H} = \frac{\vec{B}}{\mu} = \frac{\beta E_0}{\mu\omega}\cos(\omega t - \beta z)\,\hat{y}$$

앞의 drill에서 찾은 전계와 자계를 그려보자.

시간에 따라 변하는 전계와 자계이므로 $t = 0$ 인 순간을 그린다:

$$\begin{cases} \vec{E}(x,y,z,0) = E_0\cos(-\beta z)\,\hat{x} \\ \vec{H}(x,y,z,0) = \dfrac{\beta E_0}{\mu\omega}\cos(\beta z)\,\hat{y} \end{cases}$$

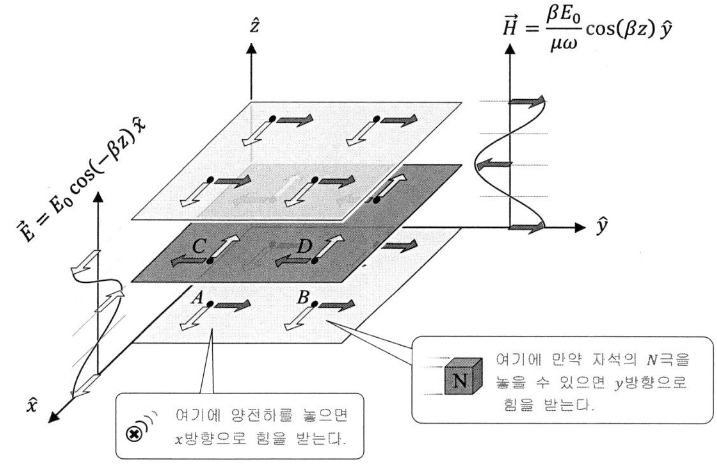

$\vec{E}$와 $\vec{H}$ 는 z에만 영향을 받으므로, 동일한 xy 평면 위의 모든 위치에서 $\vec{E}$ 와 $\vec{H}$는 동일하다.

즉, $\vec{E}_A = \vec{E}_B$ 이고 $\vec{E}_C = \vec{E}_D$ 이다.

또한 $\vec{H}_A = \vec{H}_B$ 이고 $\vec{H}_C = \vec{H}_D$ 이다.

도체 전선에 기전력이 발생하는 경우 – ❷ 변환 기전력 – 상호인덕턴스

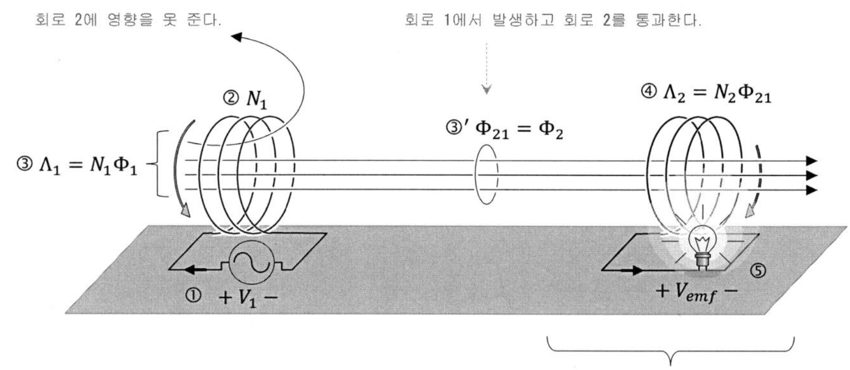

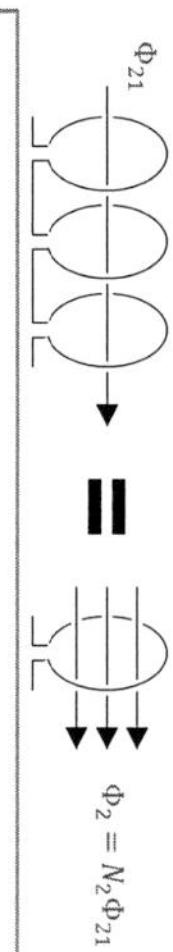

패러데이의 법칙은 쇄교자속과 유도된 기전력과의 관계이다: $-\frac{d\Phi_2}{dt} = V_{emf}$

② & ④ 권선 수 N이 루프 구조의 특성이다.

① 최초의 원인: 전압 V_1, 전류 $I_1 = \frac{V_1}{R_1}$

② 연결 고리: 회로의 구조, $L_1 = \boldsymbol{N_1}\frac{\Phi_1}{I_1}$

③ 결과: $\Lambda_1 = L_1 I_1$
③′ 원인: $\Lambda_1 \supset \Phi_{21} = \Phi_2$

Λ_1 중에 일부가 루프2로 들어가므로 $\Phi_{21} = k \cdot \Lambda_1$ $(k \le 1)$

④ 연결 고리: 회로의 구조, $\Lambda_2 = \boldsymbol{N_2}\Phi_{21}$

⑤ 최종 결과: 전압 V_{emf}, 전류 $I_2 = \frac{V_{emf}}{R_2}$

기전력을 최초의 원인으로 표시해 보자. 즉, $V_{emf} = f(I_1)$의 형태가 되도록 식을 유도해보자.

$$V_{emf} = -\frac{d\Phi_2}{dt} \overset{④}{=} -\frac{d(N_2\Phi_{21})}{dt} \overset{③'}{=} -\frac{d(N_2 \cdot k \cdot \Lambda_1)}{dt} \overset{③}{=} -\frac{d(N_2 \cdot k \cdot L_1 \cdot I_1)}{dt} \overset{②}{=} -\frac{d}{dt}\left(N_2 \cdot k \cdot \frac{N_1\Phi_1}{I_1} \cdot I_1\right)$$

$$= -M_{21}\frac{dI_1}{dt}$$

여기서 상호 인덕턴스 $M_{21} = \frac{N_2\Phi_{21}}{I_1}$

k는 회로들의 구조에 의해 변하므로 $\Phi_{21} = k \cdot \Lambda_1$ 로 사용하였다.

변압기는 전**압**(& 전류)의 크기를 **변**경할 수 있다.

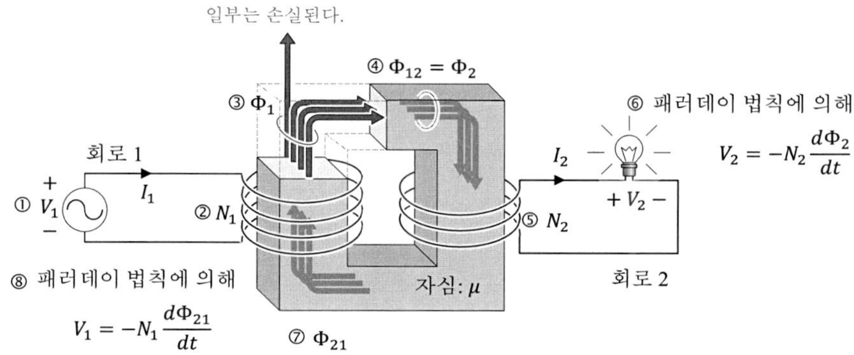

이상적인 변압기: 자심의 투자율 $\mu = \infty$이어서 자속은 모두 자심에 집속된다. 즉, 손실이 없다.

따라서, $\Phi_1 = \Phi_{12} = \Phi_2 = \Phi_{21}$ 이 된다.

$V_1 I_1 = P_1 = P_2 = V_2 I_2$

회로 1의 순간 전력 P_1이 모두 회로 2로 전달된다.

양단의 전압 비율을 계산하면: $\frac{⑥}{⑧} = \frac{V_2}{V_1} = \frac{N_2}{N_1} = \frac{I_1}{I_2}$

Φ_{12}: 회로 1에서 발생하고 **회로 2를 통과하는** 자속

Φ_2: **회로 2를 통과하는** 자속

Summary

3.1 시간에 따라 전하가 움직일 때

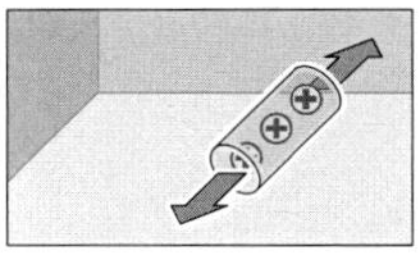

3.1.1 전류의 연속성

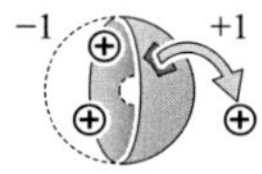

$$\nabla \bullet \vec{J} = -\frac{\partial \rho_v}{\partial t}$$

양전하 또는 음전하만 만들어 낼 수 없다.
만약 공간 내에 전하량이 줄어들면 전하가 공간 밖으로 이동하는 전류가 발생했다는 뜻이다.

3.1.2 변위전류 $\nabla \times \vec{H} = \vec{J} + \frac{\partial \vec{D}}{\partial t}$

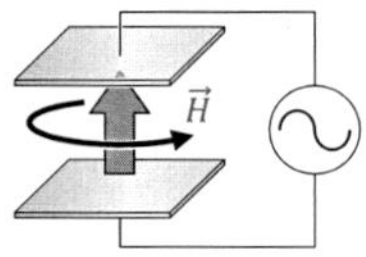

시간에 따라 변하는 전계가 자계를 만들어 낸다.

3.2 자계 내에서 시간에 따라 전하가 움직일 때

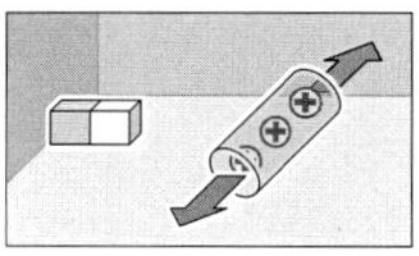

3.2.1 자계 내에서 전류가 흐를 때

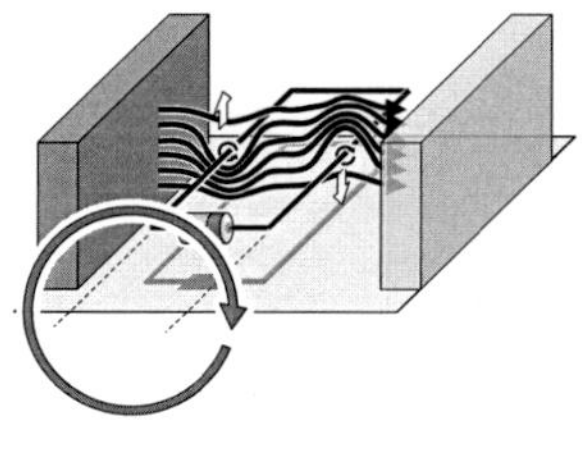

자계 내에서 전류가 흐르는 전선은 힘을 받는다.

- 모터 방정식 $\vec{F} = -I\oint \vec{B} \times d\vec{\ell}$
- 회전력 $\vec{T} = \vec{m} \times \vec{B}$

3.2.2 자계 내에서 전하가 움직일 때 —— 로렌츠의 힘

실제로 전류를 구성하는 전하가 힘을 받는다.

$$\vec{F} = Q \cdot \vec{v} \times \vec{B}$$

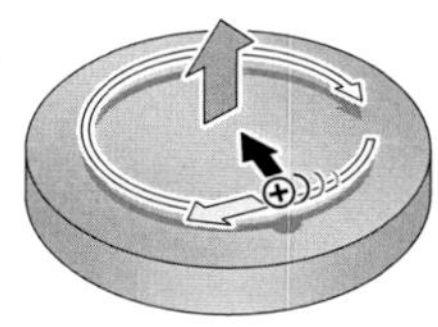

3.3 시간에 따라 자석이 움직일 때 시간에 따라 변하는 자계는 기전력을 유도한다.

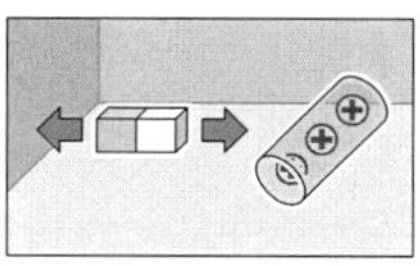

3.3.1 패러데이 법칙

$$emf = -\frac{d}{dt}\int_S \vec{B} \bullet d\vec{s}$$

- 운동기전력 회로의 면적을 시간에 다라 변경하면 자계가 변하는 효과를 낸다.
- 변환기전력 —— 상호인덕턴스

실제로 시간에 따라 변하는 자계는 전계를 유도한다.

$$\nabla \times \vec{E} = -\frac{\partial \vec{B}}{\partial t}$$

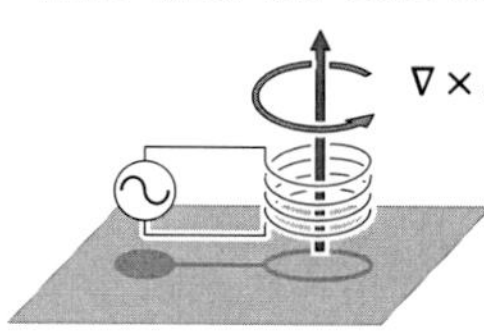

The EM map

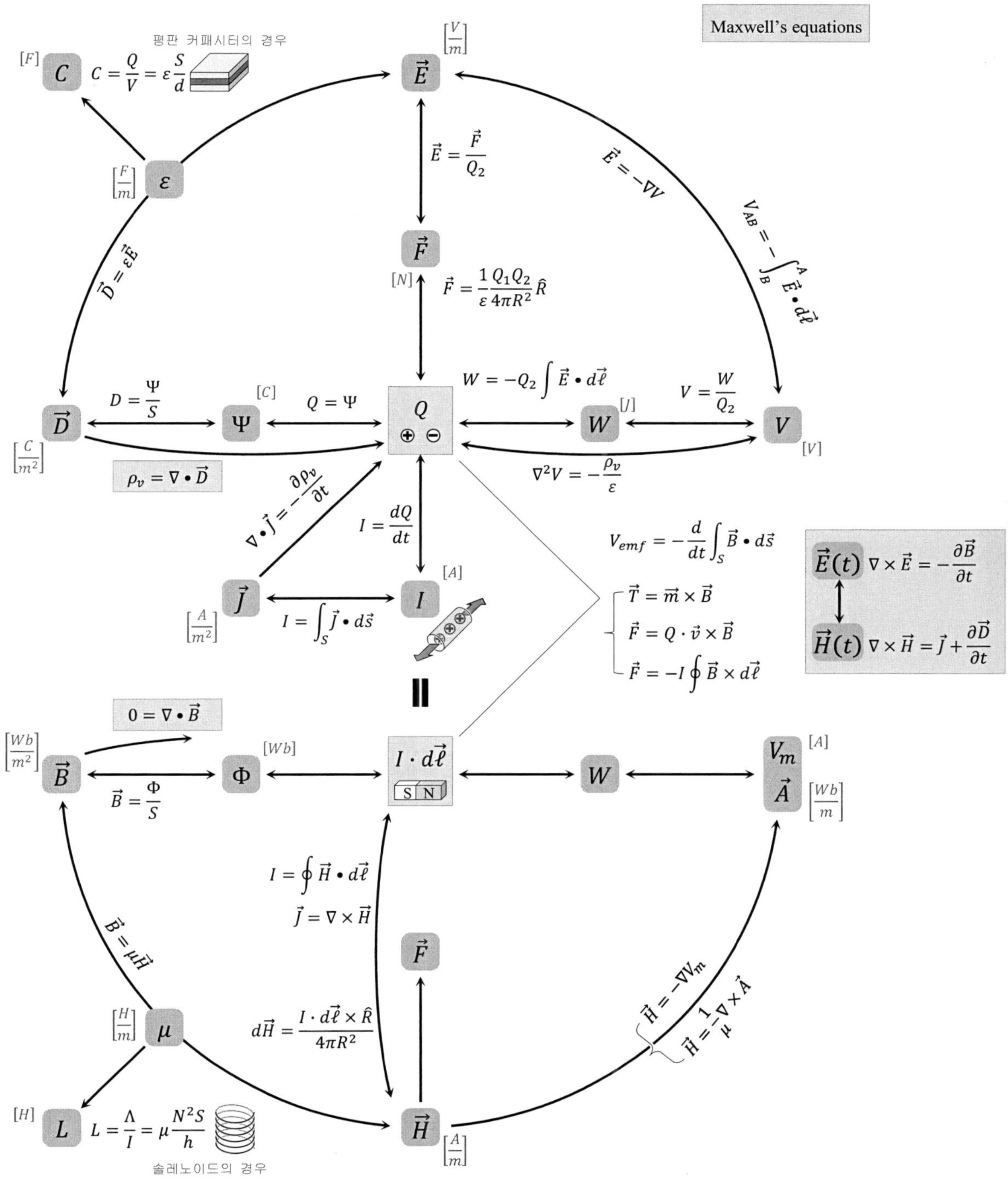
Maxwell's equations
평판 커패시터의 경우
[F] C
$C = \frac{Q}{V} = \varepsilon \frac{S}{d}$
$\left[\frac{V}{m}\right]$ $\vec{E}$
$\vec{E} = \frac{\vec{F}}{Q_2}$
$\left[\frac{F}{m}\right]$ ε
$\vec{E} = -\nabla V$
$V_{AB} = -\int_B^A \vec{E} \bullet d\vec{\ell}$
$\vec{D} = \varepsilon\vec{E}$
[N] $\vec{F}$
$\vec{F} = \frac{1}{\varepsilon}\frac{Q_1 Q_2}{4\pi R^2}\hat{R}$
$W = -Q_2 \int \vec{E} \bullet d\vec{\ell}$
$D = \frac{\Psi}{S}$
[C] Ψ
$Q = \Psi$
Q
[J] W
$V = \frac{W}{Q_2}$
V [V]
$\left[\frac{C}{m^2}\right]$ $\vec{D}$
$\rho_v = \nabla \bullet \vec{D}$
$\nabla^2 V = -\frac{\rho_v}{\varepsilon}$
$\nabla \bullet \vec{J} = -\frac{\partial \rho_v}{\partial t}$
$I = \frac{dQ}{dt}$
$V_{emf} = -\frac{d}{dt}\int_S \vec{B} \bullet d\vec{s}$
$\vec{E}(t)$ $\nabla \times \vec{E} = -\frac{\partial \vec{B}}{\partial t}$
$\vec{H}(t)$ $\nabla \times \vec{H} = \vec{J} + \frac{\partial \vec{D}}{\partial t}$
[A] I
$\left[\frac{A}{m^2}\right]$ $\vec{J}$
$I = \int_S \vec{J} \bullet d\vec{s}$
$\vec{T} = \vec{m} \times \vec{B}$
$\vec{F} = Q \cdot \vec{v} \times \vec{B}$
$\vec{F} = -I \oint \vec{B} \times d\vec{\ell}$
$0 = \nabla \bullet \vec{B}$
$\left[\frac{Wb}{m^2}\right]$ $\vec{B}$
$\vec{B} = \frac{\Phi}{S}$
[Wb] Φ
$I \cdot d\vec{\ell}$
S N
W
V_m [A]
$\vec{A}$ $\left[\frac{Wb}{m}\right]$
$I = \oint \vec{H} \bullet d\vec{\ell}$
$\vec{J} = \nabla \times \vec{H}$
$\vec{F}$
$\vec{B} = \mu\vec{H}$
$\vec{H} = -\nabla V_m$
$\vec{H} = \frac{1}{\mu}\nabla \times \vec{A}$
$\left[\frac{H}{m}\right]$ μ
$d\vec{H} = \frac{I \cdot d\vec{\ell} \times \hat{R}}{4\pi R^2}$
[H] L
$L = \frac{\Lambda}{I} = \mu\frac{N^2 S}{h}$
솔레노이드의 경우
$\vec{H}$ $\left[\frac{A}{m}\right]$

Maxwell's equations

물리적 근거	미분형	적분형
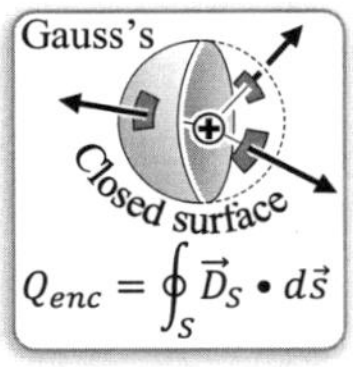 가우스 법칙 전하의 양 = 전속의 양	$\nabla \bullet \vec{D} = \rho_v$	$\oint_S \vec{D} \bullet d\vec{S} = Q$
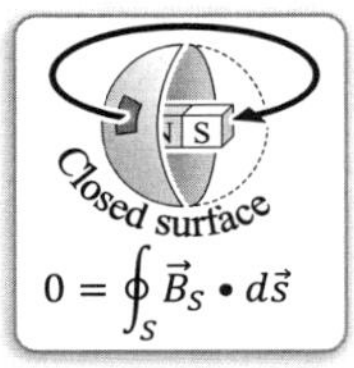 가우스 법칙 자석의 양 = 자속의 양	$\nabla \bullet \vec{B} = 0$	$\oint_S \vec{B} \bullet d\vec{S} = 0$
 암페어 법칙 전류의 양 = 자계의 양	❶ $\nabla \times \vec{H} = \vec{J}_c + \frac{\partial \vec{D}}{\partial t}$	$\oint_L \vec{H} \bullet d\vec{L} = I_c + \int_S \frac{\partial \vec{D}}{\partial t} \bullet d\vec{S}$
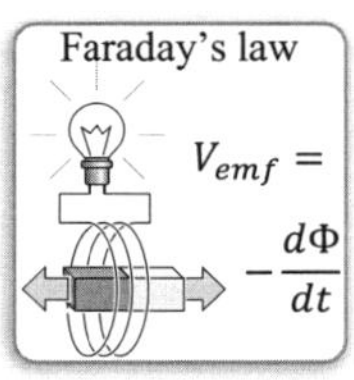 패러데이 법칙 전계의 양 = 전계의 변화량	❷ $\nabla \times \vec{E} = -\frac{\partial \vec{B}}{\partial t}$	$\oint_L \vec{E} \bullet d\vec{L} = -\frac{\partial \Phi}{\partial t}$

파, wave : 다음 장부터는 전계와 자계가 파의 형태로 전파되는 현상을 다룬다.

맥스웰 방정식의 ❶과 ❷만 살펴보자.
특히 전계와 자계만 존재하는 경우를 생각해보자. (즉, 도체가 없어서 전도성 전류가 없는 경우이다.)

❶ $\nabla \times \vec{H} = \vec{J}_c + \dfrac{\partial \vec{D}}{\partial t}$ ➡ $\nabla \times \vec{H} = \varepsilon \dfrac{\partial \vec{E}}{\partial t}$

❷ $\nabla \times \vec{E} = -\dfrac{\partial \vec{B}}{\partial t}$ ➡ $\nabla \times \vec{E} = -\mu \dfrac{\partial \vec{H}}{\partial t}$

이해를 돕기 위해 $E(t) \propto \cos(\omega t)$ 로 놓고 분석을 하자.

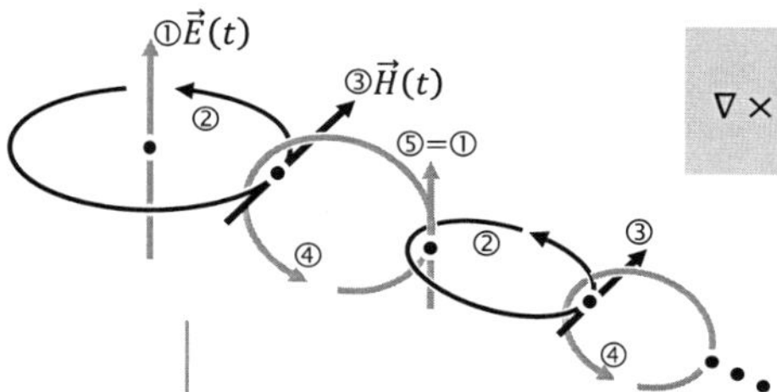

전계가 시간에 따라 변한다.
① $E(t) \propto \cos(\omega t)$

전계 주변에 자계가 생긴다.
② $H(t) \propto \sin(\omega t)$ [1)]

$$\nabla \times \vec{H}(t) = \varepsilon \frac{\partial \vec{E}(t)}{\partial t}$$

⑤ 이 전계도 시간에 따라 변한다.

③ 이 자계도 시간에 따라 변한다.

$$\nabla \times \vec{E}(t) = -\mu \frac{\partial \vec{H}(t)}{\partial t}$$

④ $E(t) \propto \cos(\omega t)$ [1)]

자계 주변에 전계가 생긴다.

p. 139

②
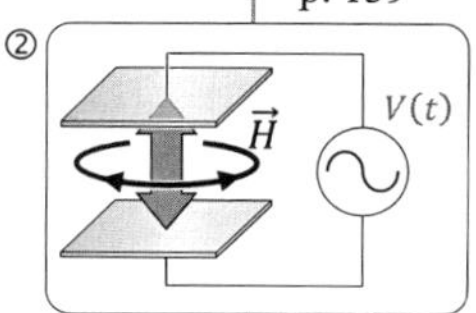

④
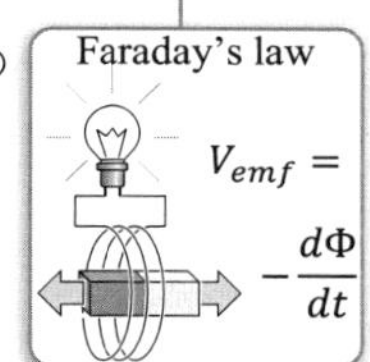

p. 160

전기 신호 $V(t)$를 사용하여 공간에 전계를 만들면 위 과정이 무한이 반복되어 신호를 보낼 수 있게 된다.
이 신호를 전자기**파**라고 한다.

---

1) "$\nabla \times$"연산은 공간 좌표(예, x 또는 y, z)로 미분한 것이므로 시간 성분은 변하지 않는다.

$\vec{H}(x, y, z, t) = \cos(\beta z) \cdot \sin(\omega t) \cdot \hat{x}$ 일 때 회전을 계산하면

$$\nabla \times \vec{H} = \frac{\partial}{\partial z}[\cos(\beta z) \cdot \sin(\omega t)] \cdot \hat{y} = -\beta \sin(\beta z) \cdot \sin(\omega t) \cdot \hat{y}$$

시간 성분은 공간 좌표에 대한 미분에 영향을 받지 않는다.
즉, 변하지 않는다.

4장 전계와 자계의 전파 – 평면파

시간에 따라 변하는 전계 주위에 자계가 발생한다.

$$\nabla \times \vec{H} = \varepsilon \frac{\partial \vec{E}}{\partial t}$$

시간에 따라 변하는 자계 주위에 전계가 발생한다.

$$\nabla \times \vec{E} = -\mu \frac{\partial \vec{H}}{\partial t}$$

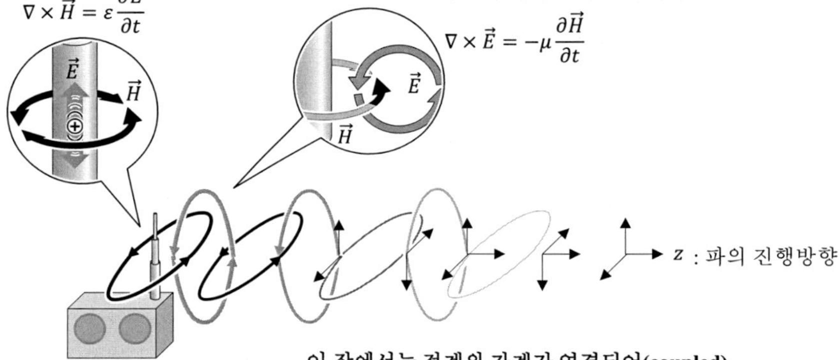

이 장에서는 전계와 자계가 연결되어(coupled) 파(wave)가 되어 전파되는 것을 학습한다.

전하 Q_1 이 만드는 전기 신호는 전계와 자계의 형태로 전파된다. 이제부터는 전**계**와 자**계**만 분석할 것이다. p. 7

방정식 $x^2 - 1 = 0$ 의 답은 $x = \pm 1$ 이다.

Start:
맥스웰 **방정식**

방정식을 만족하는 **답**을 **구할** 수 있다:
하지만 전파는 모든 방향으로 퍼져 나가므로 답을 구하기 까다롭다.
따라서 문제를 쉽게 하기 위해 평면파만을 고려한다.

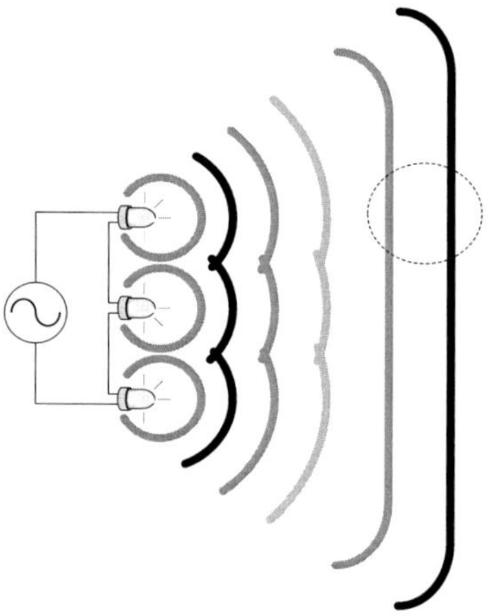

4.1 평면파

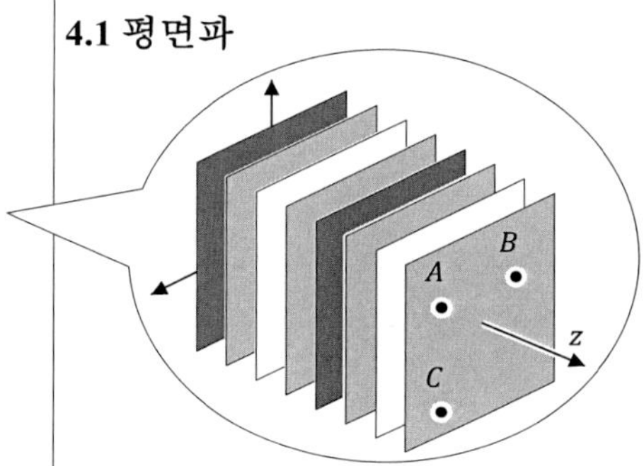

균일 평면파는 한 평면 위의 모든 위치에서
파의 크기가 같기 때문에 분석이 용이하다.
이 장에서 다루는 전자기파도 균일 평면파로서
한 평면 위의 모든 위치에서 전계와 자계의 강도가 동일하다.

답을 구하는데 사용된다.

매질의 전기와 자기적 특성치들

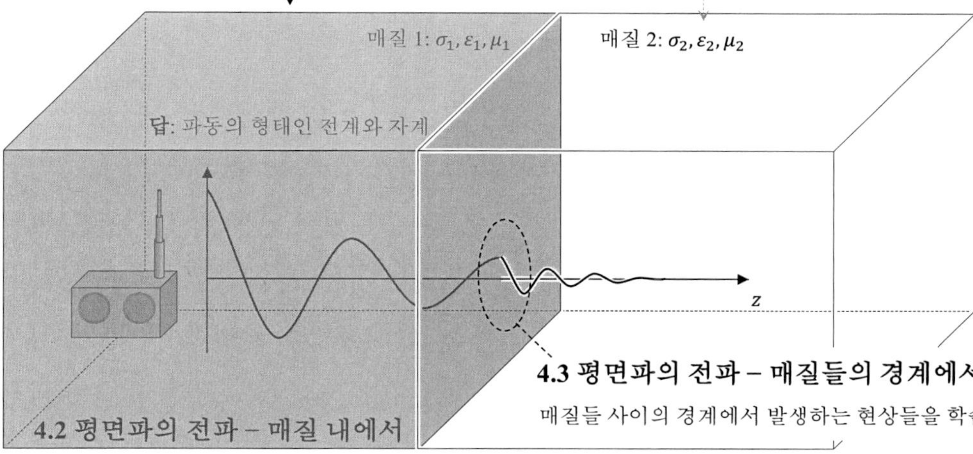

4.3 평면파의 전파 – 매질들의 경계에서

매질들 사이의 경계에서 발생하는 현상들을 학습한다.

4.2 평면파의 전파 – 매질 내에서

자유공간, 유전체, 도체 내에서 평면파의 전파 특성을 학습한다.

t = 176

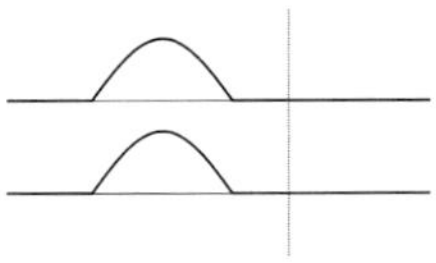

4.1 평면파

① 빛이 전구에서 퍼져나가고 있다. 빛은 파의 특성을 가지고 있다.
다음은 시간 $t = t_0$일 때의 상황을 그린 것이다.

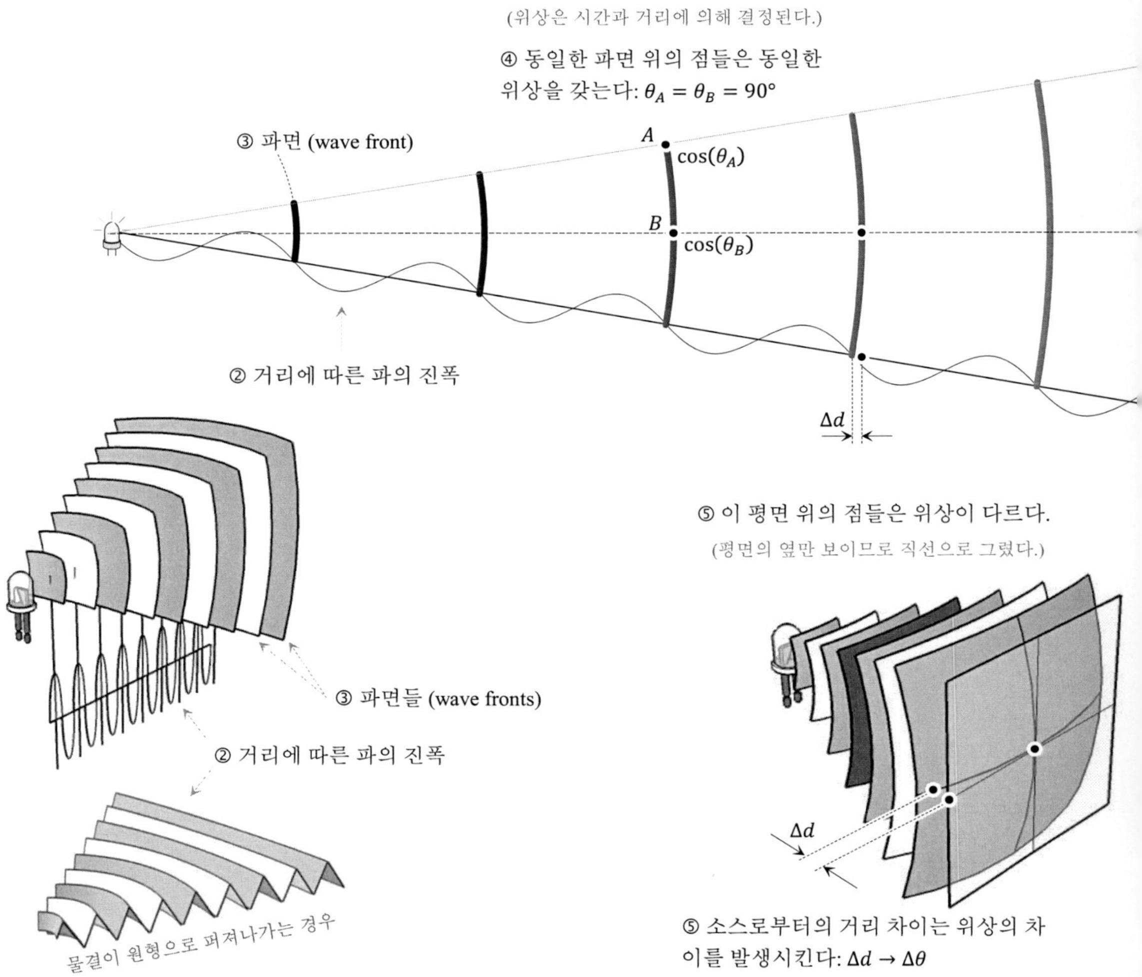

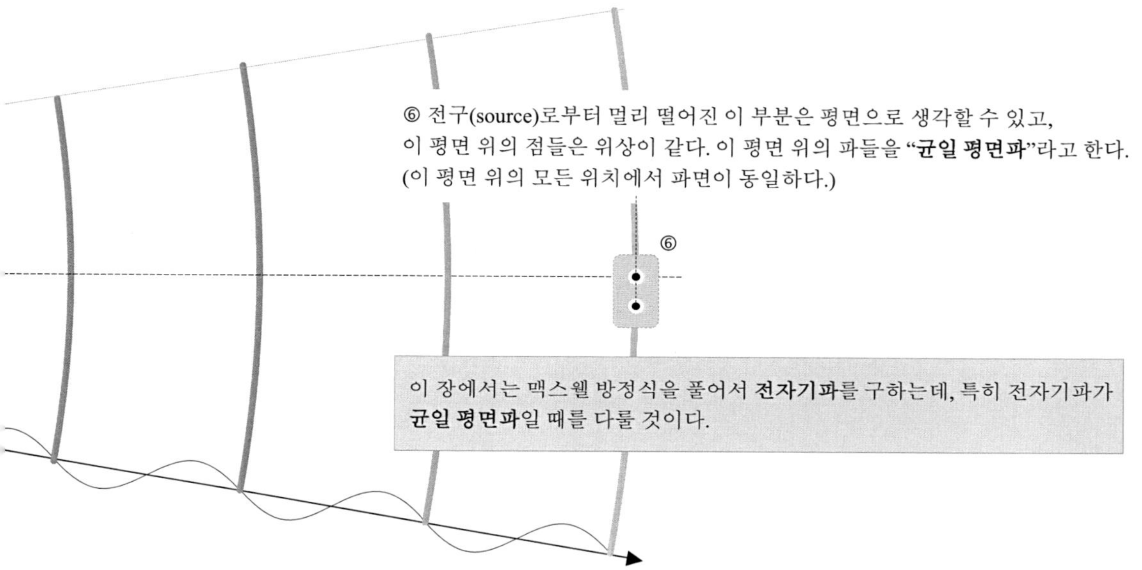

이 장에서는 맥스웰 방정식을 풀어서 **전자기파**를 구하는데, 특히 전자기파가 **균일 평면파**일 때를 다룰 것이다.

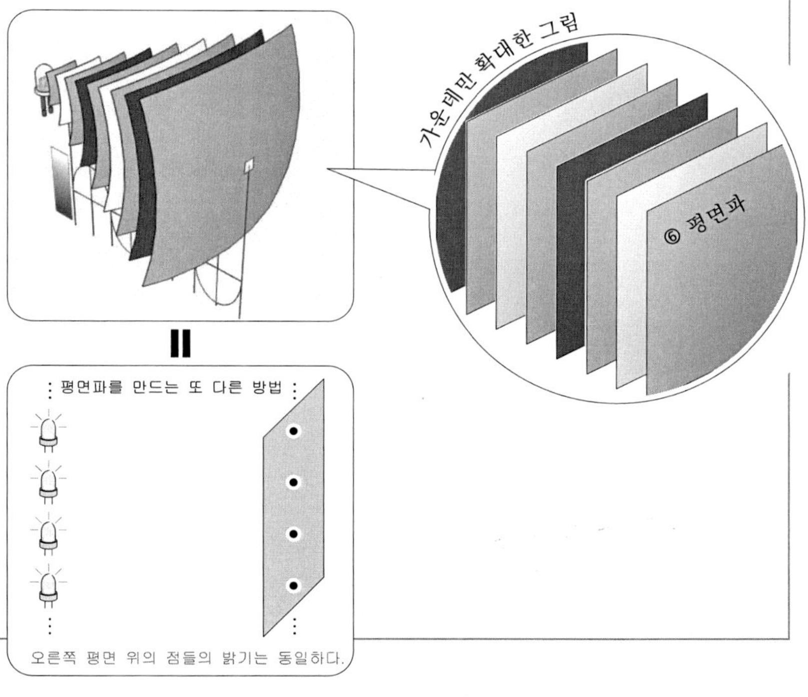

$t = 178$

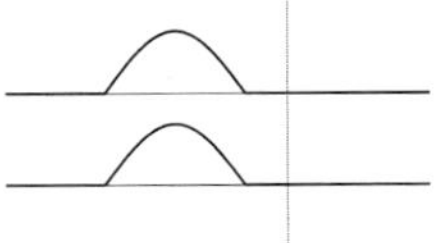

4.1.1 헬름홀츠 파동 방정식

무전하 매질에서 **맥스웰 방정식을 풀어보자**. 여기서 구할 전자기파는 다른 매질에 적용이 가능하다.
p. 186

Appx 17 Phasor

맥스웰 방정식	무전하 ($\rho_v = 0$)	페이저로 표시하였다.
$\nabla \bullet \vec{D} = \rho_v$	$\nabla \bullet \vec{E} = 0$	M① $\nabla \bullet \vec{E}_s = 0$
$\nabla \bullet \vec{B} = 0$	$\nabla \bullet \vec{H} = 0$	M② $\nabla \bullet \vec{H}_s = 0$
$\nabla \times \vec{H} = \vec{J}_c + \dfrac{\partial \vec{D}}{\partial t}$	$\nabla \times \vec{H} = \sigma\vec{E} + \varepsilon\dfrac{\partial \vec{E}}{\partial t}$	M③ $\nabla \times \vec{H}_s = \sigma\vec{E}_s + j\omega\varepsilon\vec{E}_s$
$\nabla \times \vec{E} = -\dfrac{\partial \vec{B}}{\partial t}$	$\nabla \times \vec{E} = -\mu\dfrac{\partial \vec{H}}{\partial t}$	M④ $\nabla \times \vec{E}_s = -j\omega\mu\vec{H}_s$

M④와 M③은 서로 연결되어(coupled) 있으므로 이들을 **정리**해보자.

원래 식은 이렇게 써야 한다. M④ $\nabla \times \vec{E}_s(x,y,z) = -j\omega\mu\vec{H}_s(x,y,z)$

이제부터는 간략히 표시한다. $\nabla \times \vec{E}_s = -j\omega\mu\vec{H}_s$

$\vec{H}_s$ 에 대해서 정리하고, $\dfrac{\nabla \times \vec{E}_s}{-j\omega\mu} = \vec{H}_s$

대입하여

M③ $\nabla \times \vec{H}_s = \sigma\vec{E}_s + j\omega\varepsilon\vec{E}_s$

$\nabla \times (\nabla \times \vec{E}_s) = \nabla(\nabla \bullet \vec{E}_s) - \nabla^2\vec{E}_s$를 사용하여 정리하면,

전계만으로 이루어진 식을 얻는다: $\nabla^2\vec{E}_s - [\mu\sigma \cdot j\omega + \mu\varepsilon(j\omega)^2]\vec{E}_s = 0$

❶ $\nabla^2\vec{E}_s - \gamma^2\vec{E}_s = 0$

동일한 방식으로 자계만으로 이루어진 방정식을 얻는다.

❷ $\nabla^2\vec{H}_s - \gamma^2\vec{H}_s = 0$

여기서 γ는 전파상수(propagation constant)이다.

$$\gamma = \sqrt{j\omega\mu(\sigma + j\omega\varepsilon)} = \alpha + j\beta \quad \left[\frac{1}{m}\right]$$

감쇠상수 (The attenuation constant)
$$\alpha = \omega\sqrt{\frac{\mu\varepsilon}{2}\left[\sqrt{1 + \left(\frac{\sigma}{\omega\varepsilon}\right)^2} - 1\right]}$$

위상상수 (The phase constant)
$$\beta = \omega\sqrt{\frac{\mu\varepsilon}{2}\left[\sqrt{1 + \left(\frac{\sigma}{\omega\varepsilon}\right)^2} + 1\right]}$$

다음 식을 **정리**해보자.

$$\begin{cases} y = x + t \\ x = y^2 + t \end{cases}$$

⬇ 대입하여 정리

$$\begin{cases} y = y^2 + 2t \\ x = (x + t)^2 + t \end{cases}$$

x로만 구성된 식을 얻는다.

일반 방정식		일반 방정식의 해		상황에 따른 여러 가지 해들		
$ax^2+bx+c=0$	➡	$x=\frac{-b\pm\sqrt{b^2-4ac}}{2a}$	➡	$x=\pm\sqrt{\frac{c}{a}}$ (when $b=0$)	$x=0,-\frac{b}{a}$ (when $c=0$)	$x=\cdots$

이렇게 정리된 ❶과 ❷를 헬름홀츠 파동 방정식이라 한다. (Helmholtz's wave equation)

$$\begin{cases} \text{M③} \quad \nabla\times\vec{H}_s = j\omega\varepsilon\vec{E}_s \\ \text{M④} \quad \nabla\times\vec{E}_s = -j\omega\mu\vec{H}_s \end{cases} \quad \Rightarrow \quad \begin{cases} ❶ \quad \nabla^2\vec{E}_s-\gamma^2\vec{E}_s=0 \\ ❷ \quad \nabla^2\vec{H}_s-\gamma^2\vec{H}_s=0 \end{cases}$$

이 방정식은 일반 유전체에서 전계와 자계의 특성을 깔끔히 표현한 식이다.

이제 이 "방정식"으로 무엇을 해야 하는가? → **해**를 구해야 한다: $\begin{cases} \vec{E}_s(z)=\cdots \\ \vec{H}_s(z)=\cdots \end{cases}$

"방정식" 은 풀어서 답(해)을 구할 수 있다.

$$\begin{cases} y=y^2+2t \\ x=(x+t)^2+t \end{cases}$$

⬇

답 $\begin{cases} y=\frac{1\pm\sqrt{1-8t}}{2} \\ x=\frac{1-2t\pm\sqrt{1-8t}}{2} \end{cases}$

헬름홀츠 방정식은 일반식이므로 **상황에 따라 여러 가지 해들**이 있을 수 있다.

문제를 간단히 하여 **이 장에서는 z방향으로 전파되는 균일 평면파의 경우만** 적용하기로 한다: $\vec{E}_s(z)$ & $\vec{H}_s(z)$ p. 176

❶ $\nabla^2\vec{E}_s-\gamma^2\vec{E}_s=0$ 의 Laplacian 연산(∇^2)을 직각좌표계를 사용하여 표시해보자.

전계의 일반식은 $\vec{E}_s = \underset{①}{E_{xs}\cdot\hat{x}} + \underset{②}{E_{ys}\cdot\hat{y}} + \underset{③}{E_{zs}\cdot\hat{z}}$ 이므로, 식 ❶은 실제로 방향에 따라 3개(①~③)가 된다.

$$① \left(\frac{\partial^2E_{xs}}{\partial x^2}+\frac{\partial^2E_{xs}}{\partial y^2}+\underset{⑥}{\boldsymbol{\frac{\partial^2E_{xs}}{\partial z^2}}}\right)-\gamma^2E_{xs}=0$$

$$② \left(\frac{\partial^2E_{ys}}{\partial x^2}+\frac{\partial^2E_{ys}}{\partial y^2}+\underset{⑦}{\boldsymbol{\frac{\partial^2E_{ys}}{\partial z^2}}}\right)-\gamma^2E_{ys}=0$$

$$③ \left(\underset{④}{\frac{\partial^2E_{zs}}{\partial x^2}}+\underset{⑤}{\frac{\partial^2E_{zs}}{\partial y^2}}+\underset{⑧}{\frac{\partial^2E_{zs}}{\partial z^2}}\right)-\gamma^2E_{zs}=0$$

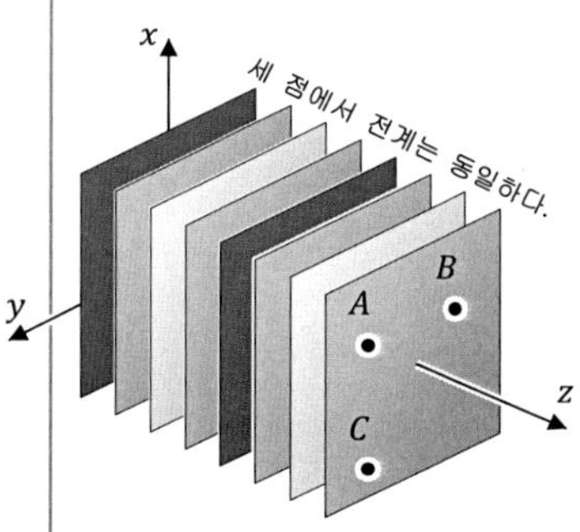

평면파는 z축 방향으로 진행한다.

z방향으로 전파되는 균일 평면파의 경우만을 고려하므로 아래 그림에서 세 점(A, B, C)의 x 와 y 위치가 변해도 전계는 같다. 즉, 전계는 x 와 y 에 영향을 받지 않게 된다.

따라서, $\frac{\partial E_s}{\partial x}=0$ & $\frac{\partial E_s}{\partial y}=0$ 이고 ④ = ⑤ = 0 이 된다.

전계는 z에만 의존적이므로 $\vec{E}_s=\vec{E}_s(z)$ 로 쓸 수 있다.

M③에 $\vec{E}_s$를 대입하고 z성분만 살펴보자.

$$\text{M③:} \quad \cdots+\left(\underset{④}{\frac{\partial H_{ys}}{\partial x}}-\underset{⑤}{\frac{\partial H_{xs}}{\partial y}}\right)\cdot\hat{z}=\cdots+\underset{⑧}{(\sigma+j\omega\varepsilon)E_{zs}}\cdot\hat{z}$$

자계 역시 균일 평면파를 고려하므로 ④ = ⑤ = 0 이다.
따라서 ⑧ = 0 이 된다.

이제 남은 것은 ⑥의 E_{xs}와 ⑦의 E_{ys}이다.
진행방향인 z축에서 보면 x와 y는 동일하다.

따라서 일단 균일 평면파에서 전계는 x 성분만 있다고 생각한다:

$$\vec{E}_s(z)=E_{xs}(z)\cdot\hat{x}$$

다음 페이지에서 이 전계와 연결된 자계를 구한다.

Appx 15 Wave
Appx 16 Polarization

$t =$ 180

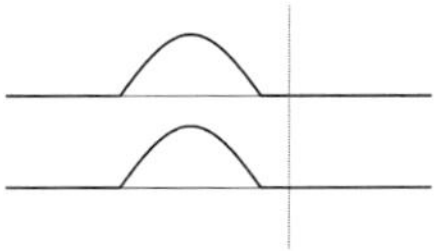

헬름홀츠 방정식의 해 – 평면파의 경우

방정식은 해를 구할 수 있다.

$\nabla^2 V = \frac{\partial^2 V}{\partial x^2} + \frac{\partial^2 V}{\partial y^2} + \frac{\partial^2 V}{\partial z^2}$

방정식인 $\nabla^2 \vec{E}_s - \gamma^2 \vec{E}_s = 0$ 에서

대입 ↓ $\vec{E}_s(z) = E_{xs}(z)\hat{x}$ 인 평면파만 고려한다.

$$\frac{d^2 E_{xs}(z)}{dz^2} - \gamma^2 E_{xs}(z) = 0$$ 인 미분 방정식을 얻는다.

이 미분 방정식의 해는 다음과 같이 두 개이다: $E_{xs}(z) = E_{x0}e^{\pm\gamma z}$

$= E_{x0}e^{\pm(\alpha + j\beta)z}$

※ $\gamma = \alpha + j\beta$

두 개의 해(solution)들을 살펴보자.

Solution ① $E_{xs}(z) = E_{x0}e^{-\gamma z} = E_{x0}e^{-(\alpha+j\beta)z}$

순시 형태로 바꾸어 본다:

$$\begin{aligned} E_x(z,t) &= Re\left[E_{xs}(z)e^{j\omega t}\right] \\ &= Re\left[E_{x0}e^{-(\alpha+j\beta)z}e^{j\omega t}\right] \\ &= E_{x0}e^{-\alpha z}\cos(\omega t - \beta z) \end{aligned}$$

그림으로 그려본다.

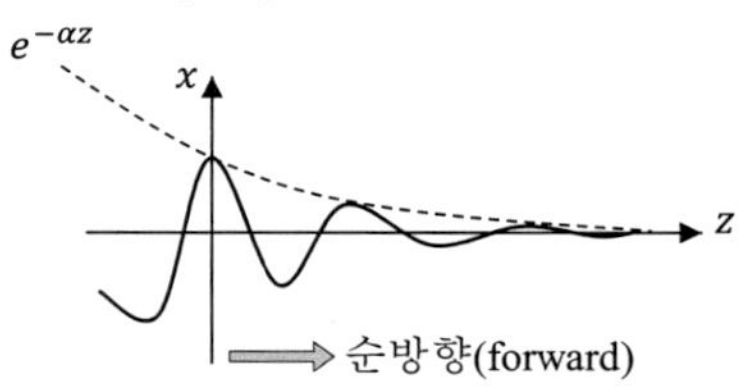

이 파는 $+z$ 방향으로 진행한다.

진행 방향을 고려하여 다음과 같이 고쳐 쓴다:

$$E_x^+(z,t) = E_{x0}^+ e^{-\alpha z}\cos(\omega t - \beta z)$$

Solution ② $E_{xs}(z) = E_{x0}e^{+\gamma z} = E_{x0}e^{+(\alpha+j\beta)z}$

$$\begin{aligned} E_x(z,t) &= Re\left[E_{xs}(z)e^{j\omega t}\right] \\ &= Re\left[E_{x0}e^{+(\alpha+j\beta)z}e^{j\omega t}\right] \\ &= E_{x0}e^{+\alpha z}\cos(\omega t + \beta z) \end{aligned}$$

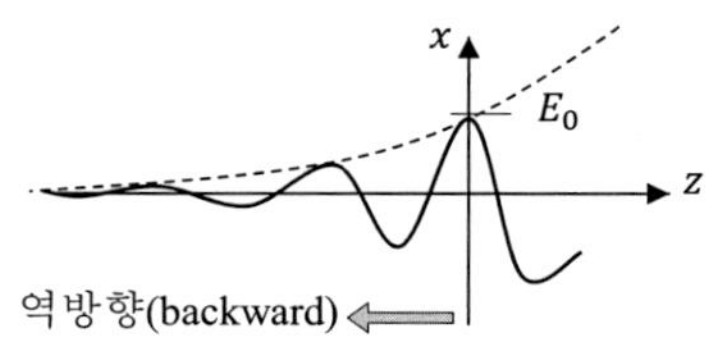

이 파는 $-z$ 방향으로 진행한다.
파는 진행하면서 **감쇠**되기 때문이다.

$$E_x^-(z,t) = E_{x0}^- e^{+\alpha z}\cos(\omega t + \beta z)$$

순방향과 역방향 진행파가 존재하므로 일반적으로 다음과 같이 쓸 수 있다:

페이저 형태 ❶ $\vec{E}_s(z) = (E_{x0}^+ e^{-\gamma z} + E_{x0}^- e^{+\gamma z}) \cdot \hat{x}$

순시 형태 $\vec{E}(z,t) = E_x^+(z,t)\hat{x} + E_x^-(z,t)\hat{x}$

$$= E_{x0}^+ e^{-\alpha z}\cos(\omega t - \beta z)\,\hat{x} + E_{x0}^- e^{+\alpha z}\cos(\omega t + \beta z)\,\hat{x}$$

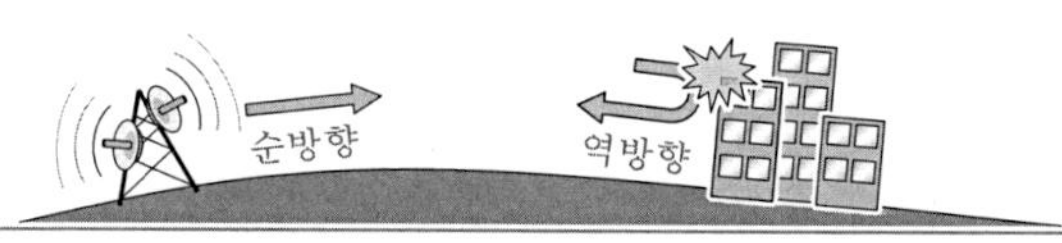

TEM: Transverse ElectroMagnetic wave

전계의 파형을 알았으므로, 자계의 파형을 계산해 보자.

$$\vec{E}_s(z) = E_{xs}(z)\cdot\hat{x} = (E_{x0}^{+}e^{-\gamma z} + E_{x0}^{-}e^{+\gamma z})\cdot\hat{x}$$

대입

$$\text{M④}\quad \nabla\times\vec{E}_s = -j\omega\mu\vec{H}_s$$

p. 166

Maxwell's Eq.s

$\nabla\vec{E}_s = 0$

$\nabla\times\vec{E}_s = -j\omega\mu\vec{H}_s$

$\nabla\vec{H}_s = 0$

$\nabla\times\vec{H}_s = j\omega\varepsilon_c\vec{E}_s$

Faraday's law

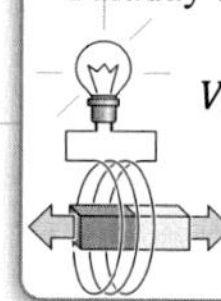

$$V_{emf} = -\frac{d\Phi}{dt}$$

시변 자계는 회전하는 전계를 만든다.
원인 = 결과

↓ 1)

$$(-\gamma E_{x0}^{+}e^{-\gamma z} + \gamma E_{x0}^{-}e^{+\gamma z})\cdot\hat{y} = -j\omega\mu(H_{xs}\cdot\hat{x} + H_{ys}\cdot\hat{y} + H_{zs}\cdot\hat{z})$$

즉, 자계에는 y성분만 존재하게 된다:

$$\vec{H}_s = \left(\frac{\gamma E_{x0}^{+}}{j\omega\mu}e^{-\gamma z} - \frac{\gamma E_{x0}^{-}}{j\omega\mu}e^{+\gamma z}\right)\cdot\hat{y}$$

$$= (H_{y0}^{+}e^{-\gamma z} - H_{y0}^{-}e^{+\gamma z})\cdot\hat{y}$$

$$= \left(\frac{E_{x0}^{+}}{\eta}e^{-\gamma z} - \frac{E_{x0}^{-}}{\eta}e^{+\gamma z}\right)\cdot\hat{y}$$

(intrinsic impedance)

η는 **고유 임피던스**이며 복소수이다:

$$\eta = \frac{E_{x0}^{+}}{H_{x0}^{+}} = -\frac{E_{x0}^{-}}{H_{x0}^{-}}\quad\left[\frac{\frac{V}{m}}{\frac{A}{m}} = \frac{V}{A} = \Omega\right]$$

$$= \frac{j\omega\mu}{\gamma} = \sqrt{\frac{j\omega\mu}{\sigma + j\omega\varepsilon}} = |\eta|e^{\theta_\eta}$$

η는 전자기파가 진행하는 매질의 특성이다.

※ $\gamma = \alpha + j\beta = \sqrt{j\omega\mu(\sigma + j\omega\varepsilon)}$

$R = \frac{V}{I}$

R은 전류가 진행하는 매질의 특성

따라서 다음을 얻는다:

페이저 형태 ❷ $\vec{H}_s(z) = \left(\frac{E_{x0}^{+}}{\eta}e^{-\gamma z} - \frac{E_{x0}^{-}}{\eta}e^{+\gamma z}\right)\cdot\hat{y}$

순시 형태 $\vec{H}(z,t) = H_y^{+}(z,t)\hat{y} + H_y^{-}(z,t)\hat{y}$

$$= \frac{E_{x0}^{+}}{\eta}e^{-\alpha z}\cos(\omega t - \beta z)\,\hat{y} - \frac{E_{x0}^{-}}{\eta}e^{+\alpha z}\cos(\omega t + \beta z)\,\hat{y}$$

헬름홀츠 방정식에 균일 평면파를 적용하면 다음과 같은 **일반적인 해**를 얻는다:

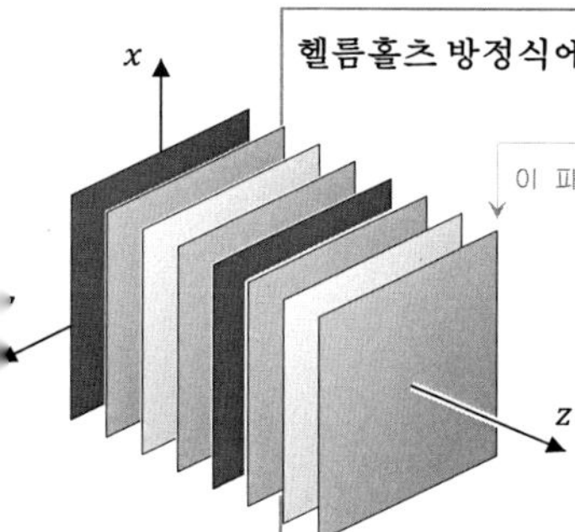

이 파면에서

❶ $\vec{E}_s(z) = (E_{x0}^{+}e^{-\gamma z} + E_{x0}^{-}e^{+\gamma z})\cdot\hat{x}\quad\left[\frac{V}{m}\right]$

❷ $\vec{H}_s(z) = \left(\frac{E_{x0}^{+}}{\eta}e^{-\gamma z} - \frac{E_{x0}^{-}}{\eta}e^{+\gamma z}\right)\cdot\hat{y}\quad\left[\frac{A}{m}\right]$

전계와 자계의 관계

$$I = \frac{V}{R}\quad\left[A = \frac{V}{\Omega}\right]$$

$$H = \frac{E}{\eta}\quad\left[A/m = \frac{V/m}{\Omega}\right]$$

전계와 자계가 파의 진행방향(z)과 직교하므로 TEM 파라 한다.

Transverse ElectroMagnetic wave

1)

$$\begin{matrix}\hat{x} & \hat{y} & \hat{z}\\ \frac{\partial}{\partial x} & \frac{\partial}{\partial y} & \frac{\partial}{\partial z}\\ E_{sx} & 0 & 0\end{matrix}\quad\begin{vmatrix}\hat{x} & \hat{y} & \hat{z}\\ \frac{\partial}{\partial x} & \frac{\partial}{\partial y} & \frac{\partial}{\partial z}\\ E_{xs} & 0 & 0\end{vmatrix} = \nabla\times\vec{E}_s = ① - ②$$

$$② \frac{\partial E_{xs}}{\partial y}\hat{z} = 0 \qquad ① \frac{\partial E_{xs}}{\partial z}\hat{y} = (-\gamma E_0^{+}e^{-\gamma z} + \gamma E_0^{-}e^{+\gamma z})\cdot\hat{y}$$

$t =$ 182 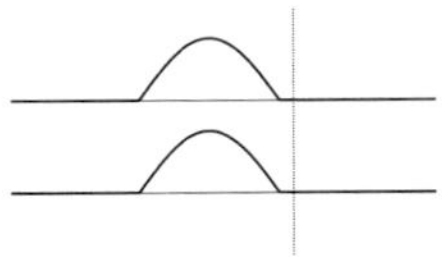

TEM 파를 그려보자.

상황을 간략히 만들기 위해 순방향(z 방향) 진행파만 고려한다. 또한 E_{x0}^{+} 와 η는 실수라고 가정한다.

$$\begin{cases} \text{❶ } \vec{E}_s(z) = (E_{x0}^{+}e^{-\gamma z} + E_{x0}^{-}e^{+\gamma z}) \cdot \hat{x} \\ \text{❷ } \vec{H}_s(z) = \left(\dfrac{E_{x0}^{+}}{\eta}e^{-\gamma z} - \dfrac{E_{x0}^{-}}{\eta}e^{+\gamma z}\right) \cdot \hat{y} \end{cases} \quad \Rightarrow \quad \begin{cases} \text{❶}' \ \vec{E}(z,t) = E_{x0}^{+} \cdot e^{-\alpha z} \cdot \cos(\omega t - \beta z) \cdot \hat{x} \\ \text{❷}' \ \vec{H}(z,t) = \dfrac{E_{x0}^{+}}{\eta} \cdot e^{-\alpha z} \cdot \cos(\omega t - \beta z) \cdot \hat{y} \end{cases}$$

@ $t = t_0$ 인 순간의 그림

TEM 파의 진행 방향과 전계 및 자계의 방향의 관계

$\hat{p}$	$\hat{E}$	$\hat{H}$
‖	‖	‖
$\hat{z}$	$\hat{x}$	$\hat{y}$

따라서 이 관계를 다음과 같이 쓸 수 있다:

$$\frac{\vec{E}_s}{|\vec{E}_s|} \times \frac{\vec{H}_s}{|\vec{H}_s|} = \hat{E} \times \hat{H} = \hat{p}$$

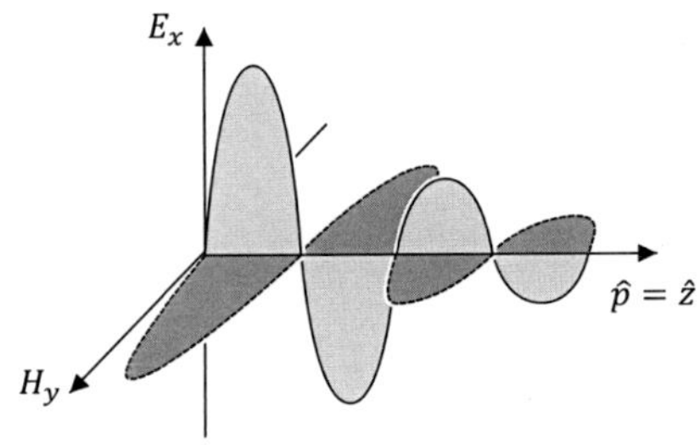

상황을 더욱 간략히 만들어보자.

이번에는 $\alpha = 0$ 으로 설정하여 감쇠가 없는 경우이다.

$$\begin{cases} \text{❶}' \ \vec{E}(z,t) = E_{x0}^{+} \cdot \cos(\omega t - \beta z) \cdot \hat{x} \\ \text{❷}' \ \vec{H}(z,t) = \dfrac{E_{x0}^{+}}{\eta} \cdot \cos(\omega t - \beta z) \cdot \hat{y} \end{cases} \quad \xrightarrow{@\, t = t_0}$$

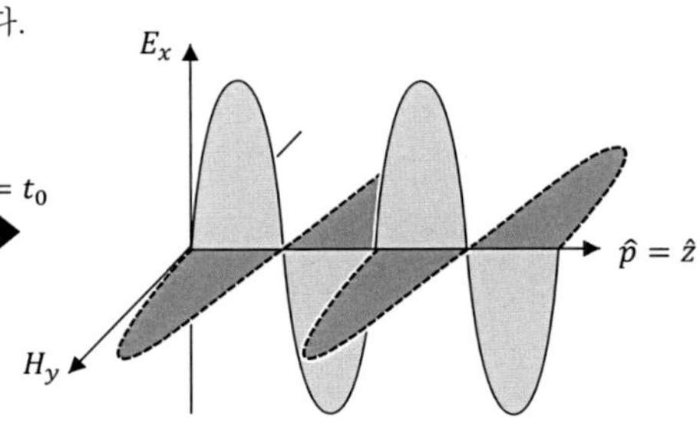

전계로부터 자계를 구하는 방법은 다음과 같다:

$\hat{y} = \hat{z} \times \hat{x}$ 이므로 $\hat{H} = \hat{p} \times \hat{E}$ 이다.

따라서 $\dfrac{\vec{H}_s}{|\vec{H}_s|} = \hat{p} \times \dfrac{\vec{E}_s}{|\vec{E}_s|}$ 이며 $\vec{H}_s = |\vec{H}_s| \cdot \left(\hat{p} \times \dfrac{\vec{E}_s}{|\vec{E}_s|}\right) = \dfrac{|\vec{H}_s|}{|\vec{E}_s|} \cdot (\hat{p} \times \vec{E}_s) = \dfrac{1}{\eta}(\hat{p} \times \vec{E}_s)$ 이다.

앞으로 전계에서 자계를 구하는 경우가 많아지므로 다음 관계는 중요하다:

$$\vec{H}_s = \frac{\hat{p} \times \vec{E}_s}{\eta} \quad \left[{}^{A}\!/_{m} = \frac{{}^{V}\!/_{m}}{\Omega}\right]$$

$\gamma = \alpha + j\beta$: 전파상수

$\eta = |\eta| \cdot e^{j\theta_\eta}$: 고유 임피던스 (복소수이다.)

Drill 4.1-1 $\vec{E}_s = E_0^+ e^{-\gamma z}\,\hat{x}$ 이고 η 가 복소수 일 때 $\vec{H}_s =?$

이 파의 진행방향은 z방향이다. 따라서

$$\vec{H}_s(z) = \frac{1}{\eta}(\hat{z} \times \vec{E}_s) = \frac{1}{\eta}(\hat{z} \times E_0^+ e^{-\gamma z}\,\hat{x}) = \frac{E_0^+}{\eta} e^{-\gamma z}\,\hat{y} \quad \text{이다.}$$

순시형태로 바꾸면,

$$\vec{H}(z,t) = Re\left[\frac{E_0^+}{|\boldsymbol{\eta}| \cdot \boldsymbol{e^{j\theta_\eta}}} \cdot e^{-\alpha z - j\beta z} \cdot \boldsymbol{e^{j\omega t}} \cdot \hat{y}\right] = Re\left[\frac{E_0^+}{|\eta|} \cdot e^{-\alpha z} \cdot e^{j(\omega t - \beta z - \theta_\eta)} \cdot \hat{y}\right]$$

$$= \frac{E_0^+}{|\eta|} \cdot e^{-\alpha z} \cdot \cos(\omega t - \beta z - \theta_\eta) \cdot \hat{y}$$

$t = t_0$ 인 순간을 그리면,

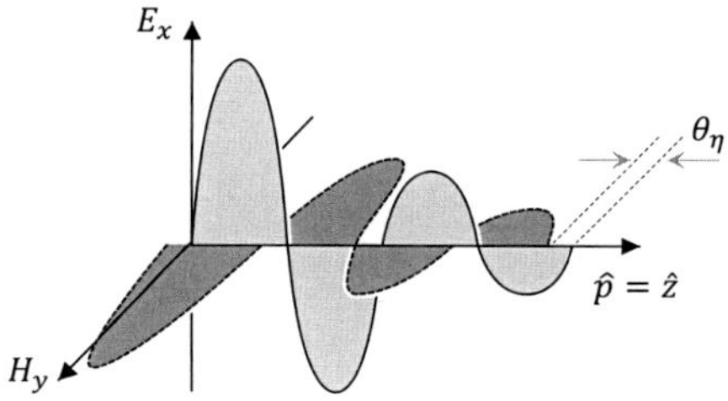

균일 평면파와 TEM 파의 관계

$t = t_0$ 인 순간의 그림에서

한 평면(파면) 위의 모든 위치에서 진폭이 동일하다.

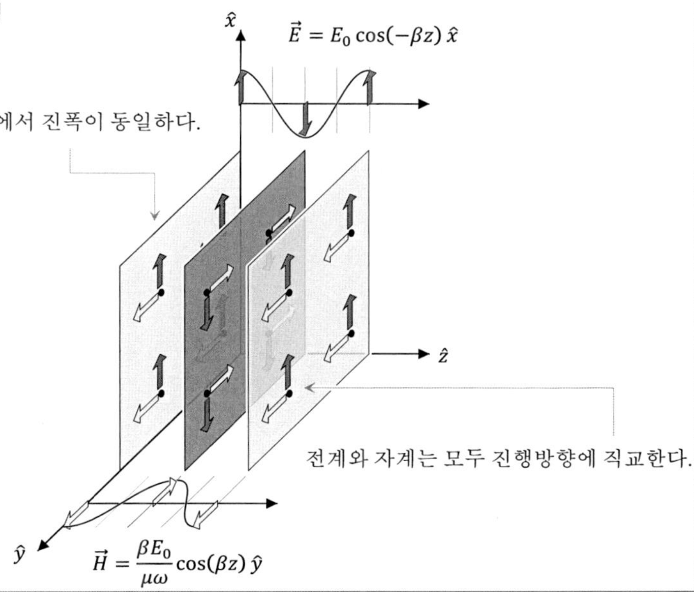

p. 166

$t = 184$

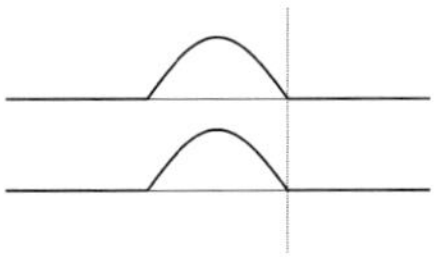

4.1.2 편파

우리가 분석하고 있는 균일 평면파는 두 개의 선형편파로 구성된다.

전계와 자계를 동시에 그리면 복잡하므로, 전계만 그린다.
자계는 (1)의 관계를 사용해 계산하면 된다.

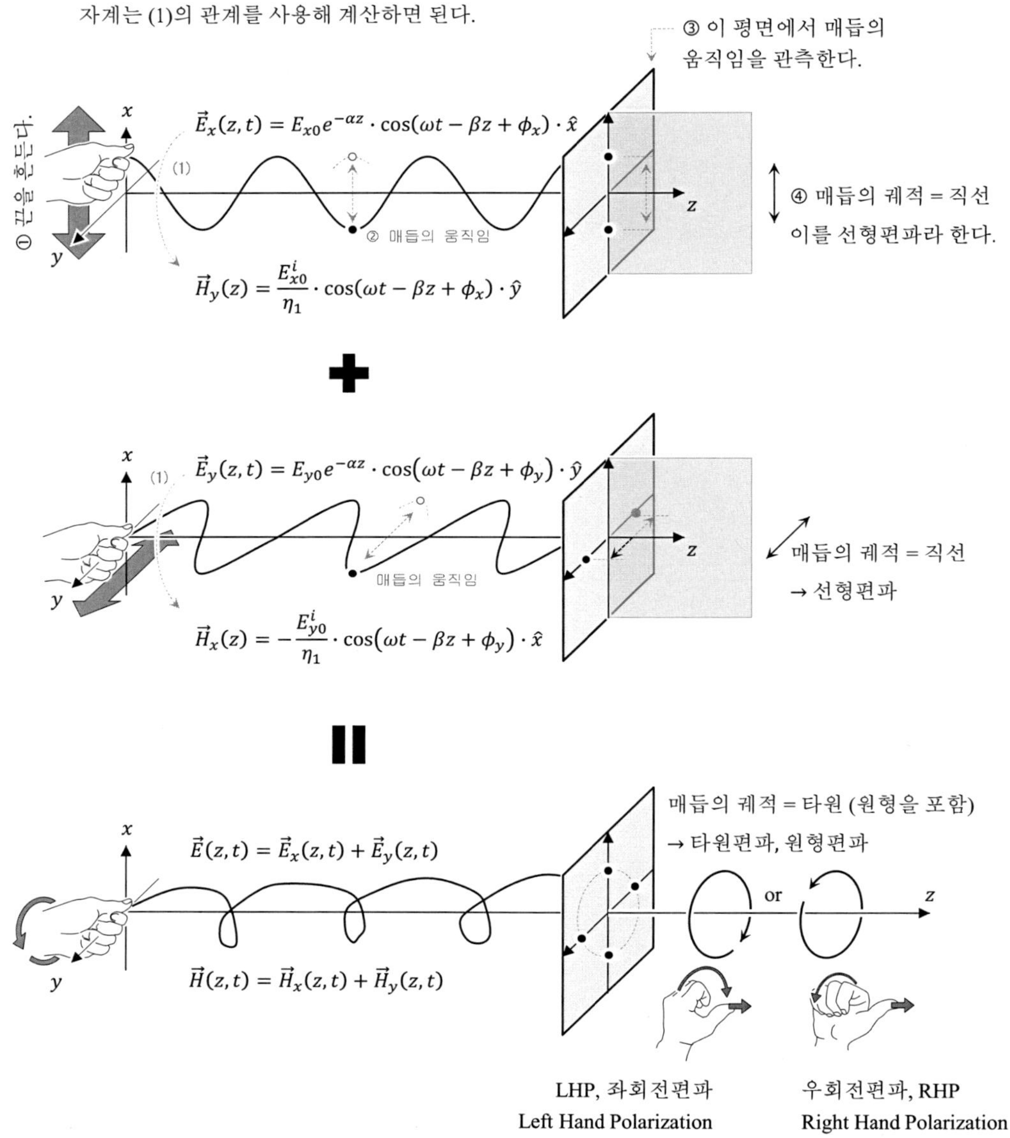

---

(1) $\vec{H}_s = \frac{\hat{p} \times \vec{E}_s}{\eta} \left[{}^{A}/_{m} = \frac{{}^{V}/_{m}}{\Omega}\right]$ 의 관계식을 이용하여 자계를 구한다.

이해를 돕기 위해 $\phi_x = 0$ & $\alpha = 0$ 으로 식을 간단히 만들자.

일반적인 균일 평면파의 전계는 $\vec{E}(z,t) = \vec{E}_x(z,t) + \vec{E}_y(z,t) = E_{x0} \cdot \cos(\omega t - \beta z) \cdot \hat{x} + E_{y0} \cdot \cos(\omega t - \beta z + \boldsymbol{\phi_y}) \cdot \hat{y}$

페이저로 표시하면 $\vec{E}_s(z) = E_{x0} \cdot e^{-j\beta z} \cdot \hat{x} + E_{y0} \cdot e^{-j\beta z} \cdot \boldsymbol{e^{j\phi_y}} \cdot \hat{y}$

회전을 만드는 원인은 E_x와 E_y 사이의 위상차이다.

예) RHP는 $\phi_x = 0°$ & $\phi_y = -90°$ 인 경우이다. $z = 0$ 인 위치에서 순시형태로 시간에 따른 분석을 해보자.

순시형태는 $\vec{E}(z,t) = \vec{E}_x(z,t) + \vec{E}_y(z,t) = E_{x0} \cdot \cos(\omega t - \beta z) \cdot \hat{x} + E_{y0} \cdot \cos(\omega t - \beta z - \mathbf{90°}) \cdot \hat{y}$

$t = 0$

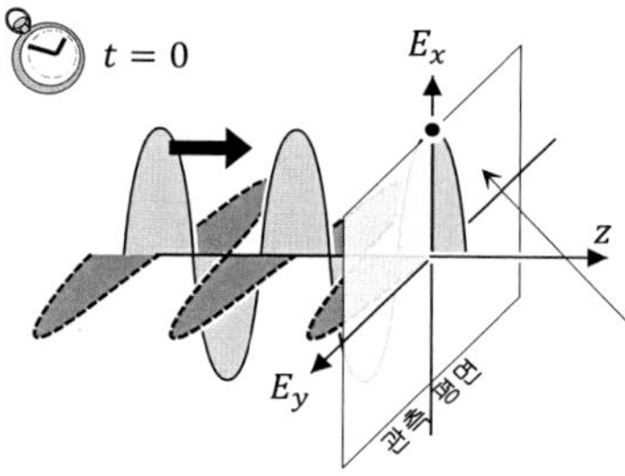

$\vec{E}_x(0,0) = E_{x0} \cdot \cos(0) \cdot \hat{x} = E_{x0} \cdot \hat{x}$ ①

$\vec{E}_y(0,0) = E_{y0} \cdot \cos(0 - 90°) \cdot \hat{y} = 0 \cdot \hat{y}$ ②

따라서 전계강도는 $\vec{E}(z = 0, t = 0) \overset{(①,\,②)}{=} (E_{x0}, 0)$

$t = \frac{T}{4}$

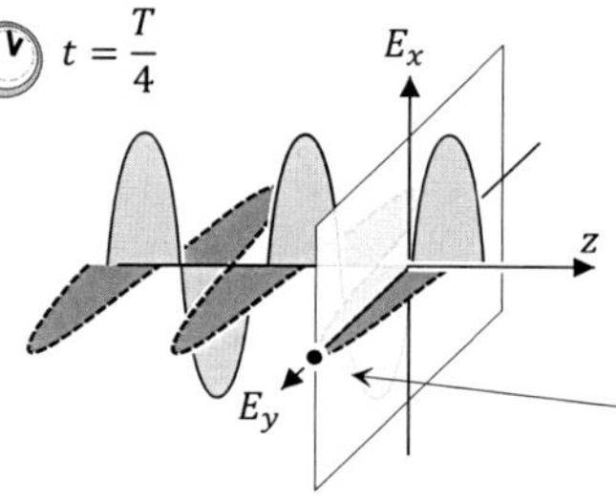

$\vec{E}_x\left(0, \frac{T}{4}\right) = E_{x0} \cdot \cos\left(\omega \cdot \frac{T}{4}\right) \cdot \hat{x} = E_{x0} \cdot \cos(90°) \cdot \hat{x} = 0$

$\vec{E}_y\left(0, \frac{T}{4}\right) = E_{y0} \cdot \cos\left(\omega \cdot \frac{T}{4} - 90°\right) \cdot \hat{y} = E_{y0} \cdot \hat{y}$

따라서 전계강도는 $\vec{E}\left(z = 0, t = \frac{T}{4}\right) = (0, E_{y0})$

$\omega = \frac{2\pi}{T}$

$t = \frac{2T}{4}$

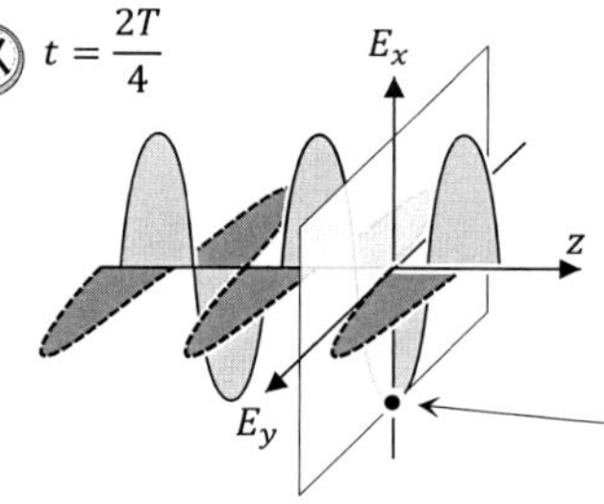

$\vec{E}_x\left(0, \frac{2T}{4}\right) = E_{x0} \cdot \cos(180°) \cdot \hat{x} = -E_{x0} \cdot \hat{x}$

$\vec{E}_y\left(0, \frac{2T}{4}\right) = E_{y0} \cdot \cos(180° - 90°) \cdot \hat{y} = 0$

따라서 전계강도는 $\vec{E}\left(z = 0, t = \frac{2T}{4}\right) = (-E_{x0}, 0)$

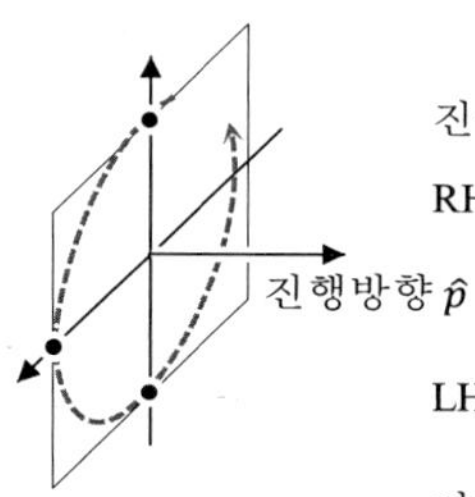

진폭 E_{x0}와 E_{y0}의 크기에 따라 원형이 되기도 하고 타원이 되기도 한다.

RHP 원형 편파인 경우 $E_{x0} = E_{y0}$ 이고 페이저는 $\vec{E}_{s,R}(z) = E_{x0} \cdot e^{-j\beta z} \cdot (\hat{x} + e^{-j\frac{\pi}{2}}\hat{y})$

LHP 원형 편파인 경우 $E_{x0} = E_{y0}$ 이고 페이저는 $\vec{E}_{s,L}(z) = E_{x0} \cdot e^{-j\beta z} \cdot (\hat{x} + e^{+j\frac{\pi}{2}}\hat{y})$

따라서 RHP와 LHP는 켤레 복소수 관계이다: $\vec{E}_{s,R} = \vec{E}^*_{s,L}$

$t =$ 186

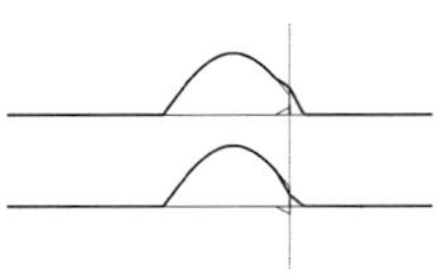

4.2 평면파의 전파 – 매질 내에서

① $\vec{E}_s(z) = E_{x0}^{+} e^{-\gamma z} \cdot \hat{x}$

② $\vec{H}_s(z) = \dfrac{E_{x0}^{+}}{\eta} e^{-\gamma z} \cdot \hat{y}$

※ 분석의 용이성을 위해 순방향 진행파만 살펴본다.

그리고 파의 전파와 관련된 파라미터들($\alpha, \beta, \eta, \mu_p, \lambda$) 중에서 특이한 사항들만 살펴본다.

(전체 파라미터들은 다음 장에 정리하였다.)

평면파의 일반적인 해를 **손실이 없는 매질**에 적용해보자.

Case ❶ 손실이 없는 매질(무손실 매질) 안에서 균일평면파가 전파될 때:

손실이 없는 매질은 $\sigma = 0$ 이 되고, $\alpha = \omega \sqrt{\dfrac{\mu\varepsilon}{2}\left[\sqrt{1+\left(\dfrac{\sigma}{\omega\varepsilon}\right)^2} - 1\right]} = 0$ 이 된다. 즉 감쇠가 없다.

따라서 무손실이 매질 안에서 평면파의 해는 다음과 같다:

① $\vec{E}(z,t) = E_{x0}^{+} \cos(\omega t - \beta z) \cdot \hat{x}$

② $\vec{H}(z,t) = \dfrac{E_{x0}^{+}}{\eta} \cos(\omega t - \beta z) \cdot \hat{y}$

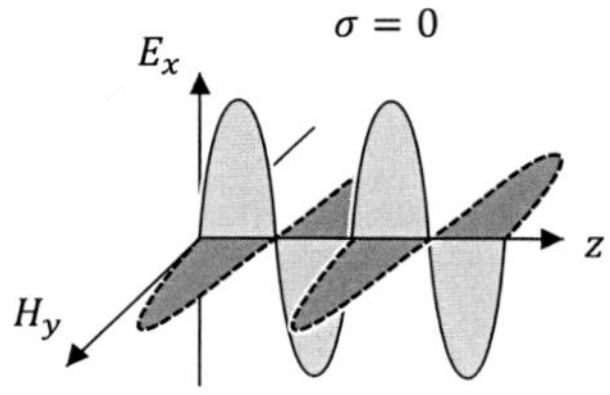

E_{x0}^{+}은 실수(real number)로 가정하였다.

Case ❶–❶ 자유공간($\varepsilon_r = 1,\ \mu_r = 1,\ \sigma = 0$) 안에서 균일평면파가 전파될 때:

※ 진공은 자유공간의 한 예이다.

자유공간의 고유 임피던스:

$$\eta_0 = \sqrt{\frac{\mu_0}{\varepsilon_0}} = 377 \cong 120\pi \ [\Omega]$$

$$\eta = \frac{j\omega\mu}{\gamma} = \sqrt{\frac{j\omega\mu}{\sigma + j\omega\varepsilon}} \ [\Omega]$$

자유공간에서 균일평면파의 위상속도:

$$\mu_p = \frac{1}{\sqrt{\mu_0\varepsilon_0}} = 3 \times 10^8 = c \ \left[\frac{m}{s}\right]$$

※ c는 빛의 속도

p.178

$\gamma = \alpha + j\beta$

$\alpha = \omega \sqrt{\dfrac{\mu\varepsilon}{2}\left[\sqrt{1+\left(\dfrac{\sigma}{\omega\varepsilon}\right)^2} - 1\right]}$

$\beta = \omega \sqrt{\dfrac{\mu\varepsilon}{2}\left[\sqrt{1+\left(\dfrac{\sigma}{\omega\varepsilon}\right)^2} + 1\right]}$

$\eta = \sqrt{\dfrac{j\omega\mu}{\sigma + j\omega\varepsilon}}$

$\mu_p = \dfrac{\omega}{\beta}$

$\lambda = \dfrac{\mu_p}{f}$

평면파의 일반적인 해를 **손실이 있는 매질**에 적용해보자.

Case ❷ 유전체 매질: 고유 임피던스는 복소수가 된다: $\eta = \sqrt{\dfrac{j\omega\mu}{\sigma + j\omega\varepsilon}} = |\eta| e^{j\theta_\eta}$

(Drill 참조) p. 183

이로 인하여 전계와 자계 사이에 위상차가 발생한다:

페이저 형태 ② $\vec{H}_s(z) = \dfrac{E_{x0}^+}{\eta} e^{-\gamma z} \cdot \hat{y} = \dfrac{E_{x0}^+}{|\eta| e^{j\theta_\eta}} e^{-(\alpha + j\beta)z} \cdot \hat{y} = \dfrac{E_{x0}^+}{|\eta|} e^{-\alpha z} e^{-j(\beta + \theta_\eta)z} \cdot \hat{y}$

순시 형태 $\vec{H}(z,t) = \dfrac{E_{x0}^+}{\eta} e^{-\alpha z} \cos(\omega t - \beta z - \theta_\eta)\, \hat{y}$

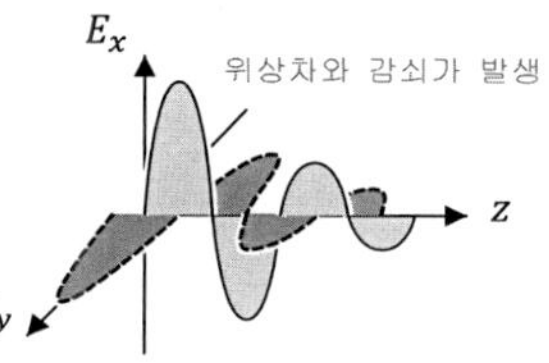

Case ❷-❶ 저손실 유전체 매질: $\dfrac{\sigma}{\omega\varepsilon} \ll 1$ 인 특징이 있는 매질이다.

$\dfrac{\sigma}{\omega\varepsilon} \ll 1$ 이므로, $\sqrt{1 + \left(\dfrac{\sigma}{\omega\varepsilon}\right)^2} = \left\{1 + \left(\dfrac{\sigma}{\omega\varepsilon}\right)^2\right\}^{\frac{1}{2}} \cong 1 + \dfrac{1}{2}\left(\dfrac{\sigma}{\omega\varepsilon}\right)^2$ 이 된다.

따라서 $\alpha \cong \dfrac{\sigma}{2}\sqrt{\dfrac{\mu}{\varepsilon}}$, $\beta \cong \omega\sqrt{\mu\varepsilon}$ 이 된다.

$\alpha = \omega\sqrt{\dfrac{\mu\varepsilon}{2}\left[\sqrt{1 + \left(\dfrac{\sigma}{\omega\varepsilon}\right)^2} - 1\right]}$

$(1+x)^n = 1 + nx + \dfrac{n(n-1)}{2!}x^2 + \cdots$ 에서 $x \ll 1$이면, $(1+x)^n \cong 1 + nx$ 이 된다.

Case ❸ 도체: 전기 전도도 σ 가 매우 큰 물질이며, $\dfrac{\sigma}{\omega\varepsilon} \gg 1$ 이 된다.

고유 임피던스는 고정 위상을 갖는 복소수가 된다: $\eta = \sqrt{\dfrac{j\omega\mu}{\sigma + j\omega\varepsilon}} \cong \sqrt{\dfrac{j\omega\mu}{\sigma}} = \sqrt{\dfrac{\omega\mu}{\sigma}} \cdot \sqrt{j} = |\eta| e^{j45°}$

자계는 전계보다 항상 45° 만큼 지연되어 나타난다.

$\sqrt{j} = \dfrac{1+j}{\sqrt{2}} = \cos 45° + j \sin 45° = e^{j45°}$

또한 감쇠는 주파수에 비례하게 된다: $\alpha = \sqrt{\dfrac{\omega\mu\sigma}{2}}$

$\alpha \uparrow = \sqrt{\dfrac{(\omega\uparrow) \cdot \mu \cdot (\sigma\uparrow)}{2}}$

전기 전도도 또는 동작 주파수가 커지면
감쇠의 정도가 커진다.

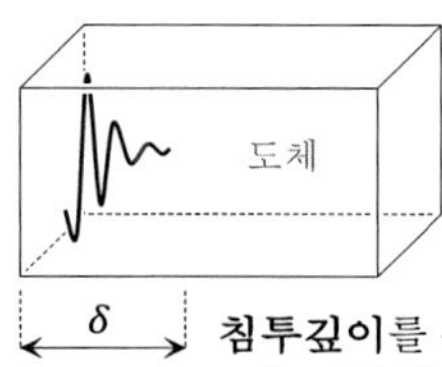

침투깊이를 정의할 수 있다.
σ 와 ω에 영향을 받음

$t = 188$

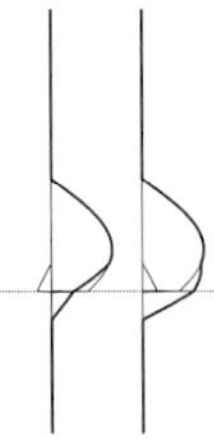

다양한 매질에서의 TEM의 파라미터들을 계산하자.

	일반 매질	무손실 매질: $\sigma = 0$	저손실 매질: $\frac{\sigma}{\omega\varepsilon} \ll 1$ 일반적으로 $\frac{\sigma}{\omega\varepsilon} < \frac{1}{100}$	전도체 매질: $\frac{\sigma}{\omega\varepsilon} \gg 1$ 일반적으로 $\frac{\sigma}{\omega\varepsilon} > 100$
감쇠상수 $\alpha\ \left[\frac{Np}{m}\right]$	$\omega\sqrt{\frac{\mu\varepsilon}{2}\left[\sqrt{1+\left(\frac{\sigma}{\omega\varepsilon}\right)^2}-1\right]}$	0	$\frac{\sigma}{2}\sqrt{\frac{\mu}{\varepsilon}}$	$\sqrt{\frac{\omega\mu\sigma}{2}}$
위상상수 $\beta\ \left[\frac{rad}{m}\right]$	$\omega\sqrt{\frac{\mu\varepsilon}{2}\left[\sqrt{1+\left(\frac{\sigma}{\omega\varepsilon}\right)^2}+1\right]}$	$\omega\sqrt{\mu\varepsilon}$	$\omega\sqrt{\mu\varepsilon}$	$\sqrt{\frac{\omega\mu\sigma}{2}}$
고유 임피던스 $\eta\ [\Omega]$	$\sqrt{\frac{j\omega\mu}{\sigma + j\omega\varepsilon}}$	$\sqrt{\frac{\mu}{\varepsilon}}$	$\sqrt{\frac{\mu}{\varepsilon}}$	$\sqrt{\frac{j\omega\mu}{\sigma}} = \sqrt{\frac{\omega\mu}{\sigma}}e^{j45°} = (1+j)\frac{\alpha}{\sigma}$
위상속도 $\mu_p\ \left[\frac{m}{s}\right]$	$\frac{\omega}{\beta}$	$\frac{1}{\sqrt{\mu\varepsilon}}$	$\frac{1}{\sqrt{\mu\varepsilon}}$	$\sqrt{\frac{2\omega}{\mu\sigma}}$
파장 $\lambda\ [m]$	$\frac{\mu_p}{f}$	$\frac{\mu_p}{f}$	$\frac{\mu_p}{f}$	$\frac{\mu_p}{f}$

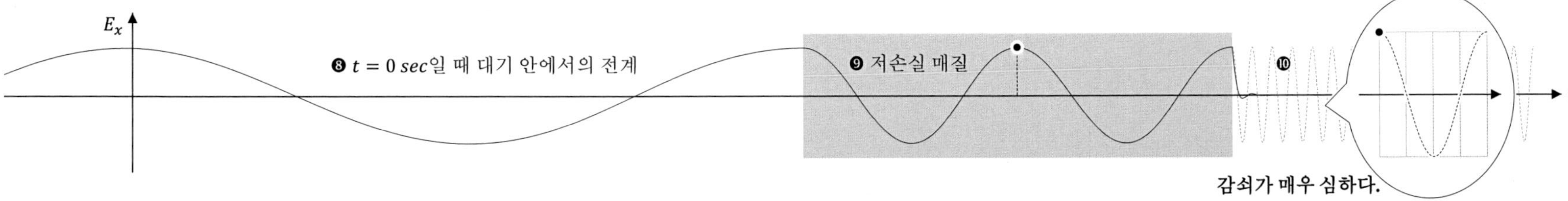

매질의 경계면에서 벌어지는 현상은 나중에 설명함!

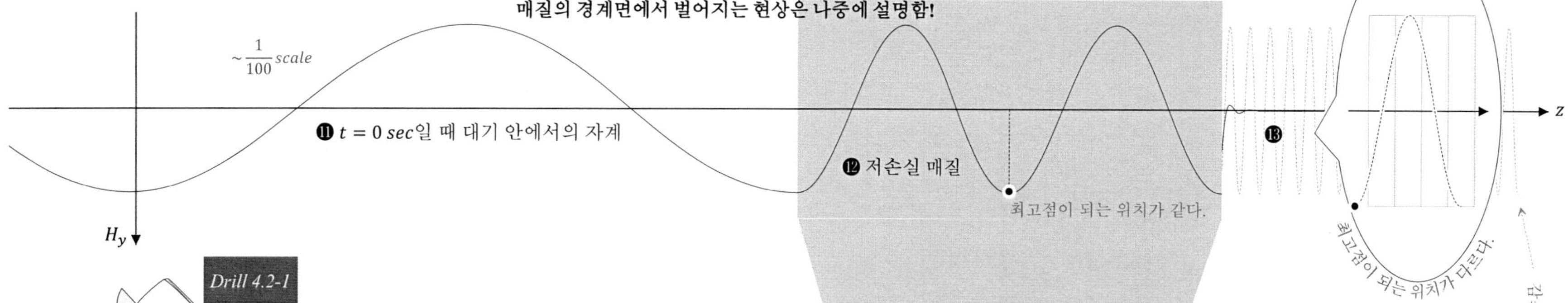

Drill 4.2-1

$$\vec{H}_s = \frac{\hat{p} \times \vec{E}_s}{\eta} \left[A/m = \frac{V/m}{\Omega} \right]$$

❶ 순방향으로 진행하는 평면파의 전계에 대하여: $\vec{E}^+(z,t) = E_0^+ e^{-\alpha z} \cos(\omega t - \beta z)\,\hat{x}$ 또는 $\vec{E}_s^+(z) = E_0^+ e^{-\alpha z} e^{-j\beta z}\,\hat{x}$ 에 대하여[1)]

	일반 매질	무손실 매질	저손실 매질	전도체 매질
❷ $\vec{H}_s^+(z)$ 를 계산하면	$\frac{E_{x0}^+}{\eta} e^{-\alpha z} e^{-j\beta z} \hat{y}$	$\sqrt{\frac{\varepsilon}{\mu}} \cdot E_{x0}^+ e^{-\alpha z} e^{-j\beta z} \hat{y}$	$\sqrt{\frac{\varepsilon}{\mu}} \cdot E_{x0}^+ e^{-\alpha z} e^{-j\beta z} \hat{y}$	$\sqrt{\frac{\sigma}{\omega\mu}} \cdot E_{x0}^+ e^{-\alpha z} e^{-j(\beta z + 45^\circ)} \hat{y}$
❸ $\vec{H}^+(z,t)$ 를 계산하면	$\frac{E_{x0}^+}{\eta} e^{-\alpha z} \cos(\omega t - \beta z)\,\hat{y}$	$\sqrt{\frac{\varepsilon}{\mu}} \cdot E_{x0}^+ e^{-\alpha z} \cos(\omega t - \beta z)\,\hat{y}$	$\sqrt{\frac{\varepsilon}{\mu}} \cdot E_{x0}^+ e^{-\alpha z} \cos(\omega t - \beta z)\,\hat{y}$	$\sqrt{\frac{\sigma}{\omega\mu}} \cdot E_{x0}^+ e^{-\alpha z} \cos\left(\omega t - \beta z - \frac{\pi}{4}\right) \hat{y}$
❹ 이 신호의 주파수가 $30\,MHz$이면, ❻ (잠수함의 창문)	❺ 대기 안에서 진행하는 경우 $\sigma = 0, \varepsilon_r = 1, \mu_r = 1$ 이고 $\sigma = 0$ 이므로 $30\,MHz$에서 대기는 무손실 매질이다. $\alpha = 0$ $\beta = 6.3 \cdot 10^{-1}$ $\eta = 3.8 \cdot 10^2 \cong 120\pi$ $\mu_p = 3.0 \cdot 10^8$ $\lambda = 10.0$ [2)]	❻ 유리 안에서 진행하는 경우 $\sigma = 10^{-12}, \varepsilon_r = 10, \mu_r = 1$ 이고 $\frac{\sigma}{\omega\varepsilon} = 6.0 \cdot 10^{-11} < 0.01$ 이므로 $30\,MHz$에서 유리는 저손실 매질이다. $\alpha = 6.0 \cdot 10^{-11}$ $\beta = 2.0$ $\eta = 1.2 \cdot 10^2$ $\mu_p = 9.5 \cdot 10^7$ $\lambda = 3.2$ [2)]	❼ 해수 안에서 진행하는 경우 $\sigma = 4, \varepsilon_r = 10, \mu_r = 1$ 이고 $\frac{\sigma}{\omega\varepsilon} = 240 > 100$ 이므로 $30\,MHz$에서 해수는 전도체 매질이다. $\alpha = 21.8$ $\beta = 21.8$ $\eta = 7.7\,e^{j45^\circ}$ $\mu_p = 8.7 \cdot 10^6$ $\lambda = 2.9 \cdot 10^{-1}$ [2)]

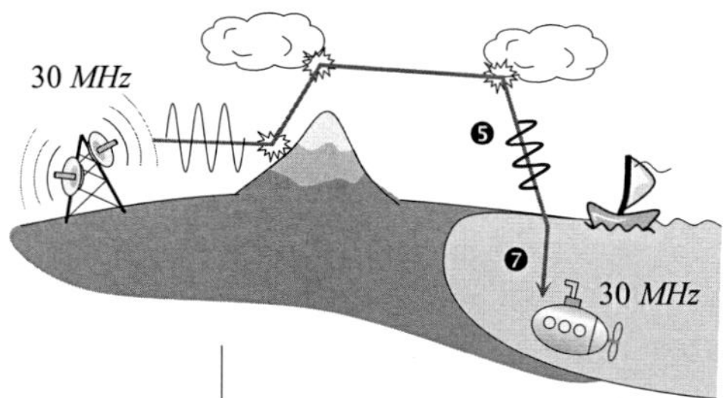

1) E_0^+는 실수로 가정한다.

2) ⓫과 ⓬, ⓭에 그린 파형들의 파장은 1/100의 스케일로 그렸다.

$t =$ 190

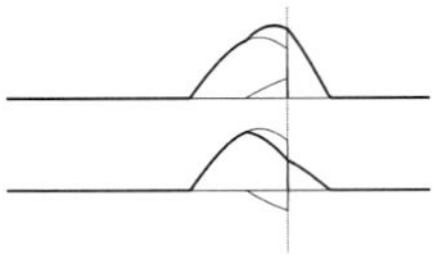

4.2.1 도체에서의 평면파의 전파

도체 내에서 전자기파는 심한 감쇠를 겪는다.

$\vec{E}_s^+(z) = E_0^+ e^{-\alpha z} \cos(\omega t - \beta z)\,\hat{x}$ 를 그리면,

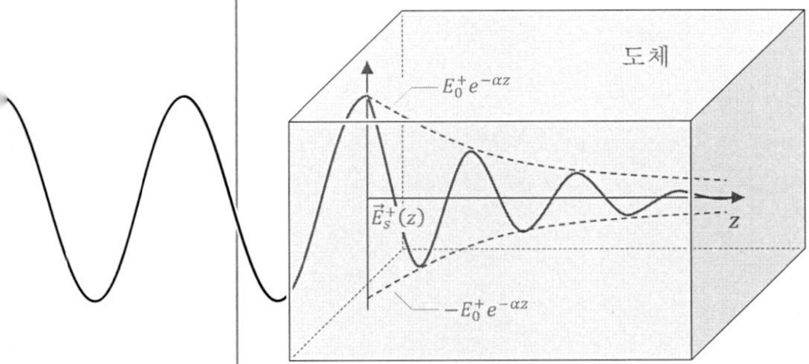

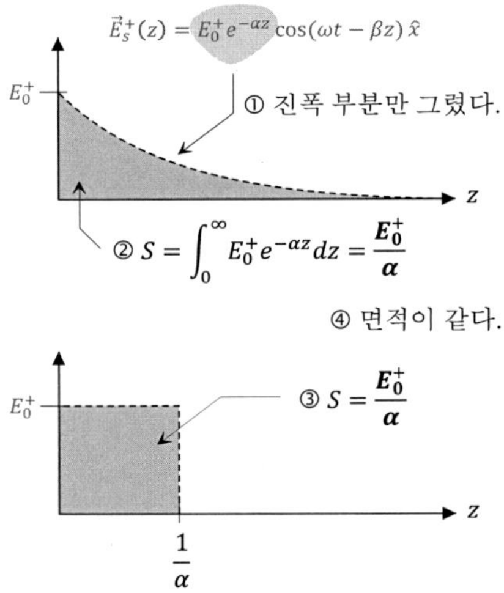

$z = \frac{1}{\alpha}$ 일 때 두 면적(②=③)이 같아지는 특이점이 있으므로, 침투깊이를 다음과 같이 정의한다:

Penetration depth $\quad \delta = \frac{1}{\alpha} = \frac{1}{\sqrt{\pi f \mu \sigma}} \quad [m]$

cf. $\alpha = \sqrt{\frac{\omega \mu \sigma}{2}}$

Drill 4.2-2 다음 두 개의 주파수에서 동작하는 전자기파들이 구리로 만든 동축케이블에 입사할 때 침투깊이를 계산해 보자.

① $f_1 = 60\,Hz \rightarrow \delta_1 = 8.53$ mm

② $f_2 = 2\,GHz \rightarrow \delta_2 = 1.48$ μm

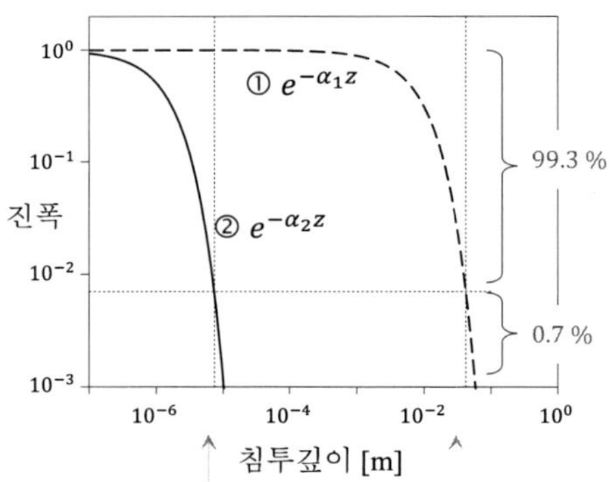

②′ $5 \cdot \delta_2 = 7.4$ μm ①′ $5 \cdot \delta_1 = 42.3$ mm

외부 신호의 99.3 %가 표면으로부터 5δ 이내에 존재한다.

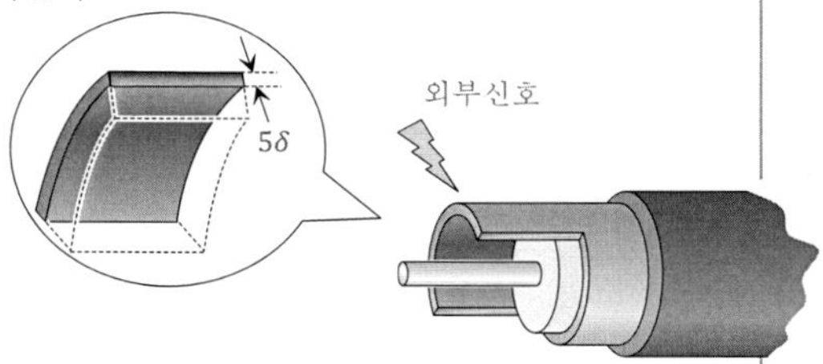

즉, 외부 신호는 동축케이블 안으로 들어올 수 없다.

Drill 4.2-3

높은 주파수에서 전류는 전도체의 표면(표피)에만 존재한다. 옴의 법칙 $V = IR$은을 사용하기 위해서 표면저항을 구해보자.

$$R = \frac{1}{\sigma}\cdot\frac{L}{S} = \frac{\mathbf{1}}{\boldsymbol{\sigma}}\cdot\frac{L}{\mathbf{t}\cdot W} = \boldsymbol{R_{sheet}}\cdot\frac{L}{W} \quad \text{p. 137}$$

표피효과로 인해 동축케이블에서 전류가 존재하는 곳은 두 도체의 표면이다.

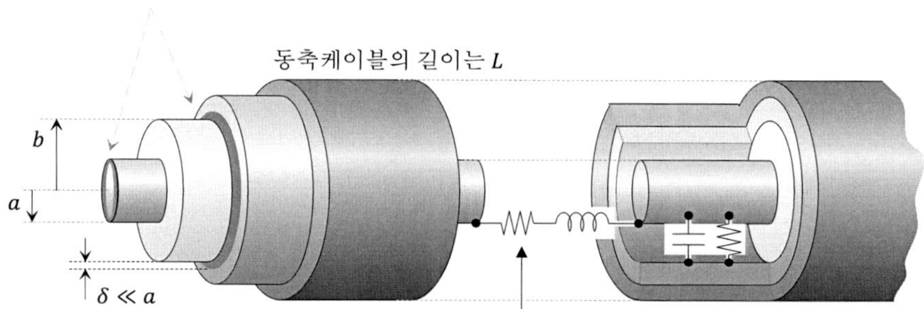

③ 따라서 단위 길이당 저항은 $R' = \dfrac{R_{in} + R_{out}}{L} = \dfrac{1}{2\pi}\left(\dfrac{1}{a} + \dfrac{1}{b}\right)\sqrt{\dfrac{\pi f \mu_c}{\sigma_c}}$

$\alpha = \dfrac{1}{\delta} = \sqrt{\dfrac{\omega\mu_c\sigma_c}{2}}$

① 안쪽 도체의 저항은 $R_{in} = \dfrac{1}{\sigma_c}\cdot\dfrac{L}{S_{in}} = \dfrac{1}{\sigma_c}\cdot\dfrac{L}{2\pi a\cdot\delta} = \dfrac{L}{2\pi a}\sqrt{\dfrac{\pi f \mu_c}{\sigma_c}}$

$S_{in} = length \times width = 2\pi a\cdot\delta$

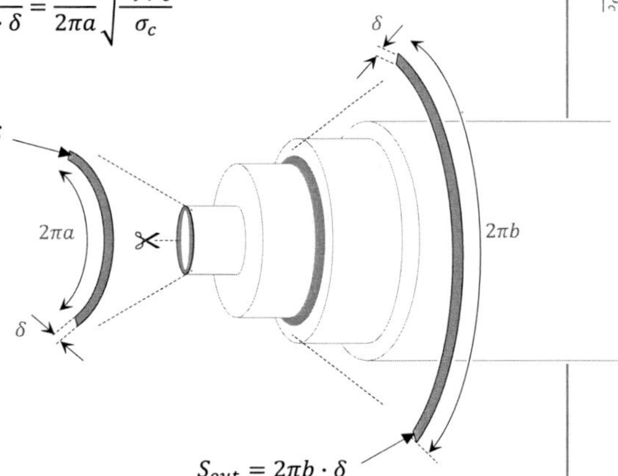

$S_{out} = 2\pi b\cdot\delta$

② 바깥쪽 도체의 저항은 $R_{out} = \dfrac{1}{\sigma_c}\cdot\dfrac{L}{S_{out}} = \dfrac{1}{\sigma_c}\cdot\dfrac{L}{2\pi b\cdot\delta} = \dfrac{L}{2\pi b}\sqrt{\dfrac{\pi f \mu_c}{\sigma_c}}$

$t = 192$

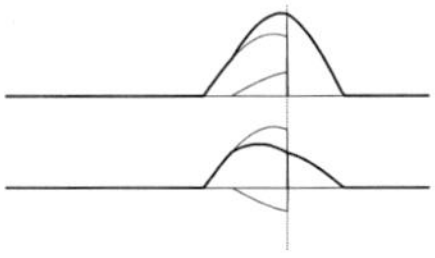

4.2.2 전자기파의 전력밀도

전기 회로에 사용되는 소자들은 다음과 같다.

① 저항  저항에서 소비되는 전력 $\int (\vec{J} \bullet \vec{E})\, dv$ p. 135

② 커패시터 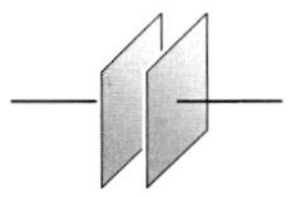 전계에 저장되는 에너지 $\frac{1}{2}\int (\vec{D} \bullet \vec{E})\, dv$ p. 78

③ 인덕터  자계에 저장되는 에너지 $\frac{1}{2}\int (\vec{B} \bullet \vec{H})\, dv$ p. 127

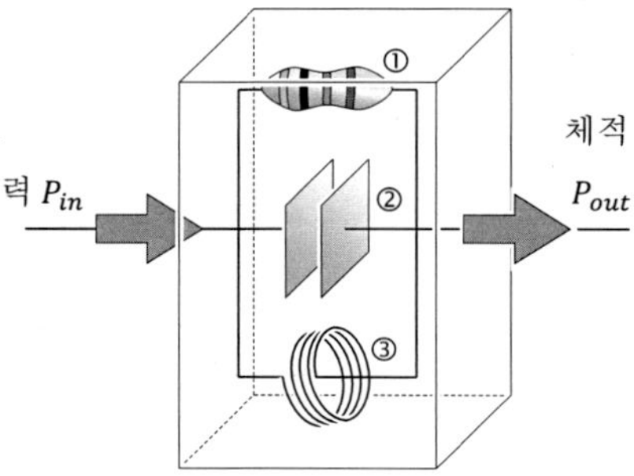

[1] $$-\oint (\vec{E} \times \vec{H}) \bullet d\vec{S} = \overset{①}{\int (\vec{J} \bullet \vec{E})\, dv} + \overset{②}{\frac{d}{dt}\int \frac{1}{2}(\vec{D} \bullet \vec{E})\, dv} + \overset{③}{\frac{d}{dt}\int \frac{1}{2}(\vec{B} \bullet \vec{H})\, dv}$$ 이 식의 유도는 생략

전자기파에 의해 운반되는 전력

$\vec{S} = \vec{E} \times \vec{H}$: 포인팅 벡터 (Poynting vector)는 순간적인 전력밀도의 크기와 방향을 표시한다.

$\left[\frac{W}{m^2}\right] = \left[\frac{V}{m}\right] \cdot \left[\frac{A}{m}\right]$

일반 매질을 진행하는 TEM 파에 대해서
(η 는 복소수)

$$\begin{cases} \vec{E}_s(z) = E_{x0} \cdot e^{-\gamma z} \cdot \hat{x} \\ \vec{H}_s(z) = \frac{E_{x0}}{\eta} \cdot e^{-\gamma z} \cdot \hat{y} = \frac{E_{x0}}{|\eta|} \cdot e^{-\gamma z - j\theta_\eta} \cdot \hat{y} \end{cases}$$

실제로 측정되는 양은 평균 전력밀도이다: $\vec{P}_{ave}(z) = \vec{S}_{ave}(z) = \langle \vec{S}(z) \rangle = \frac{1}{T}\int_0^T \vec{S}(z,t)\, dt \quad \left[\frac{W}{m^2}\right]$

이 계산은 페이저를 사용하면 쉽게 얻을 수 있다:

$$\vec{P}_{ave}(z) = \frac{1}{2} Re\left[\vec{E}_s(z) \times \vec{H}_s^*(z)\right] = \frac{1}{2}\frac{(E_{x0})^2}{|\eta|} e^{-2\alpha z} \cos\theta_\eta\, \hat{z} \left[\frac{W}{m^2}\right]$$

[1] 면벡터 $\vec{S}$는 체적의 바깥쪽 방향이므로 체적 안으로 들어가는 양을 계산하려면 (−)를 붙인다.

Drill 4.2-4

구리에 투과된 전계가 다음과 같다: $\vec{E}(z,t) = 3.0 \cdot e^{-\alpha z} \cdot \cos(2\pi \cdot 10^9 t - \beta z)\,\hat{x}\ \frac{V}{m}$

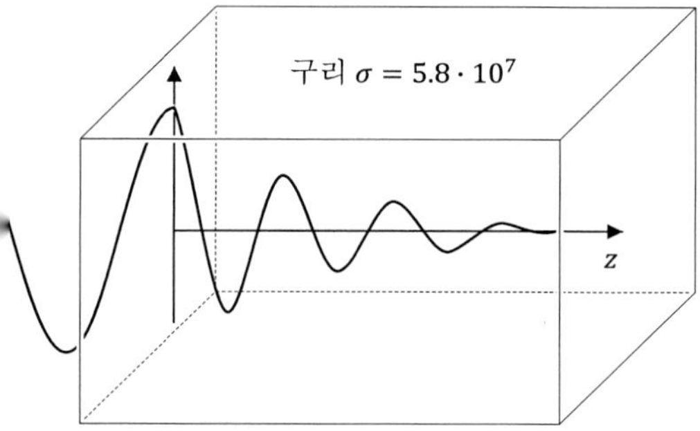

구리의 표면과 안쪽에서 평균 전력밀도를 계산해보자.

전파에 관련된 파라미터들을 계산하면,

$$\alpha = \beta = \sqrt{\frac{\omega\mu\sigma}{2}} = \sqrt{\frac{2\pi \cdot 10^9 \cdot \mu_0 \cdot 5.8 \cdot 10^7}{2}} = 4.8 \cdot 10^5\ \frac{1}{m}$$

$$\eta = \sqrt{\frac{j\omega\mu}{\sigma}} = 1.2 \cdot 10^{-2} \cdot e^{j45°}\ \Omega$$

따라서 평균 전력밀도는

$$\vec{P}_{ave} = \frac{1}{2}\frac{(E_{x0})^2}{|\eta|}e^{-2\alpha z}\cos\theta_\eta\,\hat{z} = \frac{1}{2}\frac{(3)^2}{1.2 \cdot 10^{-2}}e^{-2\cdot 4.8\cdot 10^5\cdot z}\cos 45°\,\hat{z} = 273e^{-9.6\cdot 10^5\cdot z}\cdot\hat{z}$$

구리의 표면에서 $\vec{P}_{ave} = 273\ W/m^2$

구리의 표면에서 $10\ \mu m$ 깊이에서는 $\vec{P}_{ave} = 19\ mW/m^2$

동축케이블에서 TEM 파의 진행

안쪽 도체에 (+)를 바깥쪽 도체에 (−)를 인가하는 것을 기준으로 삼는다.
따라서 전계는 안쪽에서 바깥쪽 방향으로 형성된다.
그리고 전자기파는 케이블을 따라서 전파된다.

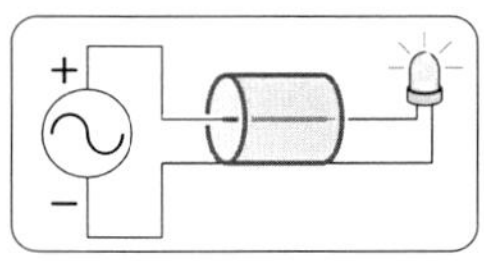

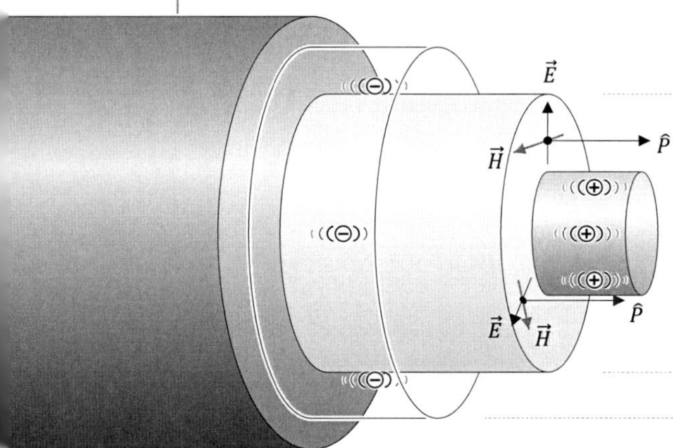

이를 토대로 유전체 내에서 자계의 방향을 찾으면

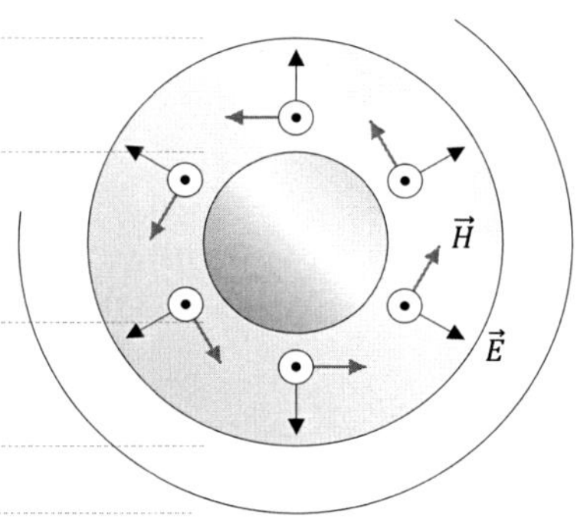

전력밀도 역시 TEM 파의 진행방향으로 전파된다: $\vec{S} = \vec{E} \times \vec{H}$

$t = 194$

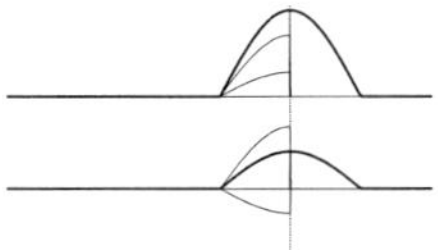

4.3 평면파의 전파 – 매질들의 경계에서

방 안에서 음악을 틀었을 경우를 살펴보자. 이 때 음악 소리는 음**파**이다.

음파가 벽을 만나서 어떻게 되는지 살펴보자. 벽의 표면은 공기와 벽이라는 매질의 **경계**이다.

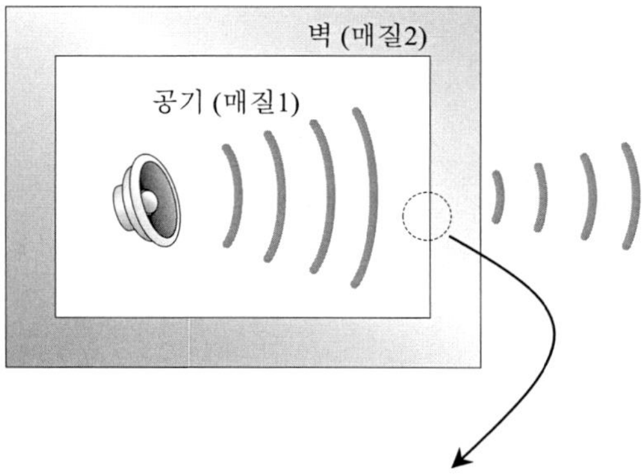

매질1 | **경계** | **경계** | **매질2**

① 신호가 음**파**의 형태로 전파되고 있다.

② 벽에 도착

③ 일부는 **반사**된다.

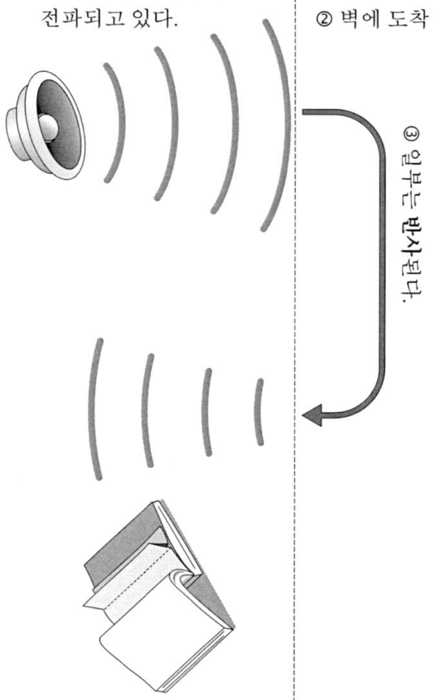

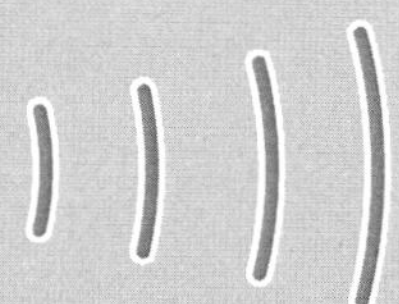

④ 반사되고 남은 신호는 벽을 **투과**한다.
우리의 목적은 신호를 벽 너머로 보내는 것이다. 하지만, 얼마만큼의 신호(에너지)가 투과되어 가버리는지 그 양은 쉽게 알 수 없다.

⑤ 다행히 반사된 파(의 진폭)를 알면 투과한 파(의 진폭)를 알 수 있게 된다. 진폭은 에너지와 연결되어 있으므로 결과적으로 투과한 에너지를 알 수 있게 된다.

따라서 우리에게 중요한 사항은 "얼마나 반사되었는가?"이다. 반사된 양을 다루기 위해 다음과 같은 제일 중요한 밀도를 정의하게 된다:

$$\text{반사계수} = \frac{\text{반사된 파의 진폭}}{\text{원래 파의 진폭}}$$

이제 파의 반사와 투과에 대해서 분석을 한다.

파가 경계면에 수직으로 입사하는 특수한 경우는 분석이 쉽다. 따라서 이 경우를 먼저 분석한다.

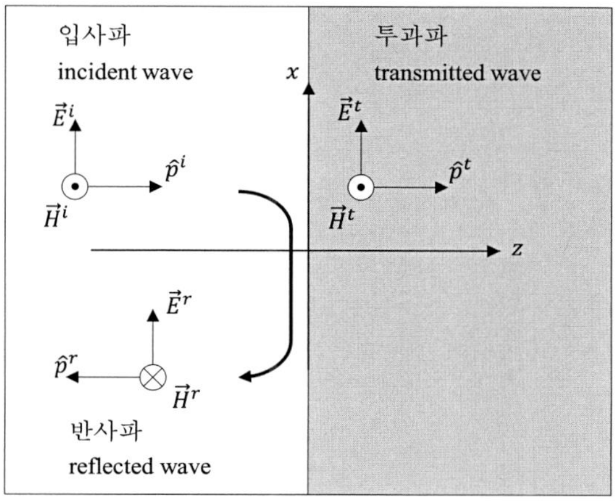

그 다음에 파가 경계면에 비스듬히 입사하는 일반적인 상황을 분석한다.

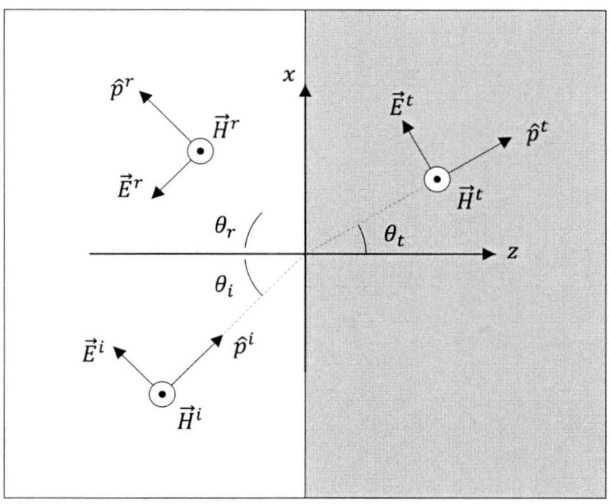

$t =$ 196

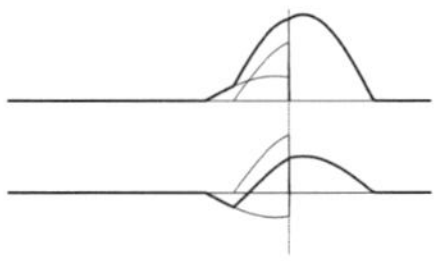

4.3.1 경계면에 수직으로 입사하는 평면파

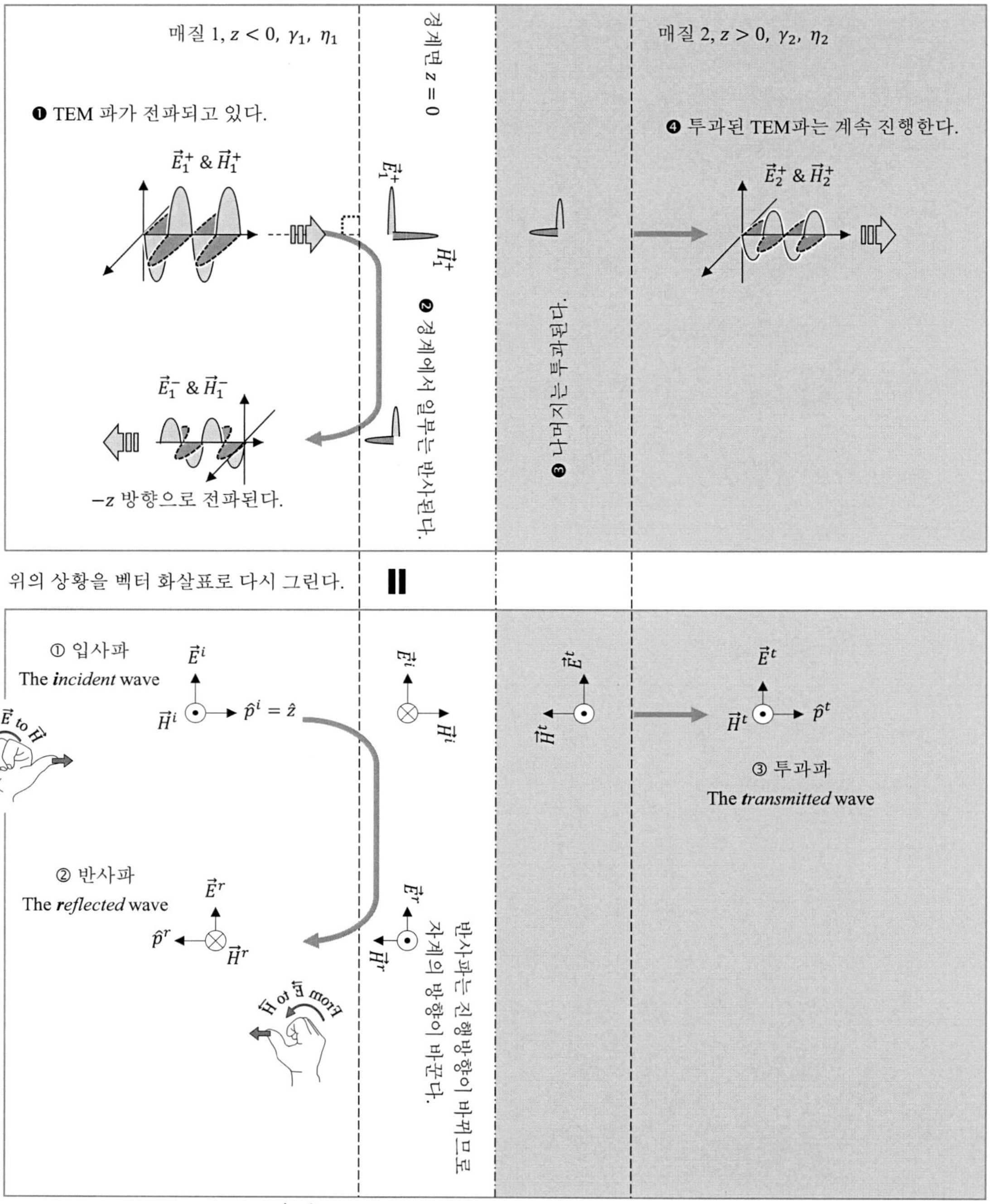

경계에서의 현상을 **자세히** 살펴보자. ❶~❻

$\vec{H}_s = \frac{\hat{p}\times\vec{E}_s}{\eta}\left[A/m = \frac{V/m}{\Omega}\right]$

❶ 매질 1, $z < 0$, γ_1, η_1

① 입사파의 페이저 형태

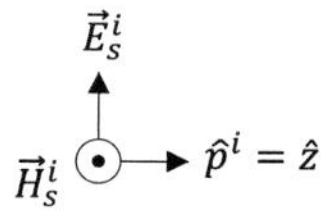

$$\begin{cases} \vec{E}_s^i(z) = E_{x0}^i \cdot e^{-\gamma_1 z} \cdot \hat{x} \\ \vec{H}_s^i(z) = \frac{E_{x0}^i}{\eta_1} \cdot e^{-\gamma_1 z} \cdot \hat{y} \end{cases}$$

$$\vec{P}_{ave}^i(z) = \frac{1}{2} Re\left[\vec{E}_s^i(z) \times \vec{H}_s^{i*}(z)\right]$$

$$= \frac{1}{2} Re\left[\left(E_{x0}^i \cdot e^{-\alpha_1 z - j\beta_1 z} \cdot \hat{x}\right) \times \left(\frac{E_{x0}^i}{\eta_1^*} \cdot e^{-\alpha_1 z + j\beta_1 z} \cdot \hat{y}\right)\right]$$ [1)]

$$= \frac{1}{2} \cdot Re\left[\frac{1}{\eta_1^*}\right] \cdot \left(E_{x0}^i\right)^2 \cdot e^{-2\alpha_1 z} \cdot \hat{z}$$

입사파와 반사파는 동일한 매질1 안에 있으므로 전파상수 γ_1는 같다.

② 반사파의 페이저 형태

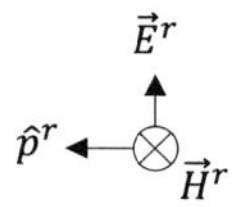

$$\begin{cases} \vec{E}_s^r(z) = E_{x0}^r \cdot e^{\gamma_1 z} \cdot \hat{x} \\ \vec{H}_s^r(z) = -\frac{E_{x0}^r}{\eta_1} \cdot e^{\gamma_1 z} \cdot \hat{y} \end{cases}$$

$$\vec{P}_{ave}^r(z) = \frac{1}{2} \cdot |\Gamma|^2 \cdot Re\left[\frac{1}{\eta_1^*}\right] \cdot \left(E_{x0}^i\right)^2 \cdot e^{+2\alpha_1 z} \cdot (-\hat{z})$$

❷ 경계면 $z = 0$

①′ 경계에서 입사파

$$\begin{cases} \vec{E}_s^i(0) = E_{x0}^i \cdot e^{-\gamma_1 \cdot 0} \cdot \hat{x} = E_{x0}^i \cdot \hat{x} \\ \vec{H}_s^i(0) = \frac{E_{x0}^i}{\eta_1} \cdot \hat{y} \end{cases}$$

$$\vec{P}_{ave}^i(0) = \frac{1}{2} Re\left[\frac{1}{\eta_1^*}\right] \cdot \left(E_{x0}^i\right)^2 \cdot \hat{z}$$

②′ 경계에서 반사파

$$\begin{cases} \vec{E}_s^r(0) = E_{x0}^r \cdot \hat{x} \\ \vec{H}_s^r(0) = -\frac{E_{x0}^r}{\eta_1} \cdot \hat{y} \end{cases}$$

$$\vec{P}_{ave}^r(0) = \frac{1}{2} \cdot |\Gamma|^2 \cdot Re\left[\frac{1}{\eta_1^*}\right] \cdot \left(E_{x0}^i\right)^2 \cdot (-\hat{z})$$

1) E_{x0}는 실수이고 η는 복소수로 가정하였다.

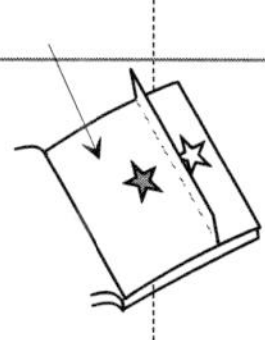

$t =$ 198

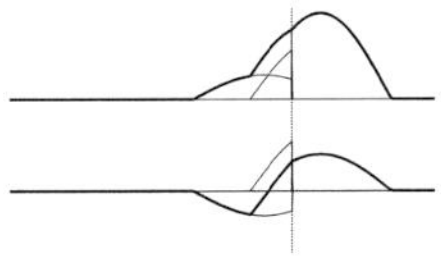

$t = 198$ 초일 때의 상황은 오른쪽 페이지에 설명됨.

❸ 경계면 $z = 0$

③′ 경계에서 투과파

$$\begin{cases} \vec{E}_s^t(0) = E_{x0}^t \cdot \hat{x} \\ \vec{H}_s^t(0) = \dfrac{E_{x0}^t}{\eta_2} \cdot \hat{y} \end{cases}$$

$$\vec{P}_{ave}^t(0) = \frac{1}{2} \cdot |\tau|^2 \cdot Re\left[\frac{1}{\eta_2^*}\right] \cdot \left(E_{x0}^i\right)^2 \cdot \hat{z}$$

❺ 경계에서 전계의 크기는 좌우가 같아야 한다.

$$\vec{E}_s(left) = \vec{E}_s(right)$$

$$\overset{①'}{\vec{E}_s^i(0)} + \overset{②'}{\vec{E}_s^r(0)} = \overset{③'}{\vec{E}_s^t(0)}$$

다음을 얻는다: ④ $E_{x0}^i + E_{x0}^r = E_{x0}^t$

경계에서 자계의 크기도 좌우가 같아야 한다.

$$\vec{H}_s(left) = \vec{H}_s(right)$$

$$\overset{①'}{\vec{H}_s^i(0)} + \overset{②'}{\vec{H}_s^r(0)} = \overset{③'}{\vec{H}_s^t(0)}$$

다음을 얻는다: ⑤ $\dfrac{E_{x0}^i}{\eta_1} - \dfrac{E_{x0}^r}{\eta_1} = \dfrac{E_{x0}^t}{\eta_2}$

우리가 만들어낸 신호는 입사파이므로 그 크기를 알고 있다.

그렇다면 입사파 대비 반사된 전계의 크기는 (④ 와 ⑤를 정리)

$$E_{x0}^r = \frac{\eta_2 - \eta_1}{\eta_2 + \eta_1} E_{x0}^i = \Gamma \cdot E_{x0}^i$$

마찬가지로 입사파 대비 투과된 전계의 크기는

$$E_{x0}^t = \frac{2\eta_2}{\eta_2 + \eta_1} E_{x0}^i = \tau \cdot E_{x0}^i$$

헬름홀츠 방정식의 해를 다음과 같이 쓸 수 있다: p. 181

$$\begin{cases} \vec{E}_s(z) = \left(E_{x0}^+ e^{-\gamma z} + E_{x0}^- e^{+\gamma z}\right) \cdot \hat{x} = \left(E_{x0}^+ e^{-\gamma z} + \Gamma \cdot E_{x0}^+ e^{+\gamma z}\right) \cdot \hat{x} \\ \vec{H}_s(z) = \left(\dfrac{E_{x0}^+}{\eta} e^{-\gamma z} - \dfrac{E_{x0}^-}{\eta} e^{+\gamma z}\right) \cdot \hat{y} = \left(\dfrac{E_{x0}^+}{\eta} e^{-\gamma z} - \Gamma \cdot \dfrac{E_{x0}^+}{\eta} e^{+\gamma z}\right) \cdot \hat{y} \end{cases}$$

이 장 이후부터 가장 중요한 사항은 "얼마나 신호가 **반사**되는가?"이다.

❻ Γ는 반사계수(reflection coefficient)이며 복소수이다.

$$\Gamma = \frac{E_{x0}^r}{E_{x0}^i} = \frac{\eta_2 - \eta_1}{\eta_2 + \eta_1} = |\Gamma| \cdot e^{j\phi}$$

$$0 \le |\Gamma| \le 1$$

매질들의 특성에 의해 결정된다.

τ는 투과계수(transmission coefficient)이며 복소수이다.

$$\tau = \frac{E_{x0}^t}{E_{x0}^i} = \frac{2\eta_2}{\eta_2 + \eta_1} = 1 + \Gamma$$

$\tau + \Gamma \neq 1$ 인 것을 주의!

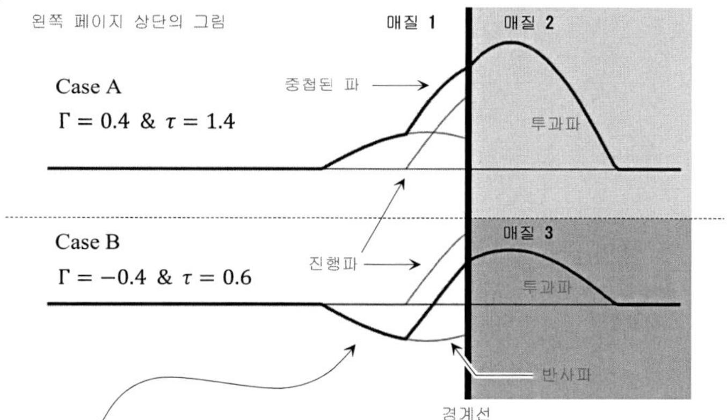

중첩된 파 = 입사파 + 반사파 = $\vec{E}_s(z) = \left(E_{x0}^i e^{-\gamma_1 z} + \Gamma \cdot E_{x0}^i e^{+\gamma_1 z}\right) \cdot \hat{x}$

중첩된 파는 두 파의 간섭으로 생긴다.

또한 경계에서 에너지 보존 법칙을 적용하면,
반사하지 않은 에너지는 투과하게 된다:

$$\underset{①'}{\vec{P}_{ave}^i(0)} = \underset{②'}{\vec{P}_{ave}^r(0)} + \underset{③'}{\vec{P}_{ave}^t(0)}$$

이를 정리하면 다음을 얻는다:

$$\vec{P}_{ave}^r(0) = -|\Gamma|^2 \cdot \vec{P}_{ave}^i(0)$$

$$\vec{P}_{ave}^t(0) = (1 - |\Gamma|^2) \cdot \vec{P}_{ave}^i(0)$$

"−" 는 $-\hat{z}$를 뜻한다.

❹ 매질 2, $z > 0$, γ_2, η_2

③ 투과파의 페이저 형태

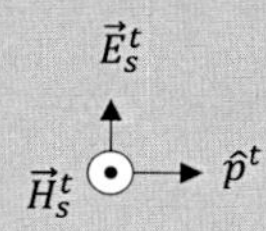

$$\begin{cases} \vec{E}_s^t(z) = E_{x0}^t \cdot e^{-\gamma_2 z} \cdot \hat{x} \\ \vec{H}_s^t(z) = \dfrac{E_{x0}^t}{\eta_2} \cdot e^{-\gamma_2 z} \cdot \hat{y} \end{cases}$$

$$\vec{P}_{ave}^t(z) = \frac{1}{2} \cdot |\tau|^2 \cdot Re\left[\frac{1}{\eta_2^*}\right] \cdot \left(E_{x0}^i\right)^2 \cdot e^{-2\alpha_2 z} \cdot \hat{z}$$

반사파와 투과파를 반사계수로 표현이 가능하다.
따라서 **반사계수**가 전파에 매우 중요한 파라미터이다.

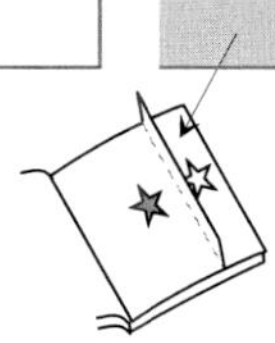

$t = 200$

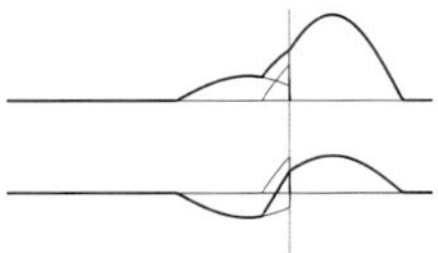

Drill 4.3-1

2.4 GHz의 TEM 파가 공기 중에서 유리($\varepsilon_r = 9.0$)로 수직 입사한다. 경계면은 $z = 0$ 이다.
각 매질에서 전계와 자계를 계산해보자.

$$\vec{E}^i(z) = 3 \cdot \cos(2\pi \cdot 2.4 \cdot 10^9 \cdot t - \beta_1 \cdot z) \cdot \hat{x}\ \frac{V}{m}$$

필요한 공식들:

특성 파라미터들 p. 188

반사파와 입사파의 관계 $E^r_{x0} = \Gamma \cdot E^i_{x0}$

$E^t_{x0} = \tau \cdot E^i_{x0}$

Step ① 각 매질에서 특성 파라미터들을 계산한다.

매질 1 = 공기, $z < 0, \varepsilon = \varepsilon_0, \mu = \mu_0$

$$\begin{cases} \gamma_1 = \alpha + j\beta = 0 + j50.3 \\ \eta_1 = 376.7 \end{cases}$$

매질 2 = 유리, $z > 0, \varepsilon = 9.0\varepsilon_0, \mu = \mu_0$

$$\begin{cases} \gamma_2 = \alpha + j\beta \cong 0 + j151 \\ \eta_2 = 125.6 \end{cases}$$

$$\begin{cases} \Gamma = \dfrac{\eta_2 - \eta_1}{\eta_2 + \eta_1} = -\dfrac{1}{2} \\ \tau = 1 + \Gamma = \dfrac{1}{2} \end{cases}$$

Step ② 전계와 자계를 구한다.

$$\begin{cases} \vec{E}^i_s(z) = E^i_{x0} \cdot e^{-\gamma_1 z} \cdot \hat{x} = 3e^{-j50.3z} \cdot \hat{x} \\ \vec{H}^i_s(z) = \dfrac{E^i_{x0}}{\eta_1} \cdot e^{-\gamma_1 z} \cdot \hat{y} = \dfrac{3}{376.7} e^{-j50.3z} \cdot \hat{y} \end{cases}$$

$$\begin{cases} \vec{E}^t_s(z) = \tau \cdot E^i_{x0} \cdot e^{-\gamma_2 z} \cdot \hat{x} = \dfrac{3}{2} \cdot 3e^{-j151z} \cdot \hat{x} \\ \vec{H}^t_s(z) = \dfrac{\tau \cdot E^i_{x0}}{\eta_2} \cdot e^{-\gamma_2 z} \cdot \hat{y} = \dfrac{1.5}{125.6} e^{-j151z} \cdot \hat{y} \end{cases}$$

$$\begin{cases} \vec{E}^r_s(z) = \Gamma \cdot E^i_{x0} \cdot e^{\gamma_1 z} \cdot \hat{x} = -\dfrac{3}{2} e^{+j50.3z} \cdot \hat{x} \\ \vec{H}^r_s(z) = -\dfrac{\Gamma \cdot E^i_{x0}}{\eta_1} \cdot e^{\gamma_1 z} \cdot \hat{y} = \dfrac{1.5}{376.7} e^{+j50.3z} \cdot \hat{y} \end{cases}$$

경계($z = 0$)에서

$$\vec{P}^i_{ave}(0) = \frac{1}{2} \cdot \frac{1}{376.7} \cdot (3)^2 \cdot \hat{z}$$

$$\vec{P}^t_{ave}(0) = \left(1 - \left|\frac{1}{2}\right|^2\right) \cdot \frac{1}{2} \cdot \frac{1}{376.7} \cdot (3)^2 \cdot \hat{z}$$

$$\vec{P}^r_{ave}(0) = -\left|\frac{1}{2}\right|^2 \cdot \frac{1}{2} \cdot \frac{1}{376.7} \cdot (3)^2 \cdot (-\hat{z})$$

Appx 17 Phasor

Step ③ $t = 0$ 일때 전계를 그려본다.

$\vec{E}^i(z, t) = 3 \cdot \cos(4.8\pi \cdot 10^9 \cdot t - 50.3z) \cdot \hat{x}$ 이므로

$\vec{E}^i(z, 0) = 3 \cdot \cos(-50.3z) \cdot \hat{x}$ 이다.

동일한 방법으로 순시형태를 구한다.

$\vec{E}^t(z, 0) = 1.5 \cdot \cos(-151z) \cdot \hat{x}$

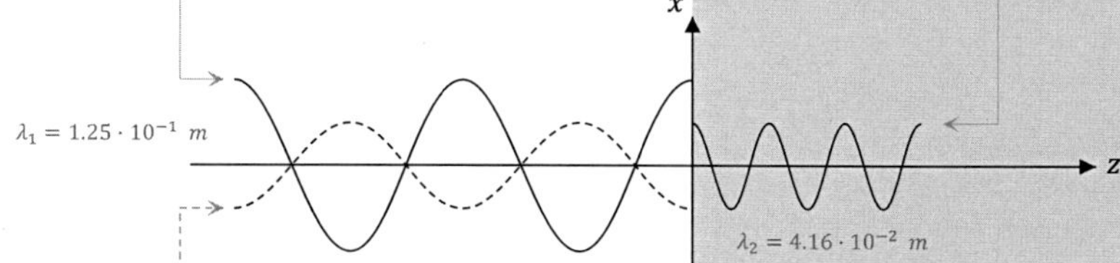

$\vec{E}^r(z, 0) = -1.5 \cdot \cos(50.3z) \cdot \hat{x}$

Drill 4.3-2

2.4 GHz의 TEM 파가 공기 중에서 구리로 수직 입사한다. 경계면은 $z = 0$ 이다.
각 매질에서 전계와 자계를 계산해보자.

$$\vec{E}^i(z) = 3 \cdot \cos(2\pi \cdot 2.4 \cdot 10^9 \cdot t - \beta_1 \cdot z) \cdot \hat{x}\ \frac{V}{m}$$

Step ① 각 매질에서 특성 파라미터들을 계산한다.

매질 1 = 공기, $z < 0, \varepsilon = \varepsilon_0, \mu = \mu_0$

$$\begin{cases} \gamma_1 = \alpha + j\beta = 0 + j50.3 \\ \eta_1 = 376.7 \end{cases}$$

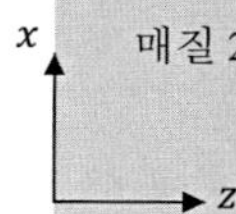

매질 2 = 구리, $z > 0, \varepsilon = \varepsilon_0, \mu = \mu_0, \sigma = 5.8 \cdot 10^7$

$$\begin{cases} \gamma_2 = \alpha + j\beta = 7.4 \cdot 10^5 + j7.4 \cdot 10^5 \\ \eta_2 = 0.013 + j0.013 = 0.018e^{j45^\circ} \end{cases}$$

$$\begin{cases} \Gamma = \dfrac{\eta_2 - \eta_1}{\eta_2 + \eta_1} = -0.9999 + j0.000068 = 0.9999 \cdot e^{j179.996^\circ} \cong -1 \\ \tau = 1 + \Gamma = 0.000068 + j0.000068 = 9.6 \cdot 10^{-5} \cdot e^{j45^\circ} \end{cases}$$

Step ② 전계와 자계를 구한다.

$$\begin{cases} \vec{E}_s^i(z) = E_{x0}^i \cdot e^{-\gamma_1 z} \cdot \hat{x} = 3e^{-j50.3z} \cdot \hat{x} \\ \vec{H}_s^i(z) = \dfrac{E_{x0}^i}{\eta_1} \cdot e^{-\gamma_1 z} \cdot \hat{y} = \dfrac{3}{376.7} e^{-j50.3z} \cdot \hat{y} \end{cases}$$

$$\begin{cases} \vec{E}_s^t(z) = 2.88 \cdot 10^{-4} \cdot e^{-7.4 \cdot 10^5 z} \cdot e^{-j\left(7.4 \cdot 10^5 z - \frac{\pi}{4}\right)} \cdot \hat{x} \\ \vec{H}_s^t(z) = 1.59 \cdot 10^{-2} \cdot e^{-7.4 \cdot 10^5 z} \cdot e^{-j\left(7.4 \cdot 10^5 z\right)} \cdot \hat{y} \end{cases}$$

$$\begin{cases} \vec{E}_s^r(z) = \Gamma \cdot E_{x0}^i \cdot e^{\gamma_1 z} \cdot \hat{x} \cong -3e^{+j50.3z} \cdot \hat{x} \\ \vec{H}_s^r(z) = -\dfrac{\Gamma \cdot E_{x0}^i}{\eta_1} \cdot e^{\gamma_1 z} \cdot \hat{y} \cong \dfrac{3}{376.7} e^{+j50.3z} \cdot \hat{y} \end{cases}$$

경계$(z = 0)$에서

$$\vec{P}_{ave}^i(0) = \frac{1}{2} \cdot \frac{1}{376.7} \cdot (3)^2 \cdot \hat{z} = 11.9\hat{z}\ mW/m^2$$

$$\vec{P}_{ave}^r(0) = |0.9999|^2 \cdot \frac{1}{2} \cdot \frac{1}{376.7} \cdot (3)^2 \cdot (-\hat{z})$$

$$\vec{P}_{ave}^t(0) = 1.36 \cdot 10^{-4} \cdot \frac{1}{2} \cdot \frac{1}{376.7} \cdot (3)^2 \cdot e^{-14.8 \cdot 10^5 z} \cdot \hat{z}$$

$$= 1.6 \cdot e^{-14.8 \cdot 10^5 z} \cdot \hat{z}\ \ \mu W/m^2$$

(투과되는 에너지는 극히 적다.)

Step ③ $t = 0$ 일때 전계를 그려본다.

$\vec{E}^i(z,t) = 3 \cdot \cos(4.8\pi \cdot 10^9 \cdot t - 50.3z) \cdot \hat{x}$ 이므로

$\vec{E}^i(z,0) = 3 \cdot \cos(-50.3z) \cdot \hat{x}$ 이다.

$$\vec{E}^t(z,0) = 2.88 \cdot 10^{-4} \cdot \cos\left(-7.4 \cdot 10^5 z + \frac{\pi}{4}\right) \cdot \hat{x}$$

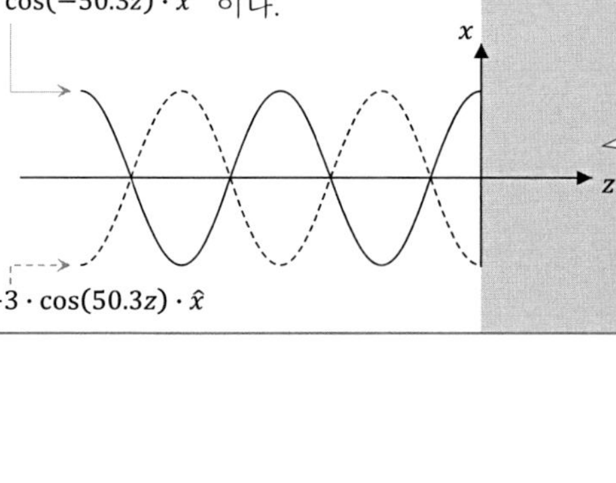

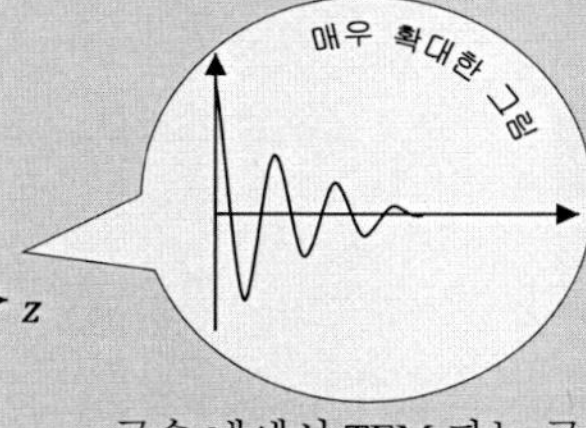

$\vec{E}^r(z,0) = -3 \cdot \cos(50.3z) \cdot \hat{x}$

금속 내에서 TEM 파는 급격히 감쇠한다.
위상차가 발생한 것에 주의.

$t = 202$

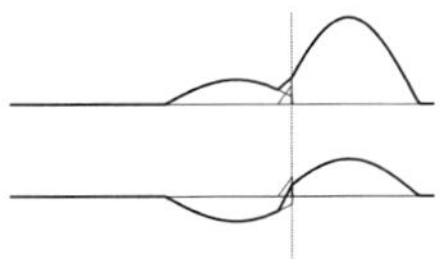

4.3.2 정재파

이전에 반사된 파형의 그림에서 진행파와 반사파가 중첩된 부분이 있었다. p. 198

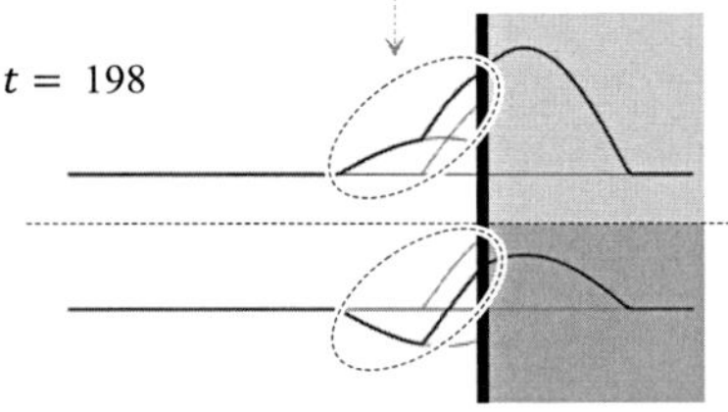

다음과 같이 정현파를 계속 만들면 반사파와 지속적으로 중첩이 발생한다.

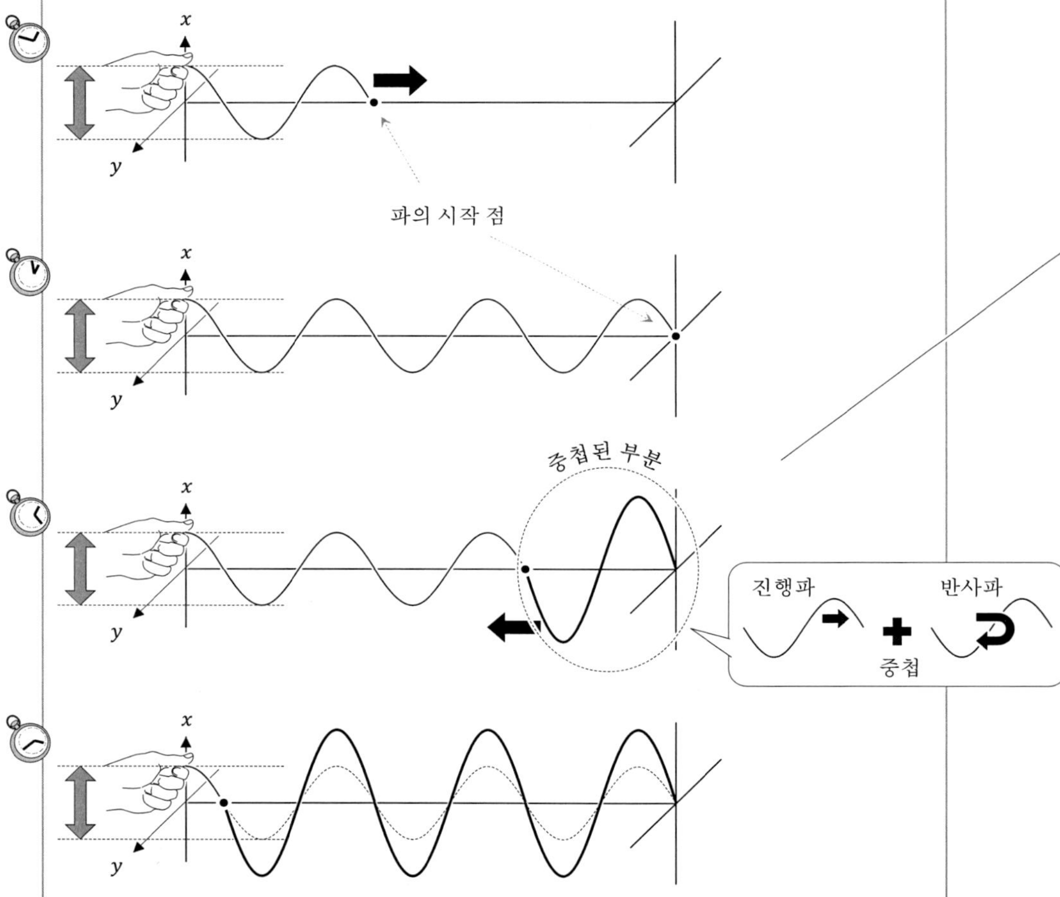

이제 거의 모든 부분이 중첩되었다.

앞의 drill에서 공기에서 유리로 평면파가 입사하는 경우를 살펴보자. p. 200
반사계수는 $\Gamma = -0.5$이었다.

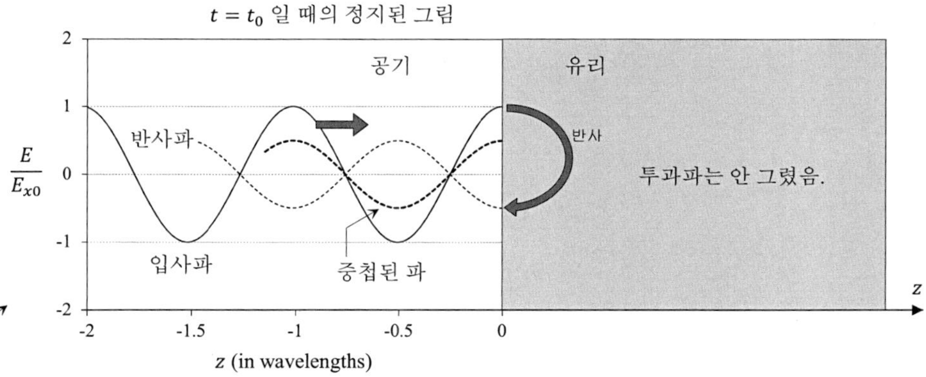

위의 그림에서 중첩된 파만 그려보자. 시간이 지나면 중첩된 파의 꼭지점이 이동을 하는 것으로 보인다. 꼭지점의 높이는 최대와 최소값 사이에서 변하는 것을 알 수 있다.

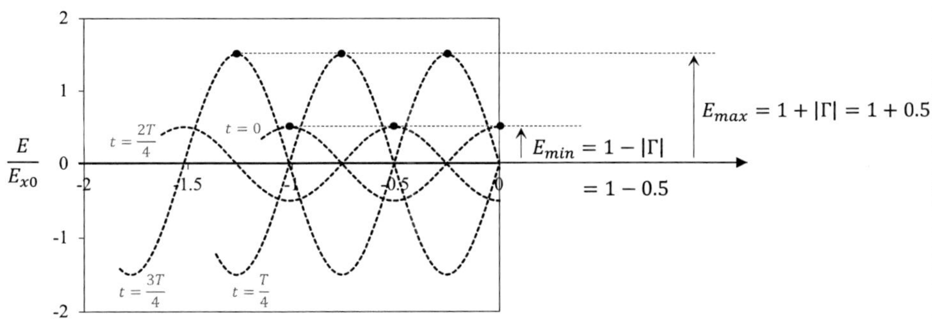

매질들의 특성이 $\Gamma = 1, \eta = |\eta| e^{j\frac{\pi}{4}}$ 인 경우에

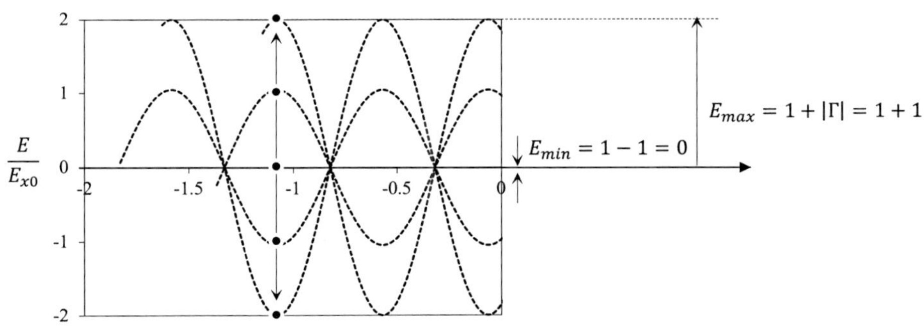

이 경우 최고와 최저점의 위치는 제자리에 서 있는 (standing) 것으로 보인다.

$t =$ 204

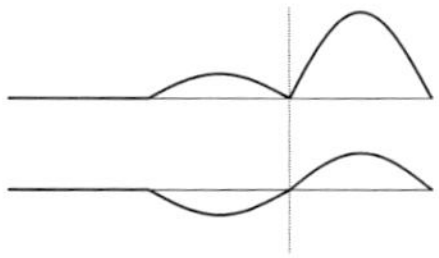

중첩된 파에서 최대 값의 위치는?

z_{max} =?

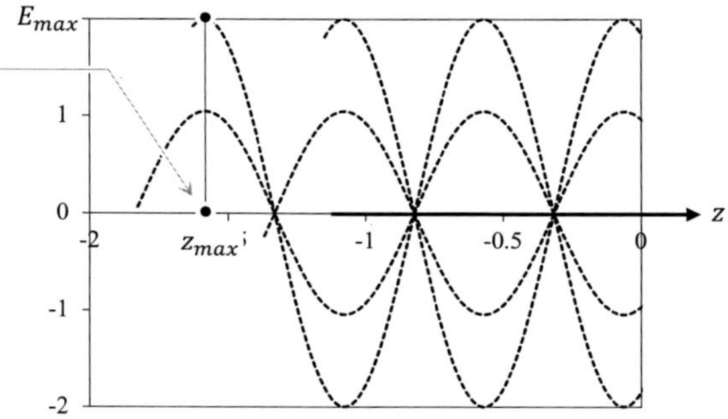

중첩된 파의 식은 다음과 같다: p. 199

$$\vec{E}_s(z) = \left(E_{x0}^i e^{-\gamma_1 z} + \Gamma \cdot E_{x0}^i e^{+\gamma_1 z}\right) \cdot \hat{x}$$

$$= E_{x0}^i \cdot \left(\overset{①}{e^{-j\beta_1 z}} + |\Gamma| \cdot \overset{②}{e^{+j(\beta_1 z + \phi)}}\right) \cdot \hat{x}$$

반사계수는 복소수이다: $\Gamma = |\Gamma| \cdot e^{j\phi}$

감쇠가 없는 경우를 생각한다: $\gamma = \alpha + j\beta = 0 + j\beta$

이 식이 가질 수 있는 최대값은 $E_{max} = E_{x0}^i \cdot (1 + |\Gamma|)$ 이며, 이 때 위상 ① = ② 이어야 한다:

$|A + B|$ 의 최대값은 둘의 부호가 같을 때.

$|A + B|$ 의 최소값은 둘의 부호가 다를 때

① = ②

$$-\beta_1 z = \beta_1 z + \phi + 2n\pi$$

$$(n = 0,1,2,\cdots)$$

각도이므로 일반적으로 2π 의 배수인 $2n\pi$ 가 추가된다:
$40° = 40° + 360° = 40° + 360° \times 2 = \cdots$

따라서 전계가 최대 값이 되는 위치는 $z_{max} = -\dfrac{\phi + 2n\pi}{2\beta_1}$ 이다.

전계가 최소 값이 되는 위치는 ① = ② + 180° 이어야 하며, 이를 정리하면 $z_{min} = -\dfrac{\phi + (2n+1)\pi}{2\beta_1}$

$$E_{min} = E_{x0}^i \cdot (1 - |\Gamma|)$$

중첩된 파의 최고와 최저 값의 비율을 정재파 비라고 한다.

(Voltage) Standing Wave Ratio
SWR or VSWR

$$SWR \ or \ S = \frac{1 + |\Gamma|}{1 - |\Gamma|}$$

모든 입사파가 반사되면 $|\Gamma| = 1$ & $SWR = \infty$.

모든 입사파가 투과되면 $|\Gamma| = 0$ & $SWR = 1$.

Drill 4.3-3 $f = 2.4\,GHz$ 인 TEM 파가 공기에서 유리($\varepsilon_r = 4$)으로 수직 입사한다.

$$\gamma_1 = \alpha_1 + j\beta_1 = 0 + j50.3$$

$$\lambda_1 = 1.25 \cdot 10^{-1}\,m$$

$$\mu_1 = c = 3 \cdot 10^8\,\frac{m}{s}$$

$$\eta_1 = \sqrt{\frac{\mu_0}{\varepsilon_0}} = 120\pi\,\Omega$$

유리

$$\gamma_2 = \alpha_2 + j\beta_2 = 0 + j101$$

$$\lambda_2 = 6.25 \cdot 10^{-2}\,m$$

$$\mu_2 = 1.5 \cdot 10^8\,\frac{m}{s}$$

$$\eta_2 = \sqrt{\frac{\mu_r\mu_0}{\varepsilon_r\varepsilon_0}} = \sqrt{\frac{1}{4}} \cdot 120\pi = 60\pi\,\Omega$$

입사파는 $E^i(z,t) = 3\cos(\omega t - \beta_1 z) \cdot \hat{x}$ 이므로

$$\Gamma = \frac{\eta_2 - \eta_1}{\eta_2 + \eta_1} = -\frac{1}{3} = \frac{1}{3}e^{j180°} \qquad \tau = \frac{2}{3}$$

$$E^r(z,t) = -\frac{1}{3} \cdot 3\cos(\omega t + \beta_1 z) \cdot \hat{x} \qquad E^t(z,t) = \frac{2}{3} \cdot 3\cos(\omega t - \beta_2 z) \cdot \hat{x}$$

$t = \frac{T}{4}$ 일 때 파형들은

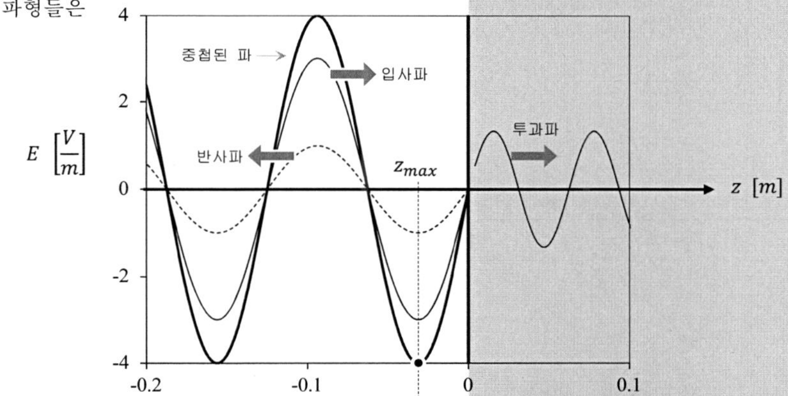

$$z_{max} = -\frac{\phi + 2n\pi}{2\beta_1} = -\frac{\pi + 2n\pi}{2 \cdot \frac{2\pi}{\lambda_1}} = -\frac{(1+2n)\lambda_1}{4} = -\frac{\lambda_1}{4}$$

(첫 번째 E_{max} 는 $n = 0$ 일 때이다.)

$$S = \frac{1 + |\Gamma|}{1 - |\Gamma|} = \frac{1 + \frac{1}{3}}{1 - \frac{1}{3}} = 2$$

$$\frac{\vec{P}^t_{ave}(0)}{\vec{P}^i_{ave}(0)} = (1 - |\Gamma|^2) = 1 - \left(\frac{1}{3}\right)^2 = 0.89$$

89 % 의 전력이 유리로 투과된다.

4.3.3 경계면에 비스듬히 입사하는 평면파

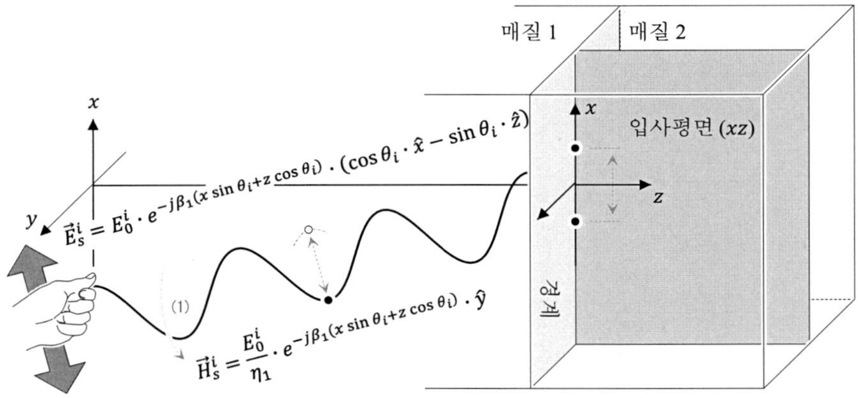

자계는 입사평면과 **직교**한다.

→ Transverse Magnetic polarized wave, TM polarized wave, **TM 편파**, 평행편파

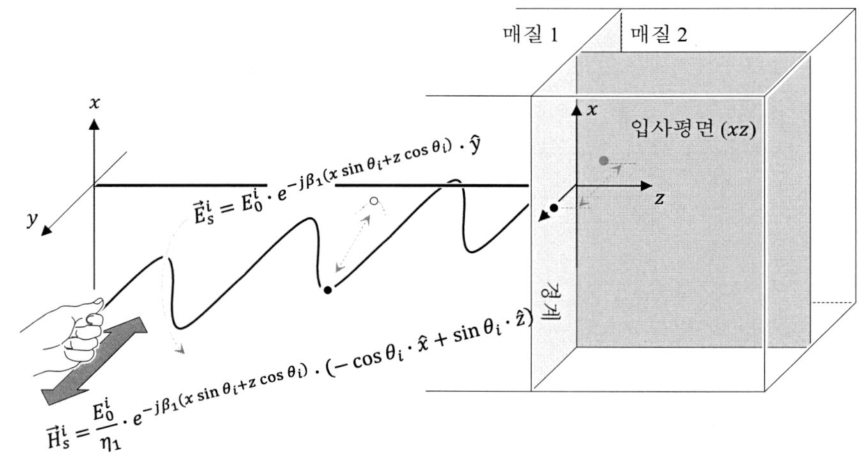

전계는 입사평면과 **직교**한다.

→ Transverse Electric polarized wave, TE polarized wave, **TE 편파**, 수직편파

(1) $\vec{H}_s = \frac{\hat{P} \times \vec{E}_s}{\eta} \left[{}^{A}/_{m} = \frac{{}^{V}/_{m}}{\Omega} \right]$ 의 관계식을 이용하여 자계를 구한다.

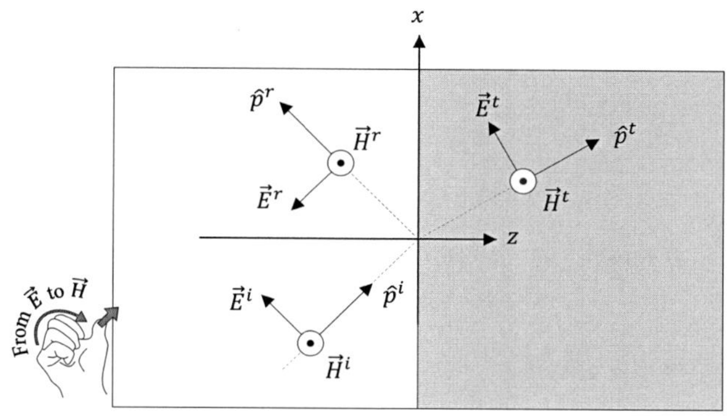

분석을 간단하게 만들기 위해 **무손실 매질들을 사용**한다.

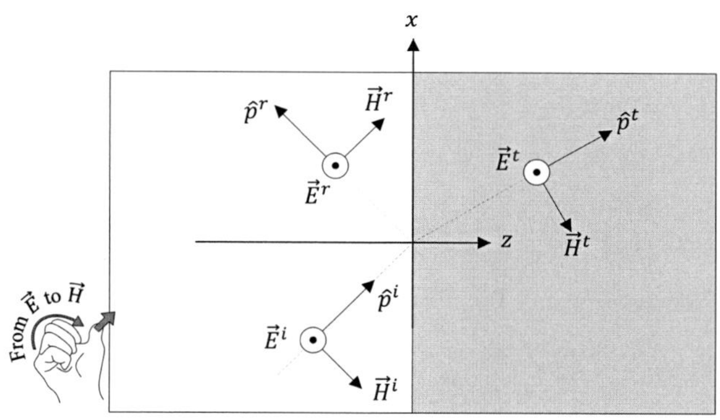

파의 일반 형태 (또는 임의의 파)

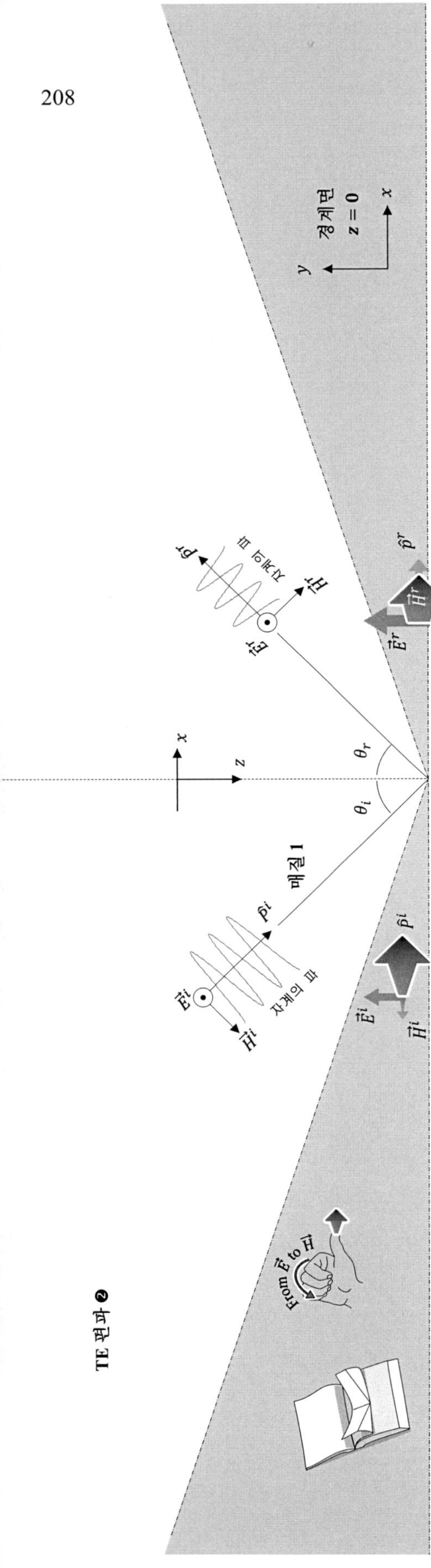

❸

$z = 0$ 인 경계에서 양쪽 매질 안에 존재하는 전계들이 같아야 한다:

$$\overset{①}{E_0^i \cdot e^{-j\beta_1 x \sin\theta_i}} + \overset{③}{E_0^r \cdot e^{-j\beta_1 x \sin\theta_r}} = \overset{⑤}{E_0^t \cdot e^{-j\beta_2 x \sin\theta_t}}$$

위 등식이 항상 성립하려면 일단 위상이 동일해야 한다:

$$\beta_1 x \sin\theta_i \;=\; \beta_1 x \sin\theta_r \;=\; \beta_2 x \sin\theta_t$$

스넬의 반사 법칙

$$\theta_i = \theta_r$$

스넬의 굴절 법칙

$$\frac{\beta_1}{\beta_2} = \frac{\sin\theta_t}{\sin\theta_i} = \frac{n_1}{n_2}$$

여기서 n은 굴절률이며 매질과 자유공간에서의 위상속도 비율이다:

$$n = \frac{c}{\mu_p} = \sqrt{\mu_r \varepsilon_r}$$

이제 위의 경계 조건 식이 간단해졌다:

$$\overset{①}{E_0^i} + \overset{③}{E_0^r} = \overset{⑤}{E_0^t}$$

자계로부터도 동일한 방법을 적용한다:

$$\left(\overset{②}{E_0^i} - \overset{④}{E_0^r}\right)\frac{\cos\theta_i}{\eta_1} = \overset{⑥}{E_0^t}\frac{\cos\theta_t}{\eta_2}$$

위 두식을 정리하면 다음을 얻는다:

$$\Gamma_{TE} = \frac{E_0^r}{E_0^i} = \frac{\eta_2\cos\theta_i - \eta_1\cos\theta_t}{\eta_2\cos\theta_i + \eta_1\cos\theta_t}$$

$$\tau_{TE} = \frac{E_0^t}{E_0^i} = \frac{2\eta_2\cos\theta_i}{\eta_2\cos\theta_i + \eta_1\cos\theta_t}$$

또한 다음의 관계가 성립한다: $\tau_{TE} = 1 + \Gamma_{TE}$

TE 편파의 분석 ❶~❸ (전계와 자계의 유도과정은 생략)

❶

① $\vec{E}_s^i = E_0^i \cdot e^{-j\beta_1(x\sin\theta_i + z\cos\theta_i)} \cdot \hat{y}$

② $\vec{H}_s^i = \dfrac{E_0^i}{\eta_1} \cdot e^{-j\beta_1(x\sin\theta_i + z\cos\theta_i)} \cdot (-\cos\theta_i \cdot \hat{x} + \sin\theta_i \cdot \hat{z})$

$E_0^r = \Gamma_{TE} \cdot E_0^i$

③ $\vec{E}_s^r = E_0^r \cdot e^{-j\beta_1(x\sin\theta_r - z\cos\theta_r)} \cdot \hat{y}$

④ $\vec{H}_s^r = \dfrac{E_0^r}{\eta_1} \cdot e^{-j\beta_1(x\sin\theta_r - z\cos\theta_r)} \cdot (\cos\theta_r \cdot \hat{x} + \sin\theta_r \cdot \hat{z})$

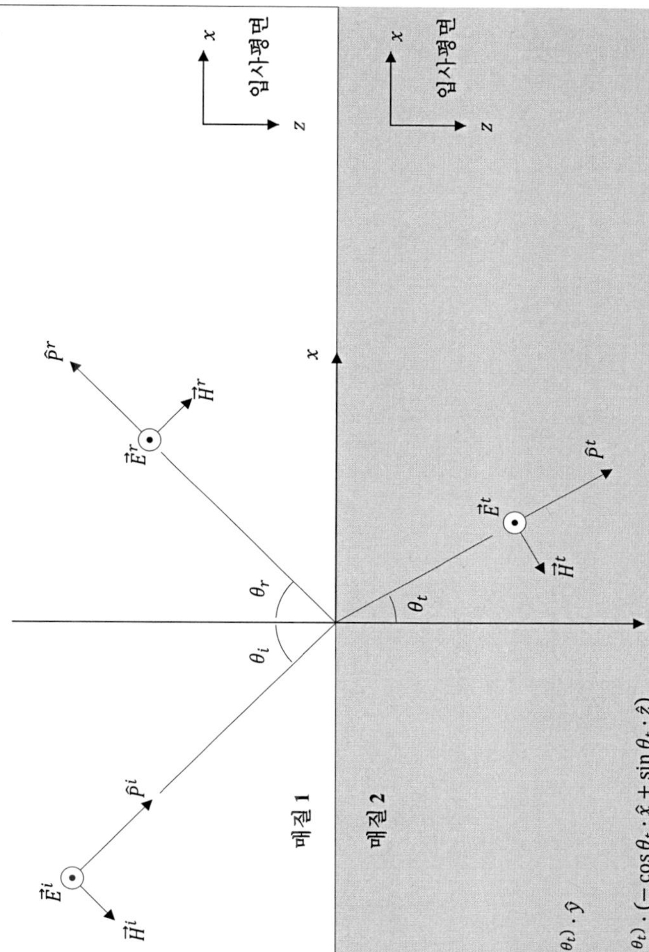

$E_0^t = \tau_{TE} \cdot E_0^i$

⑤ $\vec{E}_s^t = E_0^t \cdot e^{-j\beta_2(x\sin\theta_t + z\cos\theta_t)} \cdot \hat{y}$

⑥ $\vec{H}_s^t = \dfrac{E_0^t}{\eta_2} \cdot e^{-j\beta_2(x\sin\theta_t + z\cos\theta_t)} \cdot (-\cos\theta_t \cdot \hat{x} + \sin\theta_t \cdot \hat{z})$

Drill 4.3-4

TE 편파가 아래와 같이 입사각 $\theta_i = 65°$ 로 입사할 때 나머지 각도와 반사계수를 구해보자.

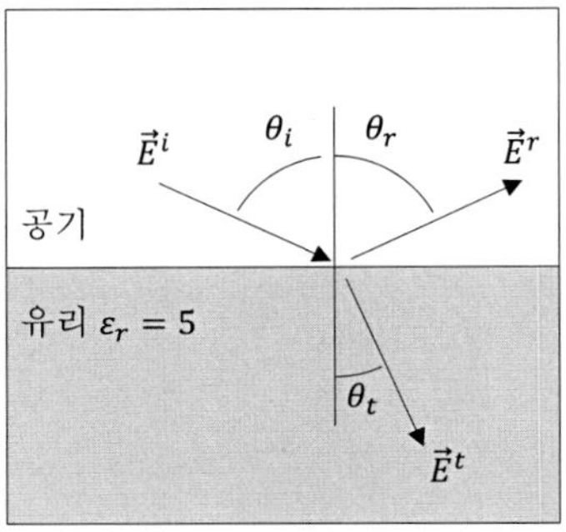

① 매질들의 파라미터들은

$$n_1 = \sqrt{\mu_r \varepsilon_r} = 1$$

$$\eta_1 = \sqrt{\frac{\mu_r}{\varepsilon_r}}\eta_0 = \eta_0$$

$$n_2 = 2.24$$

$$\eta_2 = \sqrt{\frac{1}{5}}\eta_0 = 0.447\eta_0$$

② 반사각도는 $\theta_i = \theta_r = 65°$

③ 투과각도는

$$\frac{\sin\theta_t}{\sin\theta_i} = \frac{n_1}{n_2}$$ 에서

$$\theta_t = \sin^{-1}\left(\sin\theta_i \cdot \frac{n_1}{n_2}\right) = 24°$$

④ 반사계수는

$$\Gamma_{TE} = \frac{E_0^r}{E_0^i} = \frac{\eta_2\cos\theta_i - \eta_1\cos\theta_t}{\eta_2\cos\theta_i + \eta_1\cos\theta_t} = -0.66$$

Drill 4.3-5

TE 편파가 아래와 같이 입사각 $\theta_i = 25°$ 로 입사할 때 나머지 각도와 반사계수를 구해보자.

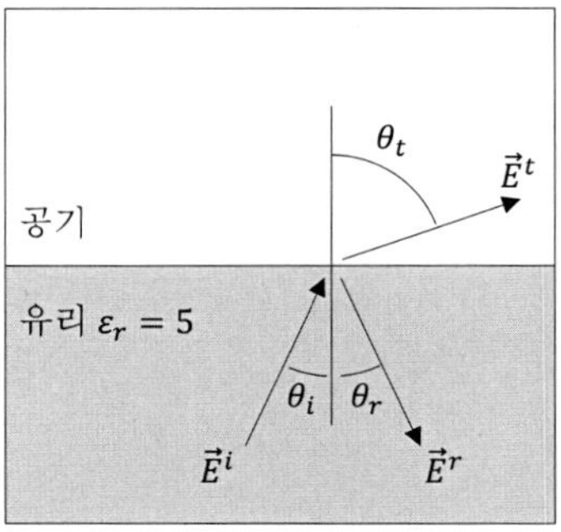

① 매질들의 파라미터들은

$$n_2 = 1$$

$$\eta_2 = \eta_0$$

$$n_1 = 2.24$$

$$\eta_1 = 0.447\eta_0$$

③ 투과각도는 $\theta_t = 71°$

② 반사각도는 $\theta_i = \theta_r = 25°$

④ 반사계수는

$$\Gamma_{TE} = \frac{\eta_2\cos\theta_i - \eta_1\cos\theta_t}{\eta_2\cos\theta_i + \eta_1\cos\theta_t} = 0.72$$

임계각, critical angle

$n_1 > n_2$ 인 경우에 $\theta_t = 90°$ 가 발생할 수 있다. 이 때 입사파는 모두 반사된다.

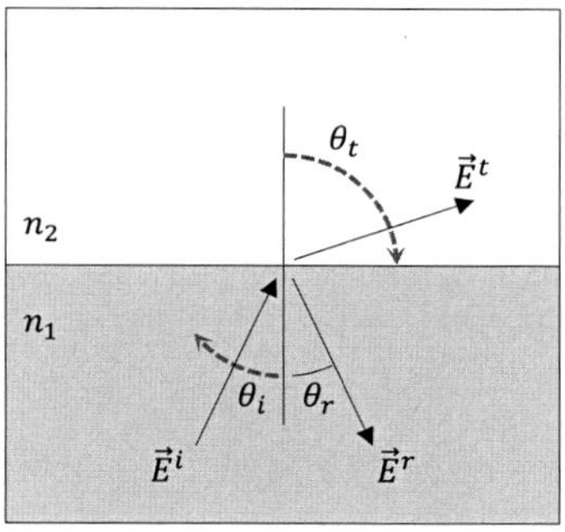

이 입사 각도를 임계각 θ_c 이라 한다.

$\frac{\sin\theta_t}{\sin\theta_i} = \frac{\sin 90°}{\sin\theta_c} = \frac{n_1}{n_2}$ 를 정리하면 $\theta_c = \sin^{-1}\frac{n_2}{n_1}$

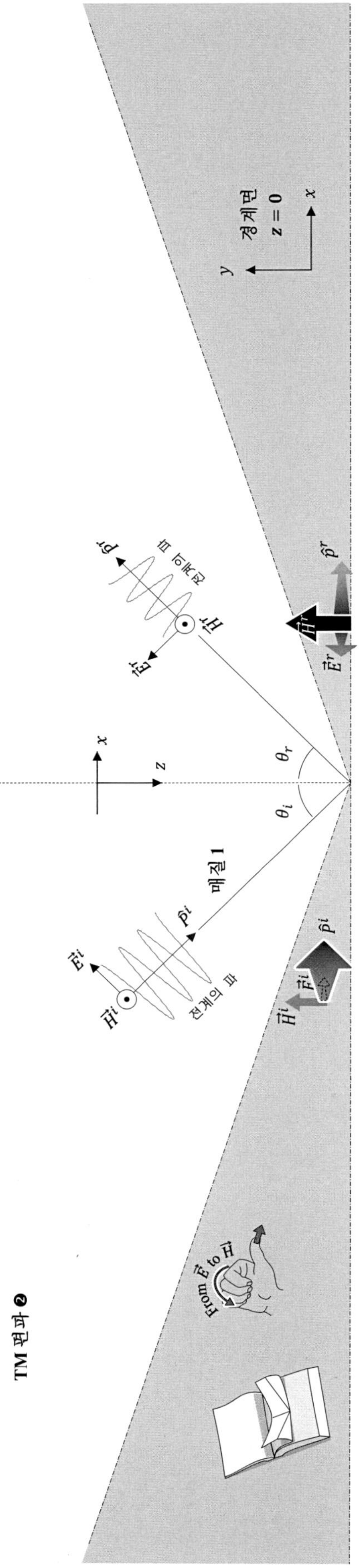

❸

$z = 0$ 에서 경계조건을 정리하면 다음을 얻는다:

$$\Gamma_{TM} = \frac{E_0^r}{E_0^i} = \frac{\eta_2 \cos\theta_t - \eta_1 \cos\theta_i}{\eta_2 \cos\theta_t + \eta_1 \cos\theta_i}$$

$$\tau_{TM} = \frac{E_0^t}{E_0^i} = \frac{2\eta_2 \cos\theta_i}{\eta_2 \cos\theta_t + \eta_1 \cos\theta_i}$$

또한 다음의 관계가 성립된다: $$\tau_{TM} = (1 + \Gamma_{TM})\frac{\cos\theta_i}{\cos\theta_t}$$

TM 편파에서는 $\Gamma_{TM} = 0$ 이 되어 입사파가 모두 매질 2로 투과되는 특별한 입사 각도가 존재한다.

$$\Gamma_{TM} = \frac{E_0^r}{E_0^i} = \frac{\eta_2 \cos\theta_t - \eta_1 \cos\theta_i}{\eta_2 \cos\theta_t + \eta_1 \cos\theta_i} = \frac{0}{\eta_2 \cos\theta_t + \eta_1 \cos\theta_i} = 0$$

$\eta_2 \cos\theta_t - \eta_1 \cos\theta_i = 0$ 을 입사각 θ_i에 대해 정리하면

$$\sin\theta_i = \sin\theta_{BA} = \sqrt{\frac{1 - \frac{\mu_1 \varepsilon_2}{\mu_2 \varepsilon_1}}{1 - \left(\frac{\varepsilon_1}{\varepsilon_2}\right)^2}}$$ 이 된다.

여기서 θ_{BA} 는 브루스터 각이다.

비자성 매질들에 대해 정리하면 $$\tan\theta_{BA} = \frac{n_2}{n_1}$$

$\mu_r = 1$

비자성 매질들 사이에서 TE 편파는 $\eta_2 \cos\theta_t - \eta_1 \cos\theta_i = 0$ 을 만족시키는 각도가 존재하지 않는다.

TM 편파의 분석 ❶~❸ (전계와 자계의 유도과정은 생략)

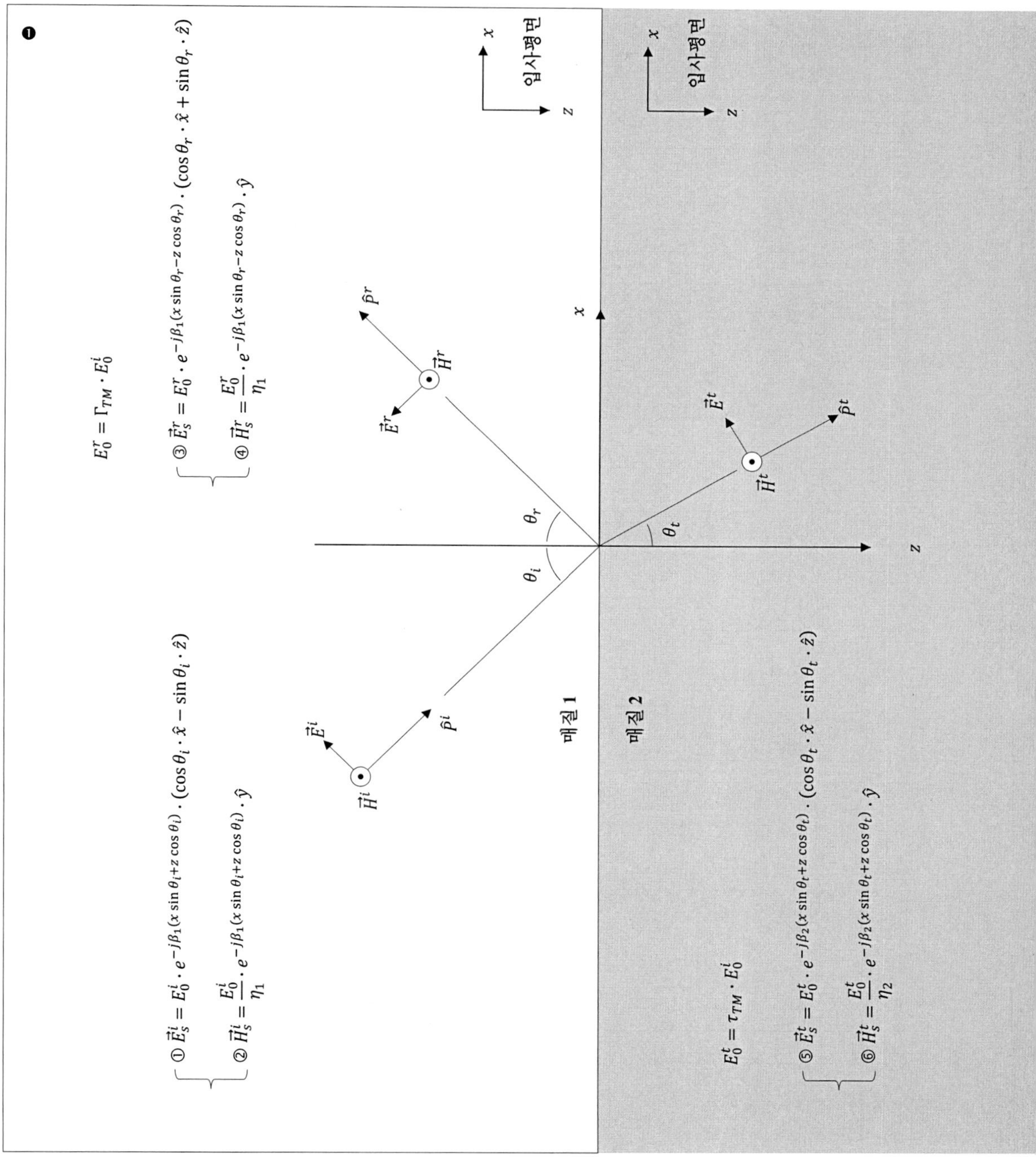

Drill 4.3-6

TM 편파가 아래와 같이 입사각 $\theta_i = 65°$ 로 입사할 때 나머지 각도와 반사계수를 구해보자.

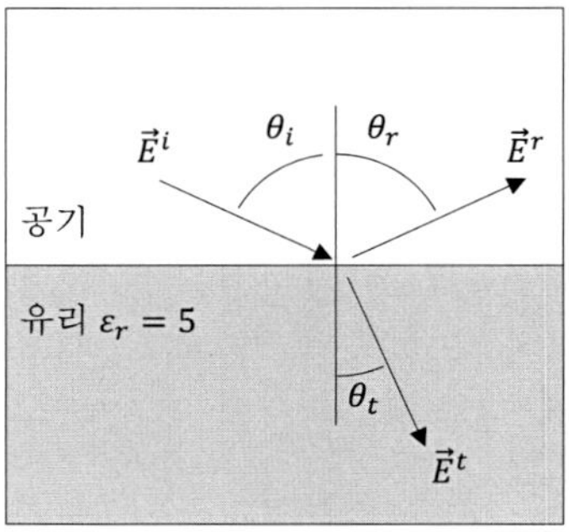

① 매질들의 파라미터들은

$$n_1 = \sqrt{\mu_r \varepsilon_r} = 1$$

$$\eta_1 = \sqrt{\frac{\mu_r}{\varepsilon_r}}\eta_0 = \eta_0$$

$$n_2 = 2.24$$

$$\eta_2 = \sqrt{\frac{1}{5}}\eta_0 = 0.447\eta_0$$

② 반사각도는 $\theta_i = \theta_r = 65°$

③ 투과각도는

$$\frac{\sin\theta_t}{\sin\theta_i} = \frac{n_1}{n_2}$$ 에서

$$\theta_t = \sin^{-1}\left(\sin\theta_i \cdot \frac{n_1}{n_2}\right) = 24°$$

④ 반사계수는

$$\Gamma_{TM} = \frac{E_0^r}{E_0^i} = \frac{\eta_2\cos\theta_t - \eta_1\cos\theta_i}{\eta_2\cos\theta_t + \eta_1\cos\theta_i} = -0.02$$

: 거의 반사되지 않는다.
실제 브루스터 각은 65.9°

cf. TE 편파의 반사계수는

$$\Gamma_{TE} = \frac{E_0^r}{E_0^i} = \frac{\eta_2\cos\theta_i - \eta_1\cos\theta_t}{\eta_2\cos\theta_i + \eta_1\cos\theta_t} = -0.66$$

편파의 종류에 따라 반사되는 양이 다르다.

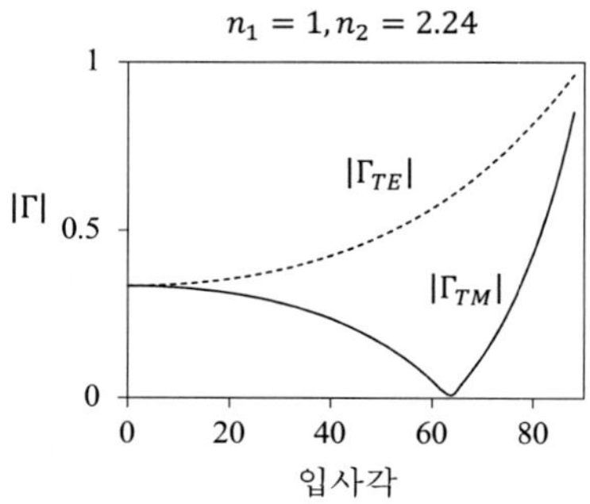

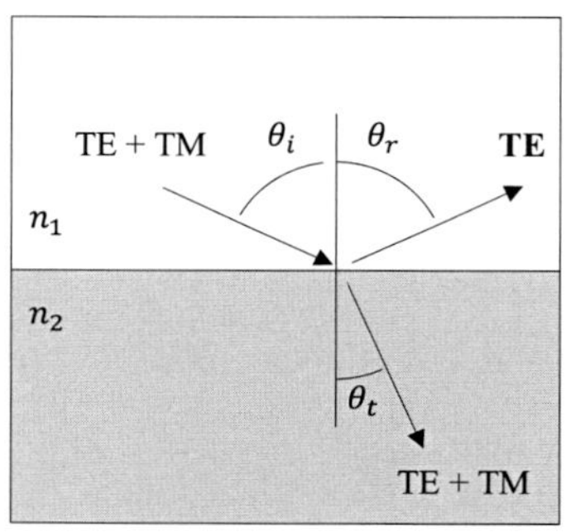

브루스터 각으로 입사하는 TEM파가 분리되므로
브루스터 각을 편파분리각 또는 분파각이라고도 한다.

Note

Summary

TEM 파

❶ $\vec{E}_s(z) = (E_{x0}^{+} e^{-\gamma z} + E_{x0}^{-} e^{+\gamma z}) \cdot \hat{x} \quad \left[\frac{V}{m}\right]$

❷ $\vec{H}_s(z) = \left(\frac{E_{x0}^{+}}{\eta} e^{-\gamma z} - \frac{E_{x0}^{-}}{\eta} e^{+\gamma z}\right) \cdot \hat{y} \quad \left[\frac{A}{m}\right]$

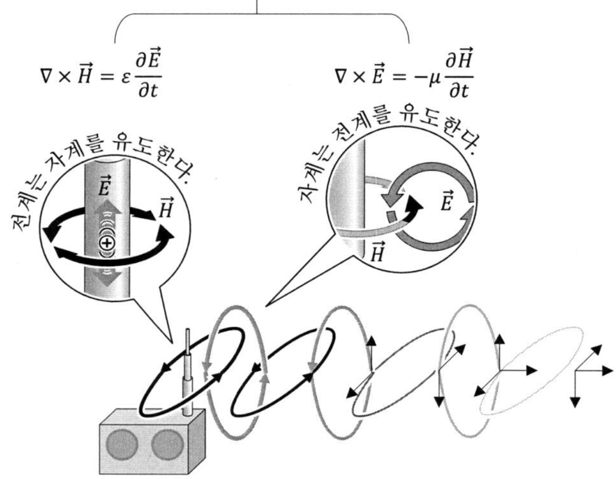

① 시간에 따라 변하는 전계와 자계는 서로를 유도하면 전파된다.

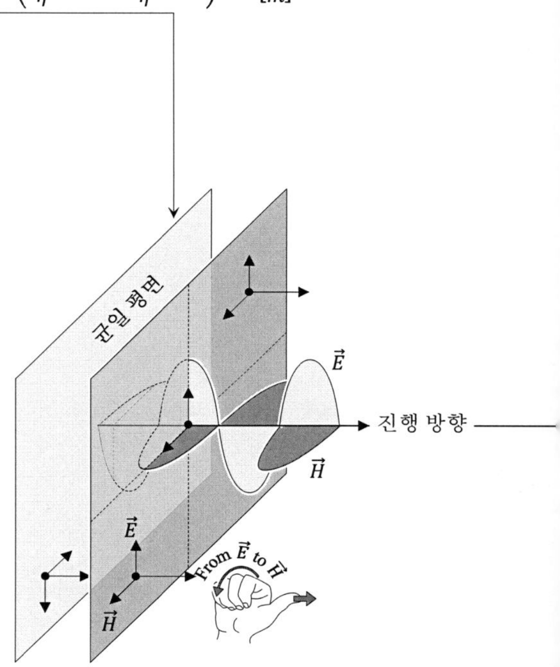

② EM 파를 쉽게 분석하기 위하여 신호원으로부터 먼 거리에 존재하는 평면파만 고려한다. 이 때 전계와 자계의 방향은 파의 진행방향에 횡으로 존재하므로 TEM이라 부른다.

③ 매질 내에서 진행하는 TEM 파의 행동은 그 매질의 특성에 의해 결정된다.

$$\alpha = \omega\sqrt{\frac{\mu\varepsilon}{2}\left[\sqrt{1+\left(\frac{\sigma}{\omega\varepsilon}\right)^2}-1\right]}$$

$$\beta = \omega\sqrt{\frac{\mu\varepsilon}{2}\left[\sqrt{1+\left(\frac{\sigma}{\omega\varepsilon}\right)^2}+1\right]}$$

$$\eta = \sqrt{\frac{j\omega\mu}{\sigma + j\omega\varepsilon}}$$

④ 파가 다른 매질을 만나면 매질 간의 경계에서 변화(반사와 굴절)가 발생한다.

입사파 $\vec{E}_s^i(z) = E_{x0}^i \cdot e^{-\gamma_1 z} \cdot \hat{x}$

(편의상 전계만 그렸다)

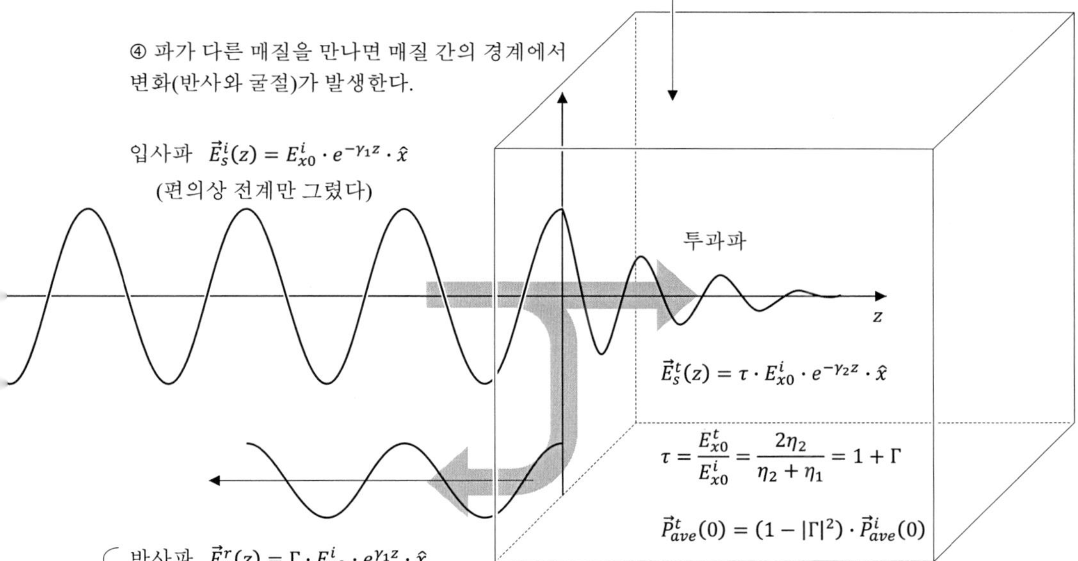

$$\vec{E}_s^t(z) = \tau \cdot E_{x0}^i \cdot e^{-\gamma_2 z} \cdot \hat{x}$$

$$\tau = \frac{E_{x0}^t}{E_{x0}^i} = \frac{2\eta_2}{\eta_2 + \eta_1} = 1 + \Gamma$$

$$\vec{P}_{ave}^t(0) = (1 - |\Gamma|^2) \cdot \vec{P}_{ave}^i(0)$$

반사파 $\vec{E}_s^r(z) = \Gamma \cdot E_{x0}^i \cdot e^{\gamma_1 z} \cdot \hat{x}$

경계조건에서

$$\Gamma = \frac{E_{x0}^r}{E_{x0}^i} = \frac{\eta_2 - \eta_1}{\eta_2 + \eta_1} = |\Gamma| \cdot e^{j\phi}$$

에너지 보존 법칙에서

$$\vec{P}_{ave}^r(0) = |\Gamma|^2 \cdot \vec{P}_{ave}^i(0)$$

5장 전자기장 이론의 응용분야: 전송선로 Transmission Line

교류 신호의 **주파수가 매우 높아서** 파(wave)의 특성을 고려해야 하는 상황이 발생한다.

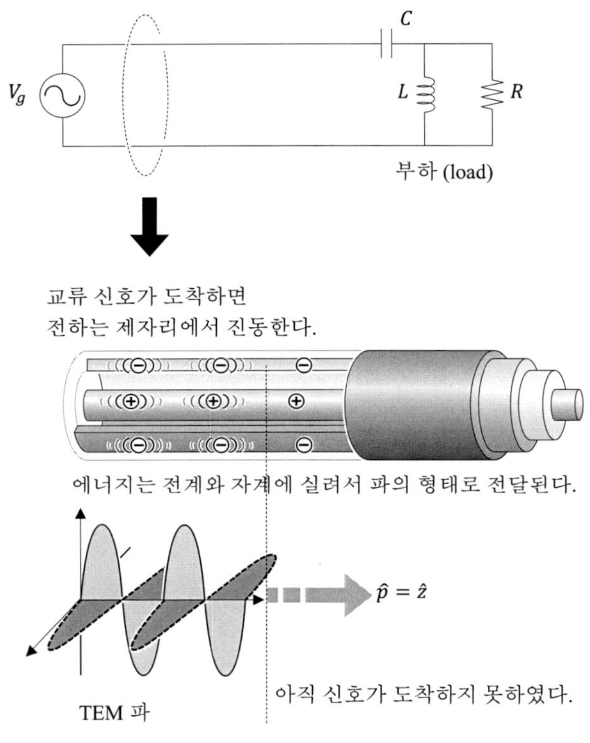

이전에 사용했던 신호

$\vec{E}(x, y, z, t) \left[\frac{V}{m}\right]$

$\vec{H}(x, y, z, t) \left[\frac{A}{m}\right]$

➡

이 장에 사용하는 신호

$V(z, t)\ [V]$

$I(z, t)\ [A]$

전기 신호는 전선을 따라 움직이므로
신호의 소스로부터의 거리 ***z*** 만 알면 된다.

전송 선로의 특성 분석: 5.1 특성 임피던스

5.2 전송선로

5.3 전신기사 방정식

5.4 전송선로의 특성

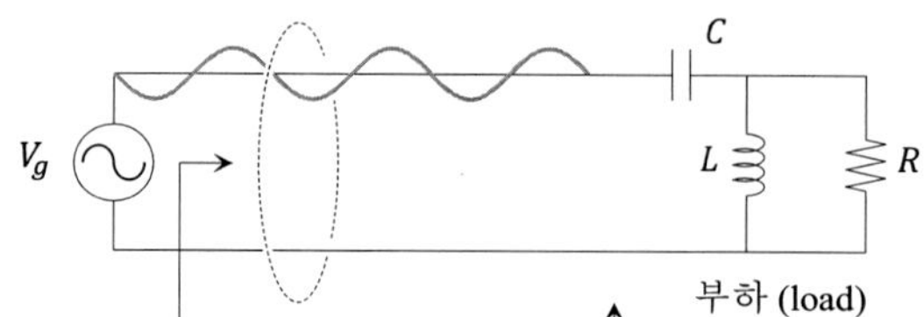

신호의 소스(전원)에서 바라본 회로의 특성: 5.5 입력 임피던스

전송 선로의 특성이 변할 때: 5.6 전송선로에서 전력의 전파

5.7 전송선로의 특성이 변할 때 시간에 관련된 사항들

전송 선로의 특성이 변한 것을 감추는 방법:

5.8 스미스 도표

5.9 임피던스 정합

5.10 임피던스 정합의 예

5.11 임피던스 정합 시 고려할 사항들

5.1 특성 임피던스 Characteristic Impedance

다음의 회로를 시간에 따라 분석해보자.

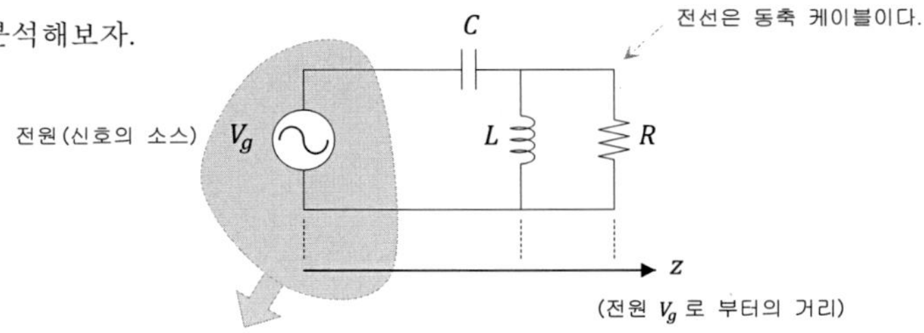

$t = 0\,sec$ 부터 전기 신호가 회로에 유입된다. 실제로는 동축 케이블로 먼저 유입된다.

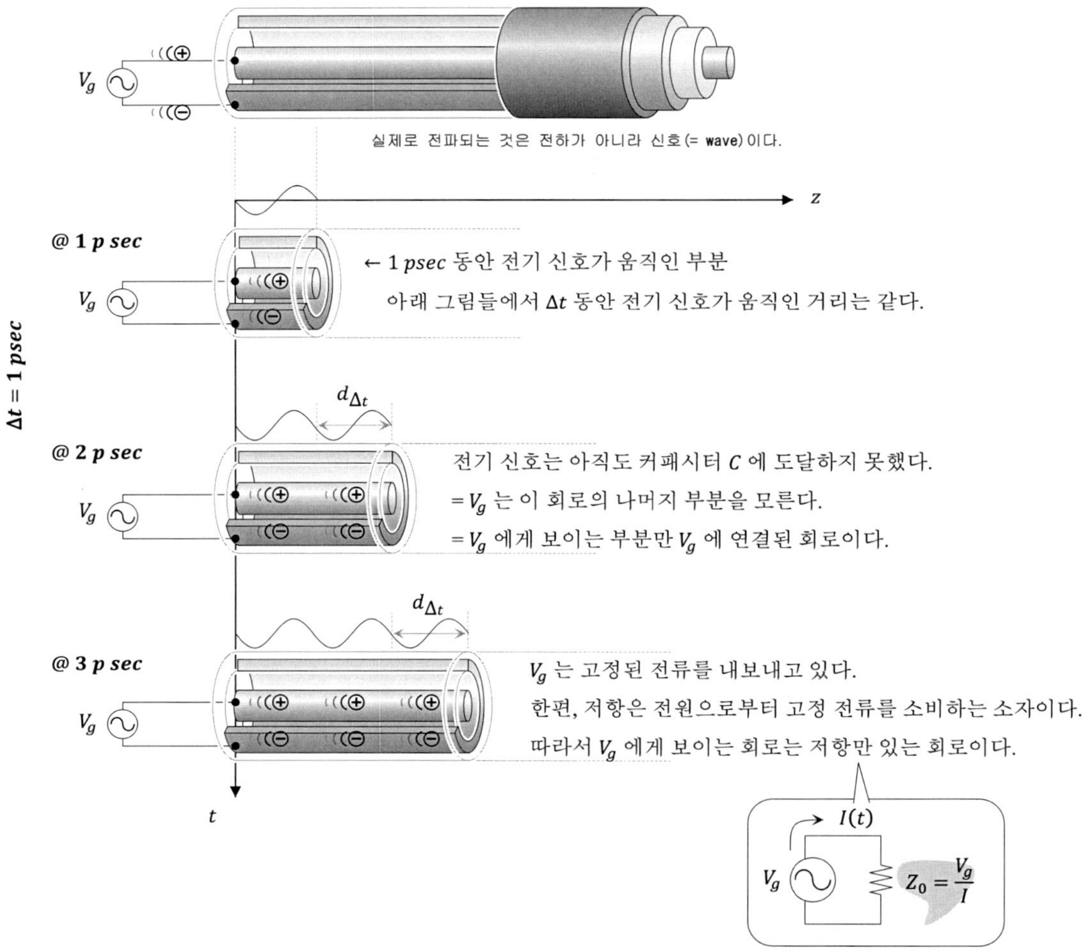

전선이 가지고 있는 전기적 특성(예: 저항)들이 짧은 시간에 전원에 반응하는 것을 **특성 임피던스 Z_0**라고 한다.

= 순간적인 임피던스

매우 짧은 시간 동안 전기 신호가 움직인 전선은 일반적으로 다음과 같은 등가 회로로 표시할 수 있다.

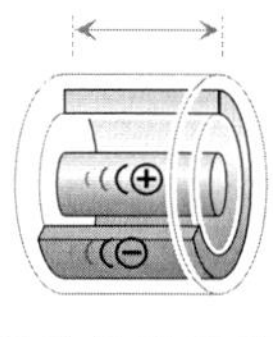

이 부분의 특성 임피던스 Z_0

=

$R\,[\Omega]$ $L\,[H]$ $C\,[F]$: 전기 소자

$Z = R$ $Z = j\omega L$ $Z = \dfrac{1}{j\omega C}$: 임피던스

일반적인 표시법: 복소 임피던스 $Z_0 = R + jX \;=\; R + j\omega L + \dfrac{1}{j\omega C} \;=\; R + j\omega\left(L - \dfrac{1}{C}\right)$

복소 임피던스 = 저항 성분 + 리액턴스 성분

(+)는 인덕턴스 성분이다.

(−)는 커패시턴스 성분이다.

동축 케이블의 실제 특성 임피던스와 전기 신호의 진행속도 등은 p. 231

동축 케이블에서 전기 신호의 진행속도 $\mu_p \cong 2.0 \times 10^8 \dfrac{m}{sec} = \dfrac{2}{3} \cdot c \dfrac{m}{sec}$

1 $p\,sec$ 동안 전기 신호가 움직이는 거리는 $d = 2.0 \times 10^8 \times 10^{-12} = 2.0 \times 10^{-4}\,m = 0.2\,mm$

빛의 속도

$c = 3.0 \times 10^8 \dfrac{m}{sec}$

실생활에서 사용되는 동축 케이블의 특성 임피던스는 50 Ω 이다.

- 에너지의 전력 전송은 $Z_0 = \sim 30\,\Omega$ 일 때 가장 좋다.
  (Power transfer)
- 신호의 손실은 $Z_0 = \sim 77\,\Omega$ 일 때 제일 적다.
  (insertion loss)

산술 평균은 53.5 Ω
기하 평균은 48 Ω
계산의 편의성을 위해 50 Ω 을 사용
(전문서적 참조)

이제부터는 고주파 신호 때문에 극히 짧은 시간에 회로가 어떤 식으로 보여지는지를 분석할 것이다.

5.2 전송선로 Transmission Line

Case ❶ 전원이 $V_g = V_0\cos(\omega t)$의 신호를 발생시키며 동작 주파수가 $f = 60\ Hz$ 인 상황을 분석해 보자.

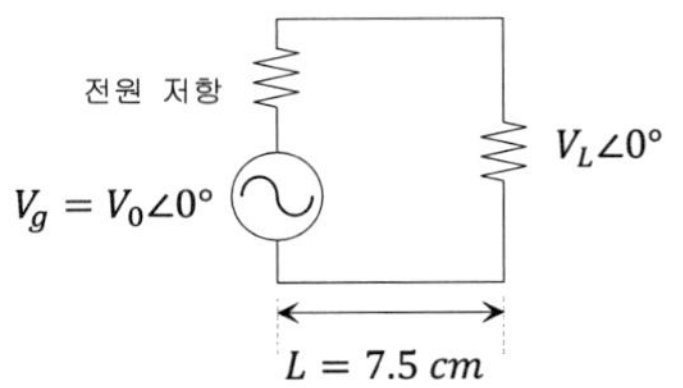

① 이 신호의 파장은 $\lambda = \frac{\mu_p}{f} = \frac{c}{f} = \frac{3\cdot 10^8}{60} = 5{,}000\ km$

(전기 신호가 빛의 속도로 전파된다고 가정)

② 이 전선의 길이는 파장의 $1.5\cdot 10^{-6}$ % 이다.

③ 위상속도는 $\mu_p = \frac{L}{t}$ 이므로, 부하에 신호가 도착하는데 걸리는 시간은 $t_{delay} = \frac{L}{\mu_p} = \frac{L}{c} = 0.25\ nsec$

이를 위상으로 표시하면 $\phi_{delay} = \omega\cdot t_{delay} = (2\pi\cdot 60)\cdot(0.25\cdot 10^{-9}) \cong 0$ $\omega = 2\pi f$

④ 부하에서 발생하는 위상 지연이 없으므로, 전원과 부하의 위상은 같다. 따라서 오른쪽과 같이 파형들을 그릴 수 있다. 전원이 0 V 일 때 부하도 0 V 이며, 전원이 최대값일 때 부하도 최대값을 갖는다.

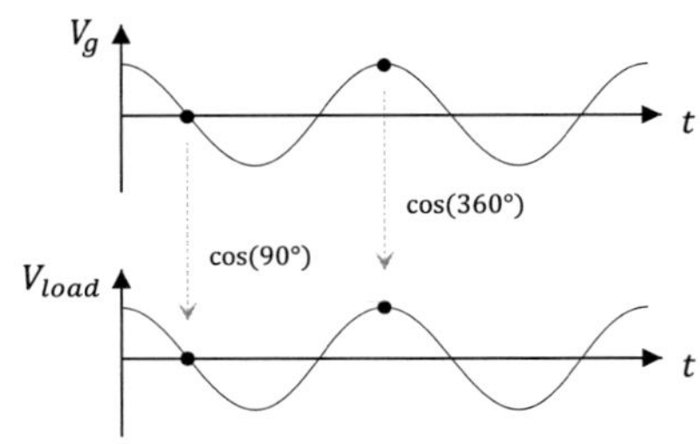

Case ❷ 이제 전선의 길이를 늘려보자. 송전선의 길이가 $L = 1{,}250\ km$ 일 때를 분석해 보자

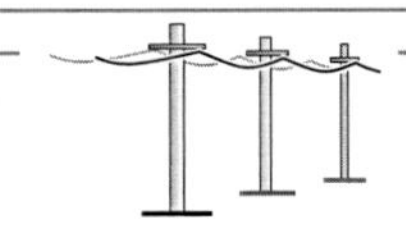

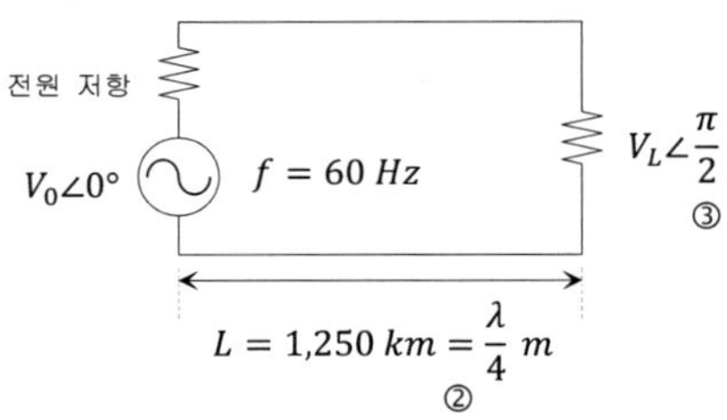

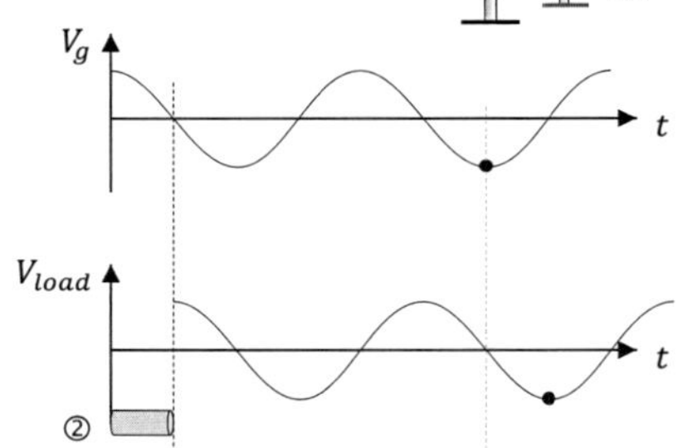

① 이 신호의 파장은 $\lambda = \frac{\mu_p}{f} = \frac{c}{f} = \frac{3\cdot 10^8}{60} = 5{,}000\ km$

② 이 전선의 길이는 파장의 $\frac{1}{4}$ 이다: $L = 1{,}250\ km = 1.25\cdot 10^6 \times \frac{5\cdot 10^6}{5\cdot 10^6}\ m = \frac{\lambda}{4}\ m$

③ 부하에 신호가 도착하는데 걸리는 시간은 $t_{delay} = \frac{L}{\mu_p} = \frac{\frac{\lambda}{4}}{c} \cong 4.2\ msec$

이를 위상으로 표시하면 $\phi_{delay} = \omega\cdot t_{delay} = \frac{\pi}{2} = 90°$

④ 같은 시간에 전원과 부하의 전압이 다르다.

이번 장에 다룰 내용:

Case ❸ 이번에는 $L = 7.5\ cm$ 인 전선으로 전원이 $f = 1\ GHz$ 의 신호를 전송하는 경우를 분석해보자.

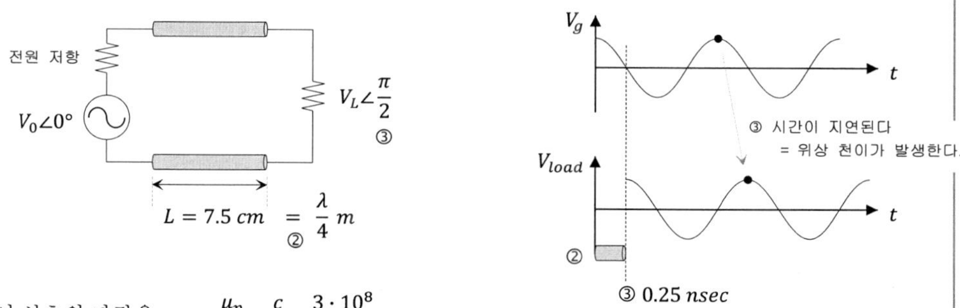

① 이 신호의 파장은 $\lambda = \frac{\mu_p}{f} = \frac{c}{f} = \frac{3 \cdot 10^8}{10^9} = 0.3\ m$

② 이 전선의 길이는 파장의 $\frac{1}{4}$ 이다: $L = 7.5\ cm = 0.075 \times \frac{0.3}{0.3}\ m = \frac{\lambda}{4}\ m$

③ 부하에 신호가 도착하는데 걸리는 시간은 $t_{delay} = \frac{L}{\mu_p} = \frac{\frac{\lambda}{4}}{c} = 0.25\ nsec$

이를 위상으로 표시하면 $\phi_{delay} = \omega \cdot t_{delay} = (2\pi f) \cdot \left(\frac{L}{c}\right) = \frac{\pi}{2} = 90°$

④ 따라서 주파수가 커지면 짧은 길이의 전선 내에서도 위상 천이(phase shift)가 발생한다. 이런 회로에서는 반사된 신호의 영향과 전력손실, 분산효과들도 고려해야 한다. 이런 상황에서 전선을 전송선로 (transmission line, T-line)라고 한다.

전송선로는 이렇게 표시한다: 

신호의 동작 주파수가 커지면 파장이 짧아진다.
따라서 부하와의 위상차는 커진다.

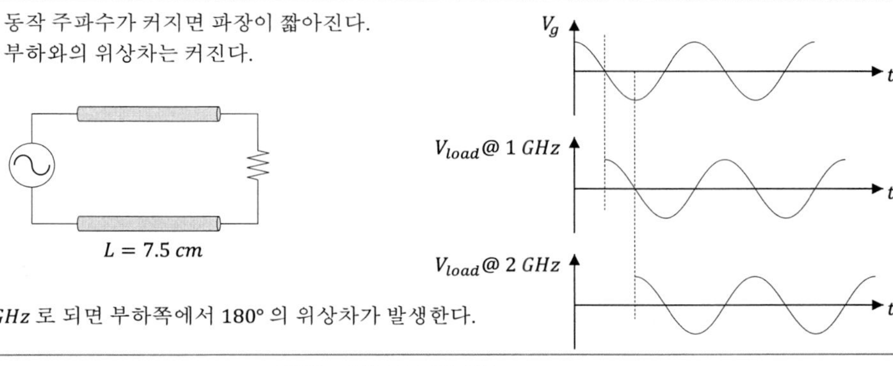

$f = 2\ GHz$ 로 되면 부하쪽에서 $180°$ 의 위상차가 발생한다.

위상차 = 위상 천이=시간 지연

5.3 전신기사 방정식 Telegraphist's Equations

이제는 선로의 **길이**가 중요하므로 소자의 특성은 **"단위 길이당"**으로 표시한다.

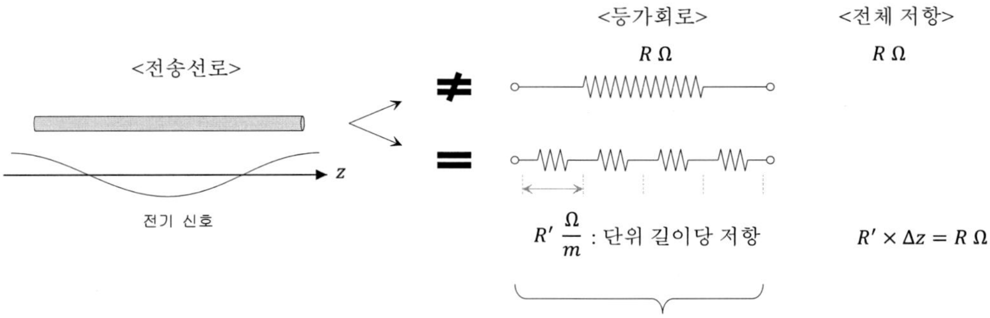

이를 반대로 생각하면 전체 길이에 단위 길이당 소자(저항)들이 "분포"된 것이므로 생각할 수 있다.
아래와 같은 분석을 **분포정수 파라미터 모델**이라 한다.

일반적인 전송선로에 대해서

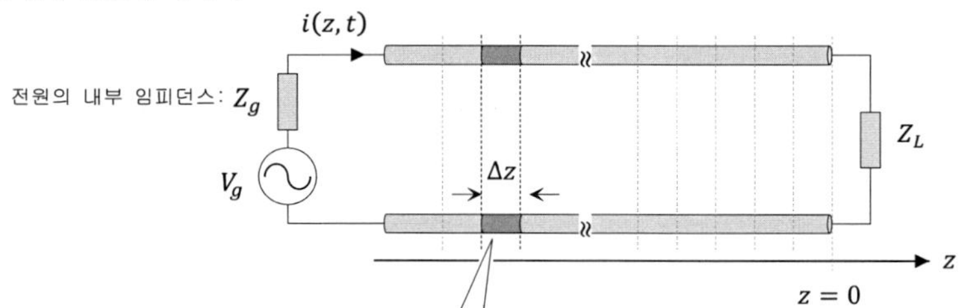

등가회로

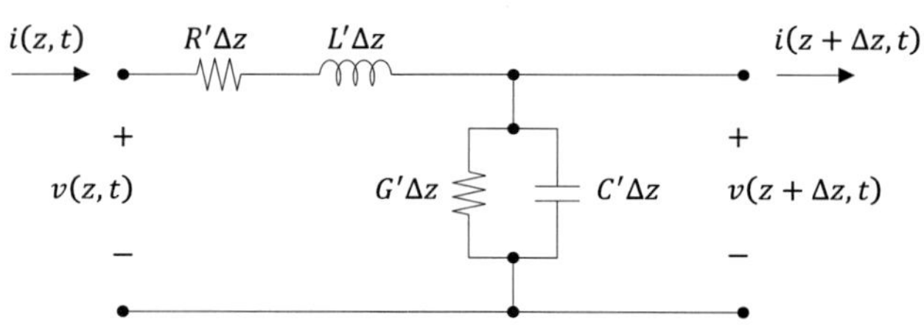

$R' \ \frac{\Omega}{m}$: 단위 길이당 저항

$L' \ \frac{H}{m}$: 단위 길이당 인덕턴스

$G' \ \frac{S}{m}$: 단위 길이당 컨덕턴스

$C' \ \frac{F}{m}$: 단위 길이당 커패시턴스

이 등가 회로의 특성 임피던스를 계산하면 복소 임피던스가 된다: p. 231

$$Z_0 = R + jX = R + j\omega L + \frac{1}{j\omega C} = R + j\omega\left(L - \frac{1}{C}\right)$$

이제 고주파 신호에 대하여 긴 전선을 극히 짧은 길이의 등가회로들로 표현할 수 있게 되었다.

이 장의 목표: 이를 분석하면 신호가 목적지까지 도착하는 동안 어떤 현상이 발생하는지 알아 보자.

이 등가 회로를 분석해보자.

Step ❶

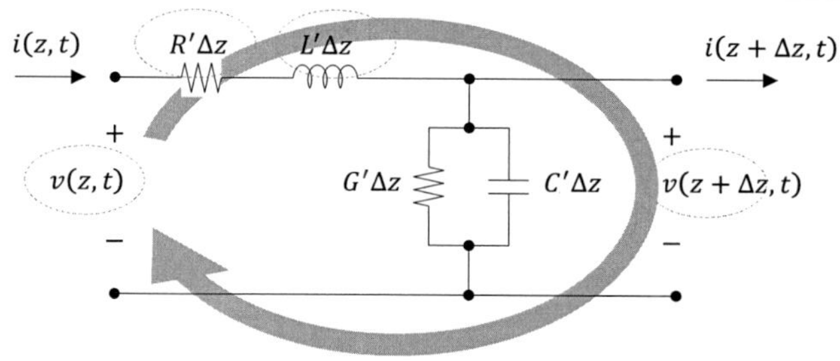

이 회로에 **키르히호프의 전압법칙**을 적용하면,

$$v(z,t) = i(z,t)R'\Delta z + L'\Delta z\frac{\partial i(z,t)}{\partial t} + v(z+\Delta z,t) \quad \text{이 되고}$$

이를 정리하면

$$-\frac{[v(z+\Delta z,t) - v(z,t)]}{\Delta z} = i(z,t)R' + L'\frac{\partial i(z,t)}{\partial t}$$

$\Delta z \to 0$ 인 극한을 취하면

$$❶ \quad -\frac{\partial v(z,t)}{\partial z} = i(z,t)R' + L'\frac{\partial i(z,t)}{\partial t}$$

Step ❷

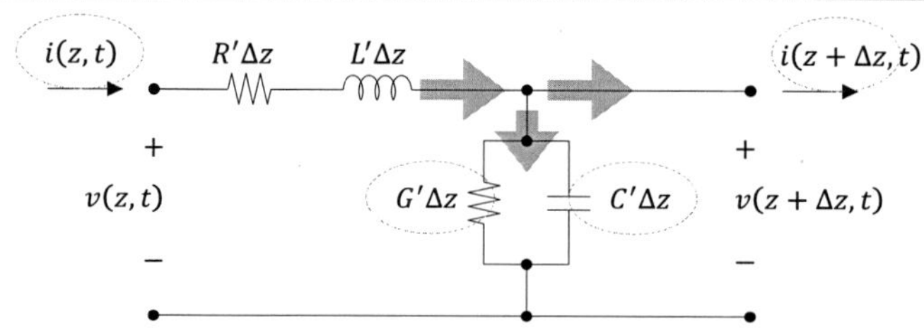

이 회로에 **키르히호프의 전류법칙**을 적용하면,

$$i(z,t) = v(z+\Delta z,t)G'\Delta z + C'\Delta z\frac{\partial v(z+\Delta z,t)}{\partial t} + i(z+\Delta z,t) \quad \text{이 되고}$$

$\Delta z \to 0$ 인 극한을 취하면

$$❷ \quad -\frac{\partial i(z,t)}{\partial z} = v(z,t)G' + C'\frac{\partial v(z,t)}{\partial t}$$

등가회로를 분석하면 **전신기사의 방정식**을 얻는다:

페이저 형태

$$❶ \quad -\frac{\partial v(z,t)}{\partial z} = i(z,t)R' + L'\frac{\partial i(z,t)}{\partial t} \qquad = \qquad ❶ \quad -\frac{dV_s(z)}{dz} = (R' + j\omega L')I_s(z)$$

$$❷ \quad -\frac{\partial i(z,t)}{\partial z} = v(z,t)G' + C'\frac{\partial v(z,t)}{\partial t} \qquad \qquad ❷ \quad -\frac{dI_s(z)}{dz} = (G' + j\omega C')V_s(z)$$

이제 전신기사의 방정식을 풀어서 $V_s(z)$와 $I_s(z)$ 을 구할 것이다.

이때 동작 주파수와 전송선로의 구조와 물질에 따라 $V_s(z)$와 $I_s(z)$가 변한다.

$\omega = 2\pi f$ 　　　　모양과 크기 　　ε, μ, σ

이제 전신기사 방정식의 **해**를 구해보자. p. 180 (*c.f.* 헬름홀츠 방정식의 해)

❶ $-\dfrac{dV_s(z)}{dz} = (R' + j\omega L')I_s(z)$

대입

❷ $-\dfrac{dI_s(z)}{dz} = (G' + j\omega C')V_s(z)$

대입한 결과는 $\dfrac{d^2V_s(z)}{dz^2} = (R' + j\omega L')(G' + j\omega C')V_s(z)$

이를 정리하면 전압에 대한 방정식을 얻는다:

$$\begin{cases} \dfrac{d^2V_s(z)}{dz^2} - \gamma^2 V_s(z) = 0 \\ \dfrac{d^2I_s(z)}{dz^2} - \gamma^2 I_s(z) = 0 \end{cases}$$

여기서 전파상수는 $\gamma = \sqrt{(R' + j\omega L')(G' + j\omega C')} = \alpha + j\beta$

위 방정식의 **해**는 균일 평면파의 경우와 마찬가지로 $+z$ 방향과 $-z$ 방향으로 진행하는 신호로 구성된다.

❸ $V_s(z) = V_0^i e^{-\gamma z} + V_0^r e^{+\gamma z}$

❹ $I_s(z) = I_0^i e^{-\gamma z} + I_0^r e^{+\gamma z}$

= 순시형태

$v(z,t) = V_0^i e^{-\alpha z}\cos(\omega t - \beta z) + V_0^r e^{+\alpha z}\cos(\omega t + \beta z)$

$i(z,t) = I_0^i e^{-\alpha z}\cos(\omega t - \beta z) + I_0^r e^{+\alpha z}\cos(\omega t + \beta z)$

전원에서 나온 신호 → $V_0^i e^{-\gamma z}$ $V_0^r e^{+\gamma z}$ ← ③ 이것은 **반사된 신호**이다.

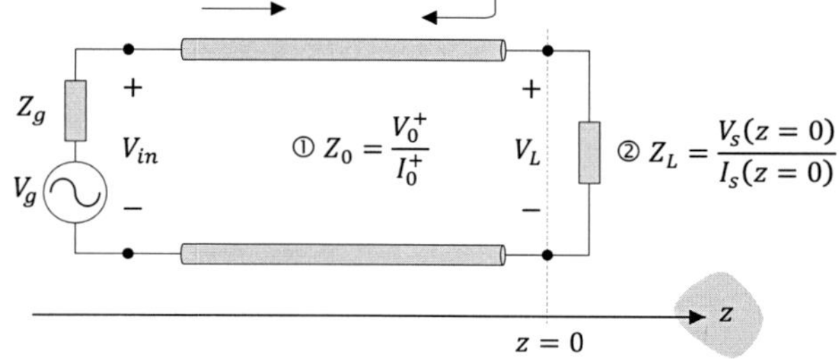

$V = IR$ & $R = \dfrac{V}{I}$

부하가 위치한 지점을 $z = 0$ 으로 놓는다.

① 전송선로의 특성임피던스는

대입 ❸ $V_s(z) = V_0^i e^{-\gamma z} + V_0^r e^{+\gamma z}$

❶ $-\dfrac{dV_s(z)}{dz} = (R' + j\omega L')I_s(z)$

대입 ❹ $I_s(z) = I_0^i e^{-\gamma z} + I_0^r e^{+\gamma z}$

정리한 결과는 $Z_0 = \dfrac{V_0^i}{I_0^i} = -\dfrac{V_0^r}{I_0^r} = \dfrac{R' + j\omega L'}{\gamma}$

이를 정리하면

$$Z_0 = \frac{V_0^i}{I_0^i} = -\frac{V_0^r}{I_0^r} = \sqrt{\frac{R' + j\omega L'}{G' + j\omega C'}}$$

c.f. 매질의 고유 임피던스 p. 181

② 부하에서 임피던스는

$$Z_L = \frac{V_s(z=0)}{I_s(z=0)} = \frac{V_0^i e^{-\gamma\cdot 0} + V_0^r e^{-\gamma\cdot 0}}{I_0^i e^{-\gamma\cdot 0} + I_0^r e^{-\gamma\cdot 0}} = \frac{V_0^i + V_0^r}{I_0^i + I_0^r} = Z_0 \frac{V_0^i + V_0^r}{V_0^i - V_0^r}$$

이를 정리하면 $Z_L = Z_0 \dfrac{V_0^i + V_0^r}{V_0^i - V_0^r}$ 이며, 이를 전압 비율로 정리하면 $\dfrac{V_0^r}{V_0^i} = \dfrac{Z_L - Z_0}{Z_L + Z_0}$

③ 우리에게 중요한 것은 **반사되는 신호**이다. (반사되지 않은 신호는 계속 진행한다.)

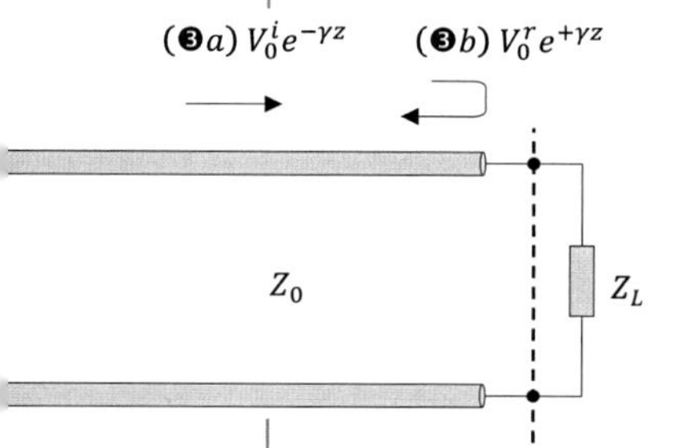

반사되는 신호 (❸b) 는 전원으로부터 입력된 신호 (❸a) 의 크기에 의존적이므로, 반사되는 정도는 두 신호의 비율로 표시한다. 이 비율을 **반사계수**라고 하며, 부하($z = 0$)에서 반사계수는

$$\Gamma_L = \frac{V_0^r}{V_0^i} = \frac{Z_L - Z_0}{Z_L + Z_0} = |\Gamma_L| e^{j\theta_r}$$

반사계수는 복소수이다.

반사계수의 특징

- 반사계수의 범위

$$-1 \le |\Gamma_L| \le 1$$

- 전송선로의 임의 지점에서 반사계수

$$\Gamma = \frac{V_0^r e^{+\gamma z}}{V_0^i e^{-\gamma z}} = \Gamma_L e^{+2\gamma z}$$

p. 246

- 부하의 임피던스에 따라서
  - (a) 부하가 단락된 경우 $Z_L = 0 \rightarrow \Gamma_L = -1$
  - (b) 부하가 개방된 경우 $Z_L = \infty \rightarrow \Gamma_L = 1$
  - (c) $Z_L = Z_0$ 인 경우 $\rightarrow \mathbf{\Gamma_L = 0}$

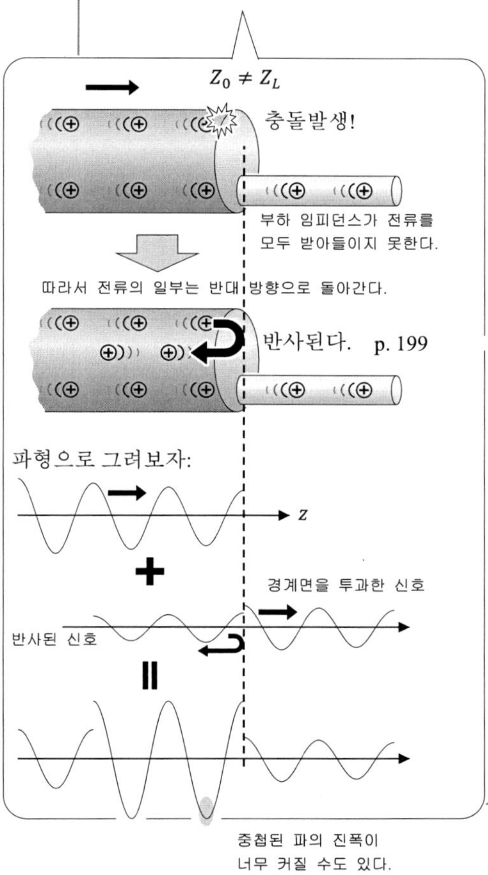

모든 신호가 부하로 전달되는 바람직한 경우이다. 이를 위해서 부하 앞쪽에 소자들을 삽입하여 **임피던스 정합**을 수행한다.

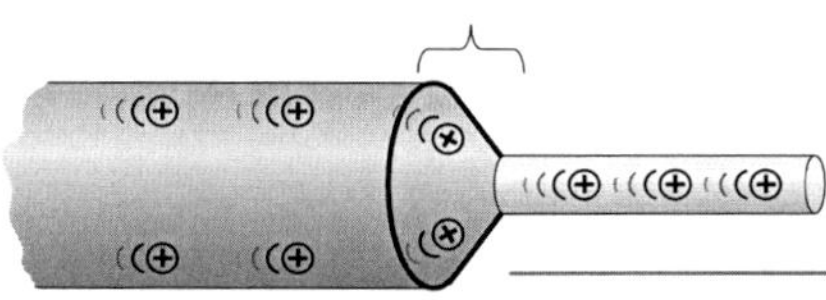

현재까지 유도한 내용들...

- 전기 신호(전압과 전류)를 보내는 상황을 식으로 나타낸 것은 전신기사 방정식이다.

$$\begin{cases} ❶ \ -\dfrac{dV_s(z)}{dz} = (R' + j\omega L')I_s(z) \\ ❷ \ -\dfrac{dI_s(z)}{dz} = (G' + j\omega C')V_s(z) \end{cases}$$

- 이 방정식을 풀어서 입사와 반사에 대한 전압과 전류를 얻었다. [1]

$$\begin{cases} ❸ \ V_s(z) = V_s^i(z) + V_s^r(z) = V_0^i e^{-\gamma z} + V_0^r e^{+\gamma z} = V_0^i e^{-\gamma z} + \Gamma_L V_0^i e^{+\gamma z} \\ ❹ \ I_s(z) = I_s^i(z) + I_s^r(z) = I_0^i e^{-\gamma z} + I_0^r e^{+\gamma z} = I_0^i e^{-\gamma z} - \Gamma_L I_0^i e^{+\gamma z} \end{cases}$$

- 이때 부하에 의해 신호가 반사되며,임의의 위치에서 그 비율은

$$\Gamma = \frac{V_0^r e^{+\gamma z}}{V_0^i e^{-\gamma z}} = \Gamma_L e^{+2\gamma z}$$

부하가 위치한 곳에서 반사계수는

$$\Gamma_L = \frac{V_0^r}{V_0^i} = \frac{Z_L - Z_0}{Z_L + Z_0} = |\Gamma_L| e^{j\theta_r}$$

- 신호의 반사는 전송선로와 부하에 의해 결정되므로, 전송선로와 부하를 신호의 비율로 표시할 수 있다.

전송선로

$$Z_0 = \frac{V_0^i}{I_0^i} = -\frac{V_0^r}{I_0^r} = \sqrt{\frac{R' + j\omega L'}{G' + j\omega C'}}$$

부하

$$Z_L = Z_0 \frac{V_0^i + V_0^r}{V_0^i - V_0^r}$$

---

1) *cf.* 헬름홀츠 방정식의 해: p. 180 & p. 199

$$\begin{cases} \vec{E}_s(z) = (E_{x0}^+ e^{-\gamma z} + \Gamma \cdot E_{x0}^+ e^{+\gamma z}) \cdot \hat{x} \\ \vec{H}_s(z) = \left(\dfrac{E_{x0}^+}{\eta} e^{-\gamma z} - \Gamma \cdot \dfrac{E_{x0}^+}{\eta} e^{+\gamma z}\right) \cdot \hat{y} \end{cases}$$

앞으로 다룰 내용들...

5.5 전원 ($z = -\ell$)에서 바라본 등가회로
= 입력 임피던스 Z_{in}

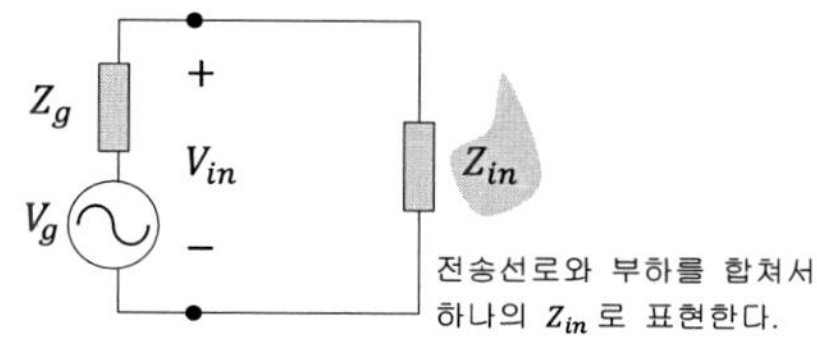

<아래 회로의 등가회로>

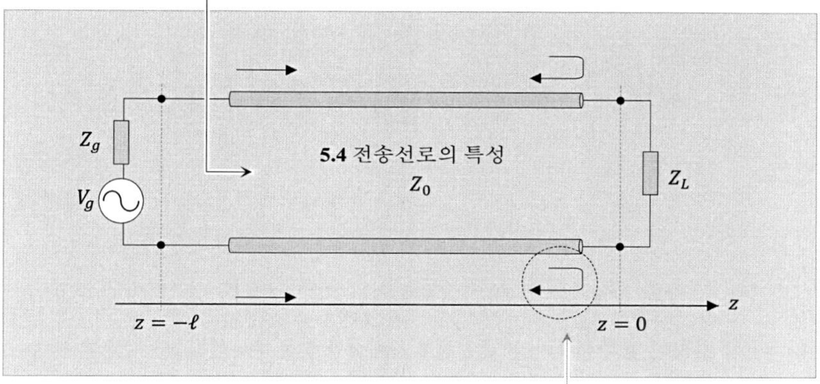

5.6 전송선로의 특성이 변할 때:
반사가 발생하며, 반사가 회로에 주는 영향을 살펴본다.

5.9 반사를 최소화하는 방법: 임피던스 정합 방법을 살펴본다.

5.4 전송선로의 특성 Properties of Transmission Lines

일반적인 전송선로의 특성 임피던스는 $Z_0 = \frac{V_0^i}{I_0^i} = -\frac{V_0^r}{I_0^r} = \sqrt{\frac{R' + j\omega L'}{G' + j\omega C'}} = R_0 + jX_0 = |Z_0|e^{j\theta_{Z0}}$

Z_0를 사용하여 전압과 전류를 다시 정리해보자.

$\gamma = \alpha + j\beta$

❸ $V_s(z) = V_0^i e^{-\gamma z} + V_0^r e^{+\gamma z}$

❹ $I_s(z) = I_0^i e^{-\gamma z} + I_0^r e^{+\gamma z} = \frac{V_0^i}{Z_0} e^{-\gamma z} - \frac{V_0^r}{Z_0} e^{+\gamma z} = \frac{V_0^i}{|Z_0|} e^{-\alpha z - j(\beta z + \theta_{Z0})} - \frac{V_0^r}{Z_0} e^{+\alpha z + j(\beta z - \theta_{Z0})}$

입사파만 순시형태로 쓰면

$$V^i(z,t) = V_0^i e^{-\alpha z}\cos(\omega t - \beta z)$$

$$I^i(z,t) = \frac{V_0^i}{|Z_0|} e^{-\alpha z}\cos(\omega t - \beta z - \theta_{Z0})$$

전압과 전류 사이에 위상(시간) 차이가 생긴다.
전류는 전압보다 늦게 도착한다. p. 186

전송선로의 구조와 재료에 따라 특성이 변하며 몇 가지 특이한 전송선로들에 대한 **특성 파라미터**들은 다음과 같다:

① 일반 전송선로	② 무손실 선로	③ 저손실 선로	④ 무왜곡 선로 p. 242 참조
	도체의 전도도 $\sigma_c \cong \infty$ 유전체는 무손실 $\sigma_d \cong 0$ $R' = 0$ & $G' = 0$	매우 높은 주파수에서는 표피효과 때문에 도체의 저항성분이 증가한다. $R' \ll \omega L'$ & $G' \ll \omega C'$	α는 주파수에 무관, β는 주파수에 선형적으로 의존 $\frac{R'}{L'} = \frac{G'}{C'}$
$\gamma = \sqrt{(R' + j\omega L')(G' + j\omega C')} = \alpha + j\beta$	$j\omega\sqrt{L'C'} = j\beta$	$\cong j\beta$ [1)]	$\sqrt{R'G'} + j\omega\sqrt{L'C'} = \alpha + j\beta$
$Z_0 = \sqrt{\frac{R' + j\omega L'}{G' + j\omega C'}} = R_0 + jX_0$	$\sqrt{\frac{L'}{C'}} = R_0$	$R_0 + jX_0$ [2)]	$\sqrt{\frac{R'}{G'}} = \sqrt{\frac{L'}{C'}} = R_0$
$\mu_p = \frac{dz}{dt} = \frac{\omega}{\beta}$	$\frac{1}{\sqrt{L'C'}}$	$\frac{1}{\sqrt{L'C'}\left[1 + \frac{1}{8}\left(\frac{G'}{\omega C'} - \frac{R'}{\omega L'}\right)^2\right]}$	$\mu_p = \frac{1}{\sqrt{L'C'}}$

1) $\gamma = \frac{1}{2}\left(R'\sqrt{\frac{C'}{L'}} + G'\sqrt{\frac{L'}{C'}}\right) + j\omega\sqrt{L'C'}\left[1 + \frac{1}{8}\left(\frac{G'}{\omega C'} - \frac{R'}{\omega L'}\right)^2\right]$

2) $Z_0 = \sqrt{\frac{L'}{C'}}\left\{1 + \frac{1}{2\omega^2}\left[\frac{1}{4}\left(\frac{R'}{L'} + \frac{G'}{C'}\right)^2 - \frac{G'}{C'}\right] + \frac{j}{2\omega}\left(\frac{G'}{C'} - \frac{R'}{L'}\right)\right\}$

RG-58/U type 동축케이블의 분포정수 파라미터들은 다음과 같다.

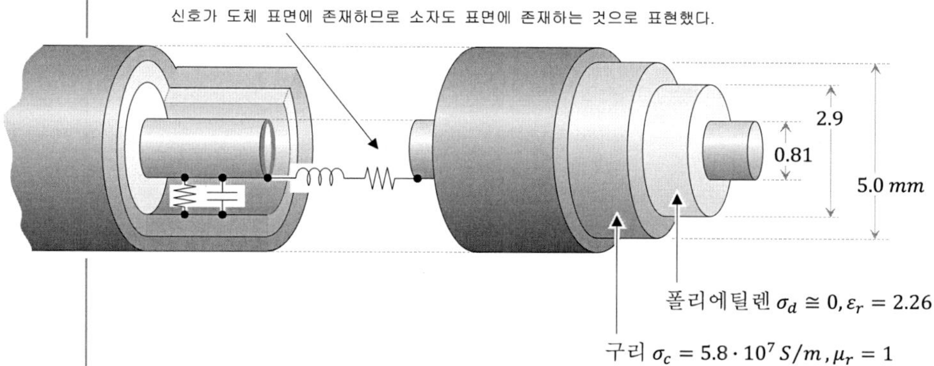

$$R' = \frac{1}{2\pi}\left(\frac{1}{a}+\frac{1}{b}\right)\sqrt{\frac{\pi f \mu_c}{\sigma_c}} \ \left[\frac{\Omega}{m}\right]$$ ← p. 191

$$G' = \frac{2\pi\sigma_d}{\ln\left(\frac{b}{a}\right)} \ \left[\frac{S}{m}\right]$$ ← p. 134

$$L' = \frac{\mu_d}{2\pi}\ln\left(\frac{b}{a}\right) \ \left[\frac{H}{m}\right]$$ ← p. 125

$$C' = \frac{2\pi\varepsilon_d}{\ln\left(\frac{b}{a}\right)} \ \left[\frac{F}{m}\right]$$ ← p. 76

Drill 5.4-1 RG-58/U type 동축케이블의 특성 파라미터들을 계산해보자.

$f = 1\, GHz$ 에서 표피깊이는

$$\delta = \frac{1}{\alpha} = \frac{1}{\sqrt{\pi f \mu_c \sigma_c}} = \frac{1}{\sqrt{\pi \cdot 10^9 \cdot (4\pi \cdot 10^{-7}) \cdot (5.8 \cdot 10^7)}} = 2.1\, \mu m$$

δ 가 도체의 두께보다 충분히 작으므로($\delta \ll a = 2.1\, \mu m \ll 0.81/2\, mm$) 위의 공식들을 사용할 수 있다.

$$R' = \frac{1}{2\pi}\left(\frac{1}{a}+\frac{1}{b}\right)\sqrt{\frac{\pi f \mu_c}{\sigma_c}} = 4.1\, \frac{\Omega}{m}$$

$$G' = \frac{2\pi\sigma_d}{\ln\left(\frac{b}{a}\right)} = 0\, \frac{S}{m}$$

$$L' = \frac{\mu_d}{2\pi}\ln\left(\frac{b}{a}\right) = 260\, n\frac{H}{m}$$

$$C' = \frac{2\pi\varepsilon_d}{\ln\left(\frac{b}{a}\right)} = 98\, p\frac{F}{m}$$

전송선로의 특성 파라미터들은 (확인을 위해 왼쪽 표의 ①으로 계산하였다.)

$$\gamma = 0.041 + j32\, m^{-1}$$

$$Z_0 = R + jX = 51 - j0.066\, \Omega$$ ← 특성 임피던스는 복소수의 형태이다.

$$\mu_p \cong 2.0 \times 10^8\, \frac{m}{s}$$

$R' = 4.1 \ll \omega L' = 260$ & $G' = 0 \ll \omega C' = 0.098$ 이므로 이 케이블은 저손실 또는 **무손실 전송선로**이다.

동축케이블을 무손실 전송선로로 생각할 경우 $Z_0 = \sqrt{\frac{L'}{C'}} = \sqrt{\frac{\frac{\mu_d}{2\pi}\ln\left(\frac{b}{a}\right)}{\frac{2\pi\varepsilon_d}{\ln\left(\frac{b}{a}\right)}}} = \frac{1}{2\pi}\sqrt{\frac{\mu_d}{\varepsilon_d}}\ln\left(\frac{b}{a}\right) = \frac{60}{\sqrt{\varepsilon_r}}\ln\left(\frac{b}{a}\right)$

(유전체의 μ_r~1)

5.5 입력 임피던스 Input Impedance

등가 회로는 복잡한 회로를 간단한 형태로 만든 것이며, 회로를 쉽게 분석할 수 있게 도와준다. 여기서는 입력단에서 보는 등가회로를 그려보자.

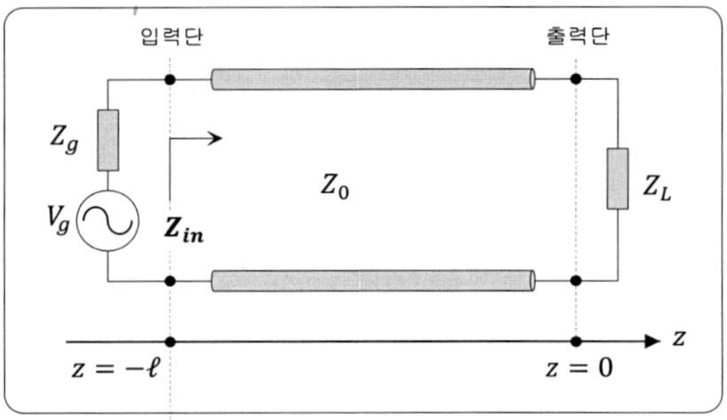

$$V_s(z) = V_0^i e^{-\gamma z} + V_0^r e^{+\gamma z}$$
$$I_s(z) = I_0^i e^{-\gamma z} + I_0^r e^{+\gamma z}$$
$$Z_0 = \frac{V_0^i}{I_0^i} = -\frac{V_0^r}{I_0^r}$$
$$\Gamma_L = \frac{V_0^r}{V_0^i} = \frac{Z_L - Z_0}{Z_L + Z_0} = |\Gamma_L| e^{j\theta_r}$$
$$R = \frac{V}{I}$$

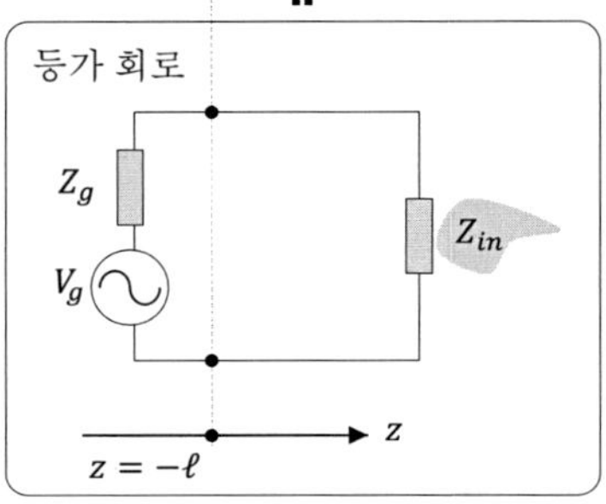

왼쪽 등가 회로의 **입력 임피던스 Z_{in}** 는 옴의 법칙에서

$$Z_{in} = \frac{V_s(z=-\ell)}{I_s(z=-\ell)} = \frac{V_0^i e^{+\gamma\ell} + V_0^r e^{-\gamma\ell}}{I_0^i e^{+\gamma\ell} + I_0^r e^{-\gamma\ell}}$$

$$= Z_0 \frac{V_0^i e^{+\gamma\ell} + V_0^r e^{-\gamma\ell}}{V_0^i e^{+\gamma\ell} - V_0^r e^{-\gamma\ell}}$$ 이 되고,

이를 정리하면

$$Z_{in} = Z_0 \frac{Z_L + Z_0 \tanh(\gamma\ell)}{Z_0 + Z_L \tanh(\gamma\ell)}$$ 또한 $$\Gamma_{in} = \frac{V_0^r e^{-\gamma\ell}}{V_0^i e^{+\gamma\ell}} = \Gamma_L e^{-2\gamma\ell} = \frac{Z_{in} - Z_0}{Z_{in} + Z_0}$$

실제로 손실이 없는 선로($\alpha = 0$)를 주로 사용하게 되므로 이에 대한 값을 계산하면

$$Z_{in} = Z_0 \frac{Z_L + jZ_0 \tan(\beta\ell)}{Z_0 + jZ_L \tan(\beta\ell)}$$ 또한 $$\Gamma_{in} = \Gamma_L e^{-j2\beta\ell} = \frac{Z_{in} - Z_0}{Z_{in} + Z_0}$$

Drill 5.5-1 위 그림에서 $Z_0 = 50\,\Omega, Z_L = 100\,\Omega$ 이며, 손실 없는 전송선로의 길이가 $\ell = \frac{\lambda}{8}$ 이면

$\cos(\omega t - \beta z)$ 에서

$$\omega = 2\pi f \left[\frac{1}{s}\right]$$
$$\beta = 2\pi\frac{1}{\lambda} \left[\frac{1}{m}\right]$$

$$Z_{in} = 50 \frac{100 + j50 \tan\left(2\pi\frac{1}{\lambda}\cdot\frac{\lambda}{8}\right)}{50 + j100 \tan\left(2\pi\frac{1}{\lambda}\cdot\frac{\lambda}{8}\right)} = 40 - j30\,\Omega$$

$$\Gamma_L = \frac{Z_L - Z_0}{Z_L + Z_0} = \frac{100 - 50}{100 + 50} = \frac{1}{3}$$

$$\Gamma_{in} = \Gamma_L e^{-j2\beta\ell} = \frac{100 - 50}{100 + 50} e^{-j\frac{\pi}{2}} = \frac{1}{3} e^{-j\frac{\pi}{2}}$$ ← 무손실 전송선로에서 Γ_{in}는 Γ_L와 위상의 차이만 있다.

이제 다음과 같은 6가지 경우에 대해서 입력 임피던스의 특성을 살펴보자.
(손실 없는 전송선로를 가정한다.)

❶ $Z_L = Z_0$인 경우

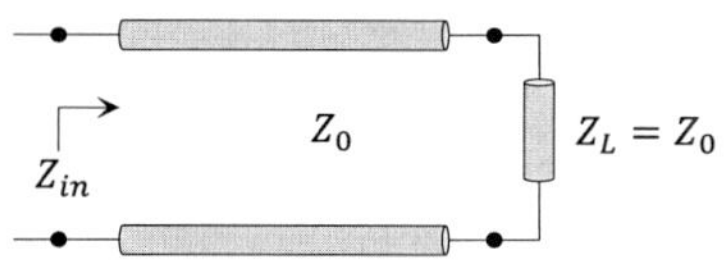

❷ $Z_L = 0$ 인 경우 (단락된 부하)

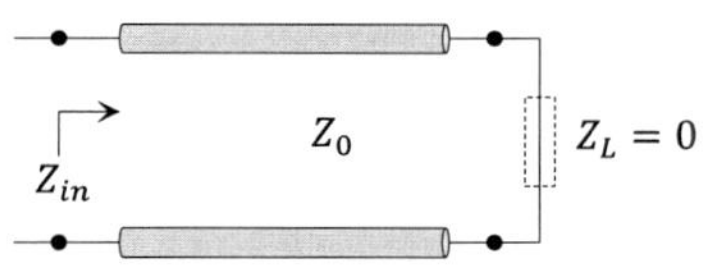

❸ $Z_L = \infty$ 인 경우 (개방된 부하)

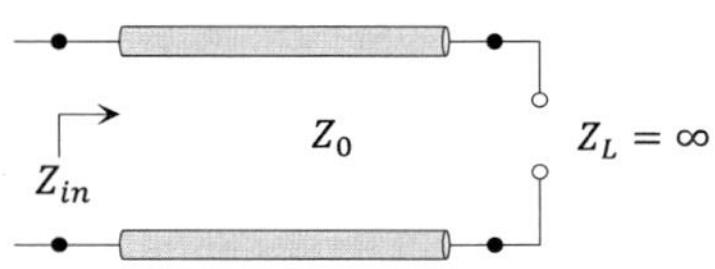

❹ 저항 성분만 있는 부하

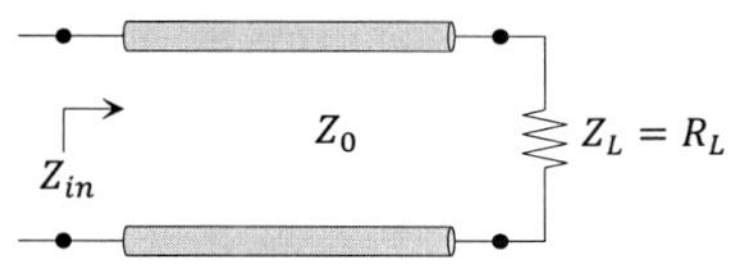

❺ 리액턴스 성분만 있는 부하

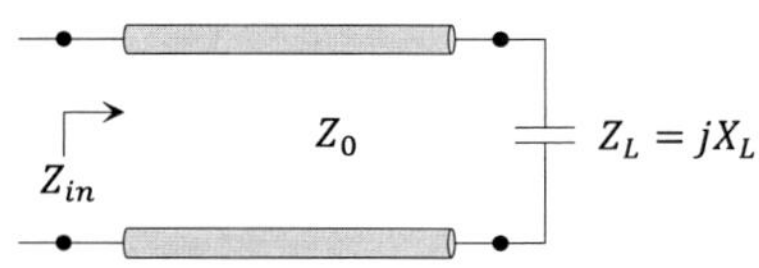

❻ 복소 부하 (일반적인 상황)

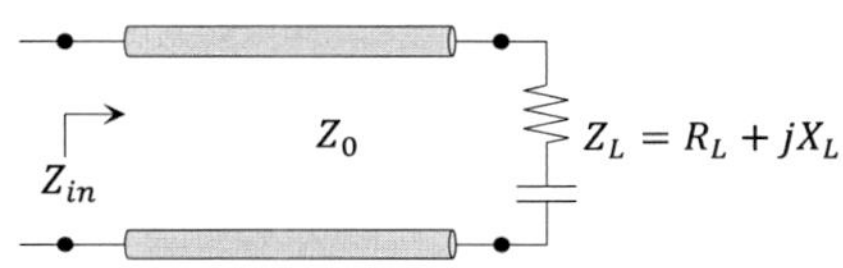

❶ $Z_L = Z_0$인 경우 입력 임피던스를 구해보자.

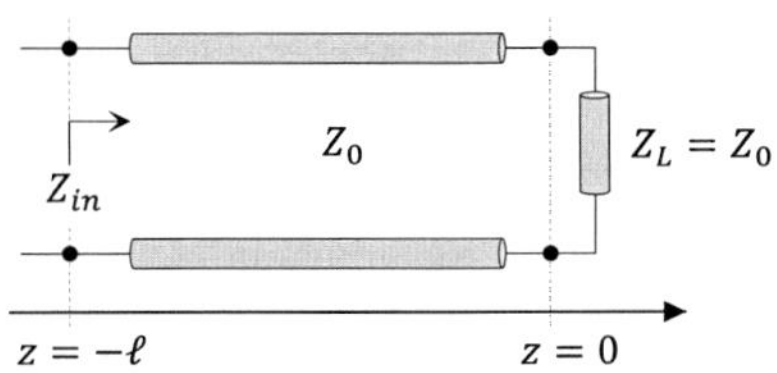

손실이 없는 전송선로를 가정하므로,

$Z_{in} = Z_0 \dfrac{Z_L + jZ_0 \tan(\beta\ell)}{Z_0 + jZ_L \tan(\beta\ell)}$ 의 공식에

$Z_L = Z_0$ 를 대입한다.

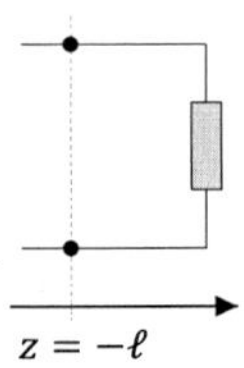

$$Z_{in} = Z_0 \frac{Z_0 + jZ_0 \tan(\beta\ell)}{Z_0 + jZ_0 \tan(\beta\ell)} = Z_0$$

입력 임피던스는 전송선로의 임피던스와 같게 된다.

❷ $Z_L = 0$ 인 경우 (단락된 부하) 입력 임피던스를 구해보자.

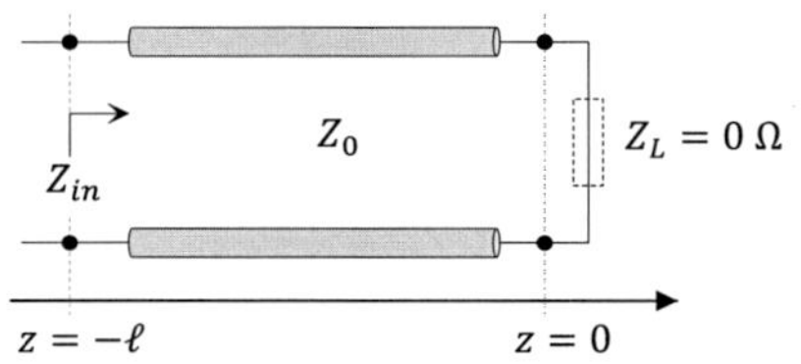

손실이 없는 전송선로를 가정하므로,

$Z_{in} = Z_0 \dfrac{Z_L + jZ_0 \tan(\beta\ell)}{Z_0 + jZ_L \tan(\beta\ell)}$ 의 공식에

$Z_L = 0$ 를 대입한다.

‖

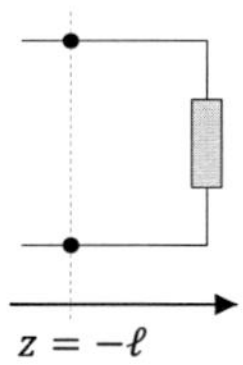

$$Z_{in} = Z_0 \frac{0 + jZ_0 \tan(\beta\ell)}{Z_0 + j \cdot 0 \cdot \tan(\beta\ell)} = jZ_0 \tan(\beta\ell)$$

$Z_{in} = jZ_0 \tan(\beta\ell)$ 그래프

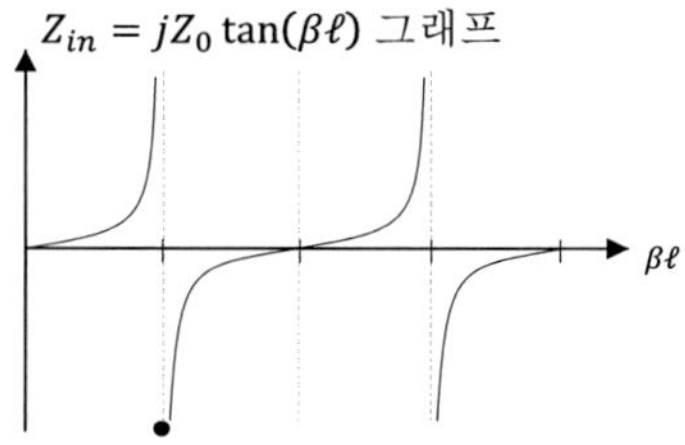

$\beta\ell = \dfrac{2\pi}{\lambda} \cdot \ell$

② $\ell = \dfrac{\lambda}{4}$ 이면 $\beta\ell = \dfrac{\pi}{2}$ 가 되어 $Z_{in} = \infty$ 이 된다.

Drill 5.5-2 단락된 부하를 사용하여 입력 임피던스가 **개방된 것처럼** 만들어 보자: $Z_{in} = \infty$

① 입력 신호에 $f = 20\ GHz$ 신호와 DC 신호가 섞여 있다.

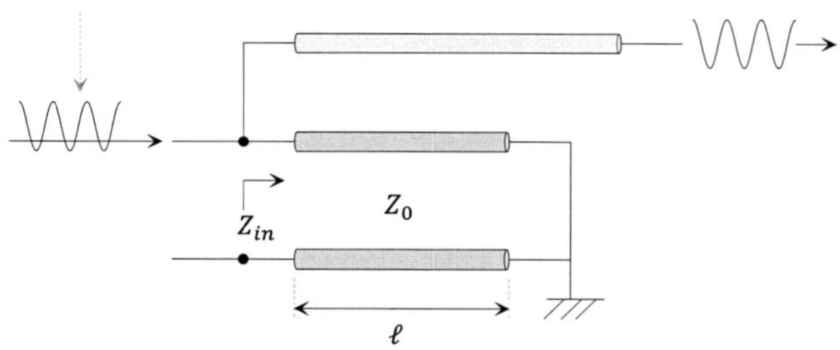

③ $f = 20\ GHz$ 신호는 이쪽으로 흘러간다.

② 전송 선로의 끝을 단락시키고, 위 그래프에서 $Z_{in} = \infty$ 이 되는 전송선로의 길이를 찾는다:[1)]

$$\ell = \frac{\lambda}{4} = \frac{\mu_p}{4 \cdot f} = \frac{2 \cdot 10^8}{4 \cdot 20 \cdot 10^9} = 2.5\ mm$$

$f = 20\ GHz$ 신호에게 보이는 회로

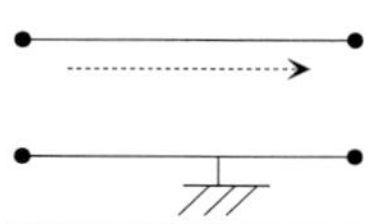

③ $f = 20\ GHz$ 신호에게 $Z_{in} = \infty$ 이다.

DC 신호에게 보이는 회로

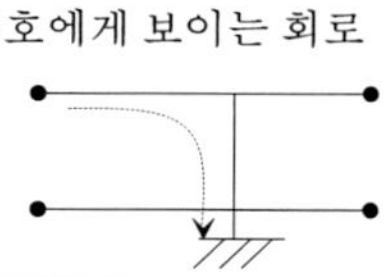

④ DC 신호에게 $Z_{in} = 0$ 이다.
DC 신호는 전송선로를 타고 흘러 나간다.

[1)] $\mu_p = 2 \cdot 10^8$ 로 사용하였다. p. 231

❸ $Z_L = \infty$ 인 경우 (개방된 부하) 입력 임피던스를 구해보자.

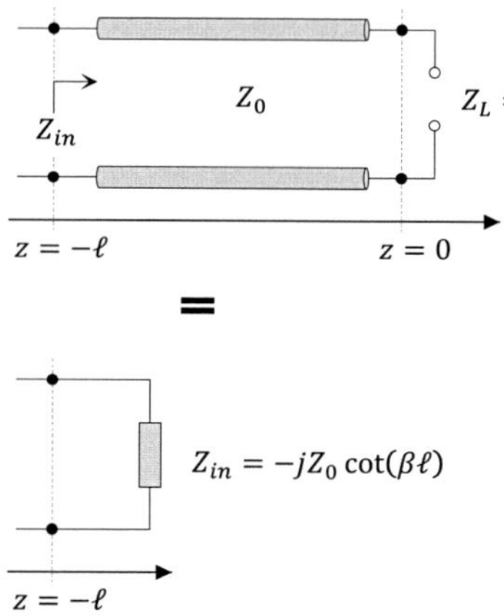

손실이 없는 전송선로를 가정하므로,

$Z_{in} = Z_0 \dfrac{Z_L + jZ_0 \tan(\beta\ell)}{Z_0 + jZ_L \tan(\beta\ell)}$ 의 공식에

$Z_L = \infty$를 대입한다.

$Z_{in} = -jZ_0 \cot(\beta\ell)$ 그래프

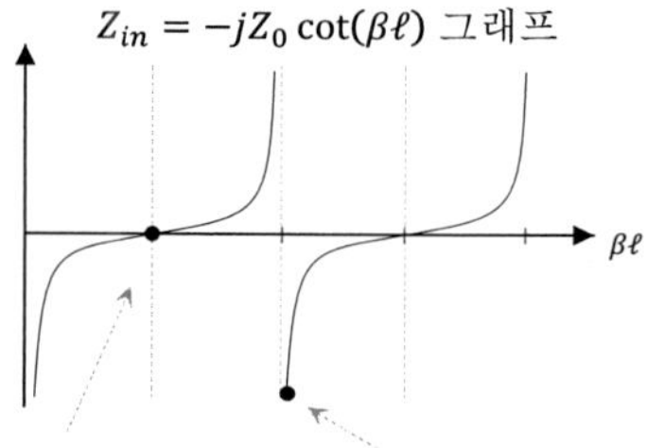

② $\ell = \dfrac{\lambda_1}{4}$ 일 때 $Z_{in} = 0$　　　④ $\beta_2 \cdot \ell = \pi \rightarrow Z_{in} = \infty$

Drill 5.5-3 개방된 부하를 사용하여 입력 임피던스가 **단락된 것처럼** 만들어 보자: $Z_{in} = 0$

① 입력 신호에 $f_1 = 10\ GHz$ 신호와 $f_2 = 2 \cdot f_1 = 20\ GHz$ 신호가 섞여 있다.

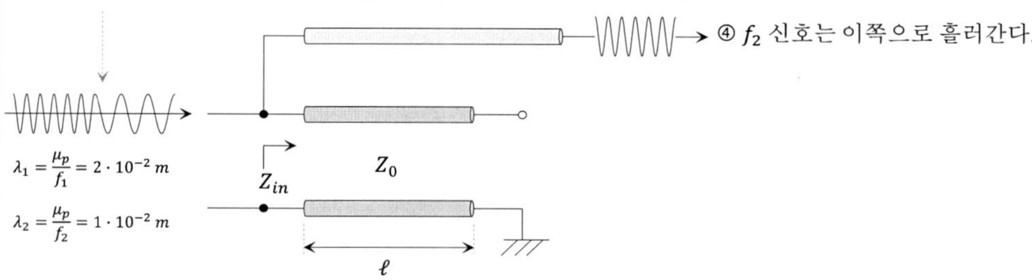

② 전송 선로의 끝을 개방시키고, 위 그래프에서 f_1 신호에 대해서 $Z_{in} = 0$ 이 되는 전송선로의 길이를 찾는다:

$$\ell = \frac{\lambda_1}{4} = \frac{u_p}{4 \cdot f_1} = \frac{2 \cdot 10^8}{4 \cdot 10 \cdot 10^9} = 5.0\ mm$$

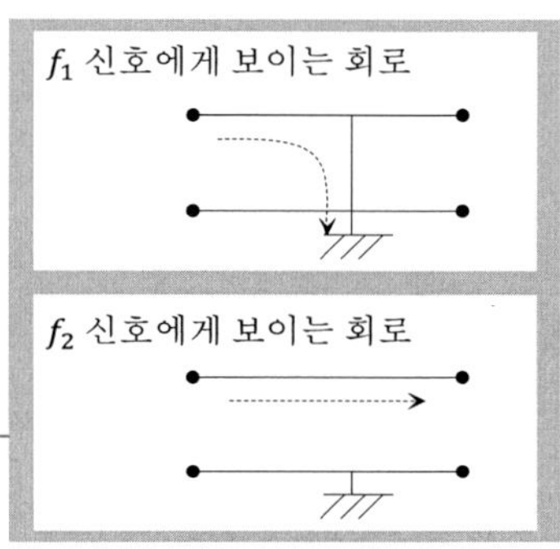

③ f_1 신호에게 $Z_{in} = 0$ 이 된다.

④ $f_2 = 2 \cdot f_1$ 이므로 f_2 신호에게 $\ell = 5.0\ mm = \lambda_2/2$가 된다. 즉, $\beta_2 \cdot \ell = 180°$ 가 되어 $Z_{in} = \infty$ 이 된다.

$u_p = \dfrac{\lambda}{T} = \lambda \cdot f = \dfrac{\omega}{\beta} = \dfrac{1}{\sqrt{\mu\varepsilon}}$

$\cos(\omega t - \beta z) = \cos(2\pi - \beta z) = \cos(\beta z)$

❹ 부하에 저항 성분만 있는 경우 입력 임피던스를 구해보자.

손실이 없는 전송선로에서 $f = 1\ GHz$ 일 때

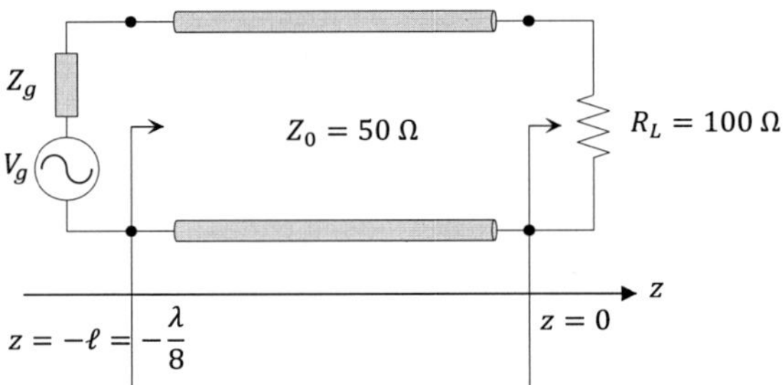

$\omega t = 2\pi$ 일 때의 파형들

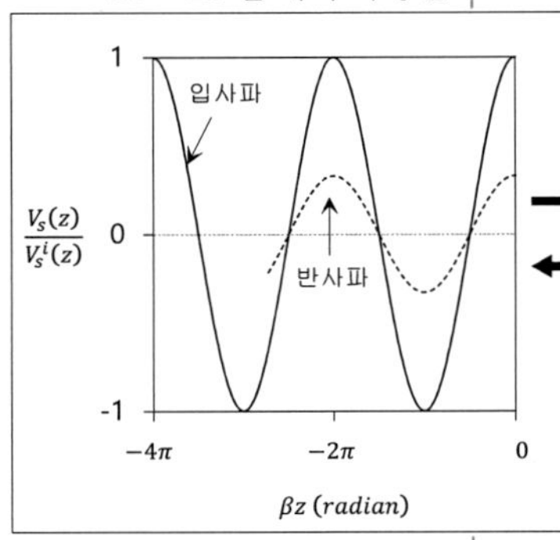

① $Z_L = R_L = 100\ \Omega$

② $\Gamma_L = \dfrac{Z_L - Z_0}{Z_L + Z_0} = 0.33$

$\beta\ell = 2\pi\frac{1}{\lambda}\cdot\frac{\lambda}{8} = \frac{\pi}{4}$

③ $Z_{in} = Z_0\dfrac{Z_L + jZ_0\tan(\beta\ell)}{Z_0 + jZ_L\tan(\beta\ell)} = 40 - j30 = 50\angle-36.9°\ \Omega$

④ $\Gamma_{in} = \Gamma_L e^{-j2\beta\ell} = 0.33\angle-90° = -j0.33$

❺ 부하에 리액턴스 성분만 있는 경우 입력 임피던스를 구해보자.

손실이 없는 전송선로에서 $f = 1\ GHz$ 일 때

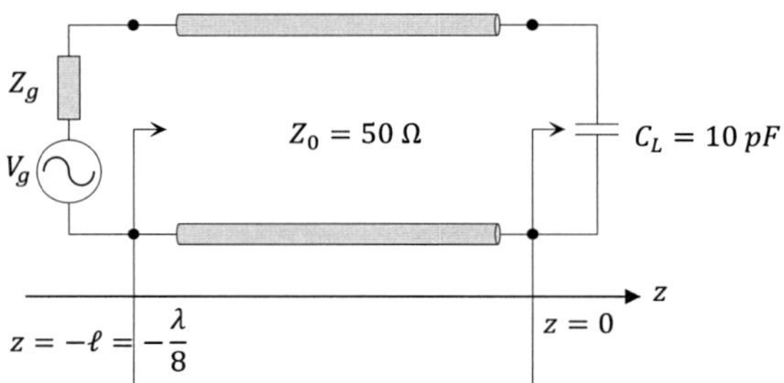

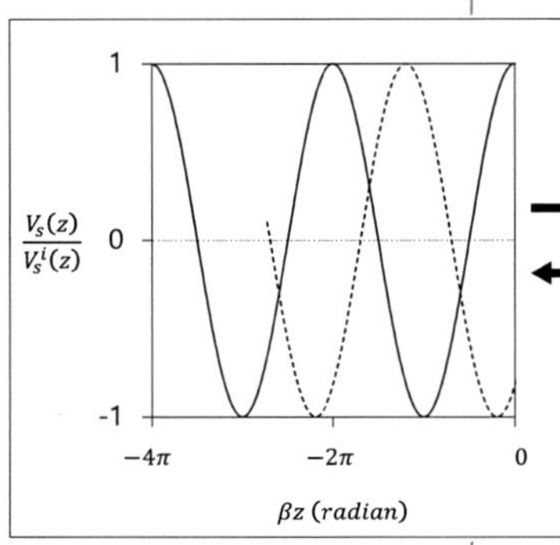

① $Z_L = \dfrac{1}{j\omega C_L} = -j16\ \Omega$

② $\Gamma_L = \dfrac{Z_L - Z_0}{Z_L + Z_0} = -0.82 - j0.58 = 1.0e^{-j145°} = 1.0\angle-145°$

③ $Z_{in} = Z_0\dfrac{Z_L + jZ_0\tan(\beta\ell)}{Z_0 + jZ_L\tan(\beta\ell)} = j25.9 = 25.9\angle90°\ \Omega$

④ $\Gamma_{in} = \Gamma_L e^{-j2\beta\ell} = 1.0\angle-235° = 1.0\angle125°$

부하에 리액티브 성분만 있으면

$|\Gamma| = 1$

❻ 일반적인 복소 부하를 사용할 경우 입력 임피던스를 구하고 회로를 해석해 보자.

손실이 없는 전송선로에서 $f = 1\,GHz$ 일 때

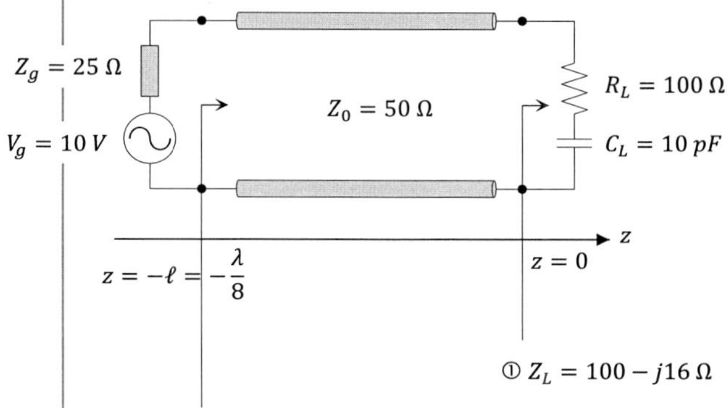

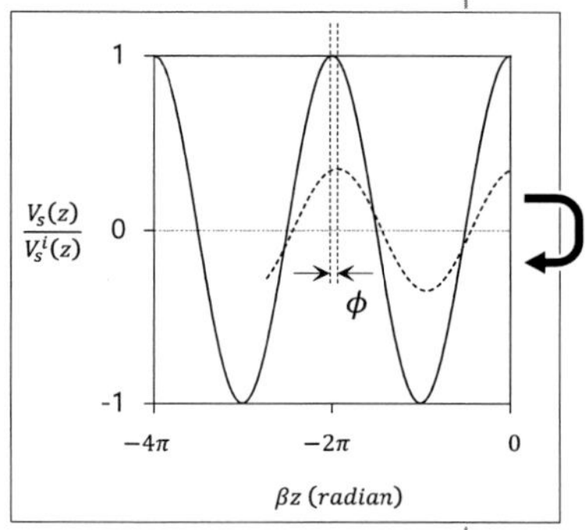

① $Z_L = 100 - j16\,\Omega$ ② $\Gamma_L = 0.35\angle -11.6°$

③ $Z_{in} = 44.1\angle -37.8°\,\Omega$ ④ $\Gamma_{in} = \Gamma_L e^{-j2\beta\ell} = 0.35\angle -101.6°$

$V_s(z) = V_0^i e^{-\gamma z} + V_0^r e^{+\gamma z} = V_0^i e^{-\gamma z} + \Gamma_L V_0^i e^{+\gamma z}$

⑤ V_{in}을 구하고 등가회로를 분석하자.

$$V_s(-\ell) = V_0^i e^{+\gamma\ell} + \Gamma_L V_0^i e^{-\gamma\ell} \quad = \quad V_{in} = V_g \frac{Z_{in}}{Z_g + Z_{in}} = 6.72\angle -13.5°$$

위의 방정식을 풀면

$$V_0^i = \frac{V_{in}}{e^{+\gamma\ell} + \Gamma_L e^{-\gamma\ell}} = 6.78e^{-j38.4°}$$

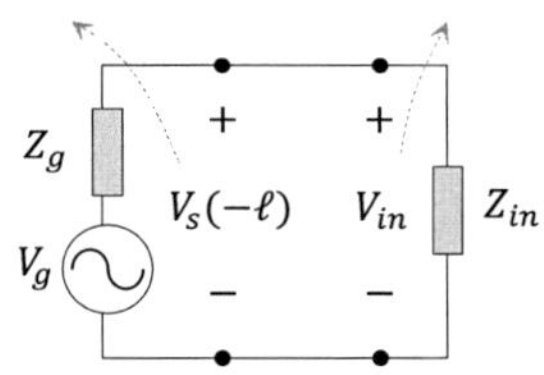

이제 입력임피던스로 입력되는 시평균 전력을 계산할 수 있다:

$$\boldsymbol{P_{in,avg}} = \langle \boldsymbol{P_{in}} \rangle = \frac{\mathbf{1}}{\mathbf{2}} \boldsymbol{Re}[\boldsymbol{V_{in}} \cdot \boldsymbol{I_{in}^*}] = \frac{1}{2}|I_{in}|^2 \cdot Re[Z_{in}] = 0.4\,W \quad = \quad \langle \boldsymbol{P^i(0)} \rangle \cdot (\mathbf{1} - |\boldsymbol{\Gamma_L}|^2)$$

전송선로가 무손실이면 이 전력은 모두 **부하로 전달**된다. p. 239

⑥ 위에서 구한 V_0^i 를 사용하여 전압과 전류의 일반식을 완성하면

$$V_s(z) = V_0^i e^{-\gamma z} + \Gamma_L V_0^i e^{+\gamma z} = 6.78e^{-j(38.4° + \beta z)} + 2.37e^{j(-50° + \beta z)}\ V$$

$$I_s(z) = \frac{V_0^i}{Z_0} e^{-\gamma z} - \Gamma_L \frac{V_0^i}{Z_0} e^{+\gamma z} = 0.14e^{-j(38.4° + \beta z)} - 0.05e^{j(-50° + \beta z)}\ A$$

⑦ 부하($z = 0$)에 인가되는 전압과 전류를 계산하면

$$\boldsymbol{V_L} = V_s(0) = V_0^i + \Gamma_L V_0^i = \boldsymbol{V_0^i} \cdot (\mathbf{1} + \boldsymbol{\Gamma_L}) = 6.78e^{-j38.4°} \cdot (1 + 0.35e^{-j11.6°}) = 9.1e^{-j41.4°}$$

$$\boldsymbol{I_L} = I_s(0) = \frac{V_0^i}{Z_0} - \Gamma_L \frac{V_0^i}{Z_0} = \frac{\boldsymbol{V_0^i}}{\boldsymbol{Z_0}} \cdot (\mathbf{1} - \boldsymbol{\Gamma_L}) = 0.09e^{-j32.3°}$$

5.6 전송선로에서 전력의 전파

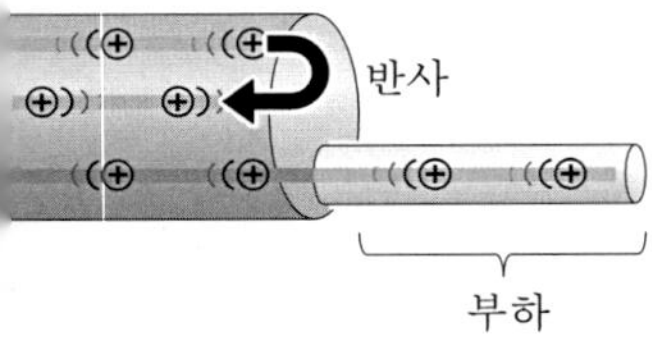

우리가 관심 있게 봐야 할 문제는 선로의 특성이 변할 때이며, 신호의 **반사**가 발생한다.
가장 흔한 예) 부하의 임피던스가 전송선로의 특성 임피던스와 다를 때: $Z_L \neq Z_0$
(이때 부하는 파장에 비해 크기가 작은 집중정수 소자이다.)

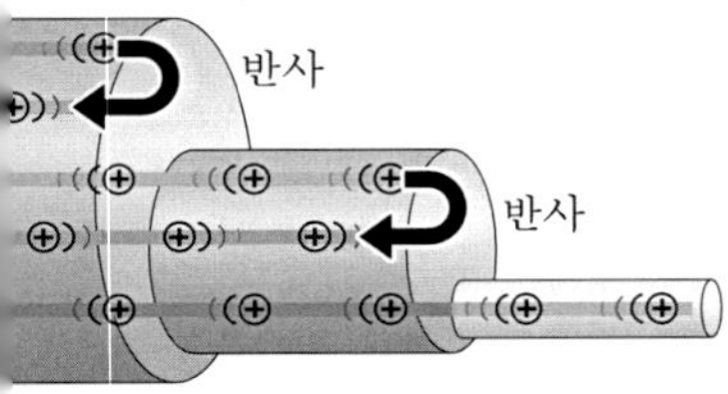

① 전압과 전류에 대한 일반식

$$V_s(z) = V_s^i(z) + V_s^r(z) = V_0^i e^{-\gamma z} + \Gamma_L V_0^i e^{+\gamma z}$$

$$I_s(z) = I_s^i(z) + I_s^r(z) = \frac{V_0^i}{Z_0} e^{-\gamma z} - \Gamma_L \frac{V_0^i}{Z_0} e^{+\gamma z}$$

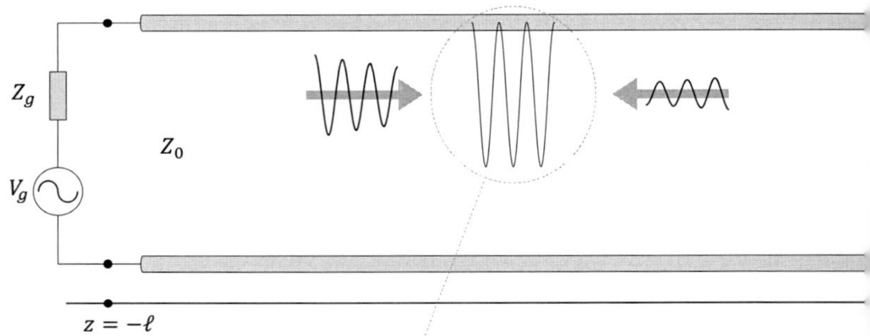

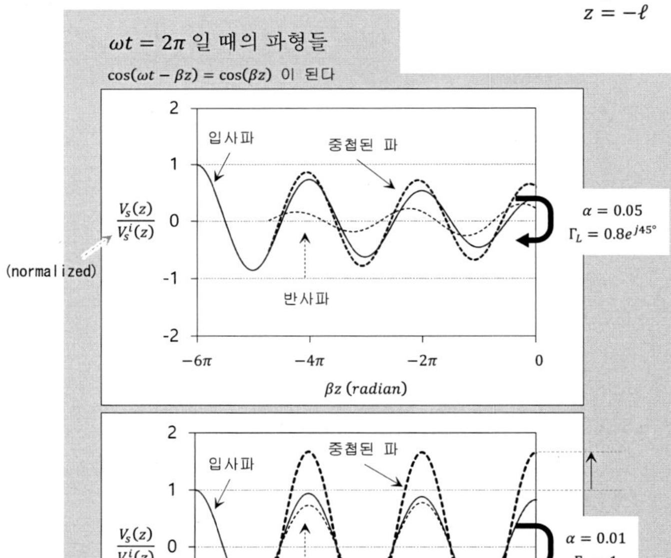

⑧ 입사파와 반사파가 합쳐진다.

①을 다시 쓰면 $V_s(z) = V_s^i(z) + \Gamma_L V_s^i(z)$

$$V_{s,max}(z) = V_s^i(z) + |\Gamma_L| \cdot V_s^i(z)$$

$$V_{s,min}(z) = V_s^i(z) - |\Gamma_L| \cdot V_s^i(z)$$

정재파 비를 정의할 수 있다: $VSWR = \dfrac{1+|\Gamma_L|}{1-|\Gamma_L|} \geq 1$

Voltage Standing Wave Ratio

$\Gamma_L = 0$ 일 때, 즉 반사가 없을 때 $VSWR = 1$ 이다.

신호의 일부가 반사되고 투과된다.

⑤ 경계 조건 (@ $z = 0$)

$$V_s^i(0) + V_s^r(0) = V_s^t(0)$$

입사 전압 + 반사 전압 = 투과 전압

②+③=④ → $1 + \Gamma_L = \tau$ →

이전에 유도한 Γ_L와 결합하여 정리하면

$$\Gamma_L = \frac{V_0^r}{V_0^i} = \frac{Z_L - Z_0}{Z_L + Z_0} = |\Gamma_L|e^{j\theta_r}$$

$$\tau = \frac{V_0^i + V_0^r}{V_0^i} = \frac{2Z_L}{Z_L + Z_0} = |\tau|e^{j\theta_i}$$

② 입사파

$$V_s^i(z) = V_0^i e^{-\gamma z}$$

$$I_s^i(z) = \frac{V_0^i}{Z_0} e^{-\gamma z}$$

④ 투과파

$$V_s^t(z) = V_0^t = \tau V_0^i$$

$$I_s^t(z) = I_0^t = \tau \frac{V_0^i}{Z_L}$$

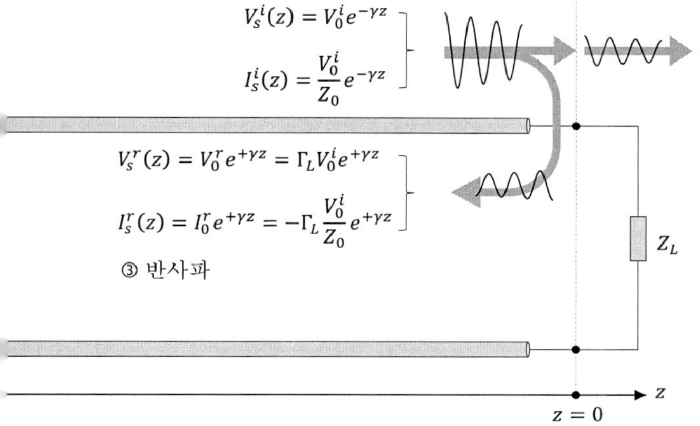

$$V_s^r(z) = V_0^r e^{+\gamma z} = \Gamma_L V_0^i e^{+\gamma z}$$

$$I_s^r(z) = I_0^r e^{+\gamma z} = -\Gamma_L \frac{V_0^i}{Z_0} e^{+\gamma z}$$

③ 반사파

⑦ 부하에서 반사되는 전력비율 $\frac{\langle P^r(0)\rangle}{\langle P^i(0)\rangle} = |\Gamma_L|^2$

부하로 전송되는 전력비율 $\frac{\langle P^t(0)\rangle}{\langle P^i(0)\rangle} = 1 - |\Gamma_L|^2$

⑥ 임의의 위치 z 에서 시평균 전력을 구해보자:

$$\langle P(z)\rangle = \frac{1}{2}Re[V_s(z)\cdot I_s^*(z)] = \frac{1}{2}Re\left[V_0^i\left(e^{-\alpha z - j\beta z} + \Gamma_L e^{+\alpha z + j\beta z}\right)\cdot\frac{V_0^i}{Z_0^*}\left(e^{-\alpha z + j\beta z} - \Gamma_L^* e^{+\alpha z - j\beta z}\right)\right]$$

이를 정리하면 $\langle P(z)\rangle = \frac{(V_0^i)^2}{2|Z_0|}\cos(\theta_{Z0})\,(e^{-2\alpha z} - |\Gamma_L|^2 e^{2\alpha z})$

투과 전력 = 입사 전력 − 반사 전력

$$\langle P^r(z)\rangle = |\Gamma_L|^2\frac{(V_0^i)^2}{2|Z_0|}\cos(\theta_{Z0})\,e^{+2\alpha z}$$

$$\langle P^i(z)\rangle = \frac{(V_0^i)^2}{2|Z_0|}\cos(\theta_{Z0})\,e^{-2\alpha z}$$

(예) Z_0가 실수인 경우($Z_0 = 50\ \Omega$)에 임의의 위치 z 에서 입사 전력은 $\langle P^i(z)\rangle = \frac{(V_0^i)^2}{2|Z_0|}e^{-2\alpha z}$

전원($z = 0$)으로부터 거리 ℓ 에 따라 손실된 전력비율은 $\frac{\langle P_{out}\rangle}{\langle P_{in}\rangle} = \frac{\langle P^i(\ell)\rangle}{\langle P^i(0)\rangle} = e^{-2\alpha\ell} = 10^{-0.869\cdot\alpha\ell}$

Appx 18 Decibel

전력 비를 **데시벨**로 표시하면 유용하다: $Loss = -10\log_{10}\left(\frac{\langle P_{out}\rangle}{\langle P_{in}\rangle}\right) = -20\log_{10}\left(\frac{\langle V_{out}\rangle}{\langle V_{in}\rangle}\right) = 8.69\alpha\ell\ [dB]$

5.7 전송선로의 특성이 변할 때 시간에 관련된 사항들

전기 신호가 전파되는 매질의 특성(임피던스)이 변하면 반사가 발생한다.

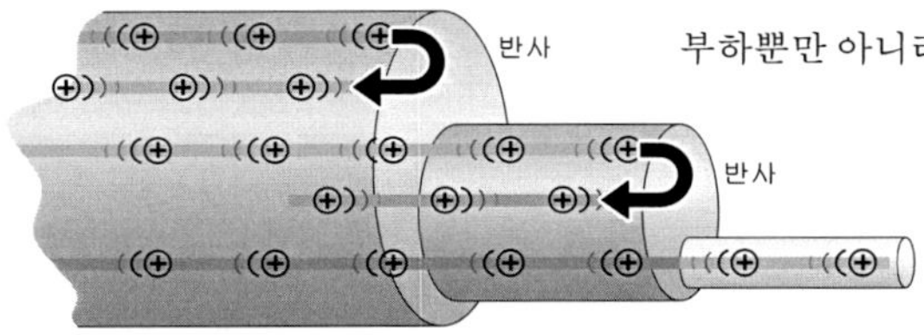

부하뿐만 아니라 전송 선로의 특성이 변하기도 한다.

전송 선로의 특성이 변하여 발생하는 현상:

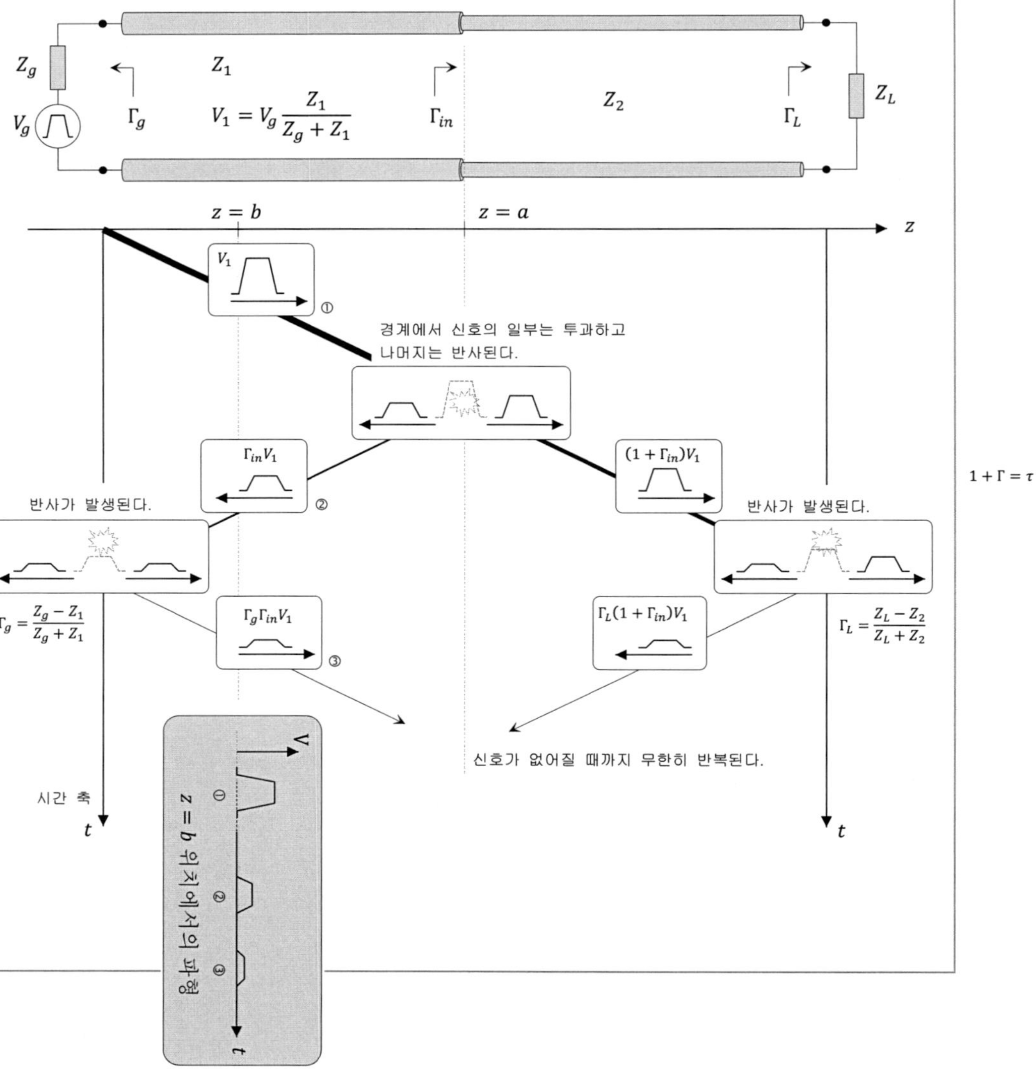

$1 + \Gamma = \tau$

시간 영역 리플렉토메트리(time-domain reflectometry; TDR): 전송선로 내에 불연속점의 위치를 찾을 수 있다.

(**예**) $t = 0$ 일 때 $0\,V \to 1\,V$인 신호가 길이 ℓ인 전송선로에 입력된다. $z = \ell$ 에서 전송선로는 아래와 같은 형태로 종단되었다(끊어졌다). 이 때 신호가 $z = \ell$ 까지 가는데 걸리는 시간은 t_ℓ 이다.

$\Gamma_L = \frac{Z_L - Z_0}{Z_L + Z_0}$

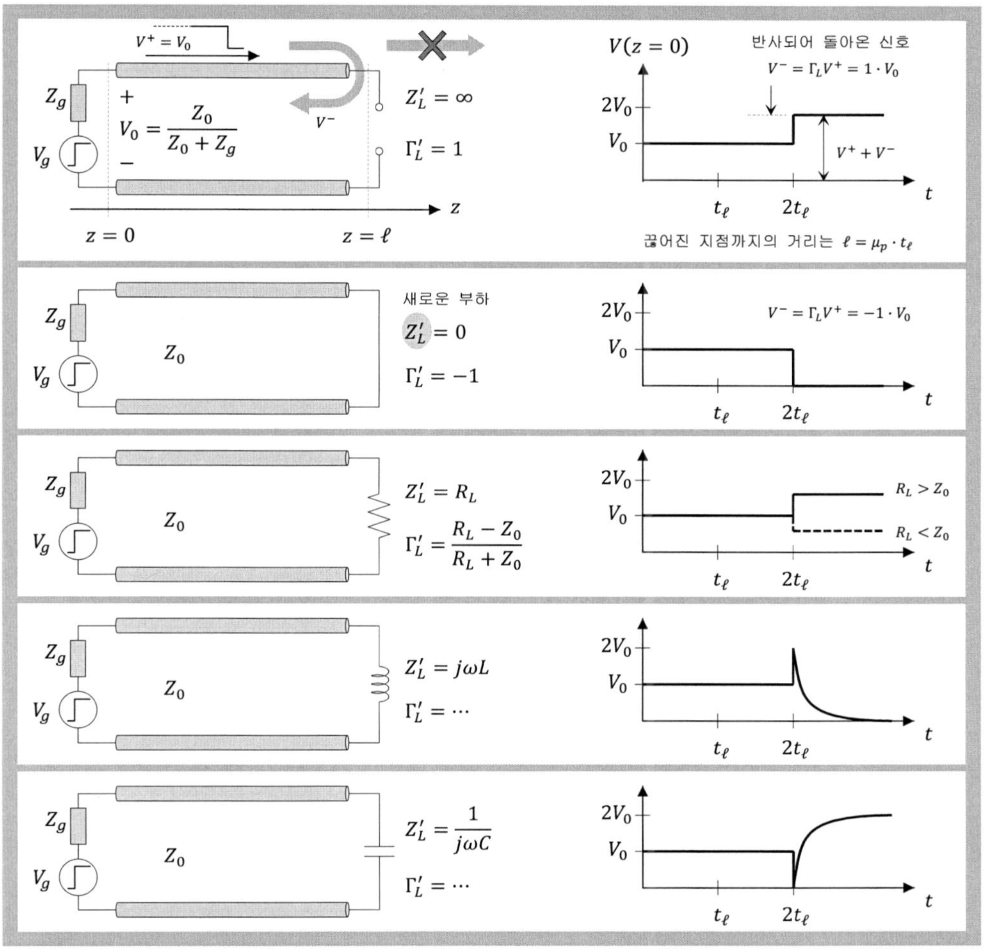

오랜 시간이 지난 후에는 단락된 부하와 동일하다.

오랜 시간이 지난 후에는 개방된 부하와 동일하다.

선로의 중간에 문제가 생긴 경우에 대한 예:

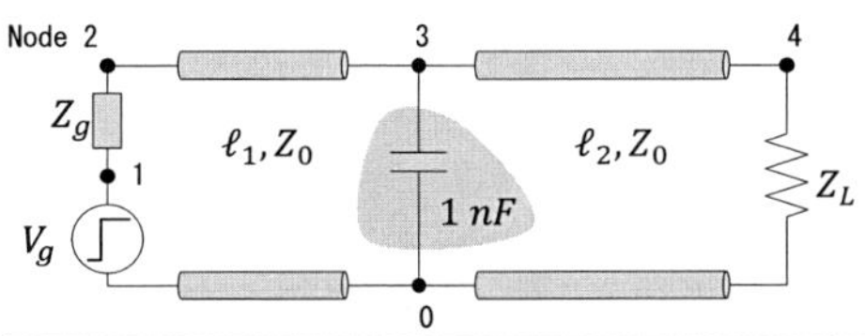


```
* SPICE code
VG 1 0 pwl(0 0 0.1n 30)
RG 1 2 50
T1 2 0 3 0 z0=50 td=100ns
C1 3 0 1n
T2 3 0 4 0 z0=50 td=200ns
R2 4 0 100
```

Node 2에서 $V(z = 0)$의 SPICE 시뮬레이션 결과

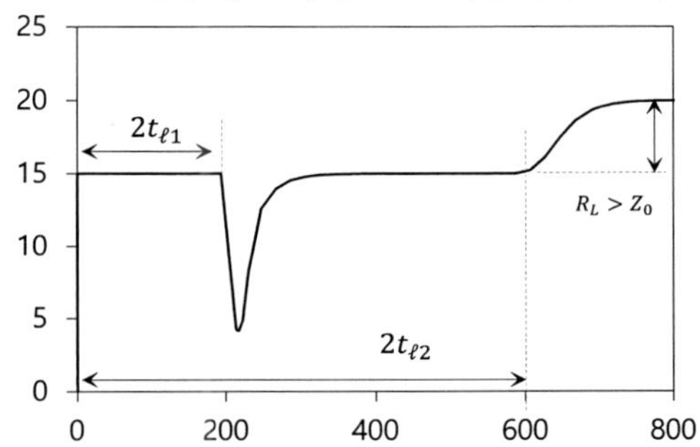

시간에 관련된 사항: 분산 (dispersion)

분포정수 파라미터를 사용한 전파상수는 $\gamma = \sqrt{(R' + j\omega L')(G' + j\omega C')} = \alpha + j\beta$ 이며,

신호의 전파속도는 $\mu_p = \dfrac{\omega}{\beta} = \dfrac{\omega}{\text{Im}\left[\sqrt{(j\omega L' + R')(j\omega C' + G')}\right]}$ 이다.

즉, 일반적으로 전파속도는 신호의 주파수에 따라 변한다: $\mu_p(\omega)$ (밑의 그림 참조)

만약 $\dfrac{G'}{C'} = \dfrac{R'}{L'}$ 이면, $\mu_p = \dfrac{\omega}{\text{Im}\left[\sqrt{L'\left(j\omega + \frac{R'}{L'}\right)C'\left(j\omega + \frac{G'}{C'}\right)}\right]} = \dfrac{\omega}{\text{Im}\left[\left(j\omega + \frac{R'}{L'}\right)\sqrt{L'C'}\right]} = \dfrac{\omega}{\omega\sqrt{L'C'}}$

$= \dfrac{1}{\sqrt{L'C'}}$ 이 되어 주파수에 무관해진다.

이를 발견한 사람의 이름을 따서 Heaviside 조건이라 하며, 분산에 의한 신호의 왜곡이 사라진다.

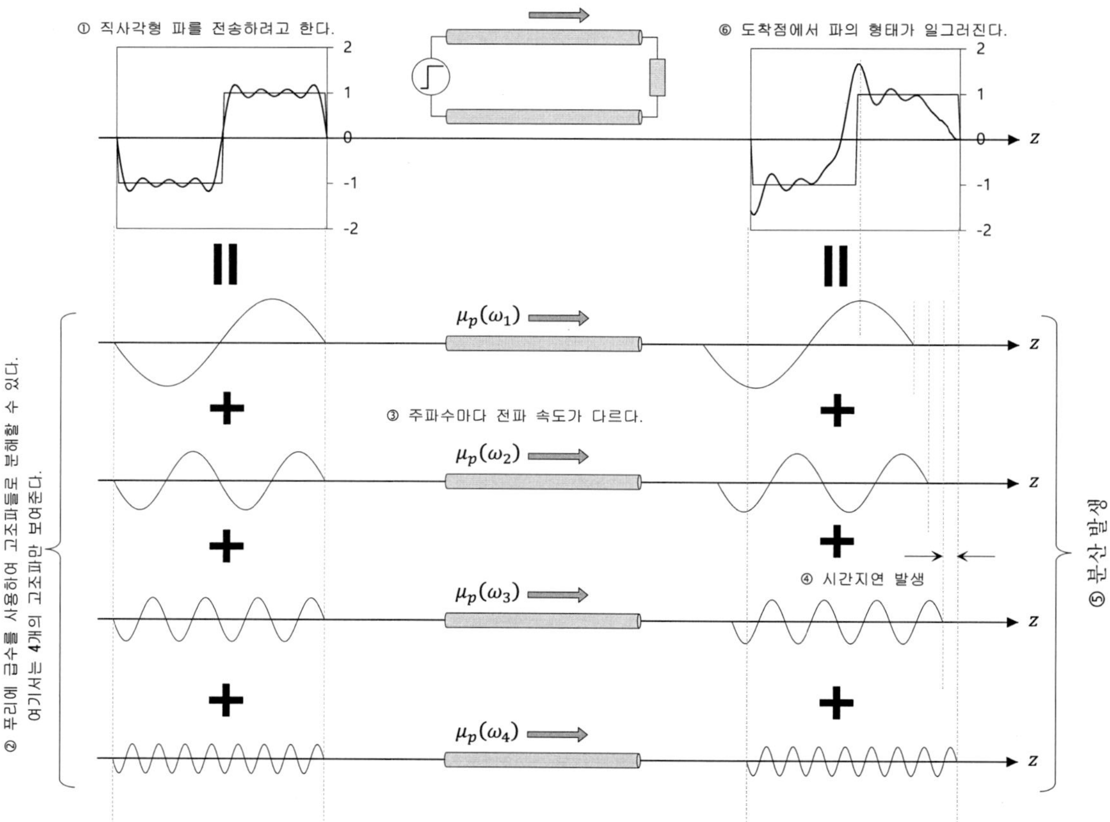

현재까지는 신호를 전달하는 전송선로의 특성과

$Z_0 \neq Z_L$ 때문에 반사가 발생하는 것을 알아보았다.

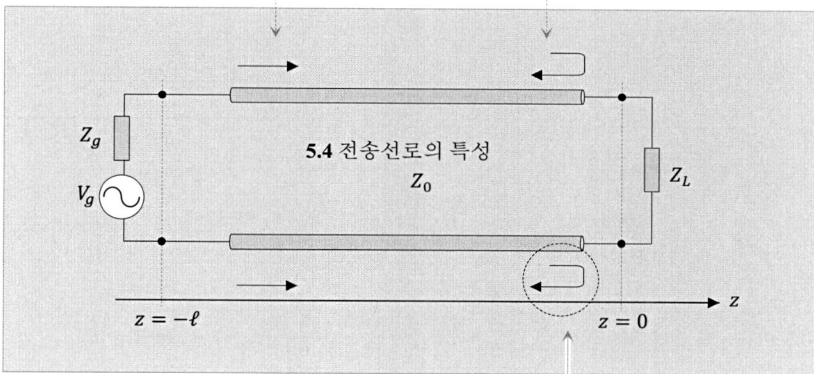

앞으로 다룰 내용들...

(반사)

$Z_0 \neq Z_L$ ⟹ $\Gamma_L \neq 0$

원인 결과

5.9 반사를 최소화하는 방법: 임피던스 정합에서는

$Z_0 = Z_{in}$ 이 되도록 특별한 회로를 설계하는 방법을 배운다.

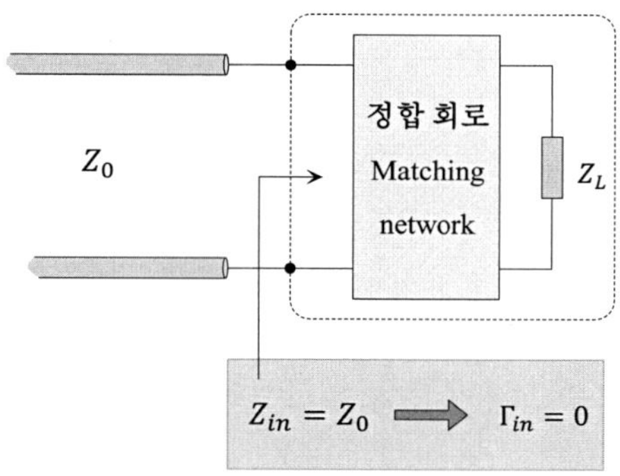

본격적으로 설계 방법을 다루기 전에 Z_{in}와 Γ_{in}의 관계를 도표로 그리는 스미스 도표를 배운다.

5.8 스미스 도표 Smith chart

P. H. Smith, "Transmission Line Calculator," Electronics, Jan. 1939

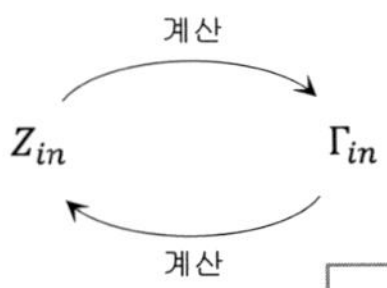

계산하지 않고 Z_{in} 에서 Γ_{in} 를 구할(변환할) 수 있는가?

입력 임피던스는 다음과 같고

$$Z_{in} = Z_0 \frac{Z_L + Z_0 \tanh(\gamma \ell)}{Z_0 + Z_L \tanh(\gamma \ell)}$$ p. 232

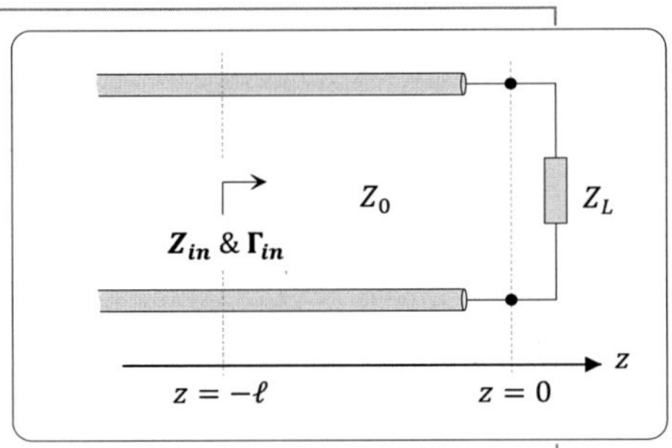

입력 반사계수와 임피던스의 관계는

① $$\Gamma_{in} = \frac{Z_{in} - Z_0}{Z_{in} + Z_0}$$

② $$Z_{in} = Z_0 \frac{1 + \Gamma_{in}}{1 - \Gamma_{in}} = R_{in} + jX_{in}$$

(변환 공식이다.)

이 관계를 사용하여 Z_{in} 와 Γ_{in}를 계산할 수 있다:

$Z_0 = 50\,\Omega$ 일 때

예a) $\Gamma_{in} = 0.5 + j0.1$ 인 것을 알고 있으면 $Z_{in} = 50 \cdot \frac{1 + (0.5 + j0.1)}{1 - (0.5 + j0.1)} = 142 + j38\,\Omega$ 이다.

예b) $Z_{in} = 100 - j50\,\Omega$ 인 것을 알고 있으면 $\Gamma_{in} = \frac{(100 - j50) - 50}{(100 - j50) + 50} = 0.4 - j0.2$ 이다.

입력 반사계수와 임피던스의 관계를 자세히 살펴보자. (계산하지 않고 변환이 가능한지 살펴보자.)

복소수인 입력 반사계수를 Z_0로 나누고 이를 z_i로 표현해보자.

①′ $$\Gamma_{in} = \Gamma_r + j\Gamma_i = \frac{Z_{in} - Z_0}{Z_{in} + Z_0} = \frac{\frac{Z_{in}}{Z_0} - 1}{\frac{Z_{in}}{Z_0} + 1} = \frac{z_i - 1}{z_i + 1}$$

정규화된 임피던스 $z_i = \frac{Z}{Z_0}$

이를 정리하면 $\Gamma_{in} = \frac{z_i - 1}{z_i + 1}$

복소수인 정규화된 입력 임피던스 z_i 를 Γ_{in}으로 표현할 수 있고, 더 복잡하게 쓸 수도 있다. ($\Gamma_{in} = \Gamma_r + j\Gamma_i$)

②′ $$z_i = r + jx = \frac{Z_{in}}{Z_0} = \frac{1 + \Gamma_{in}}{1 - \Gamma_{in}} = \frac{(1 + \Gamma_r) + j\Gamma_i}{(1 - \Gamma_r) - j\Gamma_i}$$

이를 정리하면

$$r = \frac{1 - {\Gamma_r}^2 - {\Gamma_i}^2}{(1 - \Gamma_r)^2 + {\Gamma_i}^2}$$

$$x = \frac{2\Gamma_i}{(1 - \Gamma_r)^2 + {\Gamma_i}^2}$$

더 복잡한 변환공식은

❸ $$\left(\Gamma_r - \frac{r}{1 + r}\right)^2 + {\Gamma_i}^2 = \left(\frac{1}{1 + r}\right)^2$$ r만 사용되었다.

❹ $$(\Gamma_r - 1)^2 + \left(\Gamma_i - \frac{1}{x}\right)^2 = \left(\frac{1}{x}\right)^2$$ x만 사용되었다.

❸과 ❹를 그림으로 그려보자.

Resistance circles:

①′ $\Gamma_{in} = \Gamma_r + j\Gamma_i$ 과 ②′ $z_i = r + jx$ 에서

❸은 Γ_{in} 과 r 의 **관계**이며, 이를 **그림**으로 그리면

❸ $$\left(\Gamma_r - \frac{r}{1+r}\right)^2 + \Gamma_i^2 = \left(\frac{1}{1+r}\right)^2$$

위 식은 원의 방정식이다.

r 은 정규화된 저항 성분이며, r 의 크기에 따라 원의 크기가 변한다. (저항은 음수가 될 수 없다.)

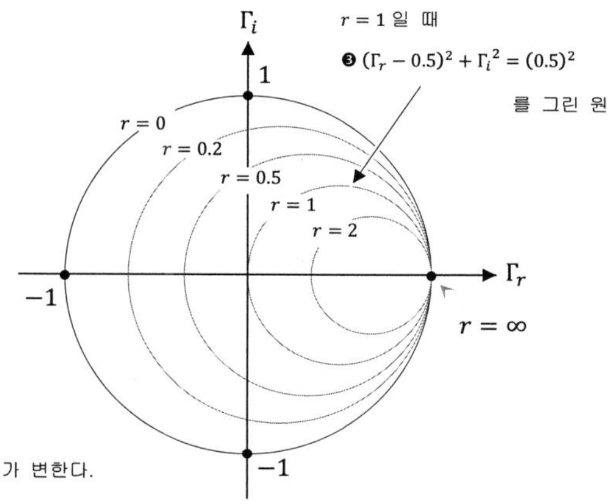

+

Reactance circles:

①′ $\Gamma_{in} = \Gamma_r + j\Gamma_i$ 과 ②′ $z_i = r + jx$ 에서

❹는 Γ_{in} 과 x 의 **관계**이며, 이를 **그림**으로 그리면

❹ $$(\Gamma_r - 1)^2 + \left(\Gamma_i - \frac{1}{x}\right)^2 = \left(\frac{1}{x}\right)^2$$

위 식은 원의 방정식이다.

x 의는 정규화된 리액턴스 성분이며, x 의 크기에 따라 원의 크기가 변한다.

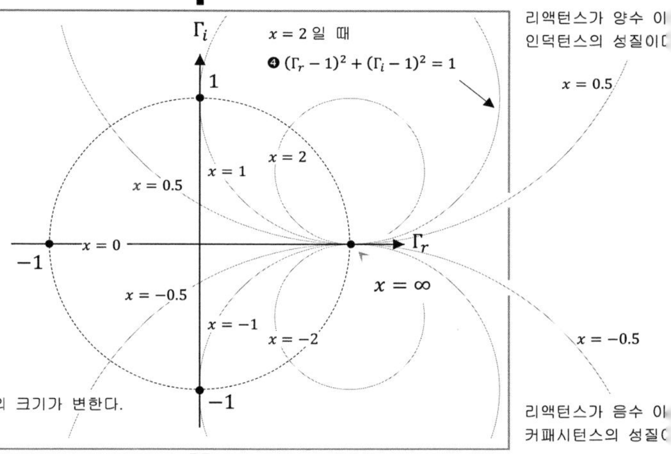

=

스미스 도표는

①′ $\Gamma_{in} = \Gamma_r + j\Gamma_i$ 과 ②′ $z_i = r + jx$ 에서

❸과 ❹는 Γ_{in} 과 z_i 의 **관계**이며, **이들을 그림**으로 그리면 →

앞의 예b)에서 $Z_{in} = 100 - j50\,\Omega$ 이었으므로,

$z_{in} = \frac{Z_{in}}{Z_0} = 2 - j1\,\Omega$ 이며, 원들을 스미스 도표에서 찾고

(2 → r, 1 → x)

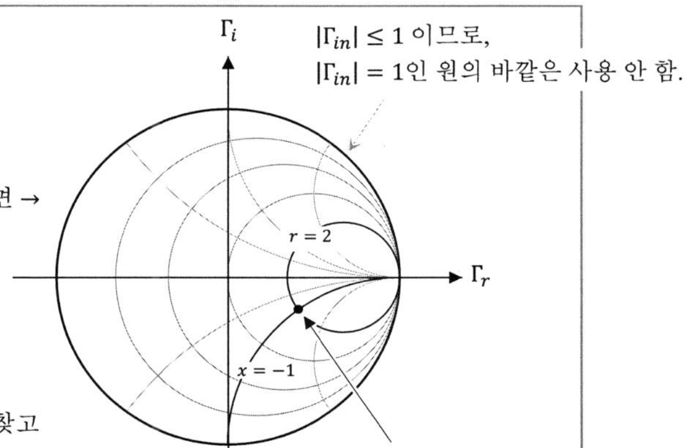

Γ_r과 Γ_i을 좌표계에서 읽으면 $\Gamma_{in} = 0.4 - j0.2$

스미스 도표의 특징들 ❶~❼

❶ 스미스 도표는 반사계수 Γ 에 대한 극좌표이다.

$\Gamma_{in} = |\Gamma_{in}| \cdot e^{j\theta} = |\Gamma_{in}| \angle\theta$ ← 각도

↑ 크기 (원의 반경)

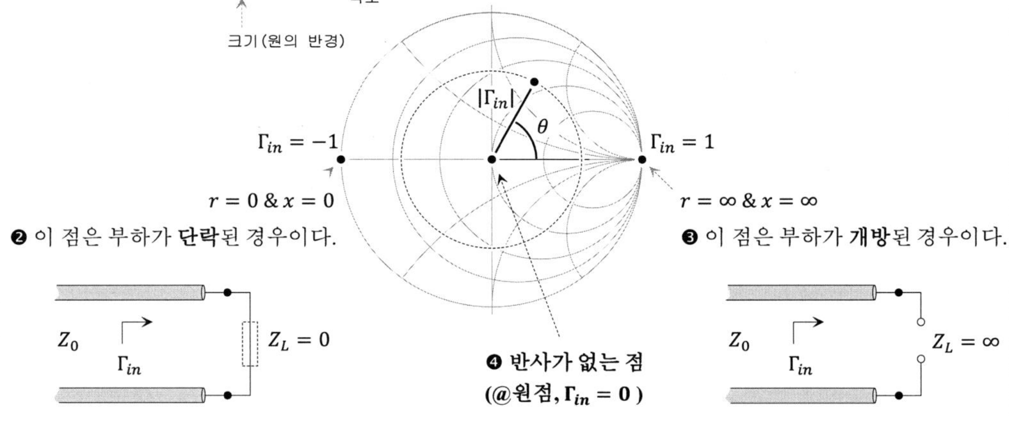

❺ 손실 없는 전송선로의 길이 ℓ 와 Γ_{in} 의 관계:

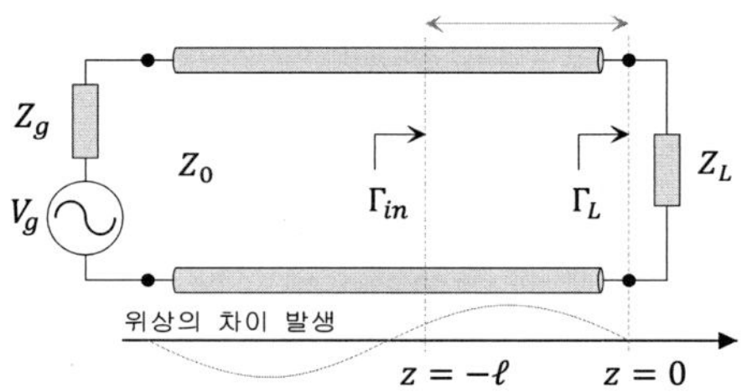

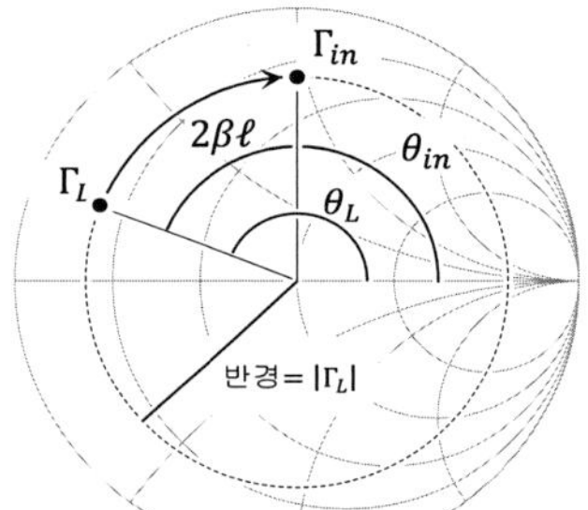

p. 232 $\Gamma_{in} = \Gamma_L e^{-j2\beta\ell}$ 의 양변을 분석해보자.

$|\Gamma_L| e^{j\theta_L} \cdot e^{-j2\beta\ell} = |\Gamma_L| e^{j(\theta_L - 2\beta\ell)}$

$|\Gamma_{in}| e^{j\theta_{in}}$

을 정리하면

$|\Gamma_{in}| = |\Gamma_L|$: 반경이 같은 원 위에 있다.

$\theta_{in} = \theta_L - 2\beta\ell$: 각도의 차이 p. 362

❺' 손실 없는 전송선로의 길이 ℓ 가 변하면:

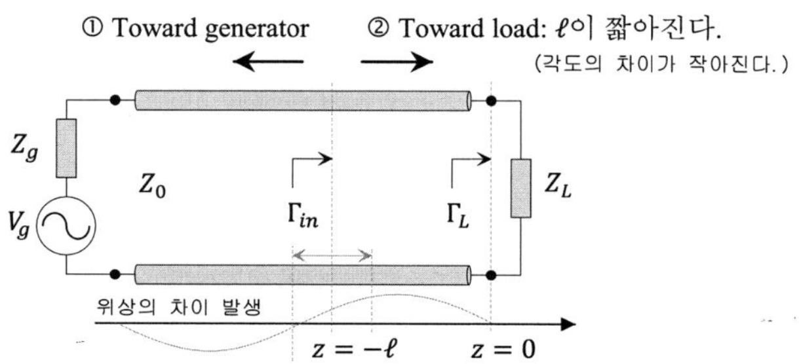

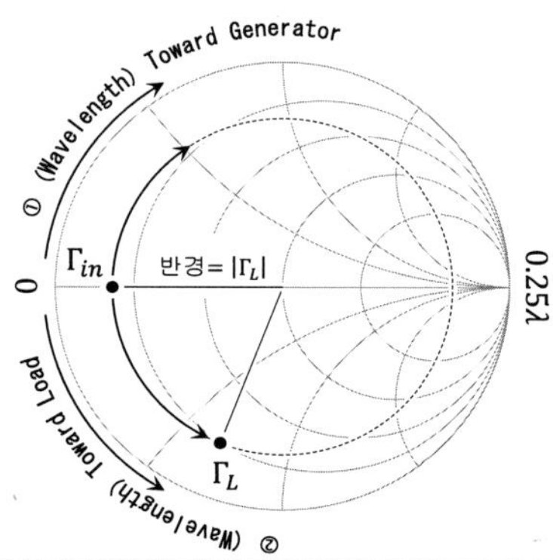

❻ 손실 없는 전송선로에서 $\ell = 0.5\lambda$의 지점에서 $\Gamma_{in} = \Gamma_L$가 되며, 스미스 도표에서는 한 바퀴 돌게 된다.

$$\Gamma_{in} = \Gamma_L e^{-j2\beta\ell} = \Gamma_L e^{-j2\cdot\left(\frac{2\pi}{\lambda}\right)\cdot\frac{\lambda}{2}} = \Gamma_L e^{-j2\pi} = \Gamma_L$$

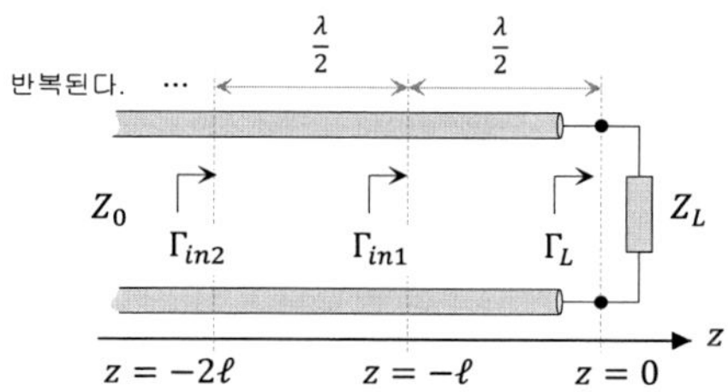

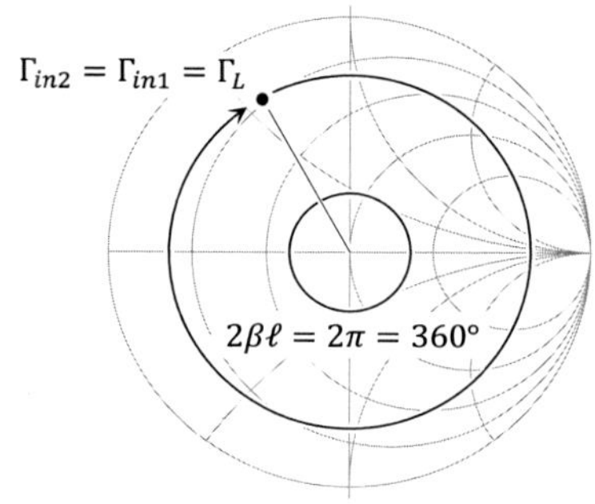

❼ 180° 회전을 하여 어드미턴스 값을 얻을 수 있다.

$$z_i = \frac{Z_{in}}{Z_0} = \frac{1 + \Gamma_{in}}{1 - \Gamma_{in}}$$ 이므로, 임의의 점 A에 대해서

$$z_A = \frac{1 + \Gamma_A}{1 - \Gamma_A}$$

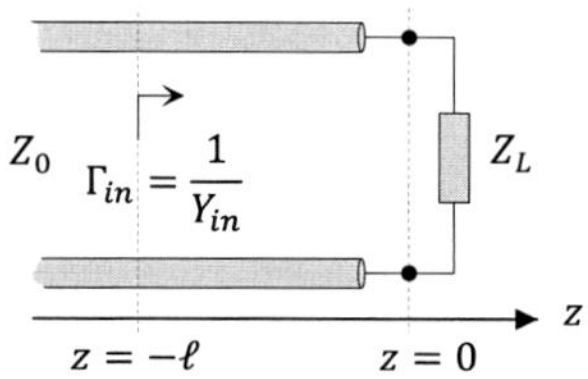

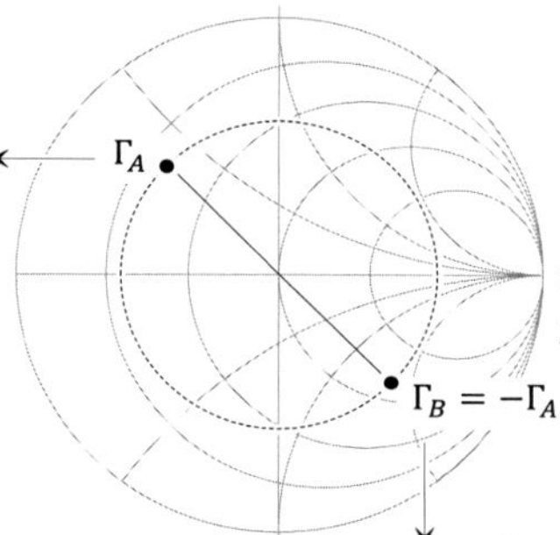

점 A로부터 180° 회전한 점 B에서

$$z_B = \frac{1 + \Gamma_B}{1 - \Gamma_B} = \frac{1 + (-\Gamma_A)}{1 - (-\Gamma_A)} = \frac{1 - \Gamma_A}{1 + \Gamma_A} = \frac{1}{z_A}$$

따라서 180° 회전한 두 점 사이의 관계는

$$z_B = \frac{1}{z_A} = y_A \quad 또는 \quad z_A = \frac{1}{z_B} = y_B$$

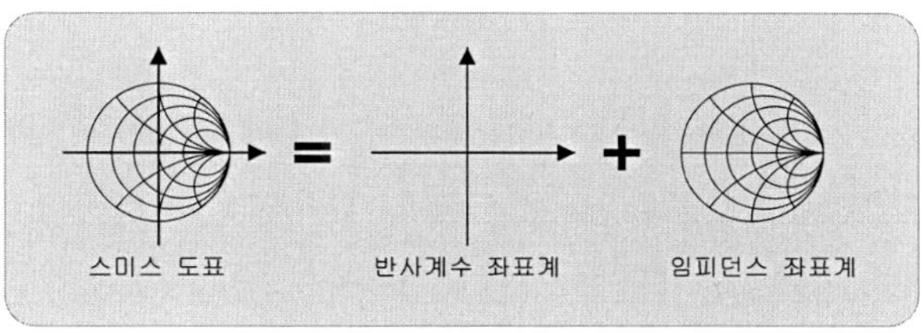

소자들이 병렬로 연결되면 어드미턴스가 사용된다.

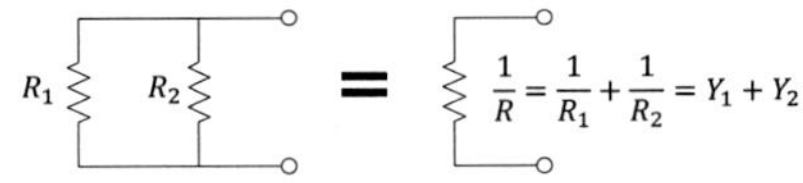

스미스 도표의 변형 – 어드미턴스 그래프

현재까지 유도한 스미트 도표는 z_i 과 Γ_{in} 의 관계이다: $z_i = \frac{Z_{in}}{Z_0}$

$z_i \leftrightarrow \Gamma_{in}$

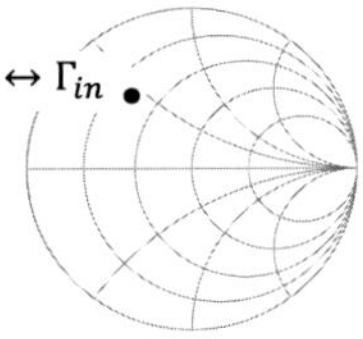

회로에 소자들이 병렬로 접속된 경우 어드미턴스를 사용하게 된다.
따라서 Y_{in} 과 Γ_{in} 의 관계도 필요하다.

$y_i \leftrightarrow \Gamma_{in}$

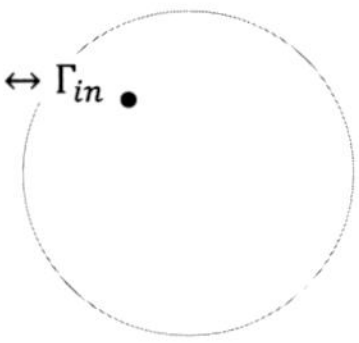

입력 반사계수와 어드미턴스의 관계는

$Z_{in} = Z_0 \frac{1+\Gamma_{in}}{1-\Gamma_{in}}$

① $$\Gamma_{in} = \frac{Z_{in} - Z_0}{Z_{in} + Z_0}$$

② $$Y_{in} = \frac{1}{Z_{in}} = Y_0 \frac{1-\Gamma_{in}}{1+\Gamma_{in}} = G_{in} + jB_{in}$$ 여기서 $Y_0 = \frac{1}{Z_0}$

입력 반사계수와 어드미턴스의 관계를 자세히 살펴보자.

복소수인 입력 반사계수를 y_i로 표현해보자.

①′ $$\Gamma_{in} = \Gamma_r + j\Gamma_i = \frac{z_i - 1}{z_i + 1} = \frac{1 - \frac{1}{z_i}}{1 + \frac{1}{z_i}} = \frac{1 - y_i}{1 + y_i}$$

$\Gamma_{in} = \Gamma_r + j\Gamma_i$

복소수인 정규화된 어드미턴스 y_i 를 Γ_{in}으로 표현할 수 있고, 더 복잡하게 쓸 수도 있다.

②′ $$y_i = g + jb = \frac{Y_{in}}{Y_0} = \frac{1 - \Gamma_{in}}{1 + \Gamma_{in}} = \frac{(1-\Gamma_r) - j\Gamma_i}{(1+\Gamma_r) + j\Gamma_i}$$

이를 정리하면
$$g = \frac{1 - \Gamma_r^2 - \Gamma_i^2}{(1+\Gamma_r)^2 + \Gamma_i^2}$$
$$b = \frac{-2\Gamma_i}{(1+\Gamma_r)^2 + \Gamma_i^2}$$

더 복잡하게는
❸ $$\left(\Gamma_r + \frac{g}{1+g}\right)^2 + \Gamma_i^2 = \left(\frac{1}{1+g}\right)^2$$
❹ $$(\Gamma_r + 1)^2 + \left(\Gamma_i + \frac{1}{b}\right)^2 = \left(\frac{1}{b}\right)^2$$

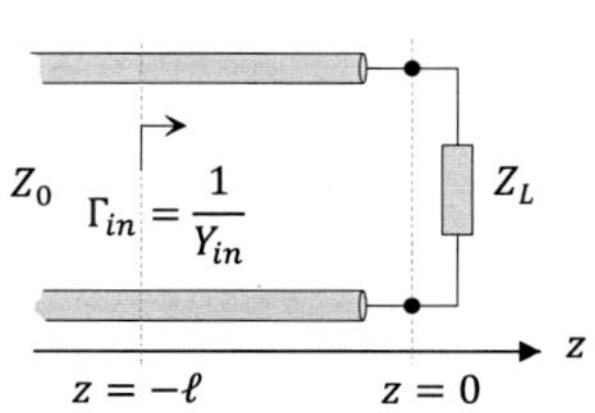

예) $Y_0 = \frac{1}{50}$ S 일 때

$Y_{in} = \frac{1}{250} + j\frac{1}{100}$ S 인 것을 알고 있으면

$$\Gamma_{in} = \frac{1 - (0.2 + j0.5)}{1 + (0.2 + j0.5)} = 0.42 - j0.59$$ 이다.

❸과 ❹를 그림으로 그려보자.

Conductance circles:

$$\overset{①'}{\Gamma_{in} = \Gamma_r + j\Gamma_i} \text{ 과 } \overset{②'}{y_i = g + jb} \text{ 에서}$$

❸은 Γ_{in} 과 g 의 **관계**이며, 이를 **그림**으로 그리면

❸ $$\left(\Gamma_r + \frac{g}{1+g}\right)^2 + {\Gamma_i}^2 = \left(\frac{1}{1+g}\right)^2$$

위 식은 원의 방정식이다.

g 는 정규화된 어드미턴스 성분이며, g 의 크기에 따라 원의 크기가 변한다. (어드미턴스는 음수가 될 수 없다.)

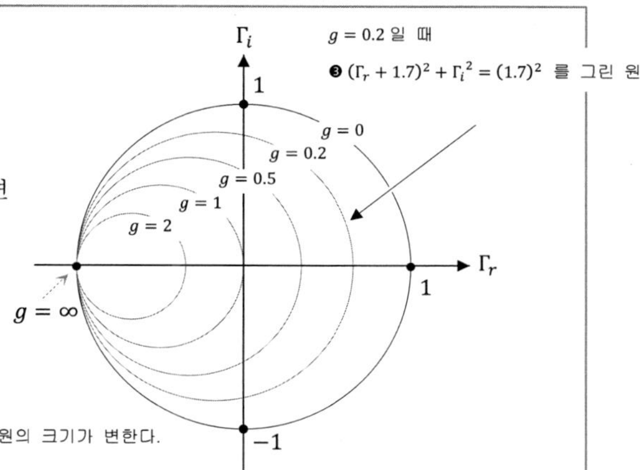

+

Susceptance circles:

$$\overset{①'}{\Gamma_{in} = \Gamma_r + j\Gamma_i} \text{ 과 } \overset{②'}{y_i = g + jb} \text{ 에서}$$

❹는 Γ_{in} 과 b 의 **관계**이며, 이를 **그림**으로 그리면

❹ $$(\Gamma_r + 1)^2 + \left(\Gamma_i + \frac{1}{b}\right)^2 = \left(\frac{1}{b}\right)^2$$

위 식은 원의 방정식이다.

b 는 정규화된 서셉턴스 성분이며, b 의 크기에 따라 원의 크기가 변한다.

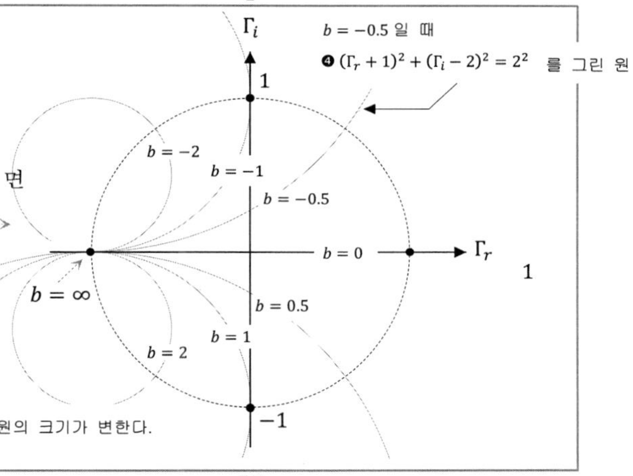

=

스미스 도표는

$$\overset{①'}{\Gamma_{in} = \Gamma_r + j\Gamma_i} \text{ 과 } \overset{②'}{y_i = g + jb} \text{ 에서}$$

❸과 ❹는 Γ_{in} 과 y_i 의 **관계**이며, **이들을 그림**으로 그리면 →

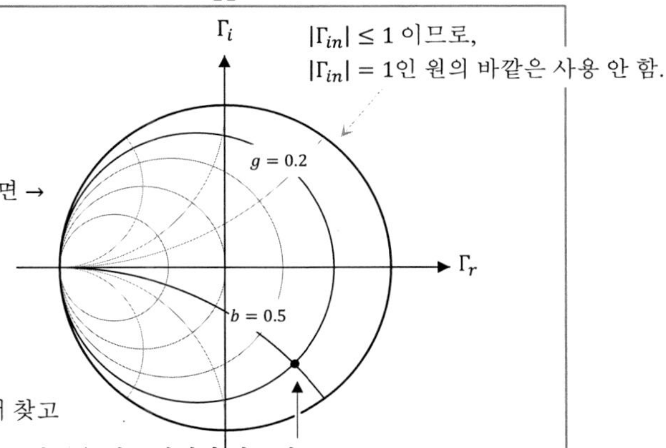

앞의 예에서 $Y_{in} = \dfrac{1}{250} + j\dfrac{1}{100}\ S$ 이었으므로,

$y_{in} = \dfrac{Y_{in}}{Y_0} = 0.2 + j0.5\ S$ 이며, 원들을 스미스 도표에서 찾고

(g, b)

Γ_r과 Γ_i을 좌표계에서 읽으면 $\Gamma_{in} = 0.4 - j0.6$

5.9 임피던스 정합 Impedance Matching

$Z_0 \neq Z_L$ 이면 부하에서 입사 신호의 일부가 반사된다: $\Gamma_L \neq 0$

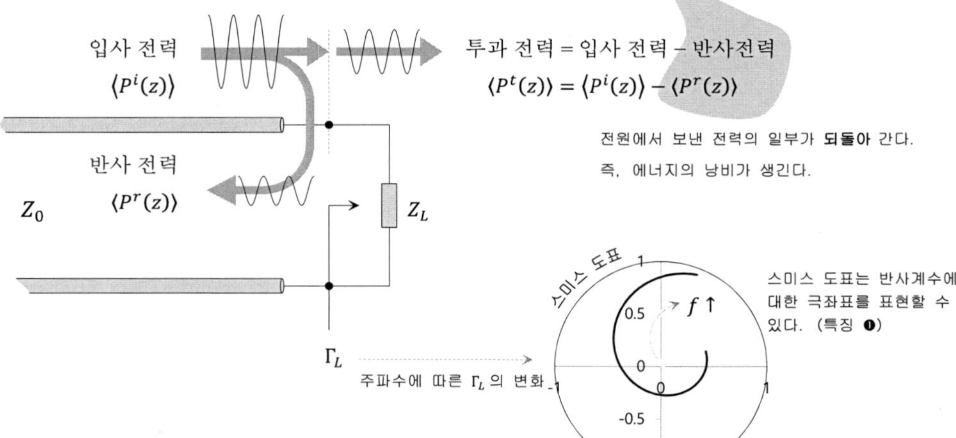

일반적으로 Z_L는 주파수에 의존적이다:
예) 인덕터의 임피던스는 $j\omega L$

따라서 Γ_L 도 주파수에 의존적이며, 위 회로의 경우 어떤 주파수에서도 $\mathbf{\Gamma_L \neq 0}$ 이다.

특별한 이유가 없다면 입사 전력을 모두 부하로 전달시켜서 전력손실을 줄여야 한다.

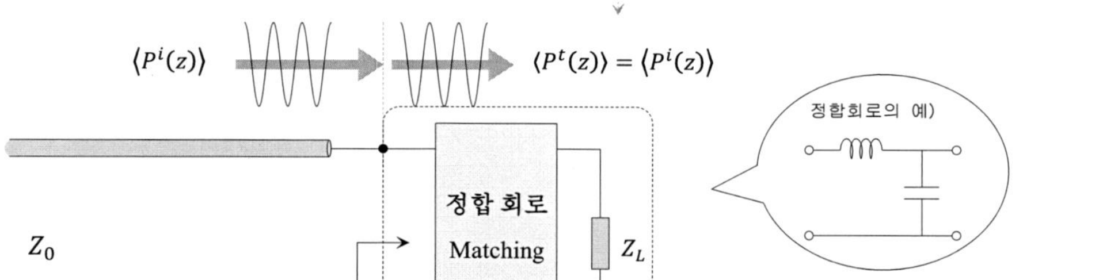

전력손실을 막기 위해 부하와 전송선로 사이에 특별히 고안한 회로를 넣어주고, 이를 **정합 회로**라고 부른다.

정합 회로로 인하여

$Z_0 = Z_{in}$ 이 되고 $\Gamma_{in} = 0$ 이 된다.

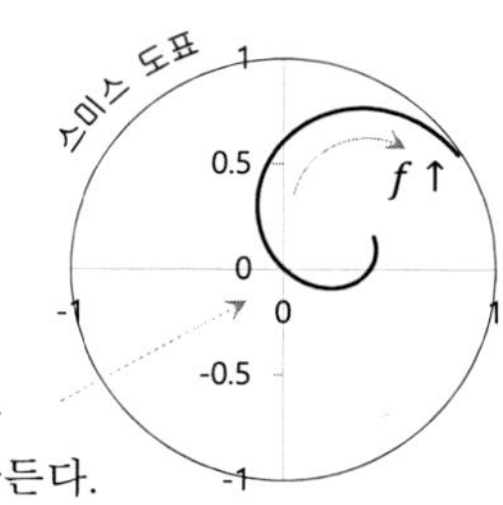

주파수에 따른 Γ_{in} 의 변화

정합회로를 설계할 때는 원하는 주파수에서 $\mathbf{\Gamma_L = 0}$ 이 되도록 만든다.

[1] Γ_L이 주파수에 **의존적**이다 = 주파수에 따라 Γ_L 의 **값이 변한다**. 예) $Z_L = R + jX = R + j\omega L = 25 + j\omega \cdot (50 \cdot 10^{-9})\ \Omega \rightarrow \Gamma_L = \frac{Z_L - Z_0}{Z_L + Z_0}$ $(\omega = 2\pi f)$

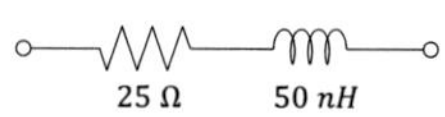

임피던스 정합의 절차

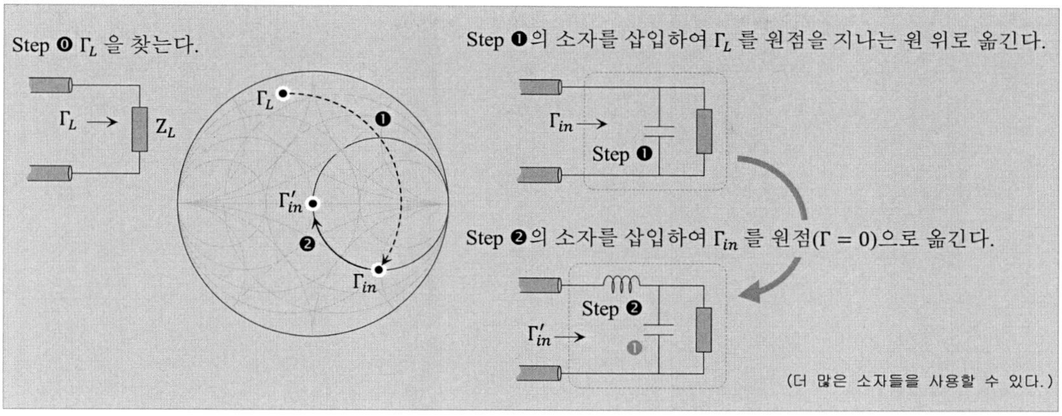

여기서는 다음과 같이 5 가지 기본적인 임피던스 정합 방법들과 그 특성들을 살펴본다.

각 소자를 정합회로에 추가하였을 때 발생하는 현상을 먼저 학습하고, 다음 절에서 5가지 예제를 설명한다.

(예1) 커패시터와 인덕터를 사용하는 방법

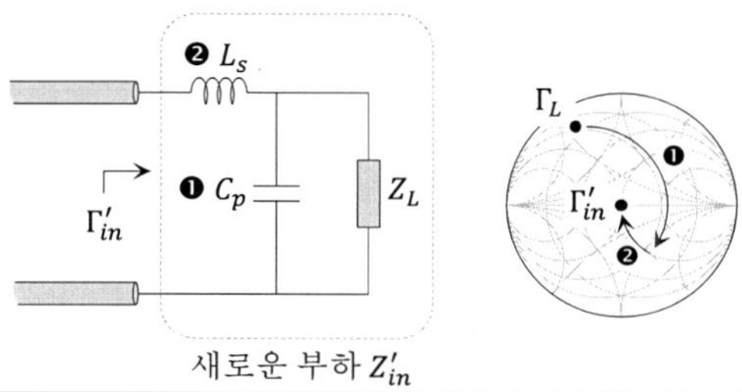

(예2) 인덕터와 커패시터를 사용하는 방법

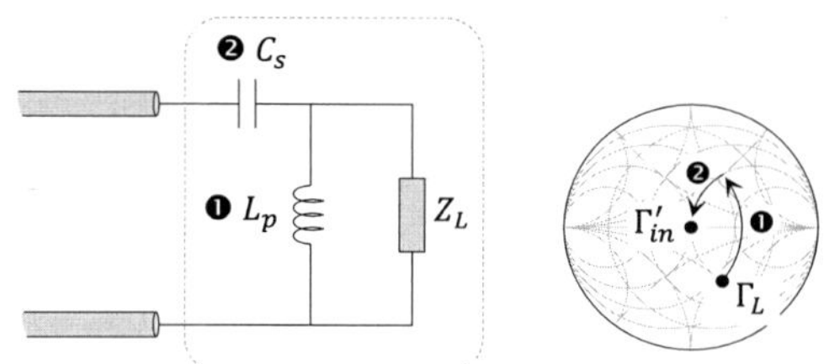

(예3) 전송선로와 인덕터를 사용하는 방법

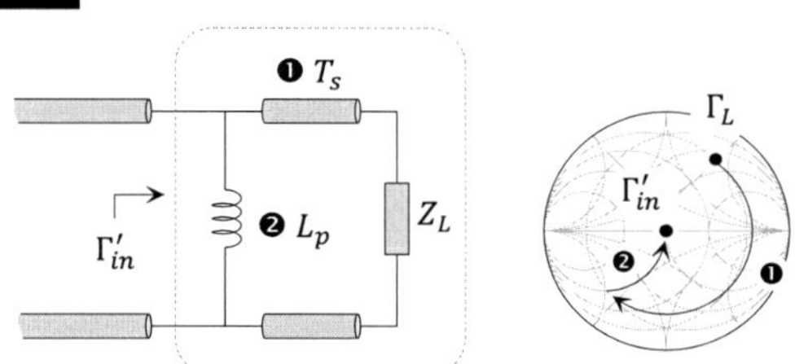

(예4) (직렬) 전송선로와 스터브를 사용하는 방법

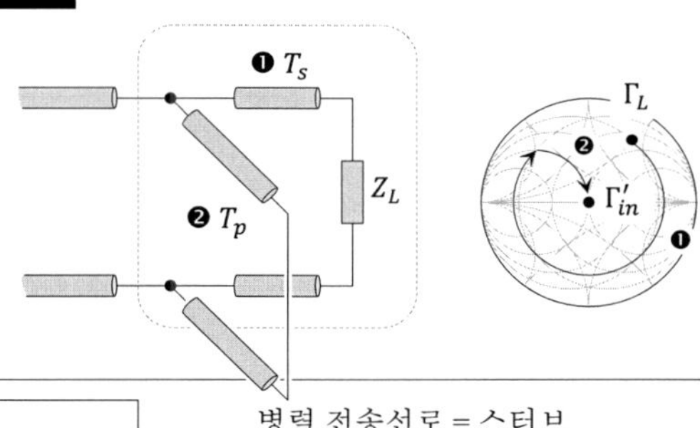

(예5) $\frac{\lambda}{4}$ 변환기를 사용한 임피던스 정합

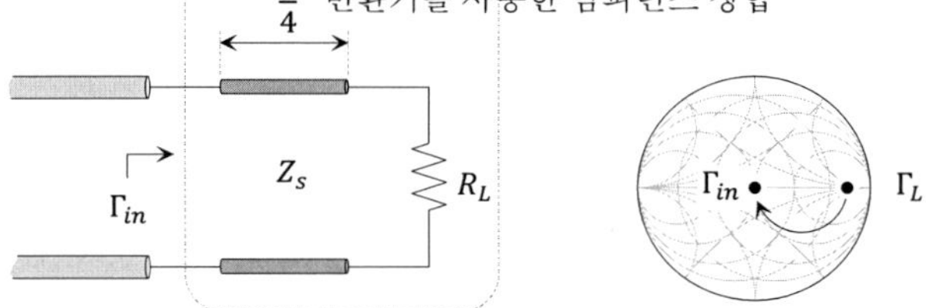

부하 쪽에 소자를 추가할 때 z_i와 Γ_{in}의 변화를 살펴보자. ❶~❾

(아래 예제들에서 $f = 1\,GHz, Z_0 = 50\,\Omega$)

❶ 부하 쪽에 인덕터를 직렬로 추가하면,

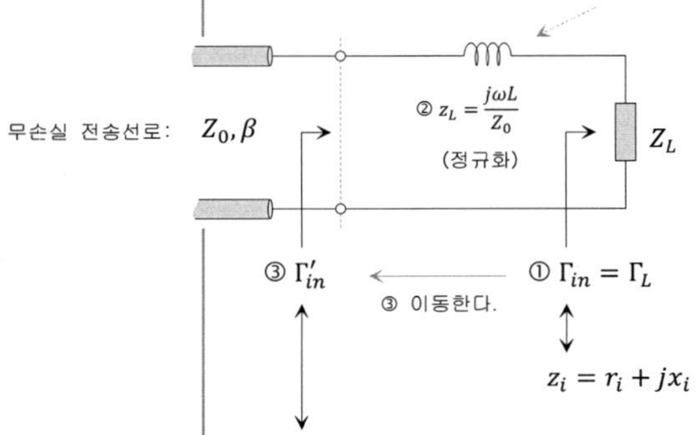

새로운 정규화된 입력임피던스는

$$z'_i = r'_i + jx'_i = z_i + z_L$$

$$= (r_i + jx_i) + \frac{j\omega L}{Z_0} = r_i + j\left(x_i + \frac{\omega L}{Z_0}\right)$$

④ 허수부가 (양으로) 커지는 것을 알 수 있다.

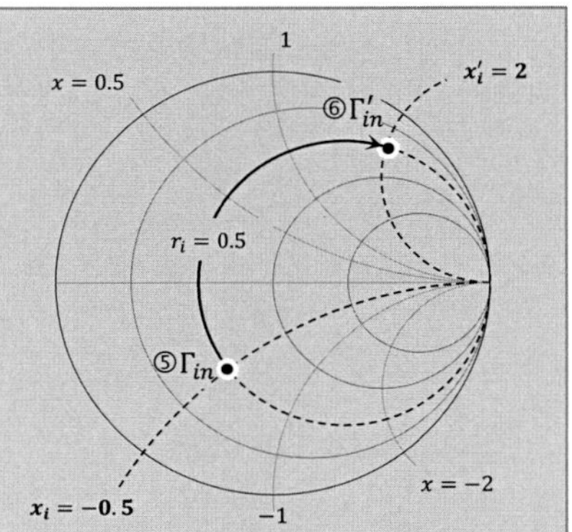

(예) ⑤ $z_i = r_i + jx_i = 0.5 - j0.5$ 일 때

$L = 20\,nH$ 인 인덕터를 직렬로 추가하면,

$z_L = \frac{j\omega L}{Z_0} = \frac{j(2\pi \cdot 10^9) \cdot (20 \cdot 10^{-9})}{50} = j2.5$ 이고

⑥ $z'_i = 0.5 + j(-0.5 + 2.5) = 0.5 + j2$ 가 된다.

❷ 부하 쪽에 인덕터를 병렬로 추가하면,

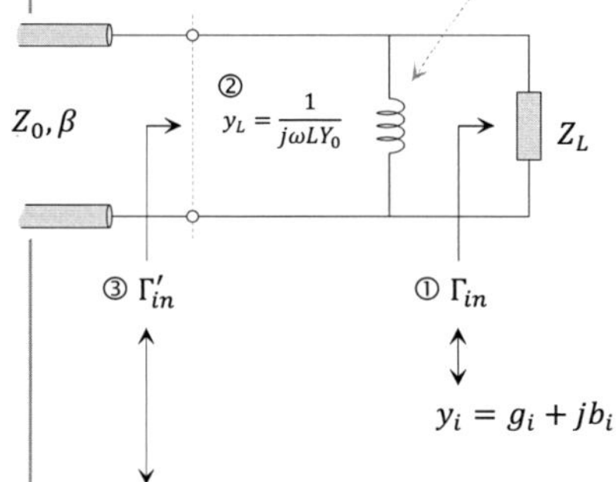

$$y'_i = g'_i + jb'_i = y_i + y_L$$

$$= (g_i + jb_i) + \frac{1}{j\omega L \cdot Y_0} = g_i + j\left(b_i - \frac{1}{\omega L Y_0}\right)$$

④ 허수부가 (음으로) 작아진다.

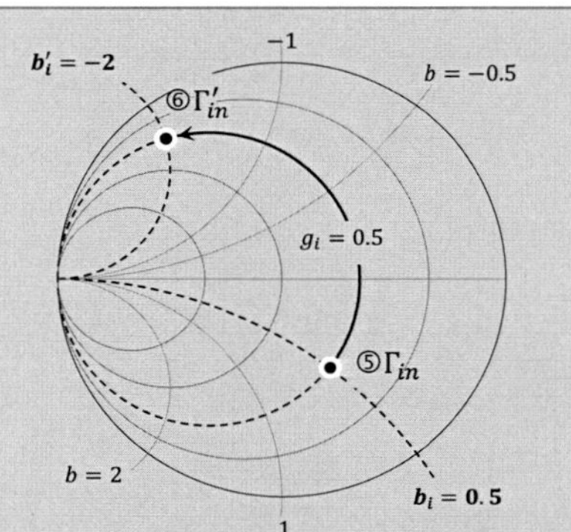

(예) ⑤ $y_i = g_i + jb_i = 0.5 + j0.5$ 일 때

$L = 3.2\,nH$ 인 인덕터를 병렬로 추가하면,

$y_L = \frac{1}{j\omega L Y_0} = -j2.5$ 이고

⑥ $y'_i = 0.5 + j(0.5 - 2.5) = 0.5 - j2$ 가 된다.

부하 쪽에 인덕터를 추가하면 Γ_{in} 가 위쪽으로 올라간다.

복소 임피던스에서 허수부가 양인 것은 인덕터의 특징

$$Z = R + jX = R + j\omega L + \frac{1}{j\omega C} = R + j\omega\left(L - \frac{1}{C}\right)$$

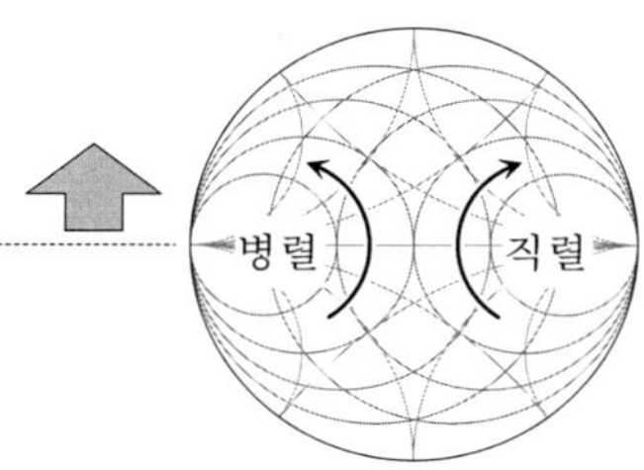

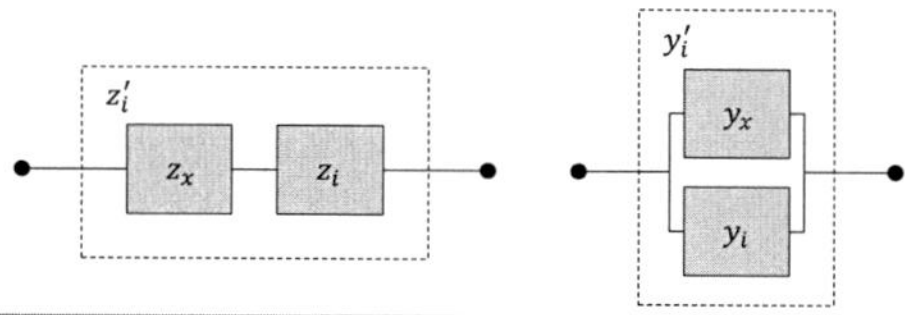

(아래 예제들에서 $f = 1\,GHz, Z_0 = 50\,\Omega$)

❸ 부하 쪽에 커패시터를 직렬로 추가하면,

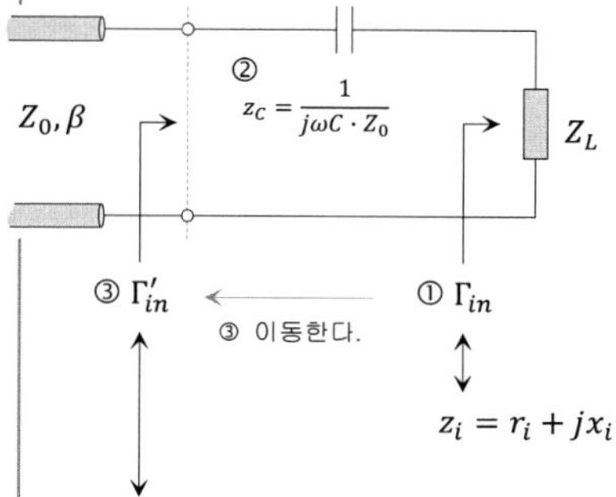

$$\boldsymbol{z_i'} = r_i' + jx_i' = z_i + z_C$$

$$= (r_i + jx_i) - \frac{j}{\omega C Z_0} = r_i + j\left(x_i - \frac{1}{\omega C Z_0}\right)$$

④ 허수부가 (음으로) 작아진다.

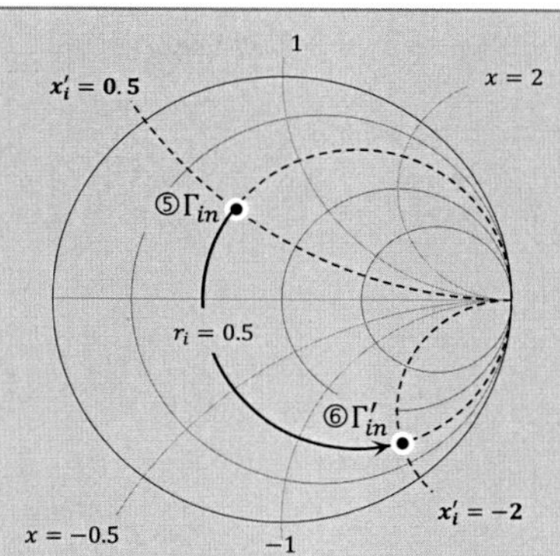

(예) ⑤ $z_i = r_i + jx_i = 0.5 + j0.5$ 일 때

$C = 1.27\,pF$ 인 커패시터를 직렬로 추가하면,

$z_C = \frac{1}{j\omega C Z_0} = j2.5$ 이고

⑥ $z_i' = 0.5 + j(0.5 - 2.5) = 0.5 - j2$ 가 된다.

❹ 부하 쪽에 커패시터를 병렬로 추가하면,

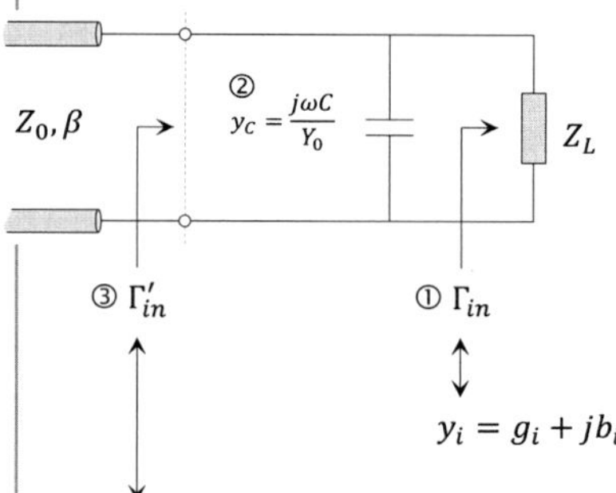

$$\boldsymbol{y_i'} = g_i' + jb_i' = y_i + y_C$$

$$= (g_i + jb_i) + \frac{j\omega C}{Y_0} = g_i + j\left(b_i + \frac{\omega C}{Y_0}\right)$$

④ 허수부가 (양으로) 커진다.

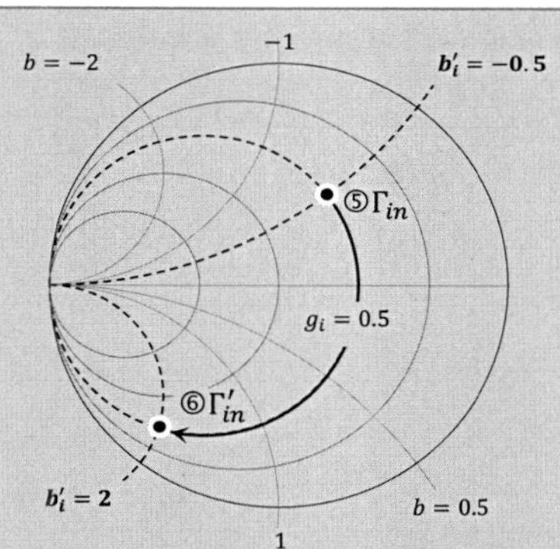

(예) ⑤ $y_i = g_i + jb_i = 0.5 - j0.5$ 일 때

$C = 8.0\,pF$ 인 커패시터를 직렬로 추가하면,

$y_C = \frac{j\omega C}{Y_0} = j2.5$ 이고

⑥ $y_i' = 0.5 + j(-0.5 + 2.5) = 0.5 + j2$ 가 된다.

부하 쪽에 커패시터를 추가하면 $\boldsymbol{\Gamma_{in}}$ 가 아래쪽으로 내려간다.

복소 임피던스에서 허수부가 음인 것은 커패시터의 특징

$$Z = R + jX = R + j\omega L + \frac{1}{j\omega C} = R + j\omega\left(L - \frac{1}{C}\right)$$

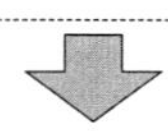

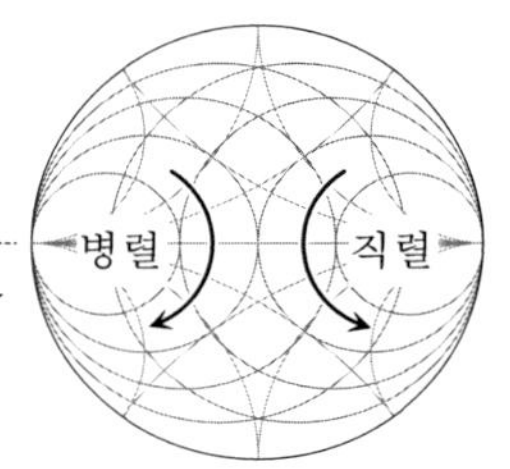

저항은 에너지를 소비하고 잡음을 일으키므로 사용에 주의해야 한다. (아래 예제들에서 $f = 1\,GHz, Z_0 = 50\,\Omega$)

❺ 부하 쪽에 저항을 직렬로 추가하면,

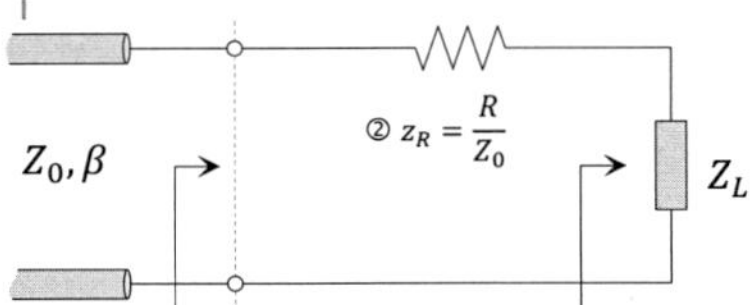

③ Γ'_{in} ← ③ 이동한다. ① $\Gamma_{in} = \Gamma_L$

$z_i = r_i + jx_i$

$$\mathbf{z'_i} = r'_i + jx'_i = z_i + z_R$$

$$= (r_i + jx_i) + \frac{R}{Z_0} = \left(r_i + \frac{R}{Z_0}\right) + jx_i$$

④ 실수부가 (양으로) 커진다.

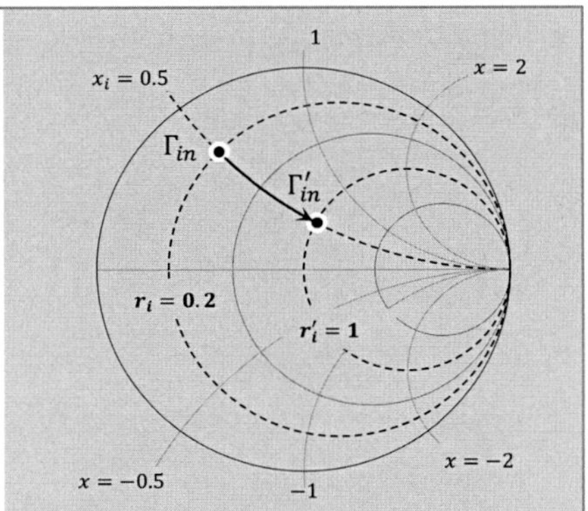

(예) $z_i = r_i + jx_i = 0.2 + j0.5$ 일 때

$R = 40\,\Omega$ 인 저항을 직렬로 추가하면,

$z_R = \frac{R}{Z_0} = \frac{40}{50} = 0.8$ 이고

$z'_i = (0.2 + 0.8) + j0.5 = 1 + j0.5$ 가 된다.

❻ 부하 쪽에 저항을 병렬로 추가하면,

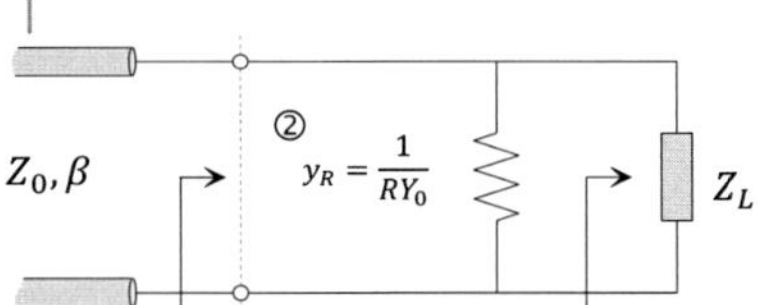

③ Γ'_{in} ① Γ_{in}

$y_i = g_i + jb_i$

$$\mathbf{y'_i} = g'_i + jb'_i = y_i + y_R$$

$$= (g_i + jb_i) + \frac{1}{RY_0} = \left(g_i + \frac{1}{RY_0}\right) + jb_i$$

④ 실수부가 (양으로) 커진다.

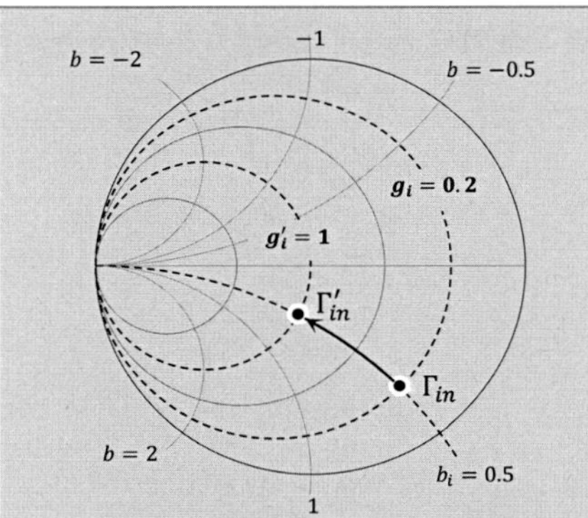

(예) $y_i = g_i + jb_i = 0.2 + j0.5$ 일 때

$R = 62.5\,\Omega$ 인 저항 병렬로 추가하면,

$y_R = \frac{1}{RY_0} = 0.8$ 이고

$y'_i = (0.2 + 0.8) + j0.5 = 1 + j0.5$ 가 된다.

부하 쪽에 저항을 추가하면 Γ_{in} 가 단락 또는 개방 점 쪽으로 움직인다.

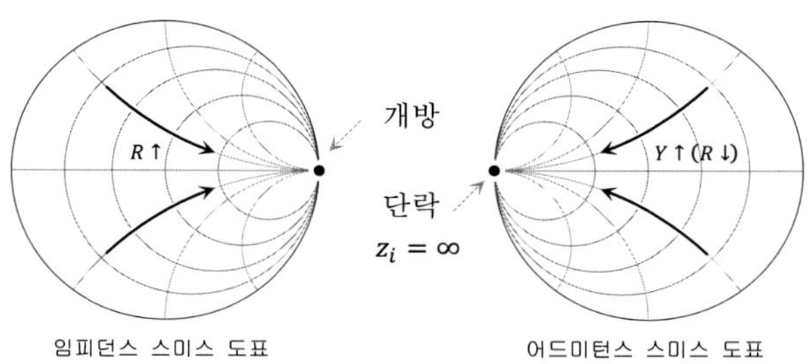

아래 예제에서 $f = 1\,GHz, Z_0 = 50\,\Omega$

❼ **부하 쪽에 전송선로를 추가하면,**

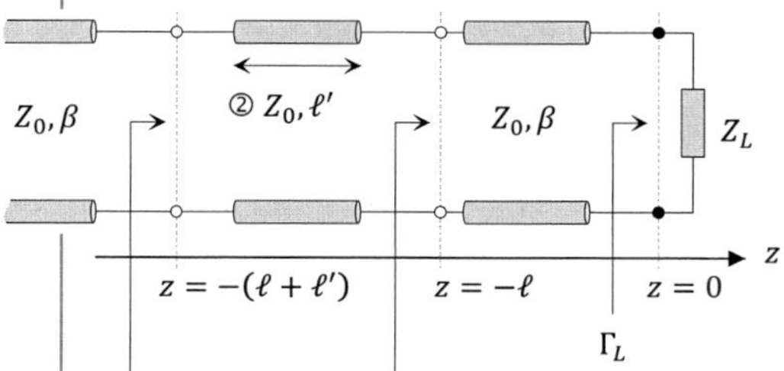

① $\Gamma_{in} = \Gamma_L e^{-j2\beta\ell}$

③ $\Gamma'_{in} = \Gamma_L e^{-j2\beta\ell'} = \Gamma_L e^{-j2\beta\ell} e^{-j2\beta(\ell'-\ell)} = \Gamma_{in} e^{-j2\beta\ell'}$

④ 각도의 변화만 생긴다. (시계방향)

p. 247 전송선로의 길이에 따른 Γ_{in} 의 변화 참조

p. 246

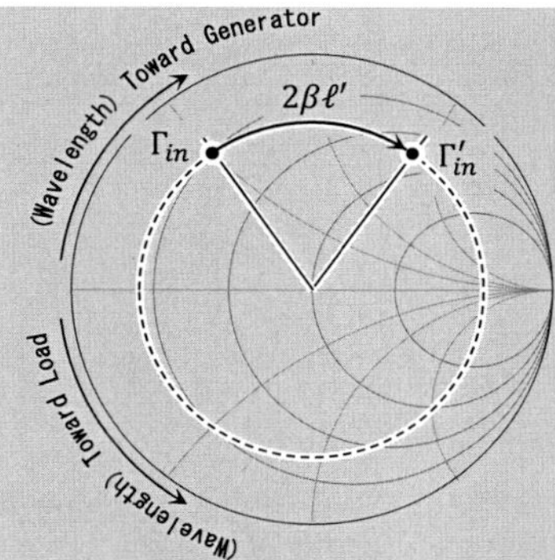

(예)

$z_i = 0.5 + j0.5$ 일 때 $\Gamma_{in} = \dfrac{z_i - 1}{z_i + 1} = 0.73 e^{j125.4°}$ 이다.

$\ell' = 0.1\,\lambda$ 이고 임피던스가 Z_0인 전송선로를 직렬로 추가하면,

$\Gamma'_{in} = \Gamma_{in} e^{-j2\beta\ell'} = \Gamma_{in} e^{-j2\cdot\left(\frac{2\pi}{\lambda}\right)\cdot(0.1\lambda)} = \Gamma_{in} e^{-j0.4\pi}$ 이고

$z'_i = \dfrac{1 + \Gamma'_{in}}{1 - \Gamma'_{in}} = 0.724 + j1.75\,\Omega$ 가 된다.

② 단락된 전송선로의 Z_{in} 는 p. 234

구현되는 구조는 오른쪽 그림 참조

(아래 예제들에서 $f = 1\,GHz, Z_0 = 50\,\Omega$)

❽ 부하 쪽에 단락된 스터브를(전송선로를 병렬로) 추가하면,

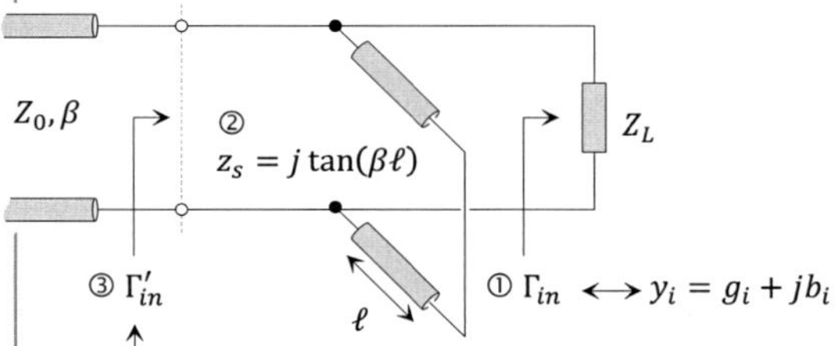

$$y'_i = g'_i + jb'_i = \overset{①}{y_i} + \overset{②}{y_s}$$

$$= (g_i + jb_i) + \frac{1}{j\tan(\beta\ell)} = g_i + j[b_i - \cot(\beta\ell)]$$

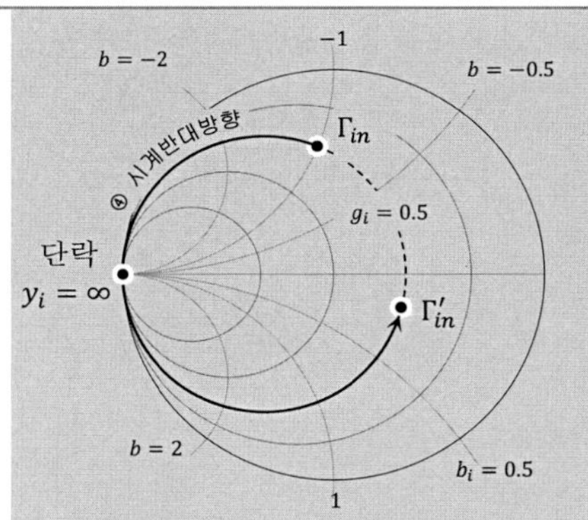

(예) $y_i = g_i + jb_i = 0.5 - j1.0$ 일 때

$\ell = 0.4\lambda$ 인 단락된 스터브를 병렬로 추가하면

$\frac{1}{\tan(\beta\ell)} = \frac{1}{\tan(2\pi \cdot 0.4)} = -1.38$ 이고

$y'_i = 0.5 + j(-1.0 + 1.38) = 0.5 + j0.38$ 이다.

④ (짧은) 단락된 스터브를 붙이면 b'_i 는 더욱 음수가 되므로
Γ'_{in} 는 시계반대방향으로 움직인다.
$\ell \downarrow \rightarrow \cot(\beta\ell) \uparrow \rightarrow b'_i$ 은 더욱 큰 음수가 된다.

$\beta = \frac{2\pi}{\lambda}$

- ⑤ $\beta\ell < \frac{\pi}{2}$: 인덕터로 동작한다. $\tan(\beta\ell) > 0$ $\quad y'_i = g_i + j\left(b_i - \frac{1}{|z_s|}\right)$ p. 252
- ⑥ $\frac{\pi}{2} < \beta\ell < \pi$: 커패시턴스가 우세한 영역, 커패시터로 동작한다. $\quad y'_i = g_i + j\left(b_i + \frac{1}{|z_s|}\right)$ p. 253

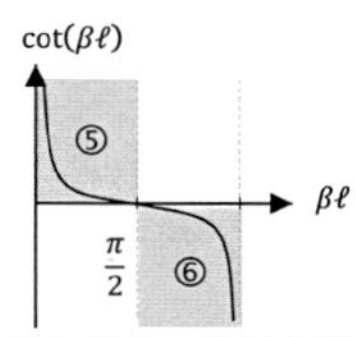

❾ 부하 쪽에 개방된 스터브를(전송선로를 병렬로) 추가하면,

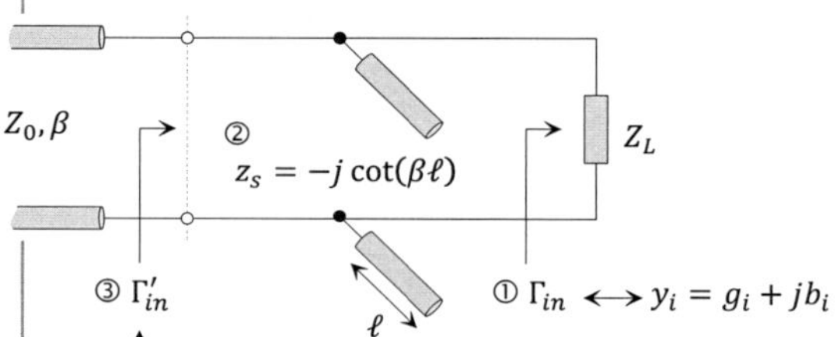

$$y'_i = g'_i + jb'_i = y_i + y_R$$

$$= (g_i + jb_i) - \frac{1}{j\cot(\beta\ell)} = g_i + j[b_i + \tan(\beta\ell)]$$

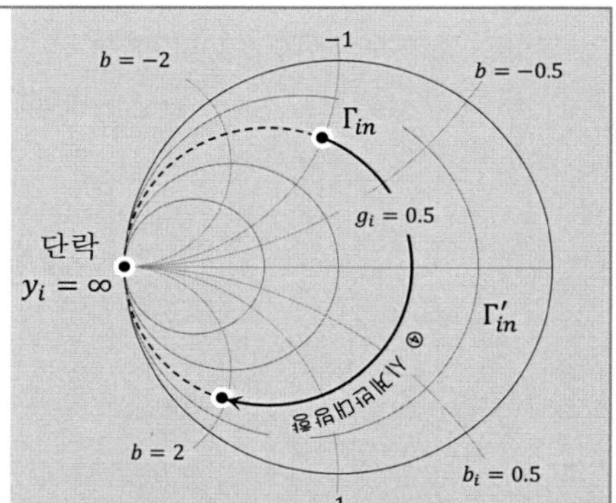

(예) $y_i = g_i + jb_i = 0.5 - j1.0$ 일 때

$\ell = 0.2\lambda$ 인 개방된 스터브를 병렬로 추가하면

$\frac{1}{\cot(\beta\ell)} = \frac{1}{\cot(2\pi \cdot 0.2)} = 3.08$ 이고

$y'_i = 0.5 + j(-1.0 + 3.08) = 0.5 + j2.08$ 이다.

④ (짧은) 개방된 스터브를 붙이면 b'_i 는 더욱 양수가 되므로
Γ'_{in} 는 시계방향으로 움직인다.
$\ell \uparrow \rightarrow \tan(\beta\ell) \uparrow \rightarrow b'_i$ 은 더욱 큰 양수가 된다.

- ⑤ $\beta\ell < \frac{\pi}{2}$: 커패시터로 동작한다. $\cot(\beta\ell) > 0$ $\quad y'_i = g_i + j\left(b_i + \frac{1}{|z_s|}\right)$ p. 253
- ⑥ $\frac{\pi}{2} < \beta\ell < \pi$: 인덕턴스가 우세한 영역, 인덕터로 동작한다. $\quad y'_i = g_i + j\left(b_i - \frac{1}{|z_s|}\right)$ p. 252

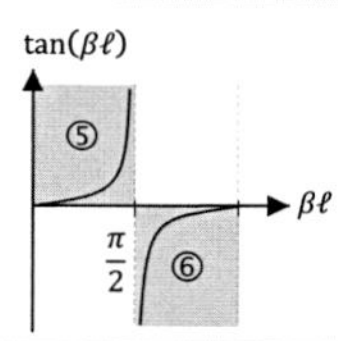

전송선로는 커패시턴스와 인덕턴스를 모두 가지고 있다

p. 76 p. 124

반도체 기판에 제작되는 회로의 예

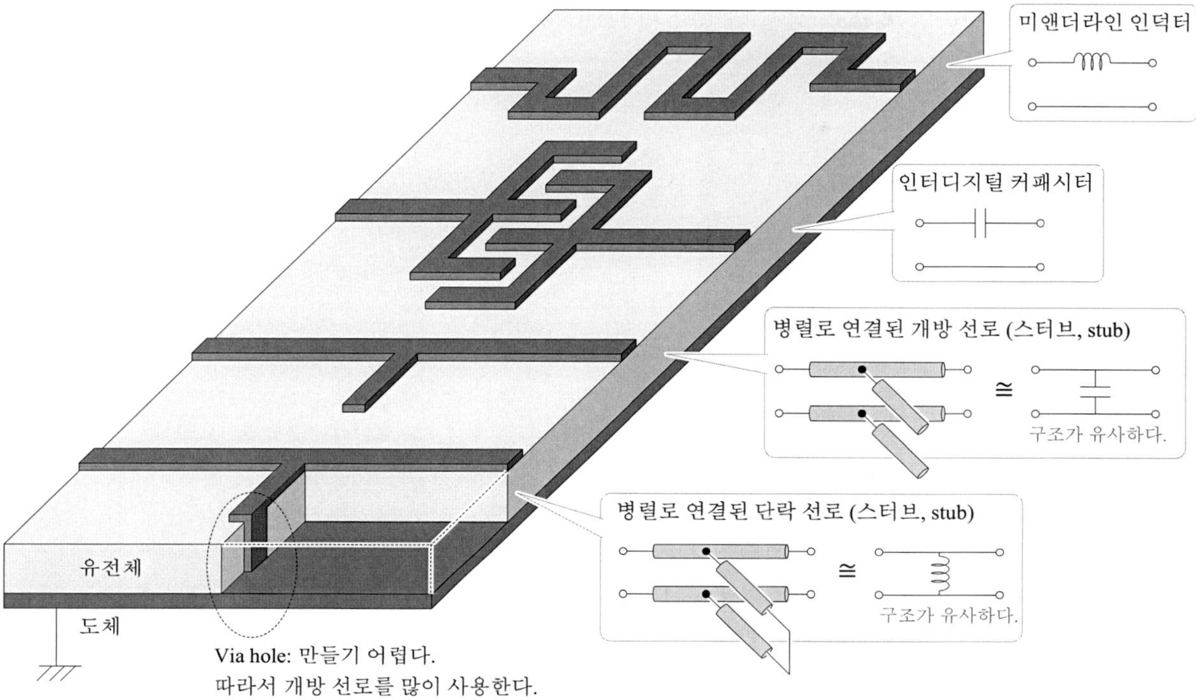

소자를 부하 쪽에 추가함에 따른 Γ_{in}의 이동

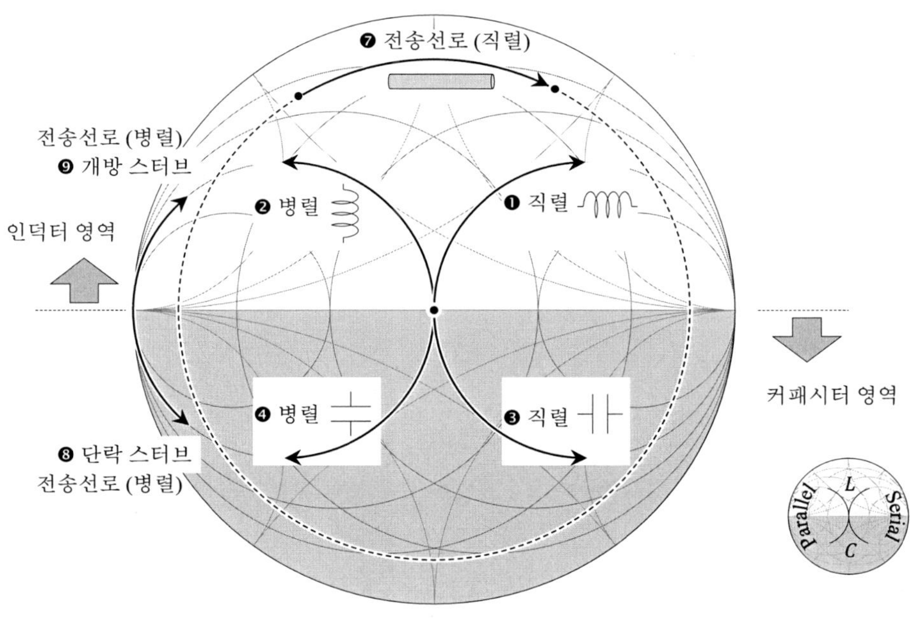

p. 251 를 다시 보고 올 것.

5.10 임피던스 정합의 예 5개 Examples of Impedance Matching

$1\ GHz$ 에서 동작하는 다음 회로의 반사계수를 0으로 만드는 정합회로를 설계하자.

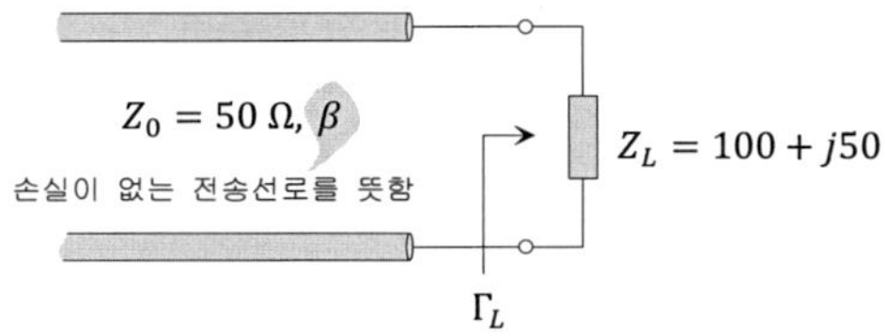

Step ❶

$z_i = r + jx = 2 + j1$

$y_i = g + jb = 0.4 - j0.2$

$\Gamma_L = 0.4 + j0.2 = 0.45\angle 26.6°$

(예1) 부하 쪽에 커패시터와 인덕터를 삽입하여 $\boldsymbol{\Gamma_{in} = 0}$을 만든다. Low Pass Filter (LPF)

Step ❶: 원점을 지나는 원 위로 Γ_L를 이동시키는 병렬 커패시터를 찾는다.

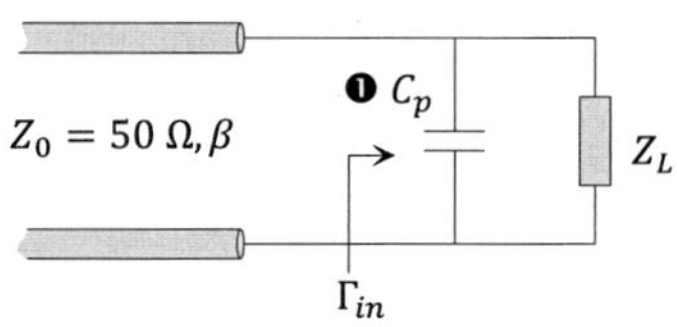

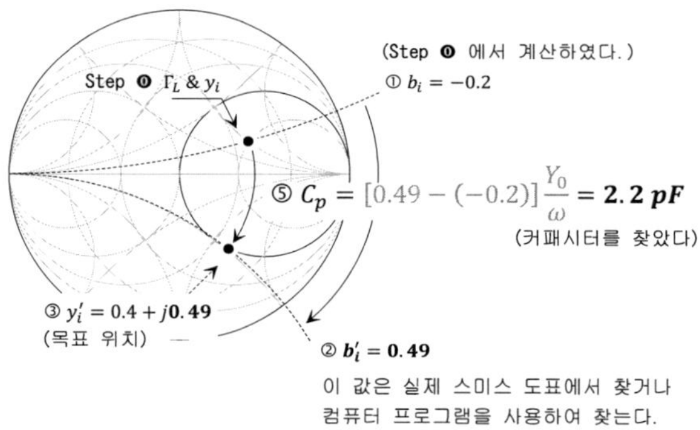

병렬 커패시터를 추가하여 입력어드미턴스가 변경된다: p. 253

④ $y_i' = g_i' + b_i' = g_i + j\left(b_i + \frac{\omega \boldsymbol{C_p}}{Y_0}\right) = 0.4 + j0.49$

Step ❷: Γ_{in}를 원점으로 이동시키는 직렬 인덕터를 찾는다.

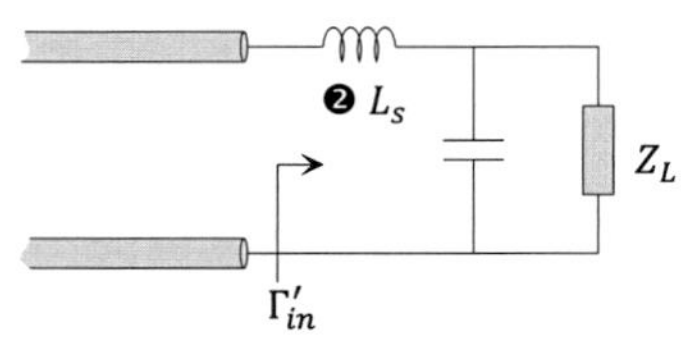

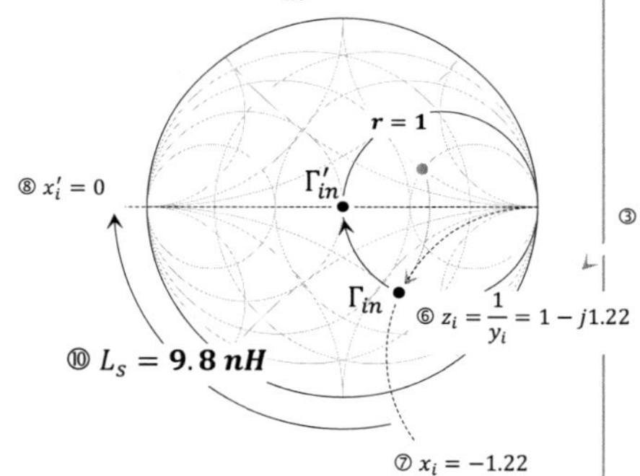

직렬 인덕터의 추가는: p. 252

⑨ $z_i' = r_i + j\left(x_i + \frac{\omega \boldsymbol{L_s}}{Z_0}\right) = 1 + j0$

주파수에 따른 Γ_{in}와 z_i 의 변화

이 회로의 동작 주파수에서만 $\boldsymbol{\Gamma_{in} = 0}$ 이다.

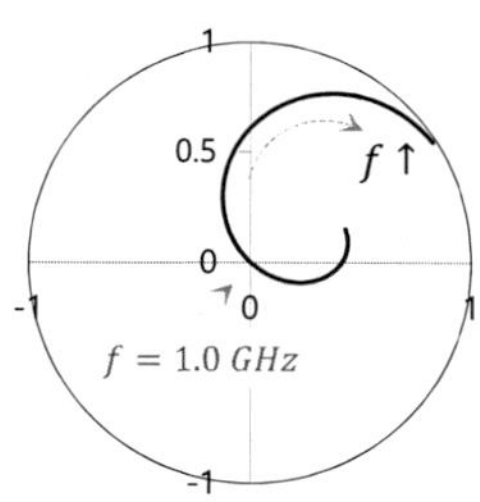

주파수에 따른 Γ_{in} 의 변화

$1\ GHz$ 보다 **낮은** 주파수 신호들은 부하로 잘 전달된다.

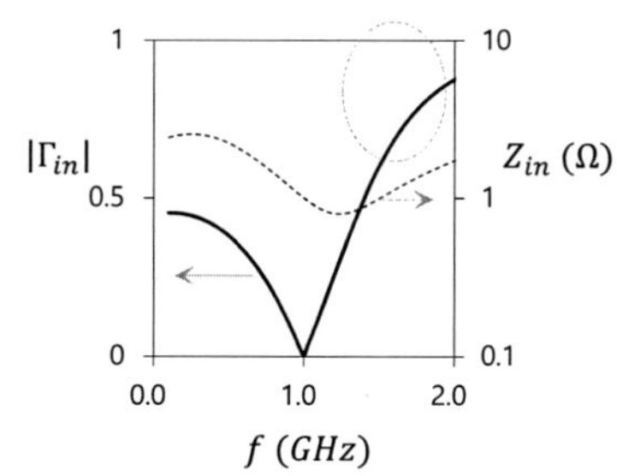

주파수에 따른 $|\Gamma_{in}|$ 와 z_i 의 크기 변화

Step ⓿ 은 이전과 동일

(예2) 부하 쪽에 커패시터와 인덕터를 삽입하여 $\boldsymbol{\Gamma_{in} = 0}$을 만든다. High Pass Filter (HPF)

Step ❶: 원점을 지나는 원 위로 Γ_L 를 이동시키는 병렬 인덕터를 찾는다.

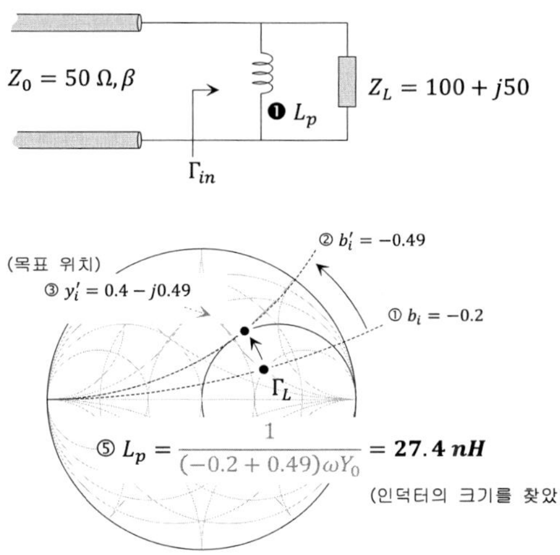

병렬 인덕터의 추가는: p. 252

④ $y_i' = g_i + j\left(b_i - \frac{1}{\omega \boldsymbol{L_p} Y_0}\right) = 0.4 - j0.49$

Step ❷: Γ_{in}를 원점으로 이동시키는 직렬 커패시터를 찾는다.

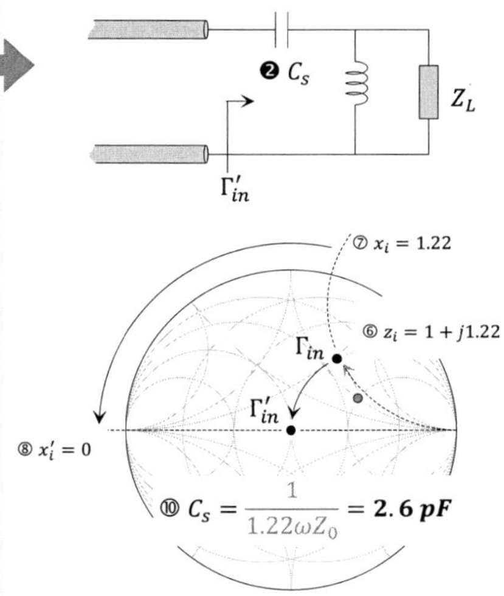

직렬 커패시터의 추가는: p. 253

⑨ $z_i' = r_i + j\left(x_i - \frac{1}{\omega \boldsymbol{C_s} Z_0}\right) = 1 + j0$

주파수에 따른 Γ_{in}와 z_i 의 변화

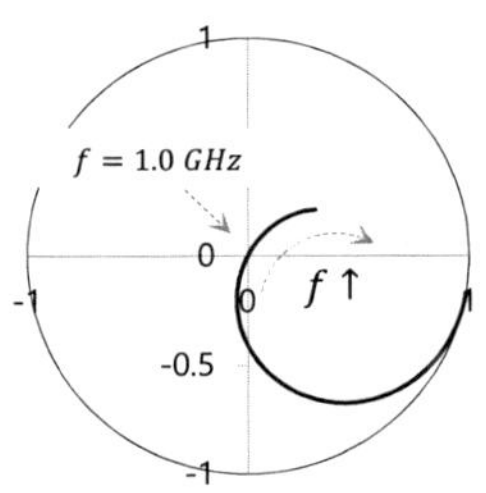

주파수에 따른 Γ_{in} 의 변화

1 GHz 보다 높은 주파수 신호들이 부하로 전달된다.

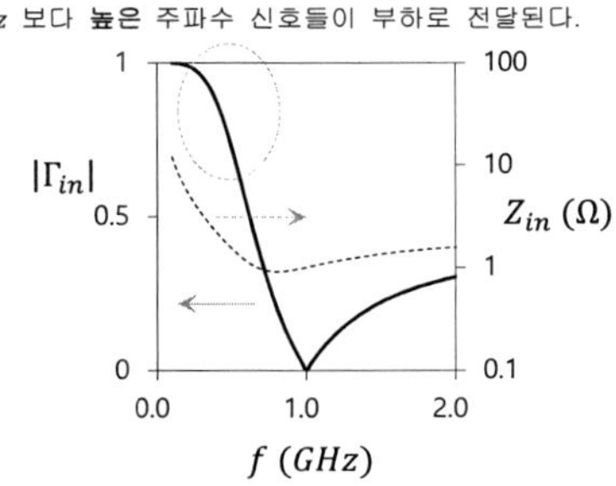

주파수에 따른 $|\Gamma_{in}|$ 와 z_i 의 크기 변화

예1과 예2의 비교

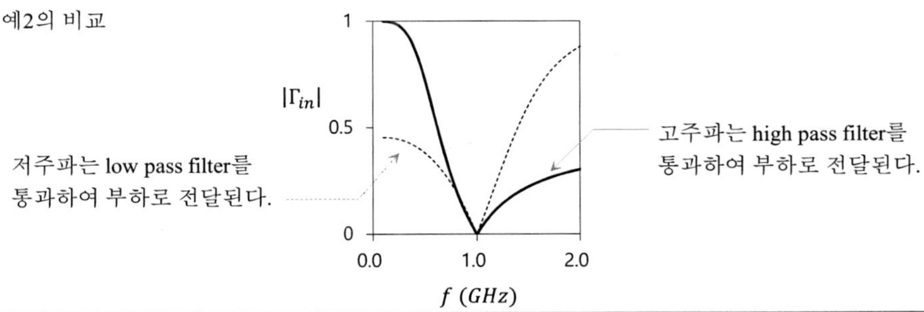

이전과 같은 회로이다.

$1\ GHz$ 에서 동작하는 다음 회로의 반사계수를 0으로 만드는 정합회로를 설계하자.

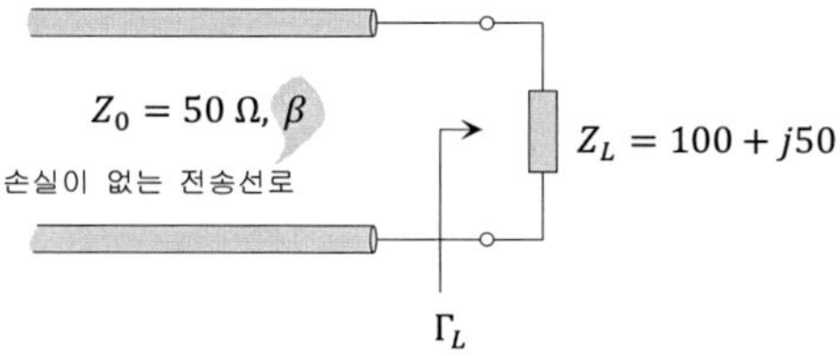

Step ⓿

$$z_i = r + jx = 2 + j1$$

$$y_i = g + jb = 0.4 - j0.2$$

$$\Gamma_L = 0.4 + j0.2 = 0.45\angle 26.6°$$

(예3) 부하 쪽에 전송선로와 인덕터를 삽입하여 $\mathbf{\Gamma_{in} = 0}$을 만든다.

Step ❶: 원점을 지나는 원 위로 Γ_L를 이동시키는 직렬 전송선로를 찾는다.

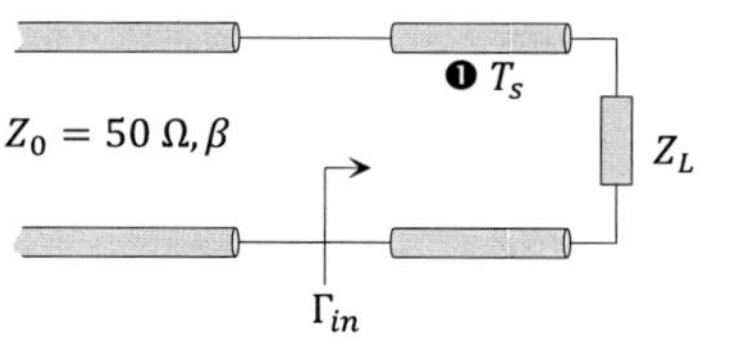

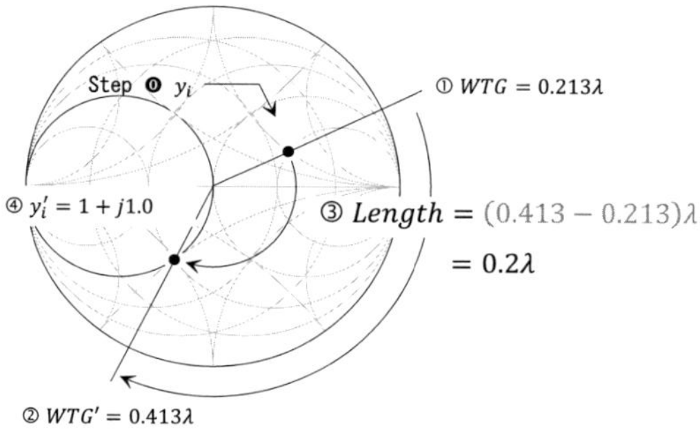

스미스 도표의 외곽에 전송선로의 길이에 따른 반사계수의 변화가 기록되어 있다.

p. 246 참조

Step ❷: Γ_{in}를 원점으로 이동시키는 병렬 인덕터를 찾는다.

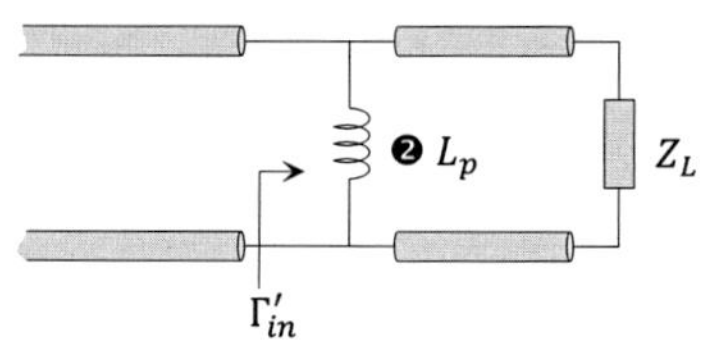

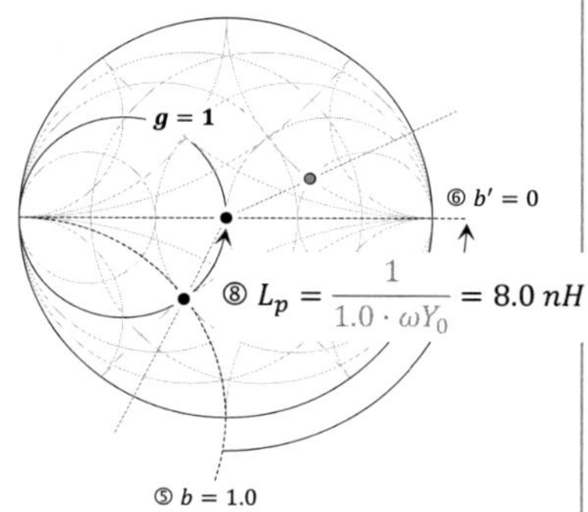

병렬 인덕터의 추가는: p. 252

⑦ $y_i' = g_i + j\left(b_i - \frac{1}{\omega L_p Y_0}\right) = 1 + j0$

① $WTG = 0.213\lambda$ 을 계산하는 방법

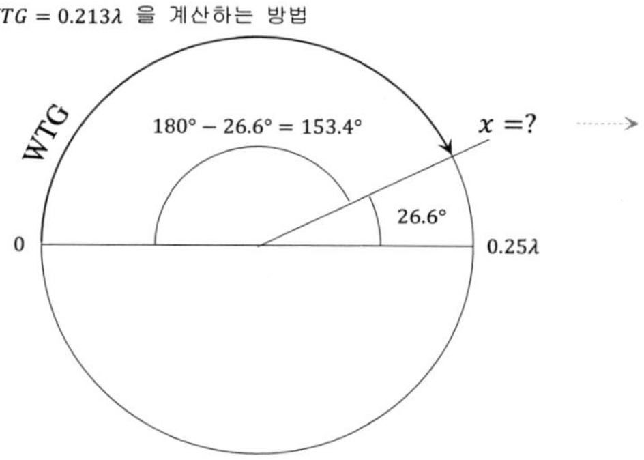

$$180°: 0.25\lambda = 153.4°: x$$

$$x = \frac{0.25\lambda \cdot 153.4°}{180°} = 0.213\lambda$$

Step ⓿ 은 이전과 동일 (병렬 전송선로 = 스터브)

(예4) 부하 쪽에 전송선로와 스터브를 삽입하여 $\boldsymbol{\Gamma_{in} = 0}$을 만든다.

Step ❶: 원점을 지나는 원 위로 Γ_L를 이동시키는 직렬 전송선로를 찾는다.

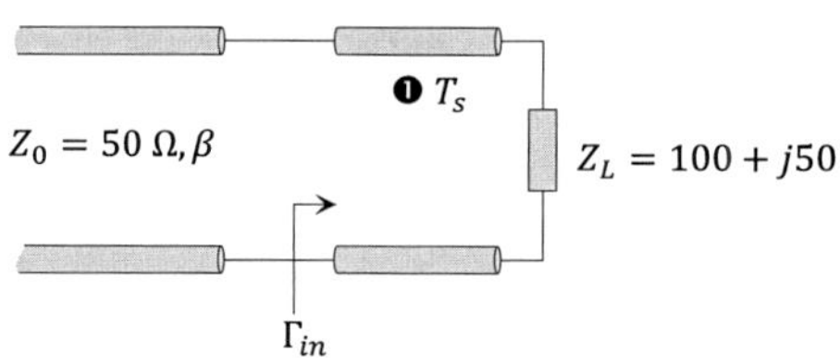

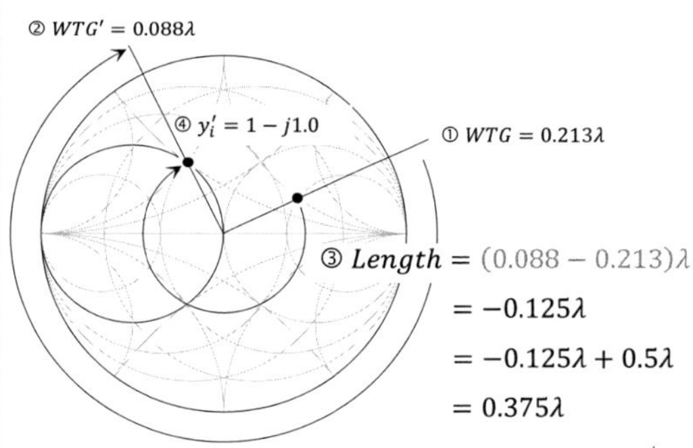

sin(−10°) = sin(360° − 10°) 와 마찬가지로 전송선로의 길이가 0.5λ 이면 다시 제자리이다.

p. 247 참조

Step ❷: Γ_{in}를 원점으로 이동시키는 개방된 스터브를 찾는다.

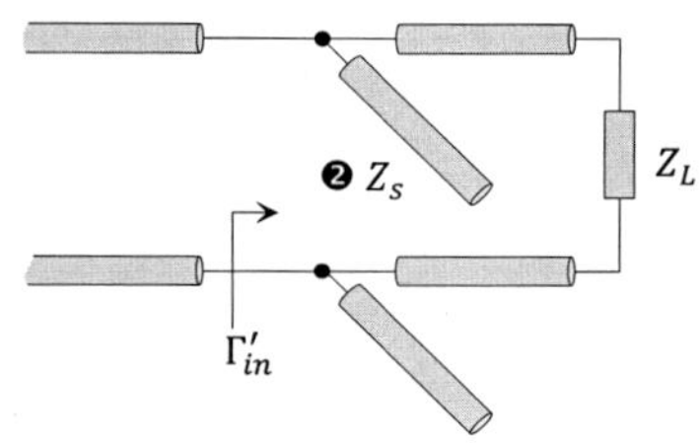

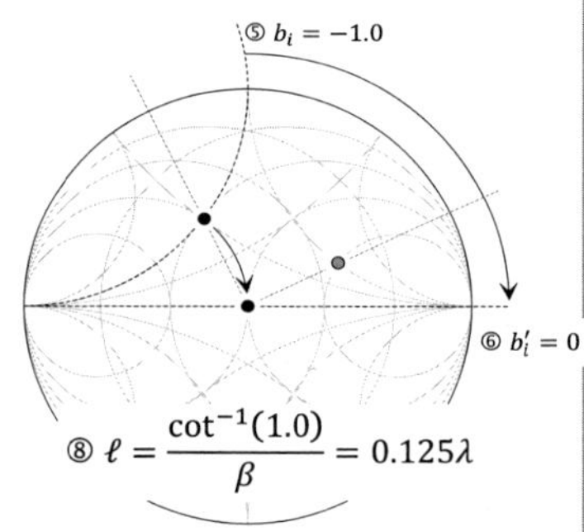

개방된 스터브의 추가는: p. 256

⑦ $y_i' = g_i + j\left(b_i + \dfrac{1}{\cot(\beta\ell)}\right) = 1 + j0$

단락된 스터브보다는 개방된 스터브를 사용

p. 257

$\frac{\lambda}{4}$ 변환기를 사용한 임피던스 정합

부하가 저항 성분만 있는 경우 (리액티브 성분이 없다)

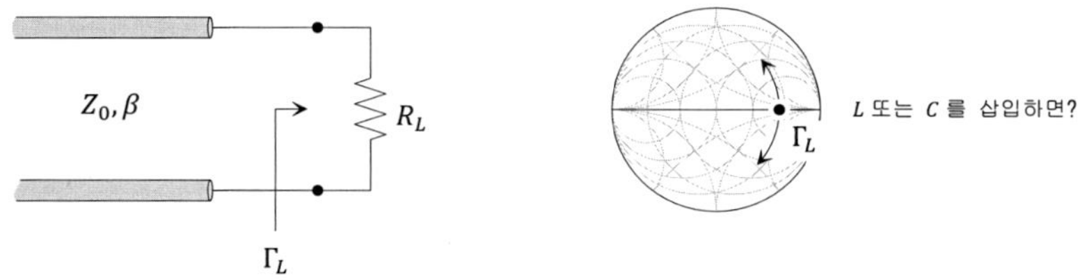

p. 247 전송선로의 길이에 따른 의 변화 참조 무손실 전송선로에서의 $Z_{in} = Z_0 \frac{Z_L + jZ_0 \tan(\beta\ell)}{Z_0 + jZ_L \tan(\beta\ell)}$

(예5) 이런 경우 $\frac{\lambda}{4}$ 변환기를 사용한다.

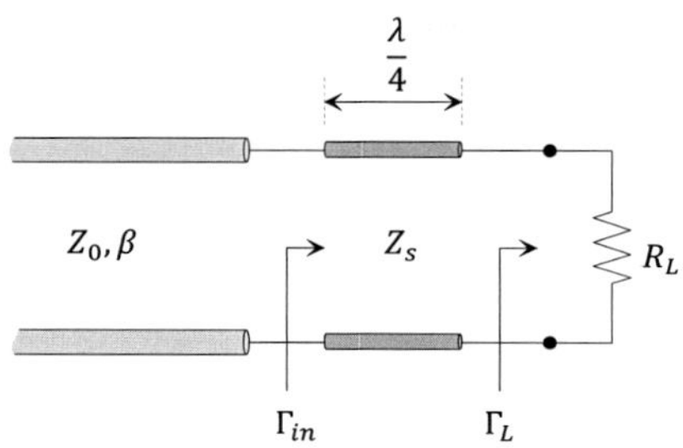

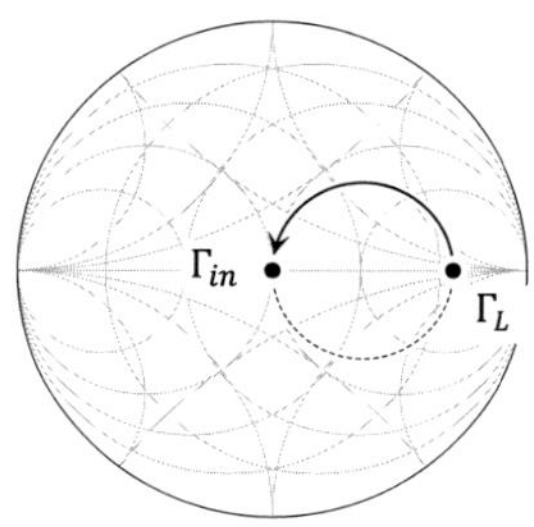

③ 따라서 다음을 얻는다: $Z_s = \sqrt{Z_0 R_L}$

$$Z_{in} = Z_s \frac{R_L + jZ_s \tan(\beta\ell)}{Z_s + jR_L \tan(\beta\ell)} = \frac{{Z_s}^2}{R_L} = Z_0$$

② $Z_{in} = Z_0$ 이어야 반사가 없게 된다: $\Gamma_{in} = 0$

① 추가된 선로의 길이가 $\frac{\lambda}{4}$ 이므로 $\beta\ell = \frac{2\pi}{\lambda} \cdot \frac{\lambda}{4} = \frac{\pi}{2}$ 이고 $\tan(\beta\ell) = \tan\left(\frac{\pi}{2}\right) = \infty$ 이다.

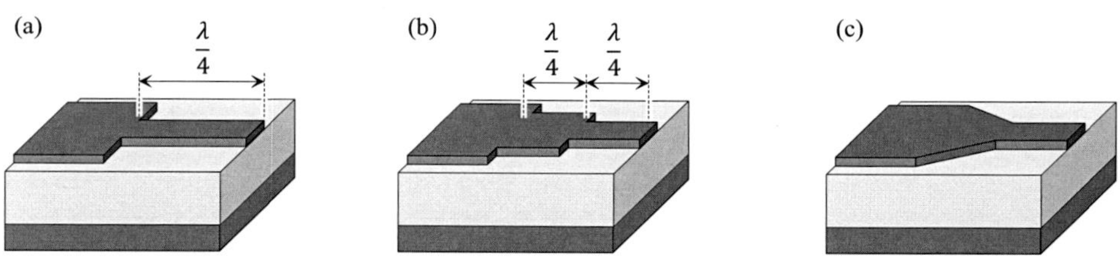

반도체 기판에 제작된 예 / 여러 개의 $\frac{\lambda}{4}$ 를 사용할 수 있다. / 매끄럽게 연결하여 반사를 줄이는 방법

Drill 5.10-1

$f_0 = 1\,GHz$ 에서 $\frac{\lambda}{4}$ 변환기를 사용하여 다음 회로의 임피던스 정합회로를 설계해보자.

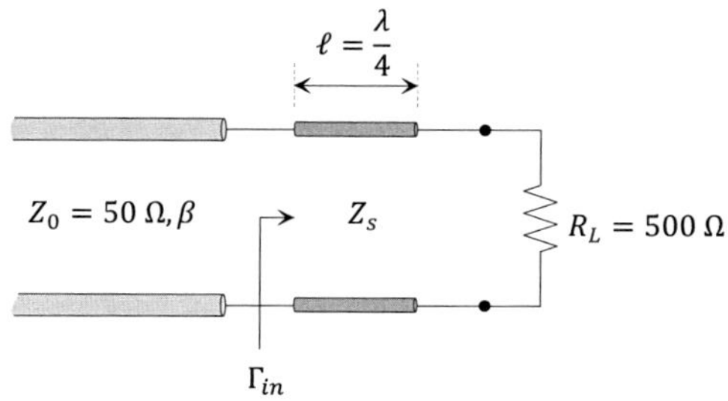

동축 케이블의 파라미터를 사용했다: p. 231

① $\lambda = \frac{\mu_p}{f} = \frac{2 \cdot 10^8}{1 \cdot 10^9} = 0.2\,m$

② $\ell = \frac{\lambda}{4} = 0.05\,m$

③ $Z_s = \sqrt{Z_0 R_L} \cong 158\,\Omega$

이제 주파수 f에 따른 Γ_{in} 의 변화를 알아보기 위해

각 주파수에 대해

④ $\beta = \frac{\omega}{\mu_p} = \frac{2\pi f}{\mu_p}$

⑤ $Z_{in} = Z_s \frac{R_L + jZ_s \tan(\beta\ell)}{Z_s + jR_L \tan(\beta\ell)}$ (주파수에 따라 변하는 부분)

⑥ $\Gamma_{in} = \frac{Z_{in} - Z_0}{Z_{in} + Z_0}$

를 계산하였다.

⑥을 주파수에 따라 그리면

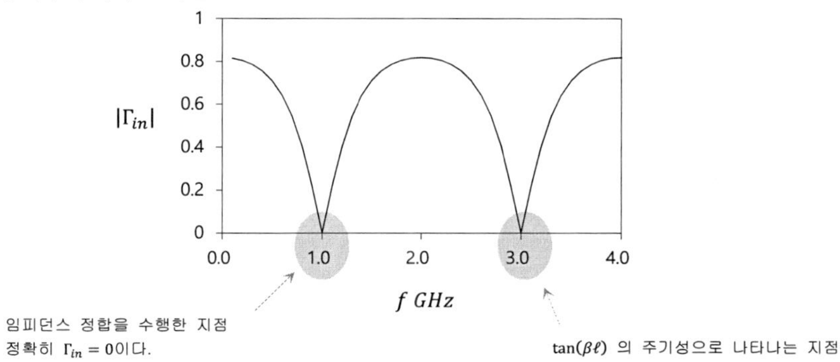

왼쪽 정합회로들의 반사계수 변화

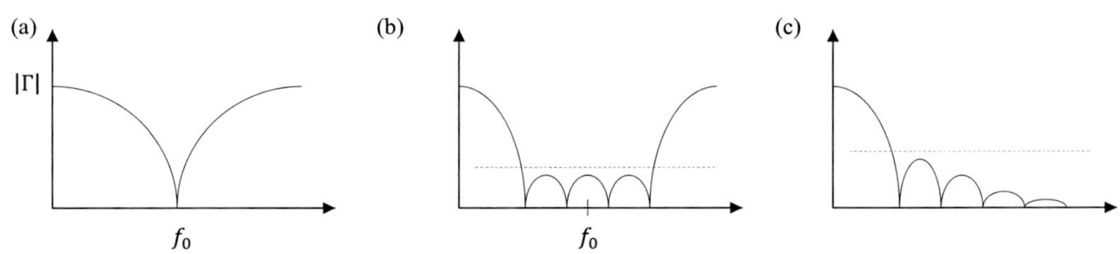

5.11 임피던스 정합 시 고려할 사항들 Design Considerations

부하로 최대의 전력을 전송하여 전력을 효율적으로 사용하기 위해 임피던스를 정합한다.

이 때 고려할 점은

- 되도록 간단한 디자인을 사용한다. 하지만 사용 가능한 소자에는 제한이 있다. 가령 1.325 pF 용량의 커패시터는 없다.
- 일부 응용 분야에서는 부하의 특성이 변할 수 있다. 이에 적합하도록 정합 특성도 변해야 한다.
- 사용하려는 주파수 대역에서 임피던스를 정합 시킨다.

저주파 신호를 주로 통과시키는 Low Pass Filter와
고주파 신호를 주로 통과시키는 High Pass Filter.

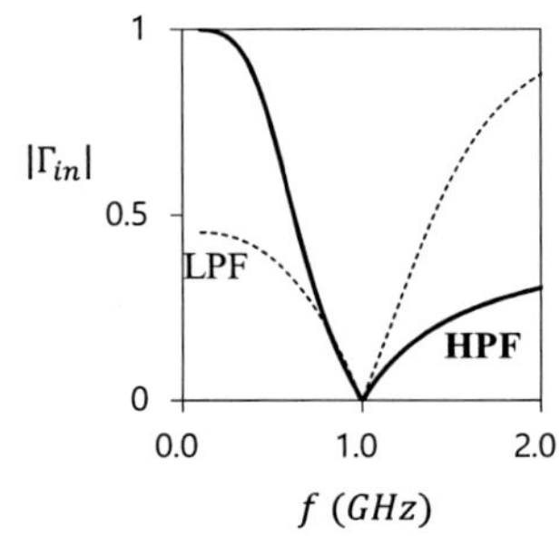

최대 전력전달 조건

이제 **전원**을 회로에 포함하여 정합회로를 살펴보자.

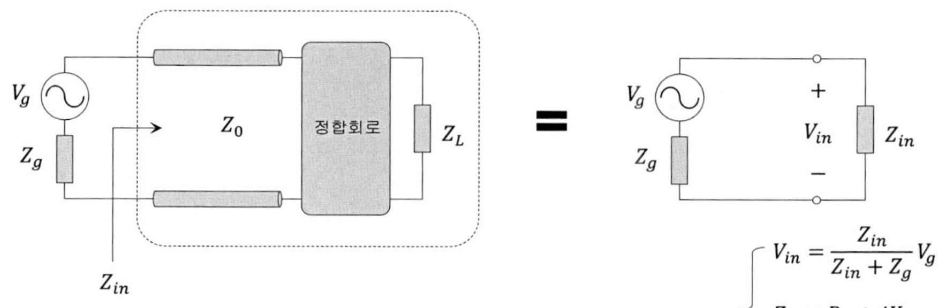

$$\begin{cases} V_{in} = \dfrac{Z_{in}}{Z_{in} + Z_g} V_g \\ Z_g = R_g + jX_g \\ Z_{in} = R_{in} + jX_{in} \end{cases}$$

부하로 전달되는 전력은 다음과 같이 정리할 수 있다:

$$P_L = \frac{1}{2} Re[V_{in} \cdot I_{in}^*] = \frac{1}{2} Re\left[V_{in} \cdot \left(\frac{V_{in}}{Z_{in}}\right)^*\right] = \frac{1}{2}|V_{in}|^2 Re\left[\frac{1}{Z_{in}^*}\right] = \frac{1}{2}|V_g|^2 \frac{R_{in}}{(R_{in} + R_g)^2 + (X_{in} + X_g)^2}$$

부하의 종류와 정합회로의 종류에 따라 다음과 같이 세가지 경우를 살펴보자.

Case ① $Z_L = Z_0 = Z_{in}$

$$\Gamma_{in} = \frac{Z_{in} - Z_g}{Z_{in} + Z_g} = \frac{Z_0 - Z_g}{Z_0 + Z_g} \neq 0$$

: $Z_g = Z_0$ 일 때는 $\Gamma = 0$ 이 된다.

$$P_L = \frac{1}{2}|V_g|^2 \frac{R_{in}}{(R_{in} + R_g)^2 + (X_{in} + X_g)^2} = \frac{1}{2}|V_g|^2 \frac{Z_0}{(Z_0 + R_g)^2 + (X_g)^2}$$

Case ② $Z_{in} = Z_g = R_g + jX_g$

$$\Gamma_{in} = \frac{Z_{in} - Z_g}{Z_{in} + Z_g} = 0$$

: 항상 $\Gamma = 0$ 이다. 즉, 정합회로 앞쪽에서 반사가 없다.

$$P_L = \frac{1}{2}|V_g|^2 \frac{R_g}{4(R_g^2 + X_g^2)}$$

: 하지만, 전력의 일부는 리액턴스 소자에 저장되기 때문에 부하로 최대로 전력이 전달되지는 못한다.

Case ③ $Z_{in} = Z_g^* = R_g - jX_g$: 전원에서 부하로 최대 전력전달이 가능한 경우이다.

$$\Gamma_{in} = \frac{Z_{in} - Z_g}{Z_{in} + Z_g} = -\frac{2X_g}{R_g} \neq 0$$

: $X_g = 0$ 일 때는 $\Gamma = 0$ 이 된다.

$$P_L = \frac{1}{2}|V_g|^2 \frac{1}{4R_g}$$

: 때로는 전력을 최대로 전달하기 위해서 $\Gamma \neq 0$ 인 정합회로를 사용할 수 도 있다.

만약 전원의 임피던스에 리액턴스 성분이 없다면 앞에서 배운 설계 방식이 그대로 적용된다.

Appx 19 Q-factor

부하와 임피던스 정합회로의 Q-factor를 살펴보자.

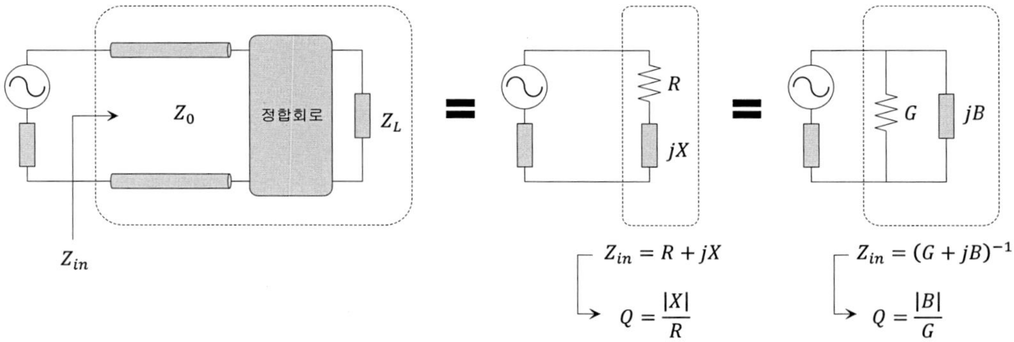

고정된 Q-factor의 값을 갖는 임피던스 Z 들을 스미스 도표에 그릴 수 있다.

$Q = \frac{|X|}{R} = 1$ 인 경우를 그려보자.

① $z_i = 2 + j2$

② $z_i = 1 + j1$

③ $z_i = 0.5 + j0.5$

④ $z_i = 0.2 + j0.2$

이 점들을 연결하면 반원을 그릴 수 있다.

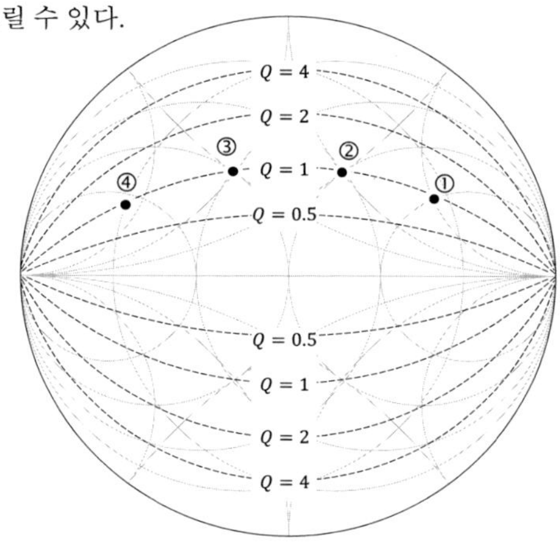

Q는 대역폭 BW과 관련되어 있으므로, 여러 개의 소자를 사용하는 실제 회로를 설계할 때는 Q-factor 원들을 참조한다.

⑤ 대역폭이 넓은 회로를 위해서는 작은 Q-factor 원 안에서 설계해야 한다.

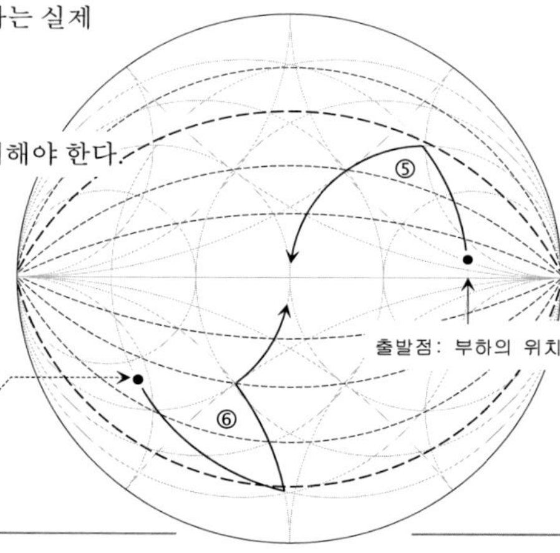

⑥ 대역폭이 작은 회로가 만들어지는 경우. 만약 부하의 위치가 이미 높은 Q 값을 가진다면 대역폭을 크게 만들기 어렵다.

주파수 대역과 임피던스 정합

$1\ GHz$ 에서 동작하는 다음 회로들의 임피던스 정합을 살펴보자.

Case A

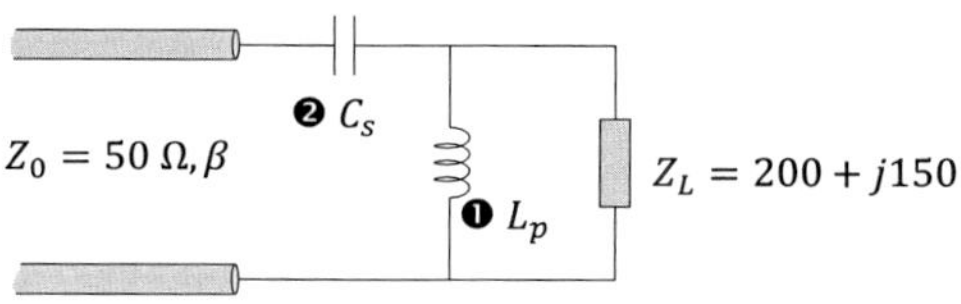

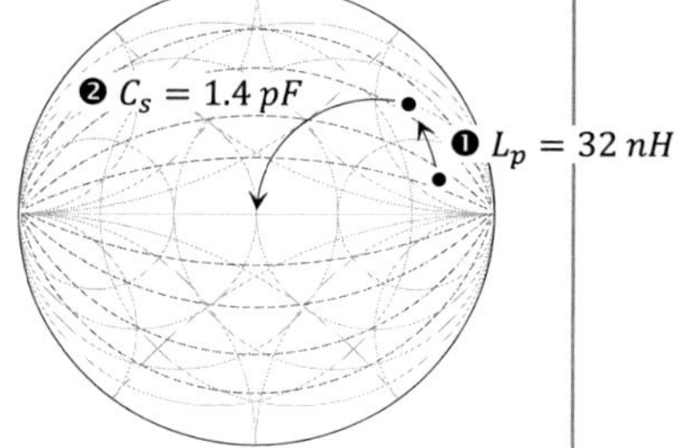

Case B

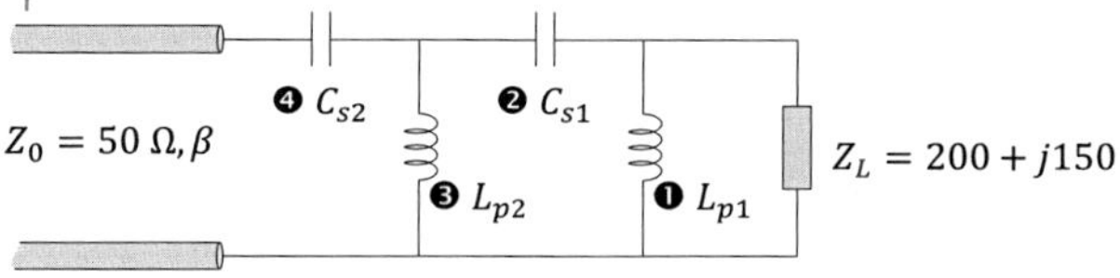

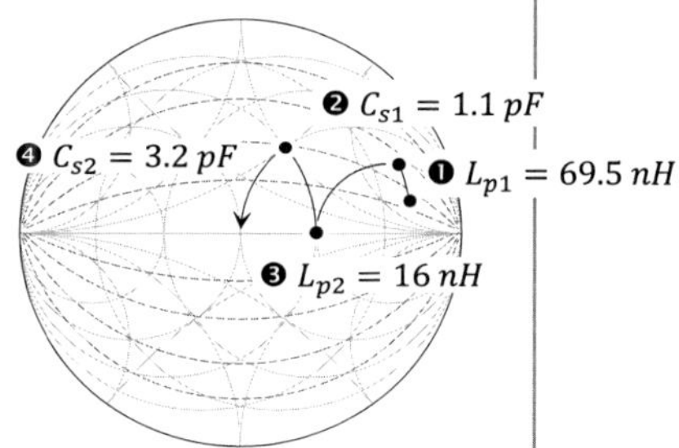

주파수의 변화에 따른 위 회로들의 응답은 다음과 같다:
(실제 회로의 $3\ dB$ 대역폭은 컴퓨터 프로그램을 사용하여 계산하면 편리하다.)

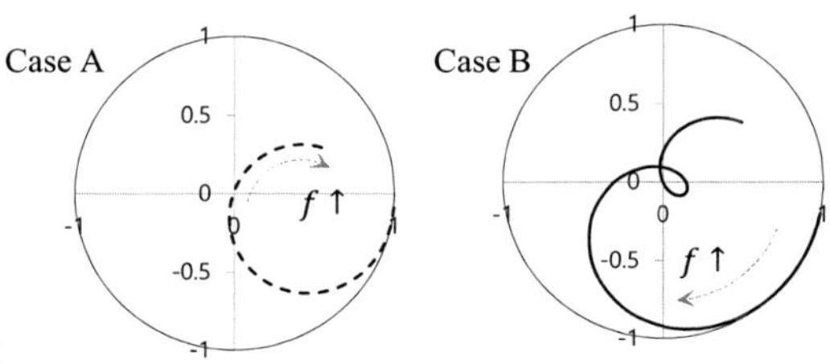

주파수에 따른 Γ_{in} 의 변화

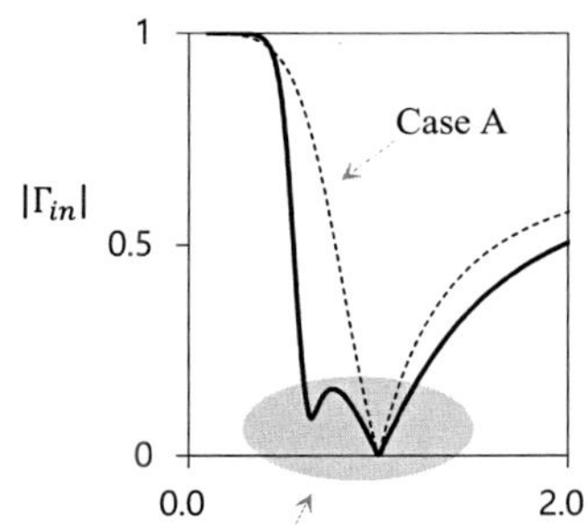

주파수에 따른 $|\Gamma_{in}|$ 의 변화

Case B의 경우 $1\ GHz$ 에서 정합이 되었고,
추가로 0.6~1 GHz 의 대역폭의 Γ_{in}가 작아지는 효과가 생긴다.

Summary

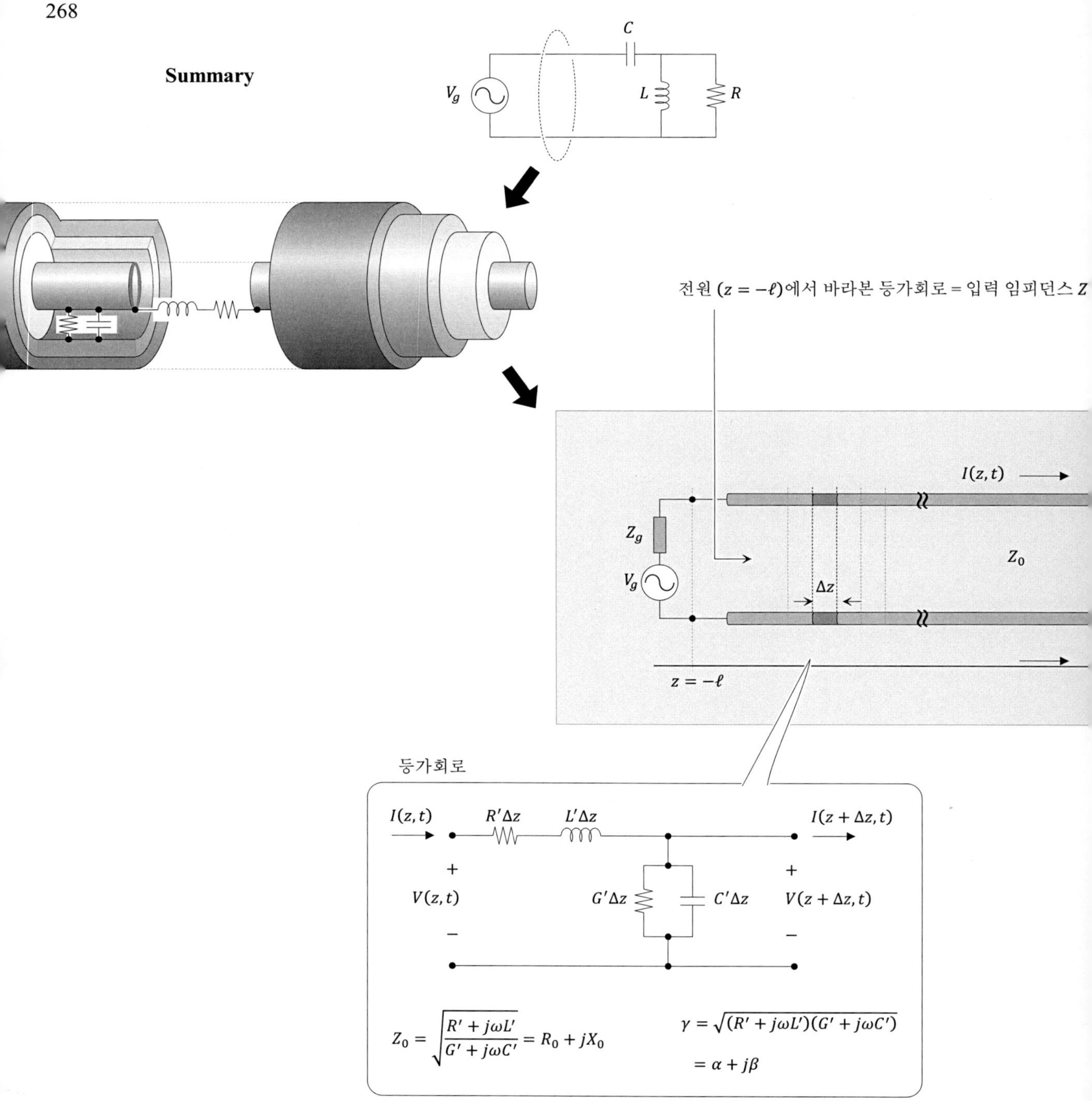

C
V_g
L
R
전원 $(z = -\ell)$에서 바라본 등가회로 = 입력 임피던스 Z
$I(z,t)$
Z_g
V_g
Z_0
Δz
$z = -\ell$
등가회로
$I(z,t)$
$R'\Delta z$
$L'\Delta z$
$I(z+\Delta z,t)$
+
$V(z,t)$
−
$G'\Delta z$
$C'\Delta z$
+
$V(z+\Delta z,t)$
−
$Z_0 = \sqrt{\dfrac{R'+j\omega L'}{G'+j\omega C'}} = R_0 + jX_0$
$\gamma = \sqrt{(R'+j\omega L')(G'+j\omega C')}$
$= \alpha + j\beta$

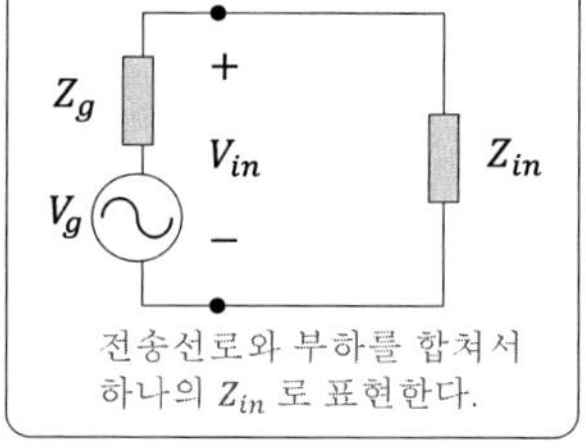

손실이 없는 선로에 대해서

$$Z_{in} = Z_0 \frac{Z_L + jZ_0 \tan(\beta\ell)}{Z_0 + jZ_L \tan(\beta\ell)} \quad \text{또한} \quad \Gamma_{in} = \Gamma_L e^{-j2\beta\ell} = \frac{Z_{in} - Z_0}{Z_{in} + Z_0}$$

등가회로

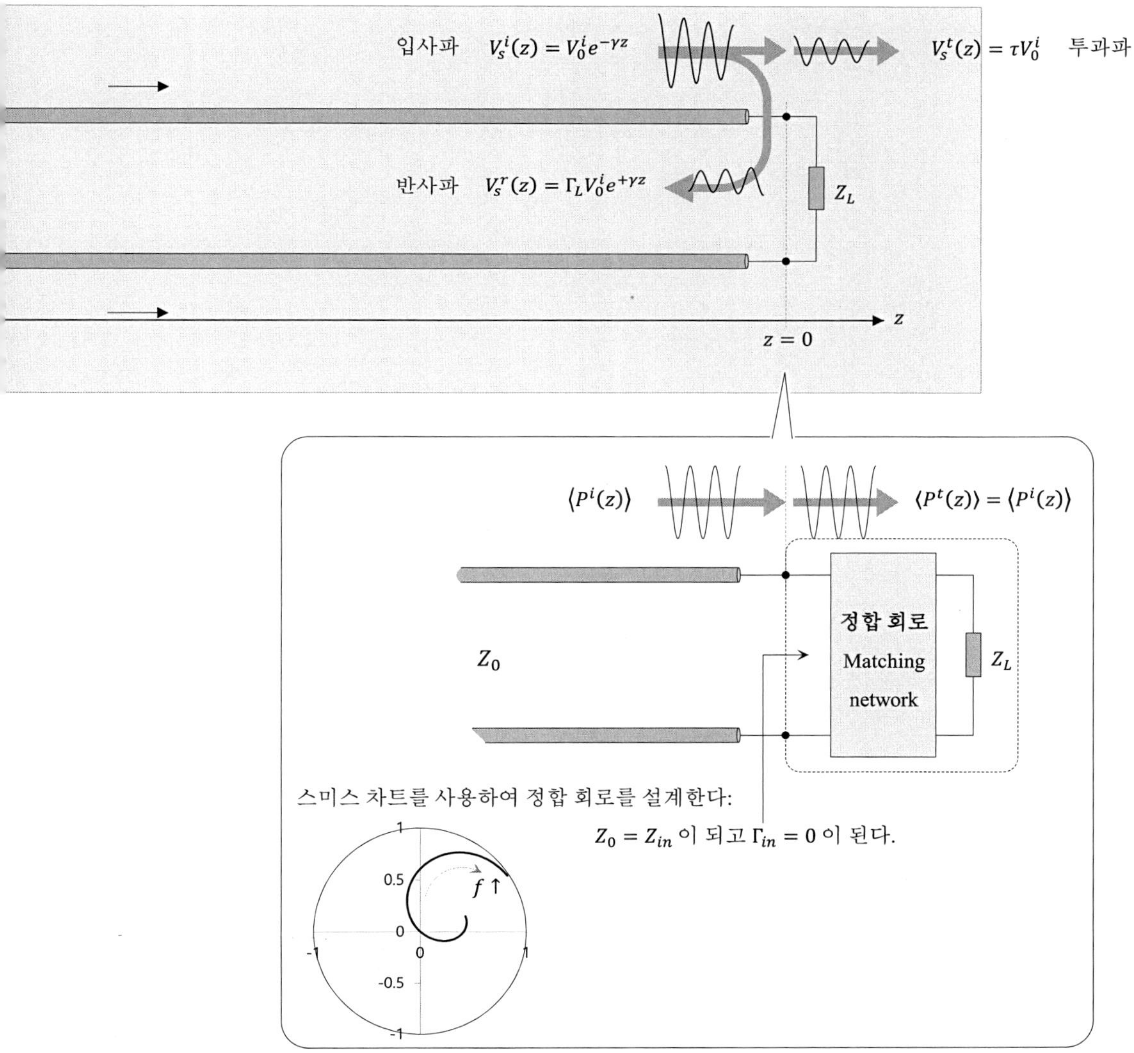

APPENDIX

0 Check yourself

벡터 = 크기 & 방향

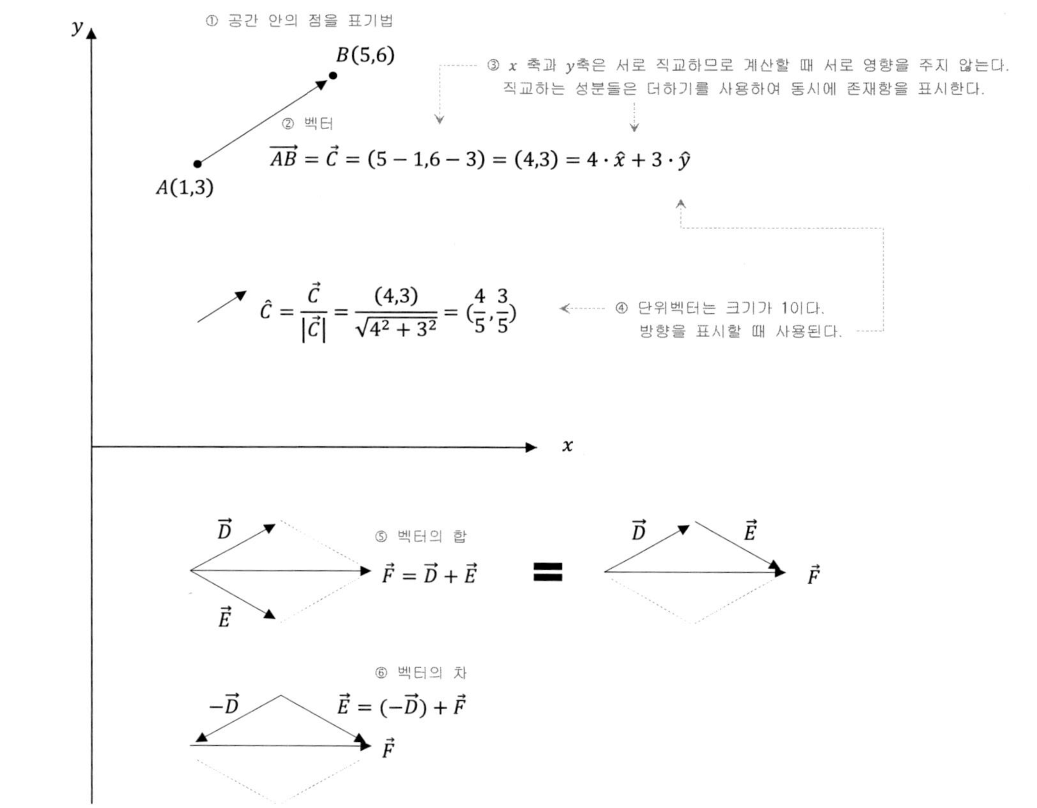

3차원 공간에서 면은 2개의 (법선) 방향을 갖는다.

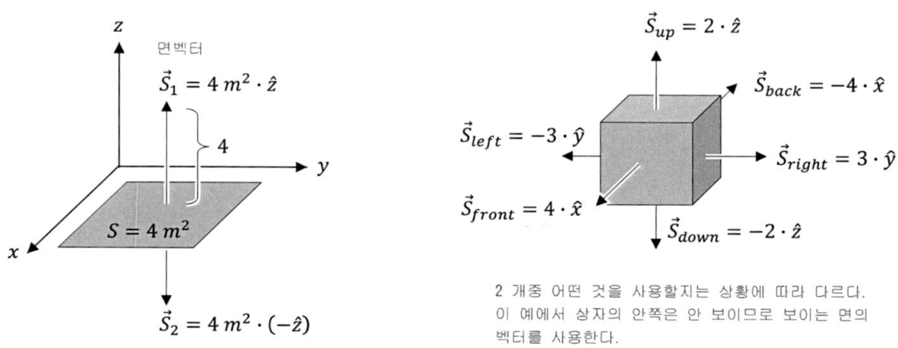

함수의 의미와 표기법

y는 x의 함수이다. **=** y는 x에 의존적이다. **=** $y = f(x)$

(예) $y = x + a$ $y(x) = x^2 + b$ $y = k \cdot e^x + c$ (a, b, k 는 상수이다.)

y는 x와 t의 함수이다. **=** y는 x와 t에 의존적이다. **=** $y = f(x, t)$

(예) $y = x + t + a$ $y(x,t) = t \cdot x^2 + b$ $y = t \cdot e^x + c$ (a, b, k 는 상수이다.)

미분 ≅ 변화율 ≅ 기울기 : 같은 개념이라 생각하자.

y는 x의 함수이다. 이 y를 x로 미분하면 $\frac{dy}{dx}$ 이다.

(예) $y = x + a$ ⟹ $\frac{dy}{dx} = \frac{dy(x)}{dx} = \frac{d(x+a)}{dx} = 1$

y는 x와 t의 함수이다. 이 y를 x로 **편**미분하면 $\frac{\partial y}{\partial x}$ 이다.

(예) $y = t \cdot x^2 + b$ ⟹ $\frac{\partial y}{\partial x} = \frac{\partial y(x,t)}{\partial x} = 2 \cdot t \cdot x$

적분은 **더하기**란 뜻이다.

❶ 불연속(또는 이산)적인 대상의 더하기

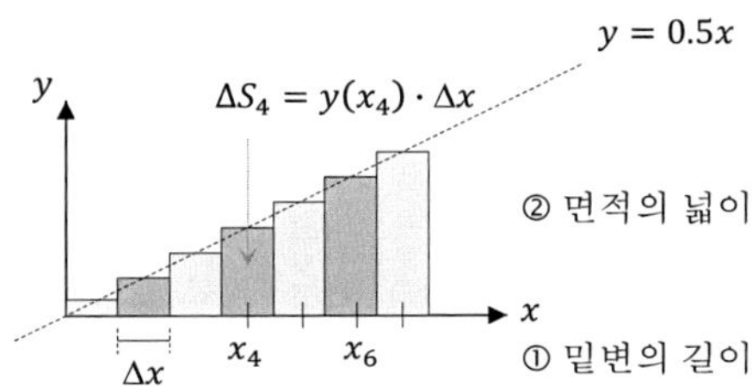

작은 면적을 더해서 전체를 구한다는 뜻이다.

② 면적의 넓이: $S = \sum \Delta S = y(x_1) \cdot \Delta x + y(x_2) \cdot \Delta x + \cdots + y(x_7) \cdot \Delta x = \sum_{1}^{7} y(x_i) \cdot \Delta x$

① 밑변의 길이: $L = \sum \Delta L = \Delta x + \Delta x + \cdots + \Delta x = \sum_{1}^{7} \Delta x$

Δx 을 더한다는 뜻

❷ 연속적인 대상의 더하기

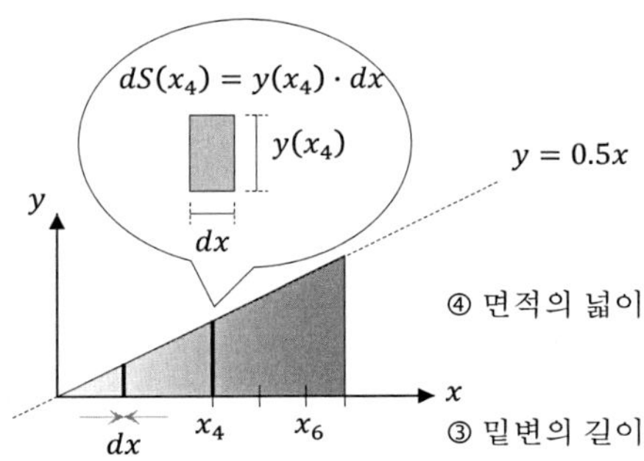

작은 면적을 더해서 전체를 구한다는 뜻이다.

$y(x) \cdot dx$ 을 더한다는 뜻

④ 면적의 넓이: $S = \int dS = y(0 \cdot dx) \cdot dx + y(1 \cdot dx) \cdot dx + \cdots = \int_{x=0}^{7} y(x) \cdot dx = \int_{x=0}^{7} dS$

③ 밑변의 길이: $L = \int dL = dx + dx + \cdots = \int_{x=0}^{7} dx$

A.1 밀도의 사용법

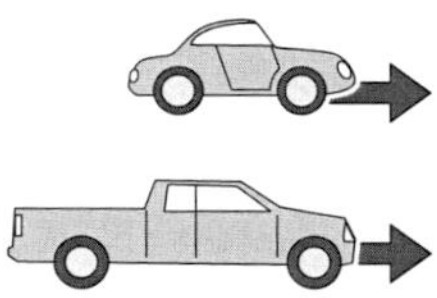

9 ℓ 로 92.7 km를 주행

12 ℓ 로 109.2 km를 주행

우리의 관심대상

50 ℓ 로 총 얼마나 주행할 수 있는가?

이 문제를 풀려면 연비를 알아야 한다.

영역이란 관심대상이 측정된 영역이며,
주로 길이 또는 면적, 체적과 같은 공간의 양을 사용한다.

① 밀도를 만든다: 밀도 = $\dfrac{\text{관심대상}}{\text{영역}}$

② 총 양을 계산한다:

$\dfrac{92.7\ km}{9\ \ell} = 10.3\ {}^{km}/_{\ell}$ ⟹ $10.3\ \dfrac{km}{\ell} \times 50\ \ell = 515\ km$

$\dfrac{109.2\ km}{12\ \ell} = 9.1\ {}^{km}/_{\ell}$ ⟹ $9.1\ \dfrac{km}{\ell} \times 50\ \ell = 455\ km$

②′ 총 양을 계산한다: (27 ℓ 로 갈 수 있는 거리)

$10.3\ \dfrac{km}{\ell} \times 27\ \ell = 278.1\ km$

$9.1\ \dfrac{km}{\ell} \times 27\ \ell = 245.7\ km$

즉, "**밀도**"를 미리 계산해 놓으면 관심 대상을 쉽게 계산할 수 있다.

전기자기학에서의 밀도

전하 $Q\ [C]$가 길이 $L\ [m]$ 인 전선에 분포한다. ⟹ 선전하 밀도 $\rho_\ell = \dfrac{Q}{L}\ \left[\dfrac{C}{m}\right]$

관심대상 → 분자

전하가 측정된 거리 → 분모

(ρ_ℓ의 사용법) $\rho_\ell = 2\ \mu C/m$ 일 때 $2.5\ m$의 전선에 있는 전하량은?

$\rho_\ell = \dfrac{2 \cdot 10^{-6}}{1}\ \left[\dfrac{C}{m}\right]$

$Q = 2\ \mu C$

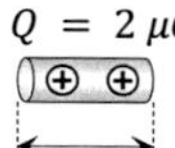

$1\ m$

⟹ $Q = 2\ \mu C/m \times 2.5\ m = 5\ \mu C$

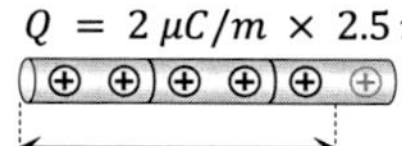

$2.5\ m$

전기자기학에 사용되는 밀도들

관측의 영역 또는 범주 분모	관심 대상 분자		
시간 t 동안	움직인 거리 d	= 속도	$v = \frac{d}{t}\ \left[\frac{m}{s}\right]$
길이 ℓ인 전선에	분포하는 전하 Q	= 선전하밀도	$\rho_\ell = \frac{Q}{\ell}\ \left[\frac{C}{m}\right]$
크기 S인 면적에	분포하는 전하 Q	= 면전하밀도	$\rho_S = \frac{Q}{S}\ \left[\frac{C}{m^2}\right]$
크기 v인 체적에	분포하는 전하 Q	= 체적전하밀도	$\rho_v = \frac{Q}{v}\ \left[\frac{C}{m^3}\right]$
시험전하 Q_t 를	움직이는데 필요한 힘 F	= 전계강도	$E = \frac{F}{Q_t}\ \left[\frac{N}{C} = \frac{V}{m}\right]$
면적 S를	통과한 전속 Ψ	= 전속밀도	$D = \frac{\Psi}{S}\ \left[\frac{C}{m^2}\right]$
체적 v를	나가는 전속 Ψ	= 발산	$\nabla \bullet D = \frac{\Psi}{v}\ \left[\frac{C}{m^3}\right]$
시험전하 Q_t 를	움직이는데 필요한 에너지 W	= 전위차	$V = \frac{W}{Q_t}\ \left[\frac{J}{C} = V\right]$
시간 t 동안 어떤 면적을	통과한 전하 Q	= 전류	$I = \frac{Q}{t}\ \left[\frac{C}{s}\right]$
시간 t 동안 면적 S를	통과한 전하 Q	= 전류밀도	$J = \frac{Q}{S \cdot t}\ \left[\frac{C}{m^2 s}\right]$

A.2 좌표계와 한 점을 표시하는 방법

공간에 한 점을 표시하는 방법 중
직각좌표계는 가장 익숙한 방법이다.

① 2차원 공간이므로 2개의 좌표축이 필요하다.

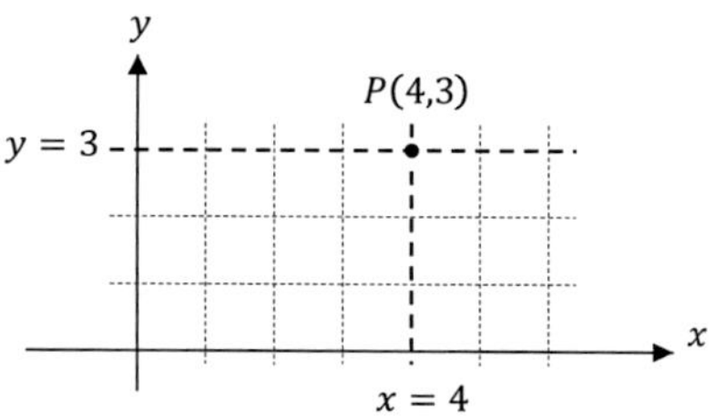

② 점 P는 두 개의 선 $\begin{Bmatrix} x = 4 \\ y = 3 \end{Bmatrix}$ 의 교점이다.

① 반경 r을 갖는 원과 각도 θ를 2개의 좌표축으로 사용하는 **극좌표계**를 만들 수도 있다.

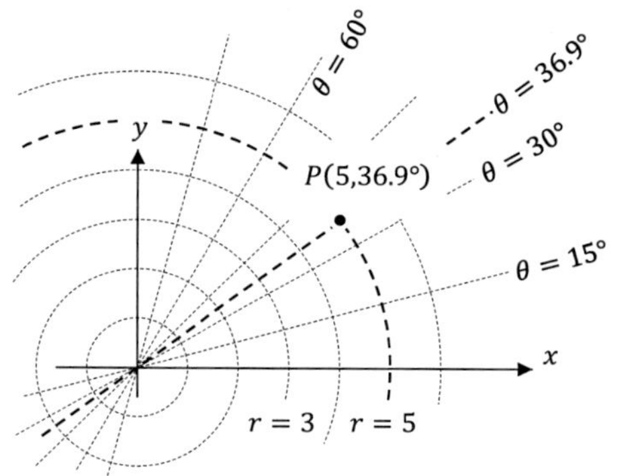

② 점 P는 두 개의 선 $\begin{Bmatrix} r = 5 \\ \theta = 36.9° \end{Bmatrix}$ 의 교점이다.

두 점은 같은 위치이지만 표시하는 방법이 다를 뿐이다.

전기자기학에서는 3차원 공간을 다루게 되며, 3개의 좌표축이 필요하게 된다.
물리적 현상이나 계산을 간단히 만들기 위해서 다음 세가지 좌표계 중 하나를 사용하게 된다.

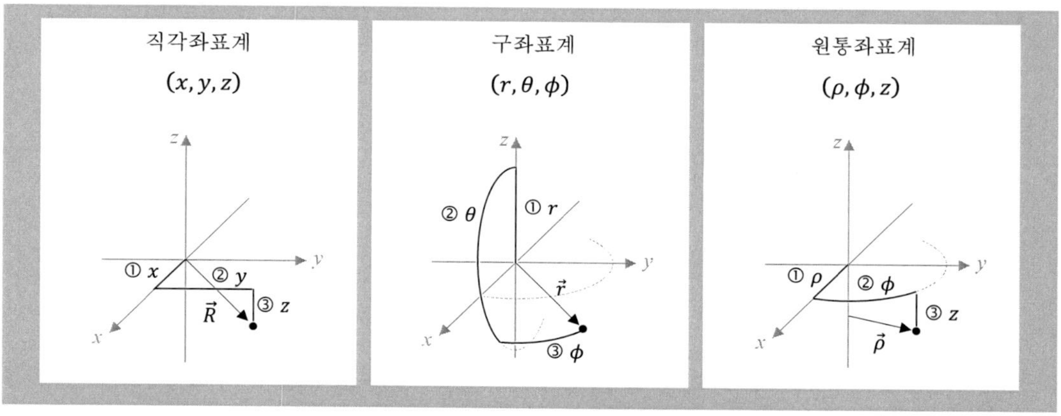

세 점은 같은 위치이지만 표시하는 방법이 다를 뿐이다.

A.3 직각좌표계 Cartesian Coordinate System

3차원 공간에서 한 점의 위치를 나타내기 위해서는 3개의 변수가 필요하다. 가장 많이 사용하는 것은 (x, y, z)로 구성되는 직각좌표계이다.

오른손 시스템 직각좌표계

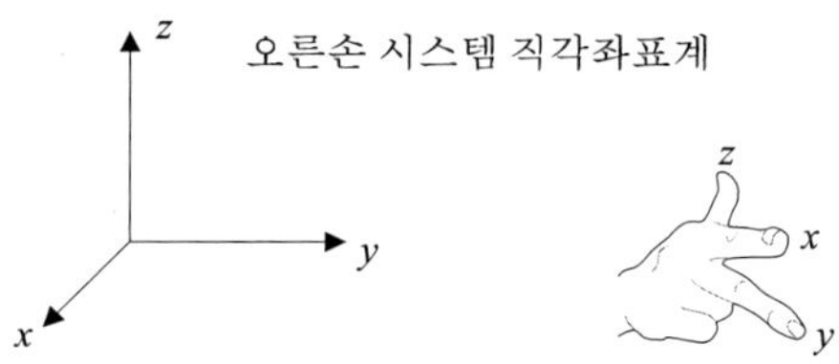

좌표계의 축들은 서로 직교(orthogonal)한다.
즉, 사이 각이 90° 이다.

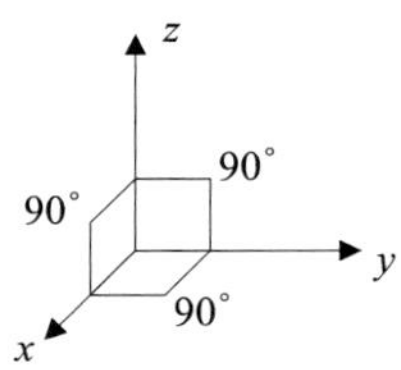

$$\begin{cases} \hat{x} \bullet \hat{y} = 1 \cdot 1 \cdot \cos 0^\circ = 0 \\ \hat{y} \bullet \hat{z} = 1 \cdot 1 \cdot \cos 0^\circ = 0 \\ \hat{z} \bullet \hat{x} = 1 \cdot 1 \cdot \cos 0^\circ = 0 \end{cases}$$

내적이 '0'이 된다.

직교의 특징

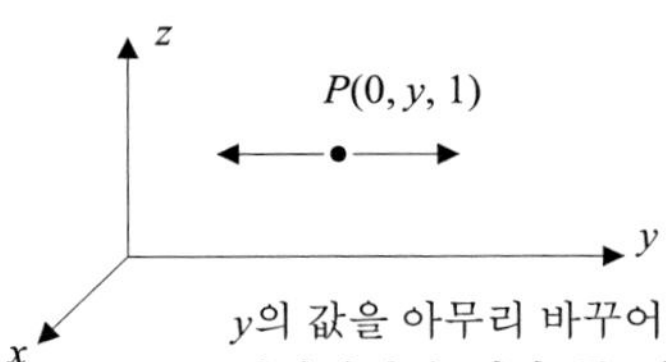

y의 값을 아무리 바꾸어도 x나 z의 값을 변화시킬 수 없다. 즉, 영향을 못 준다.

직교하는 성분들은 더하기를 사용하여 같이 표시한다:

$$\vec{R} = 3\hat{x} + 4\hat{y} + 5\hat{z} = (3, 4, 5)$$

편의상 벡터를 (3, 4, 5)와 같이 쓰기도 한다.

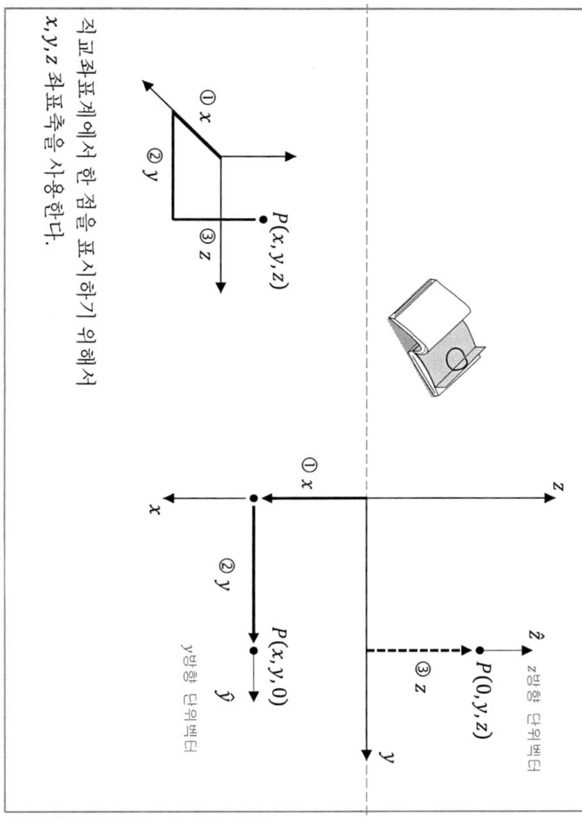

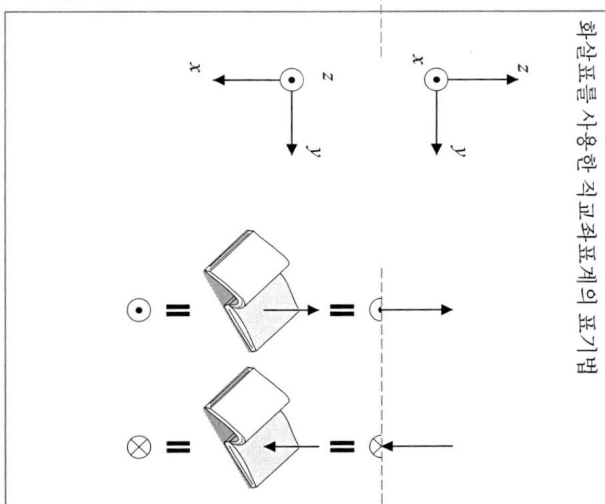

점으로부터 거리에 중점을 둔 좌표계

A.4 구좌표계 Spherical Coordinate System

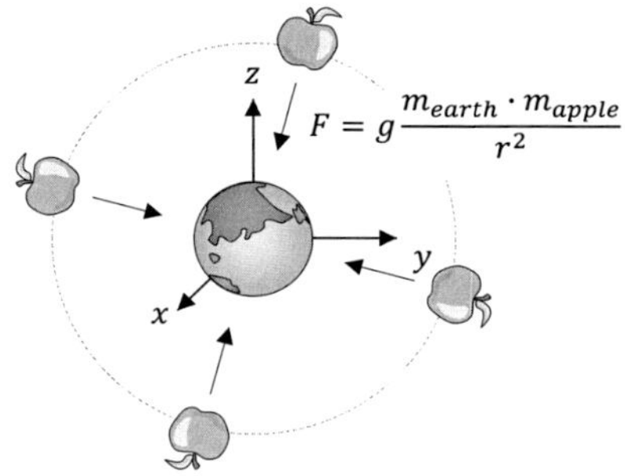

지구의 중심으로부터 같은 거리 r에 위치한 사과들이 있다.
직각좌표계에서 사과들의 위치는 다르지만
① 각 사과에 가해지는 중력의 크기 F는 같고
② 중력의 방향 $\hat{F}$은 지구의 중심 방향이란 공통점이 있다.

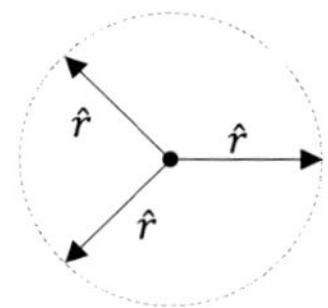

$\hat{r}$은 지구의 중심에서 멀어지는 방향.
$\hat{F} = -\hat{r}$이 된다.

이런 경우에 한 점으로부터의 거리 r이 중요하므로, r 을 첫 번째 좌표축으로 정하자.

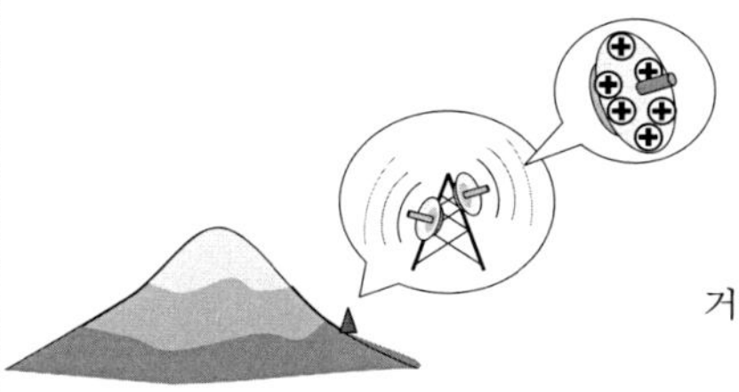

거리가 멀어지면 점으로 보인다.

구 좌표계에서 한가지 주의할 점: (r, θ, ϕ)로 표현할 수 있는 점에 중복이 있을 수 있다.

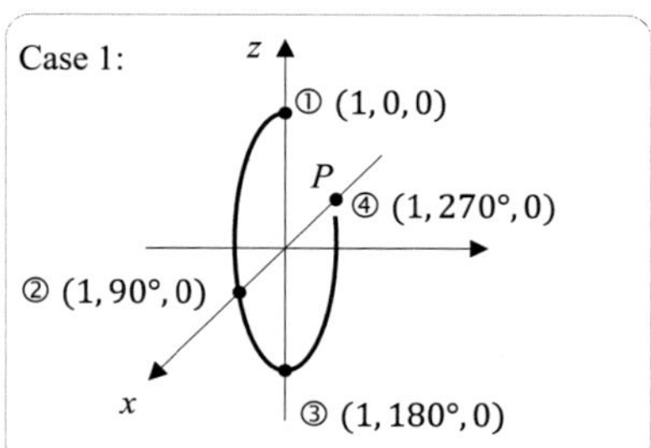

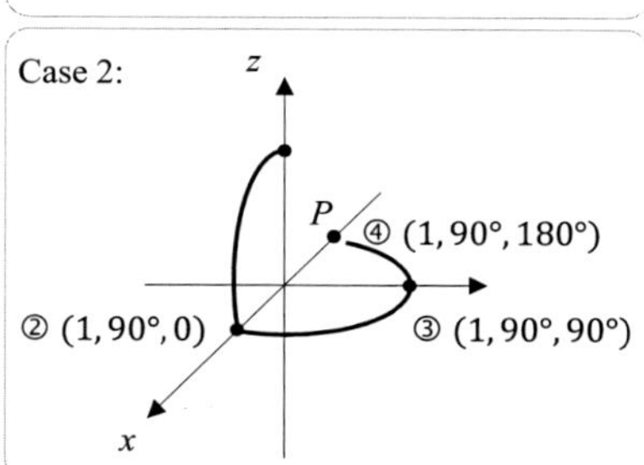

좌의 예에서 P점은 2가지 방식으로 표현할 수 있다.

혼란을 방지하기 위하여 θ의 범위를 제한한다.

$$\begin{cases} 0 \le r \\ 0 \le \theta \le 180° \\ 0 \le \phi \le 360° \end{cases}$$

이제 좌의 예에서 case 1은 가능하지 않게 된다.

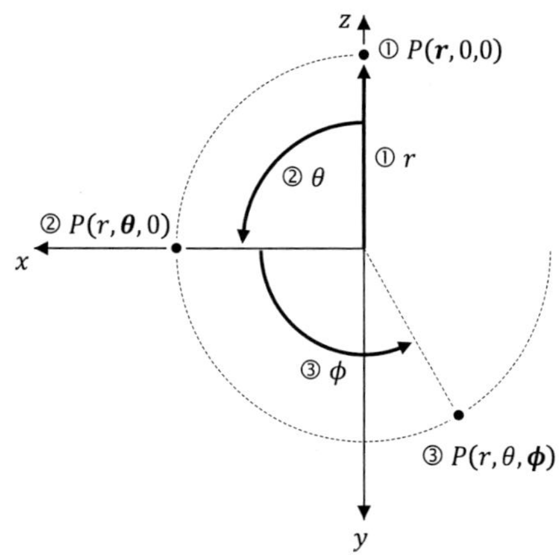

구좌표계에서 나머지 두 개의 좌표축은 각도 θ와 ϕ이다: $P(r,\theta,\phi)$

② z축으로부터의 각도 θ

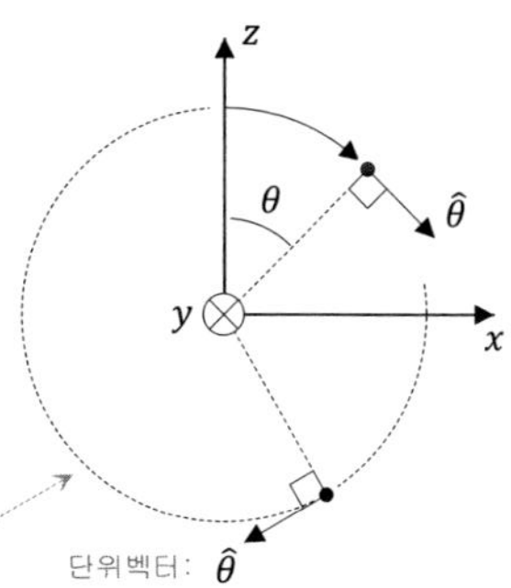

③ x축으로부터의 각도 ϕ

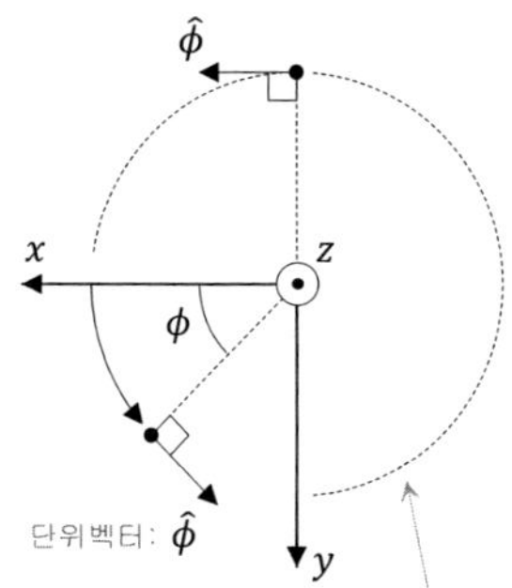

위치에 따라 $\hat{\theta}$의 방향이 변하는 것 같지만, 이 원을 따라 회전하는 방향인 것은 유지된다.

각 위치에서 $\hat{\phi}$의 방향도 이 원을 따라 회전하는 방향이다.

$\hat{x}$ 의 방향도 언제나 같지 않다.

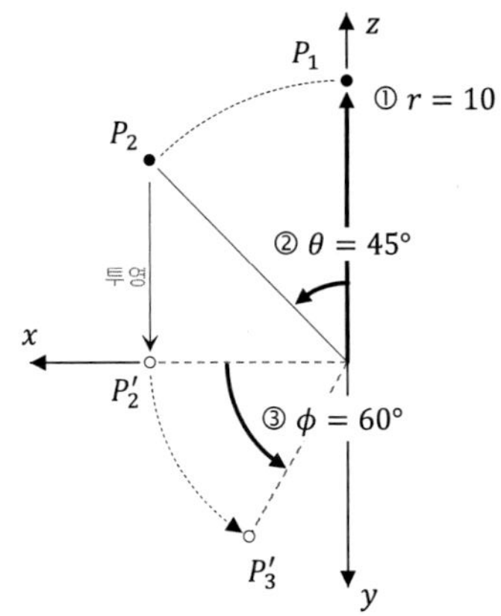

=

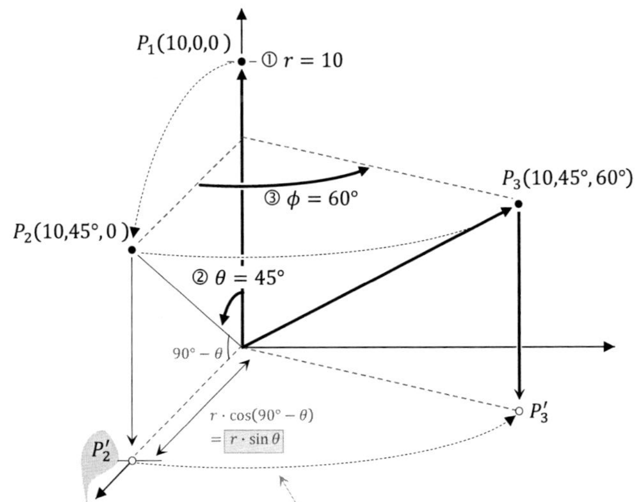

ϕ는 xy 평면에서의 각도이므로, 우선 점 P_2를 xy 평면에 투영해야 한다.

$r \cdot \sin\theta$ 는 구좌표계에서 자주 나오므로 그 의미를 기억할 것!

A.5 원통좌표계 Cylindrical Coordinate System

전선의 주위에서는 전**선**으로부터의 거리가 중요하게 된다.

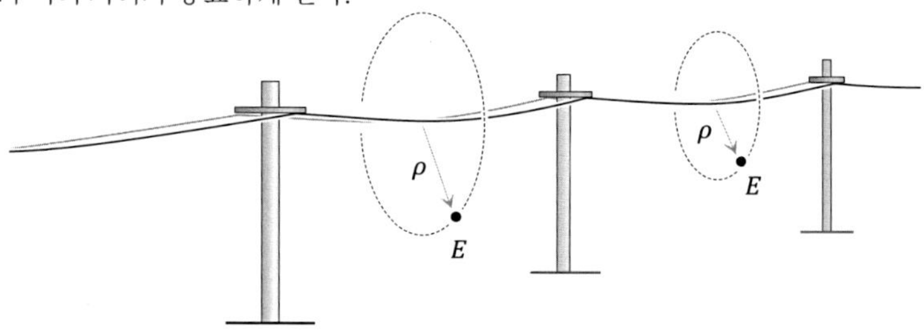

여기서 전선이란 전하가 직선 형태의 전선을 따라 나열된 것을 의미한다.

전선의 중심으로부터의 거리 ρ 가 같으면 전선에 의해 받는 영향력 E 가 같다.

전선의 축을 편의상 z 축으로 놓고 z축으로부터의 거리 ρ 를 첫 번째 좌표축으로 놓는다.

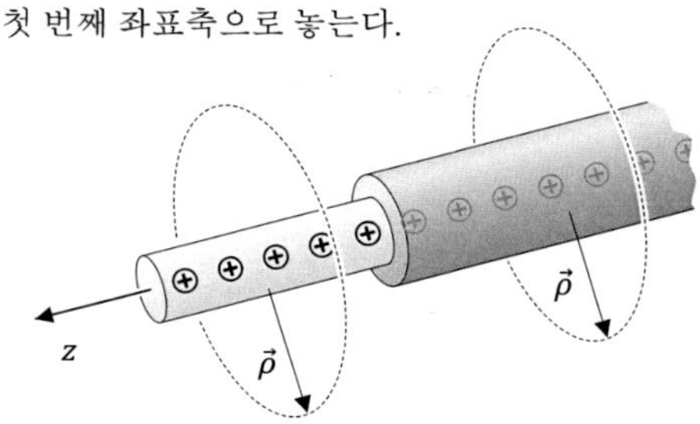

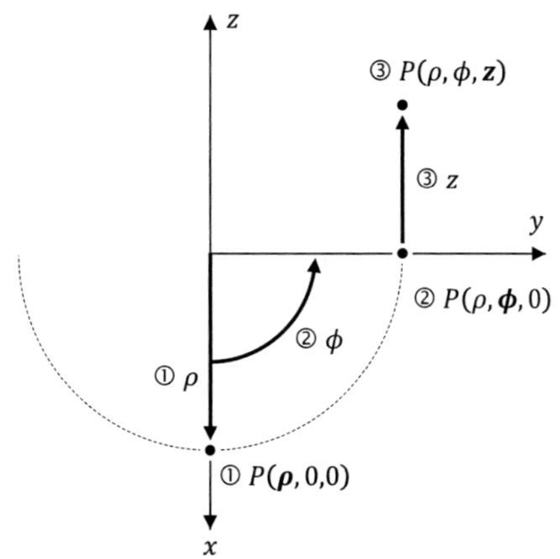

원통좌표계에서 나머지 두 개의 좌표축은 각도 ϕ 와 z 이다: $P(r,\phi,z)$

② x축으로부터의 각도 ϕ

③ z축

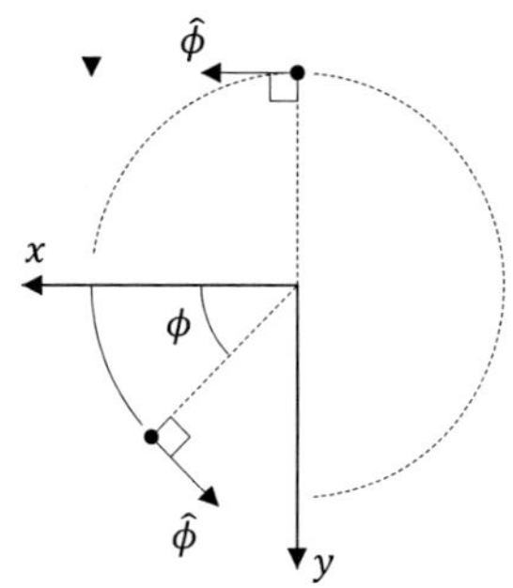

구좌표계에 사용된 ϕ 축과 동일하다.

직각좌표계에 사용된 z 축과 동일하다.

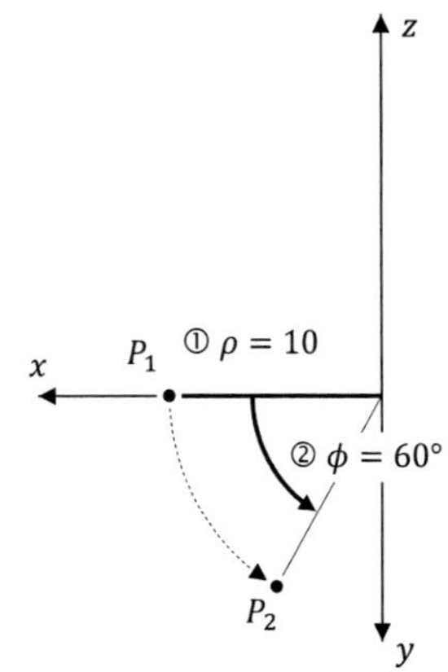

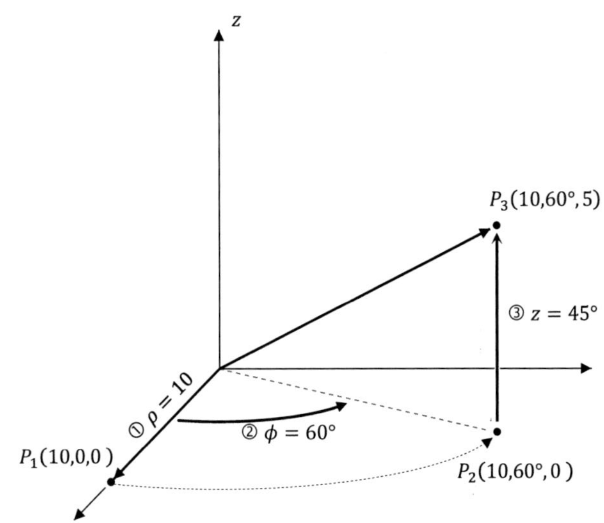

ϕ는 xy 평면에서의 각도이다.

A.6 각 좌표계에서 미소거리

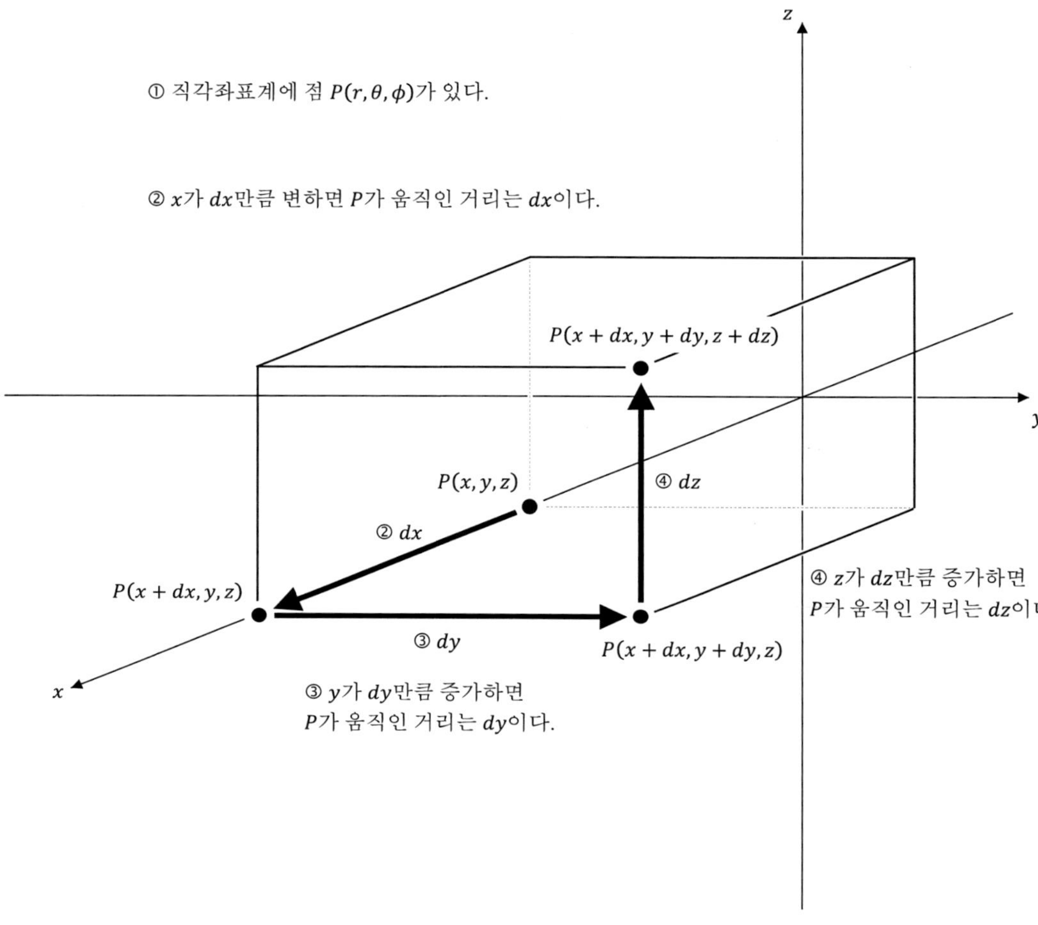

직각좌표계에서 미소길이 $d\vec{\ell}$는 다음과 같이 표시한다:

$$d\vec{\ell} = dx \cdot \hat{x} + dy \cdot \hat{y} + dz \cdot \hat{z} = (dx,\ dy,\ dz)$$

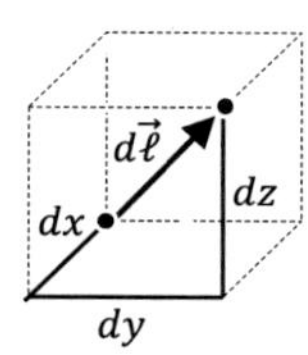

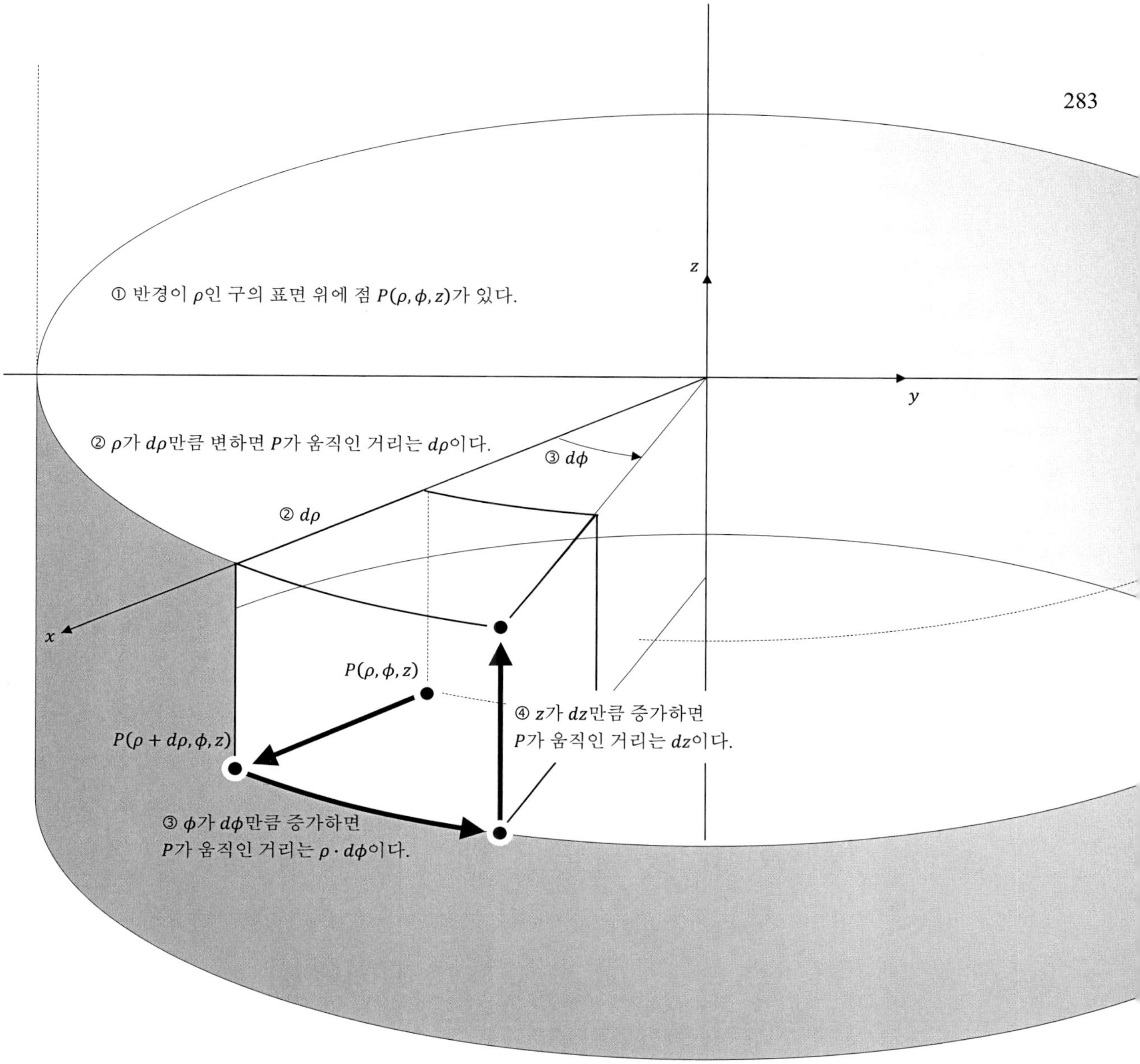

원통좌표계에서 미소길이 $d\vec{\ell}$는 다음과 같이 표시한다:

$$d\vec{\ell} = d\rho\cdot\hat{\rho} + \rho\cdot d\phi\cdot\hat{\phi} + dz\cdot\hat{z}$$
$$= (d\rho,\ \rho d\phi,\ dz)$$

※ 기하학적 유도에 대해 고민할 필요 없이 결과만을 외워도 된다!

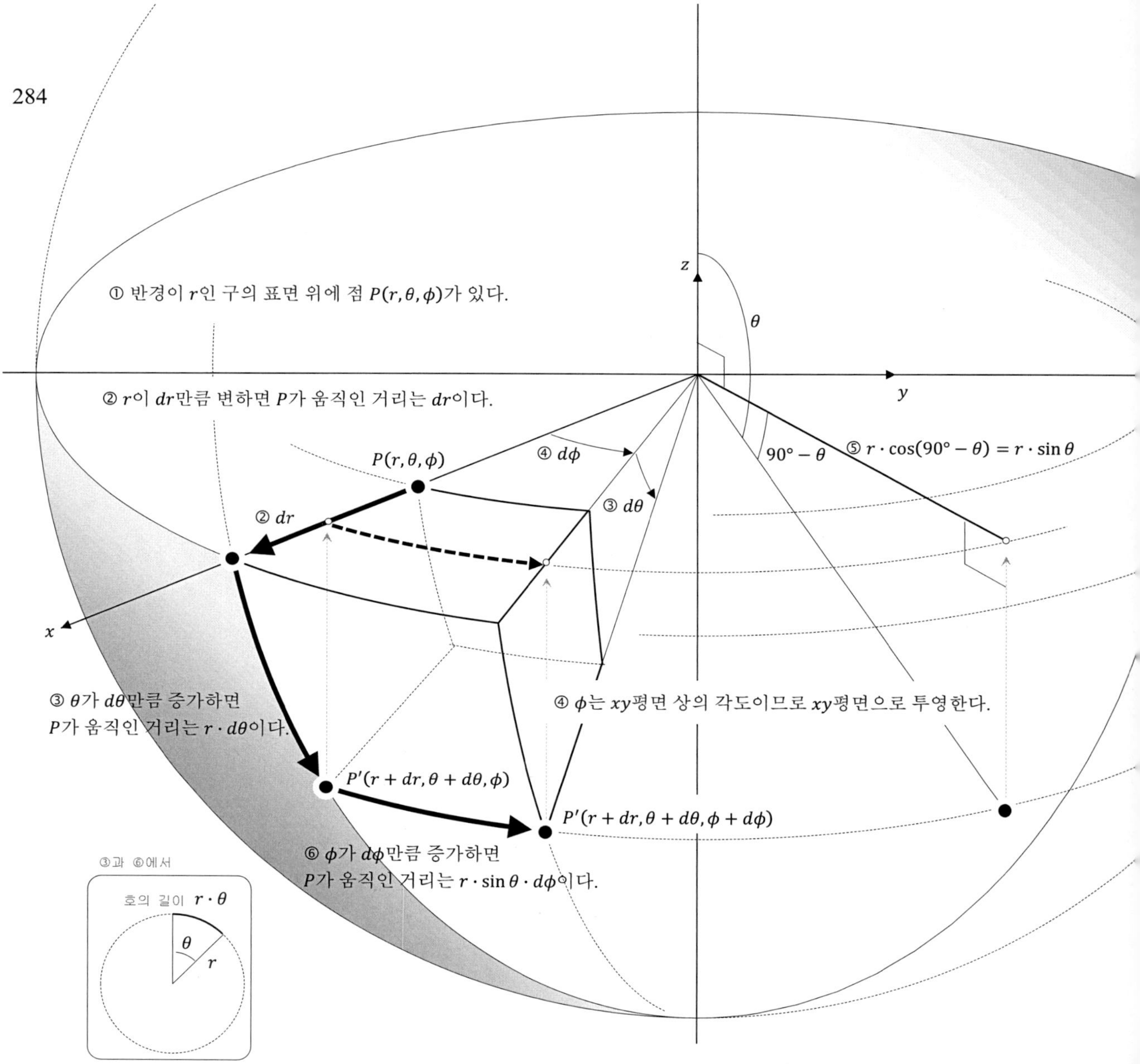

구좌표계에서 미소길이 $d\vec{\ell}$는 다음과 같이 표시한다:

$$d\vec{\ell} = dr \cdot \hat{r} + rd\theta \cdot \hat{\theta} + r\sin\theta\, d\phi \cdot \hat{\phi} = (dr,\ rd\theta,\ r\sin\theta\, d\phi)$$

※ 기하학적 유도에 대해 고민할 필요 없이 결과만을 외워도 된다!

매우 중요한 적분 예

x 축만 있는 1 차원의 경우

미소길이는 $d\vec{\ell} = d\vec{x} = dx \cdot \hat{x}$

벡터 = 크기 × 방향

$$\vec{L}_1 = \int_3^7 d\vec{\ell} = \int_3^7 dx \cdot \hat{x} = (7-3) \cdot \hat{x} = 4 \cdot \hat{x}$$

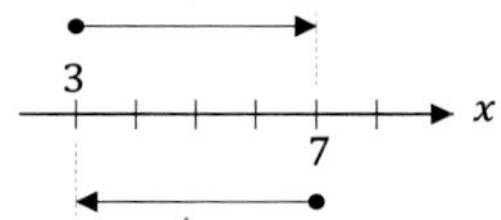

$$\vec{L}_2 = \int_7^3 d\vec{\ell} = \int_7^3 dx \cdot \hat{x} = (3-7) \cdot \hat{x} = -4 \cdot \hat{x}$$

$-x$방향으로 적분한다고 $-dx$를 사용하면 안된다.

$$\int_7^3 -dx \cdot \hat{x}$$ (×)

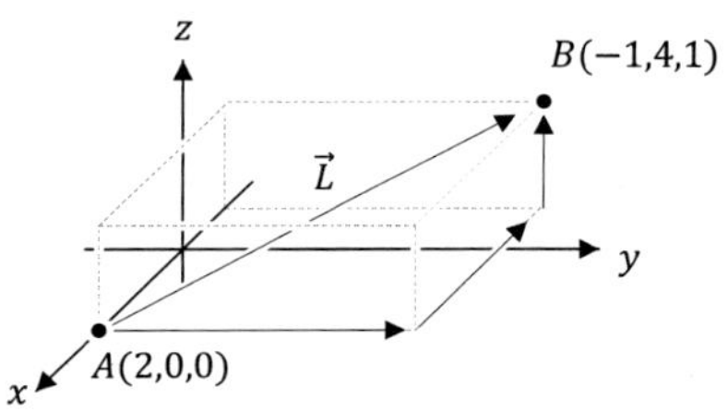

$\int$ 과 d 가 짝이 맞도록 배분해준다.

$$\vec{L} = \int_A^B d\vec{\ell} = \int_A^B (dx \cdot \hat{x} + dy \cdot \hat{y} + dz \cdot \hat{z})$$

$$= \int_2^{-1} dx \cdot \hat{x} + \int_0^4 dy \cdot \hat{y} + \int_0^1 dz \cdot \hat{z} = (-3,4,1)$$

적분 구간과 적분 변수의 부호에 주의!

A.7 미소면적

길이를 **미소길이**로 줄였던 것과 마찬가지로 면적도 **미소면적**으로 줄일 수 있다.

$L \longrightarrow dL$ $\qquad\qquad$ $S \longrightarrow dS$

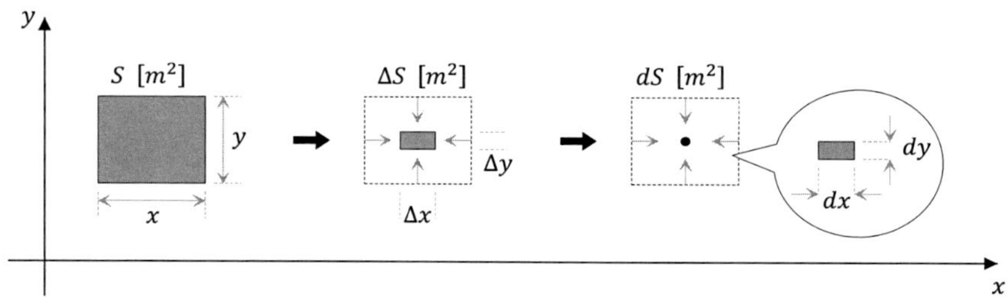

이제 임의의 모양을 미소면적으로 조립할 수 있게 된다.

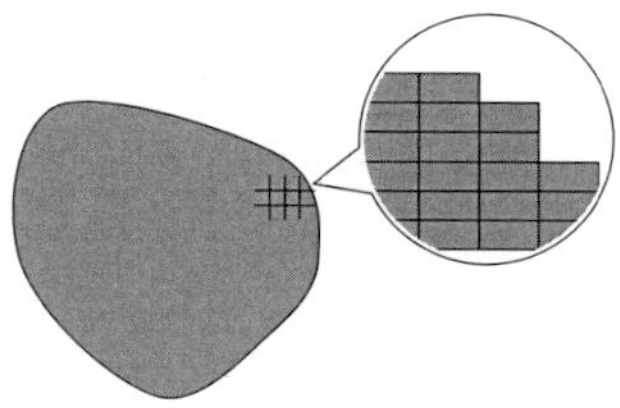

예)

$$S = \int dS = \int_{y_1}^{y_2}\int_{x_1}^{x_2} dx\, dy$$

: 매우 중요한 개념이다.

$$F = \int f(x,y)\, dS = \int_{y_1}^{y_2}\int_{x_1}^{x_2} f(x,y)\, dx\, dy$$

직각좌표계에서 미소면적은 다음과 같이 3개가 된다.

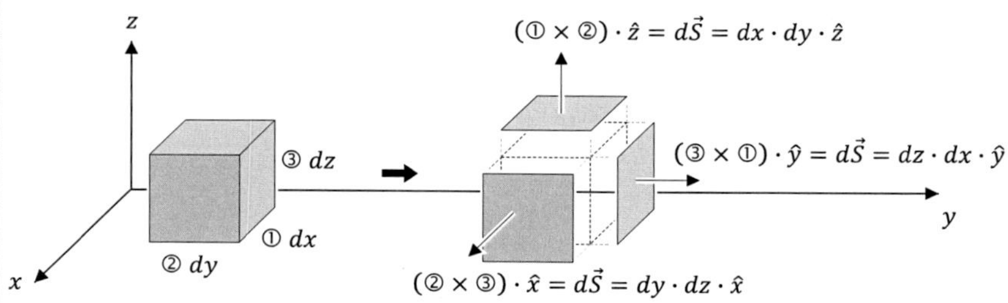

이제 임의의 모양을 미소면적의 표면으로 조립할 수 있게 된다.

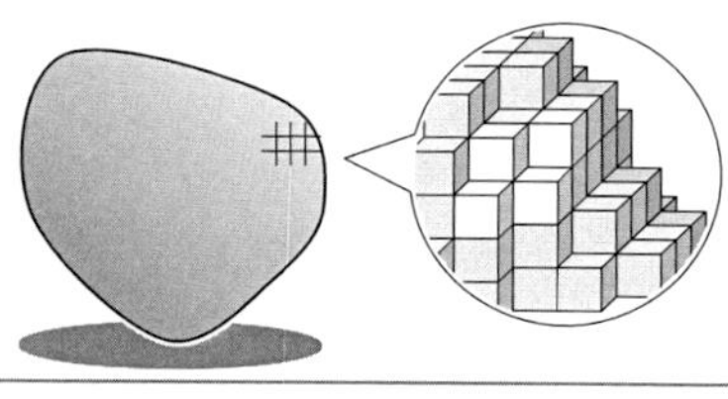

예)

$$\vec{S} = \int d\vec{S} = \int_{y_1}^{y_2}\int_{x_1}^{x_2} dx\, dy\, \hat{z} + \int_{z_1}^{z_2}\int_{y_1}^{y_2} dy\, dz\, \hat{x}$$

$$\vec{F} = \int f(x,y)\, d\vec{S} = \int_{y_1}^{y_2}\int_{x_1}^{x_2} f(x,y)\, dx\, dy\, \hat{z}$$

원통좌표계에서 미소면적 $d\vec{S}$

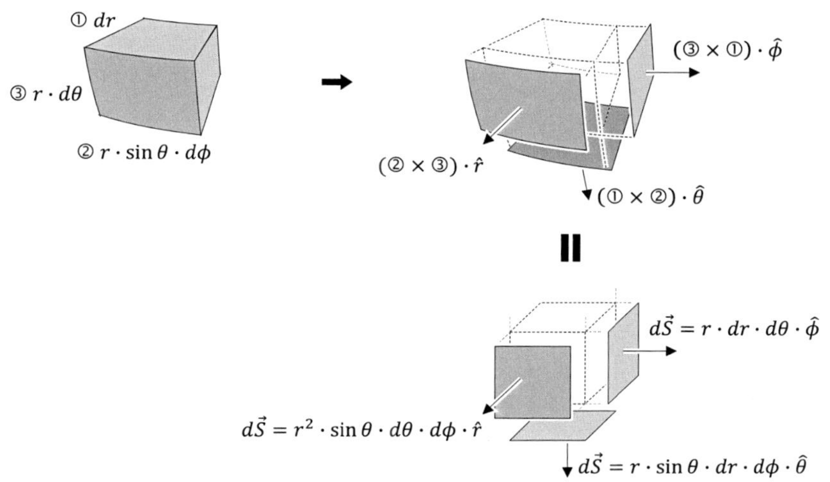

Drill 반경이 r인 구의 표면적을 계산해 보자.

표면을 구성하는 미소면적은 ②×③이다.

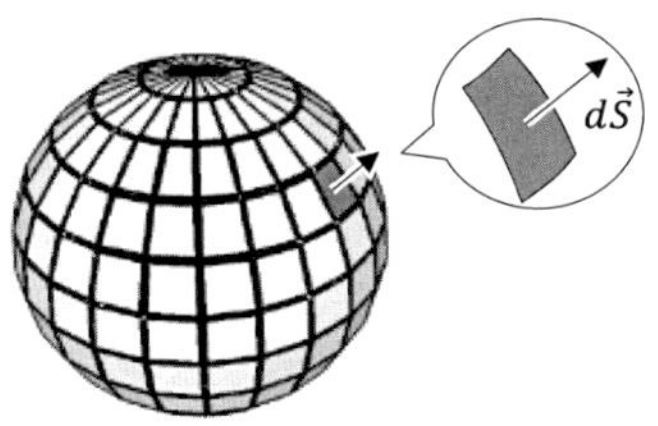

$$d\vec{S} = (② \times ③) \cdot \hat{r} = r^2 \sin\theta \cdot d\theta d\phi \cdot \hat{r}$$

dS 는 $d\theta$ 와 $d\theta$ 로 구성되므로 $\int$ 도 2 개가 된다.

$$S = \int_S dS = \int_{\phi=0}^{2\pi}\int_{\theta=0}^{\pi} r^2 \sin\theta \cdot d\theta\, d\phi = \int_0^{2\pi} 2r^2 d\phi = 4\pi r^2$$

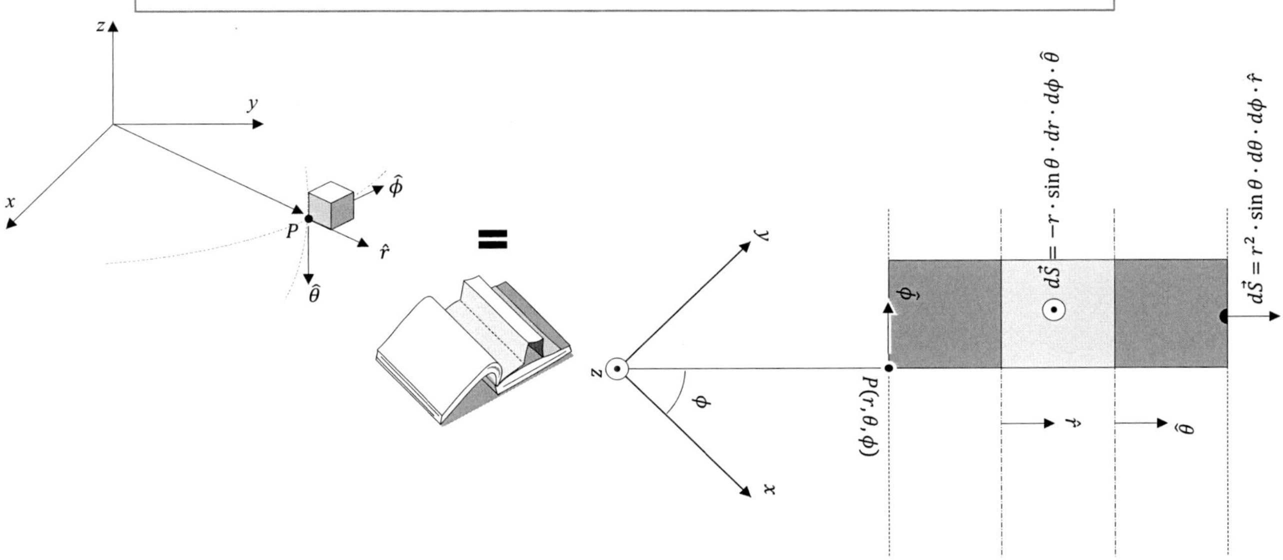

원통좌표계에서 미소면적 $d\vec{S}$

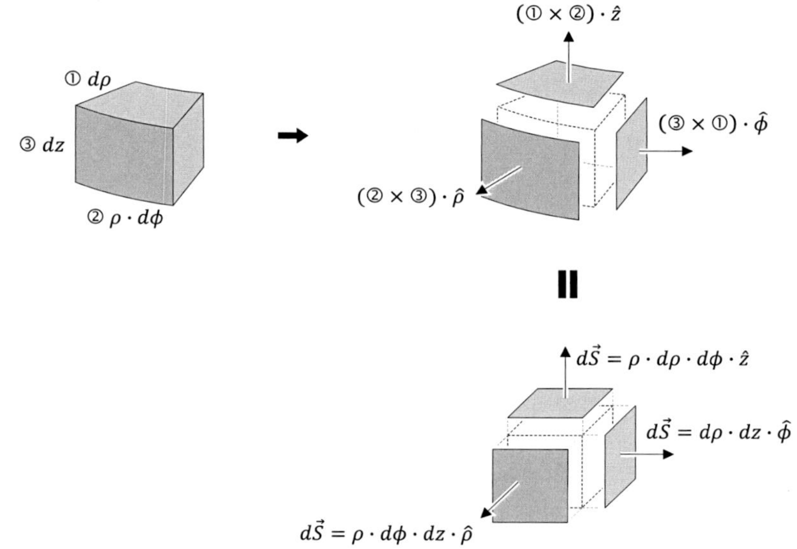

Drill

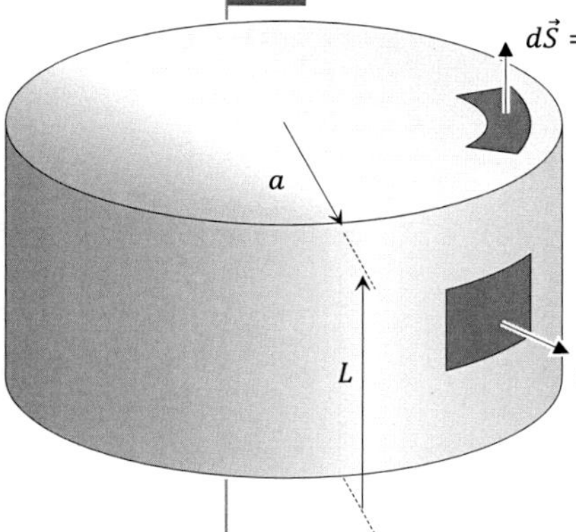

$d\vec{S} = \rho \cdot d\rho \cdot d\phi \cdot \hat{z}$ ⟶ 윗면의 넓이 $S_{top} = \int_S dS = \int_{\phi=0}^{2\pi} \int_{\rho=0}^{a} \rho \cdot d\rho \cdot d\phi$

$$= \int_{\phi=0}^{2\pi} \frac{a^2}{2} \cdot d\phi = \pi a^2$$

$d\vec{S} = \rho \cdot d\phi \cdot dz \cdot \hat{\rho}$ ⟶ 옆면의 넓이 $S_{side} = \int_{z=0}^{L} \int_{\phi=0}^{2\pi} \rho \cdot d\phi \cdot dz \Big|_{\rho=a}$

$$= \int_{z=0}^{L} a \cdot 2\pi \cdot dz = 2\pi a \cdot L$$

각 좌표계에서 미소면적 비교

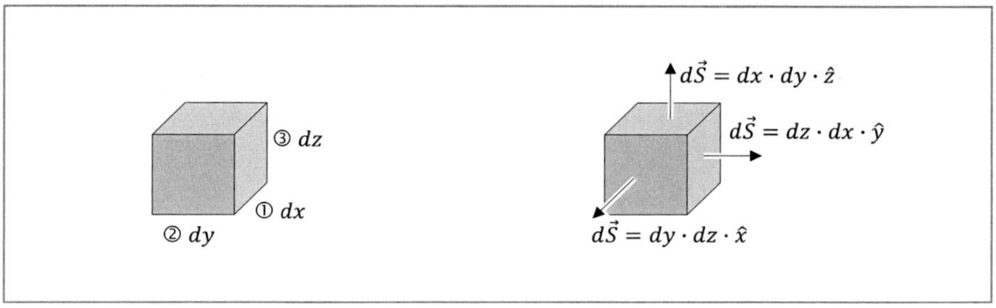

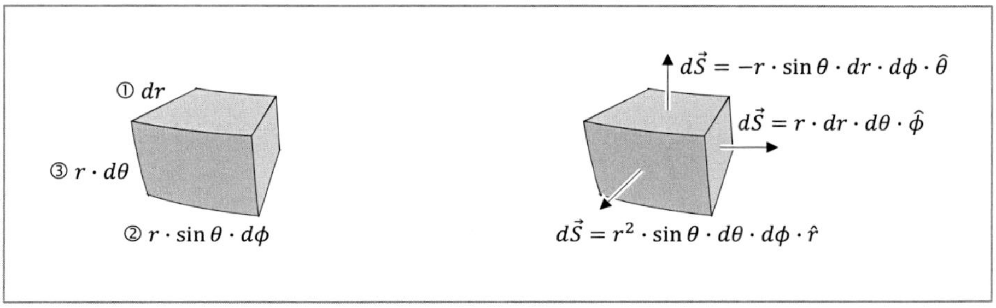

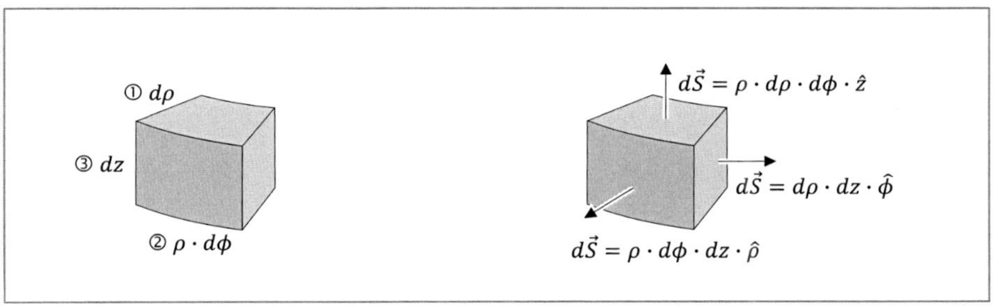

A.8 닷곱 dot product

닷곱의 계산 방법

① $\vec{A} \bullet \vec{B} = |\vec{A}| \cdot |\vec{B}| \cdot \cos\theta$

② $\vec{A} \bullet \vec{B} = (A_x, A_y, A_z) \bullet (B_x, B_y, B_z) = A_x \cdot B_x + A_y \cdot B_y + A_z \cdot B_z$ (직교좌표계의 경우)

(예)

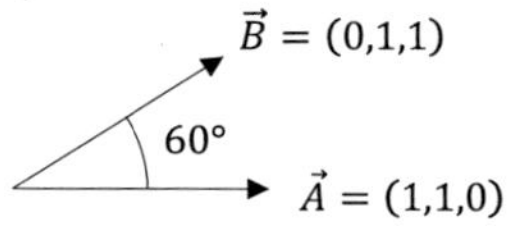

① $\vec{A} \bullet \vec{B} = \sqrt{2} \cdot \sqrt{2} \cdot \cos 60° = 2 \cdot \frac{1}{2} = 1$

② $\vec{A} \bullet \vec{B} = (1,1,0) \bullet (0,1,1) = 0 + 1 + 0 = 1$

다음 그림과 같이 벡터 $\vec{\ell}$이 있다.

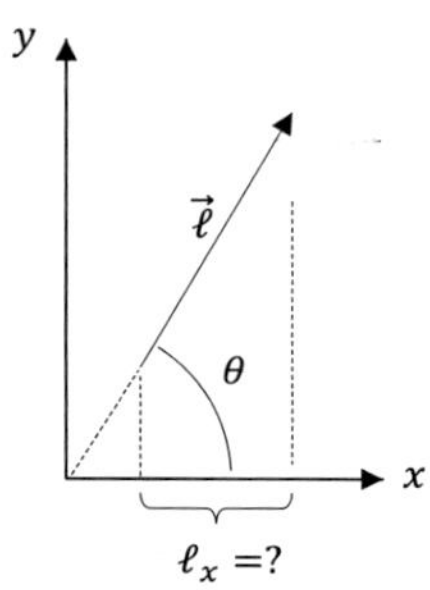

벡터 $\vec{\ell}$을 x축으로 **투영**하였을 때의 길이는?

ℓ_x는 삼각함수를 사용하여 계산할 수 있다.

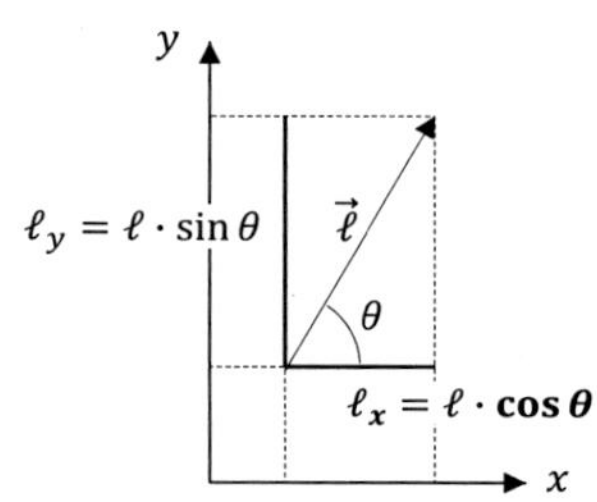

x축으로의 **투영**은 x **방향 성분**과 같은 의미이다.

ℓ_x의 계산을 조금 더 자세히 살펴보자: $\ell_x = \ell \cdot \cos\theta = |\vec{\ell}| \cdot \cos\theta$

$|\hat{x}| = 1$ 을 추가해보자.

$= |\vec{\ell}| \cdot |\hat{x}| \cdot \cos\theta$

$= \vec{\ell} \bullet \hat{x}$ 위의 닷곱 계산법 ①과 같아진다.

단위 벡터 $\hat{a}$ 와의 닷곱 연산은 $\hat{a}$ 방향 성분을 **추출**하는데 사용될 수 있다: $B_a = \vec{B} \bullet \hat{a}$

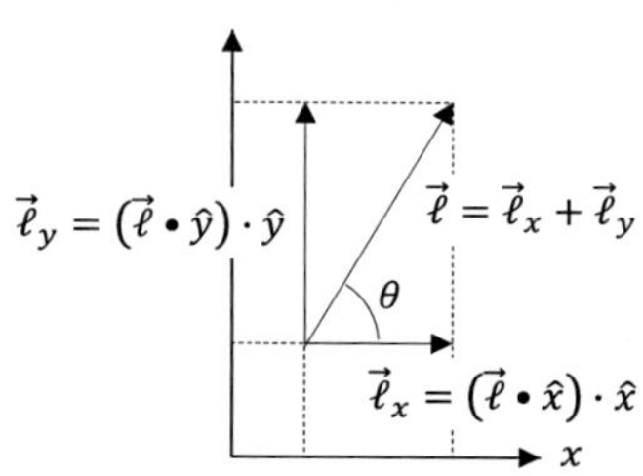

ℓ_x를 벡터로 만들려면 $\hat{x}$를 곱하면 된다: $\vec{\ell}_x = (\vec{\ell} \bullet \hat{x}) \cdot \hat{x}$

벡터 $\vec{B}$를 구성하는 $\hat{a}$ 방향 벡터는 $(\vec{B} \bullet \hat{a}) \cdot \hat{a}$ 이다.

닷곱을 사용한 투영 또는 특정 방향 성분의 추출은 면적에도 적용할 수 있다.

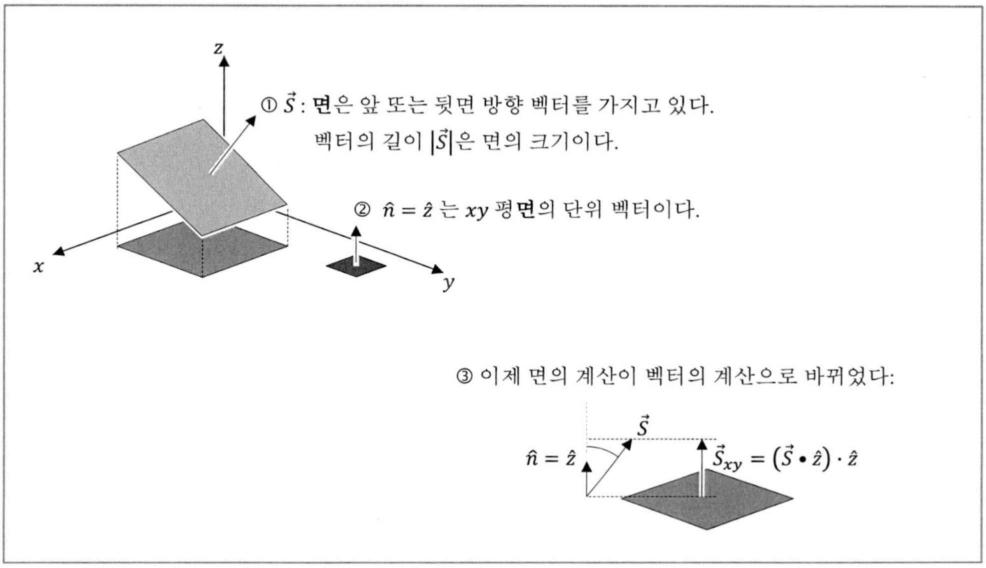

A.9 닷곱 – 선적분

Case ❶ 기울기 $F = \dfrac{\Delta H}{\Delta L} = \dfrac{0.3\ m}{0.5\ m} = 0.6$

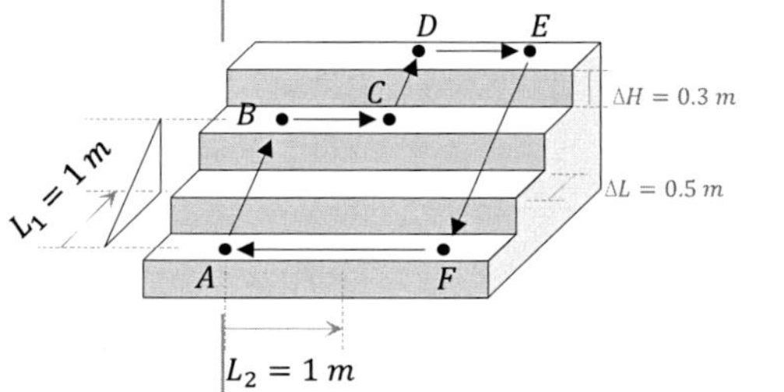

연속 형태

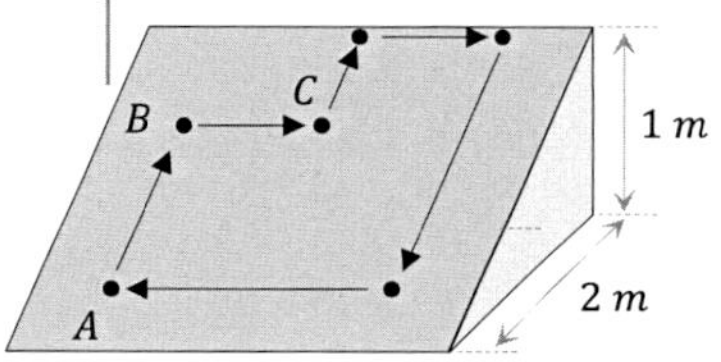

A에서 B까지 경로 L_1을 따라 움직이며

총 올라간 높이 $= F \cdot L_1 = F \cdot (\Delta L \times 2) = 0.6 \times 1\ m = 0.6\ m$

B에서 C까지 경로 L_2을 따라 움직이며 총 올라간 높이 $= 0\ m$

E에서 F까지 움직이며 올라간 양(높이) $= 0.6 \cdot (\mathbf{-0.5}\ m \times 3) = -0.9\ m$

$E \rightarrow F$로 움직이는 방향은 반대 방향이다:

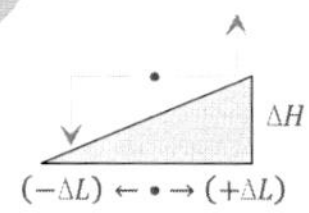

$A \rightarrow B \rightarrow C \rightarrow \cdots \rightarrow A$로 한 바퀴 돌아오는 경우

$$\text{총 올라간 양} = \sum_{i}^{N} F \cdot \Delta L_i = 0$$

만약 이 계산이 연속적이라면, $\sum \rightarrow \int$ & $\Delta \rightarrow d$ 로 바뀐다.

$$\text{총 올라간 양} = \int_{start}^{finish} F \cdot dL = \int_{A}^{A} F \cdot dL = 0\ m$$

(정확한 표시법은 밑에 나온다.)

중요한 점: 제자리로 돌아오면 총 올라간 양은 0이다. (보존계)

거리는 실제로 벡터이므로 기울기도 벡터로 표시되어야 하고
곱셈은 닷곱을 사용하여 효과적인 양을 계산하여야 한다:

$$\text{총 올라간 양} = \int_{start}^{finish} \vec{F} \bullet d\vec{L}$$

욕조에 물을 빼는 동안에 고무 오리는 배수구 쪽으로 이동한다.
욕조 끝에서 배수구로 갈수록 고무 오리는 속도가 빨라진다.

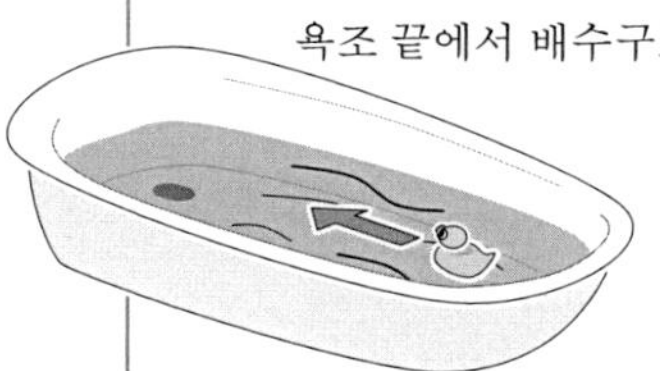

배구수로 움직이는 물의 흐름을 $\vec{F}_1$로 하고
고무 오리가 움직인 경로를 L이라 하자.

$$L\ \text{만큼 이동하여 얻어진 양} = \int_{L} \vec{F}_1 \bullet d\vec{L} = \int_{x=0}^{20} \left(\frac{x^2}{100} \cdot \hat{x}\right) \bullet (dx \cdot \hat{x}) = \frac{80}{3}$$

만약 $\vec{F}$의 단위가 N이면 $F \cdot L$의 단위는 $N \cdot m = J$인 에너지가 되므로,
위의 계산은 고무 오리가 20 cm를 움직였을 때 얻는 에너지이다.
움직이는데 관련된 에너지이므로 운동 에너지이다.

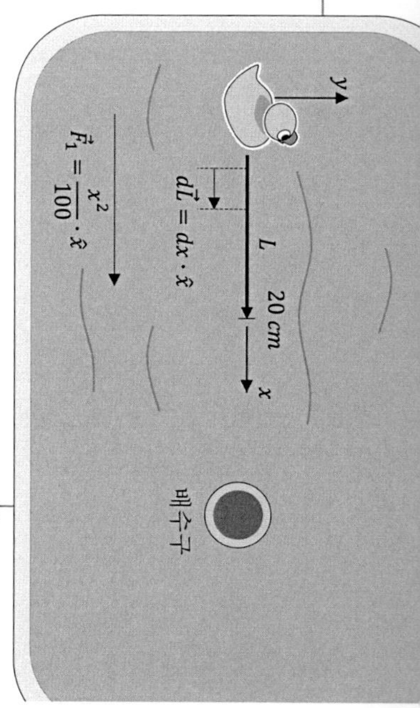

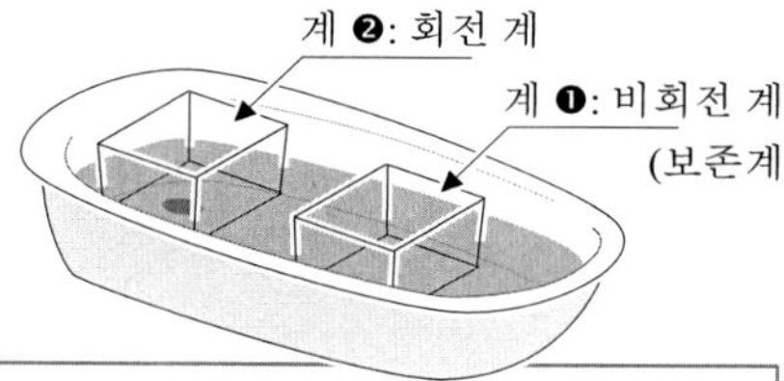

또 다른 선적분을 살펴보자. 두 선적분의 결과는 다르며,
이 차이점은 욕조의 두 계(물의 흐름)의 차이 때문에 발생한다.

Case ❷

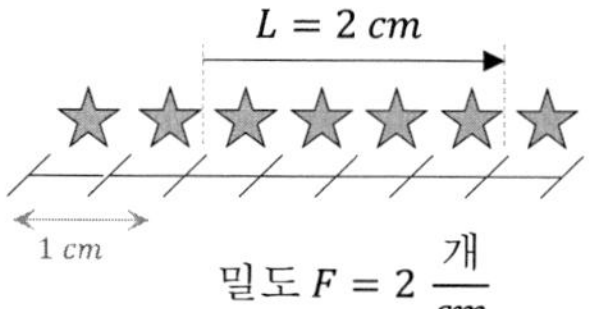

밀도 $F = 2\ \dfrac{개}{cm}$

경로 L 을 따라 움직이며

총 모은 별의 개수 $= F \cdot L = 2\ \dfrac{개}{cm} \times 2\ cm = 4$ 개

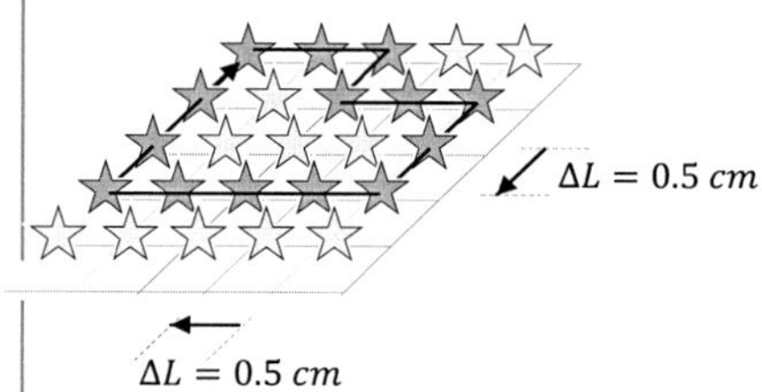

경로 L 을 따라 움직이며

총 모은 별의 개수 $= \sum_{i}^{N} F \cdot \Delta L_i = \sum_{i=1}^{14} 2\ \dfrac{개}{cm} \times 0.5\ cm = 14$ 개

만약 이 계산이 연속적이라면, $\sum \rightarrow \int$ & $\Delta \rightarrow d$ 로 바뀐다.

총 모은 별의 개수 $= \int_{start}^{finish} F \cdot dL = 14$ 개

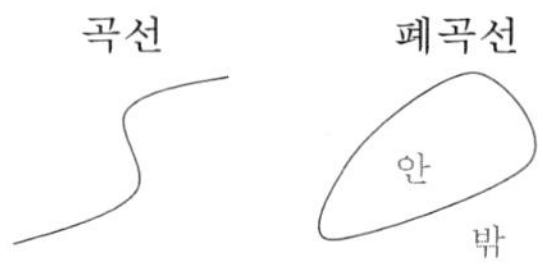

중요한 점: 제자리로 돌아와도 모아둔 양이 생긴다. (회전계)

제자리로 돌아오는 선적분인 경우 적분 기호에 ◯를 붙인다.
이 선을 폐곡선이라고 한다.

총 모은 별의 개수 $= \oint_{L} F \cdot dL = 14$ 개 (←정확한 표시법은 밑에 나온다.)

거리는 실제로 벡터이므로 밀도도 벡터로 표시되어야 하고
곱셈은 닷곱을 사용하여 효과적인 양을 계산하여야 한다:

총 모은 별의 개수 $= \int_{start}^{finish} \vec{F} \bullet d\vec{L}$

욕조에 물을 빼는 배수구의 주위에서 고무 오리는 회전을 하게 된다.
한 바퀴 돌아 제자리로 돌아오면 회전 속도를 얻게 된다.

배구수 위에서 물을 회전을 하며 이를 $\vec{F}_2$로 하고
고무 오리가 움직인 경로를 L이라 하자.

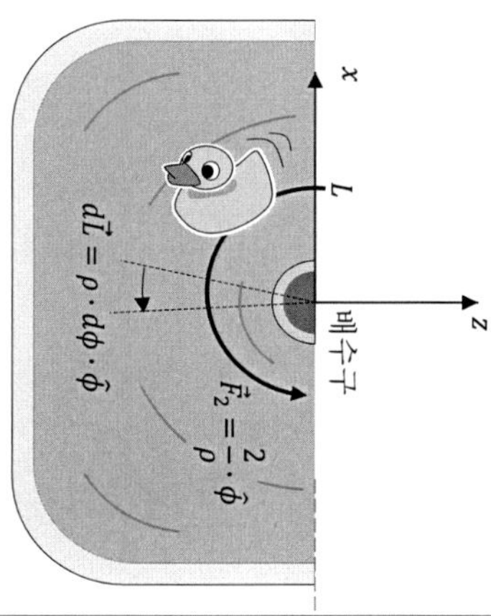

한 바퀴 돌아 얻어진 양 $= \oint_{L} \vec{F}_2 \bullet d\vec{L} = \int_{\phi=0}^{2\pi} \left(\dfrac{2}{\rho} \cdot \hat{\phi}\right) \bullet \left(\rho \cdot d\phi \cdot \hat{\phi}\right) = 4\pi$

만약 $\vec{F}$ 의 단위가 N이면 $F \cdot L$ 의 단위는 $N \cdot m = J$ 인 에너지가 되므로,
위의 계산은 고무 오리가 한 바퀴 돌았을 때 얻는 에너지이다.
움직이는데 관련된 에너지이므로 운동 에너지이다.

A.10 닷곱 – 면적분

한 아이에게 똑같은 모양의 컵 두 개를 주고 빗물을 모아 오도록 하였다.
이 아이는 두 컵에 담기는 빗물의 양이 같을 것이라고 생각했다.

빗방울은 구름에서 지면으로 수직으로 내려온다고 설정하자:

$$\vec{R} = R \cdot (-\hat{z}) \ \frac{\ell}{m^2 \cdot hour}$$

← 이렇게 되면 컵들에 담기는 물의 양이 다른 것을 알 수 있다.

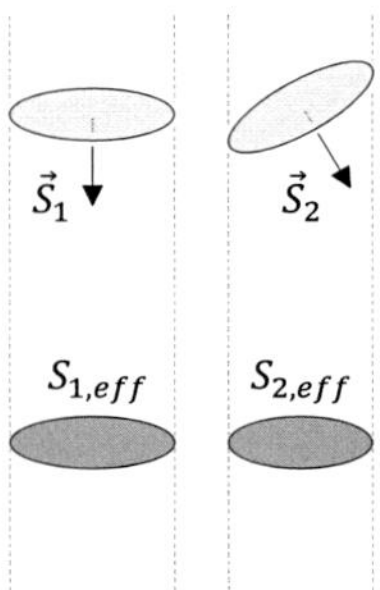

이 원들은 *두 컵의 입구* 부분만 그린 것이다. 빗방울은 이 원들을 통과한다.
$\vec{S}_1$ 과 $\vec{S}_2$는 면의 방향이며, 컵의 안쪽으로 물을 모으므로 아래쪽 방향을 사용.
두 컵에 모아지는 물의 양이 다른 이유는 **면의 방향** 과 **비의 방향** 때문이다.

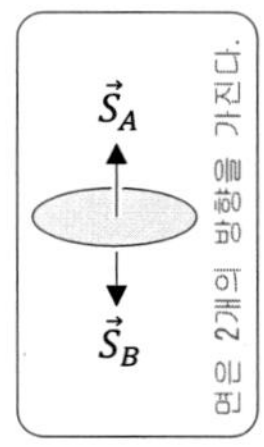

이 원들은 빗방울의 입장에서 보이는 *두 컵의 입구*들이다.
빗방울 입장에서 효과적인(effective) 면적이 된다.

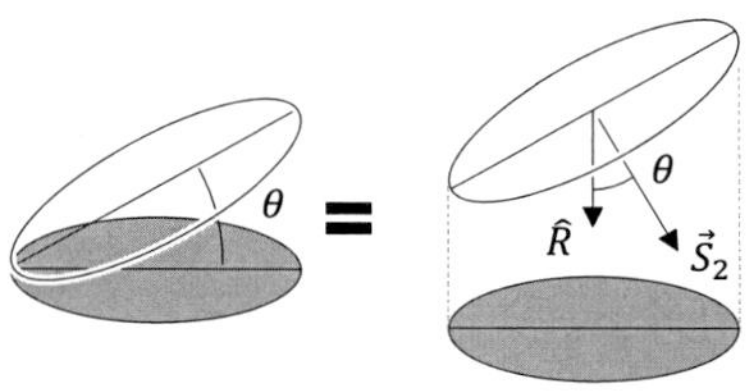

$$S_{2,eff} = \vec{S}_2 \bullet \hat{R}$$

방향벡터 $\hat{R}$ 과의 닷곱은 $\hat{R}$ 방향으로 볼 때의 효과적인 크기를 추출(계산)하는 것이다.

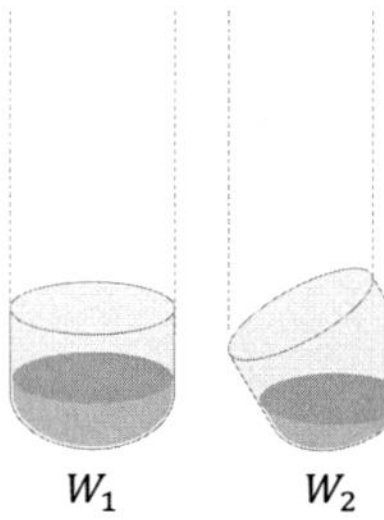

최종 관심 대상은
모아지는 물의 양이다.

이제 시간 당 모아지는 물의 양을 계산하면 $W_2 = S_{2,eff} \cdot |\vec{R}| \quad \left[\cancel{m^2} \cdot \frac{\ell}{\cancel{m^2} \cdot hour}\right]$

$$= (\vec{S}_2 \bullet \hat{R}) \cdot |\vec{R}|$$

$$= \vec{S}_2 \bullet \vec{R}$$

$\vec{A}$ 와 면적 벡터 $\vec{S}$ 와의 닷곱은 면적을 효과적으로 통과하는 양을 계산하는 것이다.

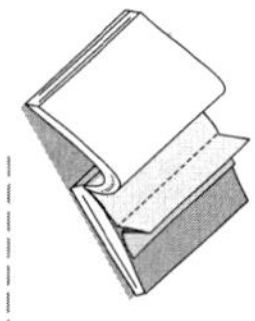

① 바람이 다음과 같이 불고 있다:

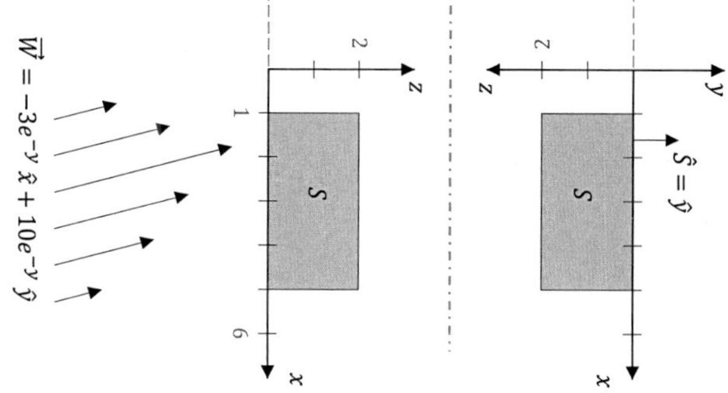

② 오른쪽 면을 통과하는 총 바람의 양은

$$W_{total} = \vec{W} \bullet \vec{S}$$

$$= (-3e^{-y}\,\hat{x} + 10e^{-y}\,\hat{y}) \bullet (4 \cdot 2\,\hat{y})\Big|_{y=0} = 80$$

임의의 면적에 대해서는 미소면적의 적분을 사용한다.

① 바람이 다음과 같이 불고 있다:

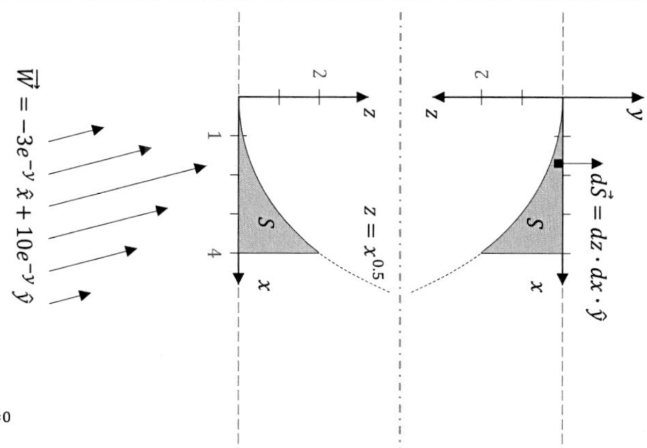

② 오른쪽 면을 통과하는 총 바람의 양은

$$W_{total} = \vec{W} \bullet \vec{S} = \int_S \vec{W} \bullet d\vec{S}$$

$$= \int_{x=0}^{4} \int_{z=0}^{\sqrt{x}} (-3e^{-y}\,\hat{x} + 10e^{-y}\,\hat{y}) \bullet (dz \cdot dx \cdot \hat{y})\Big|_{y=0}$$

$$= \int_{x=0}^{4} 10\sqrt{x}\,dx = \frac{160}{3}$$

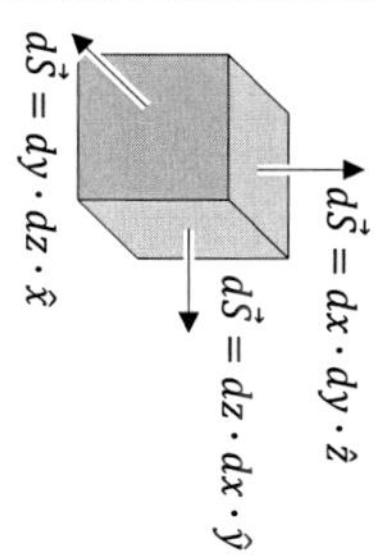

A.11 발산

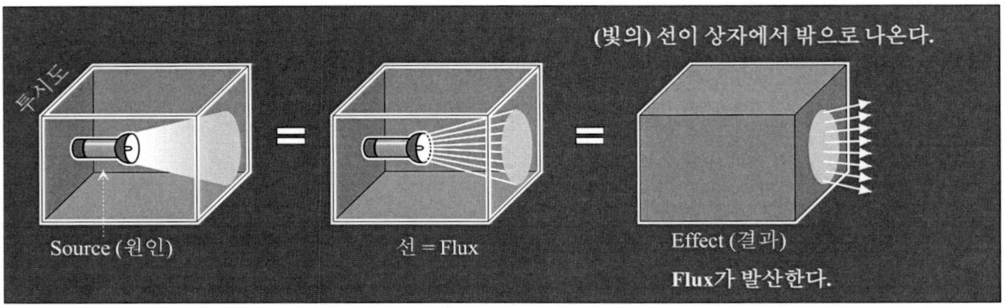

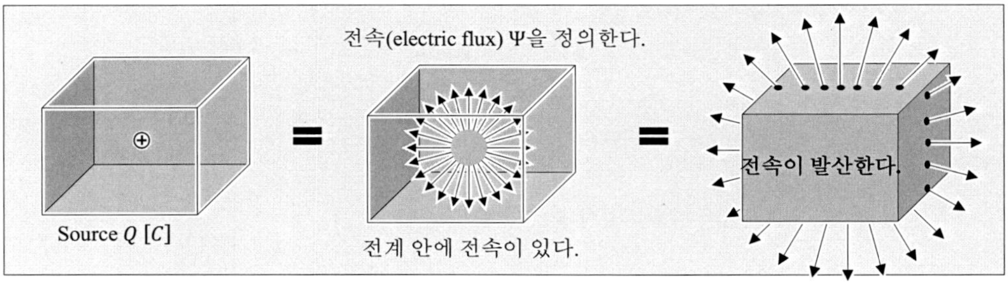

전속이 체적에서 발산하는 양을 따질 때에는 체적의 부피를 고려해야 한다.

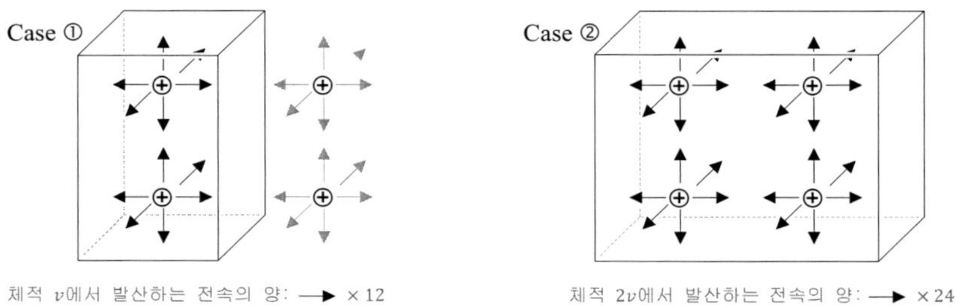

따라서 발산을 계산할 때 체적의 크기로 나누어 밀도를 만든다: 발산 $= \frac{\Psi}{v} \ \left[\frac{C}{m^3}\right]$

발산의 수학 계산법을 살펴보자.

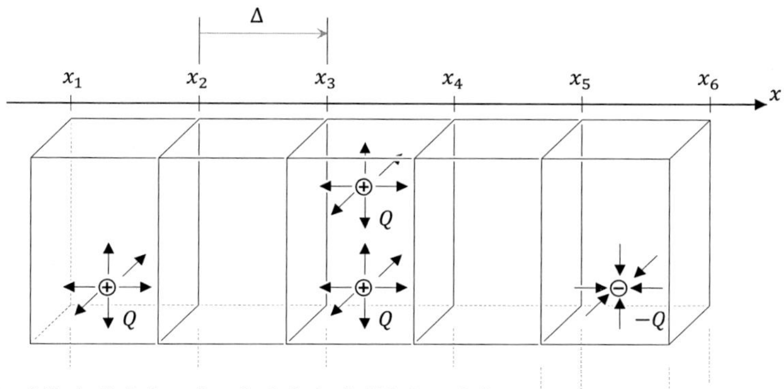

문제를 간단히 보기 위해서 x방향만 생각해 보자. (각 체적의 옆면들만 그린다.)

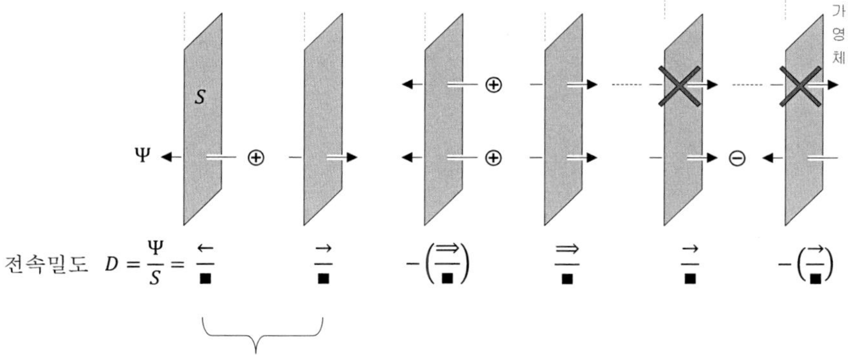

가우스 법칙에서 외부의 전하에 의한 영향은 고려할 필요가 없다고 했으므로, 체적을 관통하는 전속은 그리지 않는다.

거리 Δ 내 에서 발산하는 D의 양은 $\frac{\Delta D}{\Delta} = \frac{\left(\frac{\rightarrow}{\blacksquare}\right) - \left(\frac{\leftarrow}{\blacksquare}\right)}{x_2 - x_1} = \frac{D(x_2) - D(x_1)}{x_2 - x_1} = \frac{\left(\frac{\rightarrow}{\blacksquare}\right) + \left(\frac{\rightarrow}{\blacksquare}\right)}{x_2 - x_1}$

: 거리 Δ 내 에서 $\left(\frac{\rightarrow}{\blacksquare}\right) \times 2$ 가 있다.
즉, $\rightarrow \times 2$ 가 밖으로 나간다.
x축만 고려했으므로 $\rightarrow \times 2 = \oplus$

$\left(\frac{\leftarrow}{\blacksquare}\right) = -\left(\frac{\rightarrow}{\blacksquare}\right)$: 방향이 반대이면 (−) 부호를 붙인다.

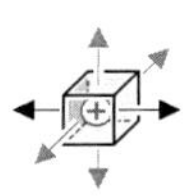

체적이 매우 작아지면 거리 Δ 도 작아진다: $\lim_{\Delta \to 0} \frac{D(x_2) - D(x_1)}{x_2 - x_1} = \frac{dD}{dx} = \frac{\partial D}{\partial x}$

D가 y 또는 z 에도 의존적일 수 있으므로 편미분으로 표시한다.

즉,미소체적 dv에서 전속밀도의 x 성분 발산은 $\frac{\partial D_x}{\partial x}$ 이다.

세 좌표 성분은 서로 직교하므로 $\vec{D}(x, y, z)$ 의 발산은 각 성분의 발산을 더하면 된다:

$$\text{Div}\,\vec{D} = \nabla \cdot \vec{D} = \frac{\partial D_x}{\partial x} + \frac{\partial D_y}{\partial y} + \frac{\partial D_z}{\partial z}$$

A.12 외적

벡터의 합은 아래와 같다.

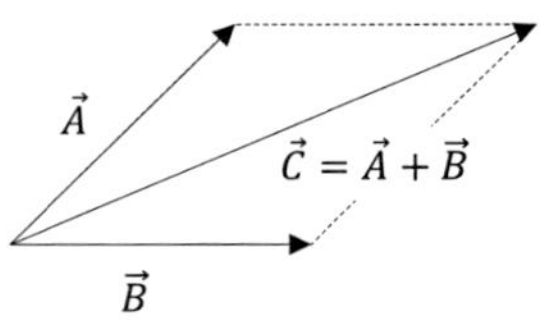

벡터의 곱이 만드는 면적을 생각해 보자.

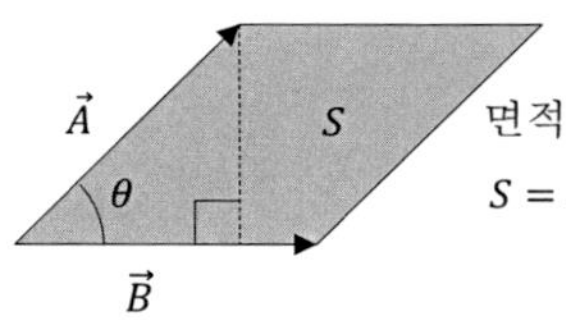

면적의 크기

$S = A \cdot \sin\theta \cdot B = |\vec{A}| \cdot |\vec{B}| \sin\theta$

그런데 우리는 3차원 공간을 다루고 있기 때문에 이 면은 방향이 있다: **면 벡터 = 면의 크기 & 면의 방향**

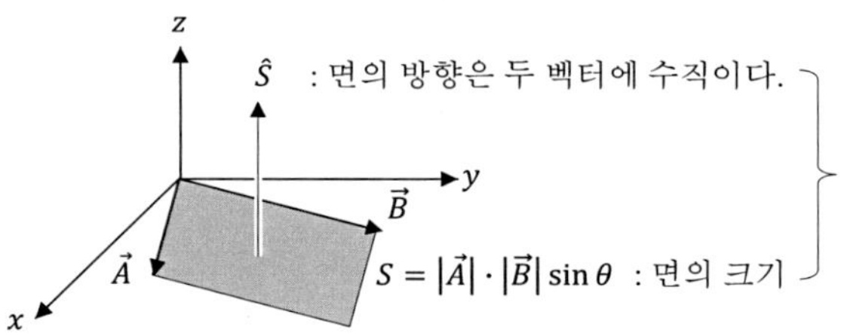

$\vec{A}$ 와 $\vec{B}$ 가 만드는 면을 외적이라고 정의하자

$$\vec{S} = \vec{A} \times \vec{B} = |\vec{A}| \cdot |\vec{B}| \sin\theta$$

여기서 $\vec{A}$ 와 $\vec{B}$ 는 xy 평면에 존재하며, 이로 인해 면의 방향은 z 방향이 된다.

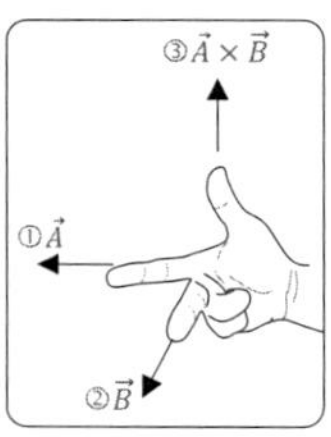

or

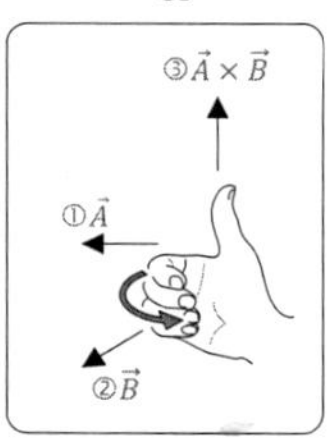

외적의 특징

① 외적(면적)의 최대값과 최소값

최대값은 $\theta = 90°$ 일 때

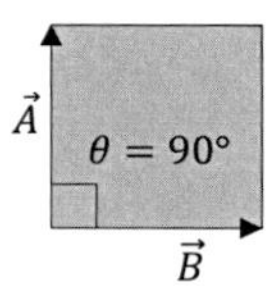

최소값은 $\theta = 0°$ or $180°$ 일 때

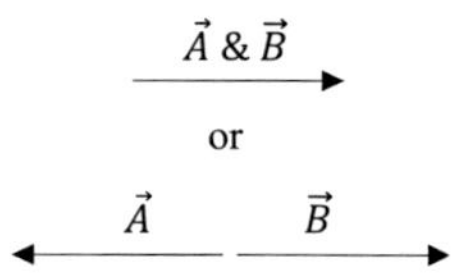

(면적을 만들 수 없다.)

② 곱하는 순서가 바뀌면 면의 방향이 바뀐다.

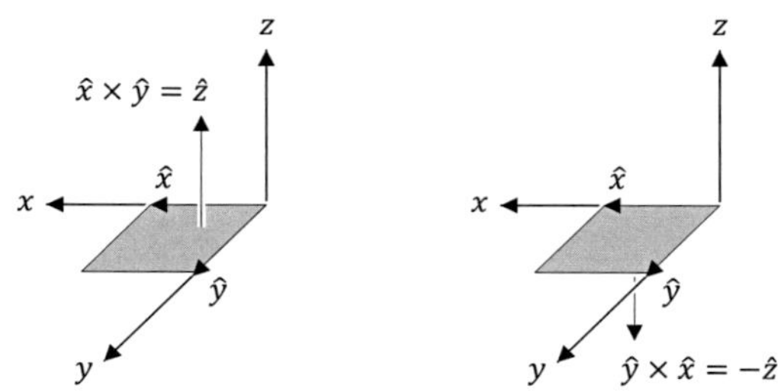

(단위 벡터 $\hat{x}$ 와 $\hat{y}$ 의 사잇각은 90° 이다.)

따라서 다음의 규칙을 만들 수 있다.

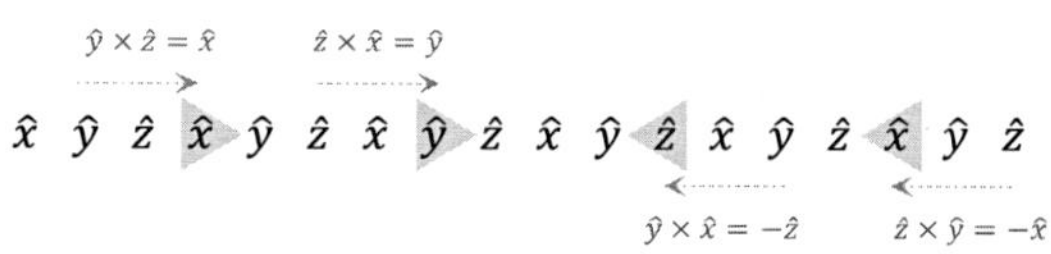

A.13 토크 – 회전력

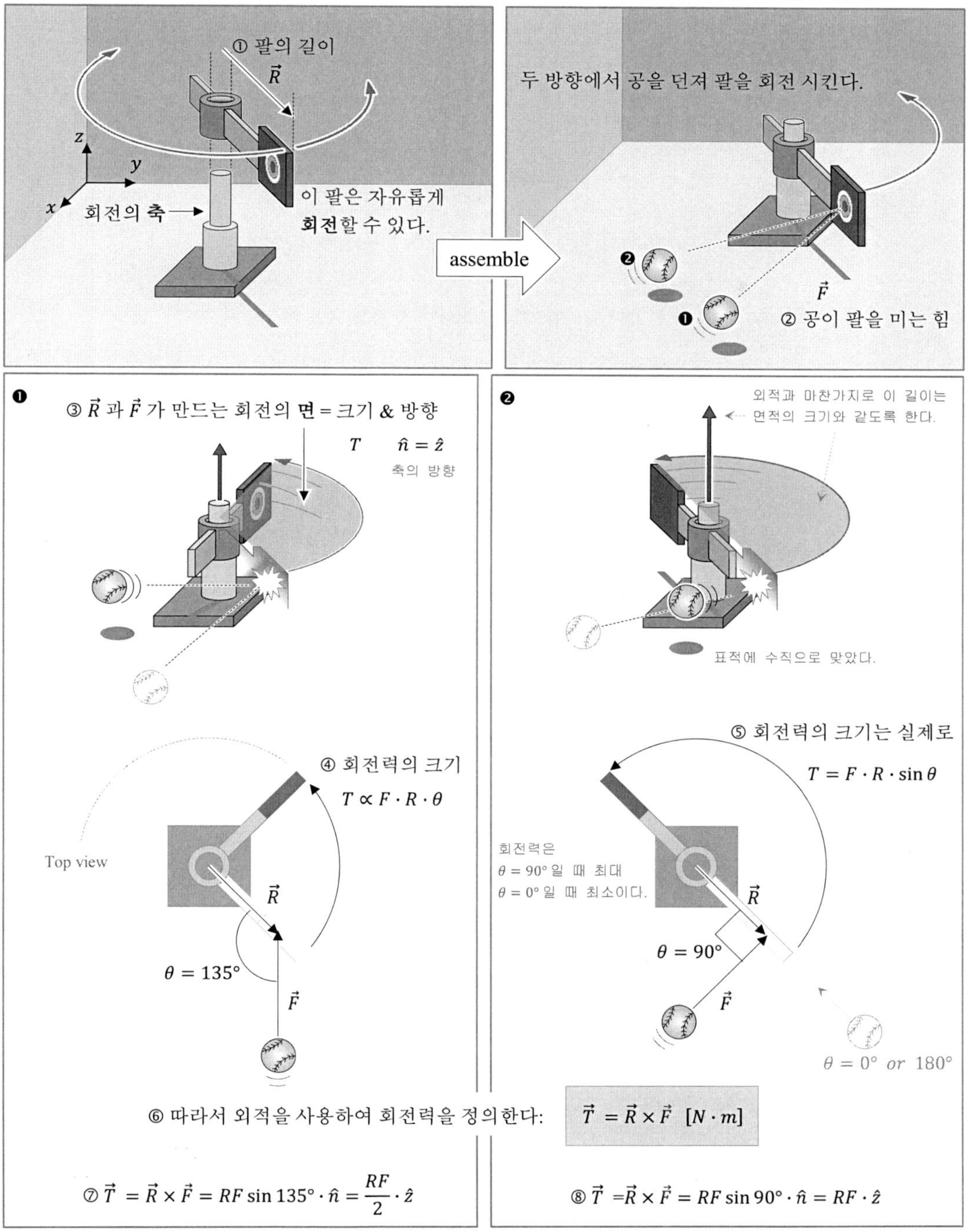
① 팔의 길이
$\vec{R}$
z
y
x
회전의 **축**
이 팔은 자유롭게
회전할 수 있다.
assemble
두 방향에서 공을 던져 팔을 회전 시킨다.
$\vec{F}$
② 공이 팔을 미는 힘
③ $\vec{R}$ 과 $\vec{F}$ 가 만드는 회전의 **면** = 크기 & 방향
T
$\hat{n} = \hat{z}$
축의 방향
외적과 마찬가지로 이 길이는
면적의 크기와 같도록 한다.
표적에 수직으로 맞았다.
④ 회전력의 크기
$T \propto F \cdot R \cdot \theta$
Top view
$\vec{R}$
$\theta = 135°$
$\vec{F}$
⑤ 회전력의 크기는 실제로
$T = F \cdot R \cdot \sin\theta$
회전력은
$\theta = 90°$ 일 때 최대
$\theta = 0°$ 일 때 최소이다.
$\vec{R}$
$\theta = 90°$
$\vec{F}$
$\theta = 0°$ or $180°$
⑥ 따라서 외적을 사용하여 회전력을 정의한다:
$\vec{T} = \vec{R} \times \vec{F}$ $[N \cdot m]$
⑦ $\vec{T} = \vec{R} \times \vec{F} = RF \sin 135° \cdot \hat{n} = \frac{RF}{2} \cdot \hat{z}$
⑧ $\vec{T} = \vec{R} \times \vec{F} = RF \sin 90° \cdot \hat{n} = RF \cdot \hat{z}$

A.14 회전 Curl

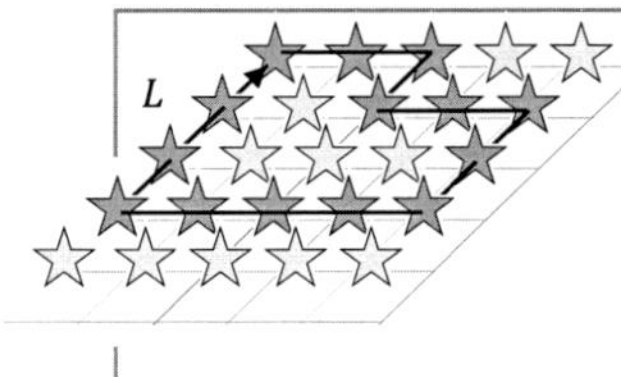

이전의 폐곡선 L 을 따라서 적분하는 계산에서

$$\text{총 모은 별의 개수} = \oint_L \vec{F} \bullet d\vec{L} = 14\text{ 개} > 0$$

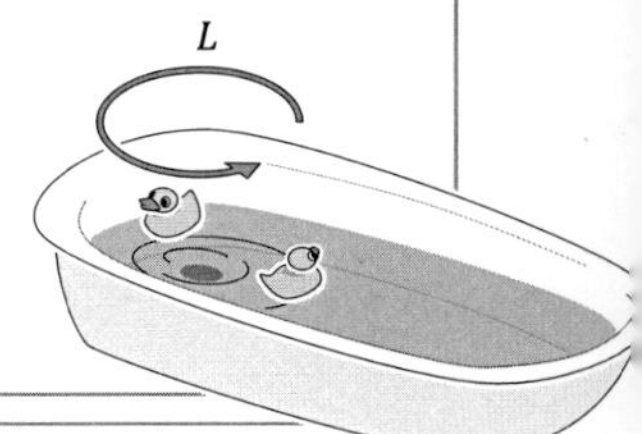

또한, 고무 오리의 회전에서

$$\text{한 바퀴 돌아 얻어진 양} = \oint_L \vec{F}_2 \bullet d\vec{L} = 4\pi > 0$$

회전 = 제자리로 돌아옴

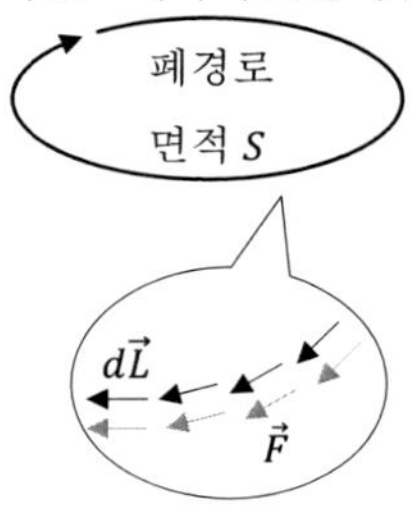

위와 동일한 유사한 개념을 갖되 가장 쉬운 예를 생각해 보자.

왼쪽 폐경로를 따라 움직이는 동안 항상 $\vec{F}$와 $d\vec{L}$의 방향이 같으면

$\vec{F} \bullet d\vec{L} > 0$ 이고 $\oint_L \vec{F} \bullet d\vec{L} > 0$ 이다.

즉, $\vec{L}$을 따라 회전하는 동안
- $\oint_L \vec{F} \bullet d\vec{L} > 0$: $\vec{F}$는 $\vec{L}$과 동일하게 회전한다.
- $\oint_L \vec{F} \bullet d\vec{L} = 0$: $\vec{F}$는 회전하지 않는다.
- $\oint_L \vec{F} \bullet d\vec{L} < 0$: $\vec{F}$는 $\vec{L}$과 반대로 회전한다.

이제 계산의 정확도를 높이기 위해 면적을 매우 작게 만들어 보자: $\lim_{\Delta S \to 0}$

그 다음 이 미소면적 당 회전하는 양을 다음과 같이 정의하자: $\lim_{\Delta S \to 0} \frac{\oint_L \vec{F} \bullet d\vec{L}}{\Delta S}$

이제 "미소면적의 둘레가 회전한다"라는 특수한 연산을 정의할 수 있다:

$$\text{회전} = \lim_{\Delta S \to 0} \frac{\oint_L \vec{F} \bullet d\vec{L}}{\Delta S} = curl\,\vec{F} = \nabla \times \vec{F}$$

수학 계산 방법:

$$\nabla \times \vec{H} = \left(\frac{\partial H_z}{\partial y} - \frac{\partial H_y}{\partial z}\right)\hat{x} + \left(\frac{\partial H_x}{\partial z} - \frac{\partial H_z}{\partial x}\right)\hat{y} + \left(\frac{\partial H_y}{\partial x} - \frac{\partial H_x}{\partial y}\right)\hat{z}$$

$$\nabla \times \vec{H} = \left(\frac{1}{\rho}\frac{\partial H_z}{\partial \phi} - \frac{\partial H_\phi}{\partial z}\right)\hat{\rho} + \left(\frac{\partial H_\rho}{\partial z} - \frac{\partial H_z}{\partial \rho}\right)\hat{\phi} + \frac{1}{\rho}\left[\frac{\partial(\rho \cdot H_\phi)}{\partial \rho} - \frac{\partial H_\rho}{\partial \phi}\right]\hat{z}$$

$$\nabla \times \vec{H} = \frac{1}{r\sin\theta}\left[\frac{\partial(\sin\theta \cdot H_\phi)}{\partial\theta} - \frac{\partial H_\theta}{\partial \phi}\right]\hat{r} + \frac{1}{r}\left[\frac{1}{\sin\theta}\frac{\partial H_r}{\partial \phi} - \frac{\partial(r \cdot H_\phi)}{\partial r}\right]\hat{\theta} + \frac{1}{r}\left[\frac{\partial(r \cdot H_\theta)}{\partial r} - \frac{\partial H_r}{\partial \theta}\right]\hat{\phi}$$

회전 연산자의 의미를 살펴보자.

$$\nabla \times \vec{F} = \left(\frac{\partial F_z}{\partial y} - \frac{\partial F_y}{\partial z}\right)\hat{x} + \left(\frac{\partial F_x}{\partial z} - \frac{\partial F_z}{\partial x}\right)\hat{y} + \left(\frac{\partial F_y}{\partial x} - \frac{\partial F_x}{\partial y}\right)\hat{z}$$

여기서 $\vec{F} = \vec{F}(x,y,z)$

$F_x = F_x(x,y,z)$

$F_y = F_y(x,y,z)$

$F_z = F_z(x,y,z)$

이 중에서 z성분을 구성하는 두 개의 미분을 살펴본다: ❶ ❷

❶ 스킬링 휠을 $y = F(x)$인 계에 넣었다. 아래 그림에서 두 날개가 받는 힘을 살펴보자.

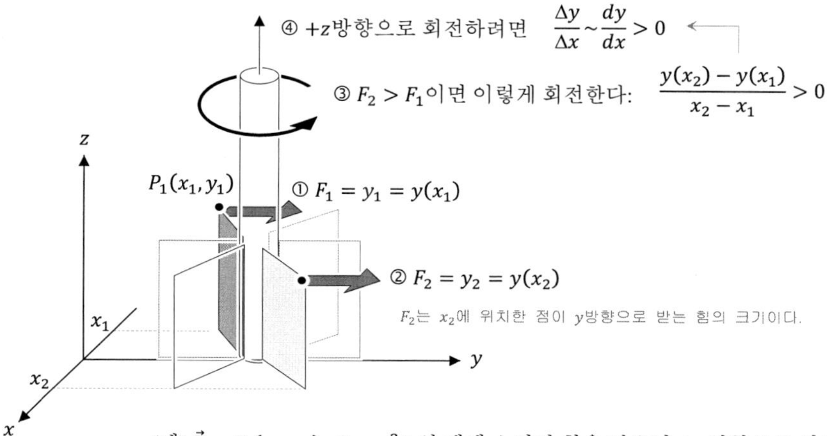

(예) $\vec{F} = F_y(x,y,z) \cdot \hat{y} = x^2\hat{y}$ 인 계에 스킬링 휠을 넣으면 $+z$ 방향으로 회전한다.

❷ 스킬링 휠을 $x = F(y)$인 계에 넣었다. 아래 그림에서 두 날개가 받는 힘을 살펴보자.

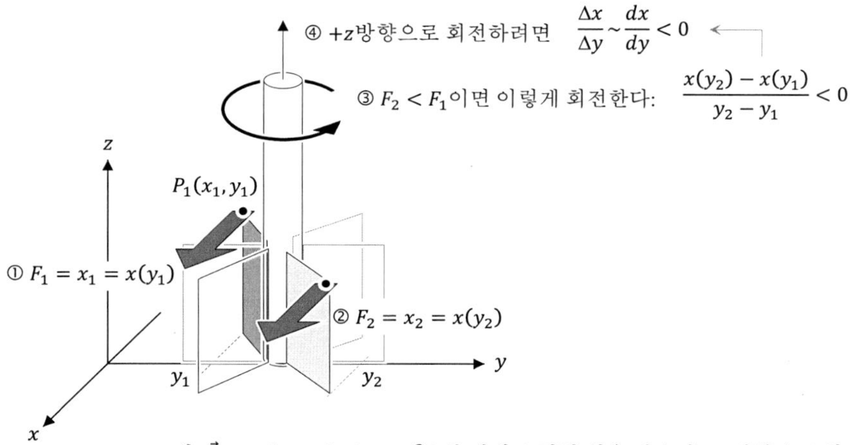

(예) $\vec{F} = F_x(x,y,z) \cdot \hat{x} = y^{-2}\hat{x}$ 인 계에 스킬링 휠을 넣으면 $+z$ 방향으로 회전한다.

A.15 파 (wave)

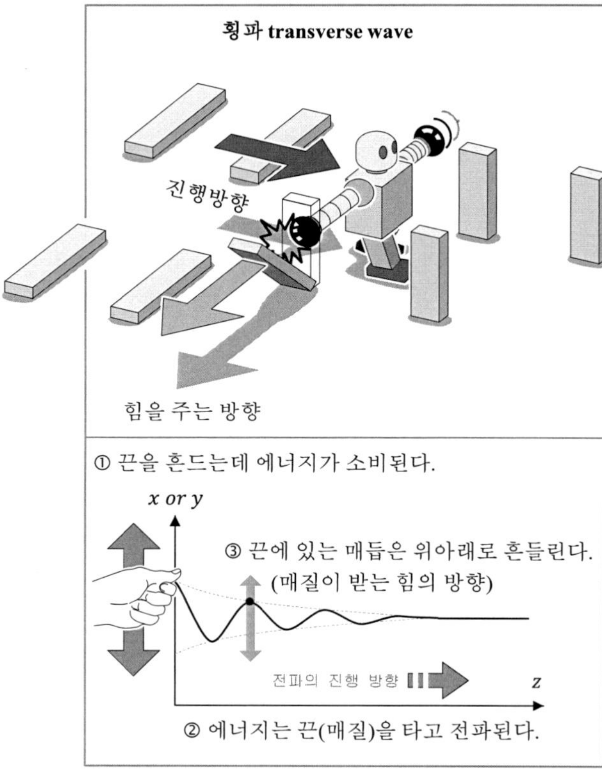

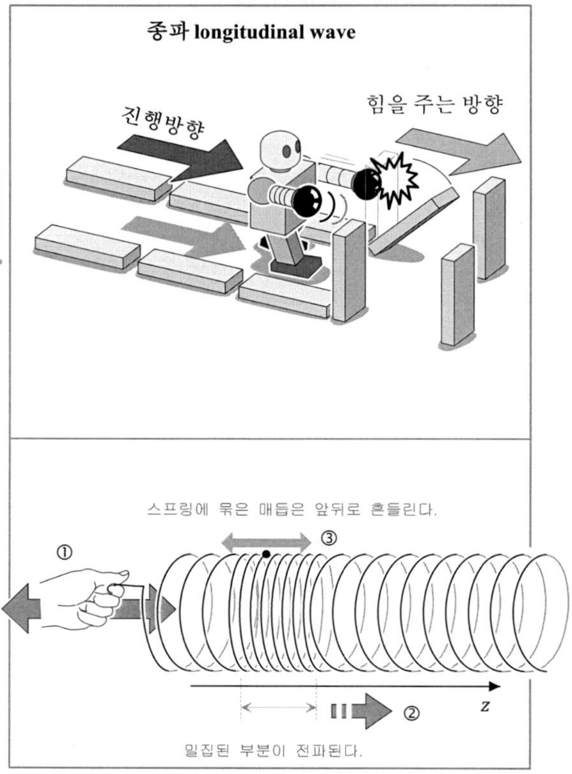

① 파 E 는 시간에 따라 전파(propagate)되므로 E 를 기술하는데 시간 이 필요하다: $E(t)$

종이에 파를 나타낼 때는 동영상을 정지해 놓듯이 시간을 정지하고 그린다.

② 시간을 t_0 로 고정하였을 때, 파는 진행 방향을 따라 상태가 변하므로 $E(t)$ 를 기술할 때 가 필요하다: $E(z, t_0)$

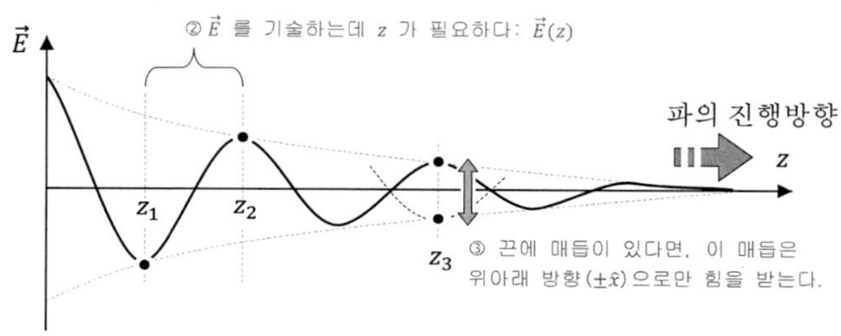

③ 파는 진행하며 특정 방향으로 힘을 준다. 따라서 힘을 주는 방향 벡터를 포함한다: $\vec{E}(z,t) = E(z,t) \cdot \hat{x}$

파의 파라미터들 1/2

❶ 시간을 t_0로 고정한 경우 (스냅샷)

① 만약 감쇠가 없다면 앞의 그림은 다음과 같아진다.

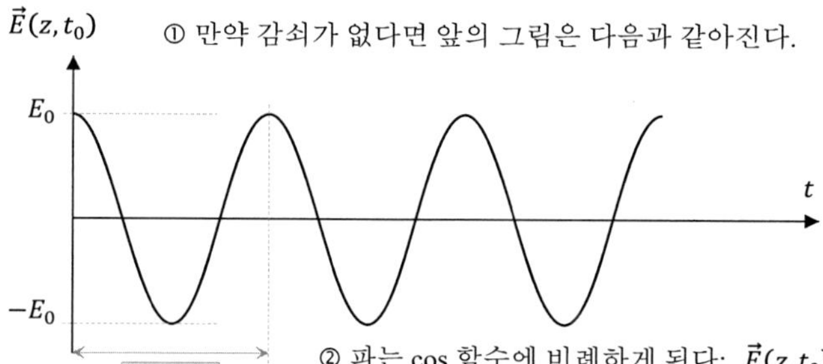

파장 λ

(wave length)

② 파는 cos 함수에 비례하게 된다: $\vec{E}(z,t_0) \propto \cos(\beta z)\cdot\hat{x}$

$z=\lambda$ 일 때 $\cos(\beta\lambda)=1$ 이다. 따라서 위상상수는 $\beta=\dfrac{2\pi}{\lambda}$

(phase constant)

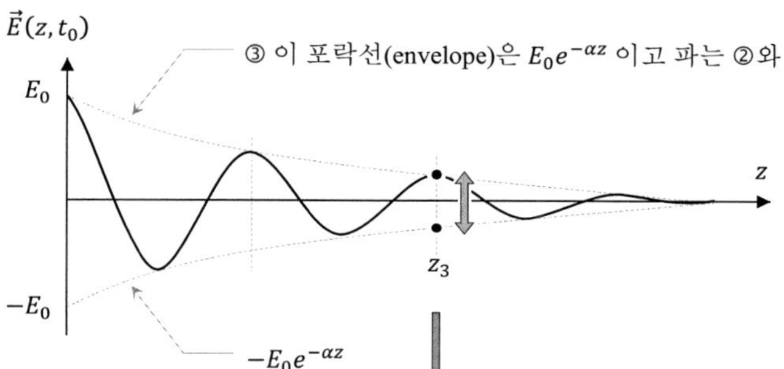

③ 이 포락선(envelope)은 $E_0e^{-\alpha z}$ 이고 파는 ②와 포락선과의 곱에 비례한다:

$\vec{E}(z,t_0) \propto E_0e^{-\alpha z}\cdot\cos(\beta z)\cdot\hat{x}$

여기서 감쇠상수는 α

(attenuation constant)

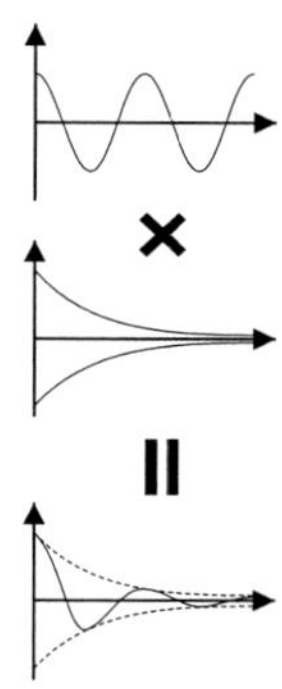

❷ 위치 $z=z_3$ 에서 파의 크기 변화(매듭의 높이 변화)를 측정한 그래프

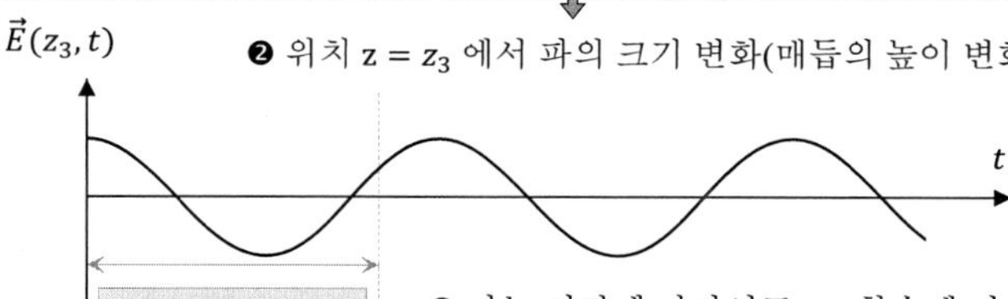

주기 T

주파수 $f=\dfrac{1}{T}$

(period and frequency)

④ 파는 시간에 따라서도 cos 함수에 비례한다: $\vec{E}(z_3,t) \propto \cos(\omega t)$

$t=T$ 일 때 $\cos(\omega T)=1$ 이다. 따라서 각 주파수는 $\omega=\dfrac{2\pi}{T}=2\pi f$

(angular frequency)

②~④를 합친다. 이때 와는 서로 독립이므로 더하기 연산을 사용한다:

$$\vec{E}(z,t)=E_0e^{-\alpha z}\cdot\cos(\omega t-\beta z+\phi)\cdot\hat{x}$$

위상편이 ϕ 를 넣어 일반식으로 만들었다.

(phase shift)

파의 파라미터들 2/2

이해를 돕기 위해 감쇠가 없는 경우를 살펴보자: $\alpha = 0$

$\vec{E}(z,t) = E_0 \cdot \cos(\omega t - \beta z + \phi) \cdot \hat{x}$ 에서

위상 $\omega t - \beta z + \phi = 0°$ 인 지점이 시간에 따라 어떻게 움직이는지 추적해 보자.

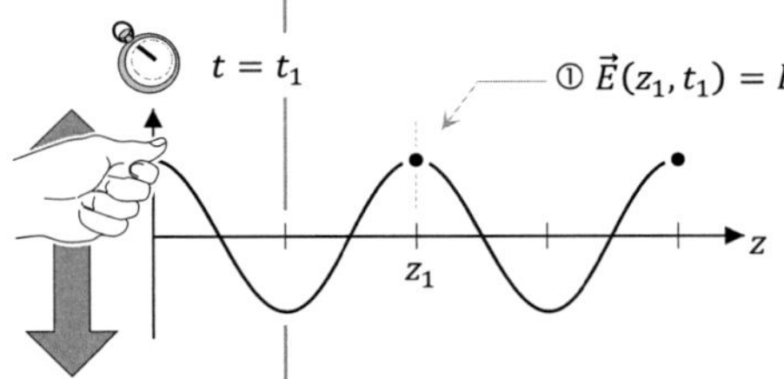

① $\vec{E}(z_1,t_1) = E_0 \cdot \cos(\omega t_1 - \beta z_1 + \phi) \cdot \hat{x} = E_0 \cdot \cos(0°) \cdot \hat{x}$

$$\omega t_1 - \beta z_1 + \phi = 0$$

③ 두 식을 뺀다.

$$\omega(t_2 - t_1) - \beta(z_2 - z_1) = 0 \;\Rightarrow\; \frac{z_2 - z_1}{t_2 - t_1} = \frac{\Delta z}{\Delta t} = \frac{\omega}{\beta} = \mu_p$$

위상속도 (phase velocity)

$$\omega t_2 - \beta z_2 + \phi = 0$$

② $\vec{E}(z_2,t_2) = E_0 \cdot \cos(\omega t_2 - \beta z_2 + \phi) \cdot \hat{x} = E_0 \cdot \cos(0°) \cdot \hat{x}$

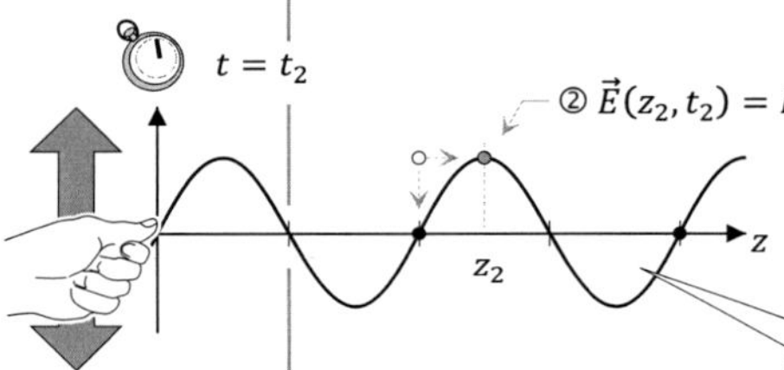

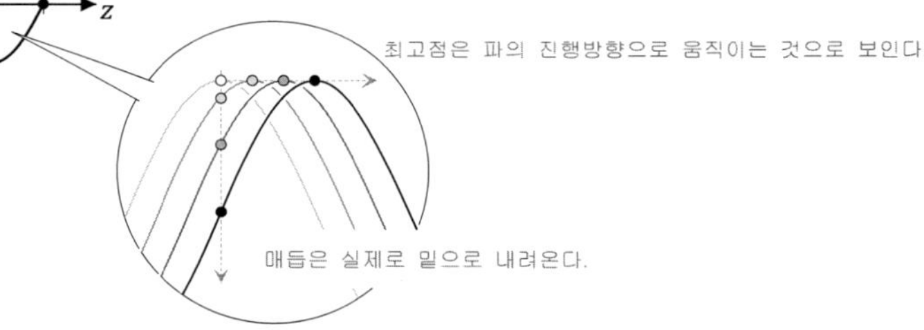

만약 위상의 진행이 $-z$ 방향(**역방향**)이면 파의 일반식은

$$\vec{E}(z,t) = E_0 e^{-\alpha z} \cdot \cos(\omega t + \beta z + \phi) \cdot \hat{x}$$

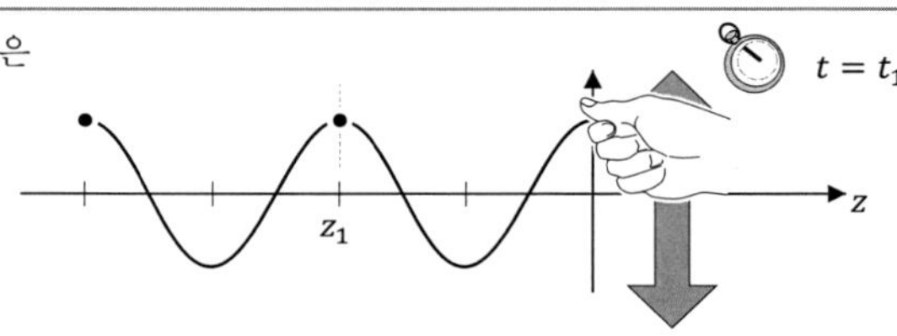

위와 같은 계산을 수행하면 위상속도는

$$\frac{z_2 - z_1}{t_2 - t_1} = \frac{\Delta z}{\Delta t} = -\frac{\omega}{\beta} = \mu_p$$

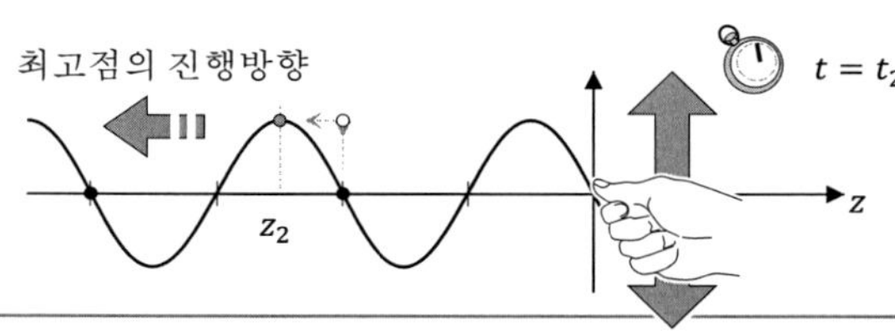

$\alpha \left[\frac{1}{m}\right]$ $\quad$ $\beta = \frac{2\pi}{\lambda} \left[\frac{rad}{m}\right]$ $\quad$ $\omega = 2\pi f \left[\frac{rad}{s}\right]$ $\quad$ $f = \frac{1}{T}\ [Hz]$ $\quad$ $u_p = \frac{\lambda}{T} = f\lambda = \frac{\omega}{\beta} \left[\frac{m}{s}\right]$

현재까지 횡파의 경우 진행방향은 z방향이고 파가 매질에 힘을 주는 방향은 x방향이었다. 그런데 z 축의 입장에서 x 와 y 축의 차이는 없다. 특별히 기준이 없는 이상 x 와 y 축은 동일하다.

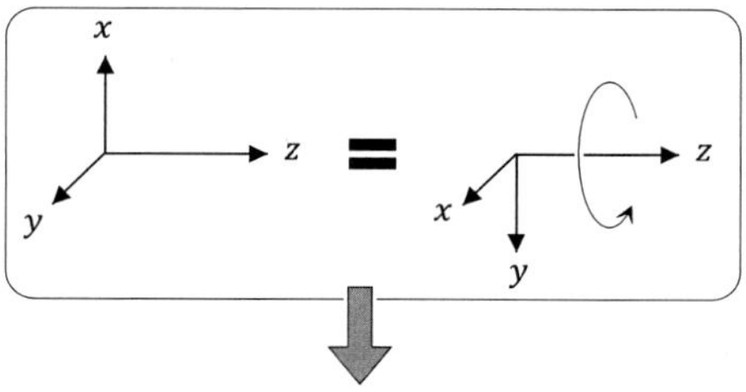

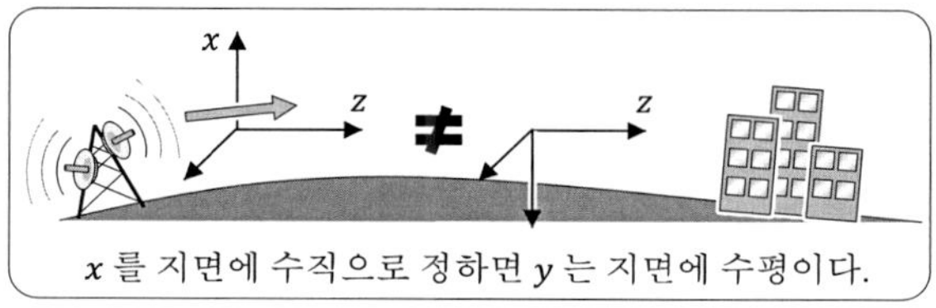

x 와 y 축의 차이가 없으므로 일반적인 파동은 두 개의 합으로 표현할 수 있다.

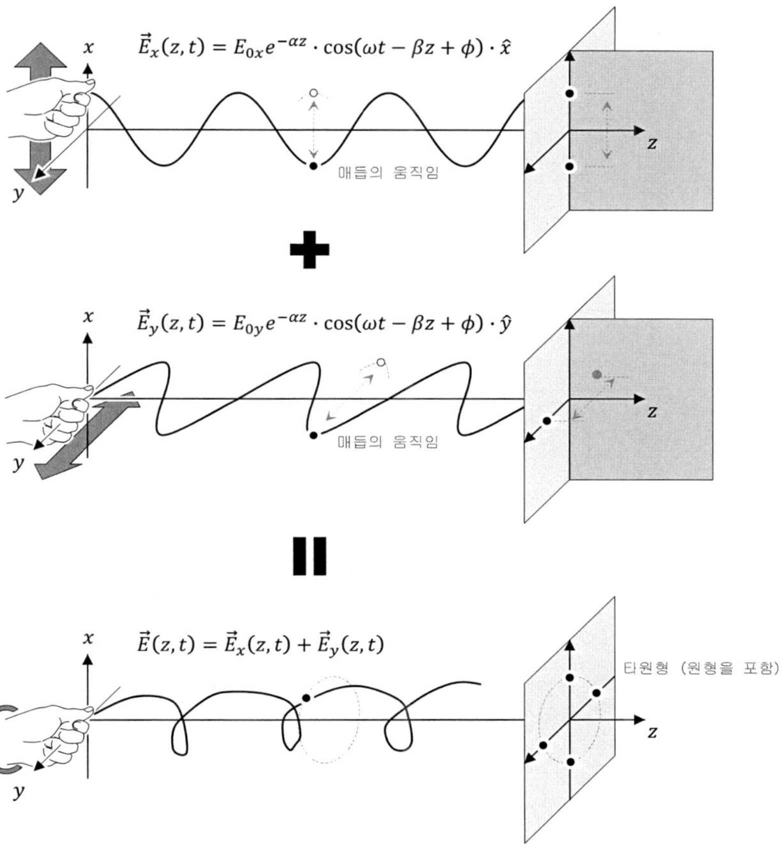

A.16 분극 polarization

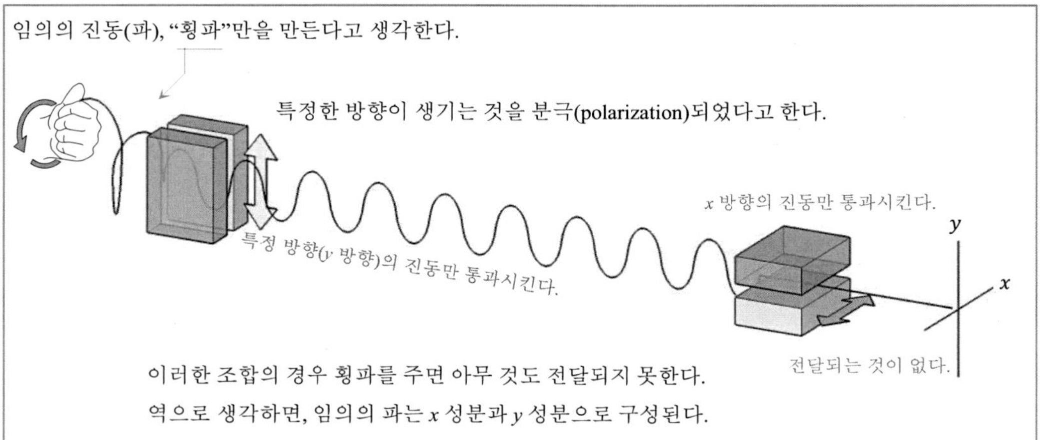

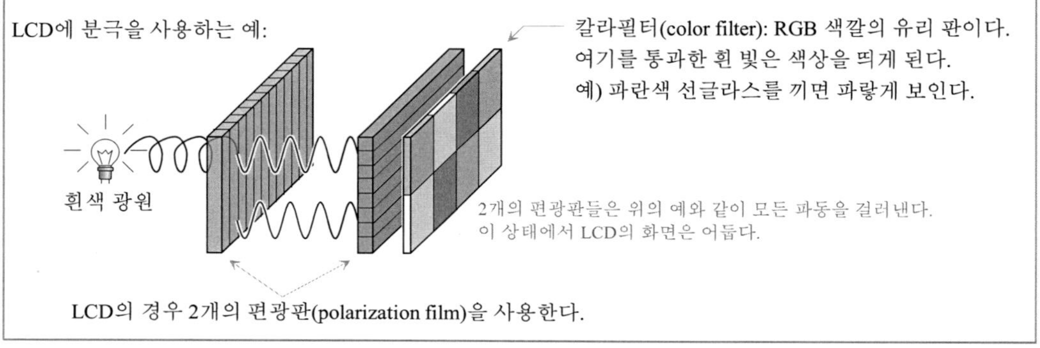

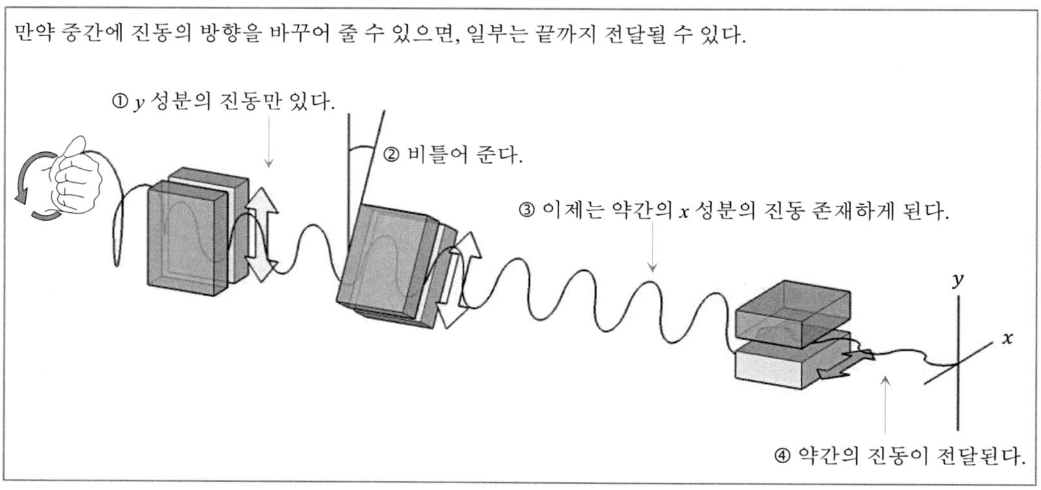

중간에 진동의 방향을 더 바꾸어 주면, 더 많은 진동이 전달될 수 있다.

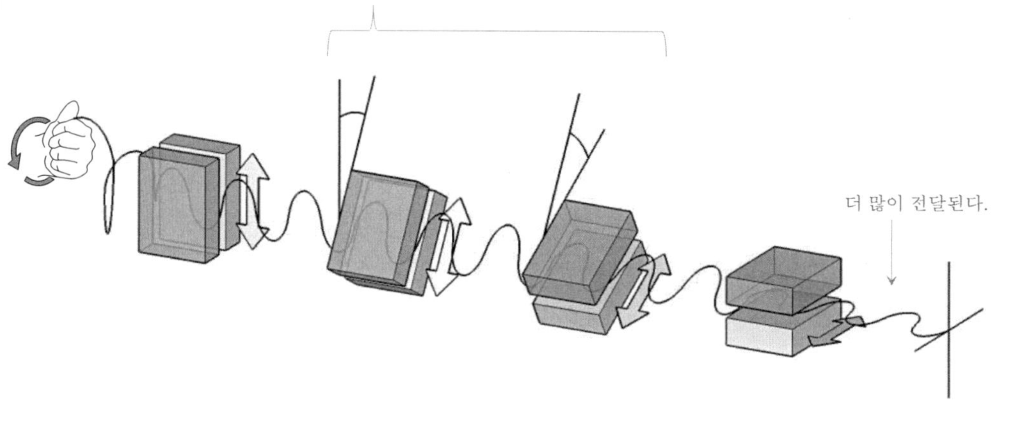

LCD에서는 각각의 화소(pixel)마다 액정을 사용하여 빛의 진동 방향을 바꾸어준다.

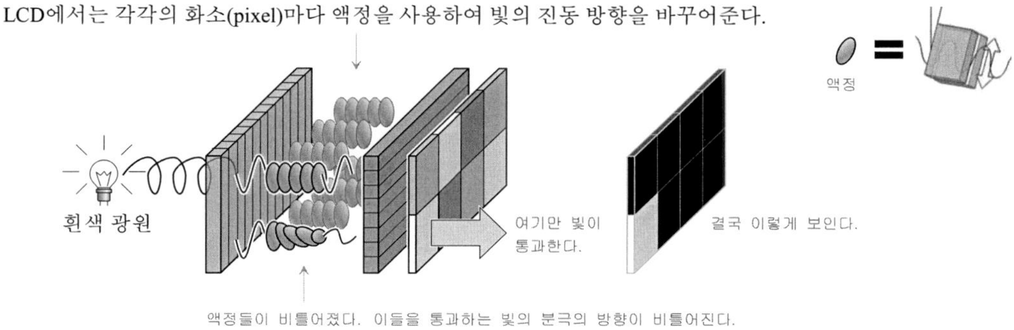

액정은 극성 분자로 만들고,

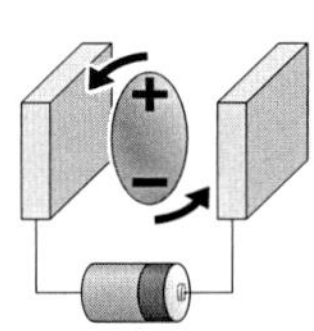

전기를 인가하여 비틀어 준다.
(쿨롱의 힘)

LCD에서는 빛이 통과해야 하므로, 투명한 전극을 사용하여 액정을 제어한다.

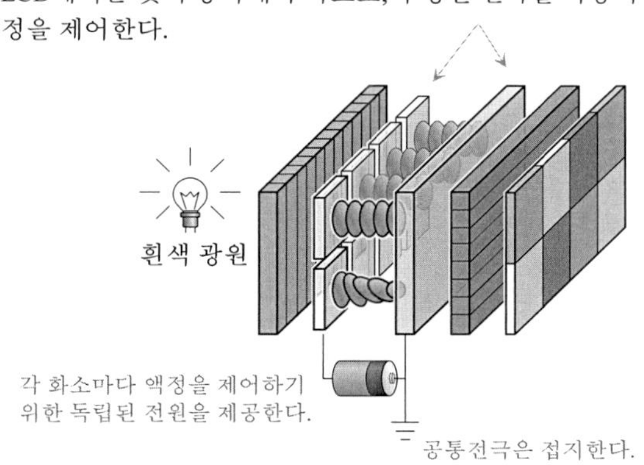

A.17 페이저 phasor

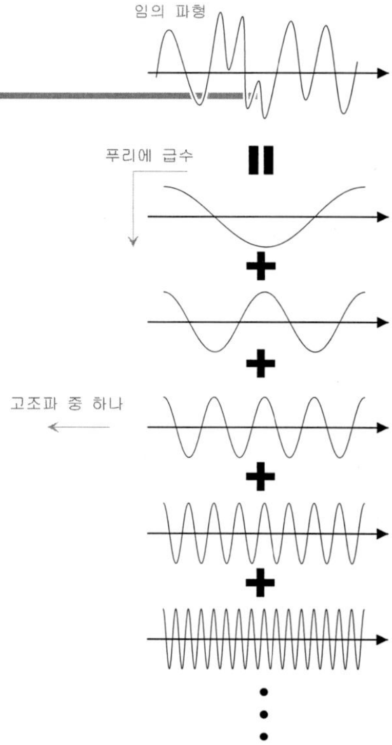

오일러(Euler)의 공식: $e^{\pm jz} = \cos(z) \pm j\sin(z)$

반대로 하면
$$\begin{cases} \cos(z) = Re\left[e^{\pm jz}\right] \\ \sin(z) = \pm Im\left[e^{\pm jz}\right] \end{cases}$$

페이저를 사용하면 신호에 발생하는 현상에 대한 계산을 쉽게 할 수 있다.
페이저를 사용하는 방법은 다음과 같다:

① **고조파**를 사용하여 **푸리에 급수**로 전개
(harmonics) (Fourier series)

$$E = E_0\cos(\omega t \pm \beta z + \phi)$$
$$= Re\left[E_0 e^{j(\omega t \pm \beta z + \phi)}\right]$$

오일러 공식을 적용 →

$$= Re\left[E_0 e^{j\phi} e^{\pm j\beta z} e^{j\omega t}\right]$$
$$= Re\left[E_0 e^{\pm j\beta z} e^{j\omega t}\right]$$
$$= Re\left[E_s e^{j\omega t}\right]$$

② 각 고조파에서 페이저를 추출

$$E_s = E_0 e^{\pm j\beta z}$$

페이저는 시간의 영향을 받지 않는 부분만을 쓴 것이다.

123 MHz 라디오 신호를 만들면, 이 신호의 주파수는 변하지 않는다. 매질에 따라 감쇠나 간섭 등이 발생할 뿐이다. 따라서 굳이 시간(주파수) 부분을 쓰지 않아도 된다.

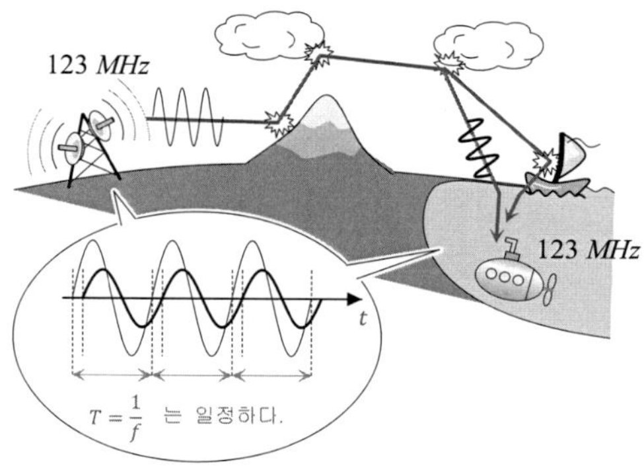

③ 각 페이저를 사용하여 문제를 계산: 감쇠 또는 지연 등의 현상을 계산한다.

④ **순시 형태**로 복구
(instantaneous form)

$$E = Re\left[E_s e^{j\omega t}\right]$$

⑤ 중첩의 원리를 사용하여 원하는 결과로 복구

$$E_{final} = \underbrace{E_1 + E_2 + E_3 + \cdots}_{\text{푸리에 급수}} = \sum_k Re\left[E_{sk} e^{j\omega_k t}\right]$$

변환 연습

순시 형태		페이저
$16\cos\left(10^6\pi t + \frac{\pi}{3}\right)$	⟶	$16e^{j\frac{\pi}{3}}$
$E_0 \sin(\omega t + \phi)\,\hat{y}$	⟶	$E_0 \cos\left(\omega t + \phi - \frac{\pi}{2}\right)\hat{y} = E_0 e^{j\left(\phi - \frac{\pi}{2}\right)}\hat{y}$

페이저		순시 형태
$10e^{j\frac{\pi}{4}}$	⟶	$Re\left[10e^{j\frac{\pi}{4}}e^{j\omega t}\right] = Re\left[10e^{j\left(\omega t + \frac{\pi}{4}\right)}\right]$

$$= Re\left[10\cos\left(\omega t + \frac{\pi}{4}\right) + j10\sin\left(\omega t + \frac{\pi}{4}\right)\right] = 10\cos\left(\omega t + \frac{\pi}{4}\right)$$

페이저의 특징 – 시간에 대한 미분에 함께 사용되었을 때

$E = Re\left[E_s e^{j\omega t}\right]$

$$\frac{\partial E}{\partial t} = \frac{\partial}{\partial t} Re\left[E_s e^{j\omega t}\right] \overset{1)}{=} Re\left[\frac{\partial}{\partial t}\left(E_s e^{j\omega t}\right)\right] = Re\left[E_s \frac{\partial}{\partial t}\left(e^{j\omega t}\right)\right]$$

$$= Re\left[E_s \frac{\partial}{\partial t}\left(e^{j\omega t}\right)\right] = Re\left[j\omega E_s e^{j\omega t}\right]$$

동일한 방법으로 2차 미분은 다음과 같이 구할 수 있다:

$$\frac{\partial^2 E}{\partial t^2} = \left[(j\omega)^2 E_s e^{j\omega t}\right]$$

즉 시간에 대한 미분은 곱셈의 형태로 바꾸어 주면 된다:

$$\frac{\partial E}{\partial t} \rightarrow j\omega E_s$$

$$\frac{\partial^2 E}{\partial t^2} \rightarrow (j\omega)^2 E_s$$

---

1) $Re[\,]$와 시간에 대한 미분은 서로 영향을 주지 않으므로 계산 순서를 바꿀 수 있다:

$$\frac{\partial}{\partial t} Re[\cos t + it^2] \begin{cases} = \dfrac{\partial}{\partial t}(\cos t) = -\sin t \\ = Re\left[\dfrac{\partial}{\partial t}(\cos t + it^2)\right] = Re[-\sin t + i2t] = -\sin t \end{cases}$$

페이저와 위상, 관측 값의 관계

시간에 따라 변하는 전압 신호를 예제로 사용하여 페이저와 관측 값의 관계를 살펴보자.
(이 관계는 전송선로의 반사계수 등에도 적용이 된다.)

전압신호: $V(z,t) = V_0 \cdot \cos(\omega t - \beta z)$ $[V]$

이 신호의 페이저는 $V_s = V_0 \cdot e^{-j\beta z} = V_0[\cos(-\beta z) + j\sin(-\beta z)]$ $[V]$

$t = 0$ 일 때의 정지 그림: $V(z,0) = V_0 \cdot \cos(\omega \cdot 0 - \beta z) = V_0 \cdot \cos(\beta z)$ $[V]$

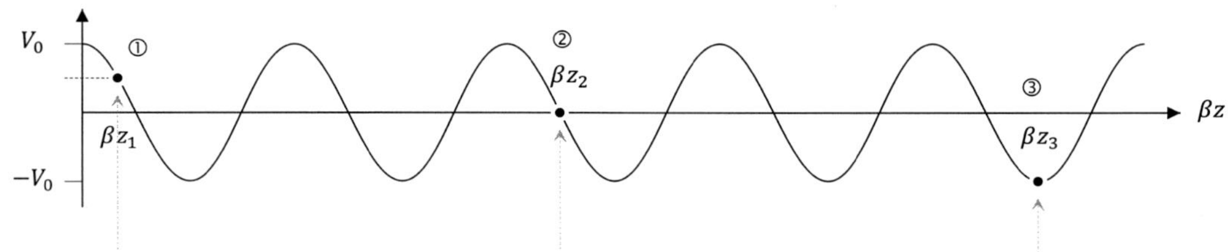

관측 값: $V(\beta z_1) = \frac{V_0}{2}$ $[V]$ $V(\beta z_2) = 0$ $[V]$ $V(\beta z_3) = -V_0$ $[V]$

페이저 다이어그램:

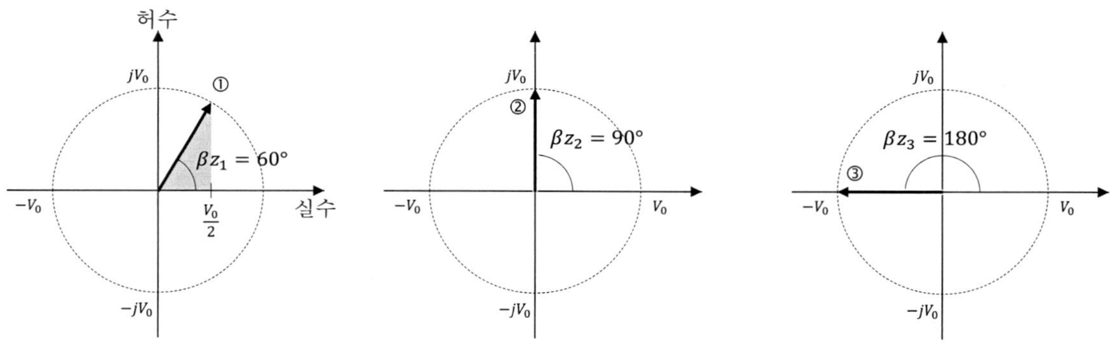

$V(\beta z_1) = V_0 \cdot Re[\cos(60°) + j\sin(60°)]$
$= V_0 \cos(60°) = \frac{V_0}{2}$

$V(\beta z_1) = V_0 \cdot Re[\cos(90°) + j\sin(90°)]$
$= V_0 \cos(90°) = 0$

$V(\beta z_1) = V_0 \cdot Re[\cos(180°) + j\sin(180°)]$
$= V_0 \cos(180°) = -V_0$

위의 관측 값들은 페이저를 실수 측에 투영한 부분이다. ②에서 관측된 값이 "0"이라도 신호가 없어진 것은 아니다. **위상이 변화**되어 "0"이 관측된 것이다. 각 위치에서 신호의 양은 일정하다:

① $|V(\beta z_1)| = |V_0 \cdot Re[\cos(60°) + j\sin(60°)]| = V_0$ ② $|V(\beta z_1)| = |V_0 \cdot Re[\cos(90°) + j\sin(90°)]| = V_0$ ③ $|V(\beta z_1)| = |V_0 \cdot Re[\cos(180°) + j\sin(180°)]| = V_0$

즉, 관측되지 않는다고 신호가 줄어들거나 없어진 것이 아니다. 아래 그림처럼 시간이 지나면서 신호가 변하게 된다.

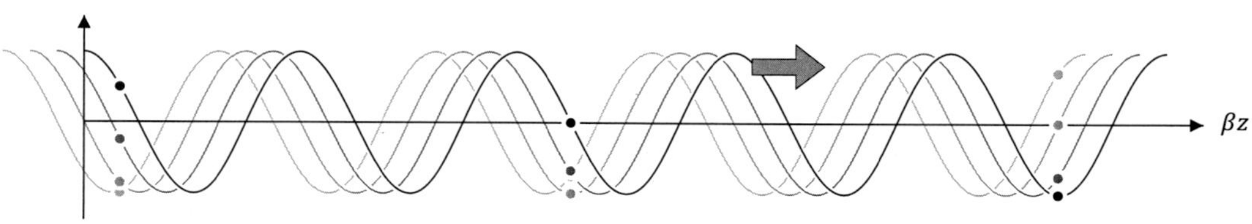

A.18 데시벨 Decibel

$$Loss = 10\log_{10}\left(\frac{P_{in}}{P_{out}}\right) = 20\log_{10}\left(\frac{V_{in}}{V_{out}}\right)\ [dB]$$

$$Gain = 10\log_{10}\left(\frac{P_{out}}{P_{in}}\right) = 20\log_{10}\left(\frac{V_{out}}{V_{in}}\right)\ [dB]$$

데시벨의 편리성

① 매우 크거나 작은 값을 표현하기 좋다:

전력이득이 $\frac{P_{out}}{P_{in}} = 10^5$ 일 때, 데시벨로는 $G = 10\log_{10}\left(\frac{P_{out}}{P_{in}}\right) = 50\ dB$

② 덧셈으로 전력 비를 곱할 수 있다:

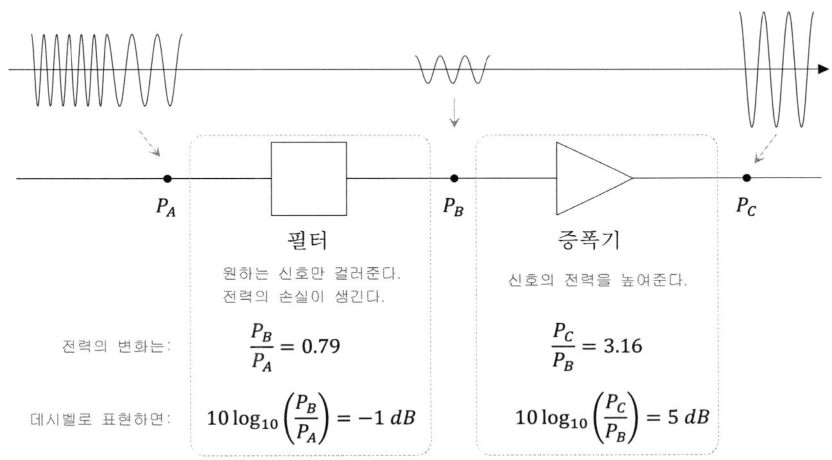

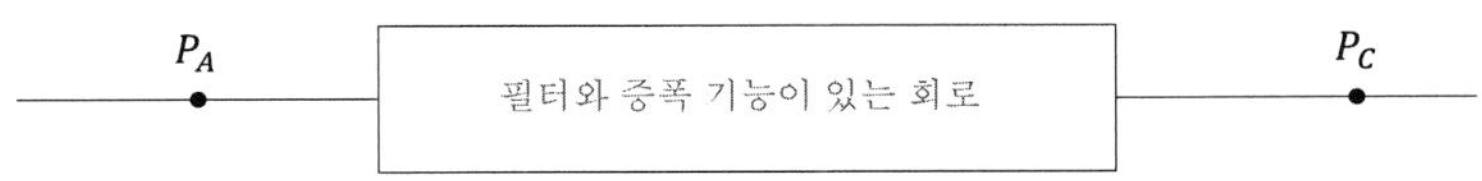

전력의 변화는: $\frac{P_C}{P_A} = 0.79 \times 3.16 = 2.50$

데시벨로 표현하면: $10\log_{10}\left(\frac{P_C}{P_A}\right) = -1 + 5 = 4\ dB$

암산으로 계산이 가능해지는 장점이 생긴다.

A.19 Q-factor

실제 리액턴스 소자는 저항 성분도 존재하므로 약간의 에너지가 손실된다. 따라서 리액턴스 소자가 얼마나 순수한 리액턴스 소자인가를 나타내기 위해서 Q-factor를 사용한다.

$$Q = 2\pi \cdot \frac{max\ instantaneous\ energy\ stored}{energy\ dissipative\ per\ cycle} = \frac{|X|}{R}$$

다음 회로의 임피던스를 살펴보자. 여기서 L과 C는 저항성분이 없는 순수한 리액턴스 소자로 간주한다.

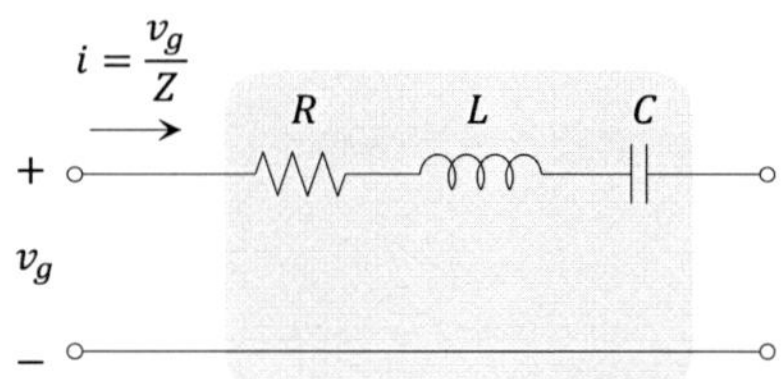

$$Z(\omega) = R + j\omega L + \frac{1}{j\omega C}$$

페이저로 그린 임피던스

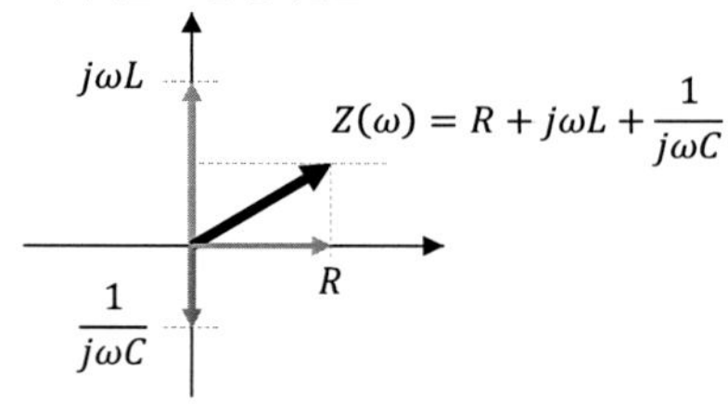

공진 주파수 f_0에서 이 회로의 임피던스는 실수 값만 갖는다. 이 때 $\omega_0 = 2\pi f_0 = \frac{1}{\sqrt{LC}}$ 이다.

$$Z(\omega_0) = R + j\omega_0 L + \frac{1}{j\omega_0 C} = R$$

리액티브 성분이 상쇄된다.

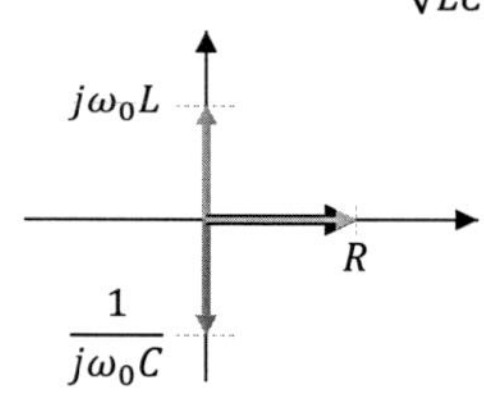

이 회로가 공진 주파수에서 동작할 때 각 리액턴스 소자에 인가되는 전압들을 구해보자.

$I = \frac{V}{R}$

$$i(\omega_0) = \frac{v_g(\omega_0)}{Z(\omega_0)} = \frac{v_g(\omega_0)}{R}$$

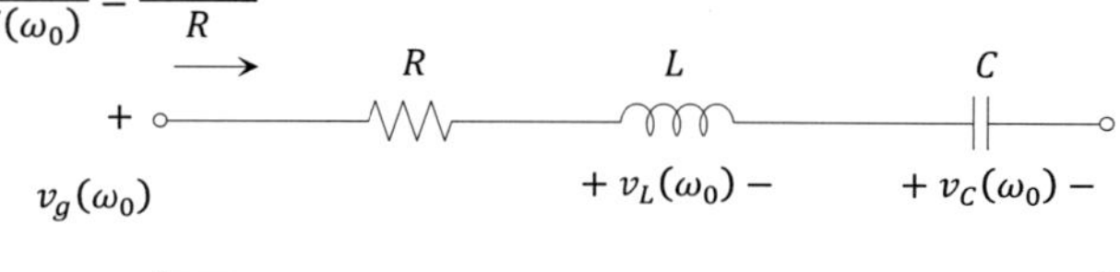

$$v_L(\omega_0) = j\omega_0 L \cdot i(\omega_0) = j\omega_0 L \cdot \frac{v_g(\omega_0)}{R} = j\frac{\omega_0 L}{R} \cdot v_g(\omega_0) = j\boldsymbol{Q} \cdot v_g(\omega_0)$$

$$v_C(\omega_0) = \frac{1}{j\omega_0 C} \cdot i(\omega_0) = \frac{1}{j\omega_0 C} \cdot \frac{v_g(\omega_0)}{R} = -j\frac{1}{\omega_0 CR} \cdot v_g(\omega_0) = -j\boldsymbol{Q} \cdot v_g(\omega_0)$$

여기서 $\omega_0 = 2\pi f_0 = \frac{1}{\sqrt{LC}}$ 이므로 Q를 다음과 같이 정리할 수 있다: $Q = \frac{\omega_0 L}{R} = \frac{1}{\omega_0 CR}$

(여기서 사용하는 Q는 인덕터와 커패시터의 intrinsic Q와는 다르다.)

회로	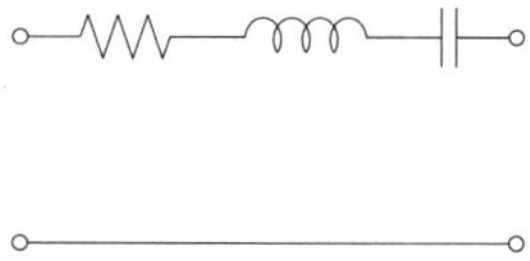	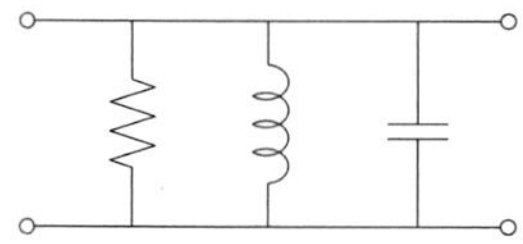
임피던스	$Z = R + j\omega L + \frac{1}{j\omega C}$	$Z = \left(\frac{1}{R} + \frac{1}{j\omega L} + j\omega C\right)^{-1}$
공진 주파수	$\omega_0 = \frac{1}{\sqrt{LC}}$	$\omega_0 = \frac{1}{\sqrt{LC}}$
Q-factor @ω_0	$Q = \frac{\omega_0 L}{R} = \frac{1}{\omega_0 CR}$	$Q = \frac{R}{\omega_0 L} = \omega_0 CR$
대략적 대역폭	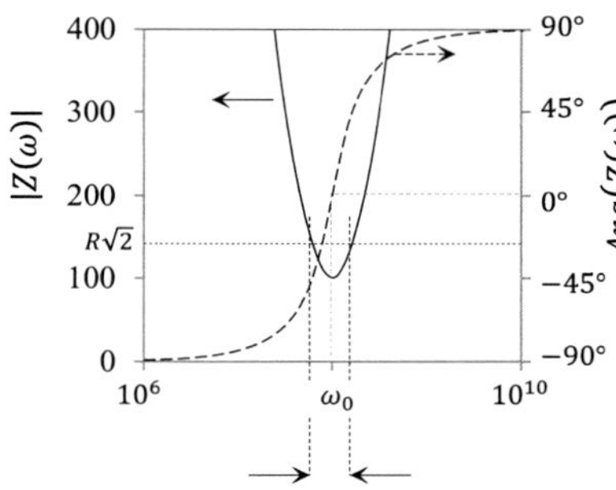 $3dB\ BW \cong \frac{\omega_0}{Q}$	공진 주파수에서 $Arg(Z(\omega))$의 부호가 바뀐다. 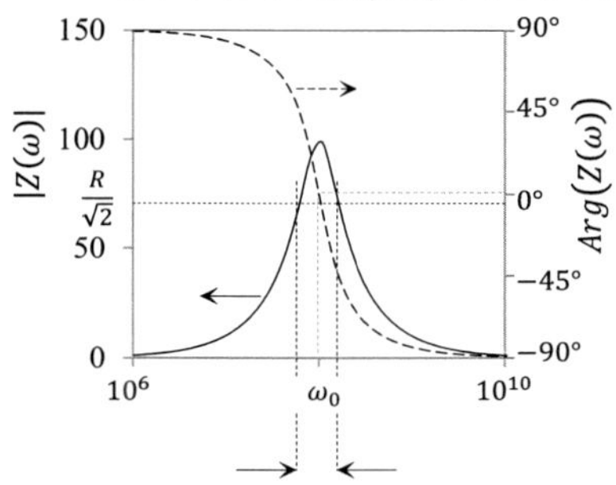 $3dB\ BW \cong \frac{\omega_0}{Q}$
	$Q = 1, f_0 = 0.1\ GHz, R = 100\,\Omega$ 를 사용	

$Z(\omega) = |Z(\omega)| \angle Arg(Z(\omega))$

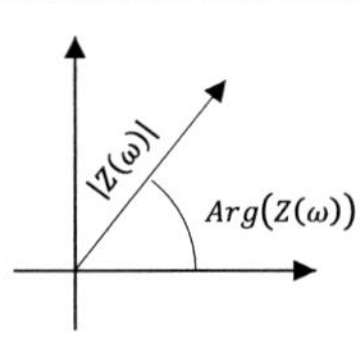

$10\log\frac{R\sqrt{2}}{R} \cong 1.5\ dB$

Index

저자와의
협의에 의해
인지 생략

\PMNS\전기자기학

3판 3쇄 2019년 3월 4일

저 자 정태호 / 김호연

발행인 송광헌
발행처 복두출판사
주 소 서울특별시 영등포구 경인로82길 3-4
센터플러스 807호
(우) 07371
전 화 02-2164-2580
FAX 02-2164-2584
등 록 1993. 11. 22. 제 10-902 호

정가 : 18,000원

ISBN : 979-11-5906-089-2 93560

한국과학기술출판협회 회원사

* 본 도서의 자료 업데이트가 있을 경우 본사 홈페이지 자료실에 업로드 됩니다. 정기적으로 들러서 유익한 자료를 받아가시기 바랍니다.

Divergence

$$\nabla \bullet \vec{D} = \frac{\partial D_x}{\partial x} + \frac{\partial D_y}{\partial y} + \frac{\partial D_z}{\partial z}$$

$$\nabla \bullet \vec{D} = \frac{1}{\rho}\frac{\partial(\rho \cdot D_\rho)}{\partial \rho} + \frac{1}{\rho}\frac{\partial D_\phi}{\partial \phi} + \frac{\partial D_z}{\partial z}$$

$$\nabla \bullet \vec{D} = \frac{1}{r^2}\frac{\partial(r^2 \cdot D_r)}{\partial r} + \frac{1}{r\sin\theta}\frac{\partial(\sin\theta \cdot D_\theta)}{\partial \theta} + \frac{1}{r\sin\theta}\frac{\partial D_\phi}{\partial \phi}$$

Gradient

$$\nabla V = \frac{\partial V}{\partial x}\hat{x} + \frac{\partial V}{\partial y}\hat{y} + \frac{\partial V}{\partial z}\hat{z}$$

$$\nabla V = \frac{\partial V}{\partial \rho}\hat{\rho} + \frac{1}{\rho}\frac{\partial V}{\partial \phi}\hat{\phi} + \frac{\partial V}{\partial z}\hat{z}$$

$$\nabla V = \frac{\partial V}{\partial r}\hat{r} + \frac{1}{r}\frac{\partial V}{\partial \theta}\hat{\theta} + \frac{1}{r\sin\theta}\frac{\partial V}{\partial \phi}\hat{\phi}$$

Laplacian

$$\nabla^2 V = \frac{\partial^2 V}{\partial x^2} + \frac{\partial^2 V}{\partial y^2} + \frac{\partial^2 V}{\partial z^2}$$

$$\nabla^2 V = \frac{1}{\rho}\frac{\partial}{\partial \rho}\left(\rho\frac{\partial V}{\partial \rho}\right) + \frac{1}{\rho^2}\frac{\partial^2 V}{\partial \phi^2} + \frac{\partial^2 V}{\partial z^2}$$

$$\nabla^2 V = \frac{1}{r^2}\frac{\partial}{\partial r}\left(r^2\frac{\partial V}{\partial r}\right) + \frac{1}{r^2\sin\theta}\frac{\partial}{\partial \theta}\left(\sin\theta\frac{\partial V}{\partial \theta}\right) + \frac{1}{r^2\sin^2\theta}\frac{\partial^2 V}{\partial \phi^2}$$

Curl

$$\nabla \times \vec{H} = \left(\frac{\partial H_z}{\partial y} - \frac{\partial H_y}{\partial z}\right)\hat{x} + \left(\frac{\partial H_x}{\partial z} - \frac{\partial H_z}{\partial x}\right)\hat{y} + \left(\frac{\partial H_y}{\partial x} - \frac{\partial H_x}{\partial y}\right)\hat{z}$$

$$\nabla \times \vec{H} = \left(\frac{1}{\rho}\frac{\partial H_z}{\partial \phi} - \frac{\partial H_\phi}{\partial z}\right)\hat{\rho} + \left(\frac{\partial H_\rho}{\partial z} - \frac{\partial H_z}{\partial \rho}\right)\hat{\phi} + \frac{1}{\rho}\left[\frac{\partial(\rho \cdot H_\phi)}{\partial \rho} - \frac{\partial H_\rho}{\partial \phi}\right]\hat{z}$$

$$\nabla \times \vec{H} = \frac{1}{r\sin\theta}\left[\frac{\partial(\sin\theta \cdot H_\phi)}{\partial \theta} - \frac{\partial H_\theta}{\partial \phi}\right]\hat{r} + \frac{1}{r}\left[\frac{1}{\sin\theta}\frac{\partial H_r}{\partial \phi} - \frac{\partial(r \cdot H_\phi)}{\partial r}\right]\hat{\theta} + \frac{1}{r}\left[\frac{\partial(r \cdot H_\theta)}{\partial r} - \frac{\partial H_r}{\partial \theta}\right]\hat{\phi}$$